ANSYS 认证工程师成长之路丛书

# ANSYS Workbench 15.0 结构分析快速入门、进阶与精通

## （配全程视频教程）

北京兆迪科技有限公司　编著

電子工業出版社
Publishing House of Electronics Industry
北京·BEIJING

## 内容简介

本书是全面、系统学习和运用 ANSYS Workbench 15.0 有限元结构分析的快速入门、进阶与精通的书籍，全书共 9 章，从最基础的 ANSYS Workbench 15.0 安装和使用方法开始讲起，以循序渐进的方式详细讲解了 ANSYS Workbench 15.0 的软件配置与基本操作、几何建模、网格划分、载荷定义、约束定义、线性静力结构分析和非线性结构分析等，书中还配有大量的实际综合应用案例。

本书讲解所使用的模型和应用案例覆盖了不同行业，具有很强的实用性和广泛的适用性。在内容安排上，书中结合大量的实例对 ANSYS 有限元结构分析一些抽象的概念、命令、功能和应用技巧进行讲解，通俗易懂，化深奥为简易；另外，本书所举范例均为一线实际产品，这样的安排能使读者较快地进入结构分析实战状态；在写作方式上，本书紧贴软件的真实界面进行讲解，使读者能够直观、准确地操作软件，提高学习效率。本书附带 1 张多媒体 DVD 教学光盘，制作了与本书全程同步的语音视频文件，含 259 段（集）ANSYS 应用技巧和具有针对性实例的教学视频（全部提供语音教学视频），时长达 9.1 小时（546 分钟）。光盘还包含了本书所有的素材文件、练习文件和范例的源文件。

读者在学习本书后，能够迅速地运用 ANSYS 软件来完成复杂产品的有限元结构分析工作。本书可作为工程技术人员的 ANSYS 自学教程和参考书籍，也可供大专院校机械类专业的师生教与学参考使用。



**图书在版编目（CIP）数据**

ANSYS Workbench 15.0 结构分析快速入门、进阶与精通/北京兆迪科技有限公司编著.—北京：电子工业出版社，2016.8
（ANSYS 认证工程师成长之路丛书）
配全程视频教程
ISBN 978-7-121-29365-8

Ⅰ. ①A…　Ⅱ. ①北…　Ⅲ. ①有限元分析—应用软件　Ⅳ. ①O241.82-39

中国版本图书馆 CIP 数据核字（2016）第 157838 号

策划编辑：管晓伟
责任编辑：管晓伟　　特约编辑：李兴 等
印　　刷：北京七彩京通数码快印有限公司
装　　订：北京七彩京通数码快印有限公司
出版发行：电子工业出版社
　　　　　北京市海淀区万寿路 173 信箱　　邮编：100036
开　　本：787×1092　1/16　印张：29.5　字数：708 千字
版　　次：2016 年 8 月第 1 版
印　　次：2023 年 9 月第 3 次印刷
定　　价：79.80 元（含多媒体 DVD 光盘 1 张）

凡所购买电子工业出版社图书有缺损问题，请向购买书店调换。若书店售缺，请与本社发行部联系，联系及邮购电话：（010）88254888，88258888。

质量投诉请发邮件至 zlts@phei.com.cn，盗版侵权举报请发邮件至 dbqq@phei.com.cn。

本书咨询联系方式：（010）88254460，guanphei@163.com。

# 前　言

ANSYS 是美国 ANSYS 公司推出的一款功能强大的大型分析软件系统，其功能涵盖了产品的结构、频率、流体、热力、电场、磁场和声场等的分析，应用范围涉及汽车、机械、航空航天、造船、通用机械、数控加工、医疗、玩具和电子等诸多领域。最新的 ANSYS Workbench 15.0 版本扩展了 ANSYS 系列产品的集成与多物理场的综合应用。从总体看，ANSYS Workbench 15.0 的新优势主要体现在三个领域：扩展了工程应用，复杂系统的仿真、高性能计算（HPC）的驱动创新。

本书是 ANSYS Workbench 15.0 结构分析快速入门、进阶与精通教程，其特色如下。

- **前呼后应，浑然一体。**书中各章节相互关联，环环相扣，书中后面的网格划分、线性结构分析、非线性结构分析和 ANSYS 结构分析实际综合应用等章节中的许多实例或案例，都在前面的几何建模章节中详细讲述了它们的三维建模方法和过程，这样的安排有利于迅速提升读者的软件综合应用能力，使读者既能三维建模，又能进行分析，这样无疑会极大地提升读者的职业竞争力。
- **本书实例、范例、案例丰富。**对软件中的主要命令和功能，先结合简单的实例进行讲解，然后安排一些较复杂的综合范例或案例，帮助读者深入理解和灵活应用。另外，本书中大量的实例、范例、案例，如果详细叙述则需要更多的纸张，由于纸质容量有限（增加纸张页数势必增加书的定价），因而将这些实例、范例、案例的详细操作视频（含语音讲解）存入到随书光盘中，读者借助随书光盘则可以进一步迅速提高软件使用能力和技巧。
- **讲解详细，条理清晰。**保证自学的读者能独立学习和运用 ANSYS Workbench 15.0 软件。
- **写法独特。**采用 ANSYS 软件中真实的对话框、操控板和按钮等进行讲解，使初学者能够直观、准确地操作软件，从而大大提高学习效率。
- **附加值极高。**本书附带 1 张多媒体 DVD 教学光盘，制作了 259 段（集）ANSYS 应用技巧和具有针对性实例的教学视频（全部提供语音教学视频），时长达 9.1 小时（546 分钟），可以帮助读者轻松、高效地学习。

本书主要编写人员来自北京兆迪科技有限公司，该公司专门从事 CAD/CAM/CAE 技术的研究、开发、咨询及产品设计与制造服务，并提供 ANSYS、CATIA、UG、Creo、Adams 等软件的专业培训及技术咨询。

本书由北京兆迪科技有限公司编著，参加编写的人员有詹友刚、王焕田、刘静、雷保珍、刘海起、魏俊岭、任慧华、詹路、冯元超、刘江波、周涛、段进敏、赵枫、邵为龙、侯俊飞、龙宇、施志杰、詹棋、高政、孙润、李倩倩、黄红霞、尹泉、李行、詹超、尹佩文。本书虽然经过多次审校，但是仍不免有疏漏之处，恳请广大读者予以指正。

电子邮箱：zhanygjames@163.com　　　　咨询电话：010-82176248，010-82176249。

编　者

# 本书导读

为了能更好地学习本书的知识，请您仔细阅读下面的内容。

**【写作软件蓝本】**

本书采用的写作蓝本是 ANSYS Workbench 15.0 版。

**【写作计算机操作系统】**

本书使用的操作系统为 Windows7 专业版，系统主题采用 Windows 经典主题。

**【光盘使用说明】**

为了使读者方便、高效地学习本书，特将本书中所有的练习文件，素材源文件，已完成的实例、范例或案例文件和视频语音讲解文件等按章节顺序放入随书附带的光盘中，读者在学习过程中可以打开相应的文件进行操作、练习和查看视频。

本书附带多媒体 DVD 教学光盘 1 张，建议读者在学习本书前，先将 DVD 光盘中的所有内容复制到计算机硬盘的 D 盘中。

在光盘的 an15.01 目录下共有两个子文件夹。

（1）work 子文件夹：包含本书全部已完成的实例、范例或案例文件。

（2）video 子文件夹：包含本书讲解中所有的视频文件（含语音讲解），学习时，直接双击某个视频文件即可播放。

光盘中带有“ok”扩展名的文件或文件夹表示已完成的实例、范例或案例。

**【本书约定】**

◆ 本书中有关鼠标操作的简略表述说明如下。

- 单击：将鼠标指针移至某位置处，然后按一下鼠标的左键。
- 双击：将鼠标指针移至某位置处，然后连续快速地按两次鼠标的左键。
- 右击：将鼠标指针移至某位置处，然后按一下鼠标的右键。
- 单击中键：将鼠标指针移至某位置处，然后按一下鼠标的中键。
- 滚动中键：只是滚动鼠标的中键，而不是按中键。
- 选择（选取）某对象：将鼠标指针移至某对象上，单击以选取该对象。
- 拖拽某对象：将鼠标指针移至某对象上，然后按下鼠标的左键不放，同时移动鼠标，将该对象移动到指定的位置后再松开鼠标的左键。

- 本书涉及的所有参数，限于软件的特殊性，一律与对应图一致，作为正体表述。

◆ 本书中的操作步骤分为“任务”和“步骤”两个级别，说明如下。

- 对于一般的软件操作，每个操作步骤以 步骤 01 开始。例如，下面是草绘环境中绘制矩形操作步骤的表述。

☑ 步骤 01 单击“Draw”栏中的 Rectangle 按钮。

☑ 步骤 02 定义矩形的第一个角点。在图形区某位置单击，放置矩形的一个角点，然后将该矩形拖至所需大小。

☑ 步骤 03 定义矩形的第二个角点。再次单击，放置矩形的另一个角点。此时，系统即在两个角点间绘制一个矩形。

- 视每个“步骤”操作的复杂程度，其下面可含有多级子操作。例如，步骤 01 下可能包含（1）、（2）、（3）等子操作，（1）子操作下可能包含①、②、③等子操作，①子操作下可能包含 a）、b）、c）等子操作。
- 对于多个任务的操作，则每个“任务”冠以 任务 01、任务 02、任务 03 等，每个“任务”操作下则包含“步骤”级别的操作。
- 由于已建议读者将随书光盘中的所有文件复制到计算机硬盘的 D 盘中，所以书中在要求设置工作目录或打开光盘文件时，所述的路径均以“D:”开始。

【技术支持】

本书主要编写人员均来自北京兆迪科技有限公司，该公司专门从事 CAD/CAM/CAE 技术的研究、开发、咨询及产品设计与制造服务，并提供 ANSYS、UG、CATIA、Creo、Adams 等软件的专业培训及技术咨询。读者在学习本书的过程中如果遇到问题，可通过访问该公司的网站 http://www.zalldy.com 来获得技术支持。

咨询电话：010-82176248，010-82176249。

# 目 录

# 第 1 章　ANSYS Workbench 基础

**本章提要**　ANSYS 作为目前 CAE 界主流分析软件之一，自诞生以来，随着世界信息技术和有限元理论的高速发展，在各个领域得到了高度的评价和广泛的应用。从 ANSYS 7.0 开始，ANSYS 公司推出了 ANSYS 经典版（即 Mechanical APDL）和 ANSYS Workbench 版。本章主要介绍 ANSYS Workbench 基础内容，同时还会对 Mechanical APDL 作简单的介绍。本章内容主要包括:

- 有限元 CAE 设计的优势。
- ANSYS Workbench 概述。
- ANSYS Workbench 15.0 新功能概述。
- ANSYS Workbench 安装。
- 启动 ANSYS Workbench。
- ANSYS Workbench 用户界面。
- ANSYS Workbench 项目列表操作。
- ANSYS Workbench 结构分析流程。
- ANSYS Workbench 文件基本操作与管理。
- Mechanical APDL 简介。
- ANSYS Workbench 与 CAD 软件系统集成设置。

## 1.1　有限元 CAE 设计优势

有限元法是现代产品及其结构设计的重要工具，它的基本思想是将连续的物理模型离散为有限的单元体，使其只在有限个指定的节点上相互连接，然后对每个单元选择一个比较简单的函数，近似模拟该单元的物理量，如单元的位移或应力，并基于问题描述的基本方程建立单元节点的平衡方程组，再把所有单元的方程组集成为整个结构力学特性的整体代数方程组，最后引入边界条件求解代数方程组而获得数值解，如结构的位移分布和应力分布。

将有限元法引入产品和结构设计是 CAE 的重要组成部分。图 1.1.1 所示的是传统的产品设计流程图，图 1.1.2 所示的是现代设计中采用 CAE 技术后的设计流程图。可见，从产品概念设计、方案对比、样机测试到加工制造，有限元仿真和优化设计方法可以贯穿整个产品的全部设计过程，把传统产品设计方法中的从概念设计到样机测试，再返回修改的大循环过程，演化成平行于每一个设计环节的精确分析及优化，减少了设计过程中的缺陷和不足，大大提高了产品的质量和可靠性，大幅缩减了设计时间，降低了产品研发成本。

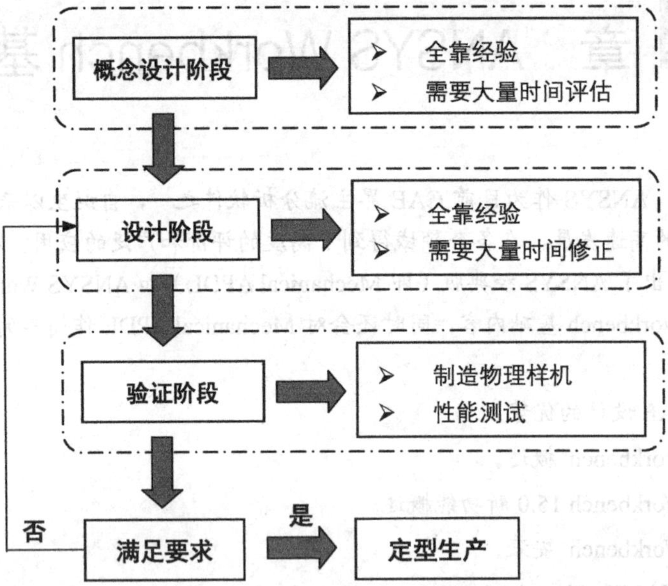


图 1.1.1　传统的产品设计流程图

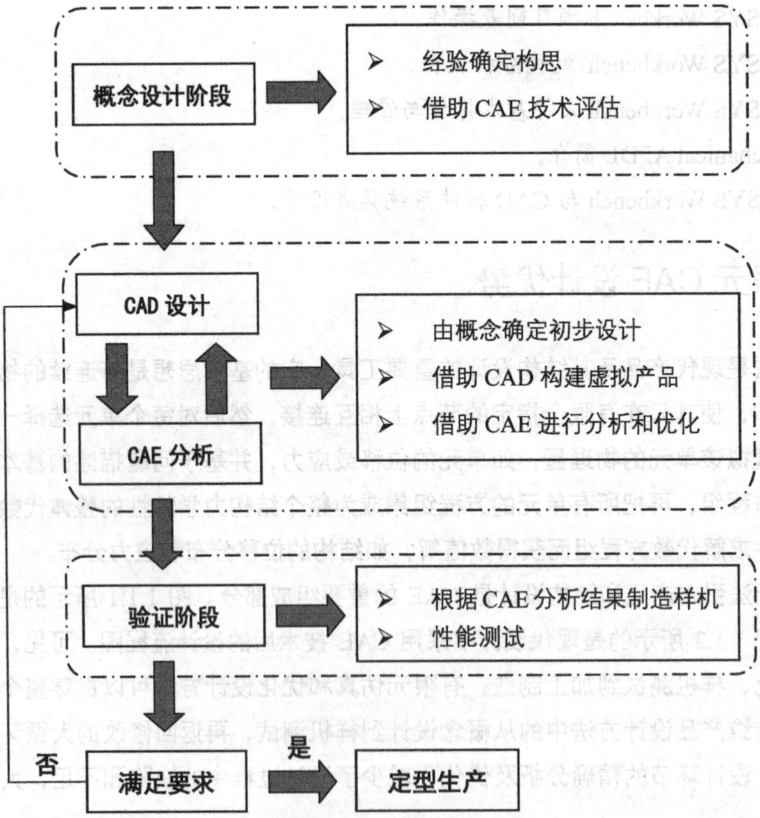


图 1.1.2　现代的产品设计流程图

## 1.2 ANSYS Workbench 概述

ANSYS Workbench 是基于有限元法的工程仿真技术集成平台，由美国 ANSYS 公司于 2002 年首先推出，在 2009 年发布的 ANSYS 12.0 版本中推出了“第二代 Workbench”（Workbench 2.0）。与“第一代 Workbench”相比，其最大变化是提供了全新的“项目视图”（Project Schematic）功能，将整个仿真流程紧密地结合在一起，通过简单的拖曳操作即可完成复杂的多物理场分析流程。

ANSYS Workbench 不但继承了 ANSYS Mechanical APDL 界面在有限元仿真分析上的大部分强大功能，其所提供的 CAD 双向参数链接互动、项目数据自动更新机制、全新的参数和无缝集成的优化设计工具等，使 ANSYS 在“仿真驱动产品设计”方面达到了前所未有的高度。ANSYS Workbench 真正实现了集产品设计、仿真、优化功能于一身，可帮助设计人员在同一平台上完成产品研发过程的所有工作，从而大大缩短了产品开发周期，加快了上市步伐，占领市场制高点。

此外，ANSYS Workbench 平台还可以作为一个应用开发框架，提供项目全脚本、报告、用户界面工具包和标准的数据接口。

ANSYS Workbench 实际就是 ANSYS 各类求解器和功能应用的仿真设计管理集成平台，其工作台可组成各种不同的工程应用。ANSYS 家族中具体包括以下产品。

- ANSYS Workbench Application：这实际上可认为是 ANSYS 产品的应用框架，如 CFD、结构力学、刚体动力学、电磁分析和优化设计等。
- Mechanical APDL：ANSYS 经典版，即传统版，简称 MAPDL。
- ANSYS CFD：ANSYS 流体动力学软件，主要包括 CFX 和 FLUENT。
- ANSYS ICEM CFD：带有前、后处理特征的网格划分软件。
- ANSYS AUTODYN：ANSYS 的显示动力学软件。
- ANSYS LS-DYNA：LSTC 的显示动力学软件，可在 ANSYS 中进行前、后处理。

## 1.3 ANSYS Workbench 15.0 新功能概述

ANSYS Workbench 15.0 是一个集成框架，它整合现有的各种应用并将仿真过程集成在同一界面下。最新的 ANSYS Workbench 15.0 版在 ANSYS Workbench 14.0 的基础上进一步提高和改进原有的框架，尤其扩展了 ANSYS 系列产品的集成与多物理场的耦合应用。ANSYS Workbench 15.0 的新功能主要体现在三个方面：扩展了工程应用、复杂系统的仿真、高性能计算（HPC）的驱动创新。

### 1. 扩展了工程应用

◆ 提高了 CAD 模型的处理和划分网格的功能。

复杂的 CAD 模型中一般包括多个零部件，在进行 CAE 分析过程中，需要处理各零部件间的接触、间隙等问题。这是一个非常烦琐并且费时的过程！在 ANSYS 15.0 中，利用装配体网格工具能自动从 CAD 装配体中抽取相应的计算域，如流体域等，而且它能根据用户需求自动创建 Cut-cell 的结构化直角网格（六面体网格单元）或非结构化的四面体网格。

其中 Cut-cell 网格技术具有划分更密、更理想的高质量网格功能，一般用于远离边界的地方。在靠近边界的区域，还可以采用 Cut-tet 划分高质量的网格。这两种网格技术均适用于梯度大的区域，如剪切层和边界层。

◆ 工作流程更加人性化。

ANSYS Workbench 15.0 进一步集成了仿真和优化的框架，在其平台上能够很方便地进行几何建模、网格控制、材料属性的设定和参数化操作等，从而实现。仿真自动化流程。同时，ANSYS 15.0 还允许通过远程求解管理器（RSM）对更新的设计点进行直接仿真。

◆ 提升了几何建模和协同仿真能力。

在 ANSYS DesignModeler 15.0 中，能对几何体直接进行模型操作，而且支持命名选择和草图模式。在 ANSYS 15.0 中，还提供了用于定制功能的工具。

◆ MAPDL 和 ANSYS Workbench 的紧密集成。

ANSYS 15.0 引入了一些新特征，如允许用户在 Mechanical 下控制不同部件的有限元模型，在重新计算时可以进行修改施加约束和边界条件、显示约束方程和弱弹簧等工作。

◆ 复合材料分析。

在 ANSYS 15.0 中，ANSYS Composite PrePost 更紧密地集成于 ANSYS Workbench，这可以非常方便地应用于复合结构中的定义层，包括变化方向或者结构潜在失效的层-层分析。

◆ 外部数据映射。

不同物理场之间在共享数据时，一般要从外部文件读入数据。在 ANSYS 15.0 中，可把这些数据从一类网格映射到另一类网格上。这些在 ANSYS 13.0 中就已引入的功能在 ANSYS 15.0 中得到了更进一步的加强。

◆ 旋转机械。

在 ANSYS Workbench 15.0 中，目前可以直接得到转子系统临界转速的坎贝尔图了。

◆ 梁和壳。

ANSYS Mechanical 新增了用户在线体显示的管单元和梁单元之间转换的功能，同时还提供了定义特定管载荷和结果的功能。ANSYS 15.0 支持来自 MAPDL 求解器的最新管单元。

对于壳体，新版本还可以从程序中直接读入变厚度壳体。另外，在网格连接时，还允许用户在不改变几何尺寸的情况下直接把相邻面上的节点融合。

◆ 稳健的显式求解。

显式动力学中最适合的是六面体单元，然而对复杂几何体很难划分出六面体网格。此时往往采用 ANP 四面体单元，但在剪切变形的求解中经常导致单元锁定。ANSYS 15.0 中新引入了 NBS 四面体单元，从而消除了 ANP 四面体单元经常遇到的单元锁定问题。

◆ 三维集成电路封装电子冷却流程的易用性。

目前集成电路封装行业正在不断地发展更为复杂的封装技术，如系统芯片、叠层芯片和多芯片模块，以保持芯片性能的提高。在 ANSYS Icepak 15.0 中，工程师能模拟三维叠层芯片和不同封装方式的热响应值。

ANSYS Icepak 15.0 具有新的用户界面并扩展了右键单击功能，同时还加强了图形和许多附加提高效率的功能。在 ANSYS Design Modeler 中，工程师可以从机械 CAD 数据中快速简化和创建 Icepak 对象。

◆ 加强了 ANSYS EKM 产品的功能和效率。

ANSYS EKM 15.0 带来了新的重要功能。EKM 个人设置允许用户在自己的计算机上设置 EKM 服务器，用户可以访问单个服务器上的私人知识库及访问 EKM 的全部功能。

EKM 共享服务器设置允许在共享设备上设置 EKM 服务器，多个用户能以协作模式访问它。多个用户还能访问 LAN 或 WAN 上的共享知识库。

在 EKM 15.0 和 Workbench 的集成平台上，允许直接把当前的项目保存到选定的 EKM 知识库，也可以搜索一个项目，再在选定的知识库中打开它。

用户还可以直接在 EKM 中打开和保存 ANSYS Workbench 项目，这促进了当前项目的保存和升级，还可以对项目进行显示、确认、搜索和重新使用。

◆ ANSYS HFSS 与 ECAD 可直接连接，Slwave 的精确性和可用性亦得到了增强。

Ansoft Designer 具备了新的数据连接能力，用户可以在任何一款 Cadence 布线工具中创建 ANSYS HFSS 模型，所有建模步骤和过程均可在 Cadence 设计环境中完成。

可以利用 ODB 格式将版图直接导入 Ansoft Designer 中，用户可以在版图编辑器中非常方便和快速地对导入的版图进行编辑和自动定义激励端口，最后利用 HFSS 进行求解。

Slwave 在对孔及其相关结构精确仿真与建模方面亦进行了重要改进，包括对任意形状的反焊盘精确建模、更准确的耦合过孔模型及采用新的改进方法计算无参考平面的信号线。Slwave 可以在软件内部直接启动和运行 HSPice 或 ANSYS Nexxim 瞬态仿真工具，当仿真计算结束后，还能够在 Slwave 中直接对信号网络进行瞬态仿真并得到时域波形。

### 2. 复杂系统的仿真

◆ 自动模拟仿真。

在 ANSYS Workbench 15.0 中新增了内燃机（IC Engine）分析系统，该分析系统可以创建内燃机 CFD 模型及进行网格划分，包括带有进/排气口和运动阀门的内燃机。这样用户能以极高的效率进行完整的内燃机系统仿真。

◆ 双向耦合。

ANSYS 15.0 中，在多物理场仿真中增加了 ANSYS Fluent 和 ANSYS Mechanical 之间的双向流-固耦合仿真功能。在 ANSYS 15.0 的系统耦合组件中，用户可以非常容易地设置多物理场仿真。

◆ 高级模型。

新版本中增加了许多高级材料模型，扩展了许多现有模块功能，如形状记忆合金支架模拟、扬声器的耦合声学仿真、考虑水分扩散影响的电子部件的热-结构和耦合场的仿真等。

◆ 扩展低频、结构和流体耦合。

在 Fluent 的单向电磁耦合中，可以将 CFD 结果如温度场传至电磁设计中，从而整个仿真系统就能在 ANSYS Workbench 中进行优化设计。

◆ 欧拉壁面液面模型和多分散流模拟。

欧拉壁面液面模型是在多相流模型中新添加了子模型，该模型能预测液滴在壁面堆积后形成的液膜，包括液体飞溅、颗粒成带状、液膜在壁面边缘分离。液滴的进入和分离是通过与 DPM 模型耦合来实现的。

### 3. HPC 驱动创新

◆ 流体求解器与 HPC。

在 ANSYS 的每个版本中都在不断地加强求解器和 HPC 性能。新版本中包括架构相关的分区、改进能监测仿真线性化、支持异构网络的远程求解管理等综合功能。同时还支持自动标识"差网格单元"，并用更稳健的数值方法来改进求解器求解"差网格单元"的精度。

◆ 旋转机械模拟。

ANSYS CFX 15.0 瞬态叶栅方法可用于计算单个流道的三类问题。首先，入口扰动值能设置成不同的相位角。其次，在叶片流道就能设置动网格，从而可以模拟叶片颤振。再次，能用两个不同叶距的单流道来模拟整个全级（转子和定子）。所有这些都大幅度地减少了计算代价。其应用涵盖了叶轮机械里的多级轴流、混流、离心压缩机、涡轮、风机、水泵。

◆ 结构计算与 HPC。

工程上经常要做大模型的计算仿真，这需要更大量的计算资源。随着计算机硬件的不断发展，如 GPU 性能飞速发展，在 ANSYS Mechanical 15.0 中，用户能利用最新一代的 GPU，同时还减少了后处理过程需要的 I/O。

◆ 有限大阵列天线分析。

在天线设计中，有限大阵列天线的仿真是一个非常重要的课题。由于其尺寸大、结构复杂、端口数多的原因，有限大阵列天线的三维仿真一直比较困难。因此普遍的做法就是采用单元法仿真。此法利用连接边界条件（周期性边界条件）来近似创建无线大阵列，再利用阵列因子计算有限大阵列天线的辐射特性。但是由于忽略了阵列的边缘效应，故远场方向的结果就不够精准。而在 ANSYS 15.0 中采用新的计算方法，能够准确地建立有限大阵列天线模型并将阵列边缘效应考虑在内，从而得到精确的远场结果。

◆ 物理光学法求解。

对于飞行器和船舶等大型电磁结构，由于其尺寸太大，故三维全波电磁工具求解非常困难，通常利用物理光学法求解。新的 HFSS 在标准有限元与积分方程法求解器的基础上，还同时提供了物理光学法求解器，从而可以解决快速仿真超大尺寸的问题。

## 1.4 ANSYS Workbench 安装

单机版的 ANSYS Workbench 15.0 在各种操作系统下的安装过程基本相同，下面仅以 Windows XP Professional 为例，说明其安装过程。

### 任务 01 进入安装界面

步骤 01 ANSYS Workbench 15.0 软件有两张安装光盘，先将安装光盘放入光驱内（如果已将系统安装文件复制到硬盘上，可双击系统安装目录下的 setup.exe 文件），等待片刻后，弹出图 1.4.1 所示的安装管理器对话框。

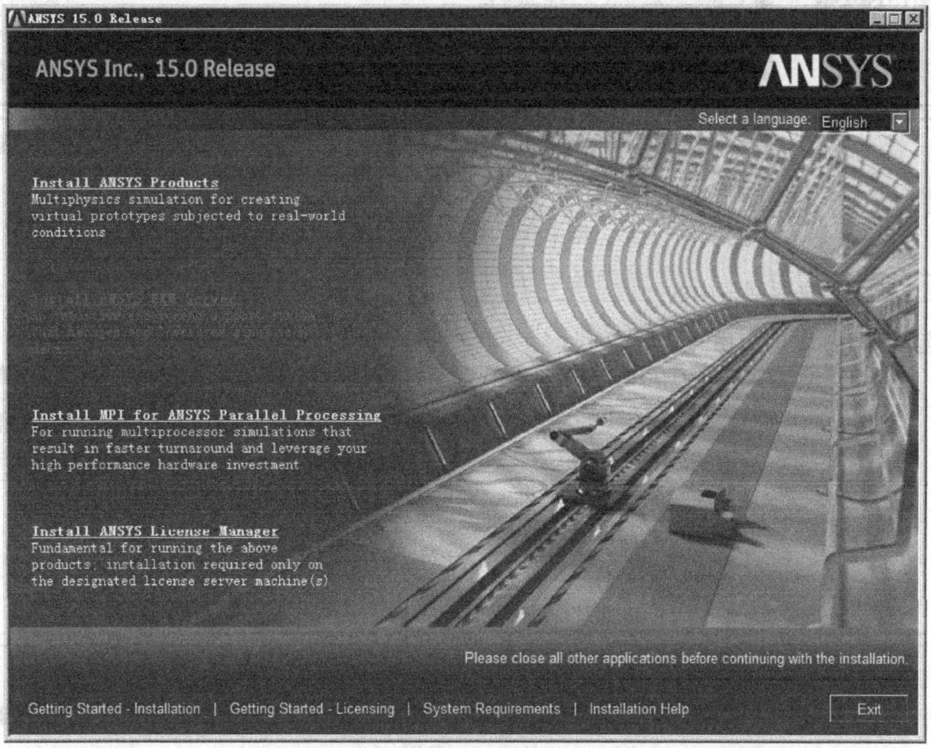


图 1.4.1 安装管理器对话框

步骤 02 单击“安装管理器”对话框中的 Install ANSYS Products 按钮，弹出图 1.4.2 所示的对话框，在该对话框中选中 I AGREE 选项，接受许可证协议。

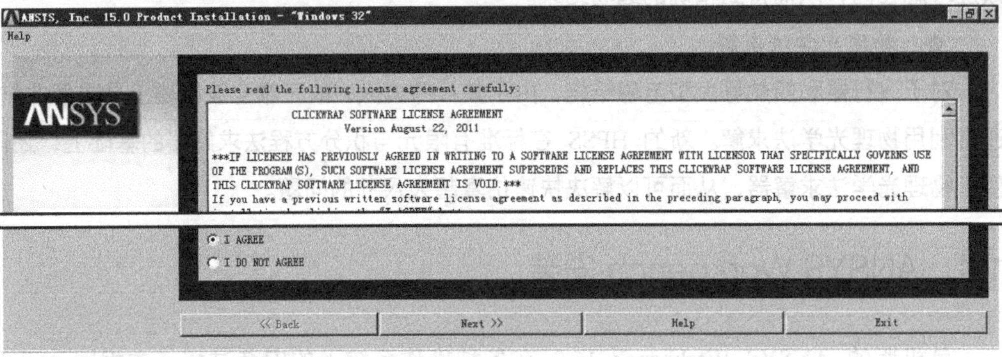


图 1.4.2 接受许可证协议

## 任务 02 安装应用程序

步骤 01 单击对话框中的 Next >> 按钮，弹出图 1.4.3 所示的对话框，在该对话框中选中所有复选框。

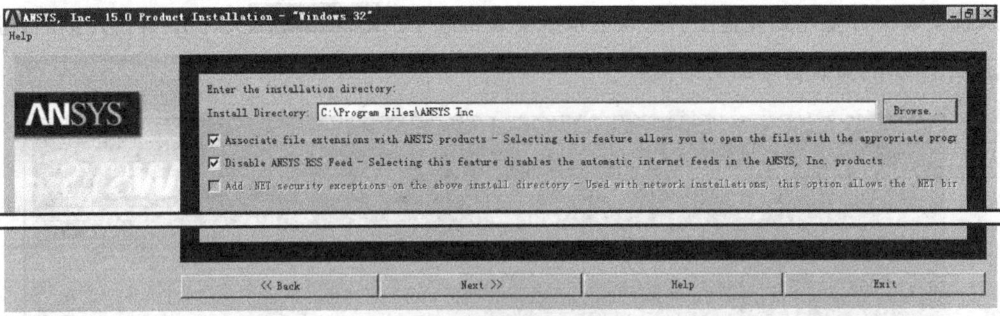


图 1.4.3 安装应用程序（一）

步骤 02 单击对话框中的 Next >> 按钮，直到弹出图 1.4.4 所示的对话框，在对话框中选择安装所需的应用。

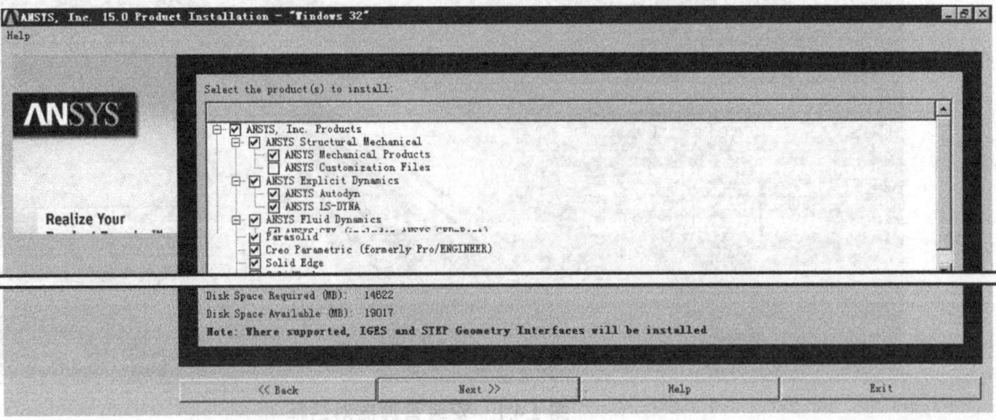


图 1.4.4 安装应用程序（二）

步骤 03 单击对话框中的 Next >> 按钮，直到弹出图 1.4.5 所示的对话框，在对话框中进行图 1.4.5 所示的设置。

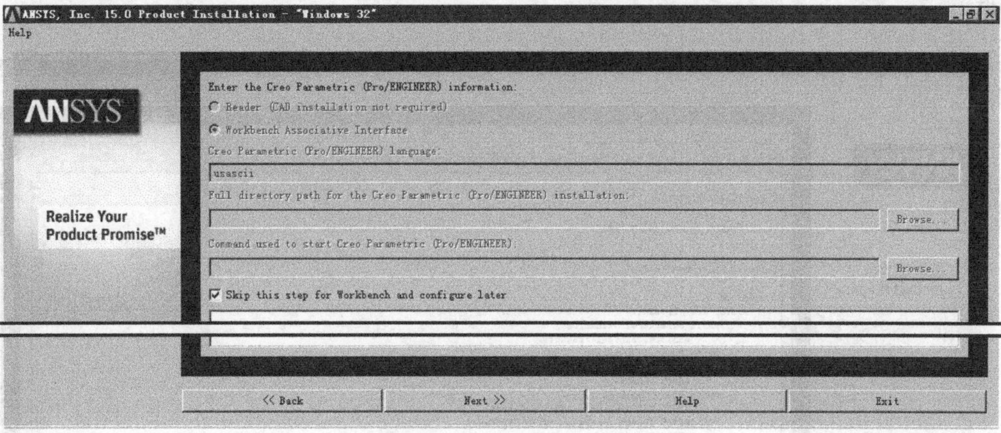

图 1.4.5 安装应用程序（三）

步骤 04 单击对话框中的 Next >> 按钮，弹出图 1.4.6 所示的对话框，在对话框中进行图 1.4.6 所示的设置。

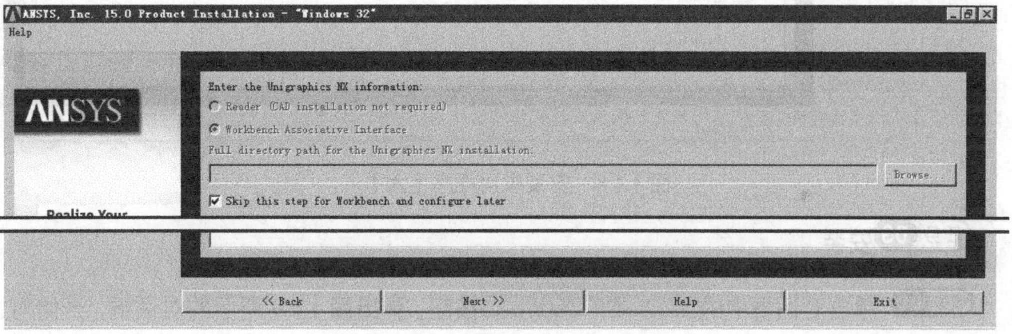

图 1.4.6 安装应用程序（四）

步骤 05 单击对话框中的 Next >> 按钮，弹出图 1.4.7 所示的对话框，在对话框中进行图 1.4.7 所示的设置。

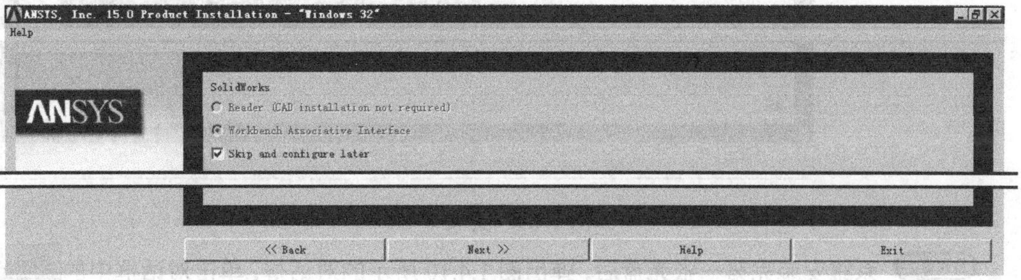

图 1.4.7 安装应用程序（五）

步骤 06 单击对话框中的 Next >> 按钮，在弹出的对话框中选中 ☑ Skip and configure later 复选框，继续单击 Next >> 按钮，直到弹出图 1.4.8 所示的对话框。

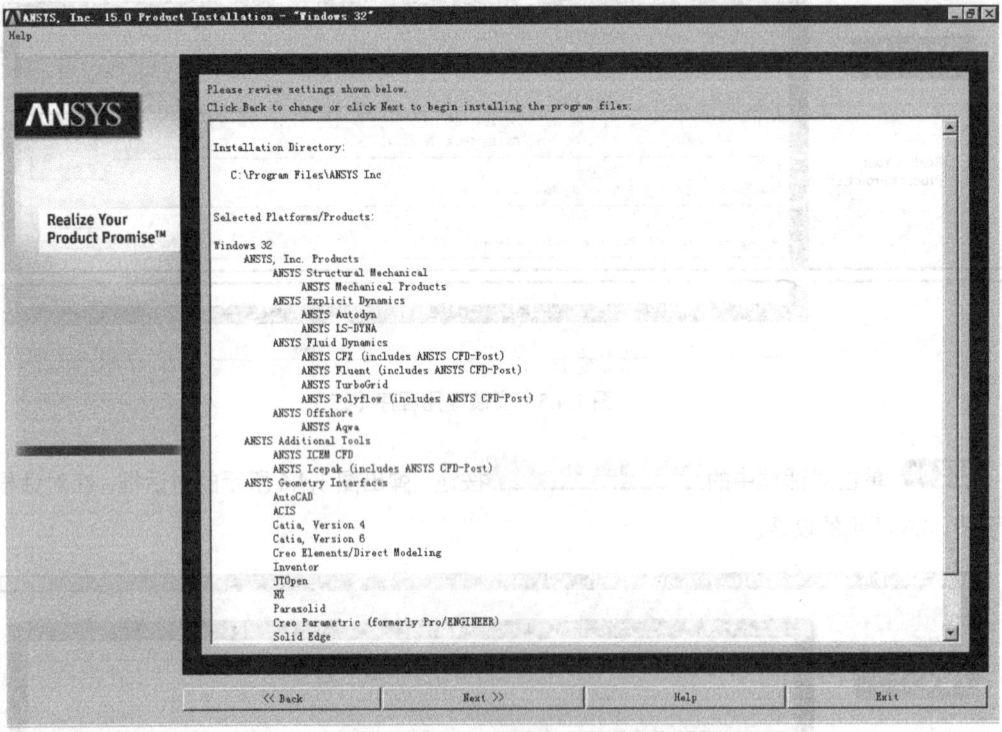


图 1.4.8 安装应用程序（六）

## 任务 03 安装

步骤 01 单击对话框中的 Next >> 按钮，弹出图 1.4.9 所示的对话框，开始对主程序进行安装，需要一定的安装时间。

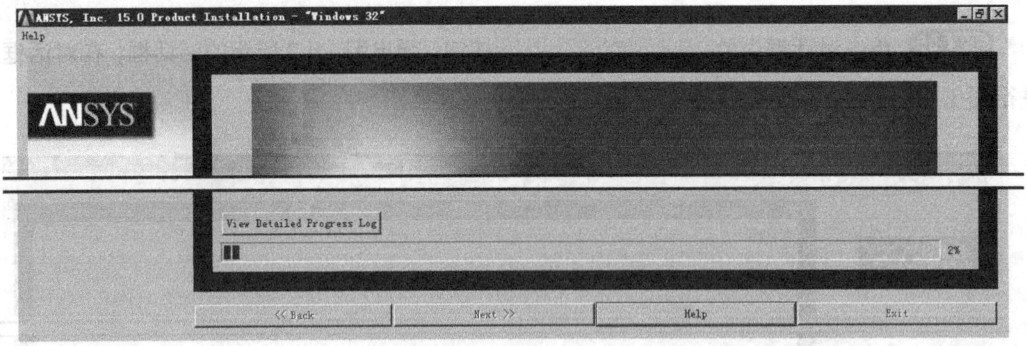


图 1.4.9 安装（一）

步骤 02 系统安装完第一张光盘后，弹出图 1.4.10 所示的对话框，单击对话框中的 Browse... 

按钮，添加第二张光盘，单击 OK 按钮，系统继续安装主程序。

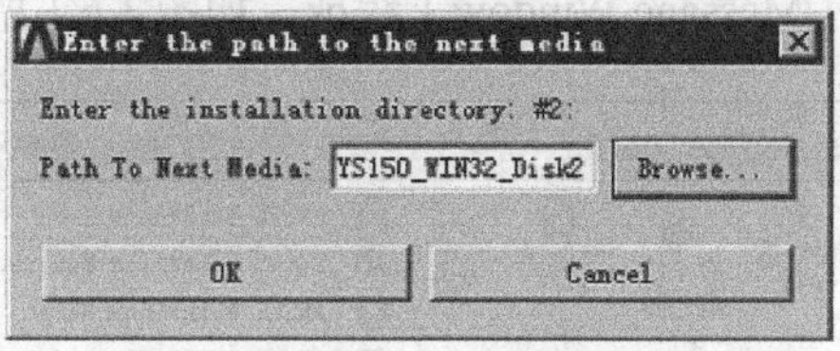


图 1.4.10　安装（二）

步骤 03 安装完主程序后，分别单击 Next >> 按钮，直到弹出图 1.4.11 所示的对话框，单击该对话框中的 Finish 按钮，完成主程序的安装，返回初始安装界面，最后单击 Exit 按钮，完成安装。

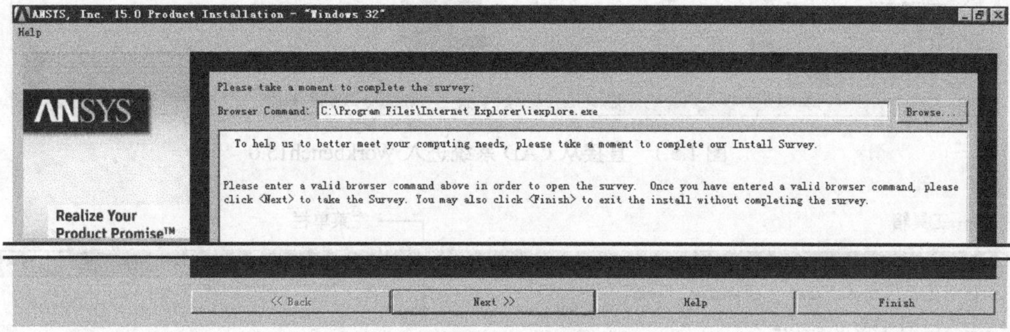


图 1.4.11　安装（三）

## 1.5　启动 ANSYS Workbench

一般来说，有两种方法可启动 ANSYS Workbench 15.0。

方法一：从 Windows 系统的“开始”菜单进入 Workbench 15.0，具体操作方法如下所述。

步骤 01 单击 Windows 桌面左下角的 开始 按钮。

步骤 02 选择 所有程序 → ANSYS 15.0 → Workbench 15.0 命令，系统进入 Workbench 15.0 软件环境。

方法二：直接从 CAD 系统中进入 Workbench 15.0。下面介绍从 Solidworks 软件进入 Workbench 15.0 的具体操作方法（图 1.5.1）。

在 Solidworks 界面中选择下拉菜单 ANSYS 15.0 → Workbench 命令，即可进入 Workbench 15.0 软件环境。

## 1.6　ANSYS Workbench 用户界面

ANSYS Workbench 15.0 的用户界面主要由主菜单栏（Main Menu Bar）、工具箱（Toolbox），

项目视图区（Project Schematic）、用户工具箱（Customize Toolbox）、状态栏（Status）、进程窗（Progress Window）和信息窗（Message Window）组成，如图 1.6.1 所示。

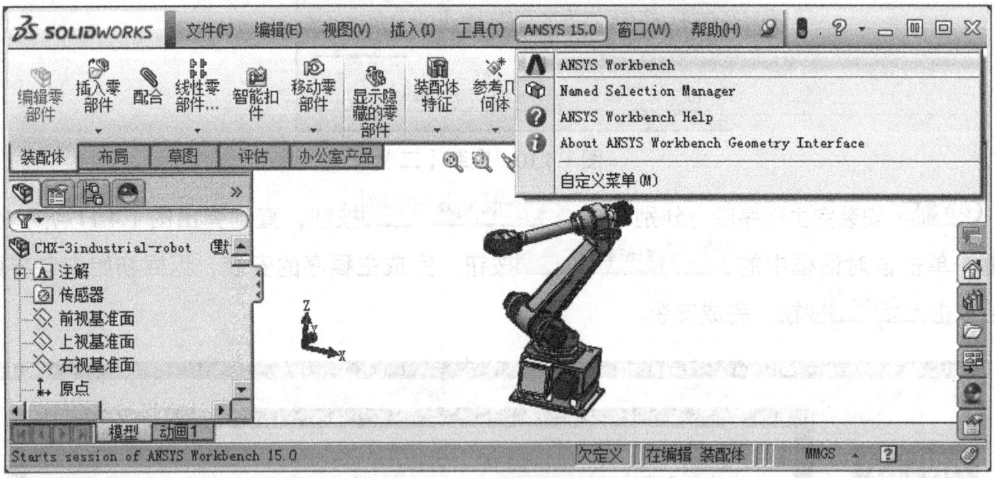


图 1.5.1　直接从 CAD 系统进入 Workbench15.0

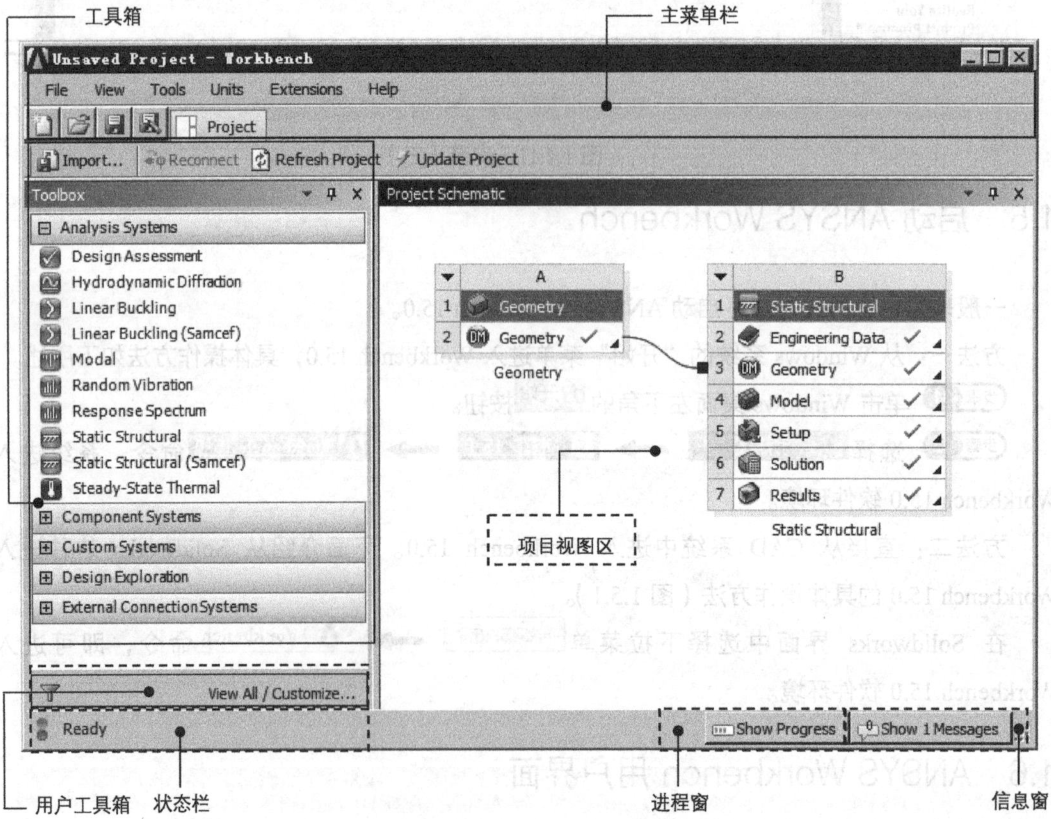


图 1.6.1　ANSYS Workbench 15.0 用户界面

### 1. 主菜单栏

主菜单栏包括文件（File）、视图（View）、工具（Tools）、单位（Units）和帮助（Help）五个菜单，可以对软件进行各种应用设置和定制，其中一些常用的命令直接提取到菜单栏中，方便调用。

### 2. 工具箱

工具箱（图 1.6.2）显示具体内容，即用户所安装的产品项目，其中的每一种产品项目都可以实现不同的分析需要。

- Analysis Systems：通用分析模块。
- Component Systems：用于创建各种不同的应用程序或用来扩展所分析的系统。
- Custom Systems：用于预先定义耦合系统。
- Design Exploration：用于优化和参数管理。

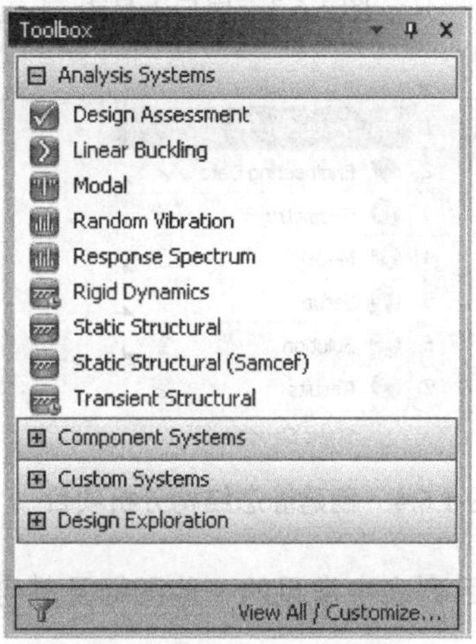


图 1.6.2　工具箱

### 3. 用户工具箱

通常情况下，用户工具箱窗口是关闭的，在工具箱底部单击 View All / Customize... 按钮，弹出图 1.6.3 所示的用户工具箱窗口，在窗口中勾选任意项目图标，即可将其显示在工具箱中，方便以后的调用。单击工具箱底部的 << Back 按钮，关闭用户工具箱。

### 4. 项目视图区

项目视图区中用一个图形代表所定义的一个或一组系统的工作流程，通常按照从左到右的顺序排列。在工具箱中双击或直接拖动项目图标到项目视图区，即可创建一个分析项目。图 1.6.4 所示是通过此方法创建的一个静态结构分析项目，其操作是在工具箱中双击 Static Structural 或直接将其拖动到项目视图区。

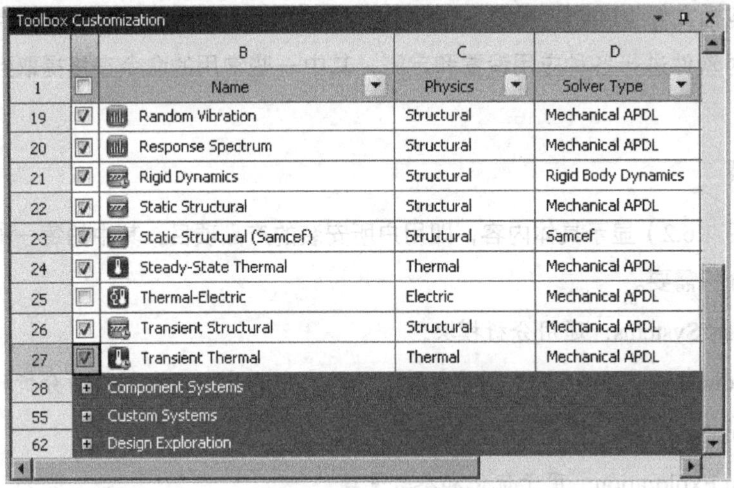


图 1.6.3　用户工具箱

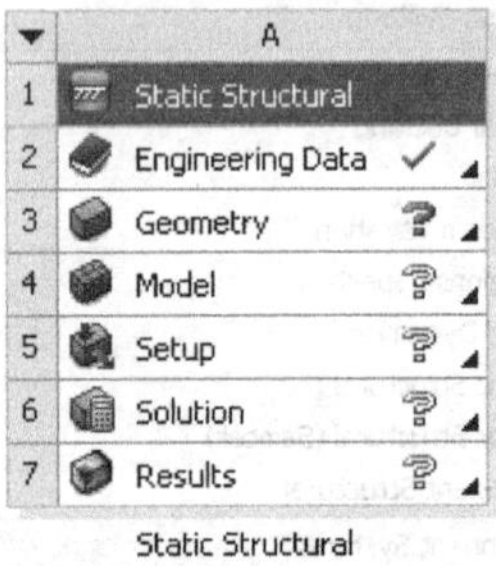


图 1.6.4　创建静态结构分析项目

ANSYS Workbench 15.0 项目列表中常见的一些图标及其含义见表 1.6.1。

表 1.6.1　项目图标含义

| 图　标 | 图 标 含 义 |
|---|---|
|  | 数据确定 |
|  | 需要注意 |
|  | 缺少数据，上行数据不存在 |
|  | 需要刷新，上行数据已改变 |
|  | 需要更新，本地数据已改变 |
|  | 求解中 |
|  | 更新失败 |
|  | 更新中断 |
|  | 输入变化，组块需要局部更新，但当下一个执行更新时由于上行数据改变，可能会发生变化 |

### 5. 状态栏

状态栏显示了当前软件系统的工作状态。

### 6. 进程窗

进程窗显示了当前分析的进程。

### 7. 消息窗

消息窗显示了当前分析过程中的各种信息。

# 1.7 ANSYS Workbench 项目列表操作

在 ANSYS Workbench 中，所有分析项目的进行都是从新建项目列表开始的，在 ANSYS Workbench 中可以根据分析需要新建各种项目列表。下面具体介绍 Workbench 中各种项目列表的新建及基本操作。

## 1.7.1 新建项目列表

### 1. 新建“Engineering Data”项目列表

Workbench 中的“Engineering Data”项目列表用于管理分析中的所有设计数据，包括材料属性和设计参数。下面具体介绍新建“Engineering Data”项目列表的操作方法。

在 ANSYS Workbench 界面中选中 Toolbox 工具箱中 ⊟ Component Systems 区域的 Engineering Data 选项，按住鼠标左键将其拖动到项目视图区，此时在项目视图区出现图 1.7.1 所示的新建区域，在区域内释放鼠标，系统即在该区域新建一个“Engineering Data”项目列表，如图 1.7.2 所示。

**说明** 新建项目列表的另一种方法：直接双击 Engineering Data 。

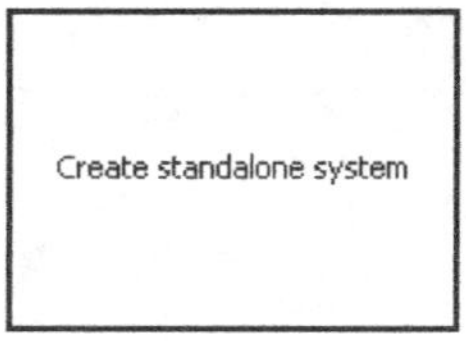


图 1.7.1 新建区域

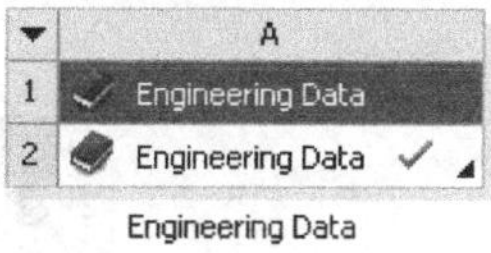


图 1.7.2 创建“Engineering Data”项目列表

### 2. 新建“Geometry”项目列表

Workbench 中的“Geometry”项目列表用于管理分析中的几何模型，几何建模既可以在

Workbench 的专有建模平台 DesignModeler 中进行，也可以从其他 CAD 软件中导入。下面具体介绍新建“Geometry”项目列表的操作方法。

在 ANSYS Workbench 界面中双击 Toolbox 工具箱中 ⊟ Component Systems 区域的 Geometry 选项，则新建一个“Geometry”项目列表，如图 1.7.3 所示。

在“Geometry”项目列表中双击 Geometry ?（或右击，在弹出的快捷菜单中选择 New Geometry... 命令，进入 DesignModeler 建模平台，可以进行几何体创建。在本书后面章节中会详细介绍，此处不再赘述）。

### 3. 新建“Mesh”项目列表

Workbench 中的“Mesh”项目列表用于管理分析中的网格划分，通过创建“Mesh”项目列表可以进入 Workbench 的专有网格划分平台进行几何模型网格划分。下面具体介绍新建“Mesh”项目列表的操作方法。

在 ANSYS Workbench 界面中双击 Toolbox 工具箱中 ⊟ Component Systems 区域的 Mesh 选项，则新建一个“Mesh”项目列表，如图 1.7.4 所示。

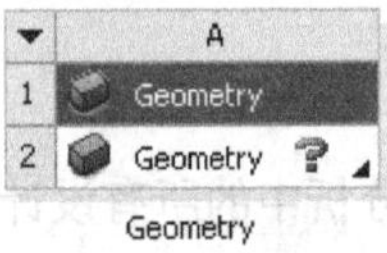


图 1.7.3 创建“Geometry”项目列表

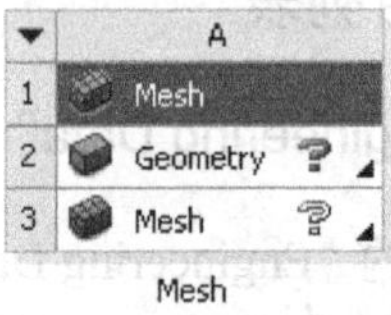


图 1.7.4 创建“Mesh”项目列表

### 4. 新建专有分析项目列表

如果要进行专有分析，可以在 Workbench 中直接新建专有分析项目列表。如果要进行静态结构分析，可以新建一个“Static Structure”项目列表；如果要进行模态分析，可以新建一个“Modal”项目列表，其他依此类推。下面以新建静态结构分析项目列表为例，介绍新建专有分析项目列表的操作方法。

在 ANSYS Workbench 界面中双击 Toolbox 工具箱中 ⊟ Analysis Systems 区域的 Static Structural 选项，则新建一个“Static Structure”项目列表，如图 1.7.5 所示。

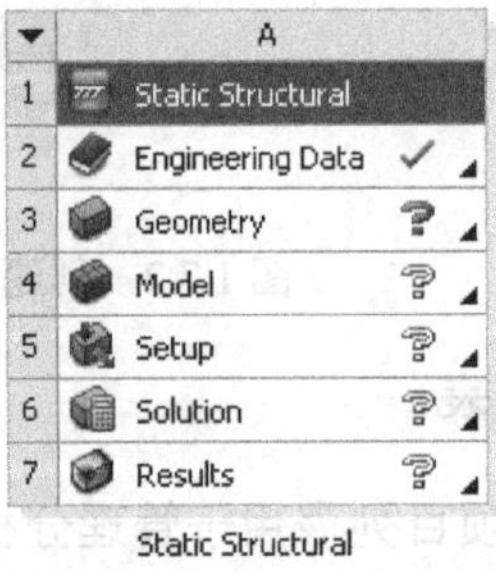


图 1.7.5 创建“Static Structure”项目列表

### 5. 通过共享创建项目列表

在 Workbench 中，各种项目列表间的某些数据是可以共享的，这样会省去重新创建项目列表的麻烦，共享数据可以共享一项数据，也可以共享多项数据。下面具体介绍通过共享创建项目列表的操作方法。

步骤 01 新建“Geometry”项目列表。在 ANSYS Workbench 界面中双击 Toolbox 工具箱中 ⊟ Component Systems 区域的 Geometry 选项，新建一个“Geometry”项目列表，如图 1.7.6 所示。

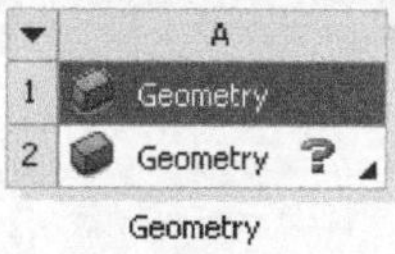


图 1.7.6 创建“Geometry”项目列表

步骤 02 创建“Mesh”项目列表。在 ANSYS Workbench 界面中单击 Toolbox 工具箱中 ⊟ Component Systems 区域的 Mesh 选项，将其拖动到项目视图区，此时在项目视图区中的“Geometry”项目列表周围出现四个绿色矩形虚线框，将光标移动到“Geometry”项目列表中的 Geometry 上，此时右侧虚线框变成红色实线框（图 1.7.7），释放鼠标，在“Geometry”项目列表右侧创建一个“Mesh”项目列表，如图 1.7.8 所示。

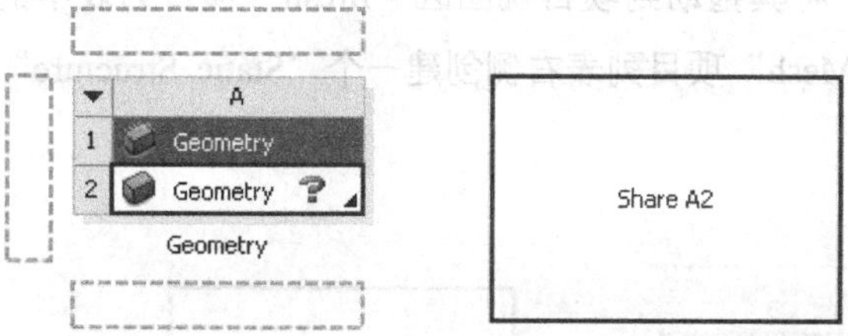


图 1.7.7 放置项目列表

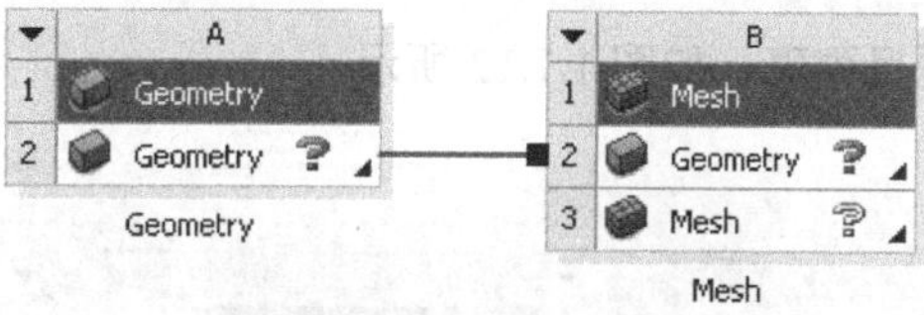


图 1.7.8 创建“Mesh”项目列表

说明

- 图 1.7.8 所示的项目列表，在“Geometry”项目列表和“Mesh”项目列表中的 Geometry 之间的蓝色连线表示这两个项目间共享“Geometry”，即共享几何体。
- ANSYS Workbench 中的每一个数据都有一个特定的标记，而且在 ANSYS Workbench 很多界面中都会看到。每一个项目列表最上方中间位置用大写英文字母标记，从 A 开始，之后创建的项目列表依此类推；每个项目列表中的数据用阿拉伯数字标记，从 1 开始，这样就很容易区分项目中的数据。以图 1.7.8 所示的项目列表为例：如“A2”表示的是“Geometry”项目列表中的 Geometry 数据，“B3”表示的是“Mesh”项目列表中的 Mesh 数据，图 1.7.7 中右侧红色实线框中出现“Share A2”表示共享“A2”数据，即共享 Geometry 数据，依此类推。

◆ 在创建共享项目列表时，直接将项目列表拖曳到绿色虚线框中，如图 1.7.9 所示，将创建一个独立的项目列表，那么新创建的项目列表与旧的项目列表之间就不存在共享关系了，如图 1.7.10 所示。

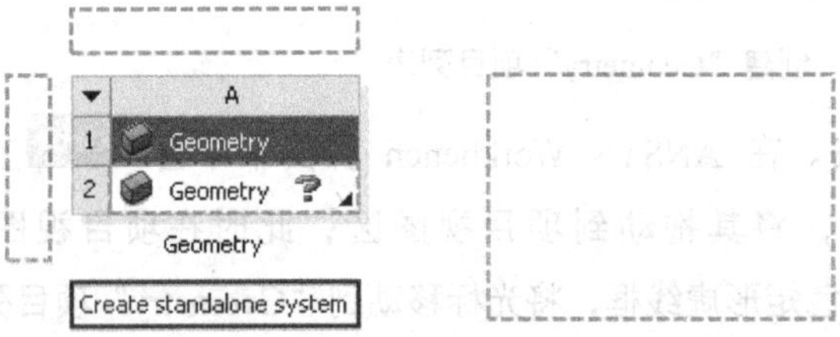


图 1.7.9　放置项目列表

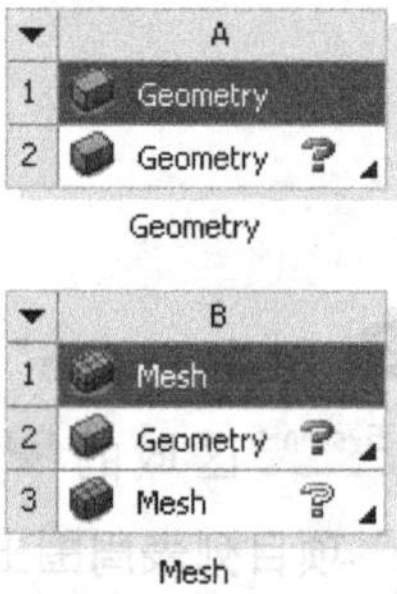


图 1.7.10　独立项目列表

步骤 03 创建“Static Structure”项目列表。在 ANSYS Workbench 界面中单击 Toolbox 工具箱中 Analysis Systems 区域的 Static Structural 选项，将其拖动到项目视图区“Mesh”项目列表中的 Geometry 上（图 1.7.11），释放鼠标，在“Mesh”项目列表右侧创建一个“Static Structure”项目列表，如图 1.7.12 所示。

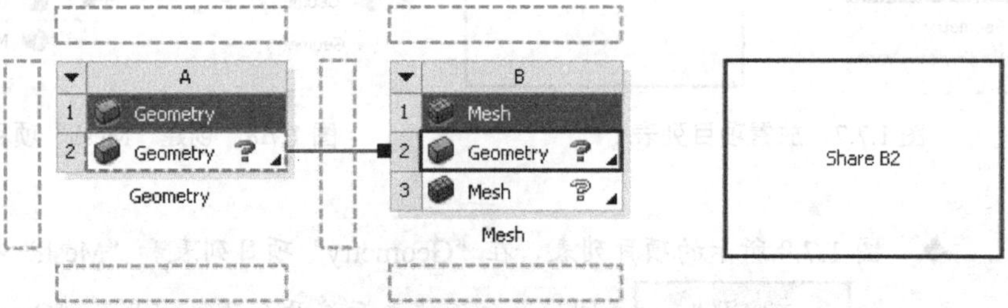


图 1.7.11　放置项目列表

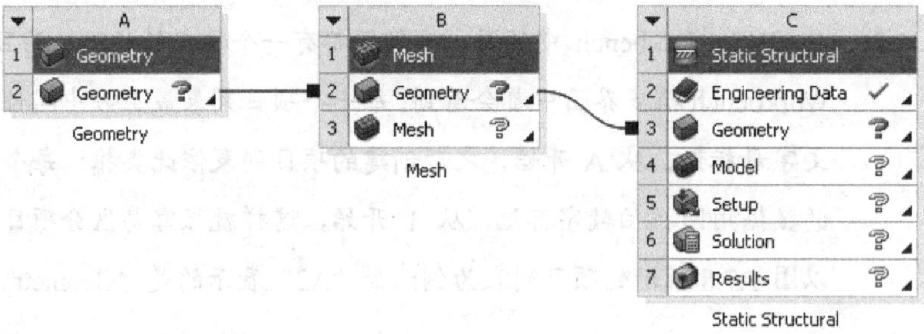


图 1.7.12　创建“Static Structure”项目列表

步骤 04 创建“Modal”项目列表。在 ANSYS Workbench 界面中单击 Toolbox 工具箱中 Analysis Systems 区域的 Modal 选项，将其拖动到项目视图区“Static Structure”项目列表中的 C2、C3、C4 数据上（图 1.7.13），释放鼠标，在“Static Structure”项目列表右侧将创建一个“Modal”项目列表，如图 1.7.14 所示。

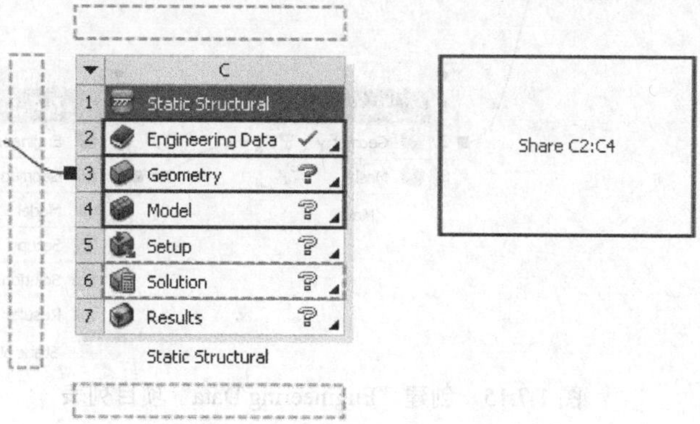


图 1.7.13 放置项目列表

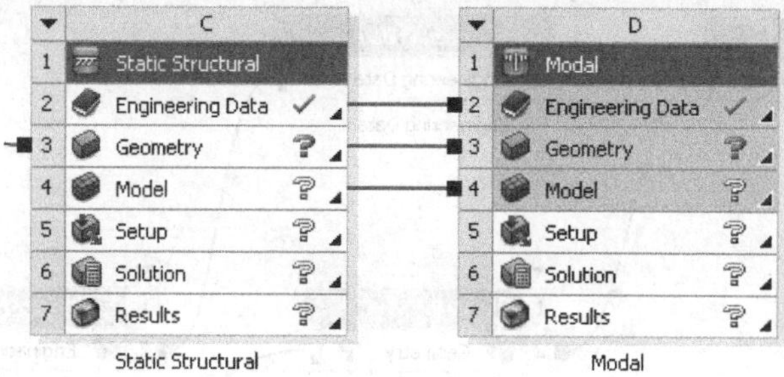


图 1.7.14 创建“Modal”项目列表

步骤 05 创建“Engineering Data”项目列表。在 ANSYS Workbench 界面中单击 Toolbox 工具箱中 Component Systems 区域的 Engineering Data 选项，将其拖动到项目视图区“Mesh”项目列表的上方虚线框中，在“Mesh”项目列表上方创建一个独立的“Engineering Data”项目列表，如图 1.7.15 所示。

步骤 06 共享数据。在“Engineering Data”项目列表中选中 Engineering Data 并将其拖放到“Static Structure”项目列表中的 Engineering Data 上，将在两者之间创建一条连线，表示项目之间共享 Engineering Data 数据，如图 1.7.16 所示。

## 1.7.2 项目列表基本操作

在项目列表的创建及分析过程中，往往需要对项目列表进行一些编辑与修改操作。下面以图 1.7.17 所示的项目列表为例，介绍项目列表的一些基本操作方法。

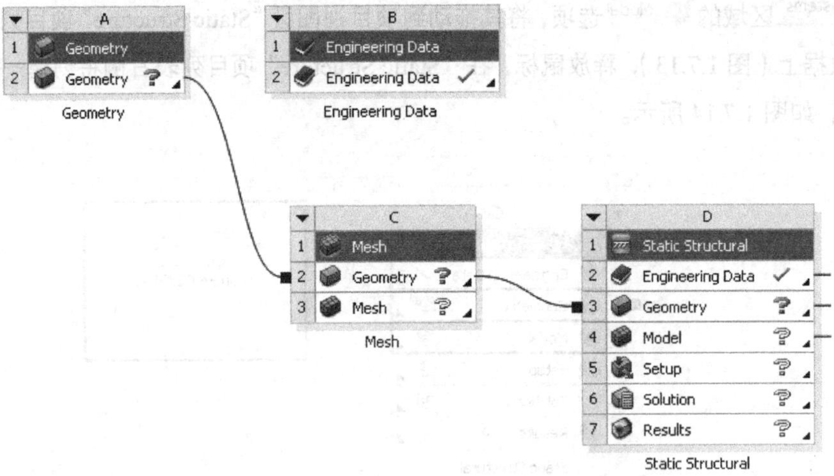


图 1.7.15　创建“Engineering Data”项目列表

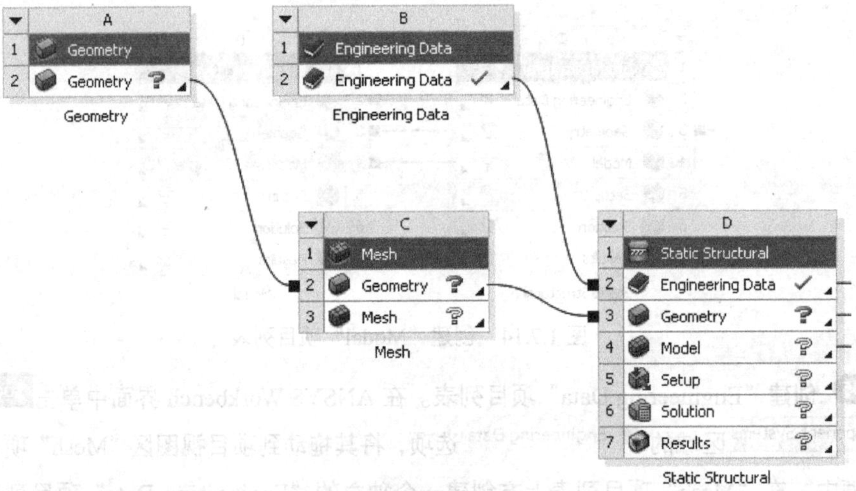


图 1.7.16　共享数据

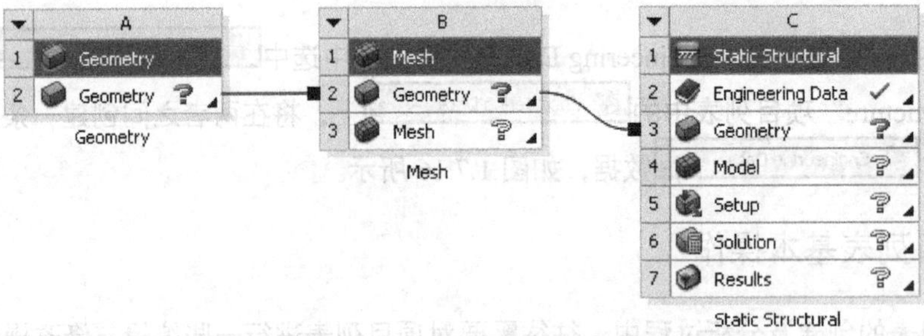


图 1.7.17　项目列表基本操作

步骤 01　删除项目列表。在“Mesh”项目列表中右击 Mesh ，在弹出的快捷菜单中选择 Delete 命令，弹出图 1.7.18 所示的“ANSYS Workbench”对话框，单击对话框中的 OK 按钮，结果如图 1.7.19 所示。

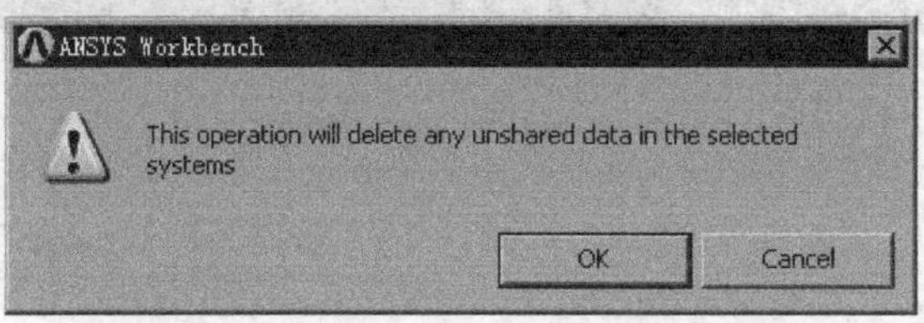


图 1.7.18 “ANSYS Workbench”对话框

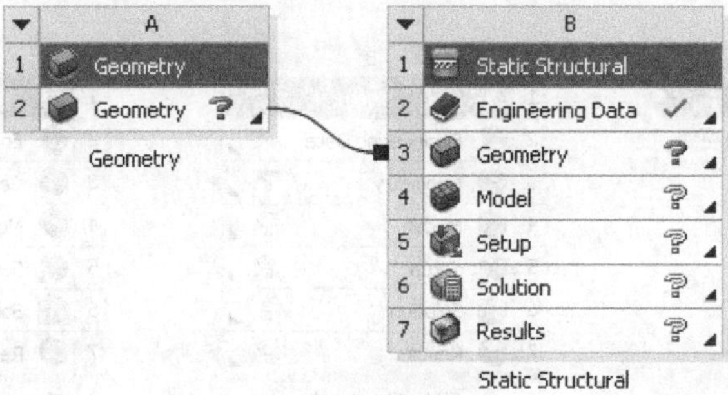


图 1.7.19 删除项目列表

步骤 02 复制项目列表。在“Static Structure”项目列表中右击 Static Structural ，在弹出的快捷菜单中选择 Duplicate 命令，创建一个“Static Structure”项目列表的副本，结果如图 1.7.20 所示。

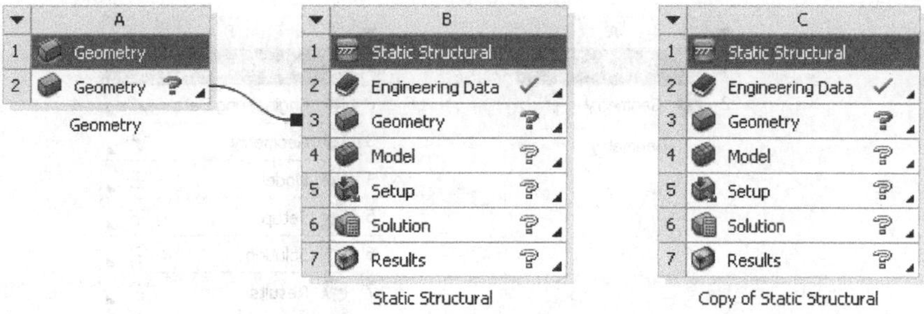


图 1.7.20 复制项目列表

步骤 03 解除共享。在项目视图区选中共享连线后右击，在弹出的快捷菜单中选择 Delete 命令，弹出图 1.7.21 所示的“ANSYS Workbench”对话框，单击对话框中的 OK 按钮，结果如图 1.7.22 所示。

说明

共享数据关系一旦解除，数据与数据之间即不存在共享关系了。

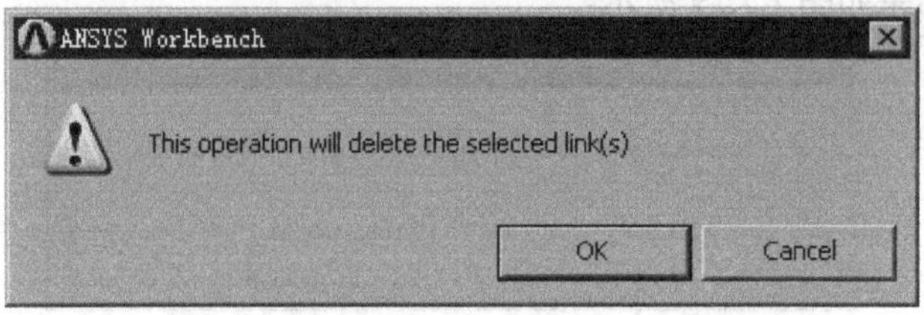


图 1.7.21 “ANSYS Workbench” 对话框

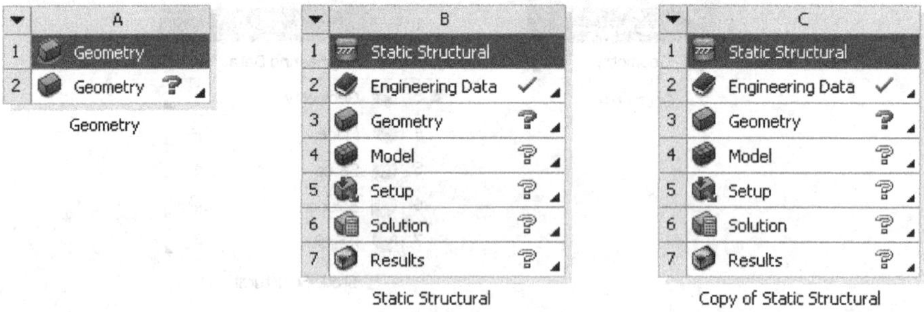


图 1.7.22 解除共享

步骤 04 移动项目列表。在复制得到的“Static Structure”项目列表中单击 

，将其拖动到“Geometry”项目列表下方的绿色虚线框中，即可将选中的“Static Structure”项目列表移动到“Geometry”项目列表下方，结果如图 1.7.23 所示。

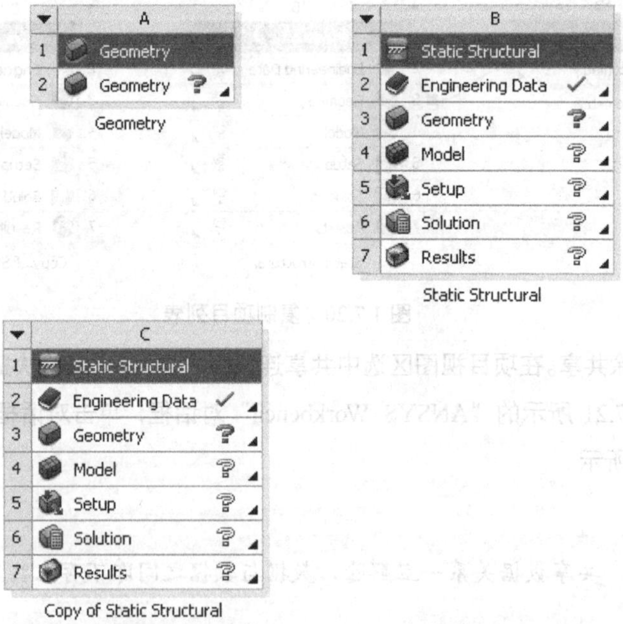


图 1.7.23 移动项目列表

步骤 05 替换项目列表。在移动得到的“Static Structure”项目列表中右击 Static Structural，在弹出的快捷菜单中选择 Replace With ▸ → Modal 命令，将静态结构分析项目替换成模态分析项目，结果如图 1.7.24 所示。

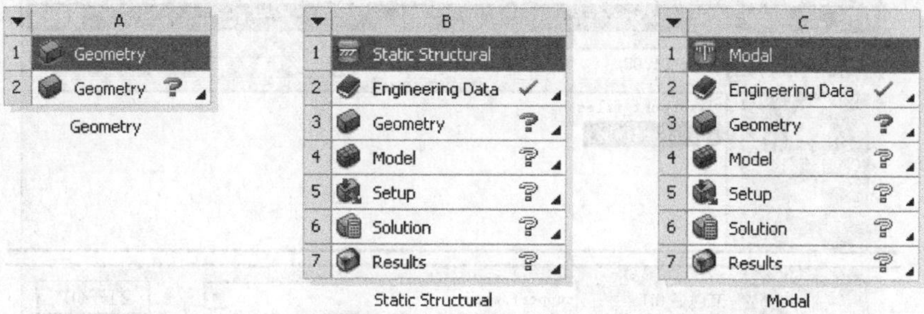


图 1.7.24 替换项目列表

## 1.8 ANSYS Workbench 结构分析流程

在 ANSYS Workbench 15.0 中进行静态结构分析的一般流程如下所述。

（1）确定结构分析方案。对于桁架、壳、实体等不同结构，在 Workbench 中都有着不同的分析方法。

（2）定义模型的材料属性。

（3）创建分析几何模型。使用 Workbench 中的 DesignModeler 建模平台完成分析几何模型的创建，或者使用其他 CAD 软件完成几何模型的创建。

（4）创建有限元模型。根据实际情况定义载荷和约束条件，使用网格划分工具划分网格，根据分析需要，正确定义接触。

（5）分析设置与求解。注意设置合适的求解选项与求解结果项。

（6）查看与评估求解结果。

## 1.9 ANSYS Workbench 文件基本操作与管理

### 1.9.1 文件基本操作

#### 1. 打开文件

下面首先介绍打开文件的一般操作过程。

步骤 01 选择 File → Open... 命令（或单击按钮），系统弹出图 1.9.1 所示的“打开”对话框。

步骤 02 在该对话框的查找范围(I):下拉列表中，选择需要打开的文件所在的目录（如 D:\an15.01\work\ch01.09.01.01），在文件名(N):文本框中输入文件名称（如 support.wbpj）。

步骤 03 单击打开(O)按钮，即可打开文件。

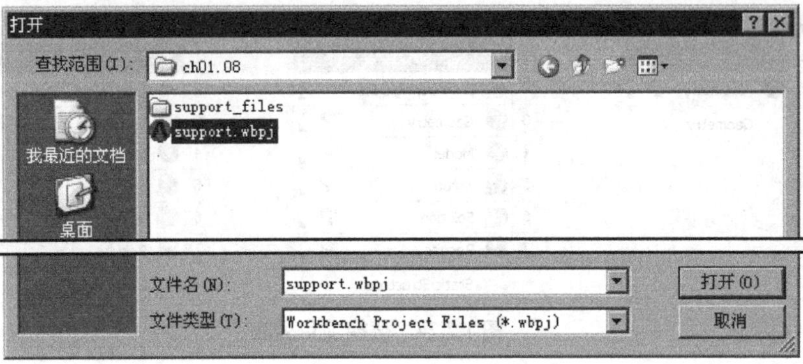


图 1.9.1 “打开”对话框

说明 打开的文件经过修改后，再次选择打开命令，弹出图 1.9.2 所示的“ANSYS Workbench”对话框。单击对话框中的 Yes 按钮，系统将对修改的结果进行保存，然后打开另一个文件；单击对话框中的 No 按钮，则不对修改结果进行保存，而是直接打开另一个文件。

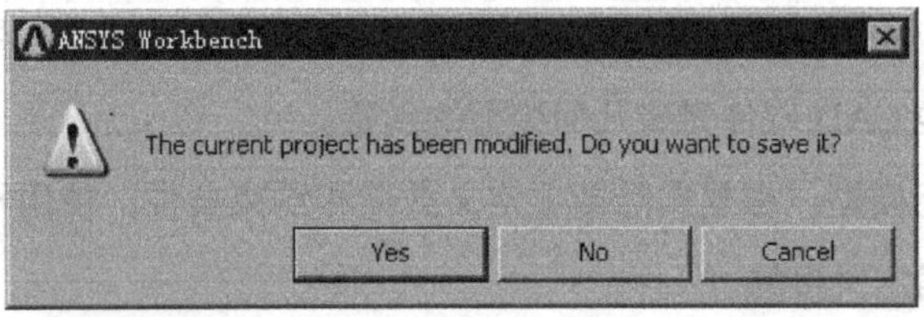


图 1.9.2 “ANSYS Workbench”对话框

### 2. 保存文件

下面介绍保存文件的一般操作过程。

步骤 01 选择 File → Save 命令（或单击按钮），系统弹出图 1.9.3 所示的“另存为”对话框。

步骤 02 在对话框的保存在(I):下拉列表中，选择需保存文件所在的目录（如 D:\an15.01\work\ch01.09.01.02），在文件名(N):文本框中输入部件名称（如 support.wbpj）。

步骤 03 单击保存(S)按钮，即可保存文件。

### 3. 另存为文件

选择 File ➡ 命令，弹出“另存为”对话框，选择保存文件目录并输入保存文件名称即可保存文件，具体操作请参考“保存文件”相关步骤。

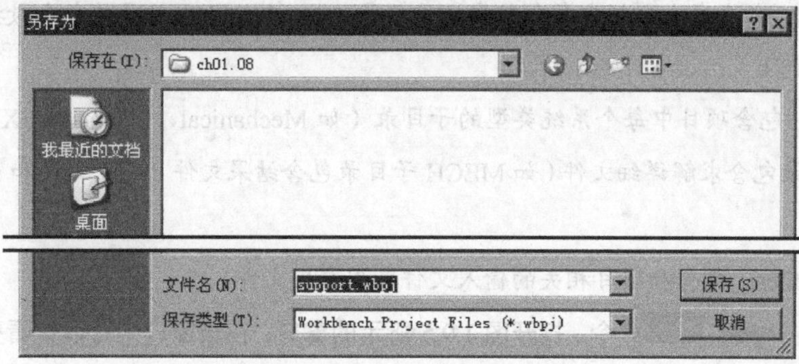


图 1.9.3 “另存为”对话框

## 1.9.2 文件管理

在 ANSYS Workbench 15.0 中是通过创建一个项目文件和一系列子目录来管理所有相关文件的。在这些目录中，一般不要随便手动修改其内容或结构的项目目录。当创建了单个项目保存文件（格式为.wbpj）后，用户指定的项目文件名称（如 support.wbpj）、一些子目录等都将被创建在该项目目录下（练习本小节内容，读者可打开文件“D:\an15.01\work\ch01.09.02\support.wbpj”），如图 1.9.4 所示。

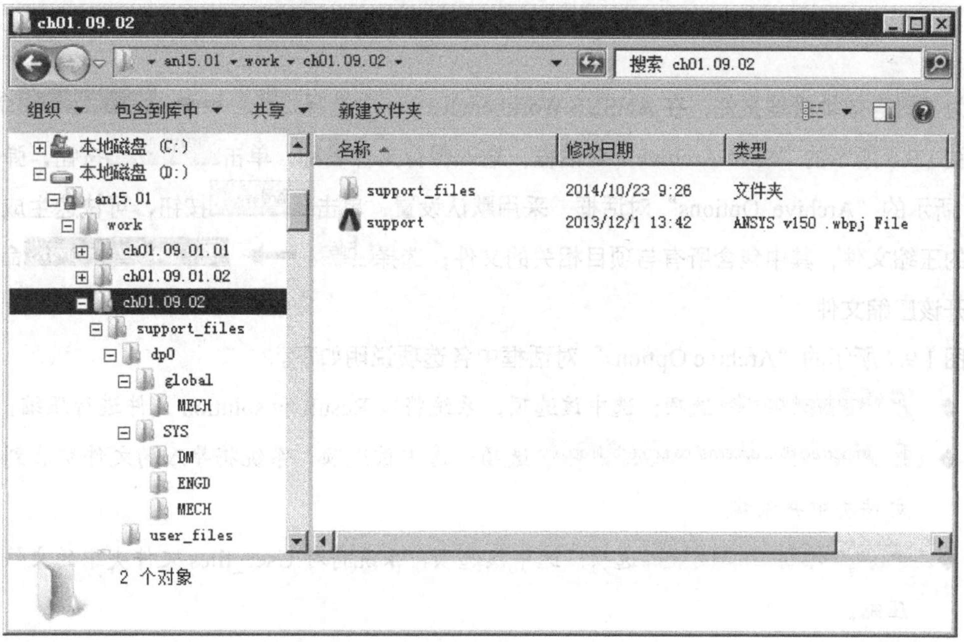


图 1.9.4 Workbench 15.0 文件管理

ANSYS Workbench 15.0 文件格式的目录结构如下。

- dpn：设计点目录，是所有参数分析所必需的。一个单独的分析中将只有一个“dp0”目录。
- global：包含每个分析中每个程序的子目录（如“MECH”目录将包含数据库和其他相关文件）。
- SYS：包含项目中每个系统类型的子目录（如 Mechanical、Fluent、CFX 等）。每个系统目录包含求解详细文件（如 MECH 子目录包含结果文件 ds.dat 文件和 solve.out 文件等）。
- user_files：包含和项目相关的输入文件和用户宏文件。

选择 View → Files 命令，打开图 1.9.5 所示的窗口，在该窗口中可以查看整个项目相关文件细节。

Files

| | A | B | C | D | E | F |
|---|---|---|---|---|---|---|
| 1 | Name | Cell ID | Size | Type | Date Modified | Location |
| 2 | support.wbpj | | 315 KB | Workbench Project File | 2014/10/23 9:36:34 | D:\an15.01\work\ch01.09.02 |
| 3 | SYS.agdb | A3 | 2 MB | Geometry File | 2014/10/23 9:36:33 | D:\an15.01\work\ch01.09.02\support_files\dp0\SYS\DM |
| 4 | EngineeringData.xml | A2 | 17 KB | Engineering Data File | 2014/10/23 9:36:33 | D:\an15.01\work\ch01.09.02\support_files\dp0\SYS\ENGD |
| 5 | material.engd | A2 | 18 KB | Engineering Data File | 2013/12/1 13:39:46 | D:\an15.01\work\ch01.09.02\support_files\dp0\SYS\ENGD |
| 6 | SYS.engd | A4 | 18 KB | Engineering Data File | 2013/12/1 13:39:46 | D:\an15.01\work\ch01.09.02\support_files\dp0\global\MECH |
| 7 | SYS.mechdb | A4 | 147 KB | Mechanical Database File | 2013/12/1 13:40:52 | D:\an15.01\work\ch01.09.02\support_files\dp0\global\MECH |
| 8 | CAERep.xml | A1 | 12 KB | .xml | 2013/12/1 13:40:34 | D:\an15.01\work\ch01.09.02\support_files\dp0\SYS\MECH |

图 1.9.5 查看整个项目相关文件细节

为了更有效地管理文件，在 ANSYS Workbench 15.0 中选择 File → Archive... 命令，弹出图 1.9.6 所示的“Save Archive”对话框，输入保存文件名称，单击 保存(S) 按钮，弹出图 1.9.7 所示的“Archive Options”对话框，采用默认设置，单击 Archive 按钮，可快速生成一个单一的压缩文件，其中包含所有与项目相关的文件；选择 File → Restore Archive... 命令，可打开该压缩文件。

图 1.9.7 所示的“Archive Options”对话框中各选项说明如下。

- ☑ Result/solution files 选项：选中该选项，系统将对 Result 和 solution 文件进行压缩。
- ☑ Imported files external to project directory 选项：选中该选项，系统将导入的文件扩展到项目文件夹中并压缩。
- ☑ Items in the User_files folder 选项：选中该选项，系统将对 User_files 文件夹中的文件进行压缩。

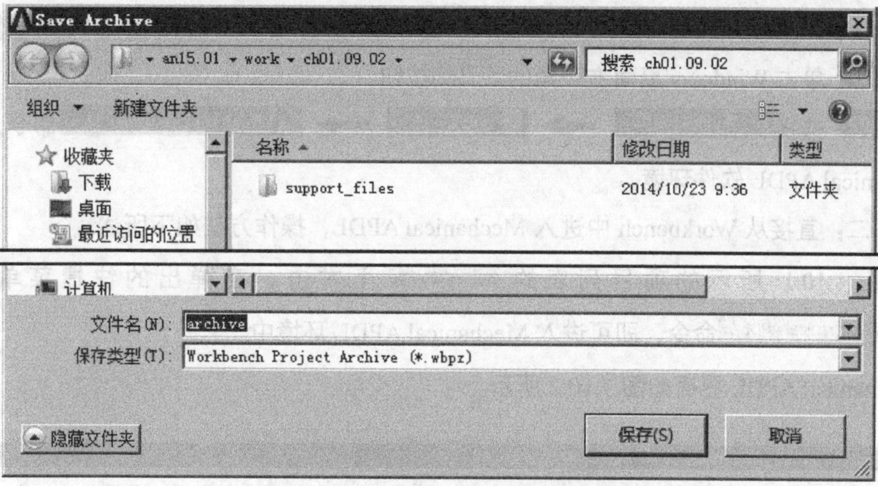


图 1.9.6 “Save Archive”对话框

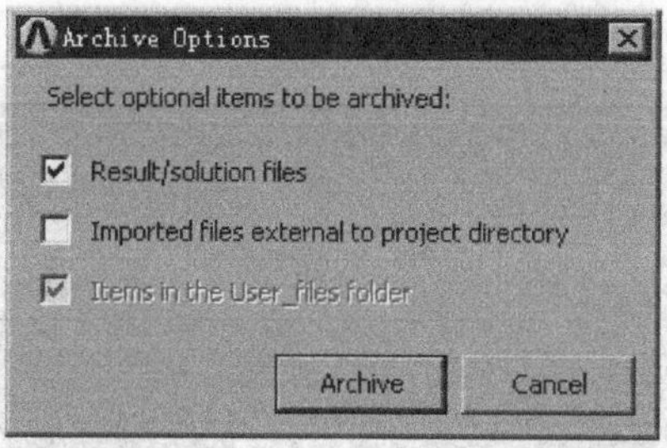


图 1.9.7 “Archive Options”对话框

## 1.10 Mechanical APDL 简介

Mechanical APDL 简称 MAPDL，即经典 ANSYS，其中 APDL 是参数设计语言（ANSYS Parametric Design Language）的简称。在 Workbench 之前的 ANSYS 界面通常称为经典 ANSYS 界面，自 Workbench 12 起，ANSYS 将经典 ANSYS 集成为 Workbench 界面下的 Mechanical APDL。在工具箱中的 Component Systems 区域下双击 Mechanical APDL 或直接将其拖动到项目视图区，即可创建图 1.10.1 所示的 Mechanical APDL 分析项目。

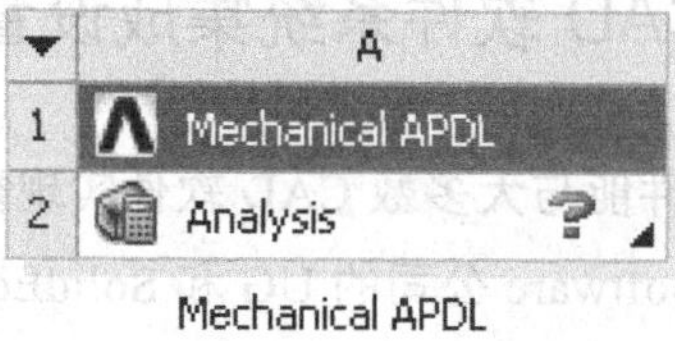


图 1.10.1 创建 Mechanical APDL 分析项目

一般来说，有两种方法可启动 Mechanical APDL。

方法一：从 Windows 系统的“开始”菜单进入 Mechanical APDL，操作方法如下所述。

步骤 01 单击 Windows 桌面左下角的 开始 按钮。

步骤 02 选择 所有程序 → ANSYS 15.0 → Mechanical APDL 15.0 命令，系统进入 Mechanical APDL 软件环境。

方法二：直接从 Workbench 中进入 Mechanical APDL，操作方法如下所述。

在图 1.10.1 所示的项目列表的 Analysis 上右击，在弹出的快捷菜单中选择 Edit in Mechanical APDL... 命令，即可进入 Mechanical APDL 环境中。

Mechanical APDL 界面如图 1.10.2 所示。

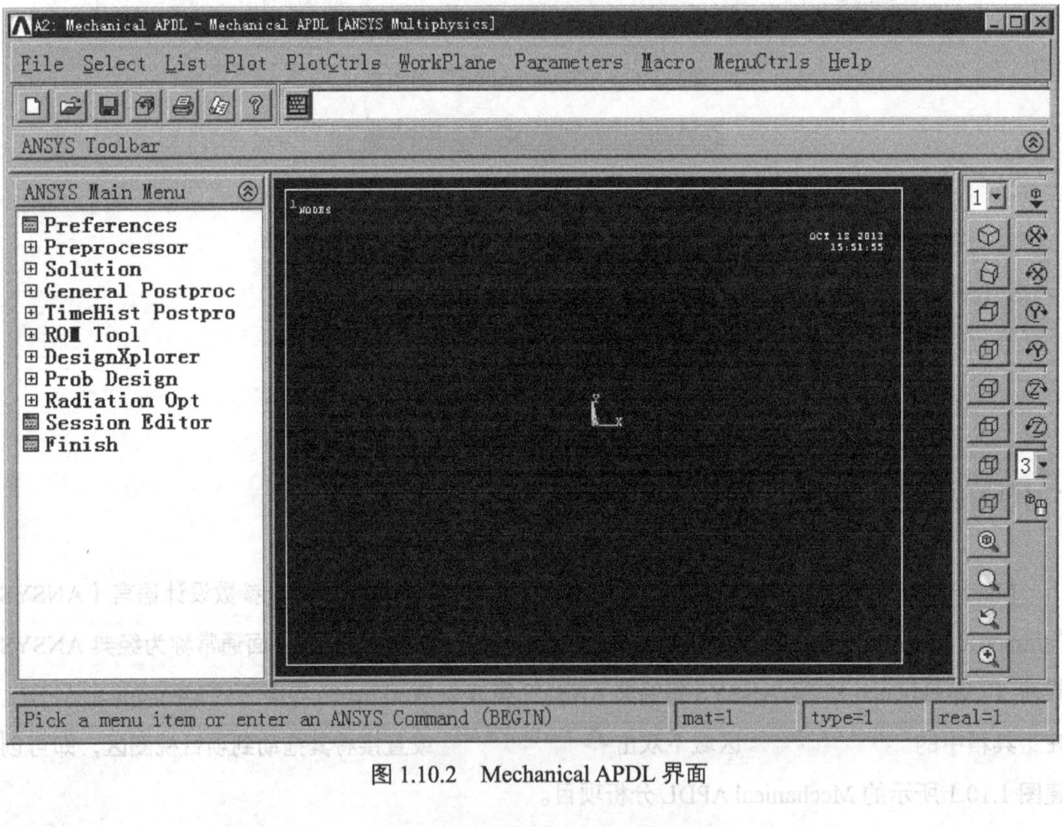


图 1.10.2 Mechanical APDL 界面

## 1.11 Workbench 与 CAD 软件系统集成设置

ANSYS Workbench 15.0 软件能与大多数 CAD 软件实现数据共享和交换，如 PTC 公司的 Pro/E（Creo）、Siemens PLM Software 公司的 UG 和 SolidEdge、Autodesk 公司的 AutoCAD 和 Inventor、Dassault Systemes 公司的 CATIA 和 SolidWorks 及 SpaceClaim 公司的 SpaceClaim

软件等。

除此之外，ANSYS Workbench 15.0 还能与主流的 CAE 软件进行数据交换，如 ABAQUS、NX、NASTRAN、I-DEAS 及 ALGOR 等。

ANSYS Workbench 15.0 仍旧支持第三方数据格式的导入功能，第三方模型的格式有 ACIS（SAT）、IGS/IGES、x_t/x_b、Stp/Step 等。

下面简要介绍一下 ANSYS Workbench 15.0 与 Solidworks 软件集成的设置方法。

步骤 01 选择 开始 菜单中的 所有程序 → ANSYS 15.0 → Utilities → CAD Configuration Manager 15.0 命令，系统弹出图 1.11.1 所示的“ANSYS CAD Configuration Manager 15.0”对话框（一）。

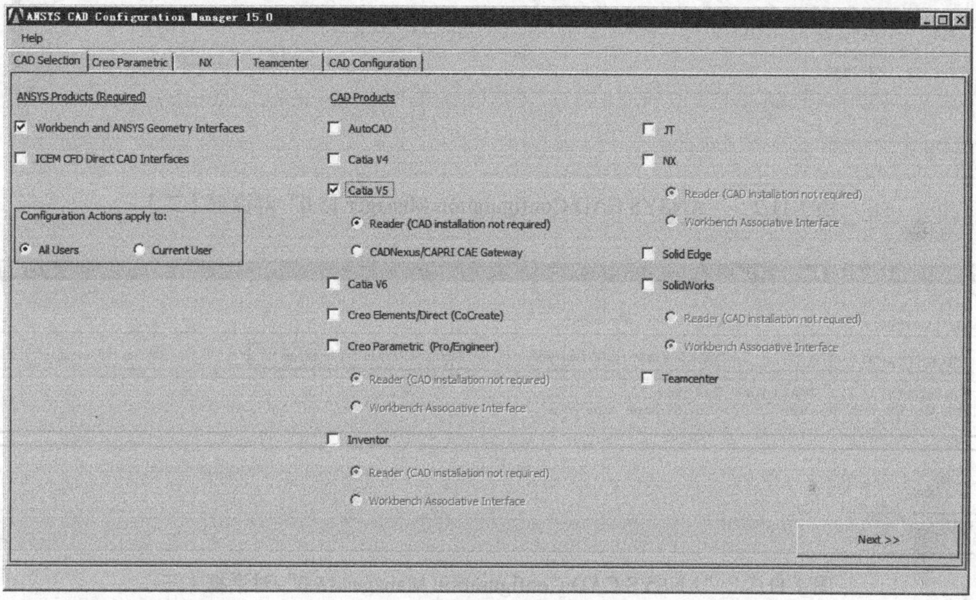

图 1.11.1 “ANSYS CAD Configuration Manager 15.0”对话框（一）

步骤 02 在对话框（一）中选中 Workbench and ANSYS Geometry Interfaces 和 SolidWorks 选项，单击 Next >> 按钮，弹出图 1.11.2 所示的“ANSYS CAD Configuration Manager 15.0”对话框（二）。

步骤 03 单击对话框（二）中的 Display Configuration Log File 按钮，系统显示出当前的配置信息，如图 1.11.2 所示。

步骤 04 单击对话框（三）中的 Configure Selected CAD Interfaces 按钮，经过一段时间，在对话框中显示图 1.11.3 所示的信息，说明设置成功，单击 Exit 按钮，弹出图 1.11.4 所示的“Exit”对话框，单击 是(Y) 按钮，关闭设置对话框。

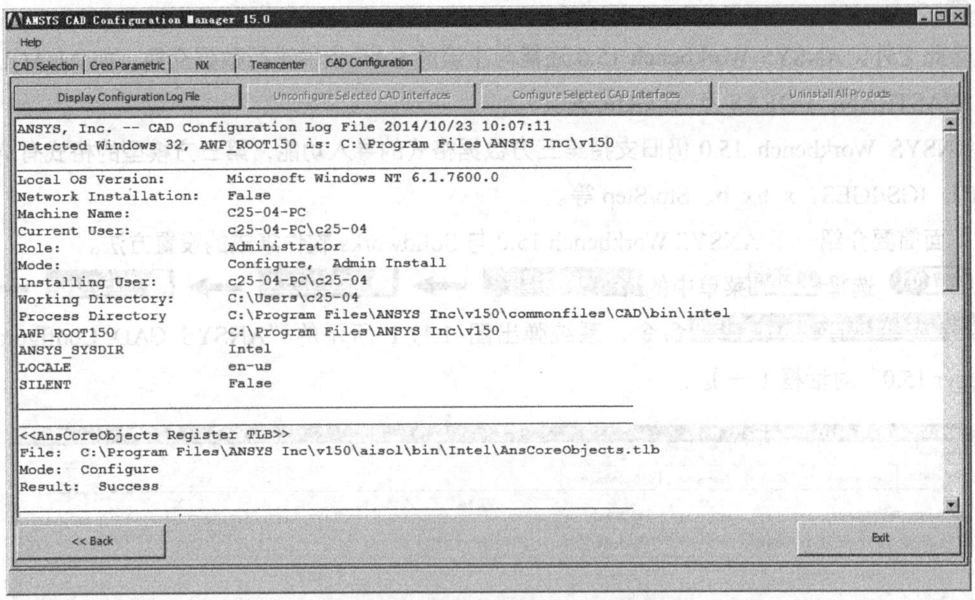


图 1.11.2 “ANSYS CAD Configuration Manager 15.0”对话框（二）

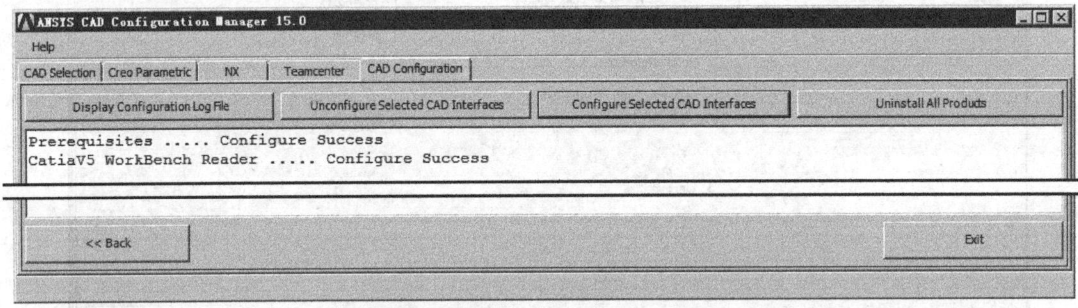


图 1.11.3 “ANSYS CAD Configuration Manager 15.0”对话框（三）

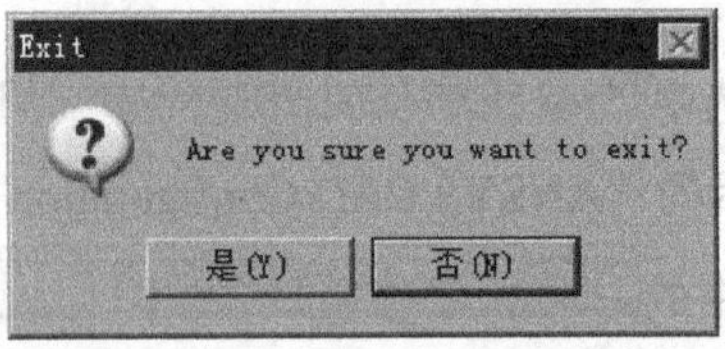


图 1.11.4 “Exit”对话框

步骤 05 验证设置。启动 Solidworks 2013 软件，可以看到在软件界面的下拉菜单区域中出现 ANSYS 15.0 下拉菜单，如图 1.11.5 所示。

上面简要介绍了 ANSYS 15.0 集成到 Solidworks 软件的方法，ANSYS 15.0 还可以集成到如 Pro/E（Creo）、SolidEdge 等软件中，操作相似，此处不再赘述，请读者按照以上步骤自行完成软件设置。

图 1.11.5 Solidworks 2013 操作界面

# 第 2 章　ANSYS Workbench 基本操作

**本章提要**

ANSYS Workbench 是一款功能强大的大型分析软件，其中包括各种常用的分析模块，对于各种分析模块都有着特定的操作流程，掌握了这些特定的操作流程，能够帮助我们完成各种分析。除此之外，ANSYS Workbench 还有很多基本操作需要掌握，掌握这些基本操作，能够帮助我们提高软件使用效率。本章将介绍 ANSYS Workbench 基本操作的相关内容，主要内容包括：

- ◆ 设计数据管理。
- ◆ 设计参数设置。
- ◆ 几何属性。
- ◆ 单位系统。
- ◆ 选择工具。
- ◆ 坐标系。
- ◆ 求解选项。
- ◆ 求解与后处理结果。
- ◆ 结果后处理工具。
- ◆ 分析报告。

## 2.1 概述

本章主要介绍使用 ANSYS Workbench 中的一些基本操作，基本涵盖了 ANSYS Workbench 有限元分析过程中包括前处理、求解及后处理中经常进行的一些基本操作，对于将来顺利完成有限元分析非常有帮助。

主要包括以下内容。

- ◆ 设计数据管理：用于管理分析项目中的设计数据，主要包括材料属性的设置管理及设计参数的管理等。
- ◆ 选择工具：在分析过程中很多时候需要选择几何体对象，在 ANSYS Workbench 中提供了多种用于选择几何体的工具，主要包括一般选择工具和命名选择工具。
- ◆ 虚拟拓扑：由于 ANSYS Workbench 几何建模功能相对来说比较弱，与其他 CAD 软件存在很大差距，很多时候分析模型都是从其他 CAD 中导入的，在导入过程中可能会存在一些差异，但使用虚拟拓扑工具可以进行有效的修复。

- 求解选项设置：对于不同的分析项目都有着不同的分析流程，也有着不同的分析求解要求与设置，对于求解器的设置，能够帮助人们得到所需要的求解结果。
- 分析结果：完成有限元分析后，会得到一些分析结果，这些结果都是在设计过程中比较关心的结果，可以根据设计需要进行定制。
- 结果后处理工具：得到分析结果后，需要对结果进行查看与评估，对分析结果进行必要的分析，从而反馈设计。

## 2.2 设计数据管理

### 2.2.1 设计数据管理界面

设计数据的管理需要进入设计数据管理界面，有以下两种方法进入设计数据管理界面，具体操作如下所述。

方法一：创建一个“Engineering Data”项目列表直接进入设计数据管理界面。

步骤 01 创建“Engineering Data”项目列表。在 ANSYS Workbench 界面中双击 Toolbox 工具箱的 ⊟ Component Systems 区域中的 Engineering Data 选项，新建一个“Engineering Data”项目列表。

步骤 02 进入设计数据管理界面。在“Engineering Data”项目列表中双击 Engineering Data ✓ 选项，进入设计数据管理界面，如图 2.2.1 所示。

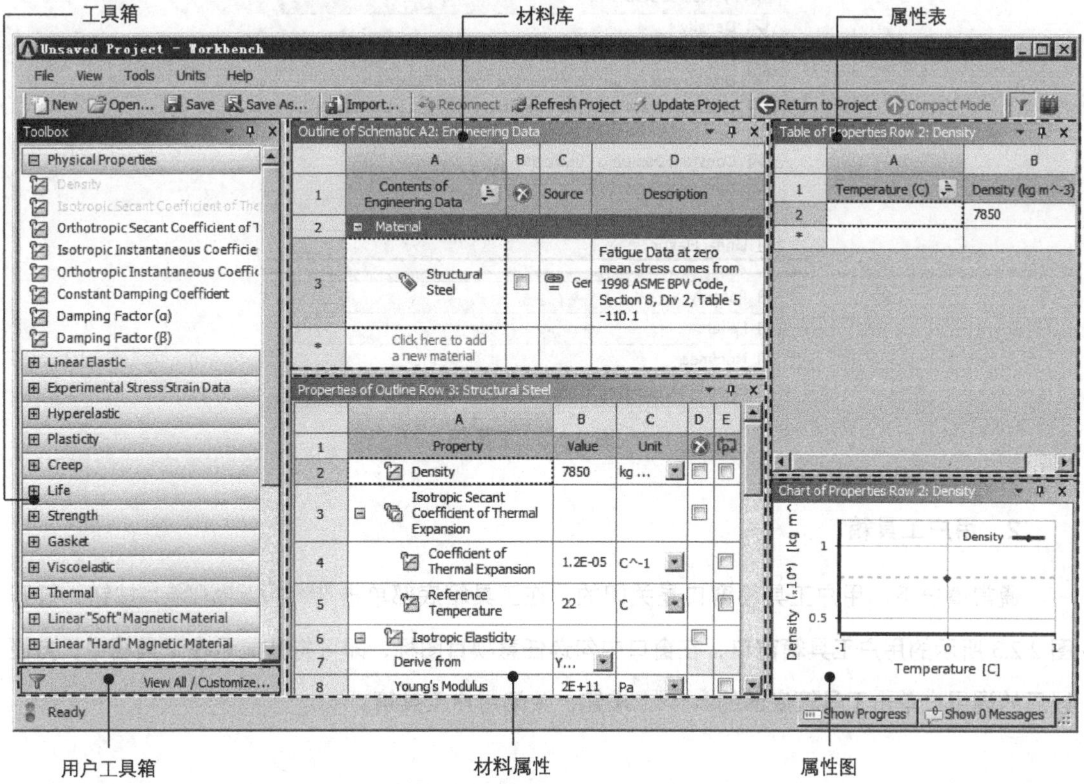


图 2.2.1 设计数据管理界面

方法二：从其他分析项目列表进入设计数据管理界面。

在具体的分析项目列表中也会包含 Engineering Data 内容，直接双击 Engineering Data 选项即可进入设计数据管理界面。

说明

无论是新建一个“Engineering Data”项目列表，还是任何一个分析项目列表，对于 Engineering Data 数据都是确定的，系统都默认给定设计数据，包括材料属性，默认的材料是“Structural Steel（结构钢）”，所以在分析过程中，如果没有特定指别材料属性，系统将以默认的 Structural Steel（结构钢）为材料进行分析。

设计数据管理界面主要由工具箱、用户工具箱、材料库、材料属性、属性表和属性图组成。

### 1. 工具箱

工具箱中包括所有材料属性，这些属性主要用于定义新材料，如图 2.2.2 所示。

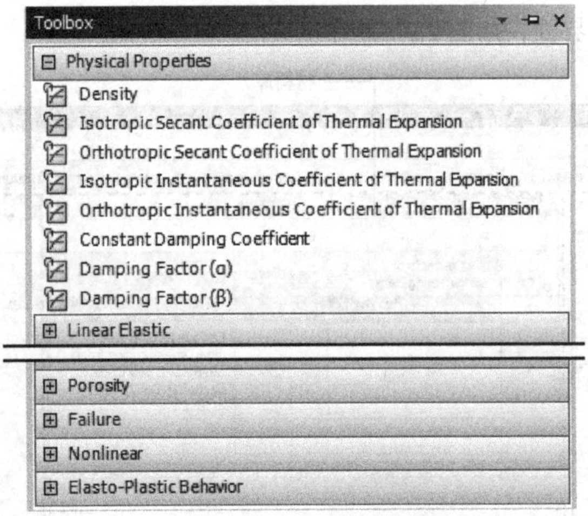


图 2.2.2　工具箱

### 2. 用户工具箱

通常情况下，用户工具箱窗口是关闭的，在工具箱底部单击 View All / Customize... 按钮，打开图 2.2.3 所示的用户工具箱窗口，在窗口中勾选任意项目图标，即可将其显示在工具箱中，方便以后的调用。单击工具箱底部的 << Back 按钮，关闭用户工具箱。

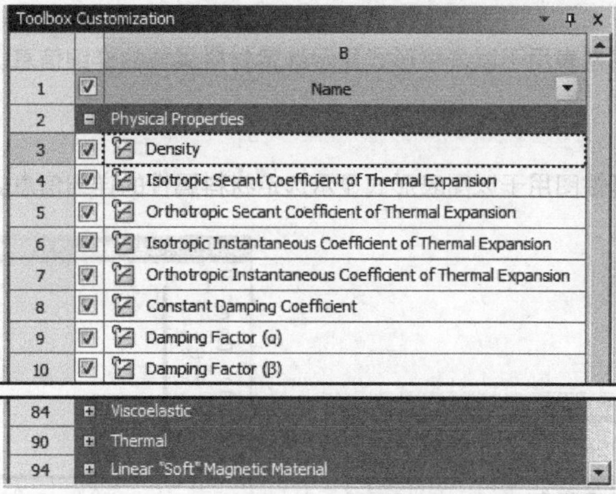


图 2.2.3 用户工具箱

### 3. 材料库

材料库用于管理当前分析中的可用材料及新建材料，在默认情况下，材料库中仅有一种系统默认材料 Structural Steel（结构钢），如图 2.2.4 所示。

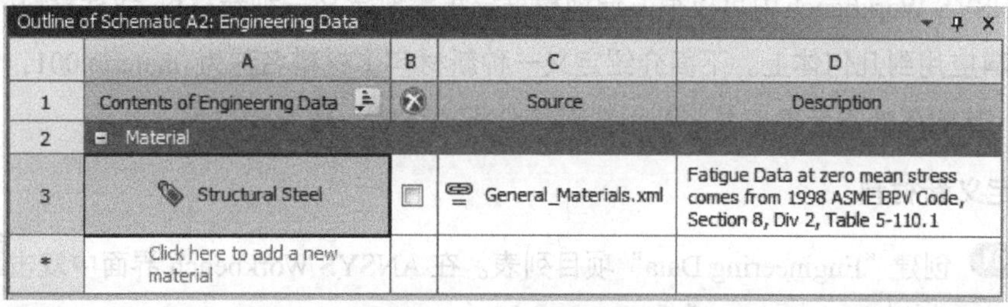


图 2.2.4 材料库

### 4. 材料属性

材料属性区域用于显示选定材料的所有属性，在默认情况下显示的是 Structural Steel 材料的相关属性，如图 2.2.5 所示。

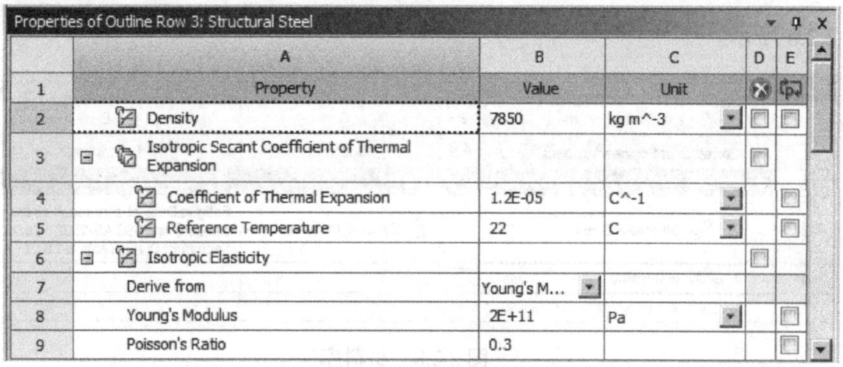


图 2.2.5 材料属性

### 5. 属性表

图 2.2.6 所示的属性表用于以表格形式显示选定材料属性的详细信息。

### 6. 属性图

图 2.2.7 所示的属性图用于以图表形式显示选定材料属性的详细信息。

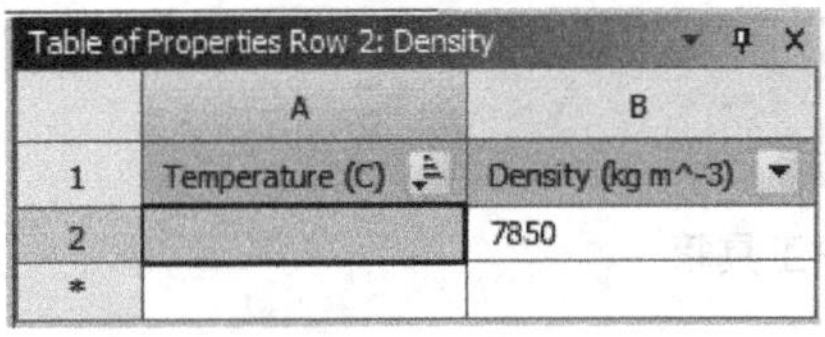
Table of Properties Row 2: Density

| | A | B |
|---|---|---|
| 1 | Temperature (C) | Density (kg m^-3) |
| 2 | | 7850 |
| * | | |

图 2.2.6　属性表

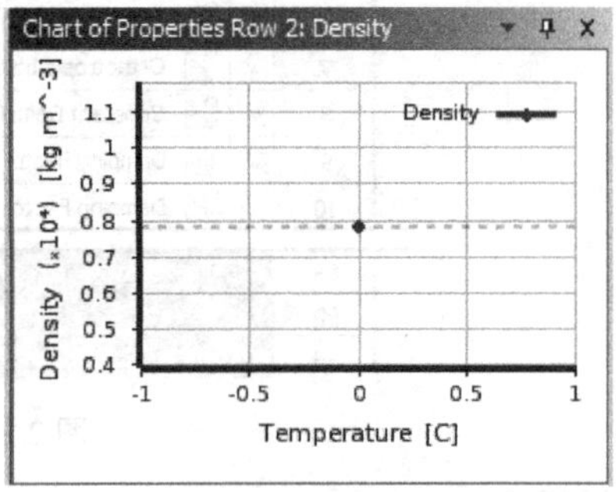


图 2.2.7　属性图

## 2.2.2　定义新材料

在 ANSYS Workbench 中可以很方便地根据分析需要定义一种新材料，包括材料的所有属性，然后将材料应用到几何体上。下面介绍定义一种新材料（材料名称为 material001，材料密度为 7.5kg/$m^3$，其他属性不考虑）并将新材料赋给分析模型的一般操作过程。

### 1. 定义新材料

步骤 01 创建“Engineering Data”项目列表。在 ANSYS Workbench 界面中双击 Toolbox 工具箱的 Component Systems 区域中的 Engineering Data 选项，新建一个“Engineering Data”项目列表。

步骤 02 进入设计数据管理界面。在“Engineering Data”项目列表中双击 Engineering Data 选项，进入设计数据管理界面。

步骤 03 定义新材料。在 Outline of Schematic A2: Engineering Data 窗口中单击 Click here to add a new material 单元格，然后输入材料名称 material001 并按 Enter 键确认，此时该窗口如图 2.2.8 所示。

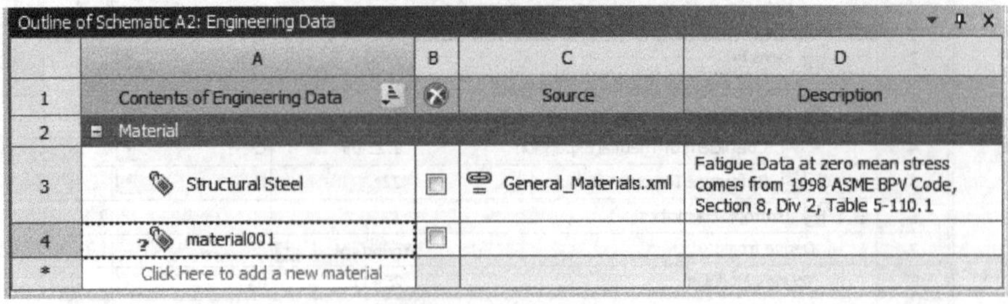
Outline of Schematic A2: Engineering Data

| | A | B | C | D |
|---|---|---|---|---|
| 1 | Contents of Engineering Data | | Source | Description |
| 2 | Material | | | |
| 3 | Structural Steel | | General_Materials.xml | Fatigue Data at zero mean stress comes from 1998 ASME BPV Code, Section 8, Div 2, Table 5-110.1 |
| 4 | material001 | | | |
| * | Click here to add a new material | | | |

图 2.2.8　材料库

步骤 04 定义材料密度。在“Toolbox”工具箱中双击 Physical Properties 区域中的 Density 选项，将其添加到新建材料的属性窗口中；在 Properties of Outline Row 3: material001 属性窗口中单击 Density 项目后的单元格，然后输入数值 7.5，保持默认的单位不变，此时该窗口如图 2.2.9 所示。

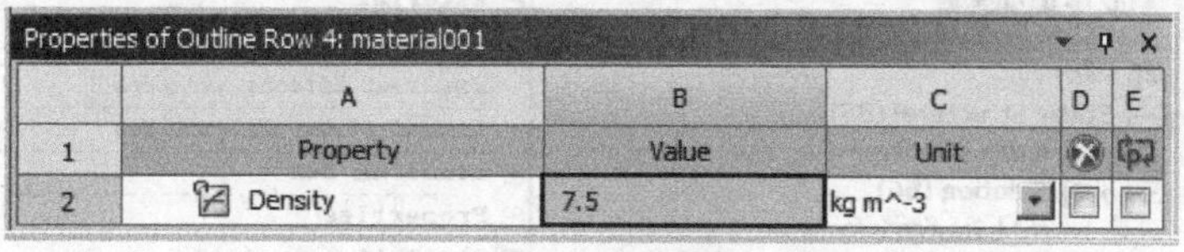


图 2.2.9 材料属性

步骤 05 返回主界面。在工具栏中单击 Return to Project 按钮，返回到项目主界面。

2. 将材料赋给分析模型

步骤 01 新建静态结构分析项目列表。在“Toolbox”工具箱中选中 Analysis Systems 区域中的 Static Structural 选项，将其拖动到“Engineering Data”项目列表上，结果如图 2.2.10 所示。

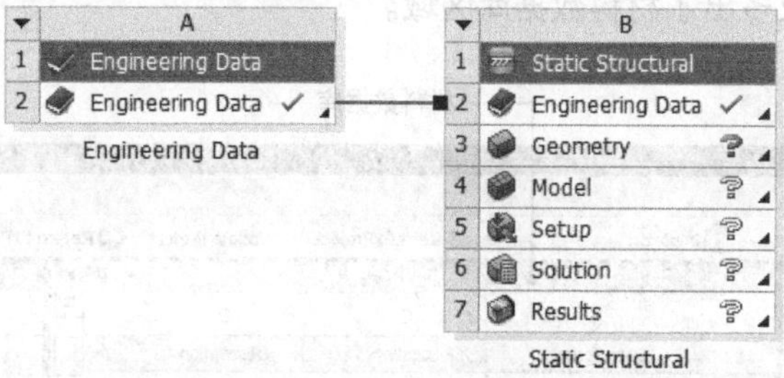


图 2.2.10 新建静态结构分析项目

步骤 02 导入几何体。在“Static Structural”项目列表中右击 Geometry 项目，在弹出的快捷菜单中选择 Import Geometry ▸ → Browse... 命令，弹出“打开”对话框，选择文件 D:\an15.01\work\ch02.02\material.stp 并打开。

步骤 03 进入分析。在“Static Structural”项目列表中双击 Model 项目，进入分析环境界面。

步骤 04 设置材料属性。

（1）在图 2.2.11 所示的窗口中选中 round_01 几何体对象。

（2）在图 2.2.12 所示的“Datails of ‘round_01’”窗口中单击 Structural Steel 后的 ▸ 按钮，在弹出的下拉列表中选择 material001 选项。

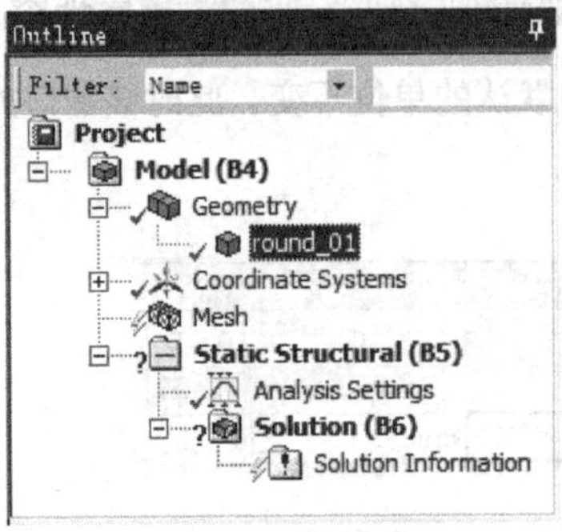


图 2.2.11　选择几何体

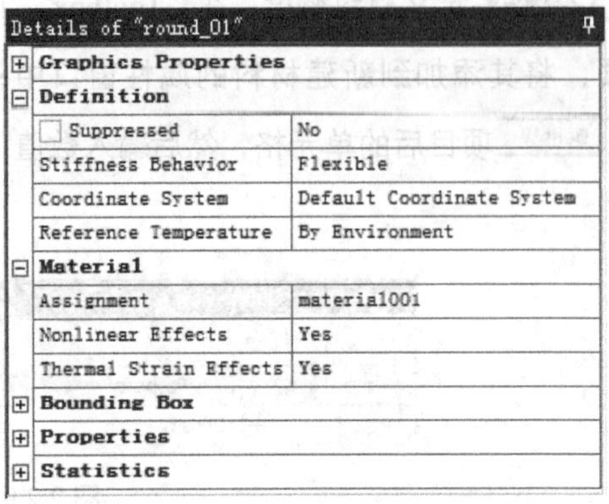


图 2.2.12　设置材料属性

步骤 05 至此新的材料属性已经赋予了所选择的几何体。

## 2.2.3　材料数据库管理器

材料数据库管理器用于管理和新建材料库，在设计数据管理界面中单击 Engineering Data Sources 按钮，进入到图 2.2.13 所示的材料数据库管理界面，不难看出，其与设计数据管理界基本类似，仅多出了材料数据库区域。

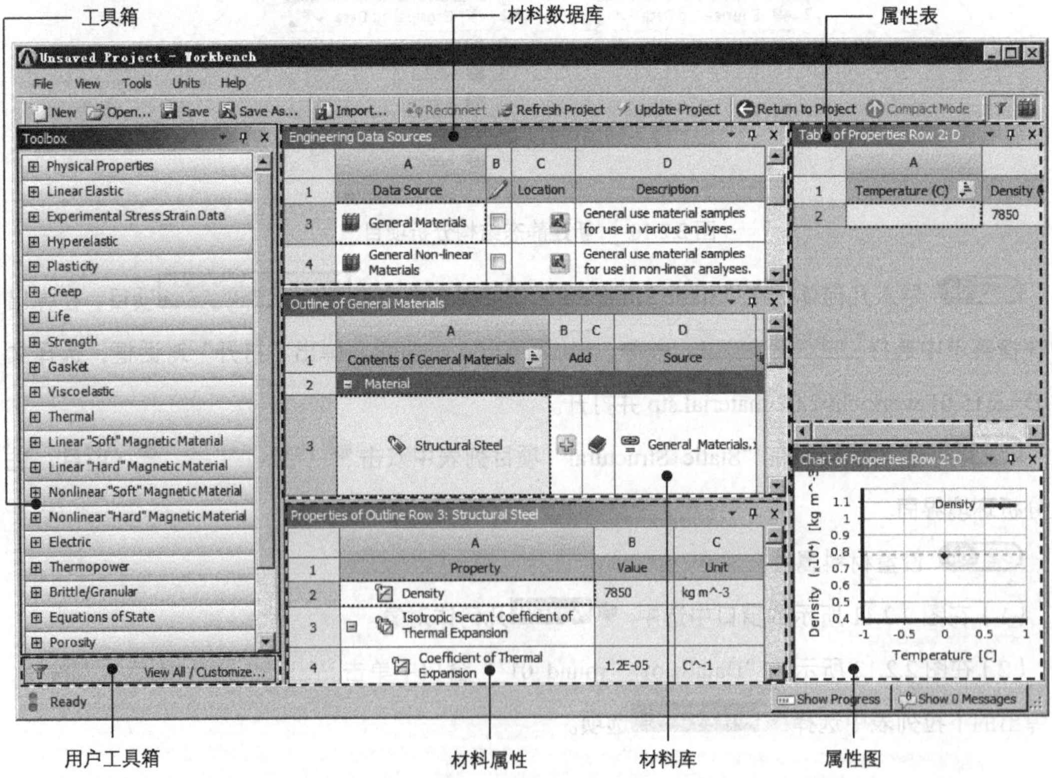


图 2.2.13　材料数据库管理界面

### 1. 材料数据库

材料数据库用于管理 Workbench 所有的材料数据及新建材料库，如图 2.2.14 所示。

Engineering Data Sources

| | A | B | C | D |
|---|---|---|---|---|
| 1 | Data Source | | Location | Description |
| 2 | Favorites | | | Quick access list and default items |
| 3 | General Materials | | | General use material samples for use in various analyses. |
| 4 | General Non-linear Materials | | | General use material samples for use in non-linear analyses. |
| 5 | Explicit Materials | | | Material samples for use in an explicit anaylsis. |
| 6 | Hyperelastic Materials | | | Material stress-strain data samples for curve fitting. |
| 7 | Magnetic B-H Curves | | | B-H Curve samples specific for use in a magnetic analysis. |
| 8 | Thermal Materials | | | Material samples specific for use in a thermal analysis. |
| 9 | Fluid Materials | | | Material samples specific for use in a fluid analysis. |
| * | Click here to add a new library | | ... | |

图 2.2.14　材料数据库

### 2. 材料库

在材料数据库中选中一种材料库，该材料库中的所有材料将显示在材料库中，如图 2.2.15 所示。

Outline of General Materials

| | A | B | C | D | E |
|---|---|---|---|---|---|
| 1 | Contents of General Materials | Add | | Source | Description |
| 2 | Material | | | | |
| 3 | Structural Steel | | | General_Materials.xml | Fatigue Data at zero mean stress comes from 1998 ASME BPV Code, Section 8, Div 2, Table 5-110.1 |
| 4 | Air | | | General_Materials.xml | General properties for air. |
| 5 | Aluminum Alloy | | | General_Materials.xml | General aluminum alloy. Fatigue properties come from MIL-HDBK-5H, page 3-277. |
| 6 | Concrete | | | General_Materials.xml | |
| 7 | Copper Alloy | | | General_Materials.xml | |
| 8 | Gray Cast Iron | | | General_Materials.xml | |
| 9 | Magnesium Alloy | | | General_Materials.xml | |
| 10 | Polyethylene | | | General_Materials.xml | |
| 11 | Stainless Steel | | | General_Materials.xml | |
| 12 | Titanium Alloy | | | General_Materials.xml | |
| 13 | Silicon Anisotropic | | | General_Materials.xml | |

图 2.2.15　材料库

## 2.2.4　定义新材料库

在 ANSYS Workbench 中可以很方便地根据需要定义一种新材料库，用于管理经常用到的材料，方便在分析工作中调用。下面具体介绍定义新材料库的一般操作过程。

步骤 01 创建“Engineering Data”项目列表。在 ANSYS Workbench 界面中双击 Toolbox 工具箱的 ⊟ Component Systems 区域中的 Engineering Data 选项，新建一个“Engineering Data”项目列表。

步骤 02 进入材料数据库管理界面。在“Engineering Data”项目列表中双击 Engineering Data ✓ 选项，进入设计数据管理界面；然后单击工具栏中的 Engineering Data Sources 按钮，系统进入材料数据库管理界面。

步骤 03 定义新的材料库。在图 2.2.16 所示的“Engineering Data Sources”窗口中单击 Click here to add a new library 单元格，然后输入库名称 static analysis material 并按 Enter 键确认；此时弹出“另存为”对话框，输入文件名称 static analysis material，并选择保存目录为 D:\an15.01\work\ch02.02，单击 保存(S) 按钮完成保存。

Engineering Data Sources

| | A | B | C | D |
|---|---|---|---|---|
| 1 | Data Source | | Location | Description |
| 2 | Favorites | | | Quick access list and default items |
| 3 | General Materials | ☐ | | General use material samples for use in various analyses. |
| 4 | General Non-linear Materials | ☐ | | General use material samples for use in non-linear analyses. |
| 5 | Explicit Materials | ☐ | | Material samples for use in an explicit anaylsis. |
| 6 | Hyperelastic Materials | ☐ | | Material stress-strain data samples for curve fitting. |
| 7 | Magnetic B-H Curves | ☐ | | B-H Curve samples specific for use in a magnetic analysis. |
| 8 | Thermal Materials | ☐ | | Material samples specific for use in a thermal analysis. |
| 9 | Fluid Materials | ☐ | | Material samples specific for use in a fluid analysis. |
| * | Click here to add a new library | | ... | |

图 2.2.16　材料数据库

步骤 04 添加材料项目。

（1）在“Engineering Data Sources”窗口中单击 General Materials 项目，此时“Outline of General Materials”窗口中显示该材料库中的所有材料（图 2.2.17）。

（2）选中图 2.2.17 所示的 Aluminum Alloy 材料项目，将其拖动到前面新创建的材料库项目单元格中。

（3）参照此操作方法，依次将其余的材料项目（如 Copper Alloy 、 Gray Cast Iron 、 Titanium Alloy 、 Silicon Anisotropic ）添加到新建材料的属性窗口中。

步骤 05 保存材料库。在“Engineering Data Sources”窗口中单击 static analysis material 项目后面的按钮，完成材料库的保存。

步骤 06 添加材料到项目。在“Engineering Data Sources”窗口中单击 static analysis material 项目，取消选中其后的☐按钮，使其处于非编辑状态；然后在“Outline of General Materials”窗口中依次单击各个材料项目后的按钮，将所需要的材料添加到项目中，此时该窗口如图 2.2.18

所示。

Outline of General Materials

| | A | B | C | D | E |
|---|---|---|---|---|---|
| 1 | Contents of General Materials | Add | | Source | Description |
| 2 | Material | | | | |
| 3 | Structural Steel | | | General_Materials.xml | Fatigue Data at zero mean stress comes from 1998 ASME BPV Code, Section 8, Div 2, Table 5-110.1 |
| 4 | Air | | | General_Materials.xml | General properties for air. |
| 5 | Aluminum Alloy | | | General_Materials.xml | General aluminum alloy. Fatigue properties come from MIL-HDBK-5H, page 3-277. |
| 6 | Concrete | | | General_Materials.xml | |
| 7 | Copper Alloy | | | General_Materials.xml | |
| 8 | Gray Cast Iron | | | General_Materials.xml | |
| 9 | Magnesium Alloy | | | General_Materials.xml | |
| 10 | Polyethylene | | | General_Materials.xml | |
| 11 | Stainless Steel | | | General_Materials.xml | |
| 12 | Titanium Alloy | | | General_Materials.xml | |
| 13 | Silicon Anisotropic | | | General_Materials.xml | |

图 2.2.17　选择库材料

Outline of static analysis materail

| | A | B | C | D | E |
|---|---|---|---|---|---|
| 1 | Contents of static analysis materail | Add | | Source | Description |
| 2 | Material | | | | |
| 3 | Aluminum Alloy | | | G:\an14.01\ch02\c | General aluminum alloy. Fatigue properties come from MIL-HDBK-5H, page 3-277. |
| 4 | Copper Alloy | | | G:\an14.01\ch02\c | |
| 5 | Gray Cast Iron | | | G:\an14.01\ch02\c | |
| 6 | Titanium Alloy | | | G:\an14.01\ch02\c | |
| 7 | Silicon Anisotropic | | | G:\an14.01\ch02\c | |

图 2.2.18　新的库材料

步骤 07　返回设计数据管理界面。在工具栏中单击 Engineering Data Sources 按钮，返回设计数据管理界面，此时“Outline of Schematic”窗口显示如图 2.2.19 所示。

Outline of Schematic A2: Engineering Data

| | A | B | C | D |
|---|---|---|---|---|
| 1 | Contents of Engineering Data | | Source | Description |
| 2 | Material | | | |
| 3 | Structural Steel | | General_Materials. | Fatigue Data at zero mean stress comes from 1998 ASME BPV Code, Section 8, Div 2, Table 5 -110.1 |
| 4 | Aluminum Alloy | | G:\an14.01\ch02\c | General aluminum alloy. Fatigue properties come from MIL-HDBK-5H, page 3-277. |
| 5 | Copper Alloy | | G:\an14.01\ch02\c | |
| 6 | Gray Cast Iron | | G:\an14.01\ch02\c | |
| 7 | Titanium Alloy | | G:\an14.01\ch02\c | |
| 8 | Silicon Anisotropic | | G:\an14.01\ch02\c | |
| * | Click here to add a new material | | | |

图 2.2.19　“Outline of Schematic”窗口

# 2.3 设计参数设置

## 2.3.1 概述

在 ANSYS Workbench 中灵活定义设计参数并参与到分析中是非常有用的，它能够帮助我们快速分析出分析过程中输入参数与输出参数之间的关系，对于优化设计分析非常有用。

ANSYS Workbench 中的设计参数可以在以下几个地方定义。

◆ 设计参数可以在材料属性列表中定义。在图 2.3.1 所示的材料属性列表中选中某一材料属性对应的 E 列中的复选框，即可将该材料属性设置为设计。该参数作为输入参数参与到分析中。

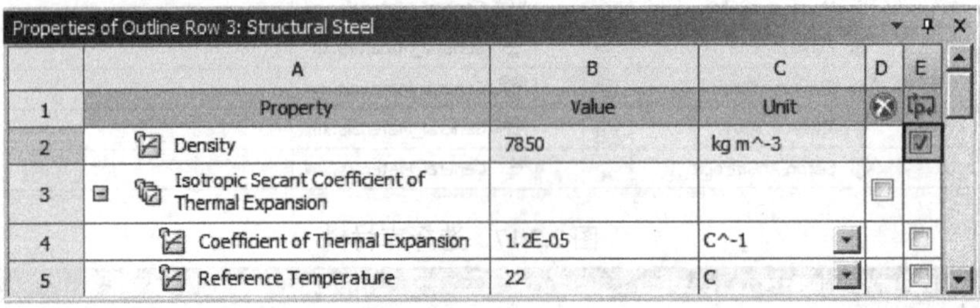


图 2.3.1 在材料属性列表中定义设计参数

◆ 设计参数可以在各详细列表中定义。图 2.3.2 所示的详细列表，选中 P Magnitude 前的复选框，即可将该参数定义为设计参数，因为该详细列表是在定义载荷力的时候弹出的，此处将力的大小定义为设计参数，作为输入参数参与到分析中。

说明

图 2.3.3 所示的详细列表，是在定义应力结果时出现的，在该详细列表中选中 P Minimum 和 P Maximum 前的复选框，即可将最小与最大应力值作为设计参数参与到分析中，因为这两个参数是在分析完成后得出的结果，所以该参数属于输出参数。

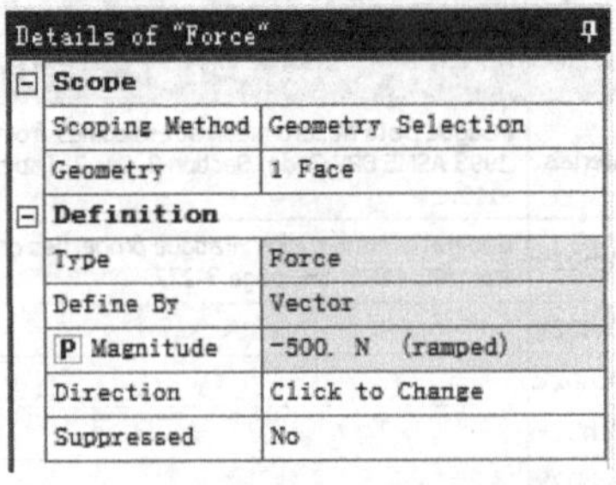


图 2.3.2 在详细列表中定义设计参数（一）

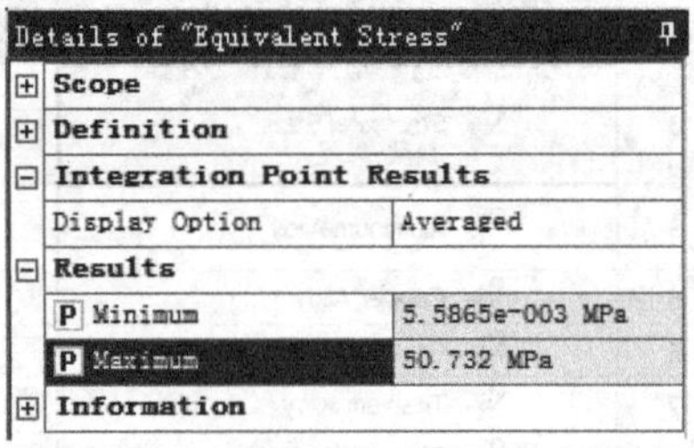


图 2.3.3 在详细列表中定义设计参数（二）

定义完设计参数后，此时的项目列表如图 2.3.4 所示，双击 Parameter Set 选项，进入设计参数管理界面，如图 2.3.5 所示。

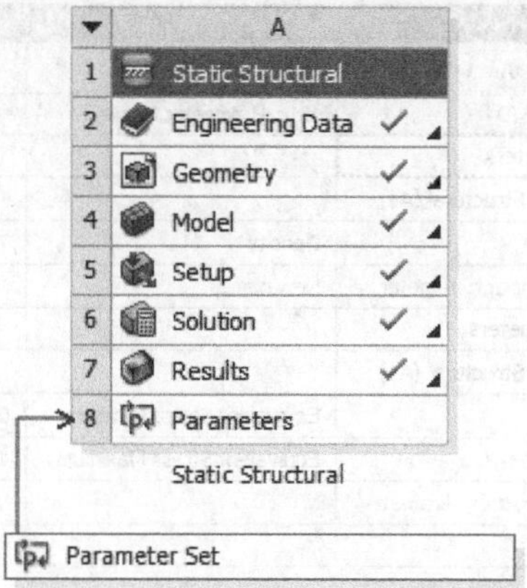


图 2.3.4 定义设计参数后的项目列表

设计参数管理界面主要由工具箱、用户工具箱、参数列表、参数属性列表、参数设计表和参数图表等区域组成，其中工具箱和用户工具箱与前面介绍的作用是一样的，此处不再赘述。

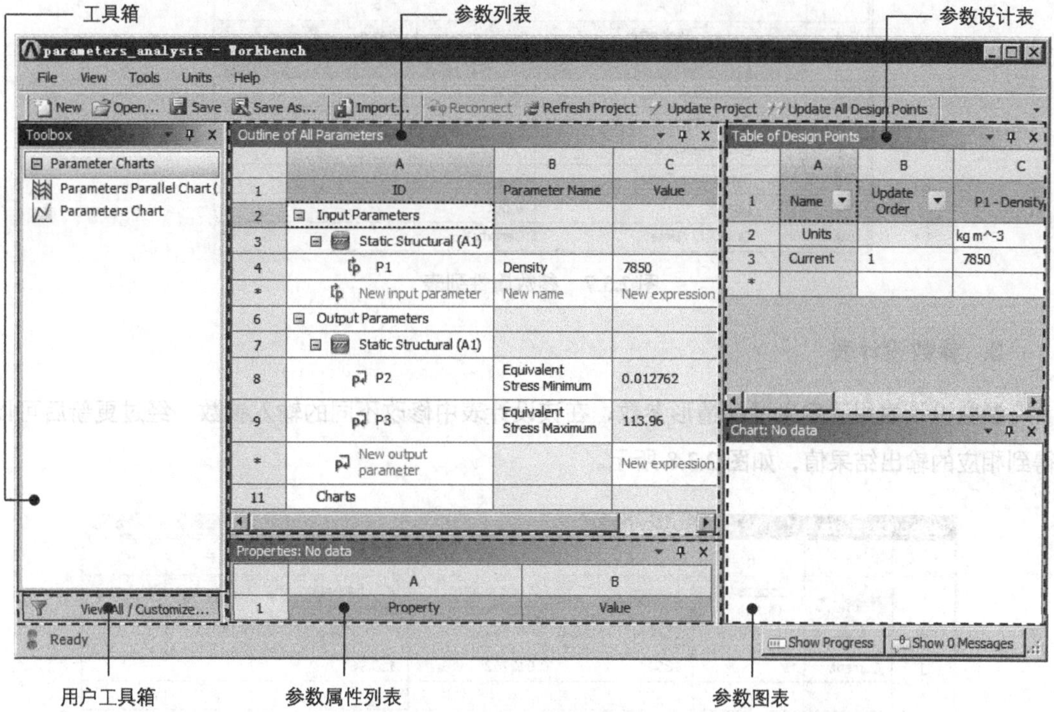


图 2.3.5 设计参数管理界面

## 1. 参数列表

参数列表用于管理所有设计参数，如图 2.3.6 所示。

Outline of All Parameters

| | A | B | C | D |
|---|---|---|---|---|
| 1 | ID | Parameter Name | Value | Unit |
| 2 | Input Parameters | | | |
| 3 | Static Structural (A1) | | | |
| 4 | P1 | Density | 7850 | kg m^-3 |
| * | New input parameter | New name | New expression | |
| 6 | Output Parameters | | | |
| 7 | Static Structural (A1) | | | |
| 8 | P2 | Equivalent Stress Minimum | 0.012762 | MPa |
| 9 | P3 | Equivalent Stress Maximum | 113.96 | MPa |
| * | New output parameter | | New expression | |
| 11 | Charts | | | |

图 2.3.6　参数列表

## 2. 参数属性列表

在参数列表中选中某一参数，将在该列表区域该参数详细属性信息，如图 2.3.7 所示。

Properties of Outline A4: P1

| | A | B |
|---|---|---|
| 1 | Property | Value |
| 2 | General | |
| 3 | Expression | 7850 [kg m^-3] |
| 4 | Description | |
| 5 | Error Message | |
| 6 | Expression Type | Constant |
| 7 | Usage | Input |
| 8 | Quantity Name | Density |

图 2.3.7　参数属性列表

## 3. 参数设计表

参数设计表用于定义设计情形参数，在该设计表中修改不同的输入参数，经过更新后可以得到相应的输出结果值，如图 2.3.8 所示。

Table of Design Points

| | A | B | C | D | E | F | G |
|---|---|---|---|---|---|---|---|
| 1 | Name | Update Order | P1 - Density | P2 - Equivalent Stress Minimum | P3 - Equivalent Stress Maximum | Exported | Note |
| 2 | Units | | kg m^-3 | MPa | MPa | | |
| 3 | Current | 1 | 7850 | 0.012762 | 113.96 | | |
| * | | | | | | | |

图 2.3.8　参数设计表

在参数设计表的 Current 单元格中右击，在弹出的快捷菜单中选择 Duplicate Design Point 命令，可以增加一行设计节点（设计情形），在每一种设计节点中可以修改某一些设计参数，如图 2.3.9 所示。

Table of Design Points

| | A | B | C | D | E | F | G |
|---|---|---|---|---|---|---|---|
| 1 | Name | Updat... | P1 - Density | P2 - Equival... | P3 - Equivale... | Exporte | Note |
| 2 | Units | | kg m^-3 | MPa | MPa | | |
| 3 | Current | 1 | 7850 | 0.012762 | 113.96 | | |
| 4 | DP 1 | 2 | 8000 | ⚡ | ⚡ | ☐ | |
| 5 | DP 2 | 3 | 9000 | ⚡ | ⚡ | ☐ | |
| * | | | | | | ☐ | |

图 2.3.9　增加与修改参数设计表

## 2.3.2　参数设置操作

图 2.3.10 所示的支架模型，支架上的四个小孔位置被完全固定，支架上部圆柱面受到一个水平向右的轴承载荷作用，现在要分析材料的密度、轴承载荷大小与最小应力、最大应力及最大位移变形之间的关系。

对于这类分析问题，首先要确定问题中的输入参数（已知条件）和输出参数，改变问题中的输入参数，然后更新，得到相应条件下的输出参数。

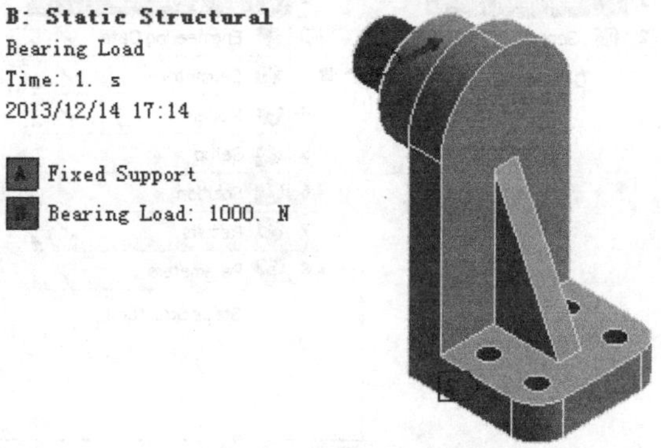


图 2.3.10　参数设置实例

初始情况下，材料密度为 7850kg/m$^3$、轴承载荷大小为 1000N；在这种情况下，最小应力和最大应力分别为 0.026833Mpa 和 55.642Mpa，最大位移变形为 0.047555mm。需要分析当材料密度分别为 7000 kg/m$^3$ 和 6500 kg/m$^3$，轴承载荷大小分别为 500N、200N 和 100N 时的最大、最小应力及最大位移变形结果。

下面具体介绍其分析的一般操作过程。

步骤 01　打开文件 D: \an15.01\work\ch02.03\parameters_analysis.wbpj。

步骤 02 进入设计数据管理界面。在“Static Structural”项目列表中双击 Engineering Data ✓ 选项，进入设计数据管理界面。

步骤 03 设置输入参数 1。在“Outline of General Materials”窗口中选中默认的材料选项 Structural Steel ，然后在其属性窗口中选中 Density 后面的复选框（图 2.3.11），此时密度属性被设置为输入参数，单击工具栏中的 Project 按钮，返回到主界面，此时的项目列表如图 2.3.12 所示。

Properties of Outline Row 3: Structural Steel

| | A | B | C | D | E |
|---|---|---|---|---|---|
| 1 | Property | Value | Unit | | |
| 2 | Density | 7850 | kg m^-3 | | ☑ |
| 3 | ⊞ Isotropic Secant Coefficient of Thermal Expansion | | | ☐ | |
| 6 | ⊞ Isotropic Elasticity | | | ☐ | |
| 12 | ⊞ Alternating Stress Mean Stress | Tabular | | ☐ | |
| 16 | ⊞ Strain-Life Parameters | | | ☐ | |
| 24 | Tensile Yield Strength | 2.5E+08 | Pa | ☐ | ☐ |
| 25 | Compressive Yield Strength | 2.5E+08 | Pa | ☐ | ☐ |
| 26 | Tensile Ultimate Strength | 4.6E+08 | Pa | ☐ | ☐ |
| 27 | Compressive Ultimate Strength | 0 | Pa | ☐ | ☐ |

图 2.3.11　设置输入参数

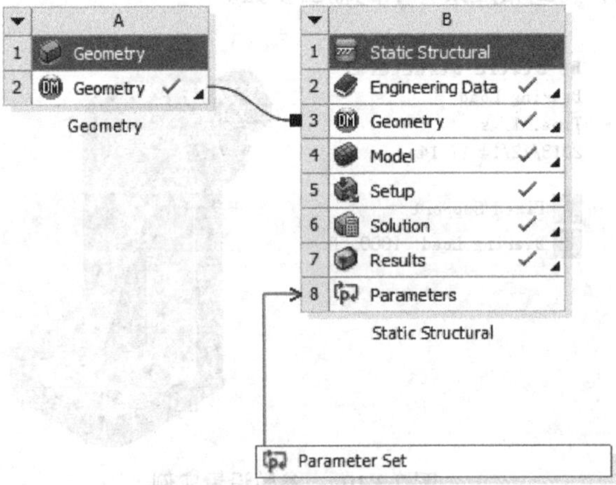


图 2.3.12　项目列表

步骤 04 设置输入参数 2。

（1）在“Engineering Data”项目列表中双击 Model ✓ 选项，进入模型界面。

（2）在图 2.3.13 所示的“Outline”窗口中选中 Bearing Load 节点，然后在图 2.3.14 所示的“Details of ‘Bearing Load’”对话框中选中 P Z Component 选项，将轴承载荷作为第 2 个输入参数。

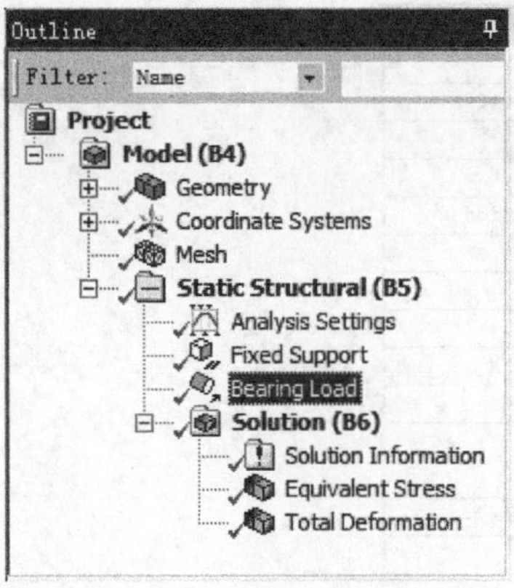


图 2.3.13 “Outline” 窗口

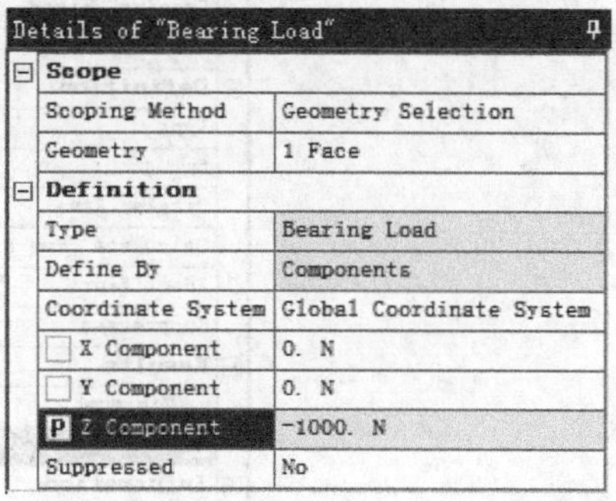

Details of "Bearing Load"

| | |
|---|---|
| **Scope** | |
| Scoping Method | Geometry Selection |
| Geometry | 1 Face |
| **Definition** | |
| Type | Bearing Load |
| Define By | Components |
| Coordinate System | Global Coordinate System |
| X Component | 0. N |
| Y Component | 0. N |
| P Z Component | -1000. N |
| Suppressed | No |

图 2.3.14 “Details of ‘Bearing Load’” 对话框

步骤 05 设置输出参数。

（1）在图 2.3.13 所示的“Outline”窗口中选中 Equivalent Stress 节点，然后在图 2.3.15 所示的“Details of ‘Equivalent Stress’”对话框中选中 P Minimum 和 P Maximum 选项，将最小和最大应力作为输出参数。

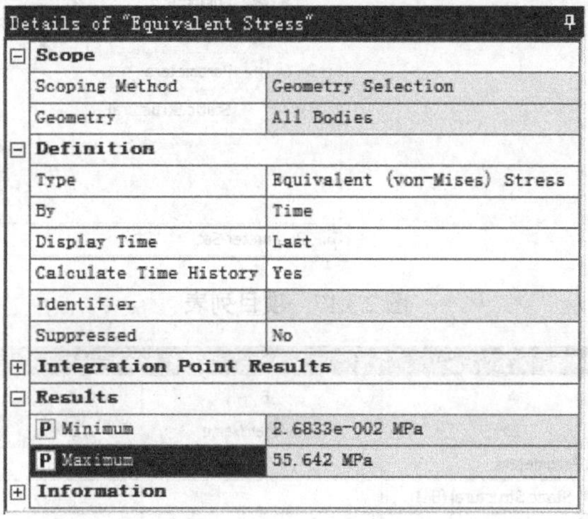

Details of "Equivalent Stress"

| | |
|---|---|
| **Scope** | |
| Scoping Method | Geometry Selection |
| Geometry | All Bodies |
| **Definition** | |
| Type | Equivalent (von-Mises) Stress |
| By | Time |
| Display Time | Last |
| Calculate Time History | Yes |
| Identifier | |
| Suppressed | No |
| **Integration Point Results** | |
| **Results** | |
| P Minimum | 2.6833e-002 MPa |
| P Maximum | 55.642 MPa |
| **Information** | |

图 2.3.15 “Details of ‘Equivalent Stress’” 对话框

（2）在图 2.3.13 所示的“Outline”窗口中选中 Total Deformation 节点，然后在图 2.3.16 所示的“Details of ‘Total Deformation’”对话框中选中 P Maximum 项目，将最大位移作为输出参数。

步骤 06 定义设计参数值。

（1）定义完设计参数后，切换到主界面，此时的项目列表如图 2.3.17 所示，双击 Parameter Set 选项，进入设计参数管理界面，可以在“Outline of All Parameters”窗口查看已经定义的各个参数，如图 2.3.18 所示。

| Details of "Total Deformation" | |
|---|---|
| **Scope** | |
| Scoping Method | Geometry Selection |
| Geometry | All Bodies |
| **Definition** | |
| Type | Total Deformation |
| By | Time |
| Display Time | Last |
| Calculate Time History | Yes |
| Identifier | |
| Suppressed | No |
| **Results** | |
| Minimum | 0. mm |
| P Maximum | 4.7555e-002 mm |
| **Information** | |

图 2.3.16 "Details of 'Total Deformation'" 对话框

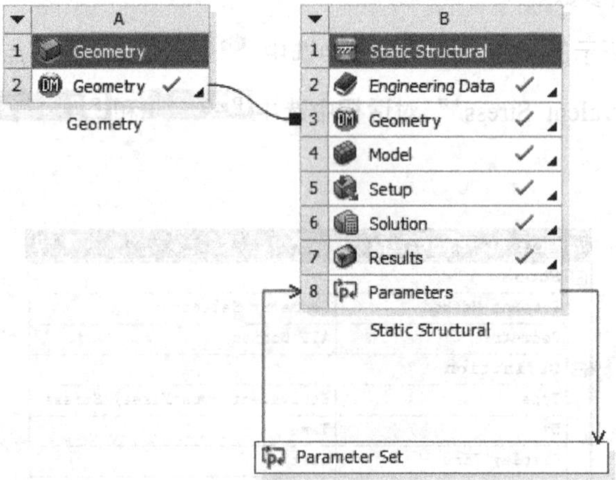


图 2.3.17 项目列表

Outline of All Parameters

| | A | B | C | D |
|---|---|---|---|---|
| 1 | ID | Parameter Name | Value | Unit |
| 2 | ⊟ Input Parameters | | | |
| 3 | ⊟ Static Structural (B1) | | | |
| 4 | P1 | Density | 7850 | kg m^-3 |
| 5 | P2 | Bearing Load Z Component | -1000 | N |
| * | New input parameter | New name | New expression | |
| 7 | ⊟ Output Parameters | | | |
| 8 | ⊟ Static Structural (B1) | | | |
| 9 | P3 | Equivalent Stress Minimum | 0.026833 | MPa |
| 10 | P4 | Equivalent Stress Maximum | 55.642 | MPa |
| 11 | P5 | Total Deformation Maximum | 0.047555 | mm |
| * | New output parameter | | New expression | |
| 13 | Charts | | | |

图 2.3.18 查看设计参数

（2）在图 2.3.19 所示的"Table of Design Points"窗口（一）中右击 Current 单元格，在弹出

的快捷菜单中选择 Duplicate Design Point 命令；再重复该复制操作两次，此时该窗口显示如图2.3.19 所示。

Table of Design Points

| | A | B | C | D | E | F | G | H | I |
|---|---|---|---|---|---|---|---|---|---|
| 1 | Name | Update Order | P1 - Density | P2 - Bearing Load Z Component | P3 - Equivalent Stress Minimum | P4 - Equivalent Stress Maximum | P5 - Total Deformation Maximum | Exported | Note |
| 2 | Units | | kg m^-3 | N | MPa | MPa | mm | | |
| 3 | Current | 1 | 7850 | -1000 | 0.026833 | 55.642 | 0.047555 | | |
| 4 | DP 1 | 2 | 7850 | -1000 | 0.026833 | 55.642 | 0.047555 | | |
| 5 | DP 2 | 3 | 7850 | -1000 | 0.026833 | 55.642 | 0.047555 | | |
| 6 | DP 3 | 4 | 7850 | -1000 | 0.026833 | 55.642 | 0.047555 | | |
| 7 | DP 4 | 5 | 7850 | -1000 | 0.026833 | 55.642 | 0.047555 | | |
| 8 | DP 5 | 6 | 7850 | -1000 | 0.026833 | 55.642 | 0.047555 | | |
| * | | | | | | | | | |

图 2.3.19 “Table of Design Points” 窗口（一）

（3）在图 2.3.20 所示的窗口（二）中修改输入参数值，结果如图 2.3.20 所示。

Table of Design Points

| | A | B | C | D | E | F | G | H | I |
|---|---|---|---|---|---|---|---|---|---|
| 1 | Name | Update Order | P1 - Density | P2 - Bear… | P3 - Equival… | P4 - Equivale… | P5 - Total… | Exported | Note |
| 2 | Units | | kg m^-3 | N | MPa | MPa | mm | | |
| 3 | Current | 1 | 7850 | -1000 | 0.026833 | 55.642 | 0.047555 | | |
| 4 | DP 1 | 2 | 7000 | -1000 | | | | | |
| 5 | DP 2 | 3 | 6500 | -1000 | | | | | |
| 6 | DP 3 | 4 | 7850 | -500 | | | | | |
| 7 | DP 4 | 5 | 7850 | -200 | | | | | |
| 8 | DP 5 | 6 | 7850 | -100 | | | | | |
| * | | | | | | | | | |

图 2.3.20 “Table of Design Points” 窗口（二）

步骤 07 更新计算结果数值。单击工具栏中的 Update All Design Points 按钮，在弹出的 “ANSYS Workbench” 对话框中单击 OK 按钮，系统开始计算，计算结果如图 2.3.21 所示。

Table of Design Points

| | A | B | C | D | E | F | G | H | I |
|---|---|---|---|---|---|---|---|---|---|
| 1 | Name | Update Order | P1 - Density | P2 - Bear… | P3 - Equival… | P4 - Equivale… | P5 - Total… | Exported | Note |
| 2 | Units | | kg m^-3 | N | MPa | MPa | mm | | |
| 3 | Current | 1 | 7850 | -1000 | 0.026833 | 55.642 | 0.047555 | | |
| 4 | DP 1 | 2 | 7000 | -1000 | 0.026833 | 55.642 | 0.047555 | | |
| 5 | DP 2 | 3 | 6500 | -1000 | 0.026833 | 55.642 | 0.047555 | | |
| 6 | DP 3 | 4 | 7850 | -500 | 0.013416 | 27.821 | 0.023778 | | |
| 7 | DP 4 | 5 | 7850 | -200 | 0.0053666 | 11.128 | 0.0095111 | | |
| 8 | DP 5 | 6 | 7850 | -100 | 0.0026833 | 5.5642 | 0.0047555 | | |
| * | | | | | | | | | |

图 2.3.21 “Table of Design Points” 窗口（三）

步骤 08 保存文件。选择 File → Save 命令，保存项目文件。

## 2.4 几何属性

### 2.4.1 导入几何体

ANSYS Workbench 的分析对象是几何体，几何体的导入主要有两种方法：一种是直接在 ANSYS Workbench 的专有建模平台中创建；另外一种是从外部 CAD 系统中导入。一般情况下，用于分析的几何体都是从外部 CAD 软件导入 ANSYS Workbench 中进行分析的，这样可以很好地弥补 ANSYS Workbench 建模的不足。下面具体介绍这两种导入模型的方法。

方法一：在项目列表中右击 Geometry ，在弹出的快捷菜单中选择 New Geometry... 命令（或双击 Geometry ），进入 ANSYS Workbench 的专有建模平台。

方法二：在项目列表中右击 Geometry ，在弹出的快捷菜单中选择 Import Geometry ▸ → Browse... 命令，弹出图 2.4.1 所示的“打开”对话框，选中要打开的文件，单击 打开(O) 按钮，完成几何体的导入。

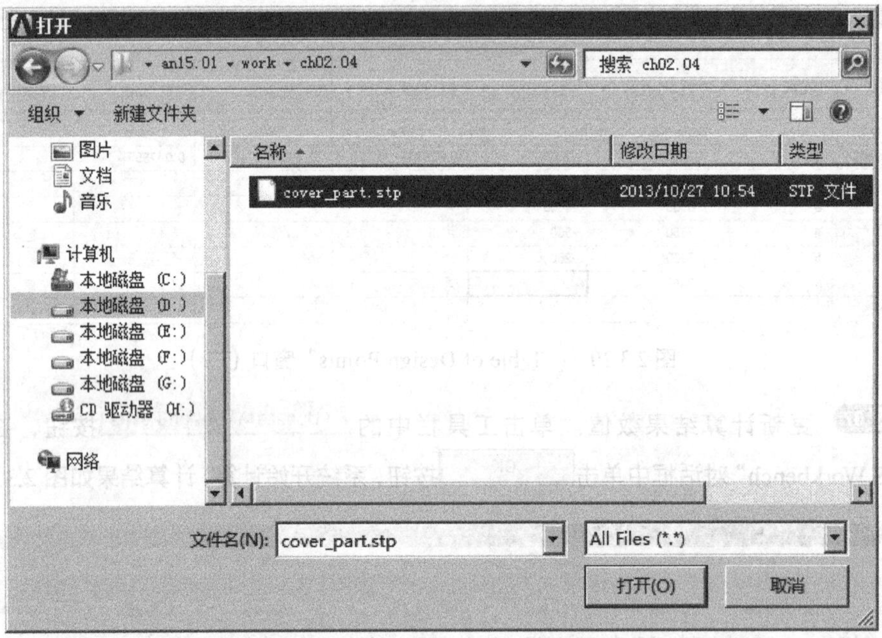


图 2.4.1 “打开”对话框

### 2.4.2 几何体属性

在项目列表中右击 Geometry ，在弹出的快捷菜单中选择 Properties 命令，打开图 2.4.2 所示的“几何属性”窗口。

图 2.4.2 所示“几何属性”窗口中部分选项说明如下。

◆ General 区域：用于显示几何体一般属性，包括 Component ID 和 Directory Name 。

◆ Geometry Source 区域：用于显示几何体文件所在的文件夹地址。

◆ Basic Geometry Options 区域：用于设置几何体基础属性。

● Solid Bodies 选项：选中该选项，导入的几何体可以是实体，此选项为默认选项。

● Surface Bodies 选项：选中该选项，导入的几何体可以是面体，此选项为默认选项。

Properties of Schematic A2: Geometry

| | A | B |
|---|---|---|
| 1 | Property | Value |
| 2 | ⊟ General | |
| 3 | Component ID | Geometry |
| 4 | Directory Name | Geom |
| 5 | ⊟ Geometry Source | |
| 6 | Geometry File Name | D:\an14.01\ch02\ch02.04\cover_part.stp |
| 7 | ⊟ Basic Geometry Options | |
| 8 | Solid Bodies | ☑ |
| 9 | Surface Bodies | ☑ |
| 10 | Line Bodies | ☐ |
| 11 | Parameters | ☑ |
| 12 | Parameter Key | DS |
| 13 | Attributes | ☐ |
| 14 | Named Selections | ☐ |
| 15 | Material Properties | ☐ |
| 16 | ⊟ Advanced Geometry Options | |
| 17 | Analysis Type | 3D |
| 18 | Use Associativity | ☑ |
| 19 | Import Coordinate Systems | ☐ |
| 20 | Import Work Points | ☐ |
| 21 | Reader Mode Saves Updated File | ☐ |
| 22 | Import Using Instances | ☑ |
| 23 | Smart CAD Update | ☐ |
| 24 | Enclosure and Symmetry Processing | ☑ |
| 25 | Decompose Disjoint Faces | ☑ |
| 26 | Mixed Import Resolution | None |

图 2.4.2 “几何属性”窗口

● Line Bodies 选项：选中该选项，导入的几何体可以是线体。

● Parameters 选项：选中该选项，导入的几何体包括参数。

● Parameter Key 选项：提供过滤功能，系统导入名称中包含 Key 的参数，Key 默认为“DS”，如导入所有参数，Key 置空。

● Attributes 选项：选中该选项，系统导入几何体属性。

● Named Selections 选项：选中该选项，系统导入命名选择集。

● Material Properties 选项：选中该选项，系统导入材料属性，导入的材料会出现在“Engineering Data”中。

◆ Advanced Geometry Options 选项：用于设置几何体高级属性。

- Analysis Type 选项：分析类型设置，一般是 3D 的，一些特殊的分析（如平面问题分析）需要修改为 2D，一般情况下不需要更改。
- Use Associativity 选项：设置几何体关联属性。
- Import Coordinate Systems 选项：选中该选项，导入几何体中的局部坐标系。
- Import Work Points 选项：选中该选项，导入几何体中的点。
- Reader Mode Saves Updated File 选项：通过三个点创建平面。
- Smart CAD Update 选项：选中该选项，只在 CAD 装配体中修改部分更新。
- Enclosure and Symmetry Processing 选项：选中该选项，导入几何体中包含包围与对称操作。
- Decompose Disjoint Faces 选项：选中该选项，系统分解未连接的面。
- Mixed Import Resolution 选项：设置混合导入模式，可以导入实体、面体、线体、实体和面体的混合体及面体和线体的混合体。

## 2.5 单位系统

### 2.5.1 设置单位系统

分析中必须考虑单位系统，使用不同的单位系统，最后的结果值也是不一样的。ANSYS Workbench 与 ANSYS APDL 产品不同，ANSYS APDL 操作平台的单位制不便设置，交互窗口上没有特定的设置图标，一般需要用命令流的方式设置单位制。而 ANSYS Workbench 单位制设置方便，用户可以选择国际单位制、英制单位制、工程单位制和自定义单位等不同的单位制。图 2.5.1 所示的 Units 下拉菜单用于设置分析环境单位系统。

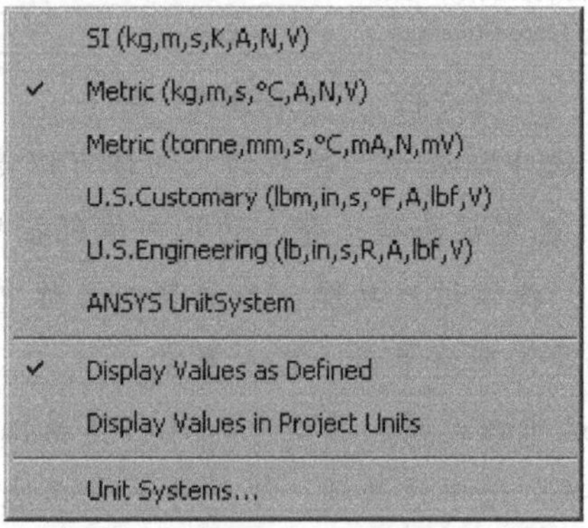


图 2.5.1 Units 下拉菜单

选择 Units → Unit Systems... 命令，弹出图 2.5.2 所示的“Unit Systems”对话框（一），可以查看各单位系统详细信息。

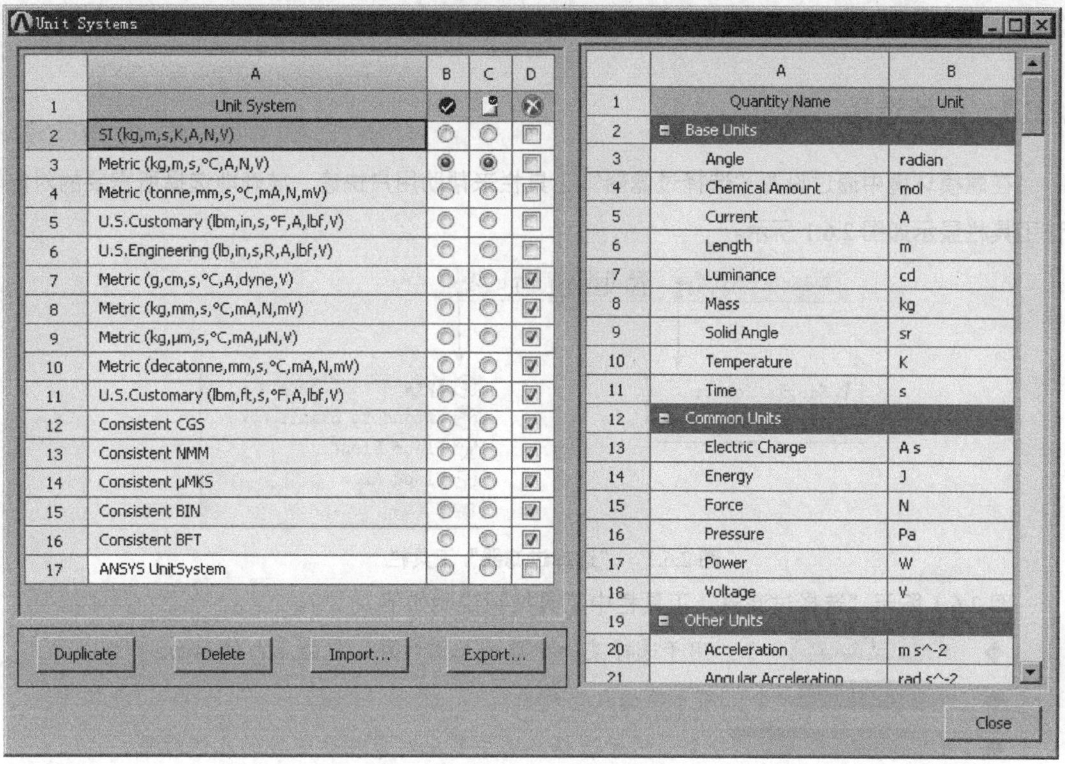


图 2.5.2 “Unit Systems”对话框（一）

## 2.5.2 新建单位系统

在“Unit Systems”对话框（二）中选中一个已存在的单位系统作为参考（如 Metric (kg,mm,s,°C,mA,N,mV)），单击对话框中的 Duplicate 按钮，系统新建一个单位系统，如图 2.5.3 所示。然后在对话框右侧列表区域设置各单位，单击 Export... 按钮，将新建的单位系统保存，以便以后使用。

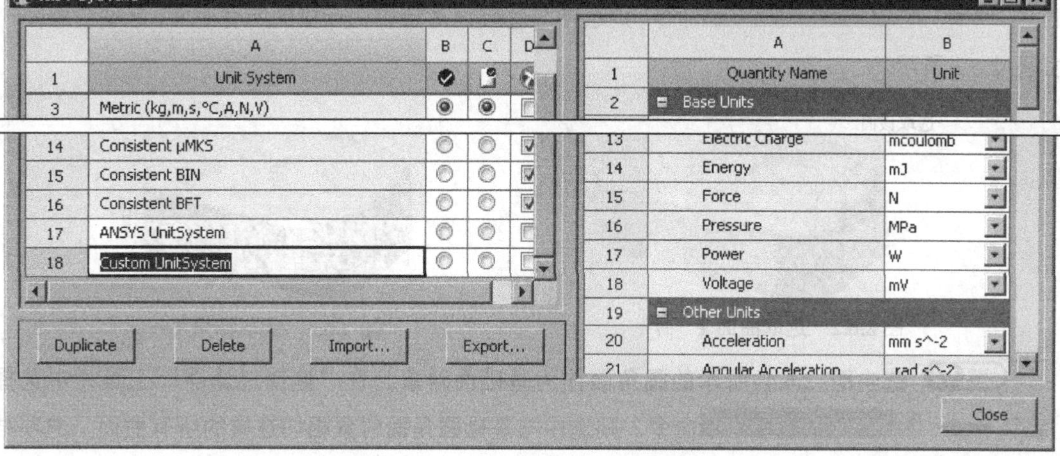


图 2.5.3 “Unit Systems”对话框（二）

# 2.6 选择工具

## 2.6.1 一般选择工具

在建模环境中通过设置“选择过滤器”工具栏来帮助用户快速、准确地选择所需要的对象。该工具栏显示如图 2.6.1 所示。

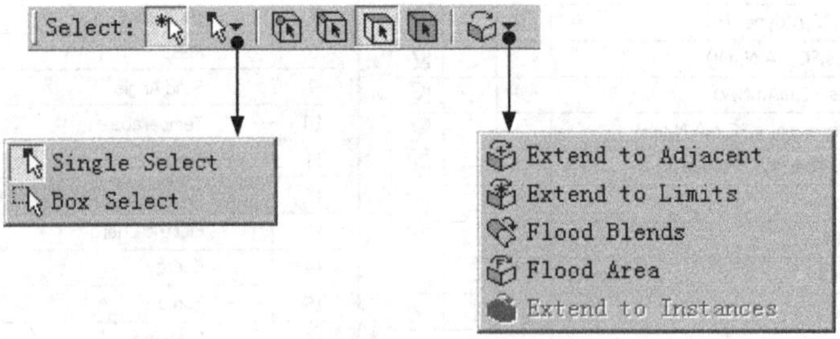


图 2.6.1 “选择过滤器”工具栏

图 2.6.1 所示“选择过滤器”工具栏中工具按钮说明如下。

- Single Select 命令：用于选择某一个单一几何对象，包括点、线和面。
- Box Select 命令：用于框选几何对象。
- Extend to Adjacent 命令：用于选择与选中基础对象相切连接的几何对象。
- Extend to Limits 命令：用于选择与选中基础对象及接触对象相切连接的所有几何对象。
- Flood Blends 命令：用于选择与选中圆角面相切连接的圆角面对象。
- Flood Area 命令：用于选择整个几何体的所有实体表面对象。

下面介绍通过使用“选择过滤器”工具栏来选取曲面的一般操作方法。

步骤 01 打开文件 D:\an15.01\ch02.06.01\selections.wbpj，进入建模环境。

步骤 02 选中图 2.6.2 所示的曲面作为基础面对象，在“选择过滤器”工具栏中选择 → Extend to Adjacent 命令，则选中与基础面对象相切连接的所有曲面，选项结果(一)如图 2.6.3 所示。

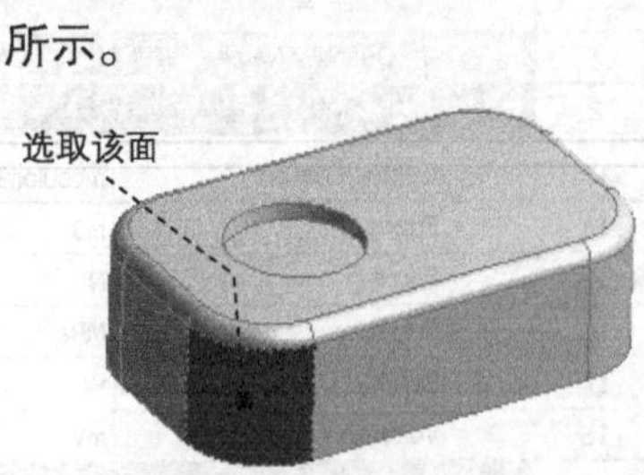


图 2.6.2 选取曲面（一）

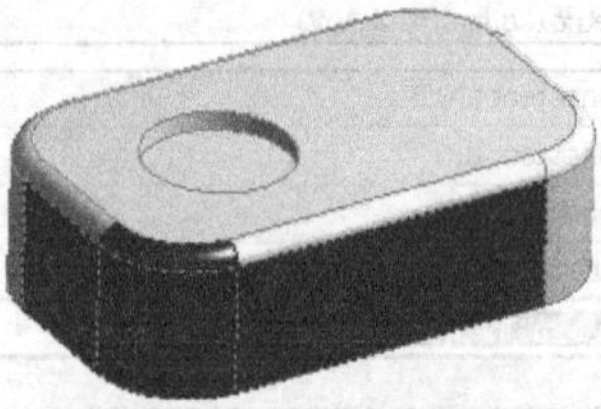

图 2.6.3 选取结果（一）

步骤 03 选中图 2.6.4 所示的圆角面作为基础面对象，在“选择过滤器”工具栏中选择 → Extend to Adjacent 命令，则选中与基础圆角面对象相切连接的所有曲面，选项结果（二）如图 2.6.5 所示。

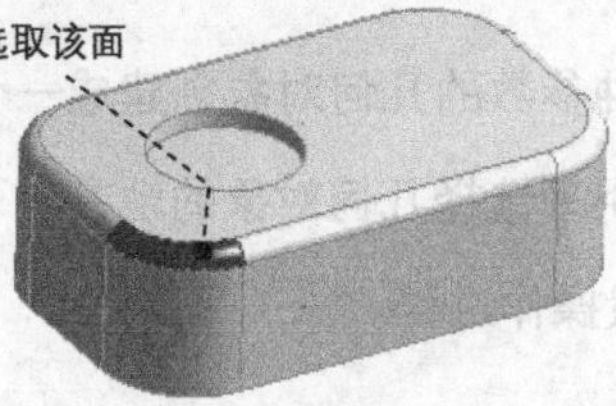


图 2.6.4 选取曲面（二）

图 2.6.5 选取结果（二）

步骤 04 选中图 2.6.4 所示的圆角面作为基础面对象，在“选择过滤器”工具栏中选择 → Extend to Limits 命令，则选中与基础圆角面对象相切连接的所有曲面，选取结果（三）如图 2.6.6 所示。

步骤 05 选中图 2.6.4 所示的圆角面作为基础面对象，在“选择过滤器”工具栏中选择 → Flood Blends 命令，则选中与基础圆角面对象相切连接的所有圆角面，选取结果（四）如图 2.6.7 所示。

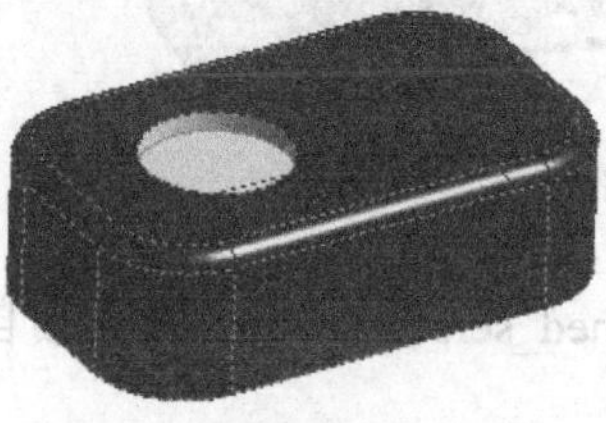

图 2.6.6 选取结果（三）

图 2.6.7 选取结果（四）

步骤 06 选中图 2.6.4 所示的圆角面作为基础面对象，在“选择过滤器”工具栏中选择 → Flood Area 命令，则选中所有实体表面，选取结果（五）如图 2.6.8 所示。

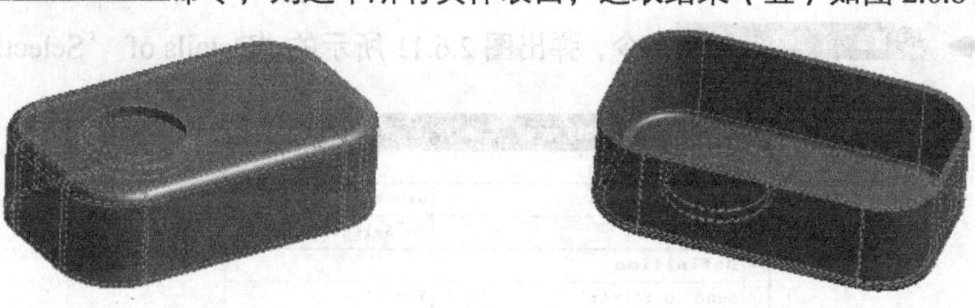

a）　　b）

图 2.6.8 选取结果（五）

步骤 07 框选几何对象。在“选择过滤器”工具栏中选择 → Box Select 命令，在图形区拖曳出图 2.6.9a 所示的矩形框，则选中图 2.6.9b 所示的曲面对象。

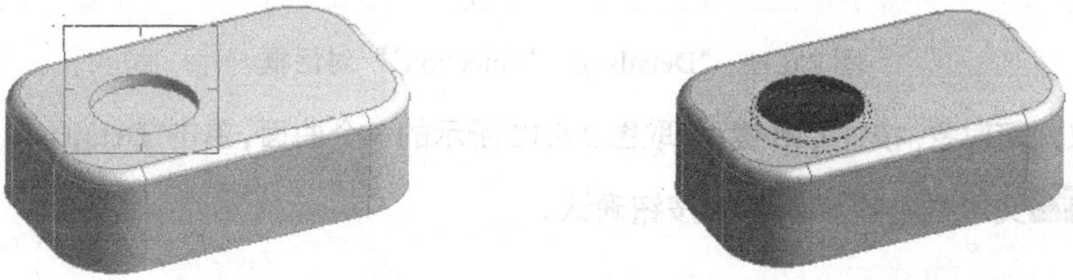

a）选择前　　b）选择后

图 2.6.9 选取结果（六）

## 2.6.2 命名选择工具

命名选择工具可以将任何几何对象或具有相同某种参数的几何对象创建成一个集合，从而方便对多个几何对象的选取，这个集合可以用在任何用来选择几何对象的地方。下面具体介绍定义命名选择集及将命名选择集用在对象选择上的一般操作过程。

### 1. 定义命名选择集

下面以图 2.6.10 所示的模型为例，介绍几种常用的命名选择方法，一般操作过程如下。

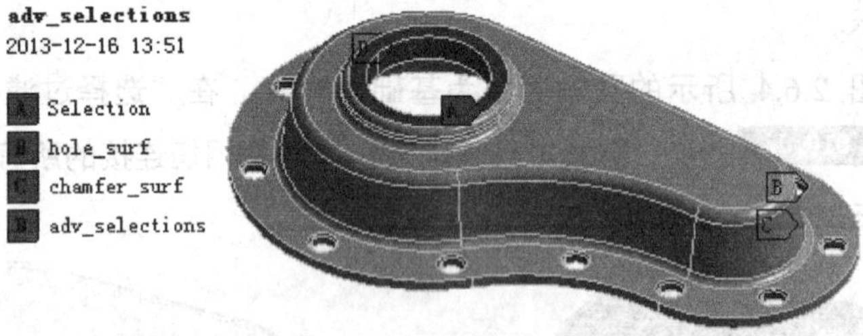


图 2.6.10 命名选择

步骤 01 打开文件 D:\an15.01\work\ch02.06.02\named_selections.wbpj，在项目列表中双击 Model 项目，进入分析环境。

步骤 02 创建命名选择集 selection。

（1）选择命令。在"Outline"窗口中右击 Model (A4) 节点，在弹出的快捷菜单中选择 Insert ▸ → Named Selection 命令，弹出图 2.6.11 所示的"Details of 'Selection'"对话框。

| Details of "Selection" | |
|---|---|
| **Scope** | |
| Scoping Method | Geometry Selection |
| Geometry | No Selection |
| **Definition** | |
| Send to Solver | Yes |
| Visible | Yes |
| Program Controlled Inflation | Exclude |
| **Statistics** | |
| Type | Manual |
| Total Selection | No Selection |
| Suppressed | 0 |
| Used by Mesh Worksheet | No |

图 2.6.11 "Details of 'Selection'"对话框

（2）选取几何对象。按住 Ctrl 键，选取图 2.6.12 所示的 3 个曲面，单击"Details of 'Selection'"对话框 Geometry 文本框中的 Apply 按钮确认。

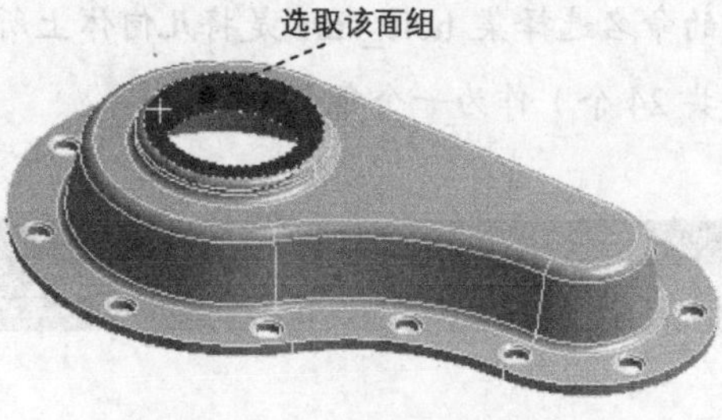


图 2.6.12 选取曲面（一）

说明 此处创建的命名选择集 selection 是将任意选中的三个面对象作为一个集合。

步骤 03 创建命名的选择 hole_surf。

（1）选择命令。在图形区选中图 2.6.13 所示的曲面对象并右击，在弹出的快捷菜单中选择 Create Named Selection 命令，弹出图 2.6.14 所示的“Selection Name”对话框。

（2）在“Selection Name”对话框中输入名称 hole_surf，选中 Apply geometry items of same: 单选项和 Size 复选框，单击 OK 按钮。

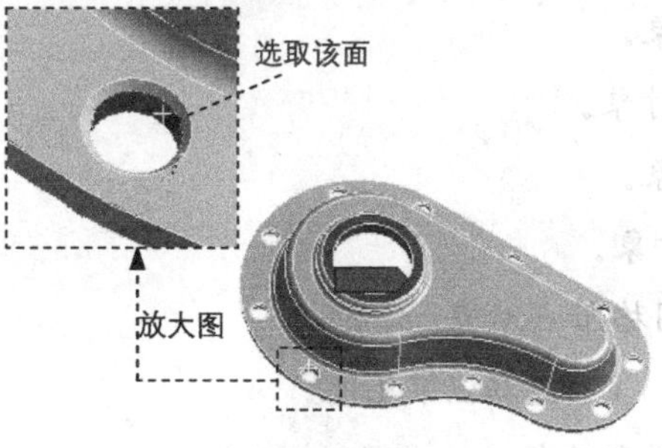


图 2.6.13 选取曲面（二）

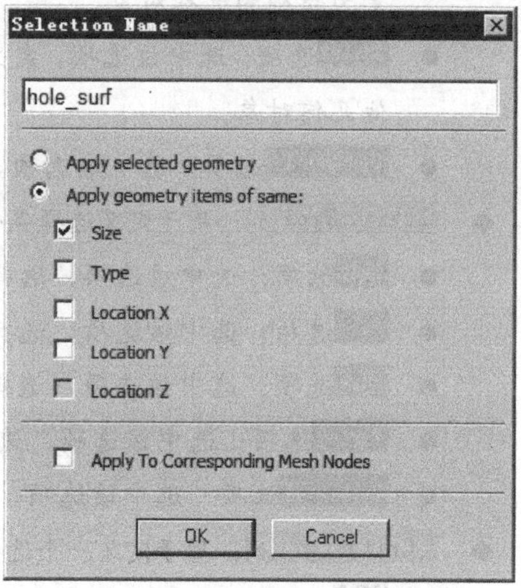


图 2.6.14 “Selection Name”对话框

（3）在“Outline”窗口中单击 hole surf 节点，切换到图 2.6.15 所示的Worksheet 窗口，采用系统默认参数设置，单击 Generate 按钮。

（4）打开 Graphics 选项卡，切换几何显示界面，结果如图 2.6.1 5 所示。

说明

此处创建的命名选择集 hole_surf 是将几何体上所有尺寸与选中曲面尺寸相等的曲面（一共 24 个）作为一个集合。

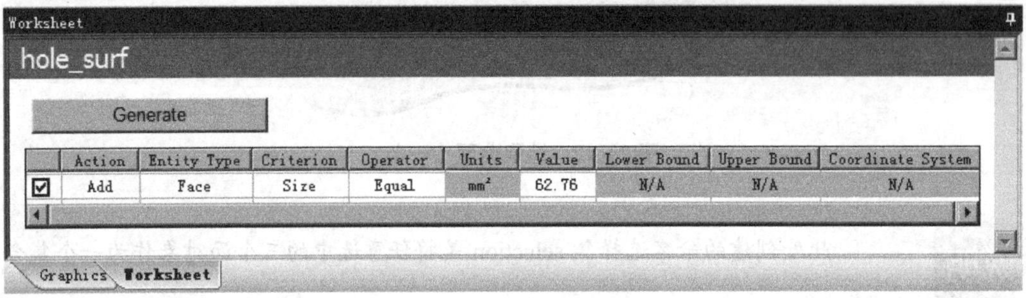


图 2.6.15 “Worksheet”窗口

图 2.6.15 所示的“Worksheet”窗口中内容说明如下。

◆ Action 列：用于设置工作表的行为模式，不同的行为模式可以定义不同的选择方式，进行不同的选择，主要包括以下几种。
- Add 选项：选中该选项，可以向选择集合中添加集合。
- Remove 选项：选中该选项，可以从选择集合中移除集合。
- Filter 选项：选中该选项，定义一个过滤器对选择集合进行过滤，从而得到更为精确的选择对象。
- Invert 选项：选中该选项，定义一个反选，选择与工作表中选择对象相反的其他几何对象。
- Convert To 选项：选中该选项，定义一个变换，对选中的集合进行变换。

◆ Entity Type 列：用于定义选择集合的实体类型，包括以下几种。
- Body 选项：选中该选项，选择体对象。
- Face 选项：选中该选项，选择面体对象。
- Edge 选项：选中该选项，选择边对象。
- Vertex 选项：选中该选项，选择点对象。
- Mesh Node 选项：选中该选项，选择网格节点对象。

◆ Criterion 列：用于定义一个选择准则，主要包括以下几种。
- Size 选项：选中该选项，依据尺寸进行选择。
- Type 选项：选中该选项，依据类型进行选择。
- Location X 选项：选中该选项，依据 X 轴向坐标进行选择。
- Location Y 选项：选中该选项，依据 Y 轴向坐标进行选择。

- Location Z 选项：选中该选项，依据 Z 轴向坐标进行选择。
- Node ID 选项：选中该选项，依据网格节点编号进行选择。
- Radius 选项：选中该选项，依据半径值进行选择。

◆ Operator 列：用于定义选择的判断方式，主要有以下几种。

- Equal 选项：选中该选项，判断与选中对象相等的几何参数对象。
- Not Equal 选项：选中该选项，判断与选中对象不相等的几何参数对象。
- Less Than 选项：选中该选项，判断小于选中对象的几何参数对象。
- Less Than or Equal 选项：选中该选项，用于判断小于或等于选中对象的几何参数对象。
- Greater Than 选项：选中该选项，用于判断大于选中对象的几何参数对象。
- Greater Than or Equal 选项：选中该选项，用于判断大于或等于选中对象的几何参数对象。
- Range 选项：选中该选项，用于判断一个区间的几何参数对象。
- Smallest 选项：选中该选项，用于判断最小几何参数对象。
- Largest 选项：选中该选项，用于判断最大几何参数对象。

◆ Units 列：用于设置参数单位。

◆ Value 列：用于定义具体的参数值。

◆ Lower Bound 列：用于定义下限参数。

◆ Upper Bound 列：用于定义上限参数。

◆ Coordinate System 列：用于定义坐标系统。

说明

在定义命名选择集的过程中，一般需要了解选中几何对象的相关几何参数，单击工具栏的 按钮，弹出图 2.6.16 所示的"Selection Information"窗口，在窗口中将显示选中几何对象的各项相关几何参数。

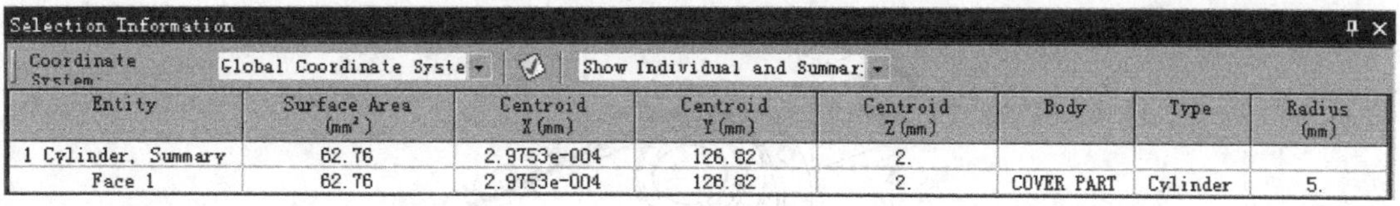


| Entity | Surface Area (mm²) | Centroid X (mm) | Centroid Y (mm) | Centroid Z (mm) | Body | Type | Radius (mm) |
|---|---|---|---|---|---|---|---|
| 1 Cylinder, Summary | 62.76 | 2.9753e-004 | 126.82 | 2. | | | |
| Face 1 | 62.76 | 2.9753e-004 | 126.82 | 2. | COVER PART | Cylinder | 5. |

图 2.6.16 "Seiection Information"窗口

步骤 04 创建命名选择集 chamfer_surf（一）（图 2.6.17）。

（1）在图形区选中图 2.6.18 所示的曲面对象并右击，在弹出的快捷菜单中选择 Create Named Selection 命令，弹出"Selection Name"对话框。

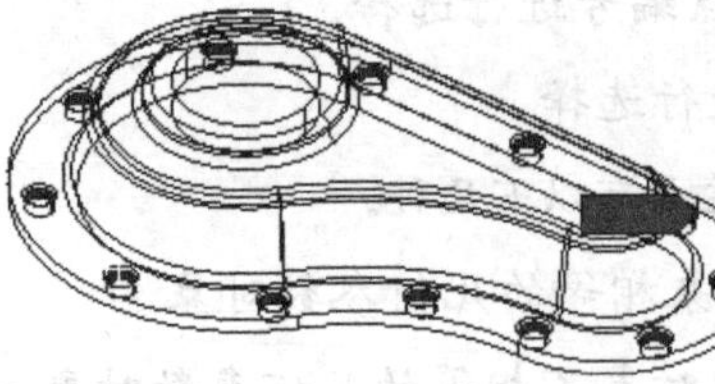

图 2.6.17　命名选择集 chamfer_surf（一）

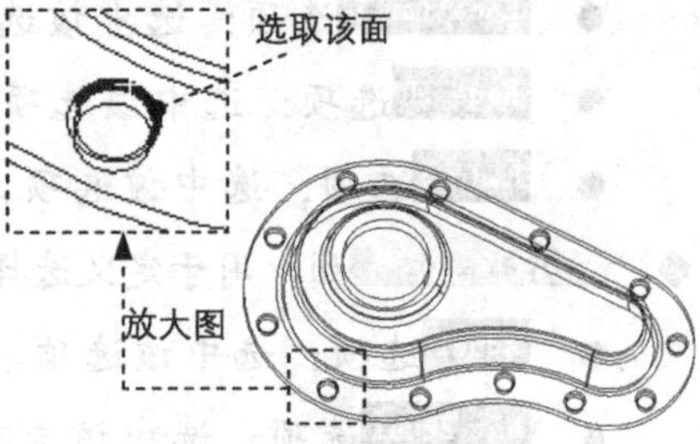


图 2.6.18　选取曲面（三）

（2）在“Selection Name”对话框输入名称 chamfer_surf，选中 Apply geometry items of same: 单选项和 Size 复选框，单击 OK 按钮。

（3）在“Outline”窗口中单击 chamfer_surf 节点，系统切换到“Worksheet”窗口，采用系统默认参数设置，单击 Generate 按钮。

（4）打开 Graphics 选项卡，切换到几何显示界面，结果如图 2.6.19 所示。

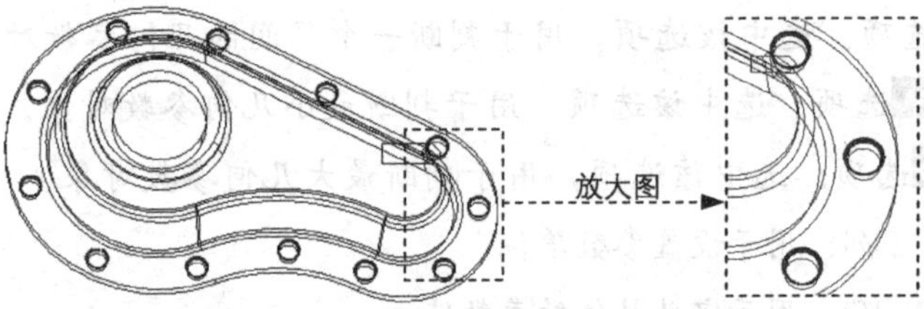


图 2.6.19　命名选择集 chamfer_surf（二）

**说明**　此处创建的命名选择集 chamfer_surf 是将几何体上所有尺寸与选中曲面尺寸相等的曲面（一共 24 个）作为一个集合。

步骤 05　创建命名选择集 adv_selection。

（1）在图形区选中图 2.6.20 所示的曲面对象并右击，在弹出的快捷菜单中选择 Create Named Selection 命令，弹出“Selection Name”对话框。

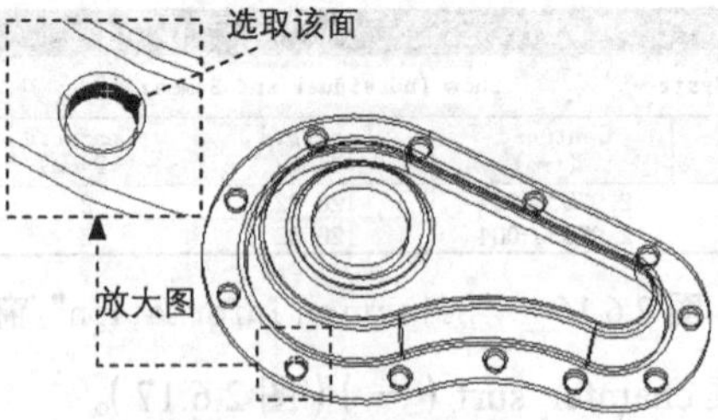


图 2.6.20　选取曲面（四）

（2）在“Selection Name”对话框输入名称 adv_selection，选中 Apply geometry items of same: 单

选项和☑ Size复选框，单击 OK 按钮。

（3）添加过滤器 1。（注：本步的详细操作过程请参见随书光盘中 video\ch02\reference\文件夹下的语音视频讲解文件“named_selections-r01.exe”。）

说明：在“Worksheet”窗口中添加一个过滤器，可以对选中的几何对象进行过滤，得到需要的几何体对象，此处添加的过滤器表示用来过滤在 X 轴方向上坐标在 -10~100 之间满足要求的几何对象。

（4）添加过滤器 2。（注：本步的详细操作过程请参见随书光盘中 video\ch02\reference\文件夹下的语音视频讲解文件“named_selections-r02.exe”。）

说明：此处添加的过滤器表示用来过滤在 Y 轴方向上坐标在 0~150 之间满足要求的几何对象。

（5）单击 Generate 按钮，完成定义。

（6）打开 Graphics 选项卡，切换到几何显示界面，结果如图 2.6.21 所示。

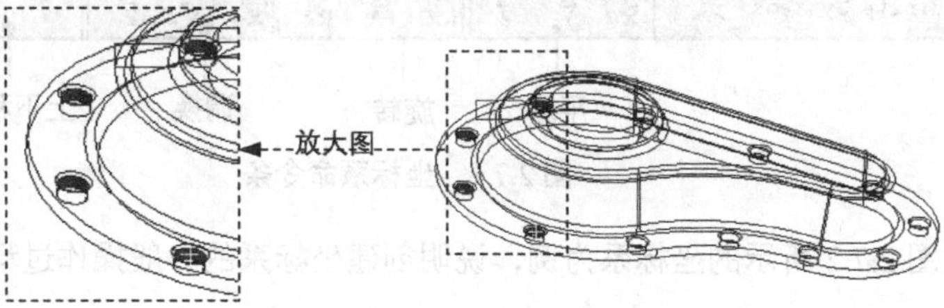


图 2.6.21　命名选择集 adv_selection

## 2. 命名选择集的应用

下面通过一个实例来介绍命名选择集在分析中的应用。

步骤 01　添加固定约束。在“Outline”窗口中单击 Static Structural (A5) 节点，在“Environment”工具栏中选择 Supports ▾ ➡ Fixed Support 命令，弹出“Details of ‘Fixed Support’”对话框。

步骤 02　添加命名选择集 1。（注：本步的详细操作过程请参见随书光盘中 video\ch02\reference\文件夹下的语音视频讲解文件“named_selections-r03.exe”。）

步骤 03　添加命名选择集 2。（注：本步的详细操作过程请参见随书光盘中 video\ch02\reference\文件夹下的语音视频讲解文件“named_selections-r04.exe”。）

步骤 04　完成定义。此时的“Details of ‘Fixed Support’”对话框如图 2.6.22 所示，单击对

话框 Geometry 文本框中的 Apply 按钮确认，完成固定约束的几何的定义，结果如图 2.6.23 所示。

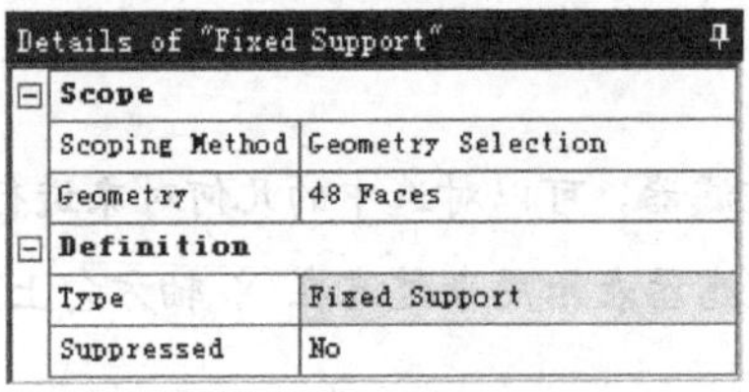

| Details of "Fixed Support" | |
|---|---|
| **Scope** | |
| Scoping Method | Geometry Selection |
| Geometry | 48 Faces |
| **Definition** | |
| Type | Fixed Support |
| Suppressed | No |

图 2.6.22 “Details of ‘Fixed Support’”对话框

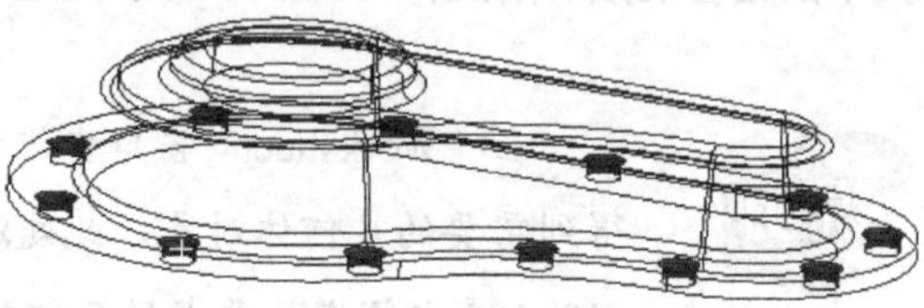

图 2.6.23 固定约束的几何

## 2.7 坐标系

坐标系（Coordinate Systems）常应用于网格控制、质量点、指定方向的载荷和结果等；当模型是基于 CAD 的原始模型时，“Mechanical”环境下会自动添加整体坐标系（Global Coordinate Systems），同时也可以从 CAD 系统中导入局部坐标系（Local Coordinate Systems）。新的坐标系是通过在“Mechanical”环境下单击图 2.7.1 所示工具条中的（Create Coordinate Systems）按钮进行创建的，并定义坐标系相关参数。

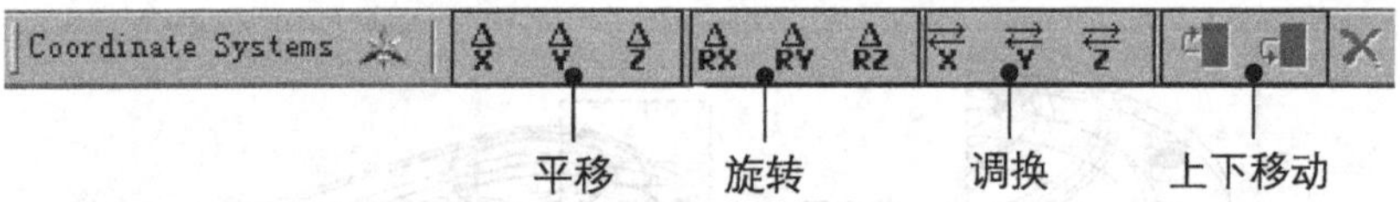


图 2.7.1 坐标系命令条

下面以创建图 2.7.2 所示的坐标系为例，说明创建坐标系的一般操作过程。

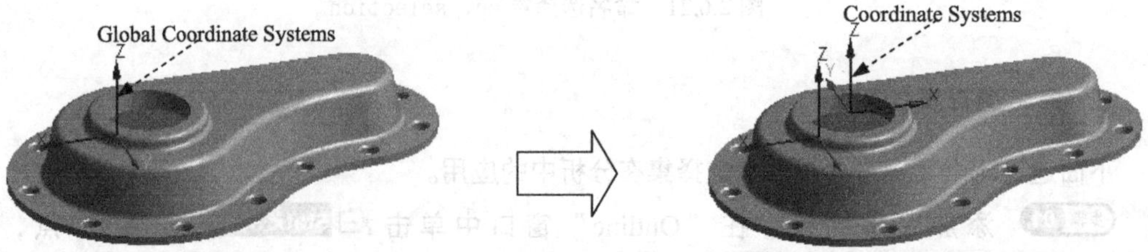


a）创建前　　b）创建后

图 2.7.2 创建坐标系

步骤 01 打开文件并进入界面。选择 File → Open... 命令，打开文件 D:\an15.01\work\ch02.07\coordinate.wbpj，在项目列表中双击 Model 选项，进入“Mechanical”环境中。

步骤 02 选取命令。在“Outline”窗口中右击 Coordinate Systems 节点，在弹出的快捷菜单中选择 Insert → Coordinate System 命令，弹出图 2.7.3 所示的“Details of‘Coordinate Systems’”对话框。

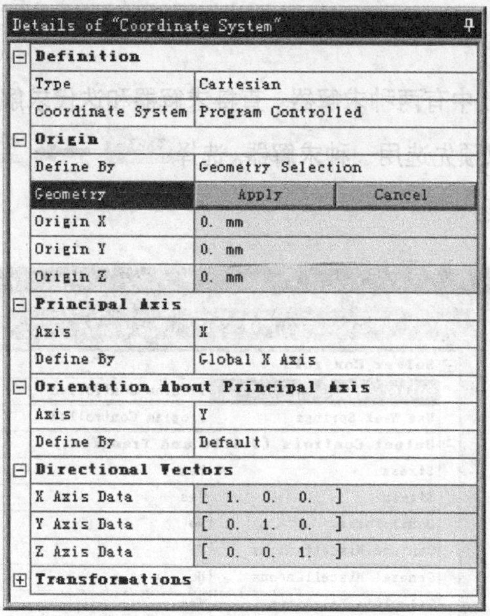

| Details of "Coordinate System" | |
|---|---|
| **Definition** | |
| Type | Cartesian |
| Coordinate System | Program Controlled |
| **Origin** | |
| Define By | Geometry Selection |
| Geometry | Apply / Cancel |
| Origin X | 0. mm |
| Origin Y | 0. mm |
| Origin Z | 0. mm |
| **Principal Axis** | |
| Axis | X |
| Define By | Global X Axis |
| **Orientation About Principal Axis** | |
| Axis | Y |
| Define By | Default |
| **Directional Vectors** | |
| X Axis Data | [ 1. 0. 0. ] |
| Y Axis Data | [ 0. 1. 0. ] |
| Z Axis Data | [ 0. 0. 1. ] |
| **Transformations** | |

图 2.7.3 "Detail of 'Coordinate Systems'" 对话框

步骤 03 定义原点。在 Origin 区域中单击以激活 Geometry 后的文本框，选取图 2.7.4 所示的模型表面为放置对象，单击 Apply 按钮确认，其他参数采用系统默认设置。

步骤 04 定义主轴。

（1）定义轴。在 Principal Axis 区域的 Axis 下拉列表中选择 X 选项。

（2）定义方式。在 Define By 下拉列表中选择 Geometry Selection 选项。

（3）定义对象。单击以激活 Geometry 后的文本框，选取图 2.7.5 所示的模型边线为对象，调整箭头方向，如图 2.7.5 所示，并单击 Apply 按钮确认。

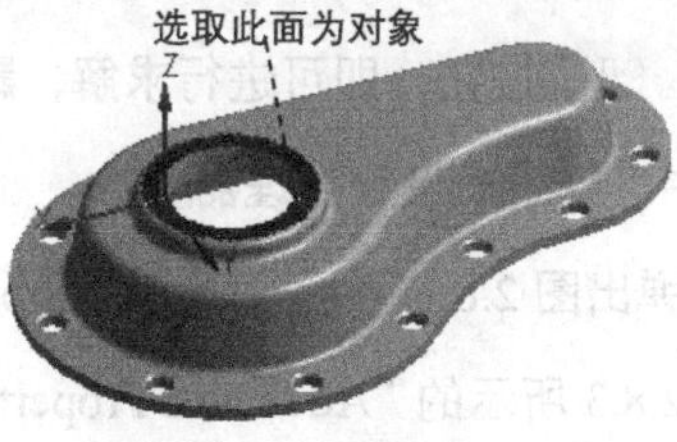


图 2.7.4 定义原点

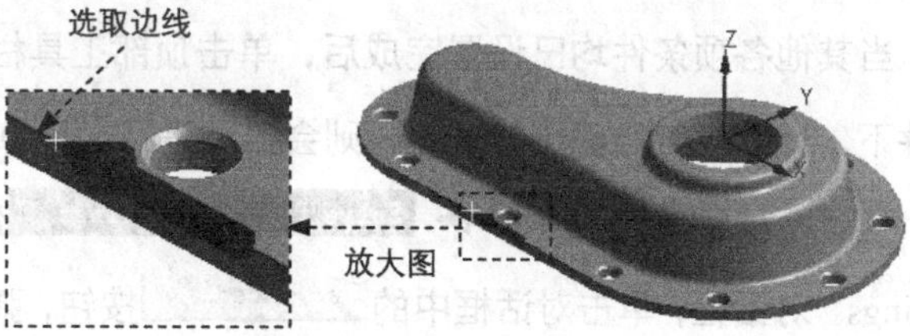


图 2.7.5 定义主轴

步骤 05 定义主轴方位。

（1）定义轴。在 Orientation About Principal Axis 区域的 Axis 下拉列表中选择 Z 选项。

（2）定义方式。在 Define By 下拉列表中选择 Global Z Axis 选项。

步骤 06 完成坐标系的创建，结果如图 2.7.2b 所示。

## 2.8 求解选项

在 ANSYS Workbench 中有两种求解器：直接求解器和迭代求解器。一般情况下求解器是自动选取的，当然，用户可以预先选用一种求解器。选择 Tools → Options... 命令，弹出图 2.8.1 所示的"Options"对话框。

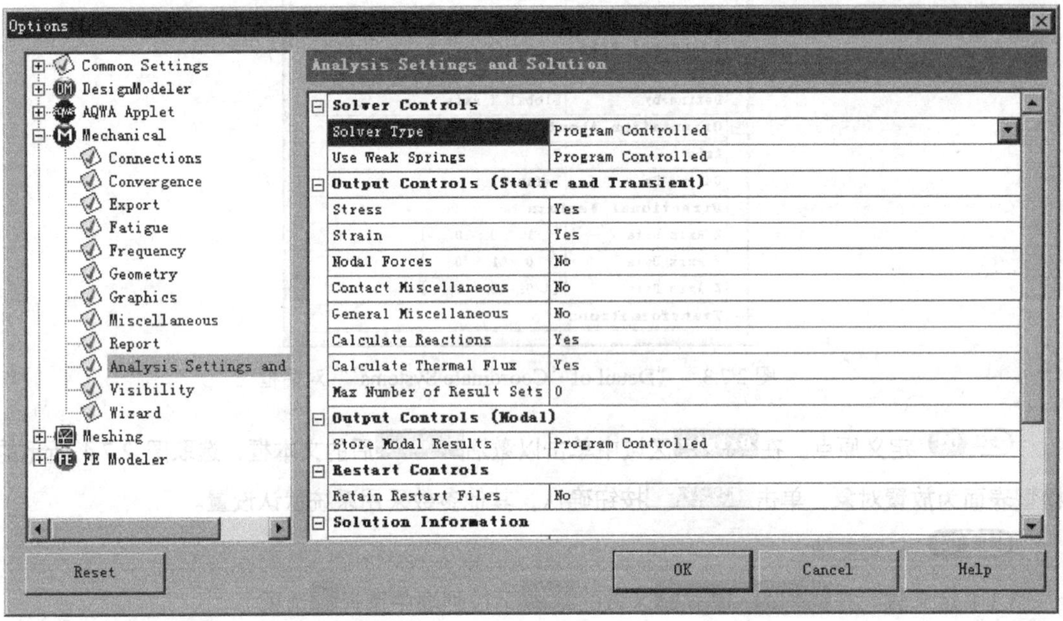


图 2.8.1 "Options"对话框

在"Options"对话框的左侧列表中选中 Analysis Settings and Solution，在右侧列表的 Solver Type 下拉列表中可以设置求解器类型。

当其他各项条件均已设置完成后，单击顶部工具栏中的 Solve 按钮，即可进行求解，默认条件下，计算机若是双核处理器，则会自动进行并计算，用户可以手动设置处理器个数。

选择下拉菜单 Tools → Solve Process Settings... 命令，弹出图 2.8.2 所示的"Solve Process Settings"对话框，单击对话框中的 Advanced... 按钮，弹出图 2.8.3 所示的"Advanced Properties"对话框。

## 2.9 求解与后处理结果

在 Mechanical 中完成各项定义后，经过系统的求解计算，可以得到相应的分析结果图解，一般包括各方向的变形和应力、应变、主应力应变、接触输出等，这些量都需要定义，而且，得到的结果图解都可以根据不同需要以不同的方式显示出来，相关内容将在本章第 10 小节进行介绍，在此不再赘述。

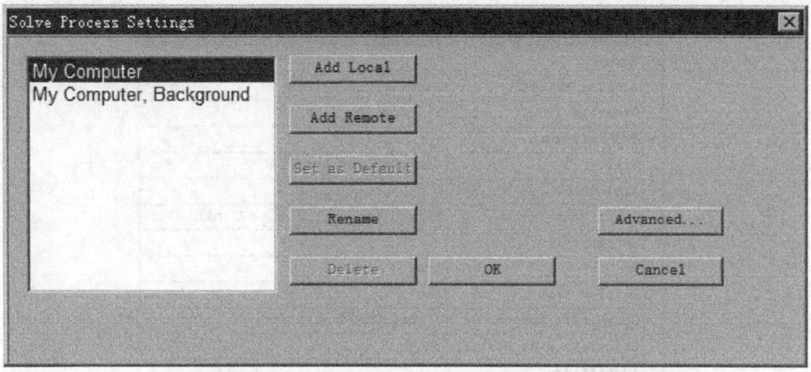


图 2.8.2 “Solve Process Settings”对话框

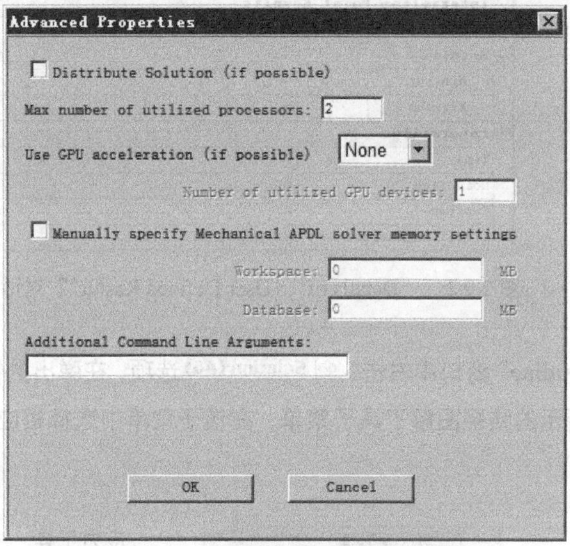


图 2.8.3 “Advanced Properties”对话框

在 Mechanical 中插入结果图解主要有以下两种方法。

方法一：在“Outline”窗口中单击 Solution (A6) 节点，系统在顶部工具栏区弹出图 2.9.1 所示的“Solution”工具栏，可以用来定义各种分析结果图解。

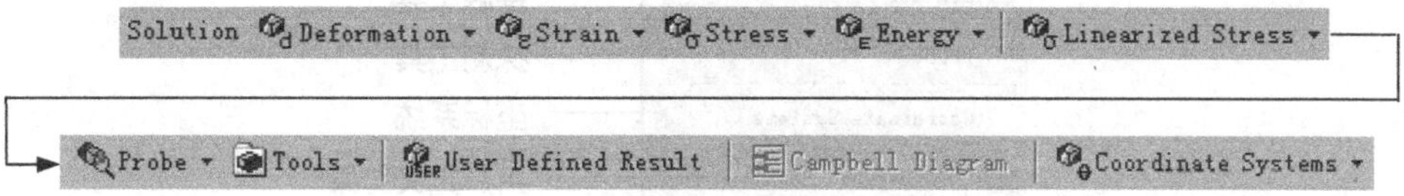


图 2.9.1 “Solution”工具栏

在“Solution”工具栏中单击 User Defined Result 按钮，弹出图 2.9.2 所示的“Details of ‘User Defined Result’”对话框，用来定义自定义结果。

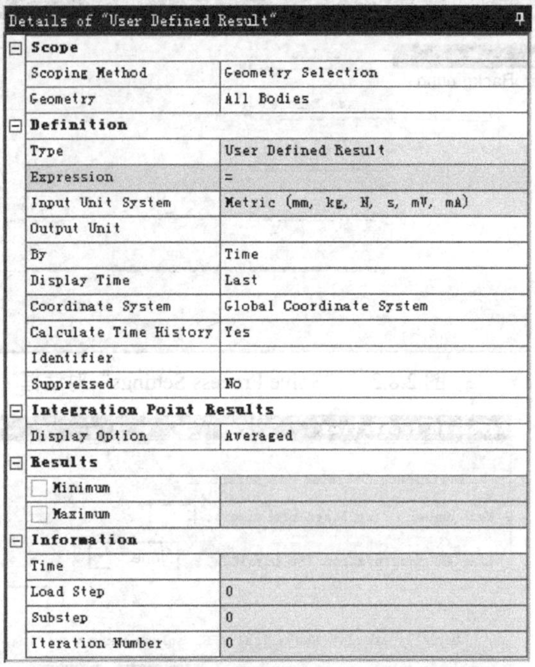


图 2.9.2 “Details of ‘User Defined Result’”对话框

方法二：在“Outline”窗口中右击 Solution (A6) 选项，在弹出的快捷菜单中选择 Insert 命令，弹出图 2.9.3 所示的结果图解工具子菜单，在该子菜单中选择相应的命令可以快速创建一种结果图解。

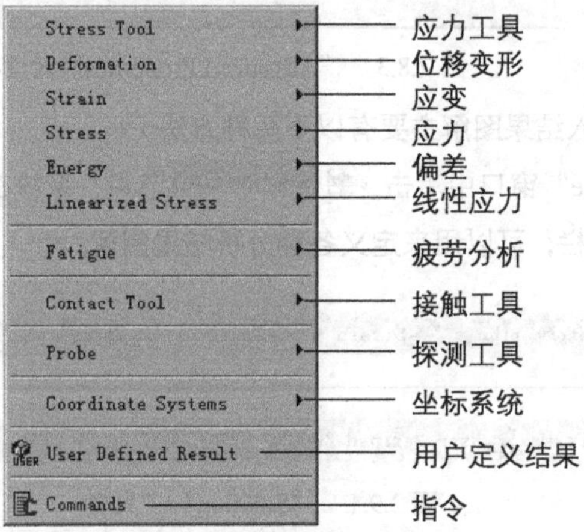


图 2.9.3 结果图解工具子菜单

在“Outline”窗口中单击 Solution Information 节点，弹出图 2.9.4 所示的“Details of ‘Solution Information’”对话框，用于设置求解信息参数。

图 2.9.5 所示的支架模型，各种分析条件均已定义完全，需要对齐进行求解计算，并查看支架在当前工况条件下的等效应力–总位移变形分布情况，下面具体介绍其操作过程。

步骤 01 打开文件 D: \an15.01\work\ch02.09\solution.wbpj。

步骤 02 进入“Mechanical”环境。在“Static Structural”项目列表中双击 Model 选项，进入“Mechanical”环境（其模型已定义约束及载荷等条件）。

Details of "Solution Information"

| | |
|---|---|
| **Solution Information** | |
| Solution Output | Solver Output |
| Newton-Raphson Residuals | 0 |
| Update Interval | 2.5 s |
| Display Points | All |
| **FE Connection Visibility** | |
| Activate Visibility | Yes |
| Display | All FE Connectors |
| Draw Connections Attached To | All Nodes |
| Line Color | Connection Type |
| Visible on Results | No |
| Line Thickness | Single |
| Display Type | Lines |

图 2.9.4 “Details of ‘Solution Information’”对话框

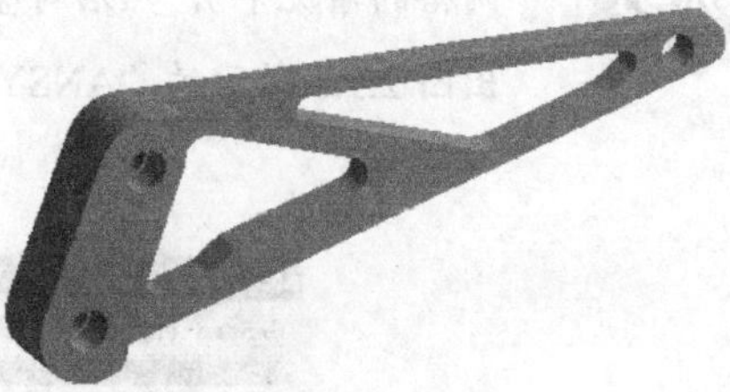

图 2.9.5 支架模型

步骤 03 插入等效应力结果图解。在“Outline”窗口中右击 Solution (A6) 选项，在弹出的快捷菜单中选择 Insert ▸ → Stress ▸ → Equivalent (von-Mises) 命令。系统在“Outline”窗口的 Solution (A6) 节点下生成一个等效应力结果图解，如图 2.9.6 所示。

步骤 04 插入总位移变形结果图解。在弹出的快捷菜单中选择 Insert ▸ → Deformation ▸ → Total 命令。系统在“Outline”窗口的 Solution (A6) 节点下生成一个总位移变形结果图解，如图 2.9.6 所示。

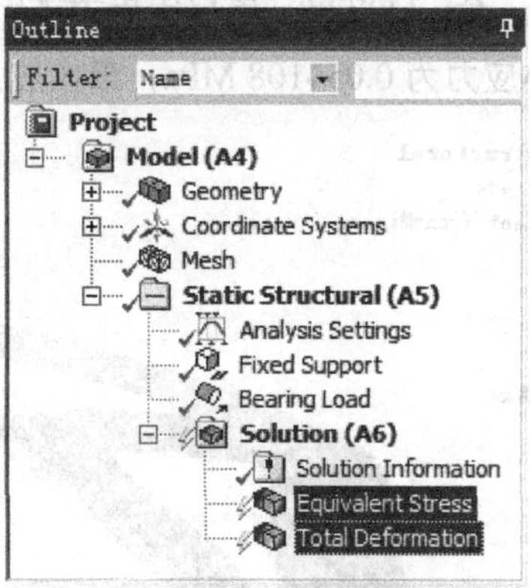


图 2.9.6 插入等效应力和总位移变形结果图解

步骤 05 求解与计算。在顶部工具栏按钮区单击 Solve 按钮，系统开始求解计算，并弹出

图 2.9.7 所示的“ANSYS Workbench Solution Status”对话框，显示系统求解进程。

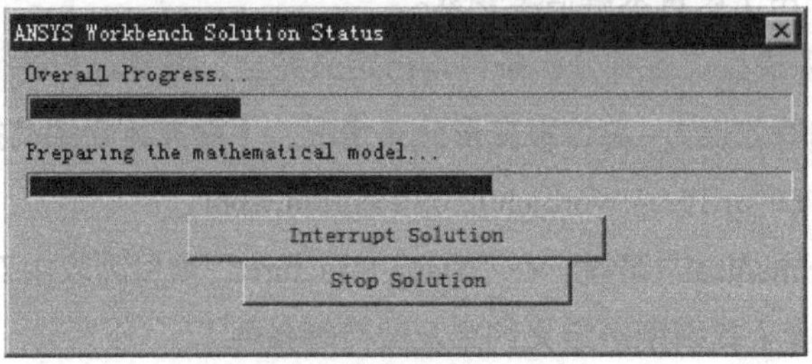


图 2.9.7　“ANSYS Workbench Solution Status”对话框

说明

一般情况下，系统在求解计算时，是先对几何体进行网格划分（没有先划分网格的情况下），然后对整个分析问题进行求解计算，这种情况下，系统会先弹出图 2.9.8 所示的“ANSYS Workbench Mesh Status”对话框，显示系统网格划分进程

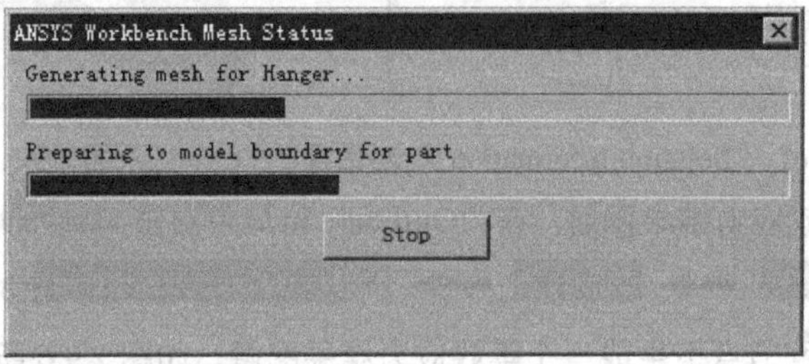


图 2.9.8　“ANSYS Workbench Mesh Status”对话框

步骤 06 查看分析结果图解。

（1）查看等效应力结果图解。在“Outline”窗口中单击选中 Equivalent Stress，查看图 2.9.9 所示的等效应力结果，可知最小应力为 0.054108 MPa，最大应力为 253.78 MPa。

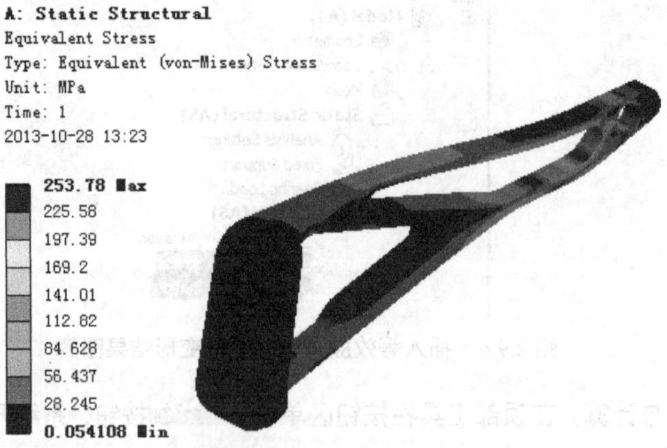


图 2.9.9　等效应力结果图解

（2）查看总位移变形结果图解。在“Outline”窗口中单击选中 Total Deformation，查看图 2.9.10 所示的总位移变形结果，可知最大位移为 0.27238 mm。

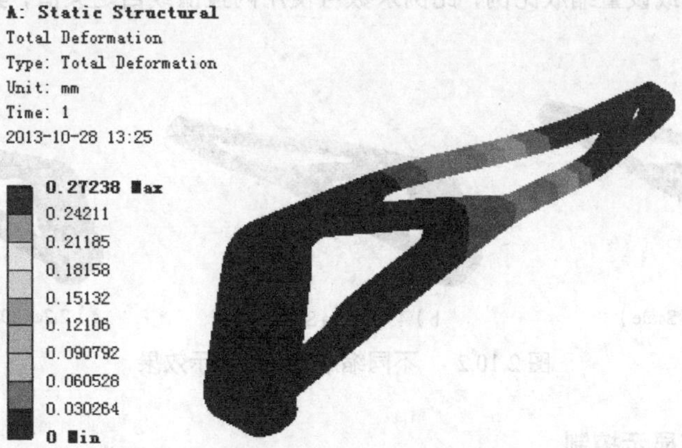


图 2.9.10　总位移变形结果图解

## 2.10　结果后处理工具

在得到分析结果之后，往往需要对分析结果进行评估，为了满足用户的分析查看需求，ANSYS Workbench 提供了多种工具。下面介绍几种常用工具的使用方法。

### 2.10.1　结果工具栏

在“Outline”窗口中单击 Solution (A6) 节点下的任一结果节点，将弹出图 2.10.1 所示的“Result”工具栏。下面具体介绍该工具栏中各工具的使用方法。

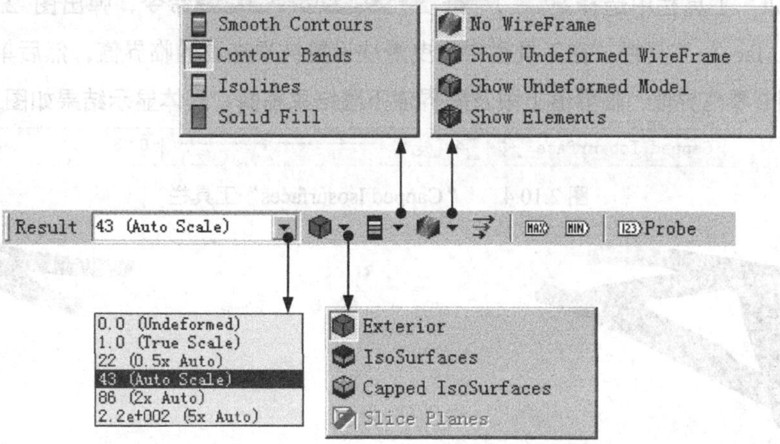


图 2.10.1　“Result”工具栏

## 1. 缩放比例

缩放比例用于控制分析结果的显示比例，在“Result”工具栏中选择 43 (Auto Scale) 下拉列表，用来选择或设置缩放比例，比例系数可使用内置值或自定义值，其不同效果如图 2.10.2 所示。

a）1.0（True Scale） b）43（Auto Scale） c）2.2e+002（5x Auto）

图 2.10.2　不同缩放比例的显示效果

## 2. 图解几何显示控制

图解几何显示控制用来控制分析结果的几何显示方式，在“Result”工具栏中单击按钮，设置几何显示控制，包括 Exterior、IsoSurfaces、Capped IsoSurfaces 和 Slice Planes 4 种状态，其不同效果如图 2.10.3 所示。

a）Exterior b）IsoSurfaces

图 2.10.3　不同几何显示控制的显示效果

在“Result”工具栏中选择 → Capped IsoSurfaces 命令，弹出图 2.10.4 所示的“Capped Isosurface”工具栏。在工具栏中拖曳滑块设置结果查看的临界值，然后单击工具栏中的按钮可分别查看临界值、临界值上限及临界值下限结果图解，具体显示结果如图 2.10.5 所示。

图 2.10.4　“Capped Isosurfaces”工具栏

a）Top Capped IsoSurface b）IsoSurface c）Bottom Capped IsoSurface

图 2.10.5　显示结果图解

在“Result”工具栏中选择 → Slice Planes 命令，可以查看剖截面结果图解，需要注意的是，此命令只有在使用剖截面工具后才有效。

### 3. 云图显示样式控制

云图显示样式用来控制分析结果图解在模型中的云图显示样式，在“Result”工具栏中单击按钮，选择不同的显示样式，其不同效果如图 2.10.6 所示。

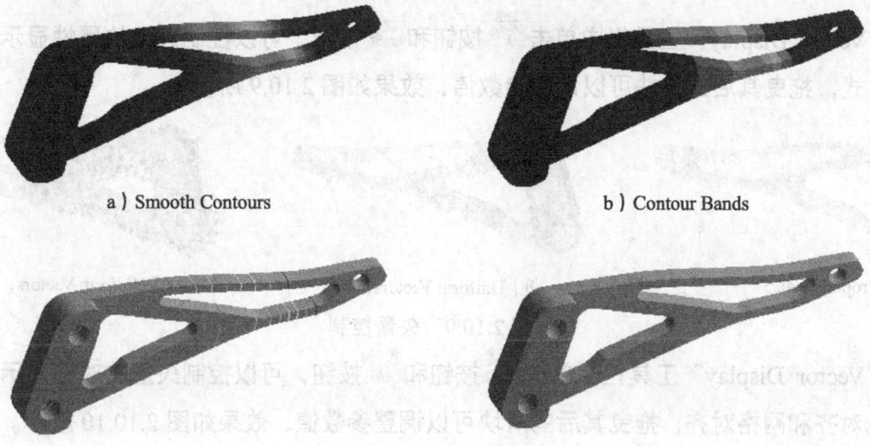

a）Smooth Contours　　b）Contour Bands

c）Isolines　　d）Solid Fill

图 2.10.6　云图显示样式控制

### 4. 边显示样式控制

边显示样式控制用来控制分析结果在模型中的边显示样式，在“Result”工具栏中单击按钮，选择不同的显示样式，其不同效果如图 2.10.7 所示。

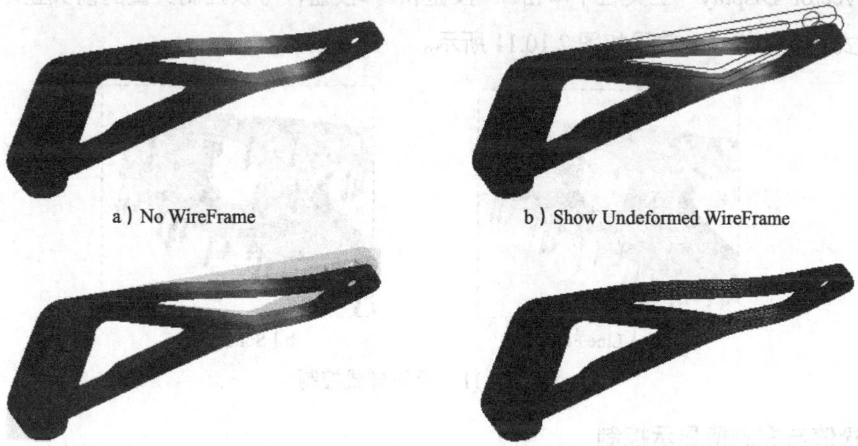

a）No WireFrame　　b）Show Undeformed WireFrame

c）Show Underformed Model　　d）Show Elemnets

图 2.10.7　边显示样式控制

### 5. 矢量显示样式控制

在“Result”工具栏中单击按钮，弹出图 2.10.8 所示的“Vector Display”工具栏。使用该工具栏可以控制图解结果中矢量显示样式。

图 2.10.8 “Vector Display”工具栏

在“Vector Display”工具栏中单击按钮和按钮，可以控制矢量的属性显示方式和均匀显示方式，拖曳其后的滑块可以调整参数值，效果如图 2.10.9 所示。

a）Proportional, 5　　b）Uniform Vectors，5　　c）Uniform Vectors，9

图 2.10.9 矢量控制

在“Vector Display”工具栏中单击按钮和按钮，可以控制矢量的对齐显示方式，可以是单元对齐和网格对齐，拖曳其后的滑块可以调整参数值，效果如图 2.10.10 所示。

a）Element Aligned　　b）Grid Aligned，30　　c）Grid Aligned，70

图 2.10.10 矢量对齐显示方式控制

在“Vector Display”工具栏中单击按钮和按钮，可以控制矢量的箭头显示方式，可以是线样式和实体样式，效果如图 2.10.11 所示。

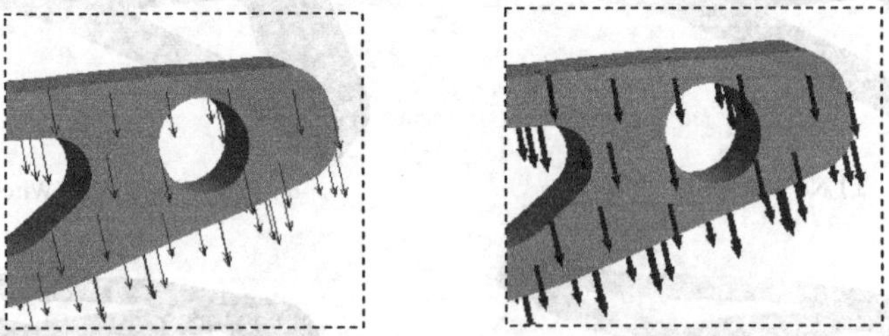

a）Line Form　　b）Solid From

图 2.10.11 箭头样式控制

### 6. 极值与探测值显示控制

在“Result”工具栏中单击按钮，探测图解上的最大值；单击按钮，探测图解上的最小值；单击 Probe 按钮，然后在图解上单击任一节点位置，探测该位置的值，如图 2.10.12 所示。

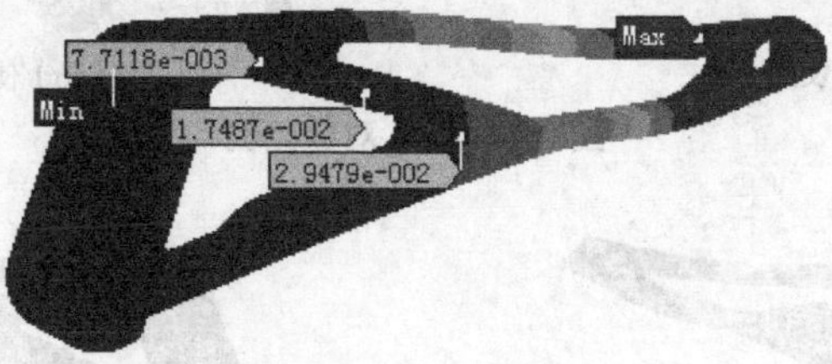


图 2.10.12 极值与探测值显示控制

在“选择过滤器”工具条中单击按钮，在图解上选中探测结果标签，按 Delete 键可以删除探测标签。

### 7. 图例显示设置

在结果图例上右击，系统弹出图 2.10.13 所示的图例快捷菜单。使用该快捷菜单，用户可以对结果显示图例进行设置，方便对结果的评估。

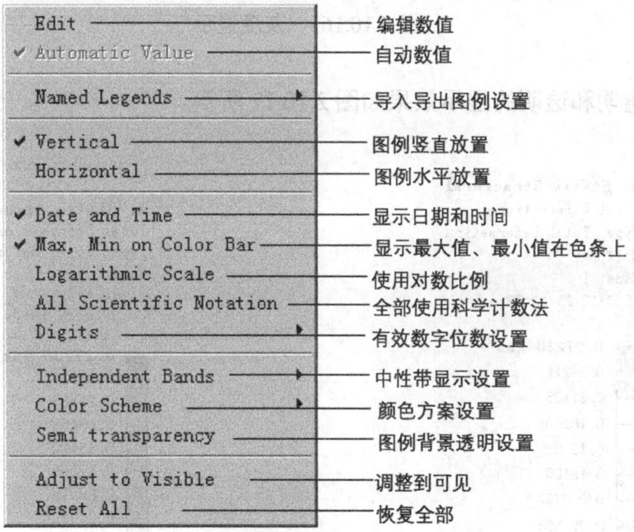


图 2.10.13 图例快捷菜单（一）

下面以图例对比的方式，具体介绍几种常用的图例设置工具，具体操作请读者根据以上对快捷菜单的介绍自行练习，此处不再赘述。

不使用对数比例和使用对数比例的显示效果如图 2.10.14 所示。

不同颜色方案的显示效果分别如图 2.10.15、图 2.10.16 所示。

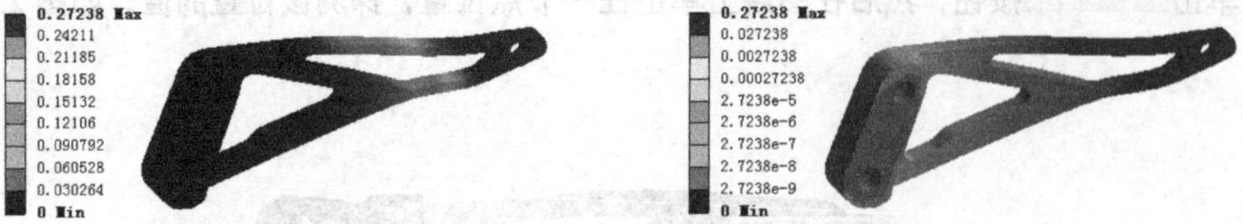


a）不使用　　b）使用

图 2.10.14　对数比例

a）Rainbow　　b）Reverse Rainbow

图 2.10.15　彩虹显示

a）Grayscale　　b）Reverse Grayscale

图 2.10.16　灰度显示

图例背景半透明和透明的显示效果如图 2.10.17 所示。

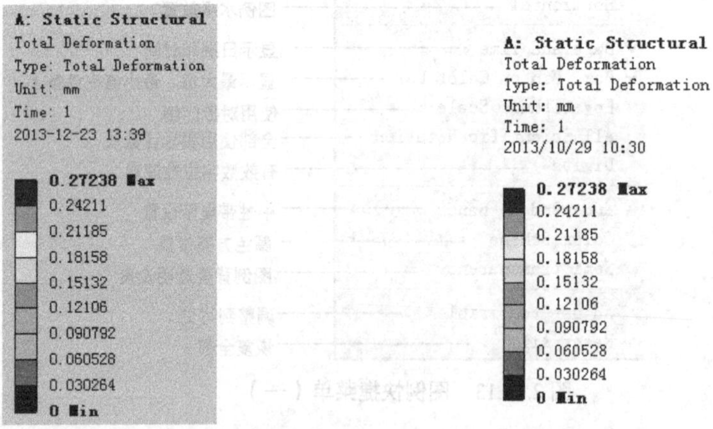


a）半透明　　b）透明

图 2.10.17　背景显示

中性带显示控制的不同显示效果如图 2.10.18 所示。

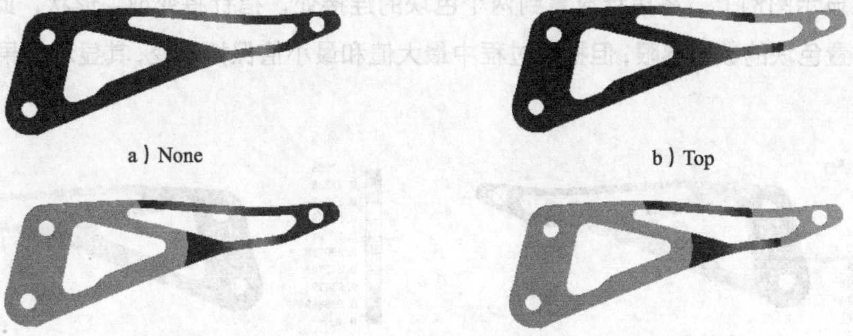

a）None b）Top

c）Bottom d）Top and Bottom

图 2.10.18 中性带显示控制

在结果显示图例上，单击某个色块，此时会出现+和-按钮，单击+按钮可以增加刻度，最多色块数量为 14 个；单击-按钮可以减少刻度，最少色块数量为 3 个，其显示效果如图 2.10.19 所示。

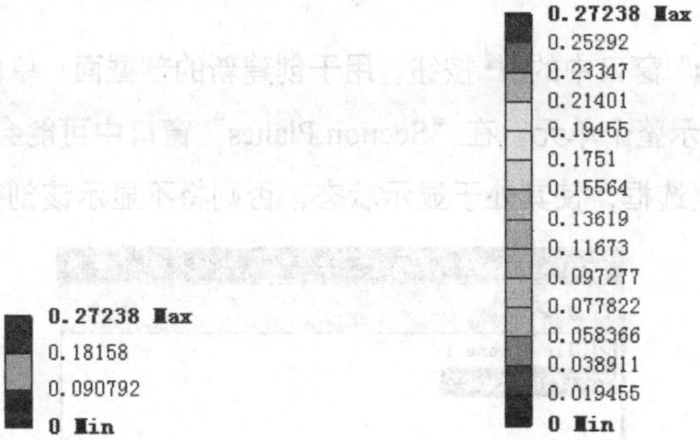


a）最少色块 b）最多色块

图 2.10.19 调整色块的数量

在结果显示图例上，右击某个色块，在弹出的快捷菜单中选择 Custom Color... 命令，此时会弹出图 2.10.20 所示的“颜色”对话框，用户可以选择所需要的颜色。

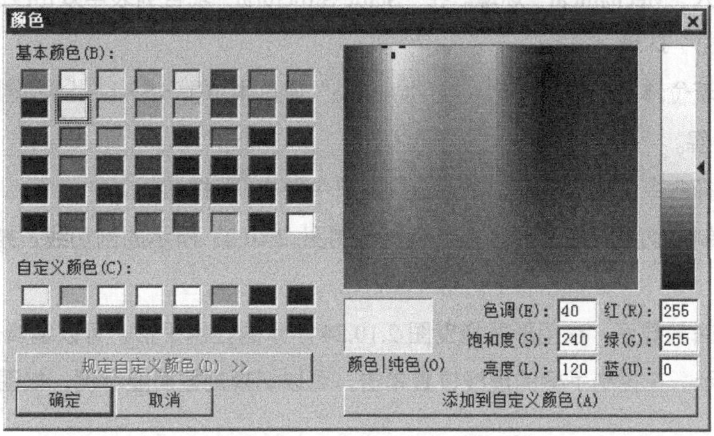


图 2.10.20 “颜色”对话框

在结果显示图例上，将指针放置到两个色块的连接处，指针将变成↕形状，此时上下拖曳可以重新设置色块的数值界限，但拖曳过程中最大值和最小值保持不变，其显示效果如图 2.10.21 所示。

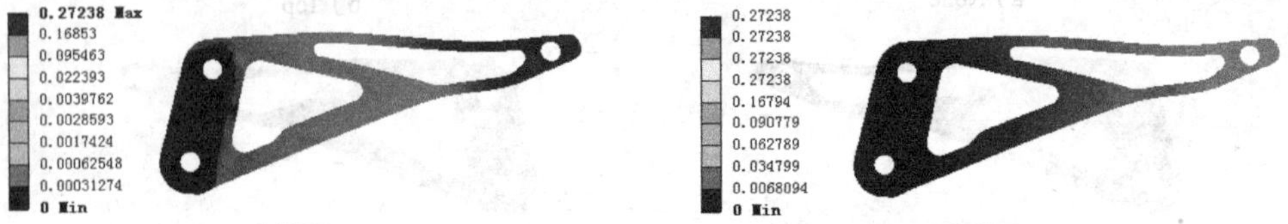


a）结果 1　　b）结果 2

图 2.10.21　调整色块显示的界限

## 2.10.2　剖截面

剖截面工具用于剖切模型以便观察模型内部细节情况，用户可以通过点击和拖曳来定义截面、控制截面显示、删除截面。在顶部工具栏中单击按钮，弹出图 2.10.22 所示的“Section Planes”窗口。

单击“Section Planes”窗口中的按钮，用于创建新的剖截面；单击按钮用于删除剖截面，单击按钮用于显示整个单元。在“Section Planes”窗口中可能会存在多个剖截面，通过勾选剖截面选项前的☑复选框，使其处于显示状态，否则将不显示该剖截面。

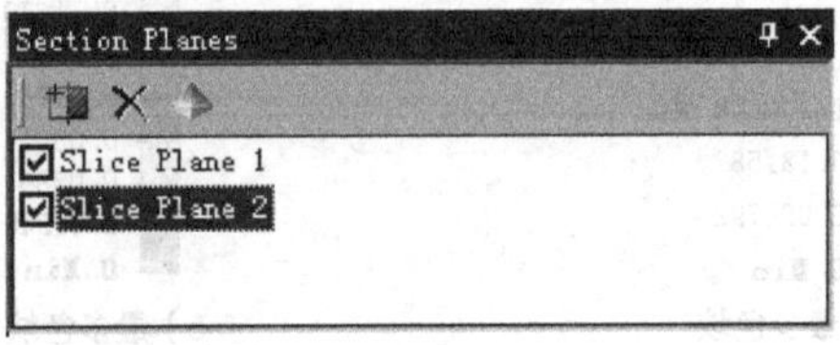


图 2.10.22 “Section Planes”窗口

下面具体介绍创建剖截面的一般操作方法。

步骤 01　打开文件 D: \an15.01\work \ch02.10\section_plane.wbpj。

步骤 02　进入“Mechanical”环境。在“Static Structural”项目列表中双击 Model 选项，进入“Mechanical”环境。

步骤 03　查看位移变形结果图解。在“Outline”窗口中单击 Total Deformation 节点，查看总位移变形结果图解。

步骤 04　选择命令。在“Section Planes”窗口中单击按钮。

步骤 05　绘制剖切线。在图形区拖曳指针绘制图 2.10.23 所示的剖切线，结果如图 2.10.24 所示。

步骤 06　编辑剖截面。在图形区拖曳图 2.10.24 所示的控制手柄，可以编辑剖截面的位置，如图 2.10.25 所示。在控制手柄的虚线位置单击，可以切换剖截面显示侧，如图 2.10.26 所示。

在控制手柄的实线位置单击，只显示剖截面，如图 2.10.27 所示。

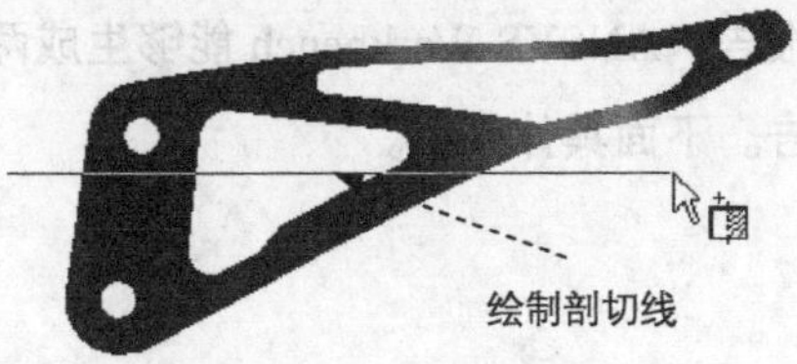


图 2.10.23 绘制剖切线

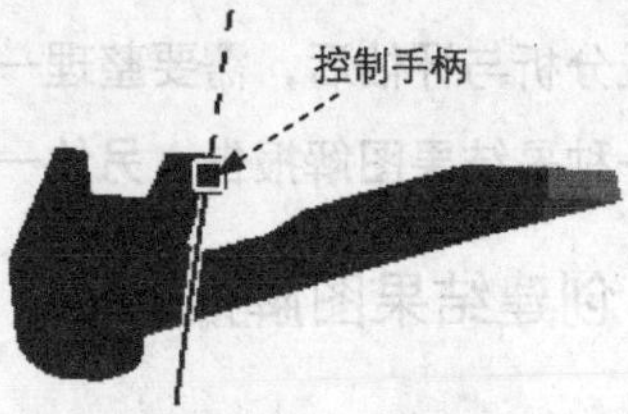


图 2.10.24 剖切结果

图 2.10.25 编辑剖截面位置

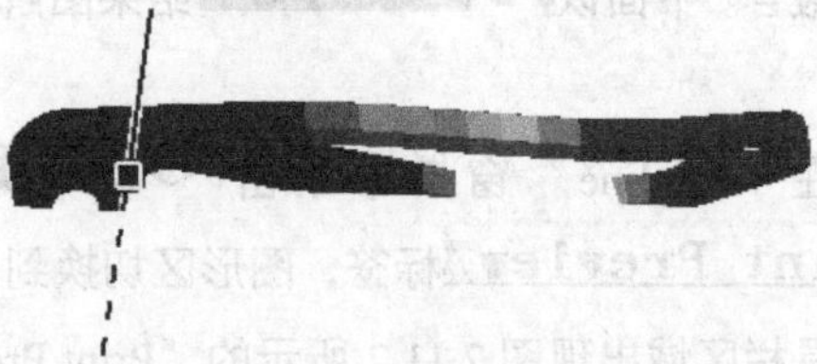

图 2.10.26 切换剖截面显示侧

步骤 07 编辑剖截面显示。在“Section Planes”窗口中单击按钮，系统在剖截面上显示整个单元，如图 2.10.28 所示。

图 2.10.27 只显示剖截面

图 2.10.28 显示整个单元

说明

剖截面工具不仅可用于对分析结果的查看，还可用于对网格的查看。在“Outline”窗口中选中 Mesh 节点，查看网格模型中的剖截面，如图 2.10.29 所示。

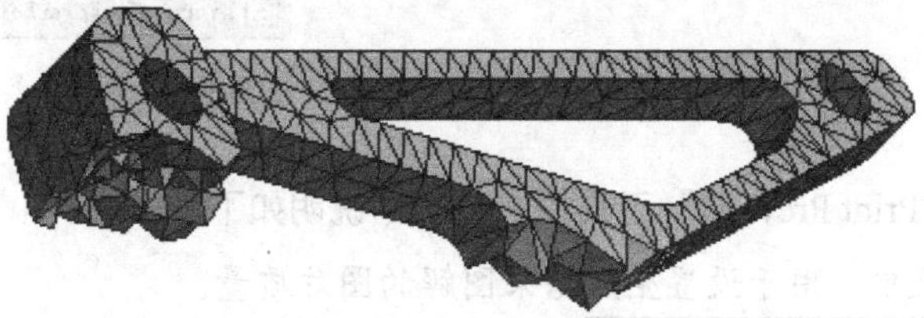

图 2.10.29 网格剖截面

# 2.11 分析报告

完成分析与评估后，需要整理一份完整的分析报告，ANSYS Workbench 能够生成两种分析报告，一种是结果图解报告，另外一种就是分析报告。下面具体介绍。

## 2.11.1 创建结果图解报告

结果图解报告是将结果图解的各种信息写入报告，并且可以创建 Word 和 PPT 两种不同格式的报告。下面以 Equivalent Stress 结果图解为例，介绍创建 Equivalent Stress 应力结果报告的方法。

在“Outline”窗口中单击 Equivalent Stress（或其他结果项），在图形区下部单击 Print Preview 标签，图形区切换到图 2.11.1 所示的“Print Preview”界面，同时，在顶部工具栏区域出现图 2.11.2 所示的“Print Preview”工具栏，用于创建结果图解报告。

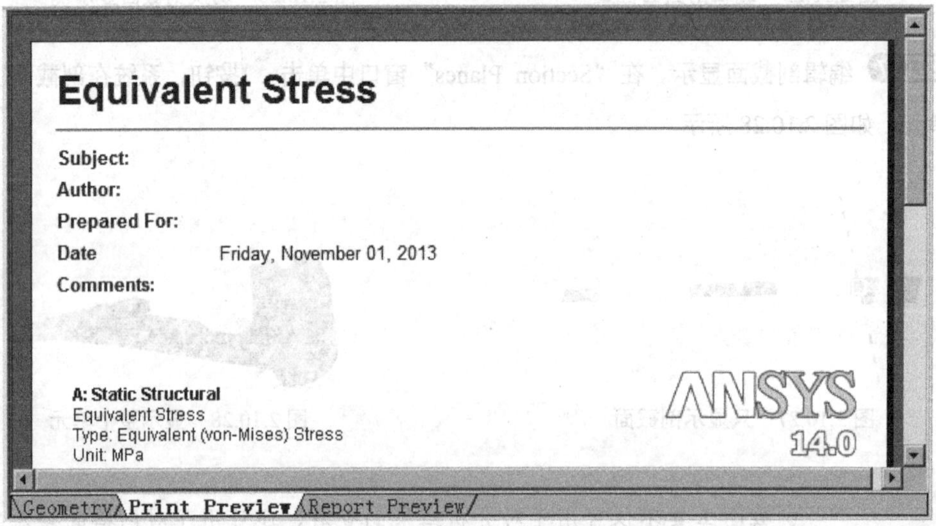


图 2.11.1 “Print Preview”窗口

图 2.11.2 “Print Preview”工具栏

图 2.11.2 所示“Print Preview”工具栏中各命令说明如下。

◆ 下拉菜单：用于设置生成结果图解的图片质量。

- Normal Image Resolution 命令：选中该命令，以一般质量生成结果图片（图 2.11.3a）。

- Enhanced Image Resolution 命令：选中该命令，对图片进行加强处理，图片质量比一般质量要高（图 2.11.3b）。
- High Resolution(Memory Intensive) 命令：选中该命令，以高质量图像生成结果图片（图 2.11.3c）。

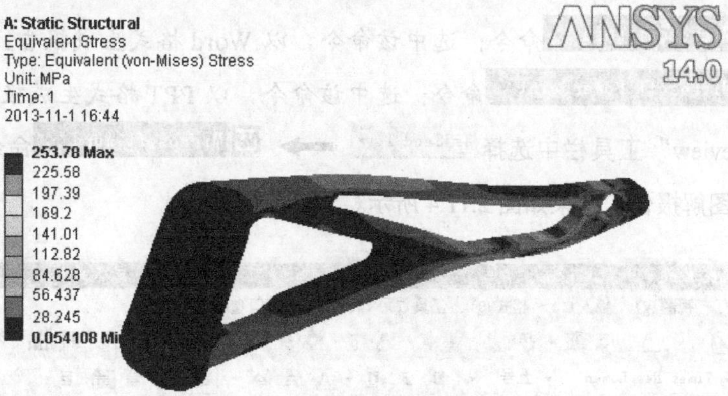


a）Normal Image Resolution

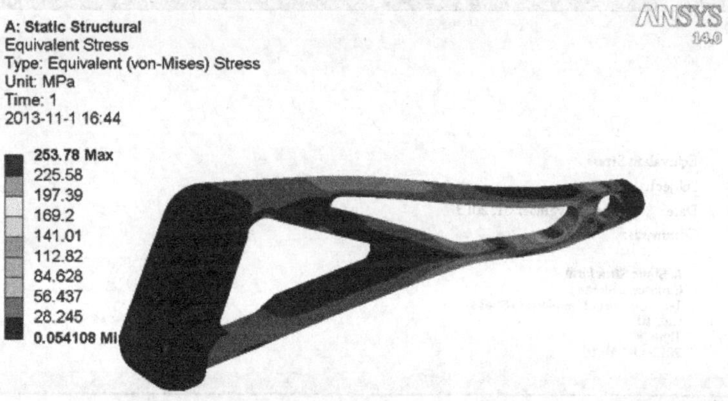


b）Enhanced Image Resolution

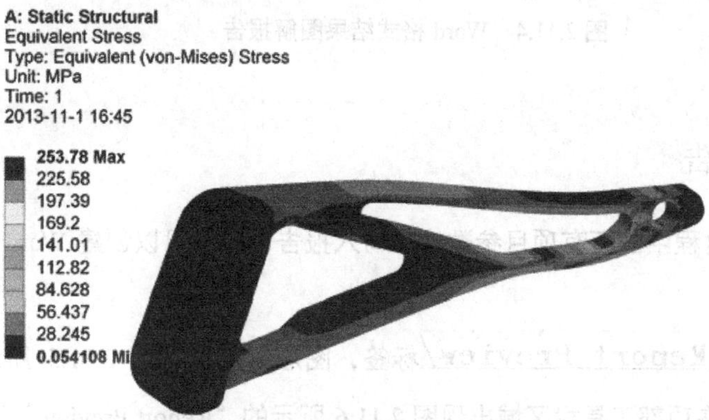


c）High Resolution（Memory Intensive）

图 2.11.3 设置图片显示质量

- Print 命令：如果计算机连接了打印机，选中该命令将打印结果图解报告。
- Send To 下拉菜单：用于设置生成报告格式，包括以下三种。
  - EMail Recipient (As Attachment)... 命令：选中该命令，以电子邮件方式发送报告文件。
  - Microsoft Word... 命令：选中该命令，以 Word 格式生成报告。
  - Microsoft PowerPoint... 命令：选中该命令，以 PPT 格式生成报告。

在“Print Preview”工具栏中选择 Send To → Microsoft Word... 命令，系统创建 Word 格式的结果图解报告，结果如图 2.11.4 所示。

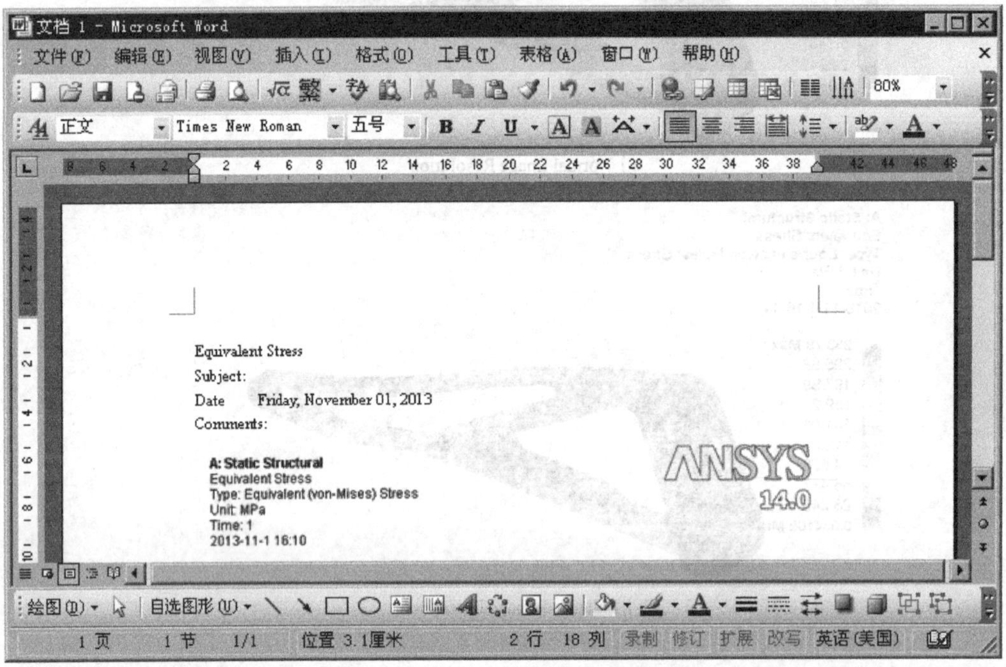


图 2.11.4　Word 格式结果图解报告

## 2.11.2　创建分析报告

分析报告是将分析过程中的所有项目参数信息写入报告，并且可以创建 Word 和 PPT 两种不同格式的报告。

在图形区下部单击 Report Preview 标签，图形区切换到图 2.11.5 所示的“Report Preview”界面，同时，在顶部工具栏区域出现图 2.11.6 所示的“Report Preview”工具栏，用于创建分析报告。

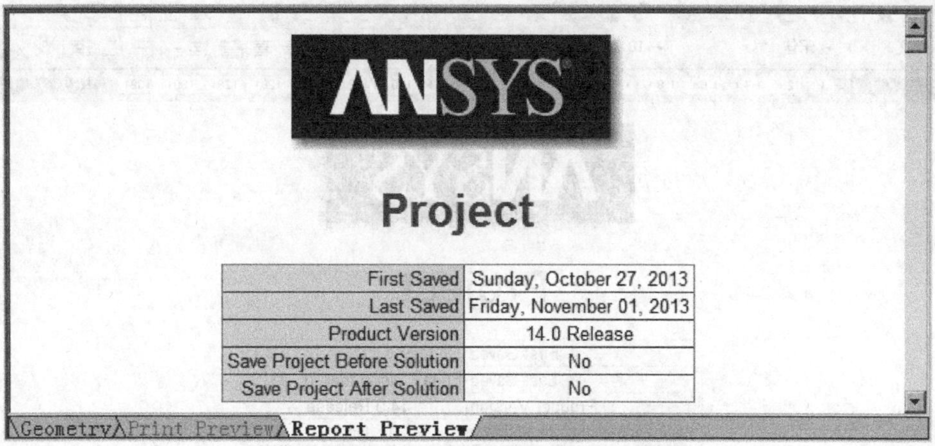


图 2.11.5 “Report Preview” 窗口

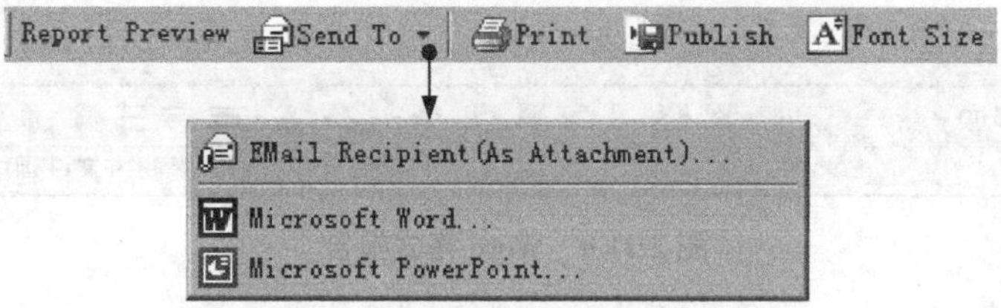


图 2.11.6 “Report Preview” 工具栏

在“Report Preview”工具栏中选择 Send To → Microsoft Word... 命令，弹出图 2.11.7 所示的 “转换文件” 对话框，采用默认设置，单击 确定 按钮，系统创建 Word 格式的分析报告，如图 2.11.8 所示。

说明

在“Report Preview”工具栏中选择 Send To → Microsoft PowerPoint... 命令，系统创建 PPT 格式的分析报告，如图 2.11.9 所示。

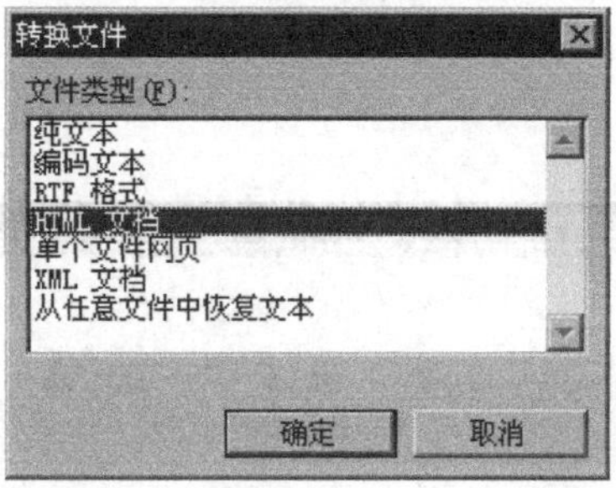


图 2.11.7 “转换文件” 对话框

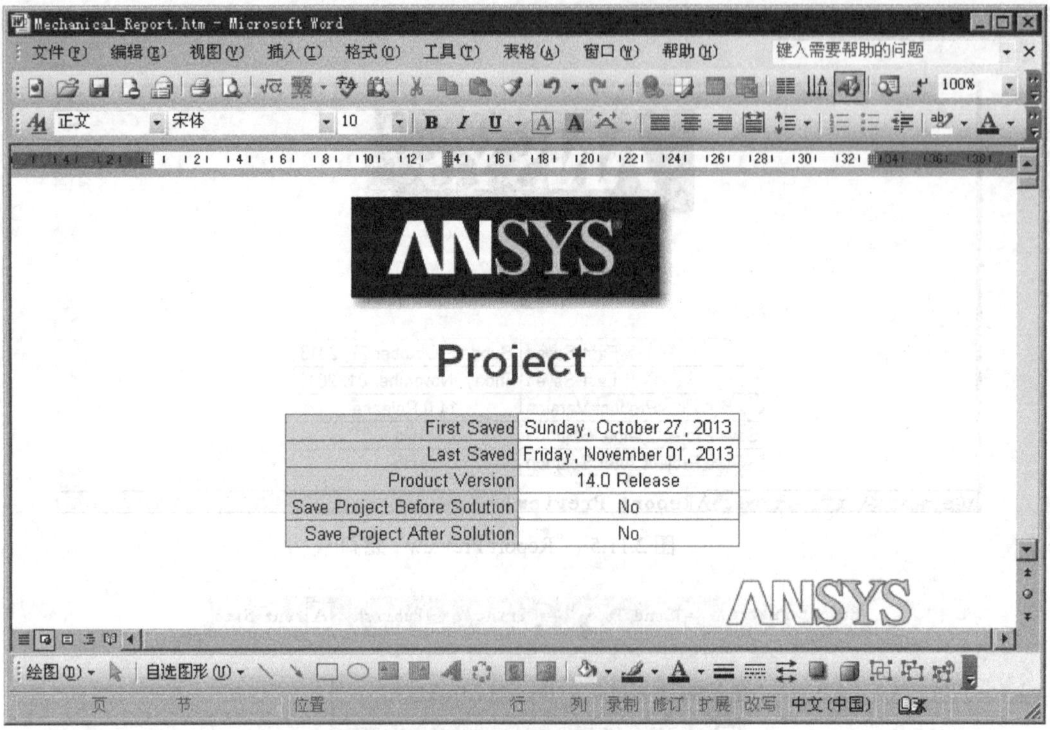


图 2.11.8　Word 格式报告

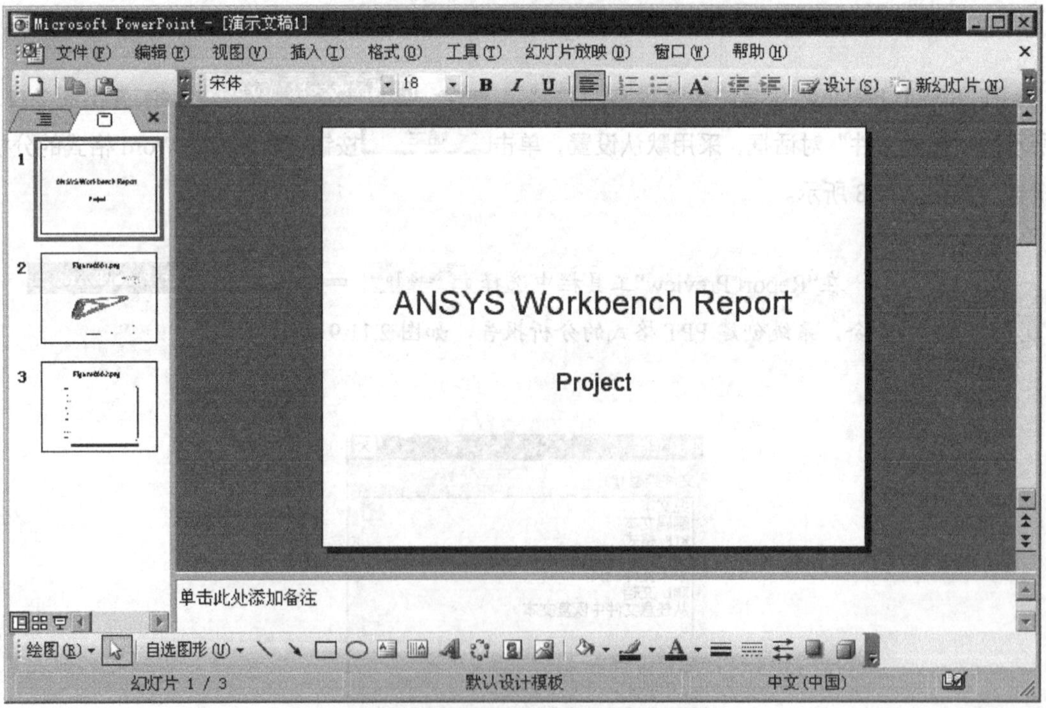


图 2.11.9　PPT 格式报告

# 第3章 几何建模

**本章提要** 在使用 ANSYS Workbench 进行结构分析过程中，经常需要创建几何模型或是对导入进来的几何模型进行一定的简化与修复，这就需要掌握一定的几何建模技术，本章将介绍 ANSYS Workbench 中的 Design Modeler 建模平台，包括二维草图绘制、三维实体建模及模型简化与修复相关内容。本章内容主要包括：

- DesignModeler 几何建模基础。
- 二维草图绘制。
- 三维实体建模。
- 三维实体操作。
- 几何体的简化与修复。
- 分析工具。
- 概念建模。
- ANSYS Workbench 几何建模实例应用

## 3.1 Design Modeler 几何建模基础

### 3.1.1 Design Modeler 建模平台

在 ANSYS Workbench 中，几何建模既可以在 Design Modeler 中进行，也可以在 Space Claim Direct Modeler 中直接建模，本章主要介绍 Design Modeler 建模平台。

Design Modeler 简称 DM，是 ANSYS Workbench 15.0 的建模平台。DM 可以全参数化进行实体建模，具有具体模型创建、CAD 模型修复、CAD 模型简化及概念化模型的创建功能。实际上 DM 是一个类似于 CAD 的工具，但与普通的 CAD 软件又不同。它主要是为 FEM 服务的，所以它有一些功能也是一般的 CAD 软件所不具备或不擅长的，如梁建模（Beam Modeling）、封闭操作（Enclosure Operation）、填充操作（ Fill Operation）及点焊设置（Spot Welds）等。

**说明** 还有一种进入 Design Modeler 环境的方法，即选择 File → Open... 命令，直接打开一个已存文件，读者在练习时可以打开文件 D:\an15.01\ch03.01\crank_shaft.wbpj 进行练习。

在结构分析项目列表中双击 Geometry，系统进入 Design Modeler 建模环境，其界面如图 3.1.1 所示。

> **说明** 在 ANSYS Workbench 的某些版本中，此处会弹出一个“ANSYS Workbench”对话框，在该对话框中设置建模单位。

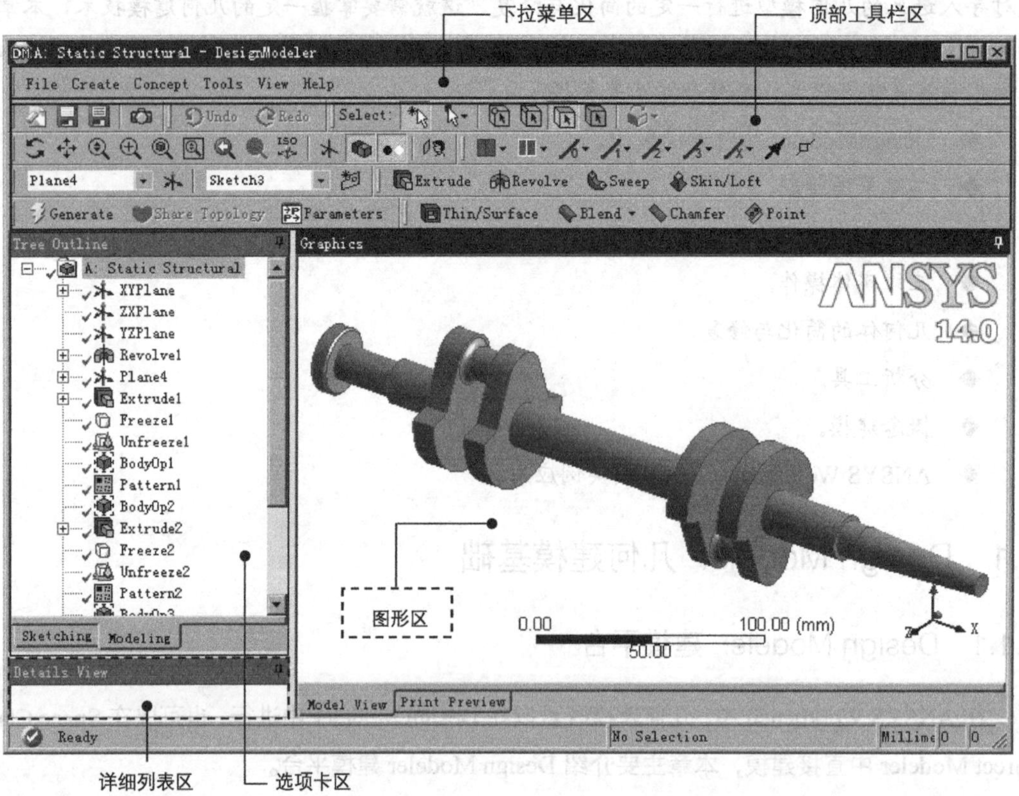


图 3.1.1 DesignModeler 界面

Design Modeler 的用户界面实际上与目前流行的三维 CAD 软件非常类似，其界面中主要包括以下几个区域。

### 1. 下拉菜单区

主菜单栏包括文件（File）、创建（Creat）、概念（Concept）、工具（Tools）、视图（View）、和帮助（Help）六个下拉子菜单，可以对软件进行各种应用设置和定制，其中一些常用的命令直接从下拉子菜单中提取到下拉菜单下方的菜单栏中，方便调用。

◆ 文件（File）：主要是用来进行基本文件操作，包括常规的文件输入、输出、保存及脚本的运行等功能的工具命令。

- ◆ 创建（Create）：主要用来创建3D模型对象和各种修改操作（如拉伸、旋转、圆角、体操作和布尔运算等）。
- ◆ 概念（Concept）：主要是用来完成概念建模，如创建梁模型或面（壳体）概念模型。
- ◆ 工具（Tools）：主要是用来进行整体建模操作、参数管理及定制程序等。
- ◆ 视图（View）：主要是用来设置显示项。
- ◆ 帮助（Help）：主要是帮助用户自学Design Modeler软件，在使用DM的过程中碰到一些问题或一些不清楚的地方，可以随时使用帮助文档。

### 2. 顶部工具栏区

为了方便用户使用，DM将一些常用的工具按钮以工具条的形式集中放置在下拉菜单区的下方，形成“顶部工具栏区”，其中主要包括以下工具条。

图3.1.2所示的是“选择过滤器”工具条，用来设置选择过滤方式，可以帮助用户快速选择某些几何体对象。

图3.1.2 “选择过滤器”工具条

图3.1.3所示的是“图形控制”工具条，用来设置对图形的旋转、平移、缩放等基本控制，还可以设置图形的显示控制。

图3.1.3 “图形控制”工具条

图3.1.4所示的是“边显示样式”工具条，用来设置模型边显示样式。

图3.1.4 “边显示样式”工具条

图3.1.5所示的是“草图绘制”工具条，用来设置二维草图绘制的基准平面（草图平面）及新建二维草图。

图3.1.5 “草图绘制”工具条

图3.1.6所示的是“三维实体创建”工具条，用来创建三维实体特征，该工具条可以根据用户需要进行定制。

图 3.1.6 “三维实体创建”工具条

### 3. 选项卡区域

选项卡区包括 Sketching 和 Modeling 两个选项卡。

◆ 打开 Sketching 选项卡，弹出图 3.1.7 所示的“Sketching Toolboxes”对话框，使用该对话框可以进行二维草图的绘制、修改、尺寸标注、约束的添加及草绘环境的设置等。关于二维草绘内容将在本章后面 3.2 节中具体介绍。

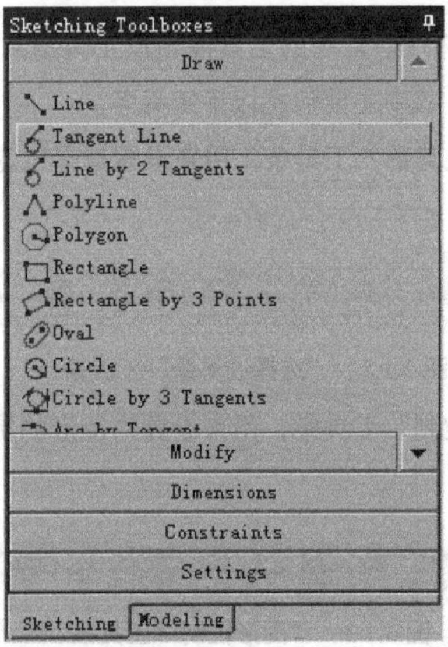


图 3.1.7 “Sketching Toolboxes”对话框

◆ 打开 Modeling 选项卡，弹出图 3.1.8 所示的“Tree Outline”对话框，在该对话框中显示三维实体几何模型的创建步骤及所使用的创建工具等信息。

### 4. 详细列表区

在 DM 中进行二维草图绘制或三维实体建模的过程中，对于每一步操作，系统都会在详细列表区中弹出相应的详细列表，在该详细列表中可以对当前操作中的所有参数进行设置。图 3.1.9 所示的详细列表，是在创建拉伸特征时，弹出的详细列表。

### 5. 图形区

创建几何模型并对其进行各种操作的主要工作区。

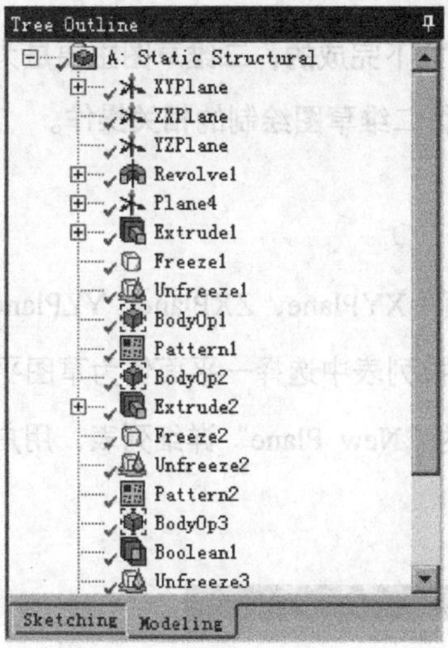


图 3.1.8 “Tree Outline”对话框

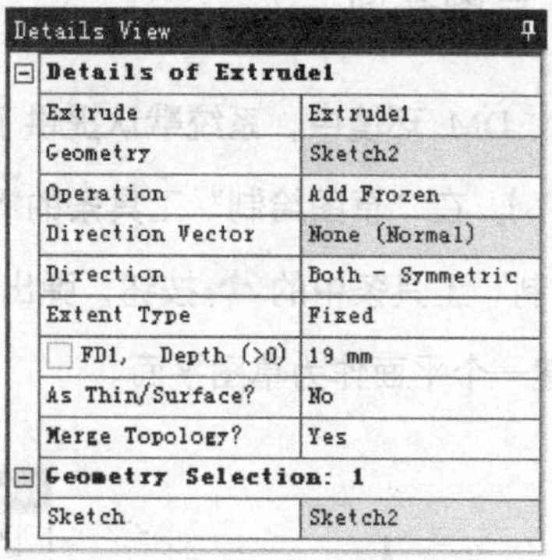


图 3.1.9 详细列表

### 3.1.2 Design Modeler 鼠标操作

在 DM 中绝大部分操作都是借助鼠标完成的，熟练使用鼠标，可以极大地方便我们在 DM 中进行各种操作。下面以常见的三键鼠标为例介绍鼠标的基本操作。

（1）鼠标左键基本操作。

- ◆ 在下拉菜单或工具栏区选择命令，在模型上选取几何体对象。
- ◆ 按住鼠标左键并拖曳鼠标可以执行连续选择。
- ◆ 按住 Ctrl 键，同时按住鼠标左键可以执行添加或移除选定对象。

（2）鼠标中键基本操作（主要对模型进行旋转、移动与缩放）。

- ◆ 按住鼠标中键可以实现对几何体进行旋转。
- ◆ 按住 Ctrl 键，同时按住鼠标中键并拖曳鼠标，可平行移动模型。
- ◆ 按住 Shift 键，同时按住鼠标中键并上下拖曳鼠标，可缩放模型。

（3）鼠标右键基本操作。

- ◆ 在不同的几何操作阶段，通过单击鼠标右键，可以在弹出的快捷菜单中实现快捷选取命令的操作。
- ◆ 按住鼠标右键进行框选，可以实现对几何体的快速缩放操作，该功能在对几何体细部进行处理时经常用到。

## 3.2 二维草图绘制

在 DM 中，进行二维草图的绘制主要是在草图模式下完成的，二维草图主要是为创建三维实体或概念建模做准备的，下面具体介绍在 DM 中进行二维草图绘制的相关操作。

### 3.2.1 草图平面

进入 DM 环境中，系统默认提供了三个基准平面（XYPlane、ZXPlane、YZPlane）供使用（图 3.2.1）。在“草图绘制”工具条的 XYPlane 下拉列表中选择一平面作为草图平面，单击“草图绘制”工具条中的按钮，弹出图 3.2.2 所示的“New Plane”详细列表，用户可以根据需要创建一个平面作为草图平面。

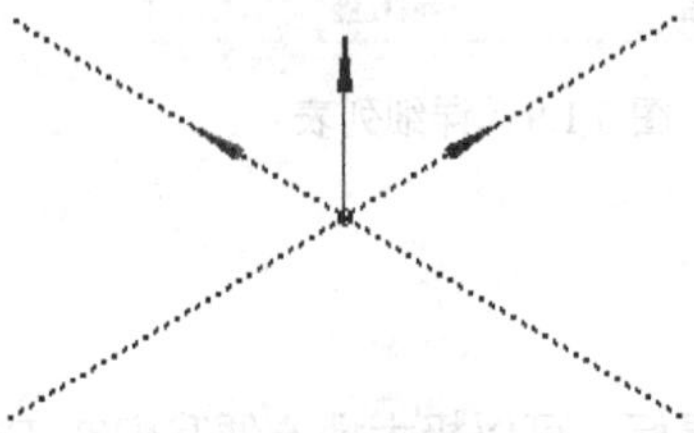

图 3.2.1 草图平面

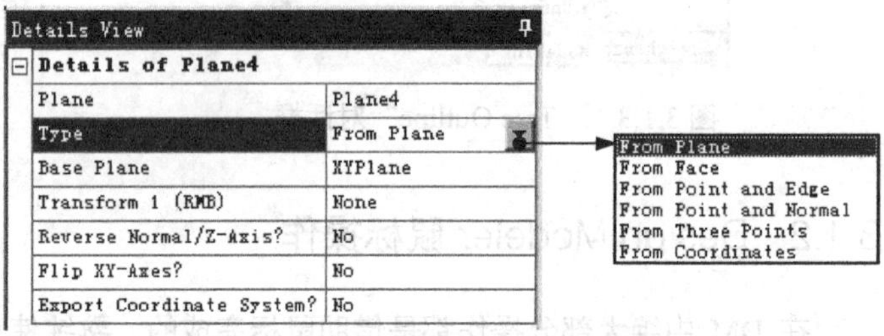


图 3.2.2 “New Plane”详细列表

图 3.2.2 所示“New Plane”详细列表中部分选项说明如下。

- Type 下拉列表：用于设置创建平面的类型，包括以下几种类型。
  - From Plane 选项：通过已有的平面创建新平面。
  - From Face 选项：通过模型表面创建新平面。
  - From Point and Edge 选项：通过一个点和一条边创建平面。
  - From Point and Normal 选项：通过一个点和一个法线方向创建平面。
  - From Three Points 选项：通过三个点创建平面。
  - From Coordinates 选项：通过坐标变换创建平面
- Base Plane 区域：用于设置参考平面。
- Transform 1 (RMB) 下拉列表：用于设置对参考平面的变换方式，从而得到最终新平面。其包括以下几种类型。
  - None 选项：无变换。
  - Reverse Normal/Z-Axis 选项：相对于平面坐标反转 Z 轴（法向）方向。

- Flip XY-Axes选项：相对于平面坐标反转 XY 轴方向。
- Offset X选项：相对于平面坐标向 X 轴平移的变换。
- Offset Y选项：相对于平面坐标向 Y 轴平移的变换。
- Offset Z选项：相对于平面坐标向 Z 轴平移的变换。
- Rotate about X选项：相对于平面坐标向 X 轴旋转的变换。
- Rotate about Y选项：相对于平面坐标向 Y 轴旋转的变换。
- Rotate about Z选项：相对于平面坐标向 Z 轴旋转的变换。
- Rotate about Edge选项：选取几何边线为轴的旋转变换。
- Align X-Axis with Base选项：将 X 轴与参考面对齐。
- Align X-Axis with Global选项：使其平面的坐标 X 轴与系统坐标系保持一致。
- Align X-Axis with Edge选项：使其平面的坐标 X 轴与选取的边线（该边线与创建的平面必须平行）的方向保持一致。
- Offset Global X选项：关于系统坐标系向 X 轴平移的变换。
- Offset Global Y选项：关于系统坐标系向 Y 轴平移的变换。
- Offset Global Z选项：关于系统坐标系向 Z 轴平移的变换。
- Rotate about Global X选项：关于系统坐标系向 X 轴旋转的变换。
- Rotate about Global Y选项：关于系统坐标系向 Y 轴旋转的变换。
- Rotate about Global Z选项：关于系统坐标系向 Z 轴旋转的变换。
- Move Transform Up选项：向上进行移动变换。
- Move Transform Down选项：向下进行移动变换。
- Remove Transform选项：移除变换。

◆ Reverse Normal/Z-Axis?区域：用于设置是否反转 Z 轴法向。

◆ Flip XY-Axes?区域：用于设置是否反转 XY 轴方向。

◆ Export Coordinate System?区域：用于设置是否导出坐标系。选择No选项，创建的坐标系将不随几何体一起导出到其他环境；选择Yes选项，创建的坐标系将随几何体一起导出到其他环境。

通过上面的一些叙述，为加深用户对草图平面的理解，这里将针对性介绍一些创建平面的方法。

### 1. 从平面创建平面

下面以图 3.2.3 所示的模型为例，介绍从平面创建平面的一般操作过程。

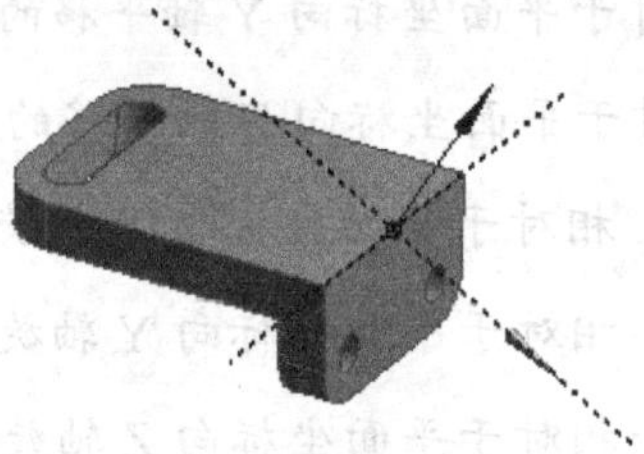

图 3.2.3 从平面创建平面

步骤 01 打开文件并进入 DM 环境。选择 File → Open... 命令，打开文件 D:\an15.01\work\ch03.02.01\from_plane.wbpj，在项目列表中双击 Geometry，进入 DM 环境。

步骤 02 选择命令。在工具条中单击按钮，弹出“New Plane”详细列表。

步骤 03 定义类型。在 Type 下拉列表中选择 From Plane 选项。

步骤 04 定义参考平面。单击以激活 Base Plane 文本框，选取 XYPlane 为参考，并单击 Apply 按钮。

步骤 05 定义变换。

（1）定义变换方式。在 Transform 1 (RMB) 下拉列表中选择 Rotate about X 选项。

（2）定义旋转角度。在 FD1, Value 1 文本框中输入数值-30。

步骤 06 其他选项采用系统默认设置，单击 Generate 按钮，完成平面的创建。

### 2. 从点和法向方向创建平面

下面以图 3.2.4 所示的模型为例，介绍从点和法向方向创建平面的一般操作过程。

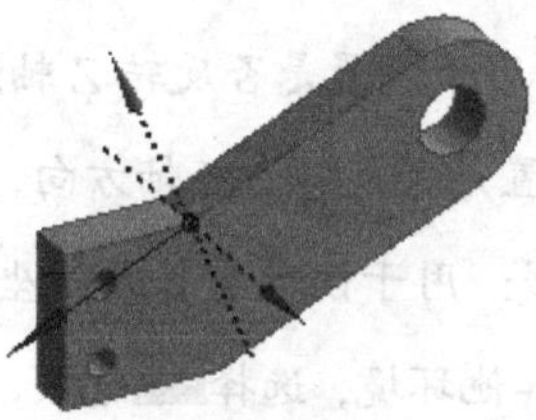

图 3.2.4 从点和法向方向创建平面

步骤 01 打开文件并进入 DM 环境。选择 File → Open... 命令，打开文件 D:\an15.01\work\ch03.02.01\from_point_normal.wbpj，在项目列表中双击 Geometry，进入 DM 环境。

步骤02 选择命令。在工具条中单击按钮，弹出“New Plane”详细列表。

步骤03 定义类型。在Type下拉列表中选择From Point and Normal选项。

步骤04 定义参考点。单击以激活Base Point文本框，选取图 3.2.5 所示的模型点为参考点，并单击Apply按钮。

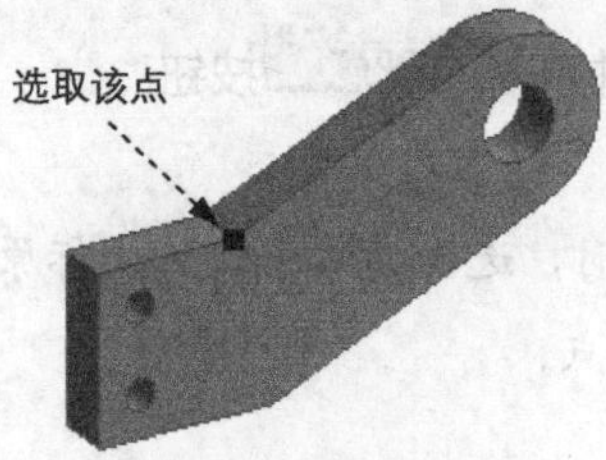


图 3.2.5 定义参考点

步骤05 定义法向方向。单击以激活Normal Defined by文本框，选取图 3.2.6 所示的模型边线为法向参考，并调整箭头方向，如图 3.2.6 所示，单击Apply按钮。

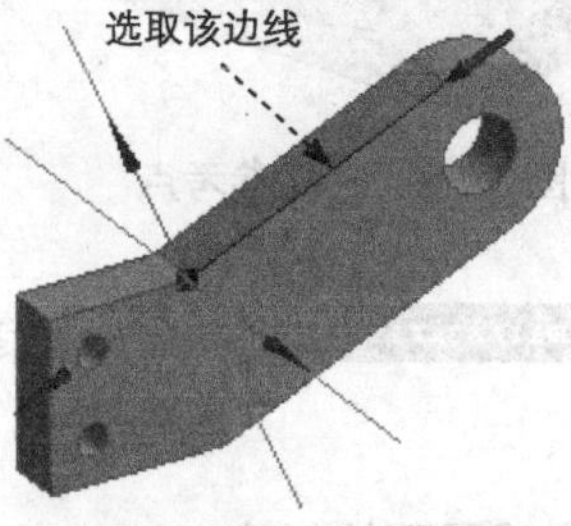


图 3.2.6 定义法向方向

步骤06 其他选项采用系统默认设置，单击Generate按钮，完成平面的创建。

### 3. 从三点创建平面

下面以图 3.2.7 所示的模型为例，介绍从三点创建平面的一般操作过程。

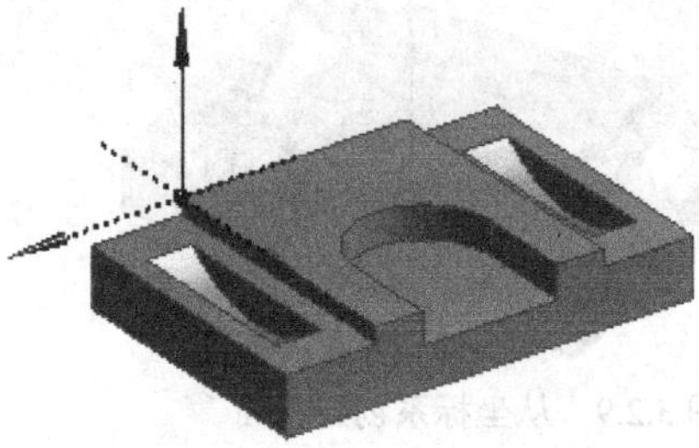

图 3.2.7 从三点创建平面

步骤01 打开文件并进入 DM 环境。选择 File → Open... 命令，打开文件 D:\an15.01\work\ch03.02.01\from_three_point.wbpj，在项目列表中双击 Geometry ✓，进入 DM

环境。

步骤 02 选择命令。在工具条中单击按钮，弹出“New Plane”详细列表。

步骤 03 定义类型。在Type下拉列表中选择From Three Points选项。

步骤 04 定义参考点。单击以激活Selected Points文本框，按住 Ctrl 键，依次选取图 3.2.8 所示的点 1、点 2 和点 3 为参考点，并单击Apply按钮。

说明 此处选择参考点时，选择的第一点为坐标原点，选择的第二点为 X 轴点，选择的第三点为 Y 轴点。

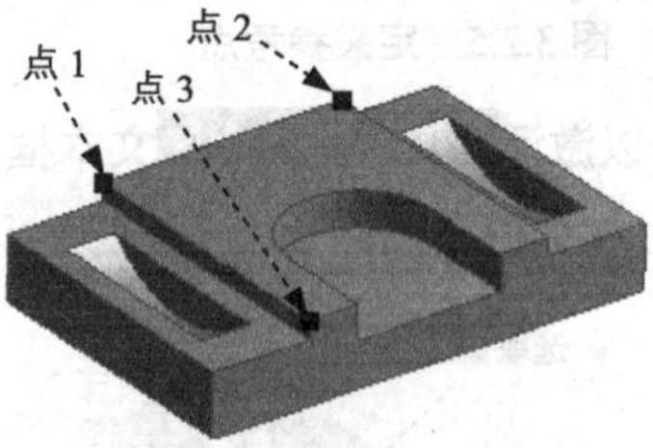


图 3.2.8 定义参考点

步骤 05 定义转换。在Reverse Normal/Z-Axis?下拉列表中选择Yes选项，其他选项采用系统默认设置。

步骤 06 单击Generate按钮，完成平面的创建。

### 4. 从坐标系创建平面

下面以图 3.2.9 所示的模型为例，介绍从坐标系创建平面的一般操作过程。

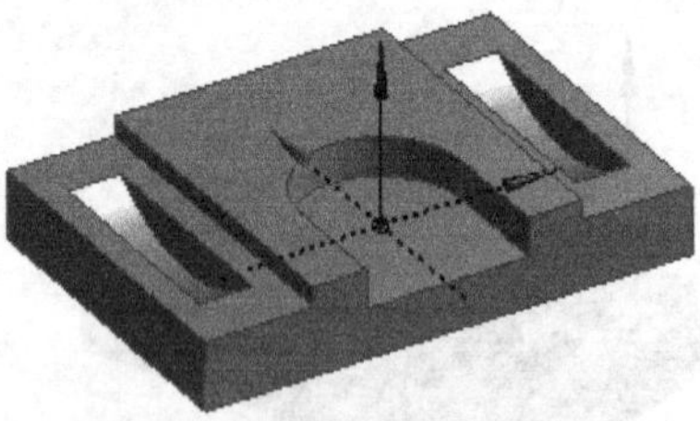

图 3.2.9 从坐标系创建平面

步骤 01 打开文件并进入 DM 环境。选择 File → Open... 命令，打开文件 D:\an15.01\work\ch03.02.01\from_coordinates.wbpj，在项目列表中双击 Geometry，系统进入到 DM 环境。

步骤 02 选择命令。在工具条中单击按钮，弹出“New Plane”详细列表。

步骤 03 定义类型。在Type下拉列表中选择From Coordinates选项。

步骤 04 定义参数。在FD11, Point X文本框中输入值 90，在FD12, Point Y文本框中输入值 40，在FD13, Point Z文本框中输入值 18，在FD14, Normal X文本框中输入值 0，在FD15, Normal Y文本框中输入值 0，在FD16, Normal Z文本框中输入值 1，其他选项采用系统默认设置。

步骤 05 单击Generate按钮，完成平面的创建。

### 3.2.2 进入与退出草图绘制模式

在 DM 中，在“草图绘制”工具条的XYPlane下拉列表中选择一草图平面后，单击工具条中的按钮，系统即在选定的草图平面下新建一草图，打开Sketching选项卡进入草图绘制模式。草图绘制完成后，单击Modeling选项卡，退出草图绘制模式。

注意：默认的草图平面为 XYPlane，如果没有单击“New Sketch”按钮新建草图，系统将自动在默认平面下新建草图。

在绘制草图过程中，单击“图形控制”工具条中的按钮，可以切换草图以及草图平面的显示与隐藏；单击按钮，可以调整草图平面与计算机屏幕正视，方便看图（图 3.2.10）。

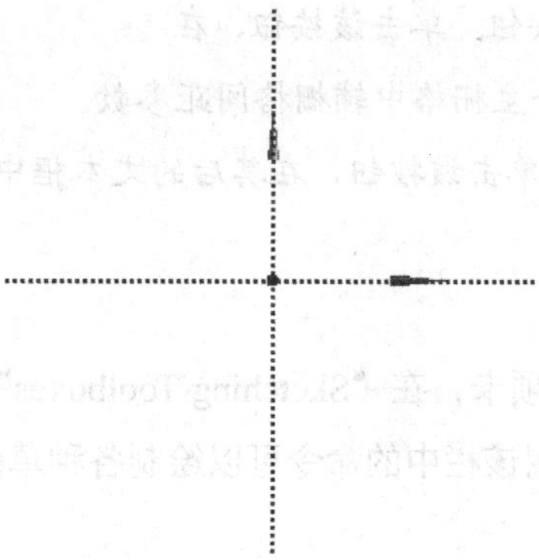

图 3.2.10 调整草图平面

### 3.2.3 草绘设置

在选项卡区域单击Sketching选项卡，在“Sketching Toolboxes”窗口中单击Settings按钮，打开图 3.2.11 所示的“Settings”栏，主要用来设置草绘栅格参数及捕捉。

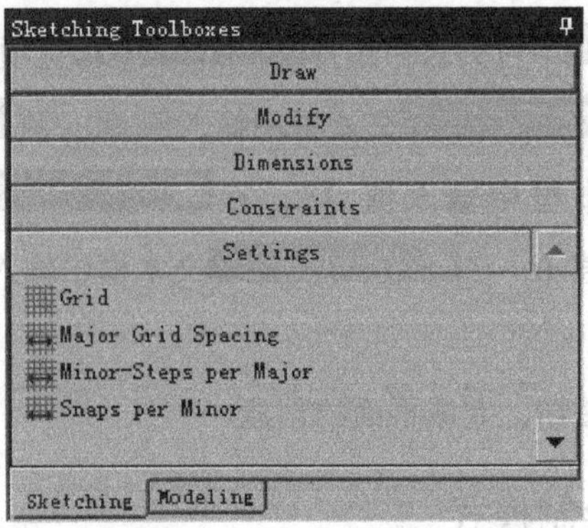


图 3.2.11 “Settings”栏

图 3.2.11 所示的“Settings”栏各按钮说明如下。

- Grid 按钮：用于设置草绘栅格与捕捉，单击该按钮，在其后出现以下两个选项。
  - Show in 2D: ☑选项：选中该选项，显示草绘栅格（图 3.2.12）。
  - Snap: ☑选项：选中该选项，激活捕捉，在绘制草图时，将捕捉栅格交点。
- Major Grid Spacing 按钮：单击该按钮，在其后的文本框中设置主栅格间距参数。
- Minor-Steps per Major 按钮：单击该按钮，在其后的文本框中设置每个主栅格中辅栅格间距参数。
- Snaps per Minor 按钮：单击该按钮，在其后的文本框中设置捕捉精度。

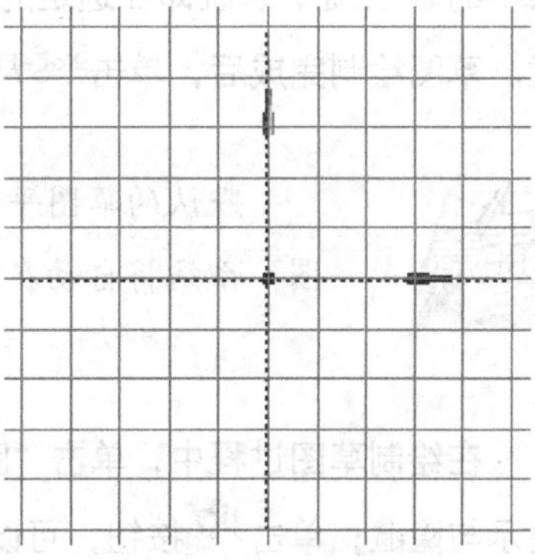

图 3.2.12 显示草栅格

## 3.2.4 草图的绘制

在选项卡区域打开 Sketching 选项卡，在“Sketching Toolboxes”窗口中单击 Draw 按钮，打开图 3.2.13 所示的“Draw”栏，使用该栏中的命令可以绘制各种草图图元。下面具体介绍各种草图图元的绘制方法。

### 1. 直线

步骤 01 单击“Draw”栏中的 Line 按钮。

步骤 02 在图形区单击以确定直线的起点，此时可看到一条“橡皮筋”线附在光标上。

步骤 03 在图形区单击以确定直线的终点，系统便在两点间创建一条直线。

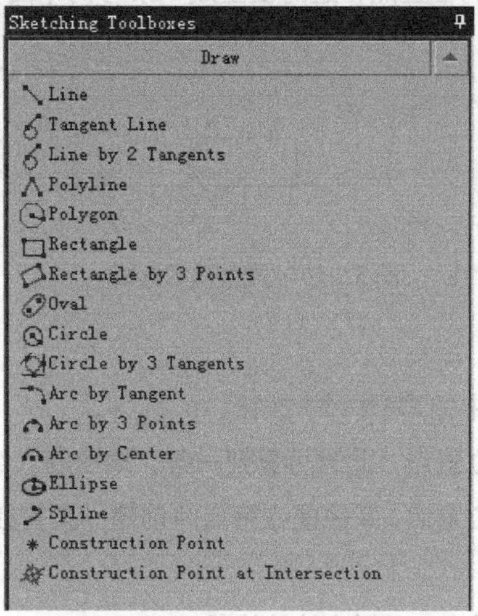


图 3.2.13 “Draw”栏

**说明**

- 在 DM 中绘制直线时，一次只能绘制一段直线。
- 在草绘模式下，单击 Undo 按钮可撤销上一步操作，单击 Redo 按钮可重新执行被撤销的操作。这两个按钮在草绘模式中十分有用。
- 绘制的草图图元具有尺寸驱动功能，即图元的大小随着图元尺寸的改变而改变。
- 在绘制草图时，一般是先绘制大致的草图轮廓，然后标注其尺寸，最后修改尺寸值，即可获得最终所需要的草图。

### 2. 相切直线

步骤 01 单击“Draw”栏中的 Tangent Line 按钮。

步骤 02 在任意圆弧上单击作为直线的起点，此时可看到一条“橡皮筋”线附在光标上。

步骤 03 在图形区其他位置单击以确定直线的终点，系统便在两点间创建一条直线，该直线与圆弧相切。

### 3. 两点相切直线

步骤 01 单击“Draw”栏中的 Line by 2 Tangents 按钮。

步骤 02 定义第一个相切对象。根据提示 Select first tangent item for line，在图 3.2.14a 所示的圆弧 1 上单击一点。

步骤 03 定义第二个相切对象。根据提示 Select second tangent item for line，在图 3.2.14a 所

示的圆弧 2 上单击与直线相切的位置点，这时便生成一条与两个圆（弧）相切的直线段。

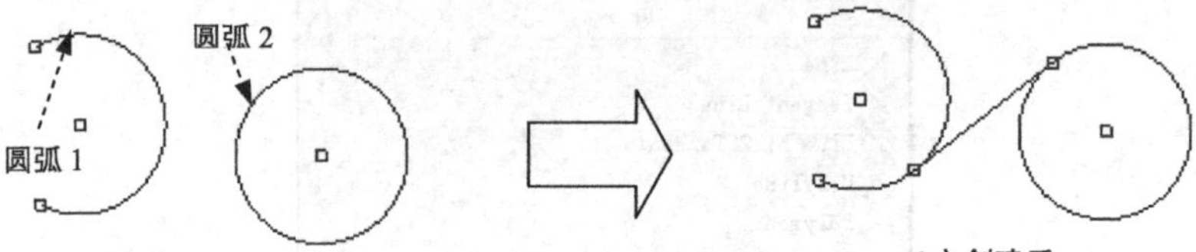


a）创建前　　b）创建后

图 3.2.14　两点相切直线

### 4. 多段线

步骤 01 单击“Draw”栏中的 Polyline 按钮。

步骤 02 单击直线的起始位置点，此时可看到一条“橡皮筋”线附着在坐标上。

步骤 03 单击直线的终止位置点，系统便在两点间创建一条直线，并且在直线的终点处出现另一条“橡皮筋”线。

步骤 04 重复步骤 3，可创建一系列连续的线段。

步骤 05 单击鼠标右键，在弹出的快捷菜单中选取 Open End（或 Closed End）选项，结束多线段的绘制。

说明　在使用多线段命令创建时，在结束过程中选取 Open End 选项，则为开放的多线段（图 3.2.15a）；若选取 Closed End 选项，则为首尾相连的闭合的多线段（图 3.2.15b）。

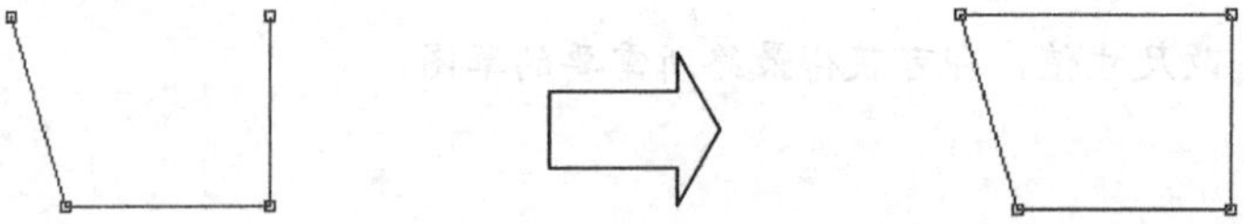

a）开放　　b）闭合

图 3.2.15　多线段

### 5. 多边形

步骤 01 单击“Draw”栏中的 Polygon 按钮。

步骤 02 定义多边形的边数。在 Polygon 栏后的 n = 文本框中输入数值以确定其边数。

步骤 03 定义中心点。在图形区的任意位置单击以放置多边形的中心点，然后将该多边形拖至所需大小。

步骤 04 定义多边形上的顶点。在图形区再次单击以放置多边形的一顶点。此时，系统即绘制一个多边形。

6. 矩形

步骤 01 单击“Draw”中的 Rectangle 按钮。

步骤 02 定义矩形的第一个角点。在图形区某位置单击，放置矩形的一个角点，然后将该矩形拖至所需大小。

步骤 03 定义矩形的第二个角点。再次单击，放置矩形的另一个角点。此时，系统即在两个角点间绘制一个矩形。

说明 在使用矩形命令创建时，若勾选 Rectangle 其后的 Auto-Fillet:☑ 复选框，则此时的矩形如图 3.2.16b 所示。

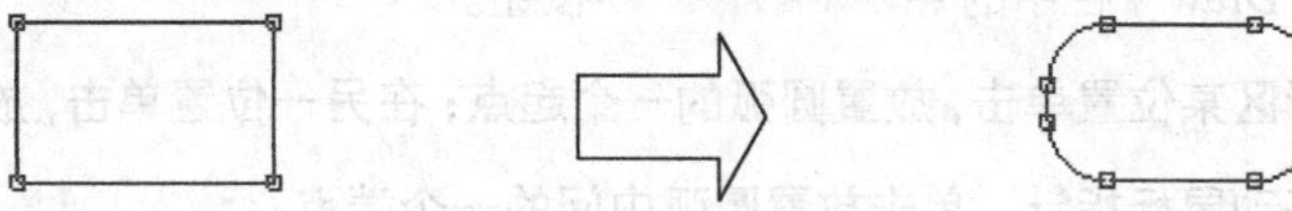

a）未勾选　　b）勾选

图 3.2.16　多线段

7. 三点矩形

步骤 01 单击“Draw”栏中的 Rectangle by 3 Points 按钮。

步骤 02 定义矩形的起点。在图形区某位置单击，放置矩形的起点，此时可看到一条“橡皮筋”线附着在鼠标指针上。

步骤 03 定义矩形的第一边终点。单击以放置矩形的第一边终点，然后将该矩形拖至所需大小。

步骤 04 定义矩形的一个角点。再次单击，放置矩形的一个角点。此时，系统以第二点与第一点的距离为长，以第三点与第二点的距离为宽创建一个矩形。

8. 长圆形

步骤 01 单击“Draw”栏中的 Oval 按钮。

步骤 02 定义中心点 1。在图形区的适当位置单击以放置长圆形的一个中心点。

步骤 03 定义中心点 2。移动光标至合适位置，单击以放置矩形的另一个中心点，然后将该延长孔拖至所需大小，再次单击，放置长圆形上一点。此时，系统立即绘制一个长圆形。

9. 圆

步骤 01 单击“Draw”栏中的 Circle 按钮。

步骤 02 定义圆的中心点及大小。在某位置单击，放置圆的中心点，然后将该圆拖至所需大小并单击确定。

## 10. 三相切圆

步骤01 单击“Draw”栏中的 Circle by 3 Tangents 按钮。

步骤02 选取相切元素。分别选取三个元素，系统便自动创建与这三个元素相切的圆弧。

## 11. 相切圆弧

步骤01 单击“Draw”栏中的 Arc by Tangent 按钮。

步骤02 选取相切对象定义圆弧起始位置点，然后将该圆弧拖至所需大小。

步骤03 再次单击，放置圆弧的终止位置点。

## 12. 三点圆弧

步骤01 单击“Draw”栏中的 Arc by 3 Points 按钮。

步骤02 在图形区某位置单击，放置圆弧的一个起点；在另一位置单击，放置圆弧上的终点。

步骤03 此时移动鼠标指针，单击放置圆弧中间的一个端点。

## 13. 中心圆弧

步骤01 单击“Draw”栏中的 Arc by Center 按钮。

步骤02 定义圆弧中心点。在某位置单击，确定圆弧中心点，然后将圆拉至所需大小。

步骤03 定义圆弧端点。在图形区单击两点以确定圆弧的两个端点。

## 14. 椭圆

步骤01 单击“Draw”栏中的 Ellipse 按钮。

步骤02 定义椭圆中心点。在图形区某位置单击，放置椭圆的中心点。

步骤03 定义椭圆长轴。在图形区某位置单击，定义椭圆的长轴和方向。

步骤04 确定椭圆大小。移动鼠标指针，将椭圆拉至所需形状并单击，完成椭圆的绘制。

## 15. 样条

步骤01 单击“Draw”栏中的 Spline 按钮。

步骤02 定义样条曲线的控制点。单击一系列点，可观察到一条“橡皮筋”样条附着在鼠标指针上。

步骤03 单击鼠标右键，在弹出的快捷菜单中选取 Open End 选项，结束样条的绘制。

说明：在使用样条命令创建时，在 Spline 后的 Flexible ☑ 复选框决定了绘制后的样条是否具有可调性，且在结束样条的绘制方式上有以下几种情况。

◆ 选取 Open End 选项，则此时的样条如图 3.2.17 所示。

◆ 选取 Open End with Fit Points 选项，则此时的样条如图 3.2.18 所示。

图 3.2.17 开放的

图 3.2.18 开放的（显示通过点）

◆ 选取 Open End with Control Points 选项，则此时的样条如图 3.2.19 所示。

◆ 选取 Open End with Fit and Control Points 选项，则此时的样条如图 3.2.20 所示。

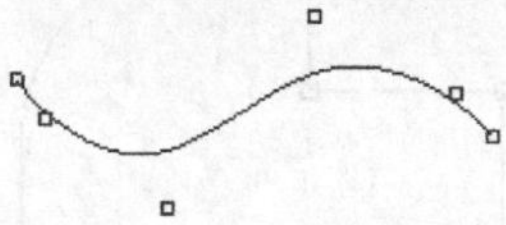
图 3.2.19 开放的（显示控制点）

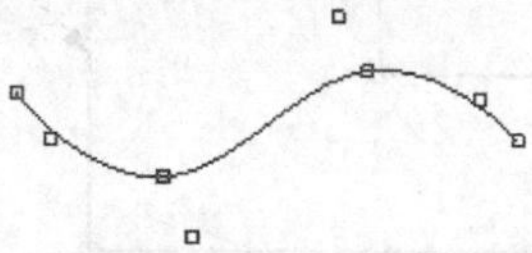
图 3.2.20 开放的（显示通过点和控制点）

◆ 选取 Closed End 选项，则此时的样条如图 3.2.21 所示。

◆ 选取 Closed End with Fit Points 选项，则此时的样条如图 3.2.22 所示。

图 3.2.21 闭合的

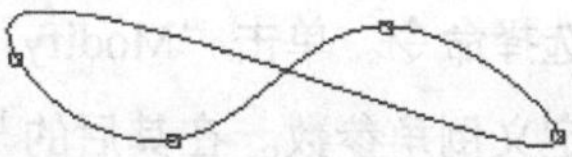
图 3.2.22 闭合的（显示通过点）

### 3.2.5 草图修改

在选项卡区域打开 Sketching 选项卡，在“Sketching Toolboxes”窗口中单击 Modify 按钮，打开图 3.2.23 所示的“Modify”栏，使用该栏中的命令可以绘制各种草图图元。下面具体介绍各种草图修改的操作方法。

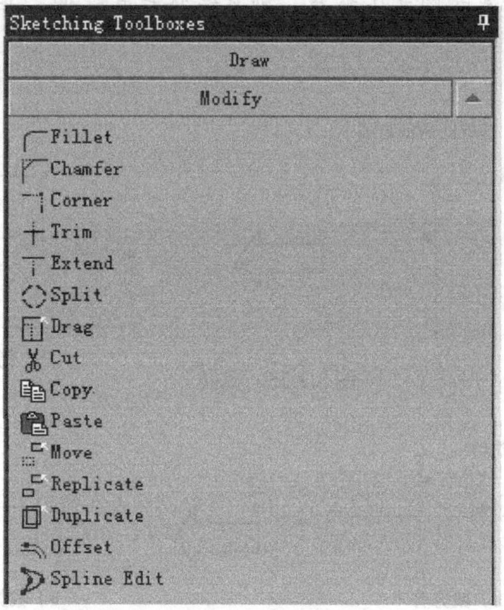

图 3.2.23 “Modify”栏

### 1. 圆角

步骤 01 选择命令。单击“Modify”栏中的 Fillet 按钮。

步骤 02 定义圆角参数。在其后的 Radius: 文本框中输入圆角半径值。

步骤 03 选取圆角参考。选取图 3.2.24a 所示的两条边线为圆角参考。

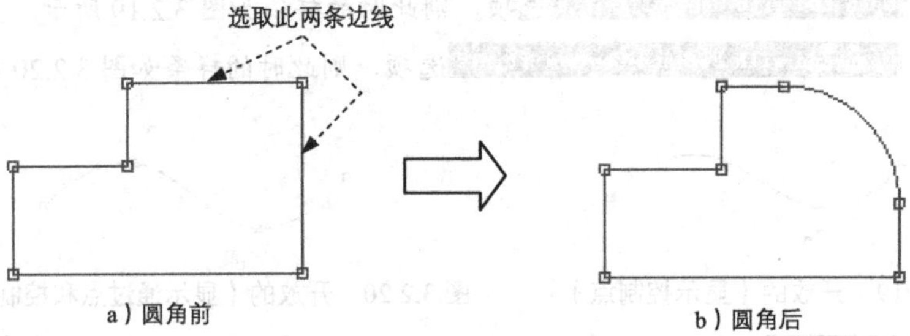


图 3.2.24 圆角

### 2. 倒角

步骤 01 选择命令。单击“Modify”栏中的 Chamfer 按钮。

步骤 02 定义倒角参数。在其后的 Length: 文本框中输入长度值。

步骤 03 选取倒角参考。选取图 3.2.25a 所示的两条边线为倒角参考。

### 3. 拐角

步骤 01 选择命令。单击“Modify”栏中的 Corner 按钮。

步骤 02 定义修剪的对象。依次单击两个相交图元上要修剪的一侧，如图 3.2.26 所示。

说明：如果所选两图元不相交，则系统将对其延伸，并将线段修剪至交点（图 3.2.27）。

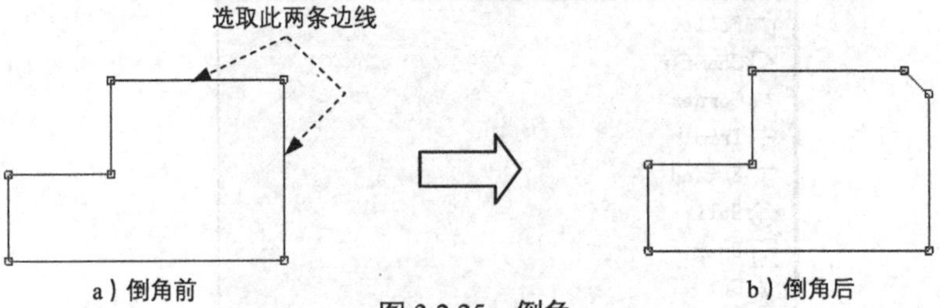


图 3.2.25 倒角

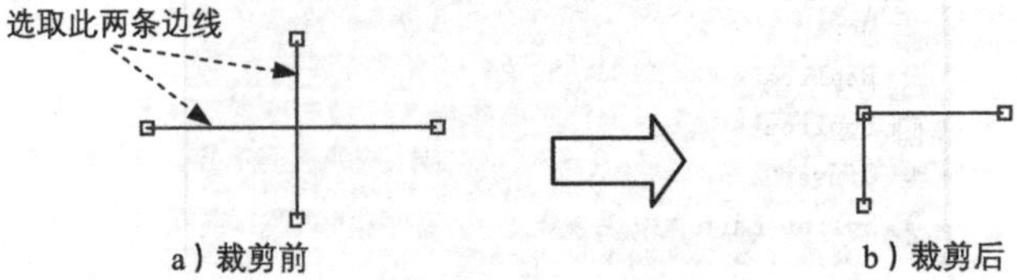


图 3.2.26 修剪拐角

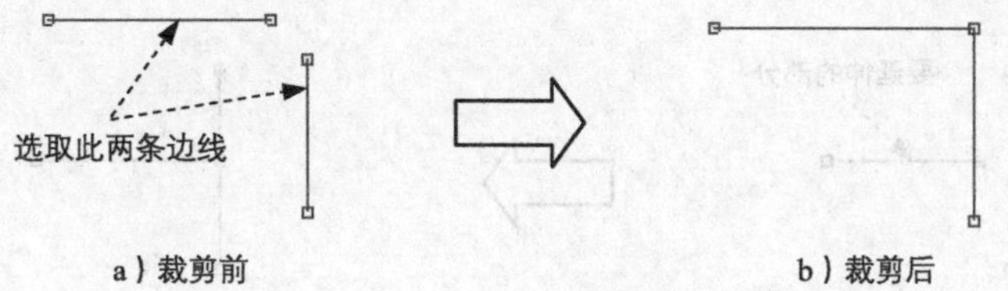


图 3.2.27 延伸拐角

### 4. 修剪

步骤 01 选择命令。单击“Modify”栏中的 Trim 按钮。

步骤 02 定义修剪的对象。在图形区选取图 3.2.28a 所示的直线的上半部分为要修剪的部分，其修剪结果如图 3.2.28b 所示。

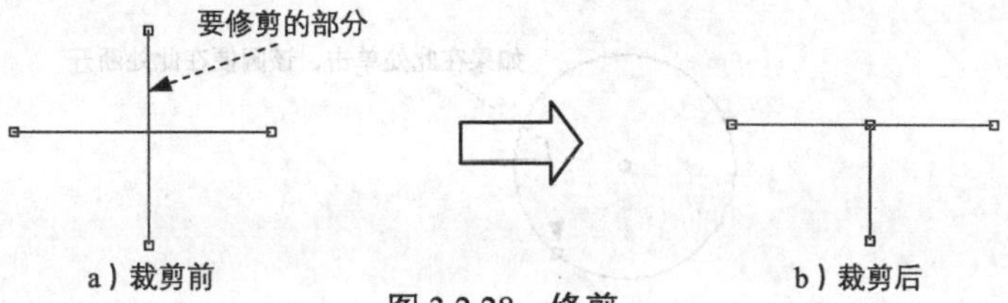


图 3.2.28 修剪

> 说明
>
> 当修剪的对象与轴相交时，其 Trim 后的 Ignore Axis □ 复选框才能起到作用。
>
> ◆ 勾选 Ignore Axis ☑ 复选框，则忽略轴影响其修剪，其结果如图 3.2.29b 所示。取消勾选 Ignore Axis □ 复选框，则未忽略轴影响其修剪，其结果如图 3.2.30b 所示。

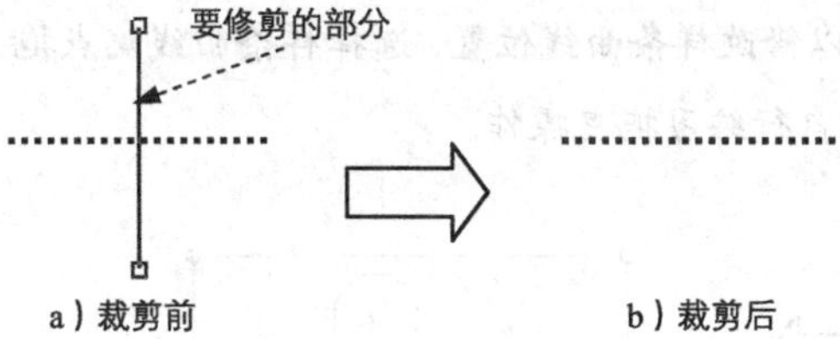


图 3.2.29 选中的结果

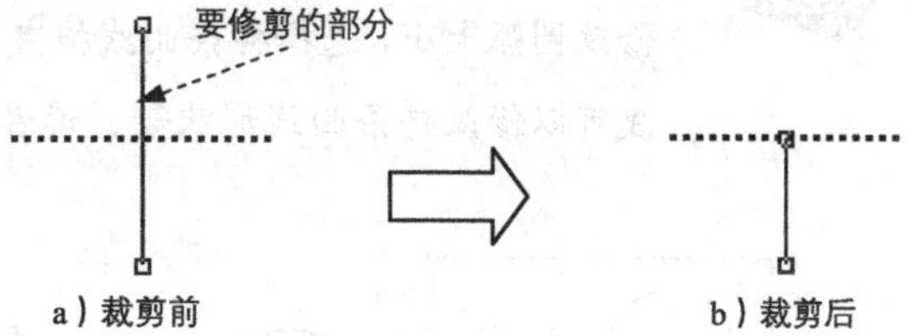


图 3.2.30 未选中的结果

### 5. 延伸

步骤 01 选择命令。单击“Modify”栏中的 Extend 按钮。

步骤 02 定义要延伸的对象。在图形区选取图 3.2.31a 所示的直线为要延伸的部分，其延伸结果如图 3.2.31b 所示。

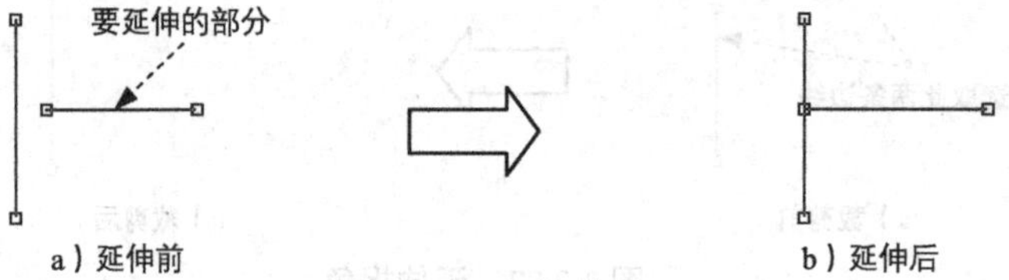


图 3.2.31　修剪

### 6. 分割

步骤 01 选择命令。单击“Modify”栏中的 Split 按钮。

步骤 02 定义要分割的对象。单击一个要分割的图元，如图 3.2.32 所示，系统在单击处断开了图元。

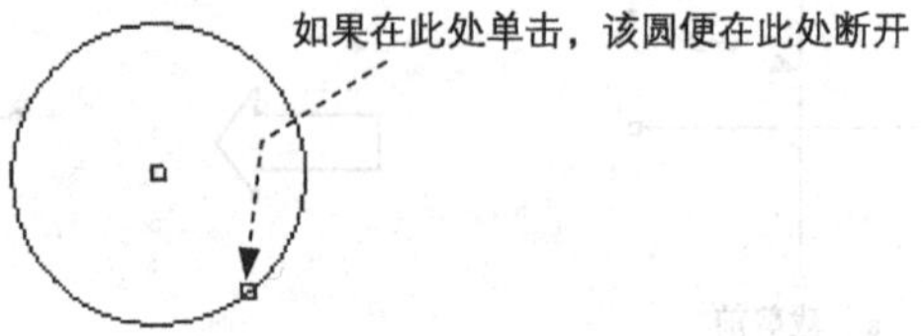


图 3.2.32　分割图元

### 7. 拖曳

步骤 01 选择命令。单击“Modify”栏中的 Drag 按钮。

步骤 02 定义拖曳的对象。单击选择需要拖曳的图元对象进行拖曳，如图 3.2.33 所示。

> **说明**　在拖曳过程中选择不同的图元可以进行不同形式的拖曳，如选择直线拖曳可以修改直线位置，选择圆弧中心拖曳可以修改圆弧位置，选择圆弧进行拖曳可以修改圆弧大小，选择样条曲线拖曳可以修改样条曲线位置，选择样条曲线端点拖曳可以修改样条曲线形状等。读者可自行练习拖曳操作。

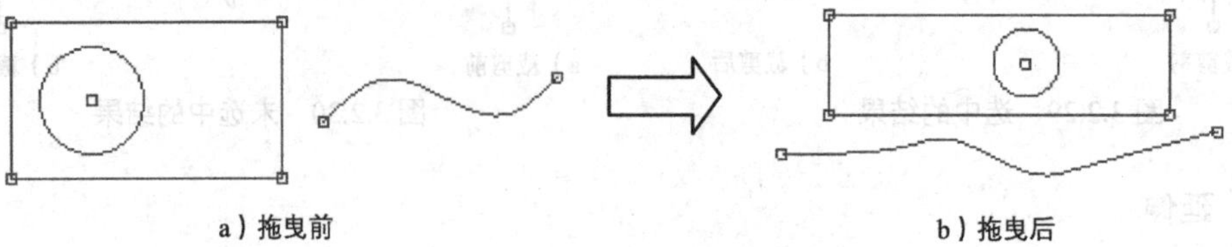


图 3.2.33　拖曳

## 8. 剪切与粘贴

步骤 01 选择命令。单击“Modify”栏中的 Cut 按钮。

步骤 02 定义剪切的对象。在图形区依次选取图 3.2.34a 所示的所有草图边线。

步骤 03 定义粘贴手柄。在图形区空白处右击，在弹出的快捷菜单（图 3.2.35）中选择 End / Set Paste Handle 命令结束选择，然后选取图 3.2.34a 所示的点为粘贴手柄。

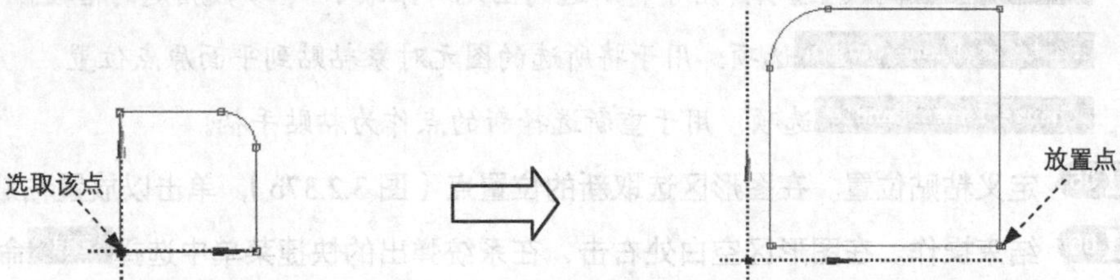


a）剪切和粘贴前 b）剪切和粘贴后

图 3.2.34 剪切和粘贴

步骤 04 定义粘贴参数。在“Modify”栏 r 文本框中输入旋转角度值 90，在 f 文本框中输入比例系数值 2。在图形区空白处右击，在弹出的快捷菜单（图 3.2.36）中选择 Rotate by r Degrees 命令，将图形逆时针旋转指定的角度值。再次在图形区空白处右击，在弹出的快捷菜单（图 3.2.36）中选择 Scale by factor f 命令，将图形按指定的比例系数进行放大。

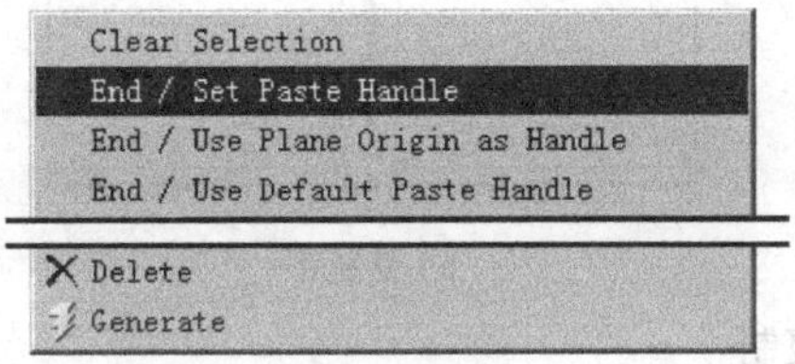


图 3.2.35 快捷菜单（一）

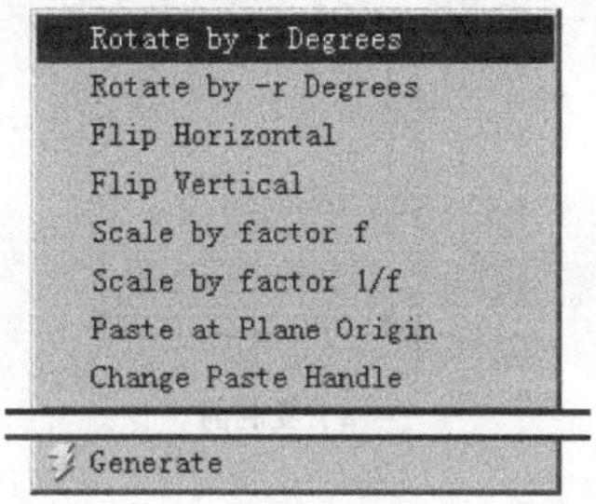


图 3.2.36 快捷菜单（二）

图 3.2.35 所示的快捷菜单中部分选项说明如下。

- Clear Selection 选项：用于取消已经选取的图元对象。
- End / Set Paste Handle 选项：用于结束选择对象并开始设置粘贴手柄的位置点。
- End / Use Plane Origin as Handle 选项：用于结束选择对象并设置平面原点来作为粘贴手柄的位置点。
- End / Use Default Paste Handle 选项：用于结束选择对象并使用默认的粘贴手柄。

图 3.2.36 所示的快捷菜单中部分选项说明如下。

◆ Rotate by r Degrees 选项：将所选的图元对象逆时针旋转 r 参数指定的角度值。

◆ Rotate by -r Degrees 选项：将所选的图元对象顺时针旋转 r 参数指定的角度值。

◆ Flip Horizontal 选项：用于将所选的图元对象水平翻转。

◆ Flip Vertical 选项：用于将所选的图元对象竖直翻转。

◆ Scale by factor f 选项：用于将所选的图元对象放大 f 参数指定的倍数。

◆ Scale by factor 1/f 选项：用于将所选的图元对象缩小 f 参数指定的倍数。

◆ Paste at Plane Origin 选项：用于将所选的图元对象粘贴到平面原点位置。

◆ Change Paste Handle 选项：用于重新选择新的点作为粘贴手柄。

步骤 05 定义粘贴位置。在图形区选取新的位置点（图 3.2.37b），单击以放置粘贴结果。

步骤 06 结束操作。在图形区空白处右击，在系统弹出的快捷菜单中选择 End 命令，结束粘贴操作。

## 9. 复制与粘贴

步骤 01 选择命令。单击“Modify”栏中的 Copy 按钮。

步骤 02 定义复制对象。在图形区依次选取图 3.2.37a 所示的所有草图边线。

步骤 03 定义粘贴手柄。在图形区空白处右击，在弹出的快捷菜单中选择 End / Use Plane Origin as Handle 命令结束选择。

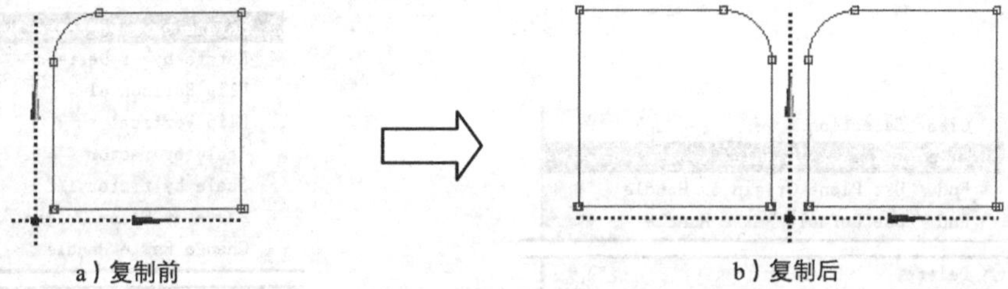

a）复制前　　b）复制后

图 3.2.37　复制

步骤 04 定义粘贴参数。在图形区空白处右击，在弹出的快捷菜单中选择 Flip Horizontal 命令，将图形进行水平翻转。

步骤 05 定义粘贴位置。在图形区选取平面原点，单击以放置粘贴结果。

步骤 06 结束操作。在图形区空白处右击，在弹出的快捷菜单中选择 End 命令，结束粘贴操作。

## 10. 移动

步骤 01 选择命令。单击“Modify”栏中的 Move 按钮。

步骤 02 定义复制对象。在图形区依次选取图 3.2.38a 所示的所有草图边线。

步骤 03 定义粘贴手柄。在图形区空白处右击，在弹出的快捷菜单中选择

End / Set Paste Handle 命令结束选择，然后选取图 3.2.38a 所示的点作为粘贴手柄。

步骤 04 定义粘贴位置。在图形区选取平面原点，单击以放置粘贴结果。

步骤 05 结束操作。在图形区空白处右击，在弹出的快捷菜单中选择 End 命令，结束粘贴操作。

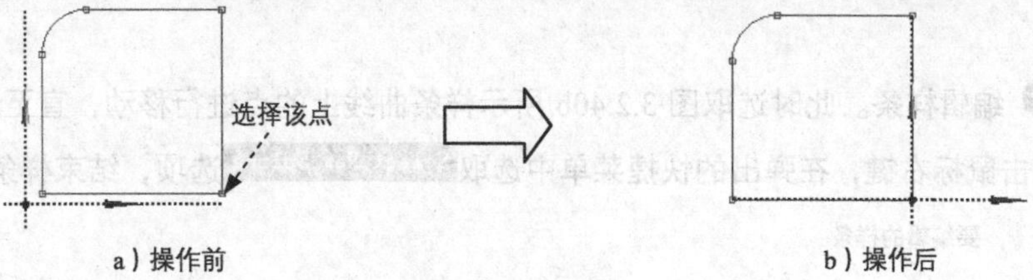


图 3.2.38 移动

### 11. 复制（Replicate）

"Modify"栏中的 Replicate 按钮也可以实现对图元对象的复制操作，其操作方法与"移动"命令相似，此处不再赘述。

### 12. 重复

"Modify"栏中的 Duplicate 按钮可以实现对图元对象的复制操作，需要注意的是其要复制的对象是同一个平面的不同草图中的图元对象。

### 13. 偏移

步骤 01 选择命令。单击"Modify"栏中的 Offset 按钮。

步骤 02 定义偏移对象。在图形区依次选取图 3.2.39a 所示的圆边线。

步骤 03 定义放置位置。在图形区空白处右击，在弹出的快捷菜单中选择 End selection / Place offset 命令结束选择，然后选取图 3.2.39 所示的点作为放置点。

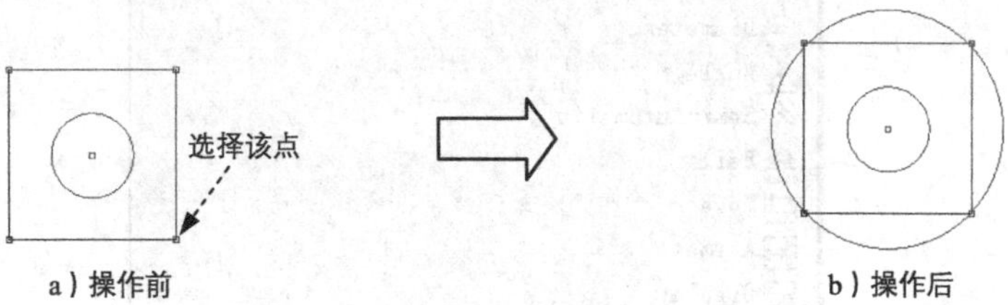


图 3.2.39 偏移

步骤 04 结束操作。在图形区空白处右击，在弹出的快捷菜单中选择 End 命令，结束操作。

### 14. 编辑样条

步骤 01 选择命令。单击"Modify"栏中的 Spline Edit 按钮。

步骤 02 定义编辑对象。在图形区选取图 3.2.40a 所示的样条曲线。

注意 在编辑的过程中样条必须是可调的（即在创建样条的过程中必须选中 Flexible ☑ 复选框）。

步骤 03 编辑样条。此时选取图 3.2.40b 所示样条曲线上的点进行移动，直至达到编辑的意图为止；单击鼠标右键，在弹出的快捷菜单中选取 Select New Spline 选项，结束样条的编辑。

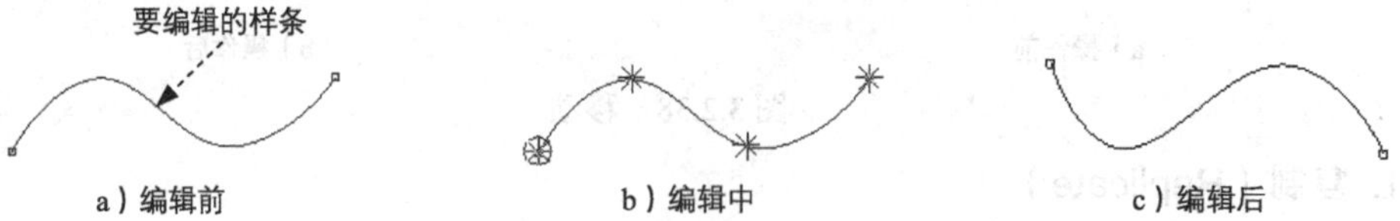


图 3.2.40 编辑样条

## 3.2.6 草图尺寸标注

在选项卡区域打开 Sketching 选项卡，在“Sketching Toolboxes”窗口中单击 Dimensions 按钮，打开图 3.2.41 所示的“Dimensions”栏，使用该栏中的命令可以对草图进行尺寸标注。下面具体介绍各种尺寸标注的操作方法。

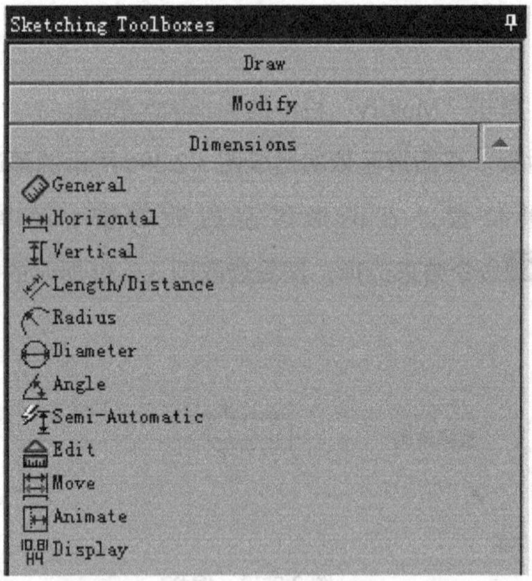


图 3.2.41 “Dimensions”栏

### 1. 标注线段长度

步骤 01 选择命令。单击“Dimensions”栏中的 General 按钮。

步骤 02 选取标注对象。选取图 3.2.42a 所示的直线为标注对象，在合适位置单击放置尺寸标注，结果如图 3.2.42b 所示。

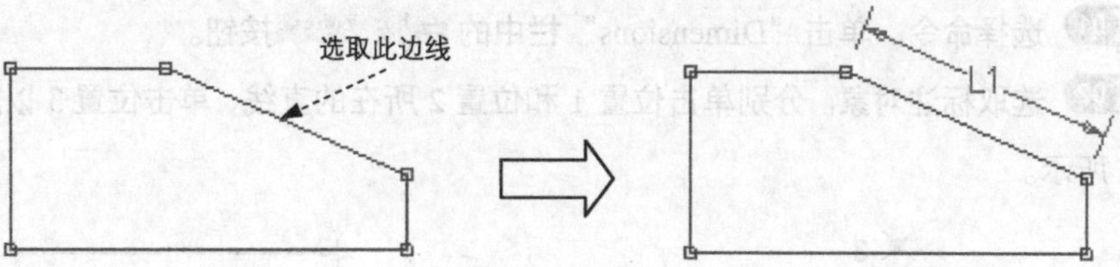


a）标注前　　b）标注后

图 3.2.42　标注线段长度

> **说明**　完成尺寸标注后，在详细列表区弹出图 3.2.43 所示的“Details View”对话框，用于对标注的尺寸进行一些设置与修改。

图 3.2.43 所示的“Details View”对话框中部分选项说明如下。

- Sketch Visibility 下拉列表：用于设置草图的可视性，包括以下三种可视性类型。
  - Always Show Sketch 选项：选中该选项，草图始终可见，只要不对其进行手动隐藏，在任何时候都是可见的。
  - Show Sketch 选项：选中该选项，设置草图可见，退出草图模式后，草图不可见。
  - Hide Sketch 选项：选中该选项，将草图设置为隐藏，退出草图模式后，草图不可见。
- Show Constraints? 文本框：用于设置草图约束信息是否显示，选择 No 选项，在详细列表中不显示草图约束信息；选择 Yes 选项，在详细列表中显示草图约束信息（图 3.2.44）。
- Dimensions: 1 区域：用于修改尺寸值。

| Details View | |
|---|---|
| **Details of Sketch1** | |
| Sketch | Sketch1 |
| Sketch Visibility | Show Sketch |
| Show Constraints? | No |
| **Dimensions: 1** | |
| L1 | 34 mm |
| **Edges: 5** | |
| Line | Ln7 |
| Line | Ln8 |
| Line | Ln9 |
| Line | Ln10 |
| Line | Ln11 |

图 3.2.43　“Details View”对话框

| Details View | |
|---|---|
| **Details of Sketch1** | |
| **Line Ln9** | |
| Coincident: . Base Point | Point Ln8. End |
| Coincident: . End Point | Point Ln10. Base |
| **Line Ln10** | |
| Vertical | Axis Line YAxis |
| Coincident: . Base Point | Point Ln9. End |
| Coincident: . End Point | Point Ln11. Base |
| **Line Ln11** | |
| Horizontal | Axis Line XAxis |
| Coincident: . Base Point | Point Ln10. End |
| Coincident: . End Point | Point Ln7. Base |

图 3.2.44　显示约束信息

## 2. 标注水平尺寸

步骤 01 选择命令。单击“Dimensions”栏中的 Horizontal 按钮。

步骤 02 选取标注对象。分别单击位置 1 和位置 2 所在的直线，单击位置 3 以放置尺寸，如图 3.2.45 所示。

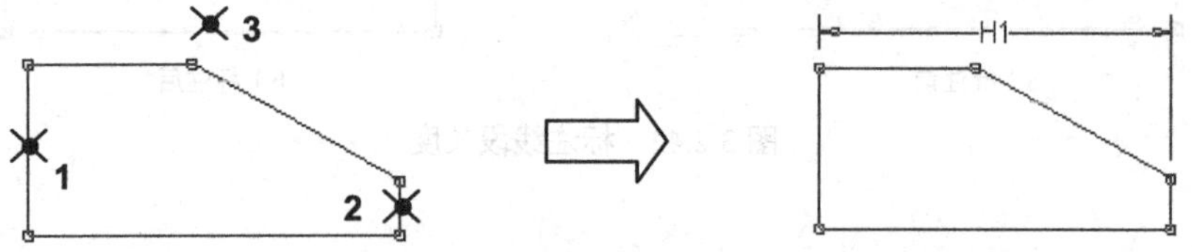


a）标注前　　b）标注后

图 3.2.45　标注水平尺寸

## 3. 标注竖直尺寸

步骤 01 选择命令。单击“Dimensions”栏中的 Vertical 按钮。

步骤 02 选取标注对象。分别单击位置 1 和位置 2 所在的直线，单击位置 3 以放置尺寸，如图 3.2.46 所示。

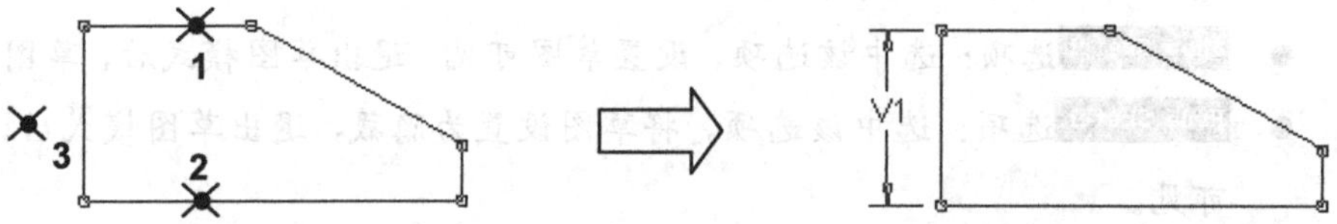


a）标注前　　b）标注后

图 3.2.46　标注水平尺寸

## 4. 标注长度/距离

步骤 01 选择命令。单击“Dimensions”栏中的 Length/Distance 按钮。

步骤 02 选取标注对象。分别单击位置 1 和位置 2 所在的直线，单击位置 3 以放置尺寸，如图 3.2.47 所示。

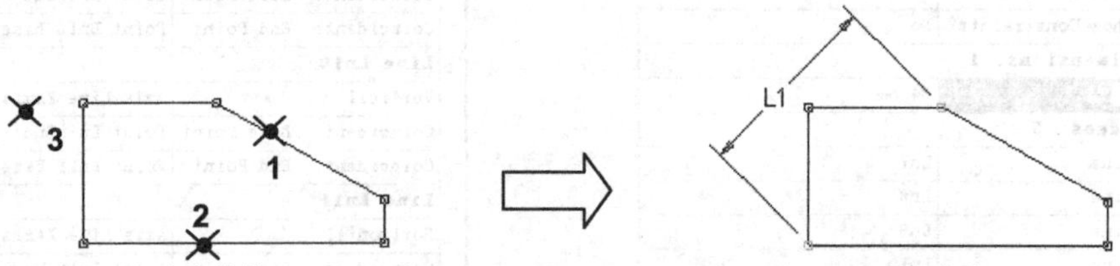


a）标注前　　b）标注后

图 3.2.47　标注长度/距离

## 5. 标注半径

步骤 01 选择命令。单击“Dimensions”栏中的 Radius 按钮。

步骤 02 选取标注对象。选取圆为标注对象，在合适的位置单击以放置尺寸，如图 3.2.48 所示。

6. 标注直径

步骤 01 选择命令。单击“Dimensions”栏中的 Diameter 按钮。

步骤 02 选取标注对象。选取圆为标注对象，在合适的位置单击以放置尺寸，如图 3.2.49 所示。

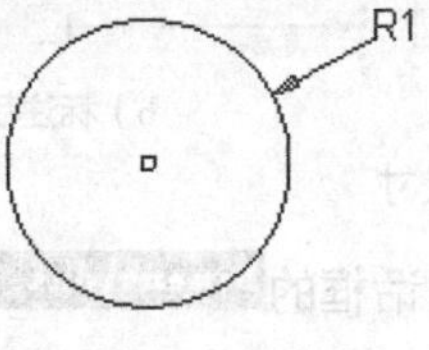


图 3.2.48 标注半径

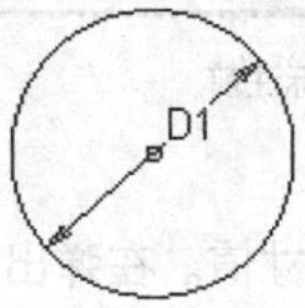


图 3.2.49 标注直径

7. 标注角度

步骤 01 选择命令。单击“Dimensions”栏中的 Angle 按钮。

步骤 02 选取标注对象。分别单击位置 1 和位置 2 所在的直线，单击位置 3 以放置尺寸，如图 3.2.50 所示。

a）标注前　　b）标注后

图 3.2.50 标注角度

说明：在标注角度时，两条直线相交形成四个角度值，在空白处右击，在弹出的快捷菜单中选择 Alternate Angle 命令可以实现不同角度的切换。

8. 尺寸的自动标注与修改

步骤 01 打开文件并进入 DM 环境。选择 File → Open... 命令，打开文件 D:\an15.01\work\ch03.02.06\semi_automatic.wbpj，在项目列表中双击 Geometry，进入 DM 环境。

步骤 02 选择命令。在选项卡区域打开 Sketching 选项卡，在“Sketching Toolboxes”对话框中单击Dimensions按钮，打开“Dimensions”栏，单击Semi-Automatic按钮，系统自动标注尺寸，结果如图 3.2.51b 所示。

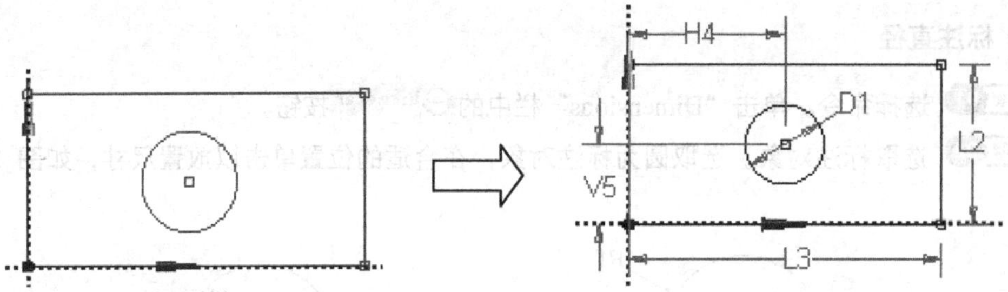


a）标注前　　b）标注后

图 3.2.51　自动标注尺寸

步骤 03　修改尺寸值。在弹出的“Details View”对话框的Dimensions: 1区域下修改尺寸值，结果如图 3.2.52 所示。

步骤 04　移动尺寸。在“Dimensions”栏中单击Move按钮，可对草图中的尺寸进行移动，完成移动后的结果如图 3.2.53 所示。

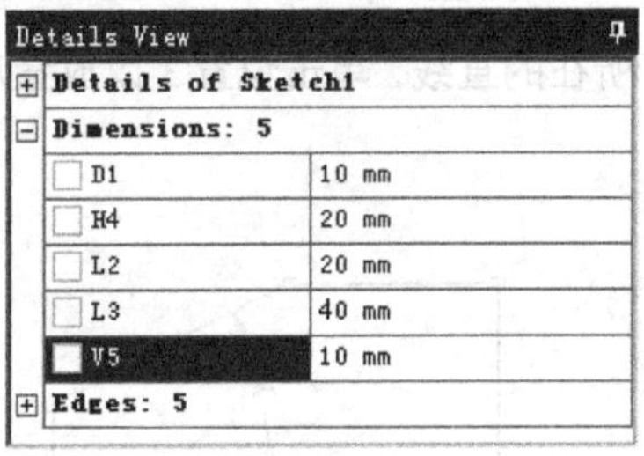

Details View

| Details of Sketch1 | |
|---|---|
| Dimensions: 5 | |
| D1 | 10 mm |
| H4 | 20 mm |
| L2 | 20 mm |
| L3 | 40 mm |
| V5 | 10 mm |
| Edges: 5 | |

图 3.2.52　修改尺寸值

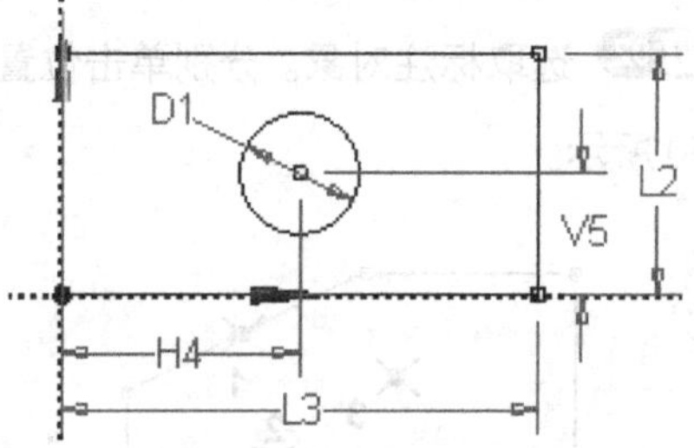


图 3.2.53　移动尺寸

步骤 05　修改尺寸。在“Dimensions”栏中单击Edit按钮，在图形中选中需要修改的尺寸（如 H4 的尺寸），弹出图 3.2.54 所示的“Details View”对话框，在该对话框的Horizontal文本框中修改尺寸命令为 H1，并按 Enter 键，用同样的方法修改其他尺寸名称，结果如图 3.2.55 所示。

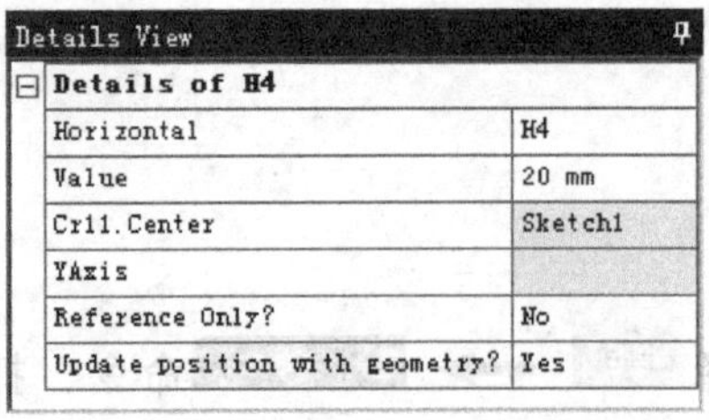

Details View

| Details of H4 | |
|---|---|
| Horizontal | H4 |
| Value | 20 mm |
| Crll.Center | Sketch1 |
| YAxis | |
| Reference Only? | No |
| Update position with geometry? | Yes |

图 3.2.54　“Details View”对话框

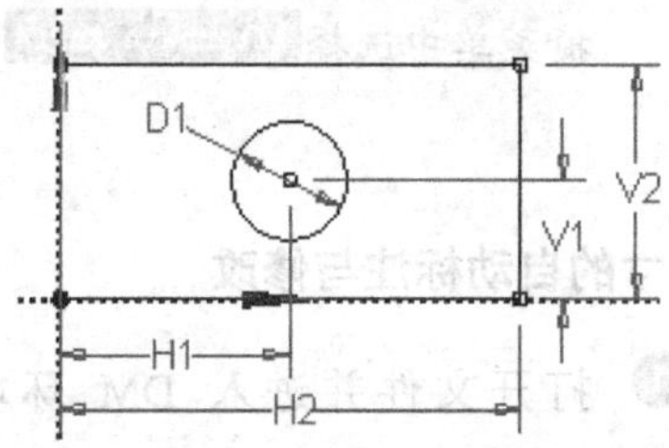


图 3.2.55　修改尺寸

步骤 06　修改尺寸显示样式。在默认情况下，完成尺寸标注后，系统显示的是尺寸的“代号”（图 3.2.55），在“Dimensions”对话框中单击Display按钮，选中其后的Value复选框，系统将同时显示尺寸值，如图 3.2.56 所示；取消选中 Name: 复选框，系统将只显示尺寸值，如图 3.2.57 所示。

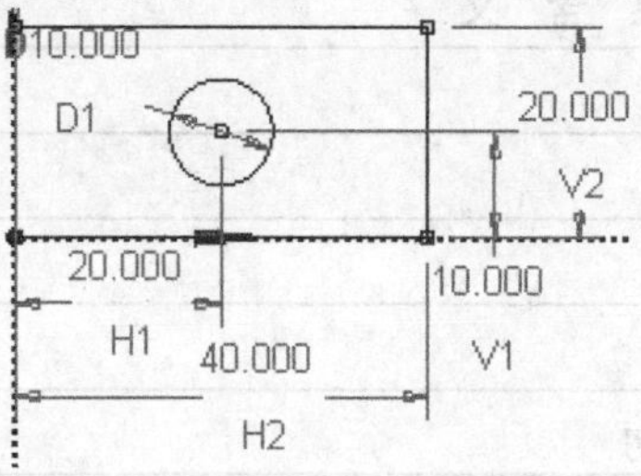


图 3.2.56 修改尺寸显示样式（一）

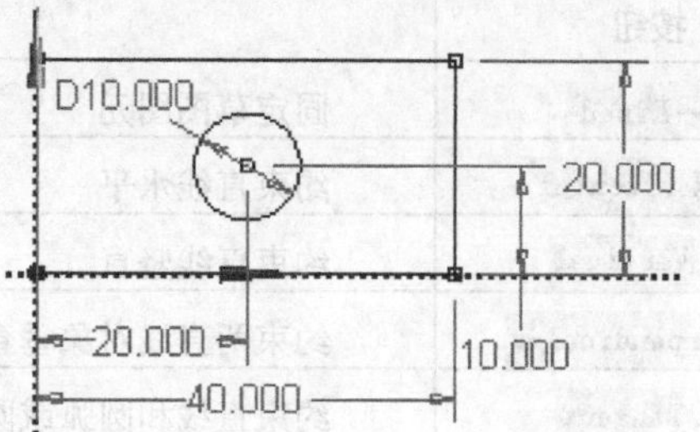


图 3.2.57 修改尺寸显示样式（二）

## 3.2.7 草图约束

在选项卡区域打开 Sketching 选项卡，在“Sketching Toolboxes”对话框中单击 Constraints 按钮，打开图 3.2.58 所示的“Constraints”栏，使用该窗口中的命令可以对草图进行约束。下面具体介绍各种约束的操作方法。

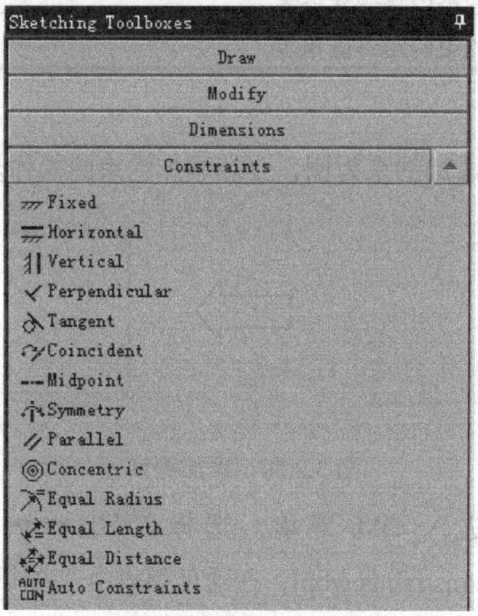


图 3.2.58 “Constraints”栏

### 1. 各种约束类型

各种约束类型及其含义见表 3.2.1。

表 3.2.1 约束类型

| 按钮 | 约 束 含 义 |
| --- | --- |
| Fixed | 固定草图图元 |
| Horizontal | 约束直线水平 |
| Vertical | 约束直线竖直 |
| Perpendicular | 约束两直线对象垂直 |
| Tangent | 约束直线和圆弧或圆弧与圆弧相切 |
| Coincident | 约束点在线上或直线与直线共线 |
| Midpoint | 约束点为直线的中点 |
| Symmetry | 约束两图元关于中心轴对称 |
| Parallel | 约束两直线平行 |
| Concentric | 约束圆弧与圆弧或两圆同心 |
| Equal Radius | 约束两圆弧等半径 |
| Equal Length | 约束两直线等长度 |
| Equal Distance | 约束两距离值相等 |

## 2. 创建约束

下面以图 3.2.59 所示的添加约束为例，介绍添加约束的操作步骤。

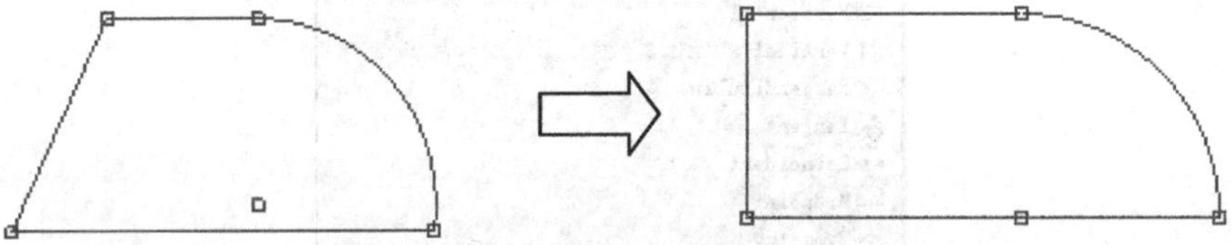

a）约束前　　b）约束后

图 3.2.59 添加约束

步骤 01 打开文件并进入 DM 环境。选择 File → Open... 命令，打开文件 D:\an15.01\work\ch03.02.07\constraints.wbpj，在项目列表中双击 Geometry ，进入 DM 环境。

步骤 02 选择命令。在选项卡区域打开 Sketching 选项卡，在“Sketching Toolboxes”对话框中单击 Constraints 按钮，打开“Constraints”栏。

步骤 03 添加竖直约束。单击“Constraints”栏中的 Vertical 按钮，选取图 3.2.59a 中的倾斜直线为约束对象，结果如图 3.2.60 所示。

步骤 04 添加点到直线上约束。单击 Coincident 按钮，选取图 3.2.60 所示的圆弧圆心和直线为约束对象，结果如图 3.2.59b 所示。

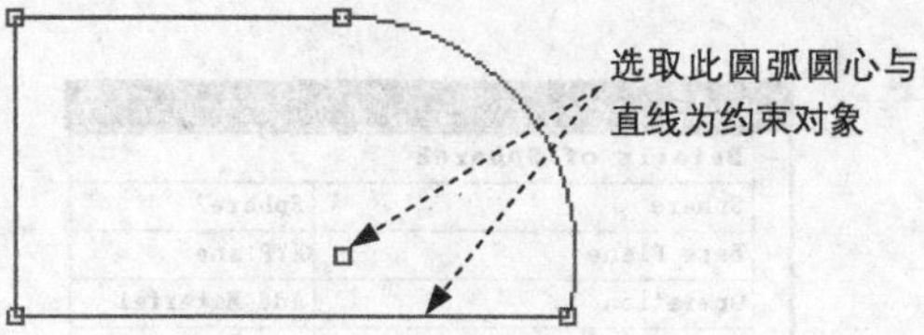


图 3.2.60 选取约束对象

## 3.3 三维实体建模

### 3.3.1 基本体素建模

一般而言，球体、长方体、圆柱体和圆锥体等一些基本体素特征常常作为三维实体模型的基础特征使用，然后在基础特征上通过添加其他结构特征，得到所需的实体模型，因此基本体素对实体模型的创建来说是最基础也是比较常用的特征。下面具体介绍几种常用的基本体素创建方法。

**1. 创建球体**

下面以图 3.3.1 所示的球体为例介绍创建球体的一般操作过程。

图 3.3.1 创建球体

步骤 01 新建几何体并进入 DM 环境。在 ANSYS Workbench 界面中，双击 Toolbox 工具箱的 ⊟ Component Systems 区域中的 Geometry 选项，新建一个项目列表，双击 Geometry，进入 DM 环境。

说明：由于新建几何体及进入 DM 环境的操作过程比较烦琐，本书后面章节相同操作如无特别说明均采用简写方式写作，详细操作与此处一致。

步骤 02 选择命令。选择 Create → Primitives → Sphere 命令，弹出图 3.3.2 所示的“Details View”对话框。

| Details View | |
|---|---|
| **Details of Sphere2** | |
| Sphere | Sphere2 |
| Base Plane | XYPlane |
| Operation | Add Material |
| Origin Definition | Coordinates |
| FD3, Origin X Coordinate | 0 mm |
| FD4, Origin Y Coordinate | 0 mm |
| FD5, Origin Z Coordinate | 0 mm |
| FD6, Radius (>0) | 25 mm |
| As Thin/Surface? | No |

图 3.3.2 “Details View”对话框

步骤 03 定义球体参数。采用系统默认的坐标原点为球心，在“Details View”对话框的 FD6, Radius (>0) 文本框中输入球体半径值 25，单击 Generate 按钮，完成球体的创建。

## 2. 创建长方体

下面以图 3.3.3 所示的长方体为例介绍创建长方体的一般操作过程。

图 3.3.3 创建长方体

步骤 01 新建几何体并进入 DM 环境。

步骤 02 选择命令。选择 Create → Primitives → Box 命令，弹出图 3.3.4 所示的“Details View”对话框。

| Details View | |
|---|---|
| **Details of Box1** | |
| Box | Box1 |
| Base Plane | XYPlane |
| Operation | Add Material |
| Box Type | From One Point and Diagonal |
| Point 1 Definition | Coordinates |
| FD3, Point 1 X Coordinate | 0 mm |
| FD4, Point 1 Y Coordinate | 0 mm |
| FD5, Point 1 Z Coordinate | 0 mm |
| Diagonal Definition | Components |
| FD6, Diagonal X Component | 80 mm |
| FD7, Diagonal Y Component | 10 mm |
| FD8, Diagonal Z Component | 50 mm |
| As Thin/Surface? | No |

图 3.3.4 “Details View”对话框

步骤 03 定义长方体参数。采用系统默认的坐标原点为长方体的顶点，在“Details View”

对话框的 FD6, Diagonal X Component 文本框中输入长方体 X 轴向的长度值 80，在 FD7, Diagonal Y Component 文本框中输入 Y 轴向的长度值 10，在 FD8, Diagonal Z Component 文本框中输入 Z 轴向长度值 50，单击 Generate 按钮，完成长方体的创建。

### 3. 创建圆柱体

下面以图 3.3.5 所示的圆柱体为例介绍创建圆柱体的一般操作过程。

图 3.3.5 创建圆柱体

步骤 01 新建几何体并进入 DM 环境。

步骤 02 选择命令。选择 Create → Primitives ▸ → Cylinder 命令，弹出图 3.3.6 所示的“Details View”对话框。

步骤 03 定义圆柱体参数。采用系统默认的坐标原点为圆柱体的底部圆心，在“Details View”对话框的 FD6, Axis X Component 文本框中输入圆柱体 X 轴向的长度值 0，在 FD7, Axis Y Component 文本框中输入 Y 轴向的长度值 0，在 FD8, Axis Z Component 文本框中输入 Z 轴向长度值 80，在 FD10, Radius (>0) 文本框中输入圆柱体的半径值 60，单击 Generate 按钮，完成圆柱体的创建。

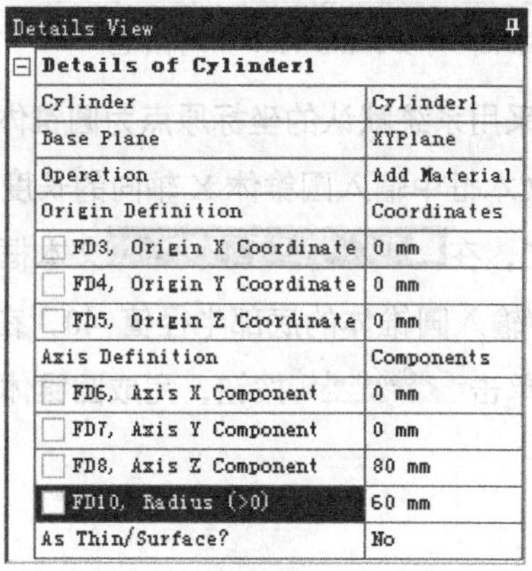

Details View

| Details of Cylinder1 | |
|---|---|
| Cylinder | Cylinder1 |
| Base Plane | XYPlane |
| Operation | Add Material |
| Origin Definition | Coordinates |
| FD3, Origin X Coordinate | 0 mm |
| FD4, Origin Y Coordinate | 0 mm |
| FD5, Origin Z Coordinate | 0 mm |
| Axis Definition | Components |
| FD6, Axis X Component | 0 mm |
| FD7, Axis Y Component | 0 mm |
| FD8, Axis Z Component | 80 mm |
| FD10, Radius (>0) | 60 mm |
| As Thin/Surface? | No |

图 3.3.6 “Details View”对话框

### 4. 创建圆锥体

下面以图 3.3.7 所示的圆锥体为例介绍创建圆锥体的一般操作过程。

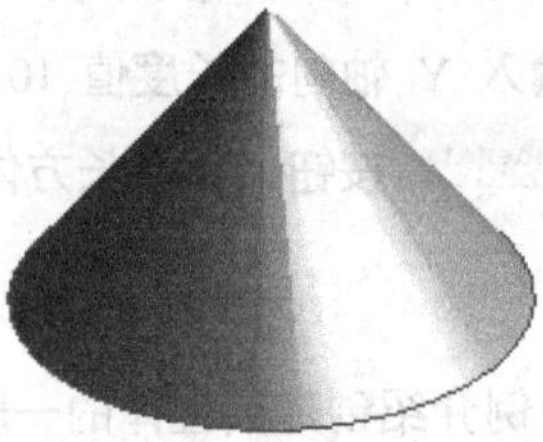

图 3.3.7　创建圆锥体

步骤 01 新建几何体并进入 DM 环境。

步骤 02 选择命令。选择 Create → Primitives ▸ → Cone 命令，弹出图 3.3.8 所示的“Details View”对话框。

| Details View | |
|---|---|
| ⊟ **Details of Cone1** | |
| Cone | Cone1 |
| Base Plane | XYPlane |
| Operation | Add Material |
| Origin Definition | Coordinates |
| ☐ FD3, Origin X Coordinate | 0 mm |
| ☐ FD4, Origin Y Coordinate | 0 mm |
| ☐ FD5, Origin Z Coordinate | 0 mm |
| Axis Definition | Components |
| ☐ FD6, Axis X Component | 0 mm |
| ☐ FD7, Axis Y Component | 0 mm |
| ☐ FD8, Axis Z Component | 50 mm |
| ☐ FD10, Base Radius (>=0) | 40 mm |
| ☐ FD11, Top Radius (>=0) | 0 mm |
| As Thin/Surface? | No |

图 3.3.8　“Details View”对话框

步骤 03 定义圆锥体参数。采用系统默认的坐标原点为圆锥体底部圆心，在“Details View”对话框的 FD6, Axis X Component 文本框中输入圆锥体 X 轴向的长度值 0，在 FD7, Axis Y Component 文本框中输入 Y 轴向的长度值 0，在 FD8, Axis Z Component 文本框中输入 Z 轴向长度值 50，在 FD10, Base Radius (>=0) 文本框中输入圆锥体的底部半径值 40，在 FD11, Top Radius (>=0) 文本框中输入圆锥体的顶部半径值 0，单击 Generate 按钮，完成圆锥体的创建。

## 3.3.2　拉伸

拉伸特征是将二维截面草图沿着某一指定方向拉伸而成的特征，它是最常用的实体建模方法。下面以图 3.3.9 所示的简单实体三维模型为例，说明拉伸特征的创建方法，同时介绍在 DM 中进行三维实体模型创建的一般过程。

### 1. 创建基础特征

下面以创建图 3.3.10 所示的拉伸特征为例，说明创建拉伸特征的一般步骤。

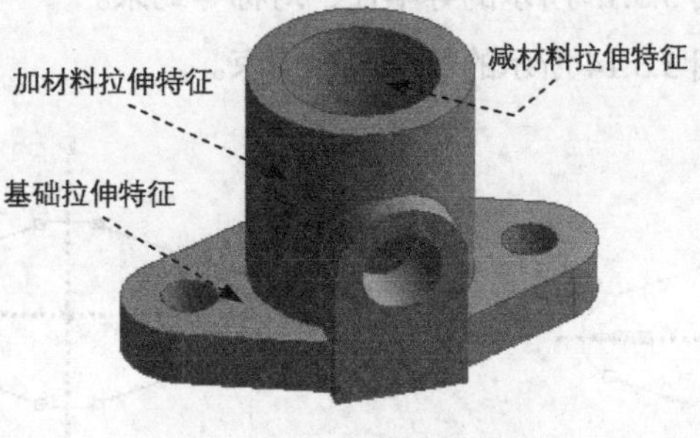


图 3.3.9 实体三维模型

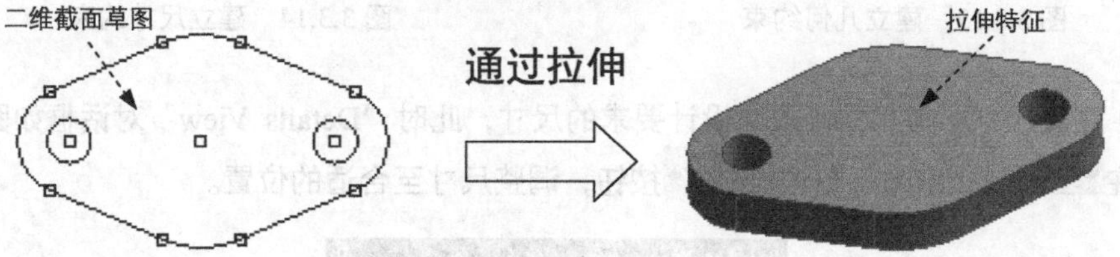


图 3.3.10 拉伸特征

**任务 01 新建几何体并进入到 DM 环境**

在 ANSYS Workbench 界面中，双击 Toolbox 工具箱的 ⊟ Component Systems 区域中的 Geometry 选项，新建一个项目列表，双击 Geometry，进入 DM 环境。

**任务 02 定义拉伸特征的二维截面草图**

在绘制二维截面草图时，一般先绘制其大体轮廓形状，然后添加几何约束，最后标注草图尺寸并修改尺寸值。下面具体介绍其绘制过程。

步骤 01 进入草图模式。在“草图绘制”工具条的 XYPlane 下拉列表中选择 XYPlane 平面为草图平面，单击工具条中的 按钮，即在 XYPlane 平面下新建一草图，在选项卡区域打开 Sketching 选项卡进入草图绘制模式。

步骤 02 绘制截面草图。

本例中的基础凸台特征的截面草图图形如图 3.3.11 所示，其绘制步骤如下。

(1) 绘制图 3.3.12 所示的截面草图的大体轮廓。

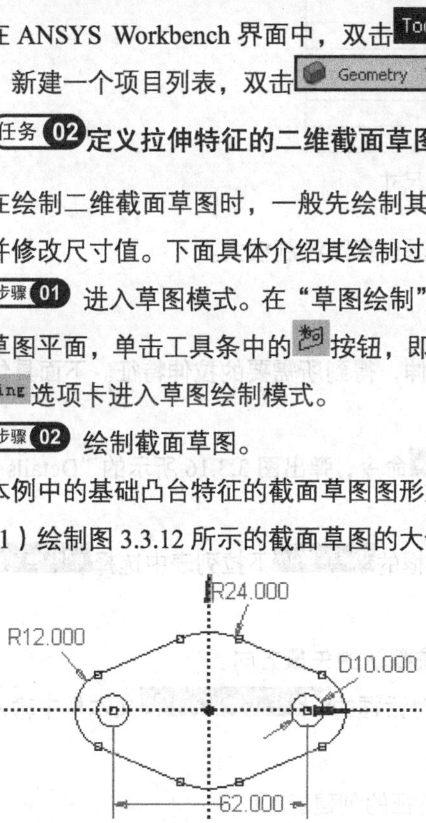


图 3.3.11 基础特征的截面草图

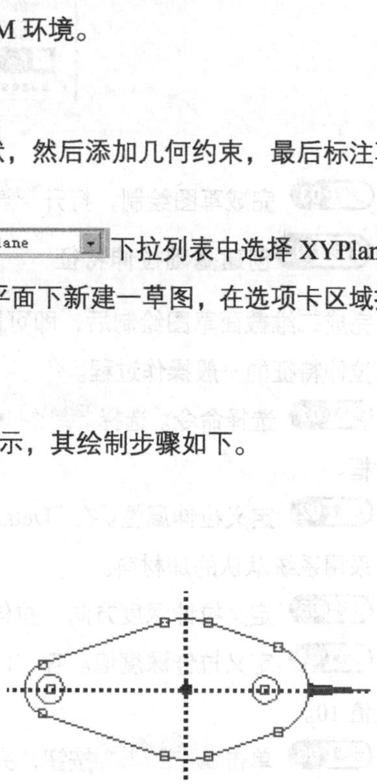

图 3.3.12 大体轮廓

（2）建立几何约束。建立图 3.3.13 所示的等半径、对称等约束。

（3）建立尺寸约束。建立图 3.3.14 所示的四个尺寸约束。

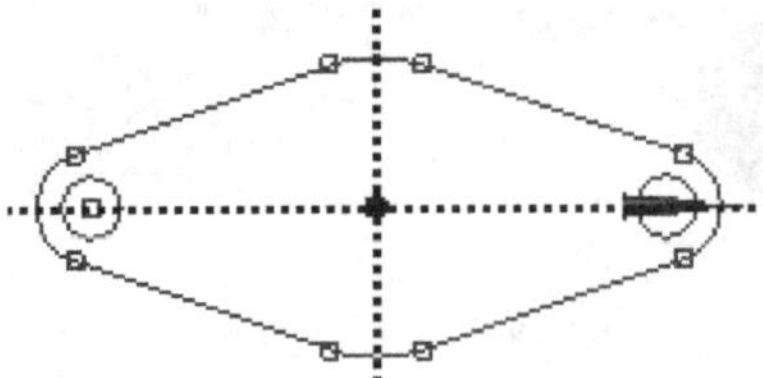

图 3.3.13 建立几何约束

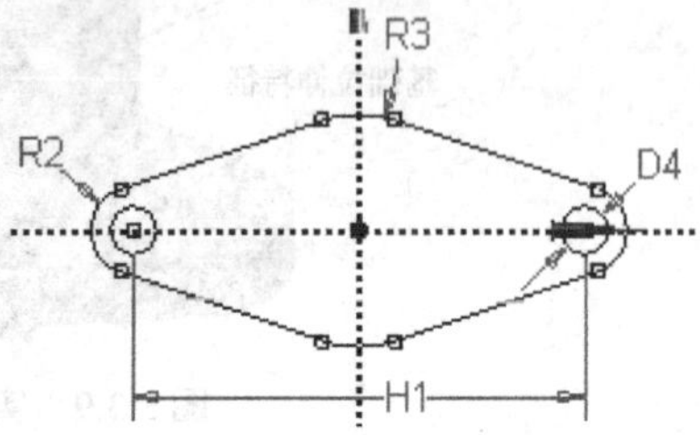


图 3.3.14 建立尺寸约束

（4）修改尺寸。将尺寸修改为设计要求的尺寸，此时“Details View”对话框如图 3.3.15 所示，并在 Dimensions 窗口下单击 Move 按钮，调整尺寸至合适的位置。

| Details View | |
|---|---|
| **Details of Sketch1** | |
| Sketch | Sketch1 |
| Sketch Visibility | Show Sketch |
| Show Constraints? | No |
| **Dimensions: 4** | |
| D4 | 10 mm |
| H1 | 62 mm |
| R2 | 12 mm |
| R3 | 24 mm |
| **Edges: 10** | |

图 3.3.15 修改尺寸

步骤 03 完成草图绘制，打开 Modeling 选项卡，退出草图绘制模式。

## 任务 03 创建基础拉伸特征

完成二维截面草图绘制后，即可以对其进行拉伸，得到所需要的拉伸特征。下面具体介绍创建拉伸特征的一般操作过程。

步骤 01 选择命令。选择 Create → Extrude 命令，弹出图 3.3.16 所示的“Details View”对话框。

步骤 02 定义拉伸属性。在“Details View”对话框的 Operation 下拉列表中选择 Add Material 选项，采用系统默认的加材料。

步骤 03 定义拉伸深度方向。拉伸方向采用系统默认的矢量方向。

步骤 04 定义拉伸深度值。在“Details View”对话框的 FD1, Depth (>0) 文本框中输入拉伸深度值 10。

步骤 05 单击 Generate 按钮，完成基础拉伸特征的创建。

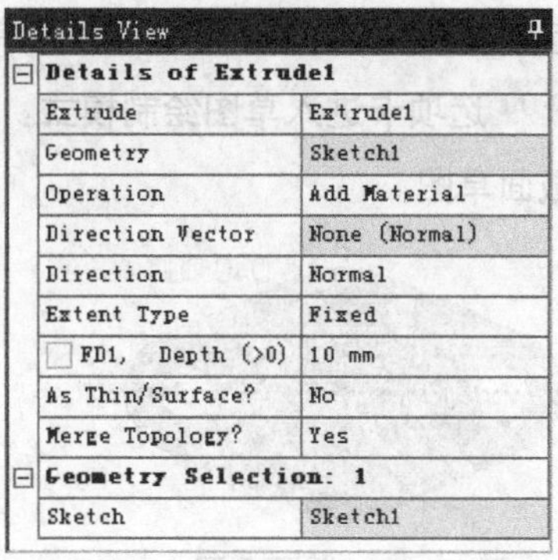


图 3.3.16 “Details View”对话框

图 3.3.16 所示的“Details View”对话框中部分选项说明如下。

- Extent Type 下拉列表：可以选取特征的拉伸深度类型，各选项说明如下。
  - Fixed 选项：特征将从草图平面开始，按照所输入的数值（即拉伸深度值）向特征创建的方向进行拉伸。
  - Through All 选项：沿指定方向，使其完全贯通所有。
  - To Next 选项：特征将拉伸至零件的下一个曲面处终止。
  - To Faces 选项：特征在拉伸方向上延伸，直到与用户指定的平面相交。
  - To Surface 选项：特征在拉伸方向上延伸，直到与用户指定的曲面相交。
- Operation 下拉列表：如果图形区在拉伸之前已经创建了其他实体，则可以在进行拉伸的同时，与这些实体进行布尔操作，包括 Add Material（加材料）、Cut Material（减材料）、Imprint Faces（印贴面）、Slice Material（材料分割）和 Add Frozen（增加冻结）。
- Direction 下拉列表：定义拉伸方向的类型，各选项说明如下。
  - Normal 选项：系统默认的拉伸方向。
  - Reversed 选项：与系统默认的拉伸方向相反。
  - Both - Symmetric 选项：用于在拉伸截面两侧进行对称拉伸。
  - Both - Asymmetric 选项：用于在拉伸截面两侧进行非对称拉伸。

## 2. 创建其他几何特征

### 任务 01 添加加材料拉伸特征

在创建零件的基本特征后，可以增加其他特征。接前面的模型，现在要添加图 3.3.17 所示的加材料拉伸特征 1，操作步骤如下：

图 3.3.17 添加材料拉伸特征 1

步骤 01 创建草图 2。

（1）定义草图平面并选取草图命令。在“草图绘制”工具条的 XYPlane 下拉列表中选择 XYPlane 平面为草图平面，单击工具条中的“New Sketch”按钮，在选项卡区域打开 Sketching 选项卡进入草图绘制模式。

（2）绘制图 3.3.18 所示的截面草图。

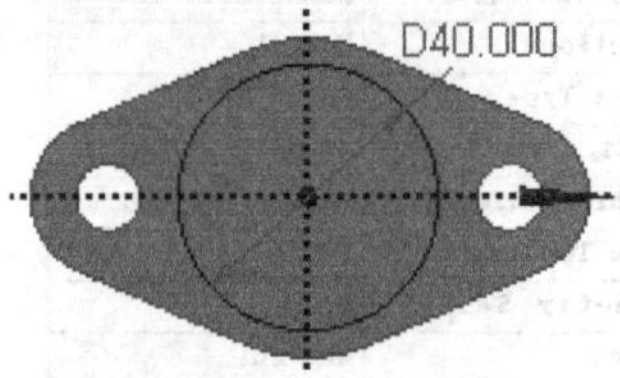


图 3.3.18 截面草图 2

（3）完成草图绘制，打开 Modeling 选项卡，退出草图绘制模式。

说明 前面绘制的草图 1 和现在绘制的草图 2 都是在 XY 平面上绘制的，默认情况下都是可见的，为看便于查看，在“Tree Outline”窗口中选择 Sketch1 并右击，在弹出的快捷菜单中选择 Hide Sketch 命令，将截面草图 1 隐藏。

步骤 02 创建加材料拉伸特征（一）。

（1）选择命令。选择 Create → Extrude 命令，弹出“Details View”对话框。

（2）定义拉伸截面。选取草图 2 为截面，在“Details View”对话框的 Geometry 文本框中单击 Apply 按钮确认。

说明 一般情况下，当图形区中只有一个草图时，系统默认以这个草图为拉伸截面进行拉伸操作，当图形区存在多个草图时，特别是同时对前面草图进行过一些操作（如隐藏操作）后，系统会以这些草图为拉伸截面，所以此处需要特别定义正确的草图作为拉伸截面进行拉伸。

（3）定义拉伸属性。在“Details View”对话框的 Operation 下拉列表中选择 Add Material 选项，采用系统默认的加材料。

（4）定义拉伸深度方向。采用系统默认的拉伸方向。

（5）定义拉伸深度值。在 FD1, Depth (>0) 文本框中输入数值 50。

步骤 03 单击 Generate 按钮，完成特征的创建。

步骤 04 添加图 3.3.19 所示的加材料拉伸特征 2。

（1）绘制草图 3。在“草图绘制”工具条的 XYPlane 下

图 3.3.19 添加材料拉伸特征 2

拉列表中选择 ZXPlane 平面作为草图平面，单击“New Sketch”按钮，绘制图 3.3.20 所示的截面草图 3。

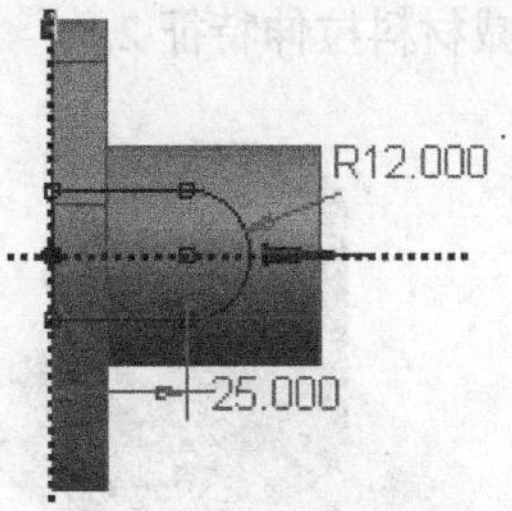


图 3.3.20 截面草图 3

（2）选择 Create → Extrude 命令，选取草图 3 为截面，在 Operation 下拉列表中选择 Add Material 选项，采用系统默认的拉伸方向；在 FD1, Depth (>0) 文本框中输入数值 25；单击 Generate 按钮，完成特征的创建。

任务 02 添加减材料拉伸特征

减材料拉伸特征的创建方法与加材料拉伸特征基本一致，只不过加材料拉伸是增加实体，而减材料拉伸则是减去实体。现在要添加图 3.3.21 所示的减材料拉伸特征 1，其操作步骤如下。

图 3.3.21 添加减材料拉伸特征 1

步骤 01 添加图 3.3.21 所示的减材料拉伸特征 1。

（1）绘制草图 4。在“草图绘制”工具条的 XYPlane 下拉列表中选择 XYPlane 平面为草图平面，单击“New Sketch”按钮，绘制图 3.3.22 所示的截面草图。

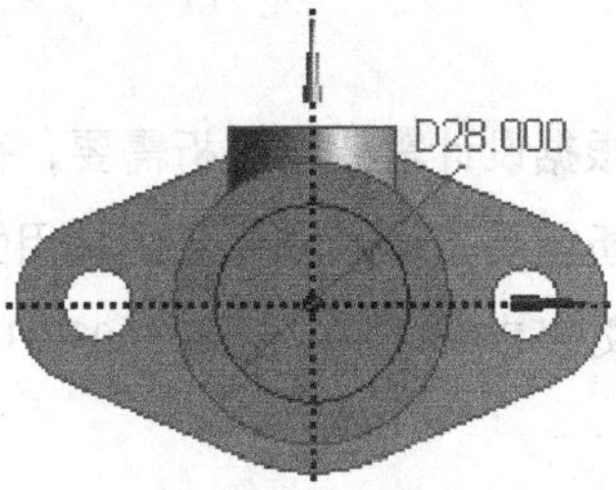


图 3.3.22 截面草图 4

（2）创建拉伸特征。选择下拉菜单 Create → Extrude 命令，选取草图 4 为截面，在

Operation下拉列表中选择Cut Material选项，采用系统默认的拉伸方向；在“Details View”对话框的Extent Type下拉列表中选择Through All选项，单击Generate按钮，完成特征的创建。

步骤 02 添加图 3.3.23 所示的减材料拉伸特征 2。

图 3.3.23 添加减材料拉伸特征 2

（1）绘制草图 5。在“草图绘制”工具条的XYPlane下拉列表中选择 ZXPlane 平面为草图平面，单击“New Sketch”按钮，绘制图 3.3.24 所示的截面草图。

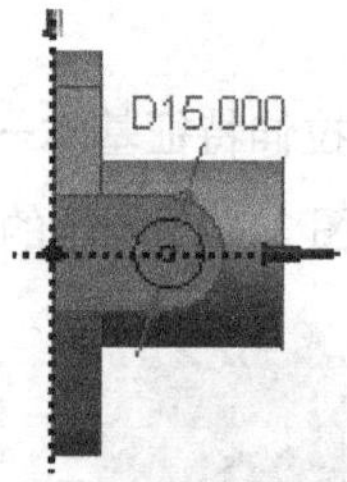


图 3.3.24 截面草图 5

（2）创建拉伸特征。选择Create → Extrude命令，选取草图 5 为截面，在Operation下拉列表中选择Cut Material选项，采用系统默认的拉伸方向；在“Details View”对话框的Extent Type下拉列表中选择Through All选项，单击Generate按钮，完成特征的创建。

步骤 03 选择File → Save Project命令，在弹出的“另存为”对话框的文件名(N):文本框中输入 link_base，单击保存(S)按钮保存模型文件。

## 3.3.3 特征操作与编辑

完成三维实体模型的创建后，根据设计需要或分析需要，往往需要对模型中的特征进行各种操作或编辑，使其满足设计与分析需要，下面具体介绍常用的特征操作与编辑的操作过程。学习本小节的内容时，读者可打开文件 D:\an15.01\work\ch03.03.03\feature.wbpj 进行练习。

### 1. 特征的抑制与取消抑制

步骤 01 抑制特征。抑制特征就是将某一特征从几何体中暂时隐藏起来，特征一旦抑制，在几何体中是不可见的，也不参与到分析计算中。在“Tree Outline”窗口中选中Extrude3并右击，弹出图 3.3.25 所示的快捷菜单，在快捷菜单中选择 Suppress 命令，系统将拉伸特征 3 抑制，结果如图 3.3.26 所示。

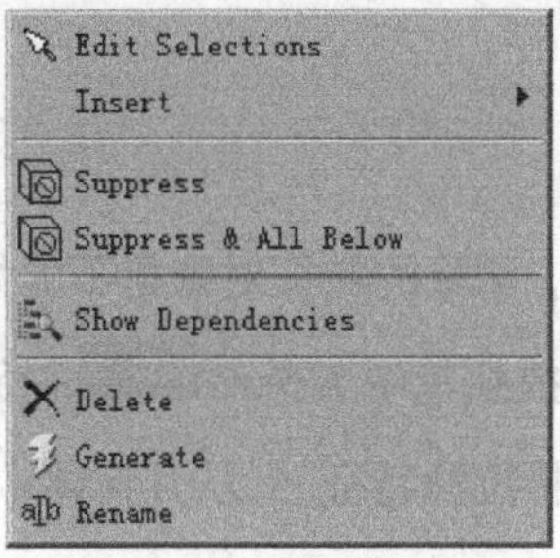


图 3.3.25 快捷菜单

图 3.3.26 特征的抑制

步骤 02 取消抑制特征。取消抑制特征就是将之前抑制的特征恢复过来，使其重新在几何体中可见，并参与到分析计算中。在“Tree Outline”窗口中选中× Extrude3 并右击，弹出图 3.3.27 所示的快捷菜单，在快捷菜单中选择 Unsuppress 命令，将之前抑制的拉伸特征 3 恢复，结果如图 3.3.28 所示。

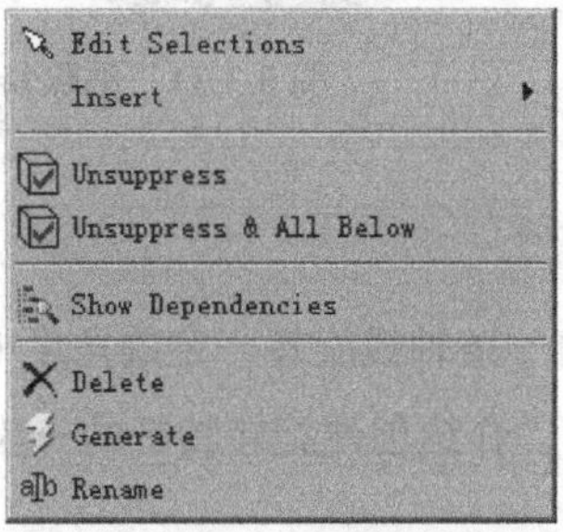


图 3.3.27 快捷菜单

图 3.3.28 恢复特征

## 2. 多步抑制与多步取消抑制

步骤 01 多步抑制。多步抑制就是将某一特征后面创建的所有特征从几何体中暂时隐藏起来，在“Tree Outline”窗口中选中✓ Extrude2 并右击，在弹出的快捷菜单中选择 Suppress & All Below 命令，系统将拉伸特征 2 后面的所有特征抑制，结果如图 3.3.29 所示。

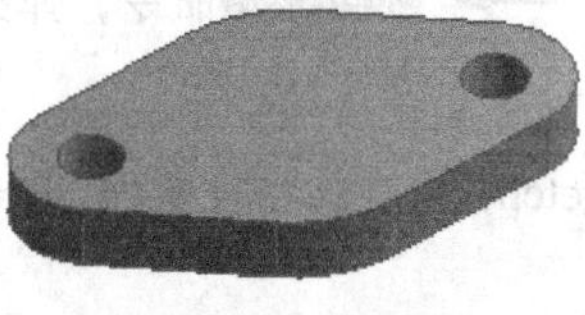

图 3.3.29 多步抑制

步骤 02 取消多步抑制。取消多步抑制就是将抑制的多步特征恢复，在“Tree Outline”窗口中选中× Extrude2 并右击，在弹出的快捷菜单中选择 Unsuppress & All Below 命令，将拉伸特征 2 后面的所有抑制特征恢复。

### 3. 删除特征

使用删除特征命令可以将模型中的某一特征删除，删除的特征对象是不能恢复的。在“Tree Outline”窗口中选中✓ Extrude5 并右击，在弹出的快捷菜单中选择 Delete 命令，弹出图 3.3.30 所示的“提示”对话框，单击 是(Y) 按钮，即可将拉伸特征 5 从几何体中删除，结果如图 3.3.31 所示。

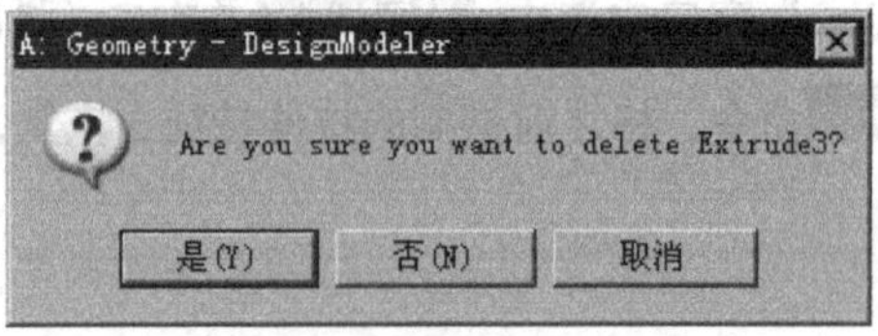


图 3.3.30 “提示”对话框

图 3.3.31 删除特征

## 3.3.4 旋转

旋转（Revolve）特征是将一个二维截面草图绕着一条轴线旋转一定的角度（默认为 360°）而形成的特征。下面以图 3.3.32 所示的旋转特征为例，介绍创建旋转特征的一般过程。

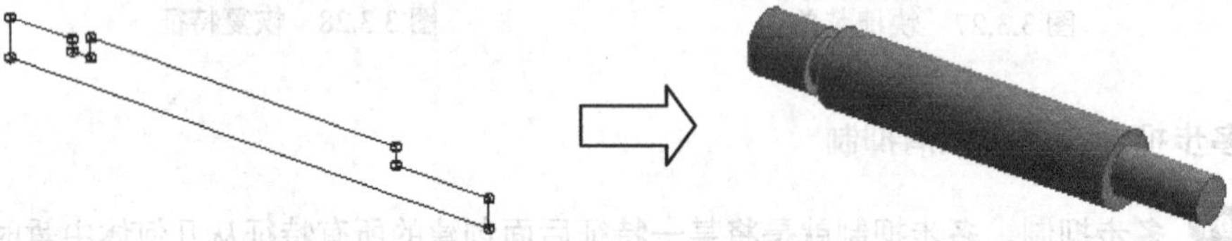

b）旋转截面　　b）旋转特征

图 3.3.32 创建旋转特征

步骤 01 打开文件 D: \an15.01\work\ch03.03.04\revolve.wbpj。

步骤 02 选择命令。选择 Create → Revolve 命令，弹出图 3.3.33 所示的“Details View”对话框。

步骤 03 定义旋转截面。选取 Sketch1 为旋转特征截面，单击 Geometry 文本框中的 Apply 按钮确认选取。

步骤 04 定义旋转轴。单击对话框中 Axis 后的文本框，在图形区选取图 3.3.34 所示的直线为旋转轴，单击Axis文本框后的Apply按钮，完成旋转轴的定义。

步骤 05 定义旋转角度。采用系统默认的 360° 为旋转角度。

步骤 06 单击Generate按钮，完成旋转特征的创建。

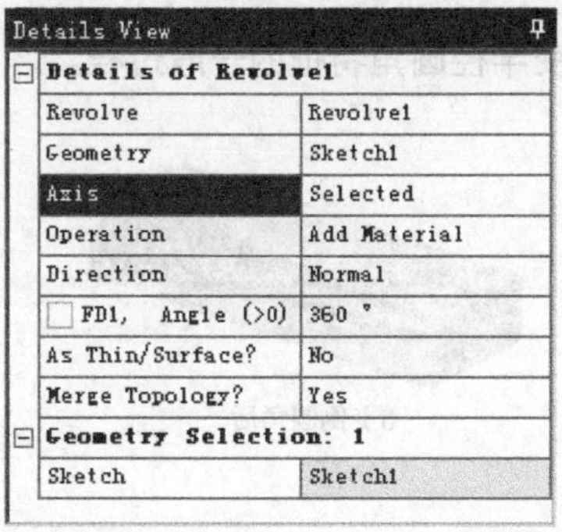
Details View

| Details of Revolve1 | |
|---|---|
| Revolve | Revolve1 |
| Geometry | Sketch1 |
| Axis | Selected |
| Operation | Add Material |
| Direction | Normal |
| FD1, Angle (>0) | 360 ° |
| As Thin/Surface? | No |
| Merge Topology? | Yes |
| Geometry Selection: 1 | |
| Sketch | Sketch1 |

图 3.3.33 “Details View”对话框

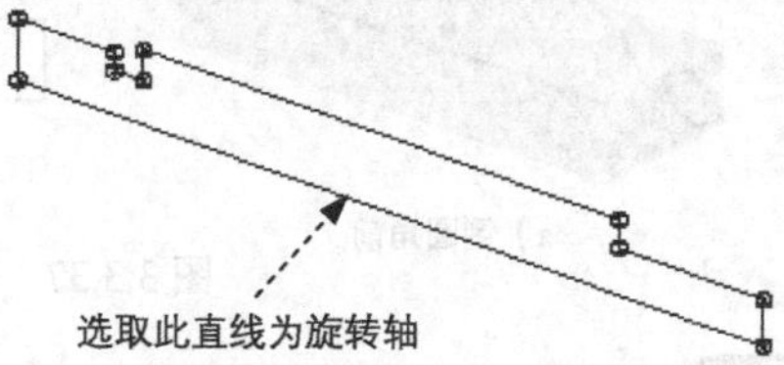


图 3.2.34 选取旋转轴

## 3.3.5 圆角

在 DM 中包括三种方式的圆角：固定半径圆角、可变半径圆角和顶点圆角，下面具体介绍这三种圆角的创建方法。

### 1. 固定半径圆角

下面以图 3.3.35 所示的模型为例，说明创建固定半径圆角的一般过程。

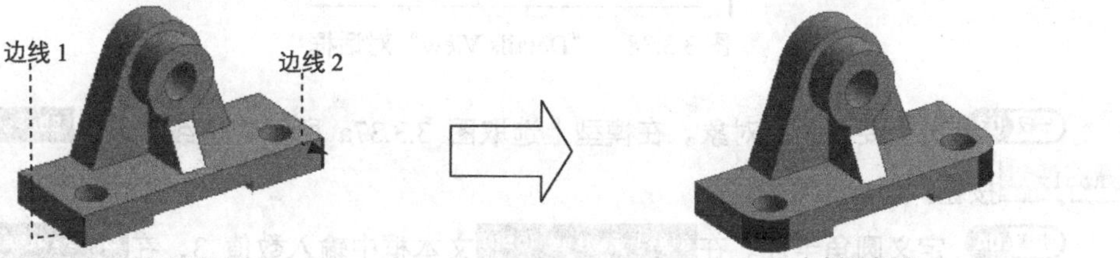


a）倒圆角前 b）倒圆角后

图 3.3.35 固定半径圆角

步骤 01 打开文件 D: \an15.01\work\ch03.03.05\blend_01.wbpj。

步骤 02 选择命令。选择Create → Fixed Radius Blend命令，弹出图 3.3.36 所示的“Details View”对话框。

步骤 03 定义要圆角的对象。按住 Ctrl 键，选取图 3.3.35a 所示的边线 1 和边线 2 为要圆角的对象，单击Geometry文本框中的Apply按钮。

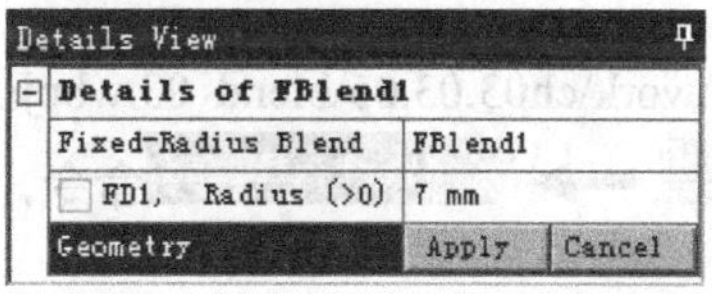
Details View

| Details of FBlend1 | | |
|---|---|---|
| Fixed-Radius Blend | FBlend1 | |
| FD1, Radius (>0) | 7 mm | |
| Geometry | Apply | Cancel |

图 3.3.36 “Details View”对话框

步骤 04 定义圆角半径。在 FD1, Radius (>0) 文本框中输入数值 7。

步骤 05 单击 Generate 按钮，完成特征的创建。

### 2. 可变半径圆角

下面以图 3..3.37 所示的简单模型为例，说明创建可变半径圆角特征的一般过程。

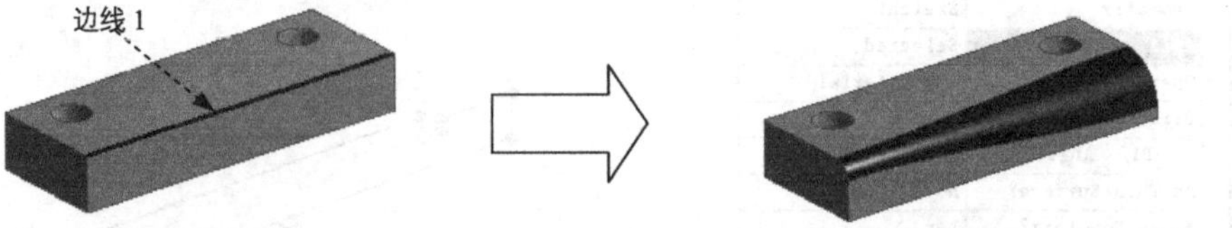


a）倒圆角前　　b）倒圆角后

图 3.3.37　可变半径圆角

步骤 01 打开文件 D: \an15.01\work\ch03.03.05\blend_02.wbpj。

步骤 02 选择命令。选择 Create → Variable Radius Blend 命令，弹出图 3.3.38 所示的“Details of View”对话框。

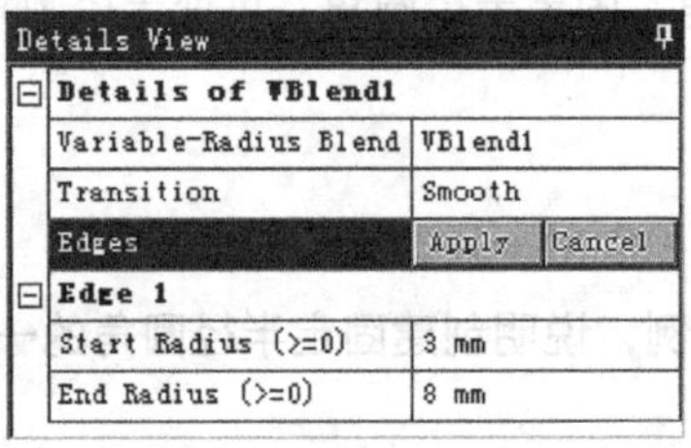


图 3.3.38　“Details View”对话框

步骤 03 选择要圆角的对象。在模型上选取图 3.3.37a 所示的边线，单击 Edges 文本框中的 Apply 按钮。

步骤 04 定义圆角半径。在 Start Radius (>=0) 文本框中输入数值 3，在 End Radius (>=0) 文本框中输入数值 8。

步骤 05 单击 Generate 按钮，完成特征的创建。

### 3. 顶点圆角

顶点圆角主要用于对曲面体和线体进行倒圆，其中，顶点必须属于曲面体或线体，必须与两条边相交，顶点周围的几何体必须是平面的。下面以图 3..3.39 所示的简单模型为例，说明创建顶点圆角特征的一般过程。

步骤 01 打开文件 D: \an15.01\work\ch03.03.05\blend_03.wbpj。

步骤 02 选择命令。选择 Create → Vertex Blend 命令，弹出图 3.3.40 所示的“Details View”对话框。

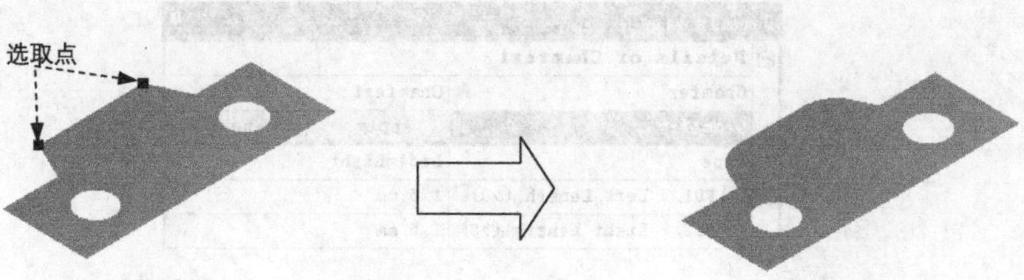


a）倒圆角前　　b）倒圆角后

图 3.3.39　顶点圆角

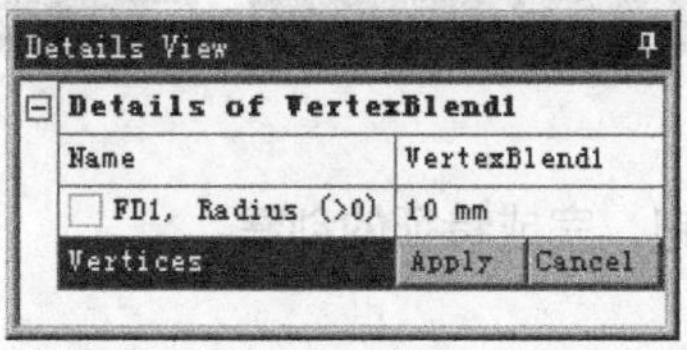


图 3.3.40　"Details View" 对话框

步骤 03　选择要圆角的对象。按住 Ctrl 键，在模型上选取图 3.3.39a 所示的两点为对象，单击 Vertices 文本框中的 Apply 按钮。

步骤 04　定义圆角半径。在 FD1, Radius (>0) 文本框中输入数值 10。

步骤 05　单击 Generate 按钮，完成特征的创建。

## 3.3.6　倒斜角

下面以图 3.3.41 所示的模型为例，介绍倒斜角的一般创建过程。

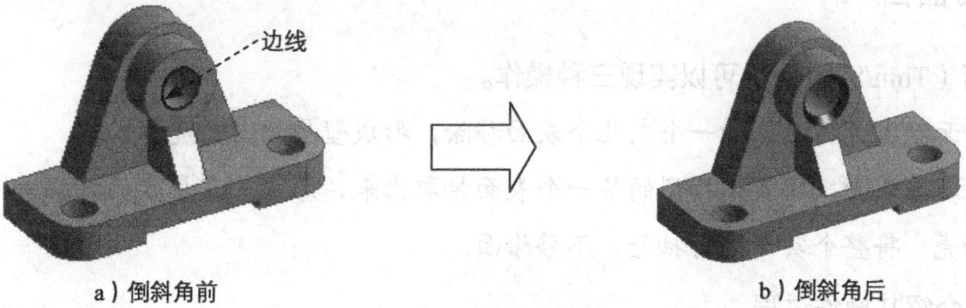


a）倒斜角前　　b）倒斜角后

图 3.3.41　倒斜角特征

步骤 01　打开文件 D: \an15.01\work\ch03.03.06\chamfer.wbpj。

步骤 02　选择命令。选择 Create → Chamfer 命令，弹出图 3.3.42 所示的"Details View"对话框。

步骤 03　选择要倒角的对象。选取图 3.3.41a 所示的模型边线为要倒斜角的对象。

步骤 04　定义倒斜角参数。

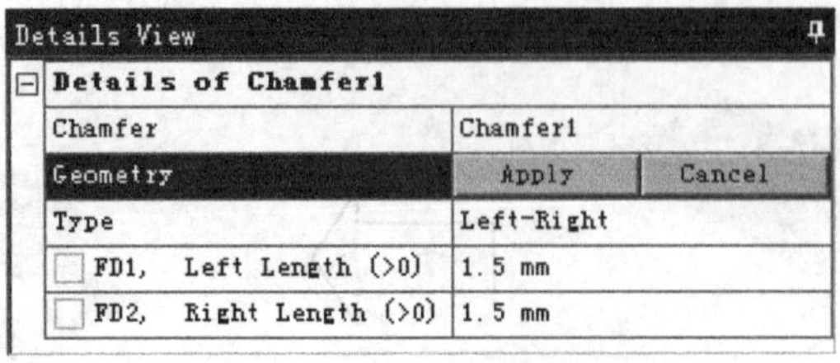


图 3.3.42 “Details View”对话框

（1）定义倒斜角模式。在Type下拉列表中选择Left-Right选项。

（2）定义倒斜角尺寸。在FD1, Left Length (>0)和FD2, Right Length (>0)文本框中均输入数值 1.5。

步骤 05 单击Generate按钮，完成特征的创建。

说明

图 3.3.42 所示的“Details View”对话框的Type下拉列表，用于定义倒斜角的表示方法，模式中有三种类型。

- Left-Right选项：创建的倒斜角沿两个邻接曲面距选定边的距离。
- Left-Angle选项：创建的倒斜角沿左邻接曲面距选定边的距离，并且与该面指定一角度。
- Right-Angle选项：创建的倒斜角沿右邻接曲面距选定边的距离，并且与该面指定一角度。

## 3.3.7 抽壳/曲面

抽壳/曲面（Thin/Surface）可以实现三种操作。

- 移除面抽壳。将实体的一个或几个表面移除，形成壁厚均匀的壳体。
- 提取实体表面。将实体模型的某一个表面抽取出来，形成一定厚度的特征。
- 体抽壳。将整个实体进行抽壳，不移除面。

下面分别介绍其操作过程。

### 1. 抽壳

下面以图 3.3.43 所示的模型为例，说明抽壳操作的一般过程。

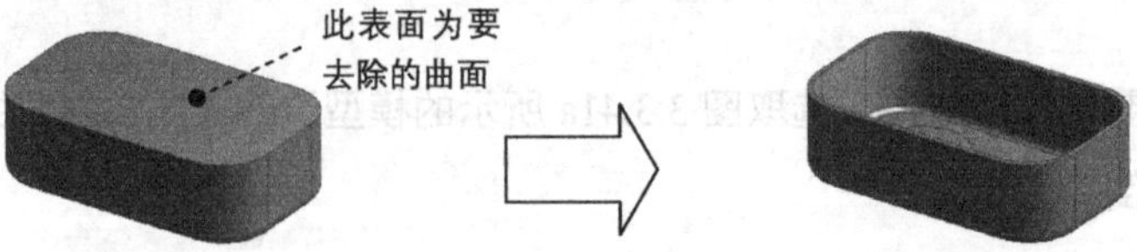


a）抽壳前　　b）抽壳后

图 3.3.43 抽壳特征

步骤 01 打开文件 D: \an15.01\work\ch03.03.07\thin_surface_01.wbpj。

步骤 02 选择命令。选择 Create → Thin/Surface 命令，弹出图 3.3.44 所示的“Details Vlew”对话框。

步骤 03 定义抽取类型。在 Selection Type 下拉列表中选择 Faces to Remove 选项。

步骤 04 选取要移除的面。在对话框中的 Geometry 文本框后单击，选取图 3.3.43a 所示的模型表面为要移除的面，单击 Apply 按钮确认。

步骤 05 定义抽壳厚度。在对话框的 FD1, Thickness (>=0) 文本框中输入数值 0.5。

步骤 06 单击 Generate 按钮，完成特征的创建。

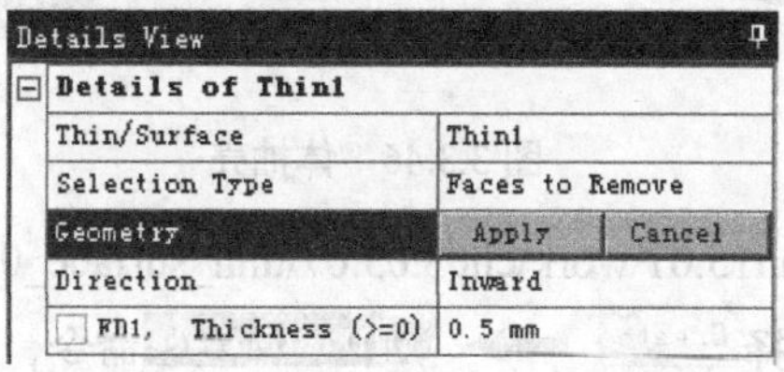


图 3.3.44 “Details View”对话框

说明

图 3.3.44 所示的“Details of Thin1”对话框的 Direction 下拉列表用于定义厚度方向，模式中有三种类型。

- Inward 选项：向内加厚。
- Outward 选项：向外加厚。
- Mid-Plane 选项：向两侧对称加厚。

## 2. 抽取面

下面以图 3.3.45 所示的模型为例，说明抽取面操作的一般过程。

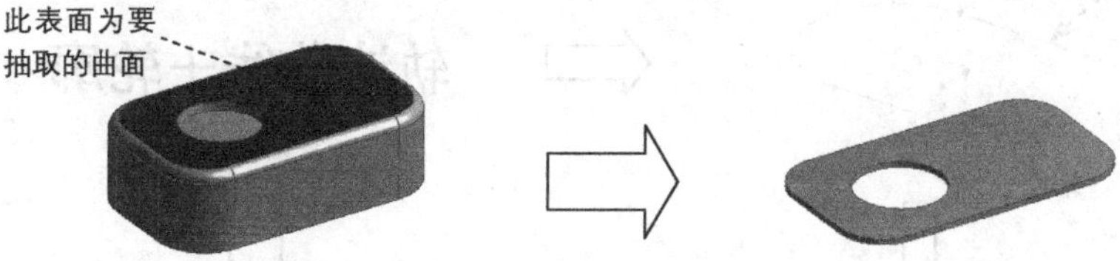


a）抽取前　　b）抽取后

图 3.3.45 创建抽取面

步骤 01 打开文件 D: \an15.01\work\ch03.03.07\thin_surface_02.wbpj。

步骤 02 选择命令。选择 Create → Thin/Surface 命令，弹出“Details View”对话框。

步骤 03 定义抽取类型。在 Selection Type 下拉列表中选择 Faces to Keep 选项。

步骤 04 定义要保留的对象。在对话框中的 Geometry 文本框后单击，选取图 3.3.45a 所示的模型表面为要保留的面，单击 Apply 按钮确认。

步骤 05 定义厚度。在对话框的 FD1, Thickness (>=0) 文本框中输入数值 0.5。

步骤 06 单击 Generate 按钮，完成特征的创建。

### 3. 体抽壳

下面以图 3.3.46 所示的模型为例，说明体抽壳操作的一般过程。

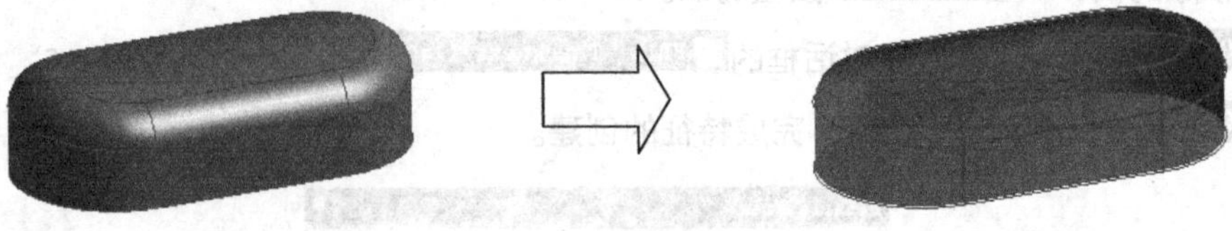

a）抽壳前　　b）抽壳后

图 3.3.46　体抽壳

步骤 01 打开文件 D: \an15.01\work\ch03.03.07\thin_surface_03.wbpj。

步骤 02 选择命令。选择 Create → Thin/Surface 命令，弹出“Details View”对话框。

步骤 03 定义抽取类型。在 Selection Type 下拉列表中选择 Bodies Only 选项。

步骤 04 定义对象。在对话框中的 Geometry 文本框后单击，选取整个模型为对象，单击 Apply 按钮确认。

步骤 05 定义厚度。在对话框的 FD1, Thickness (>=0) 文本框中输入数值 1.0。

步骤 06 单击 Generate 按钮，完成特征的创建。

## 3.3.8　扫描

扫描特征是将一个轮廓沿着给定的轨迹曲线“扫掠”而生成的，如图 3.3.47 所示。要创建或重新定义一个扫描特征，必须给定两个要素（轨迹曲线和轮廓）。

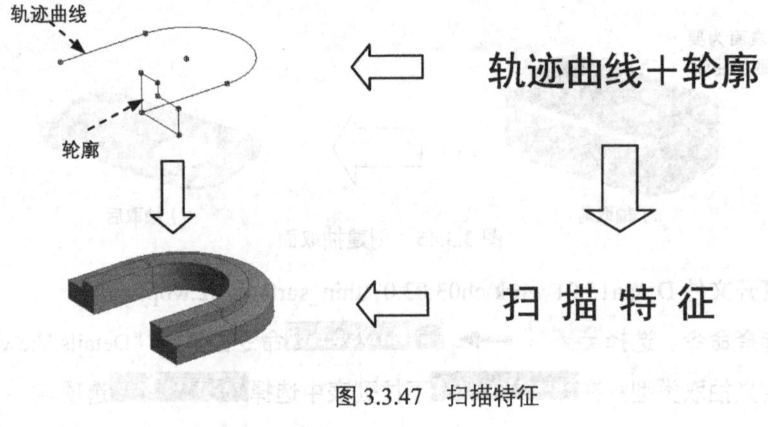


图 3.3.47　扫描特征

下面以图 3.3.47 所示的模型为例，说明创建扫描特征的一般过程。

步骤 01 打开文件 D: \an15.01\work\ch03.03.08\sweep.wbpj。

步骤 02 选择命令。选择 Create → Sweep 命令，弹出图 3.3.48 所示的“Details View”对话框。

| Details View | |
|---|---|
| **Details of Sweep1** | |
| Sweep | Sweep1 |
| Profile | Apply Cancel |
| Path | Sketch1 |
| Operation | Add Material |
| Alignment | Path Tangent |
| FD4, Scale (>0) | 1 |
| Twist Specification | No Twist |
| As Thin/Surface? | No |
| Merge Topology? | No |
| **Profile: 1** | |
| Sketch | Sketch2 |

图 3.3.48 “Details View”对话框

步骤 03 选择轨迹曲线和轮廓。选取 Sketch2 为轮廓，单击 Apply 按钮确认；单击以激活 Path 后的文本框，选取 Sketch1 为轨迹曲线，单击 Apply 按钮确认。

步骤 04 单击 Generate 按钮，完成特征的创建。

## 3.3.9 混合

将一组不同的截面沿其边线用过渡曲面连接，形成一个连续的特征，就是混合特征。混合特征至少需要两个截面。图 3.3.49 所示的混合特征是由两个截面混合而成的。注意：这两个截面是在不同的草绘平面上绘制的。

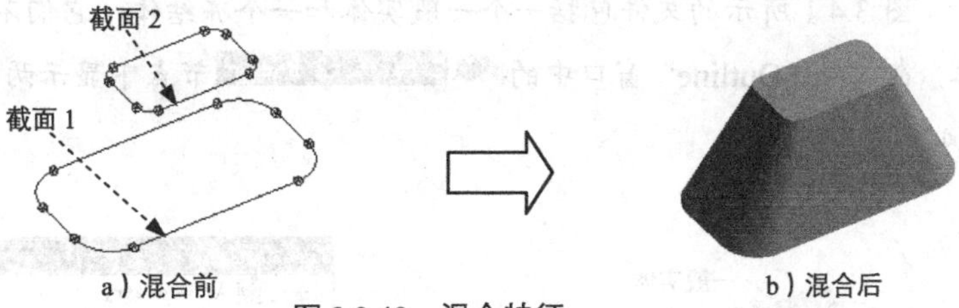


图 3.3.49 混合特征

下面以图 3.3.49 所示的模型为例，说明创建混合特征的一般过程。

步骤 01 打开文件 D:\an15.01\work\ch03.03.09\skin_loft.wbpj。

步骤 02 选择命令。选择 Create → Skin/Loft 命令，弹出图 3.3.50 所示的“Details View”对话框。

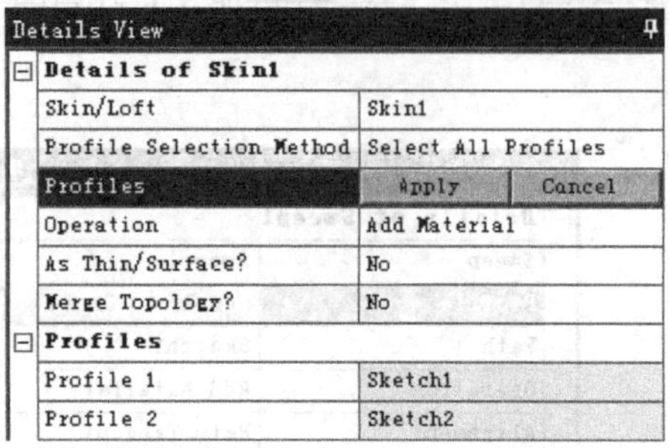


图 3.3.50 “Details View”对话框

步骤 03 选择截面轮廓。在系统提示下，按住 Ctrl 键，选取 Sketch1 和 Sketch2 作为混合特征的截面轮廓，并在 Profiles 后单击 Apply 按钮确认。

步骤 04 单击 Generate 按钮，完成特征的创建。

## 3.4 三维实体操作

### 3.4.1 冻结与解冻

使用冻结工具可以将某个体对象冻结，冻结后的体与其他实体之间互相独立，不能进行常规的加材料与减材料操作，但可以进行布尔运算与体操作；使用解冻工具可以将冻结体解冻，一旦解冻，该解冻体会与之前的非解冻体“合并”成一个整体。下面具体介绍冻结与解冻的相关操作。

步骤 01 打开文件 D:\an15.01\work\ch03.04.01\freeze_unfreeze.wbpj。如图 3.4.1 所示。

> **说明** 图 3.4.1 所示的文件包括一个一般实体和一个冻结体，它们不属于同一类实体，在“Tree Outline”窗口中的 2 Parts, 2 Bodies 节点下显示两个“Solid”（图 3.4.2）。

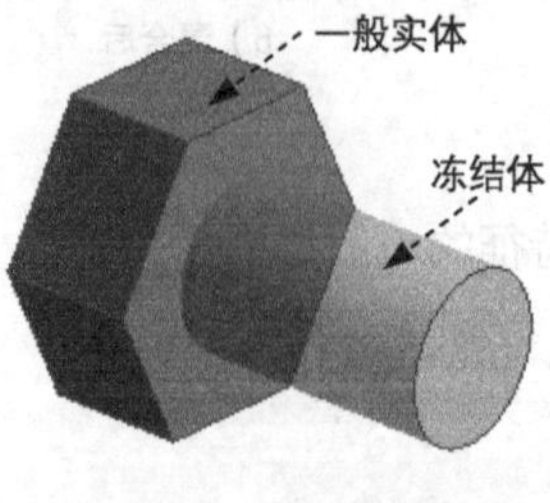


图 3.4.1 所打开的文件

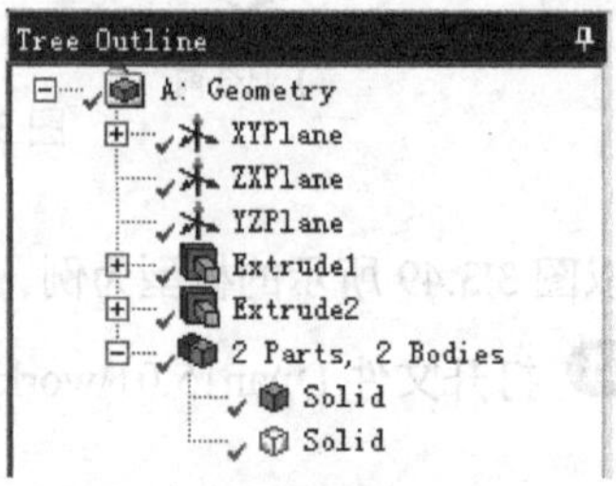


图 3.4.2 “Tree Outline”窗口

步骤 02 创建冻结体。选择 Tools → Freeze 命令，弹出图 3.4.3 所示的 “Details View” 对话框，系统自动将模型中的一般实体冻结，结果如图 3.4.4 所示。

说明 使用冻结工具，系统将图形区中所有实体冻结，在 “Tree Outline” 窗口中的 2 Parts, 2 Bodies 节点下显示两个冻结 “Solid”。

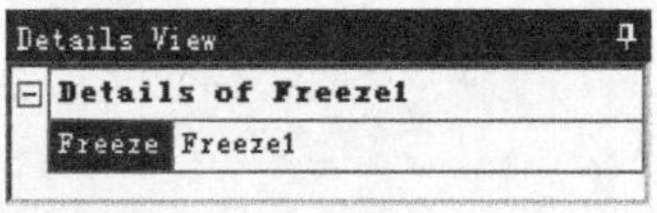

图 3.4.3 “Details View” 对话框

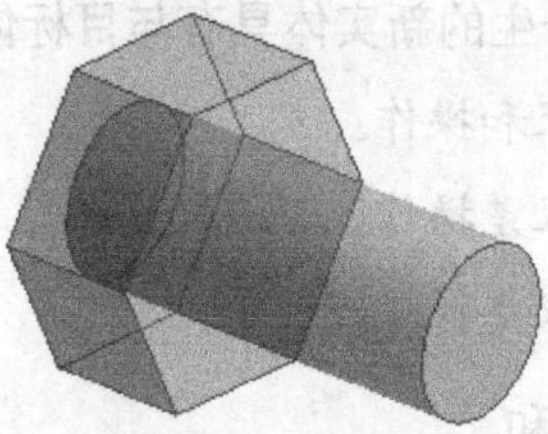
图 3.4.4 创建冻结

步骤 03 创建解冻。选择 Tools → Unfreeze 命令，弹出图 3.4.5 所示的 “Details View” 对话框，在图形区选取圆柱体为解冻对象，单击 Apply 按钮，单击 Generate 按钮，完成对圆柱体的解冻，结果如图 3.4.6 所示。

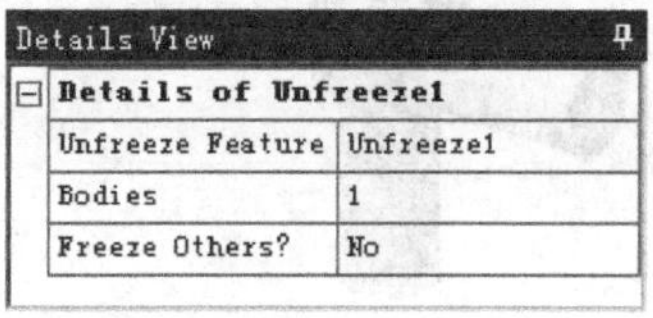

图 3.4.5 “Details View” 对话框

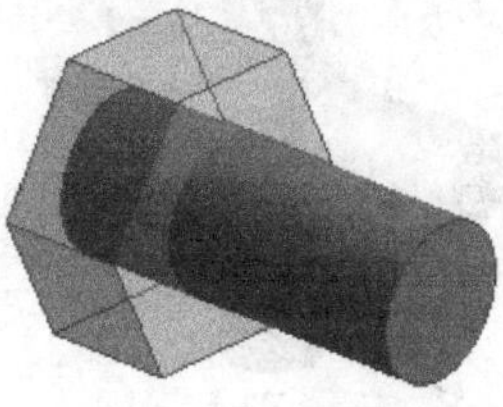
图 3.4.6 创建解冻

说明 如果此处在解冻过程中同时选中正六面体和圆柱体两个实体为对象，系统将对两个实体解冻（图 3.4.7），解冻完成后，在 “Tree Outline” 窗口中的 2 Parts, 2 Bodies 节点下只显示一个 “Solid”（图 3.4.8）。

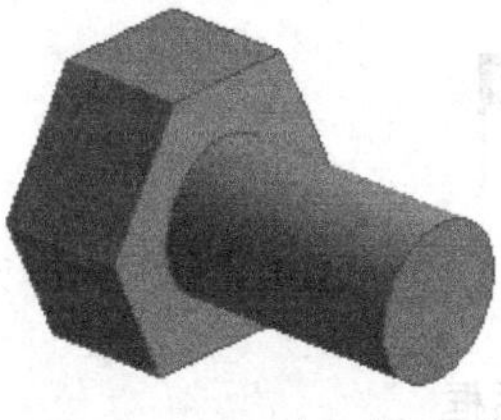
图 3.4.7 解冻全部实体

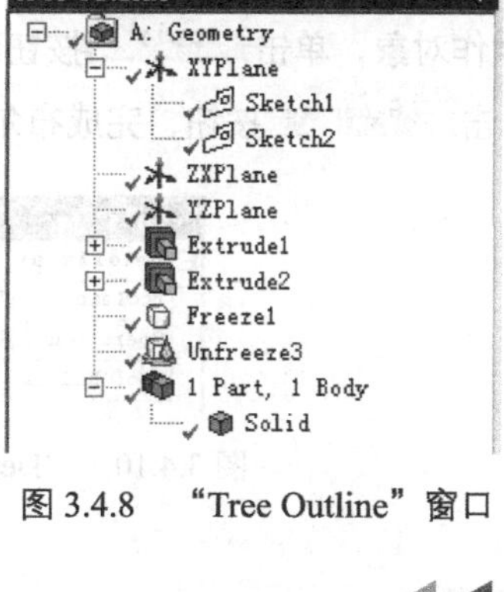

图 3.4.8 “Tree Outline” 窗口

## 3.4.2 布尔操作

布尔操作可以对两个或两个以上独立实体（包括冻结体）进行求和、求差、求交及印贴运算，可以将多个独立的实体进行运算以产生新的实体。进行布尔运算时，首先选择目标体（即被执行布尔运算的实体，只能选择一个），然后选择工具体（即在目标体上执行操作的实体，可以选择多个），运算完成后工具体成为目标体的一部分。如果目标体和工具体具有不同的颜色、线型等属性，产生的新实体具有与目标体相同的属性。布尔操作主要包括以下几部分内容。

◆ 布尔求和操作。

◆ 布尔求差操作。

◆ 布尔求交操作。

### 1. 布尔求和

布尔求和操作用于将工具体和目标体合并成一体。下面以图 3.4.9 所示的模型为例来介绍布尔求和操作的一般过程。

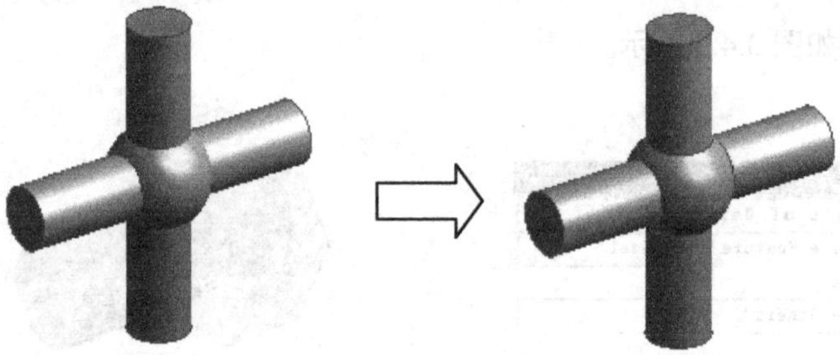

（a）求和前　　（b）求和后

图 3.4.9　布尔求和操作

步骤 01 打开文件 D:\an15.01\work\ch03.04.02\unite.wbpj。

步骤 02 选择命令。选择 Create → Boolean 命令，弹出图 3.4.10 所示的“Details View”对话框。

步骤 03 定义布尔运算类型。在 Operation 下拉列表中选择 Unite 选项。

步骤 04 选取布尔操作对象。单击以激活 Tool Bodies 后的文本框，按住 Ctrl 键，选取球体和两个圆柱体为操作对象，单击 Apply 按钮确认。

步骤 05 单击 Generate 按钮，完成布尔求和操作，结果如图 3.4.9b 所示。

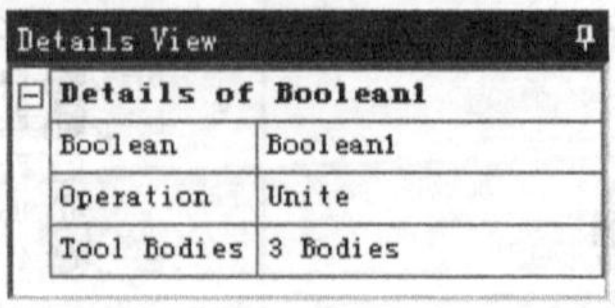

Details View

| Details of Boolean1 | |
|---|---|
| Boolean | Boolean1 |
| Operation | Unite |
| Tool Bodies | 3 Bodies |

图 3.4.10　“Details View”对话框

### 2. 布尔求差

布尔求差操作用于将工具体从目标体中移除。下面以图 3.4.11 所示的模型为例来介绍布尔求差操作的一般过程。

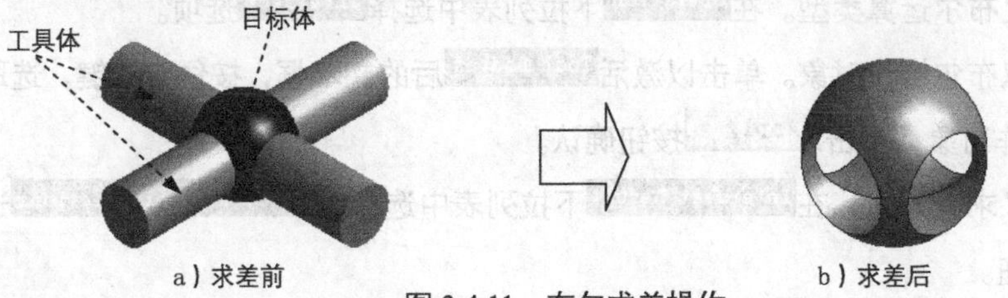


图 3.4.11　布尔求差操作

步骤 01 打开文件 D:\an15.01\work\ch03.04.02\subtract.wbpj。

步骤 02 选择命令。选择 Create → Boolean 命令，弹出图 3.4.12 所示的“Details View”对话框。

Details View

| Details of Boolean2 | |
|---|---|
| Boolean | Boolean2 |
| Operation | Subtract |
| Target Bodies | 1 Body |
| Tool Bodies | 2 Bodies |
| Preserve Tool Bodies? | No |

图 3.4.12 “Details View”对话框

步骤 03 定义布尔运算类型。在 Operation 下拉列表中选择 Subtract 选项。

步骤 04 定义目标体。单击以激活 Target Bodies 后的文本框，选取球体为目标体，单击 Apply 按钮确认。

步骤 05 定义工具体。单击以激活 Tool Bodies 后的文本框，按住 Ctrl 键，选取两个圆柱体为工具体，单击 Apply 按钮确认。

步骤 06 单击 Generate 按钮，完成布尔求差操作，结果如图 3.4.11b 所示。

### 3. 布尔求交

布尔求交操作用于创建包含两个不同实体的共有部分。进行布尔求交运算时，工具体与目标体必须相交。下面以图 3.4.13 所示的模型为例来介绍布尔求交操作的一般过程。

图 3.4.13　布尔求交操作

步骤 01 打开文件 D:\an15.01\work\ch03.04.02\intersect.wbpj。

步骤 02 选择命令。选择 Create → Boolean 命令，弹出图 3.4.14 所示的“Details View”对话框。

步骤 03 定义布尔运算类型。在 Operation 下拉列表中选择 Intersect 选项。

步骤 04 选取布尔操作对象。单击以激活 Tool Bodies 后的文本框，按住 Ctrl 键，选取球体和两个圆柱体为操作对象，单击 Apply 按钮确认。

步骤 05 定义求交方式。在 Intersect Result 下拉列表中选择 Union of All Intersections 选项，单击 Generate 按钮。

步骤 06 创建解冻。选择 Tools → Unfreeze 命令，在图形区选取整个实体为解冻对象，单击 Apply 按钮确认，单击 Generate 按钮，完成对布尔求交结果的解冻，结果如图 3.4.13b 所示。

图 3.4.14 所示的“Details View”对话框中部分选项说明如下。

◆ Intersect Result 下拉列表：用于设置求交结果模式，主要包括以下两种结果

- Intersection of All Bodies 选项：选中该选项，系统对所有体进行求交后再将求交结果进行求交作为最终的求交结果。本例中如果选择该选项，最终求交结果如图 3.4.15 所示。
- Union of All Intersections 选项：选中该选项，系统对所有体进行求交后再将求交结果合并作为最终求交结果。

Details View

| Details of Boolean1 | |
|---|---|
| Boolean | Boolean1 |
| Operation | Intersect |
| Tool Bodies | 3 Bodies |
| Preserve Tool Bodies? | No |
| Intersect Result | Union of All Intersections |

图 3.4.14 “Details View”对话框

图 3.4.15 求交结果

## 3.4.3 体操作

使用体操作工具，可以对实体对象进行多种变换操作，包括镜像、移动、删除、缩放、缝合、简化、平移变换、旋转变换、切除材料、印贴面和分割材料等。下面具体介绍其中比较常用的一些体操作。

需要注意的是，在进行体操作后，系统将所有体进行合并。

### 1. 镜像体操作

使用镜像体操作可以将选定的体对象沿着某一平面镜像，得到一镜像体。需要注意的是，镜像前各个体是互相独立的，镜像操作后，所有体合并成一个体。下面以图 3.4.16 所示的模型为例，介绍镜像操作的一般过程。

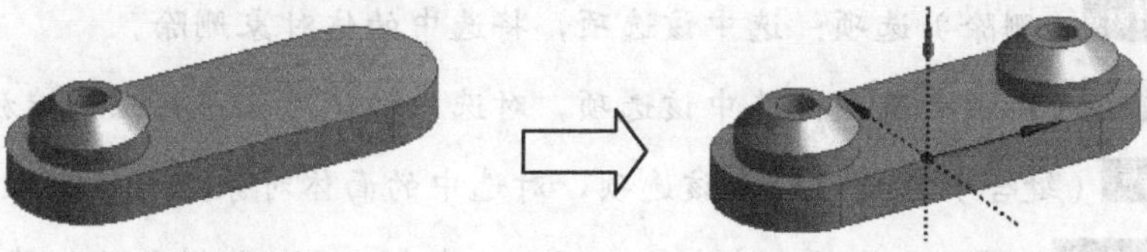

（a）镜像前　　（b）镜像后

图 3.4.16　镜像体操作

步骤 01 打开文件 D:\an15.01\work\ch03.04.03\mirror.wbpj。

步骤 02 选择命令。选择 Create → Body Operation 命令，弹出图 3.4.17 所示的 “Details View” 对话框。

Details View

| Details of BodyOp1 | |
| --- | --- |
| Body Operation | BodyOp1 |
| Type | Mirror |
| Bodies | 1 |
| Preserve Bodies? | Yes |
| Mirror Plane | YZPlane |

图 3.4.17　“Details View” 对话框

步骤 03 定义体操作类型。在 Type 下拉列表中选择 Mirror 选项。

步骤 04 选取操作对象。单击以激活 Bodies 后的文本框，选取图 3.4.18 所示的体，单击 Apply 按钮确认。

步骤 05 定义镜像平面。单击以激活 Mirror Plane 后的文本框，选取 YZ 平面为镜像平面，单击 Mirror Plane 文本框中的 Apply 按钮确认。

步骤 06 单击 Generate 按钮，完成镜像体操作，结果如图 3.4.16b 所示。

图 3.4.18　选取体对象

图 3.4.17 所示的 “Details View” 对话框中部分选项说明如下。

◆ Type 下拉列表：用于设置体操作类型，主要包括以下 11 种类型。

- Mirror（镜像）选项：选中该选项，将选中的体对象沿一个平面进行镜像操作。
- Move（移动）选项：选中该选项，将选中的体对象从一个参照平面移动到另外一个参照平面。
- Delete（删除）选项：选中该选项，将选中的体对象删除。
- Scale（缩放）选项：选中该选项，对选中的体对象进行比例缩放操作。
- Sew（缝合）选项：选中该选项，对选中的面体对象进行缝合操作。
- Simplify（简化）选项：选中该选项，对选中的几何体进行几何简化或进行拓扑简化操作。
- Translate（平移）选项：选中该选项，对选中的体对象进行平移变换操作。
- Rotate（旋转）选项：选中该选项，对选中的体对象进行旋转变换操作。
- Cut Material（切材料）选项：选中该选项，将选中的体对象从其他几何体中切除，类似于布尔操作中的布尔求差操作。
- Imprint Faces（印贴面）选项：选中该选项，在选中的几何体与其他几何体相接触的部位创建印贴操作。
- Slice Material（分割材料）选项：选中该选项，将选中的几何体与其他几何体分割。实现分割后，选中的几何体被删除。

## 2. 缩放操作

模型的缩放就是将源模型相对一个参考点进行缩放，从而改变源模型的大小。下面以图3.4.19所示的模型为例来介绍缩放操作的一般过程。

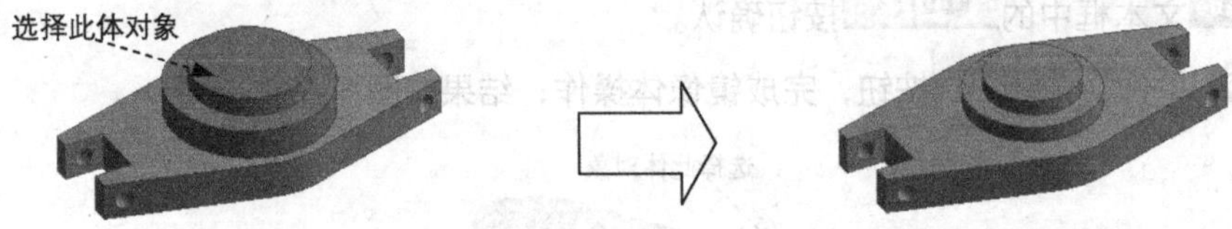


图 3.4.19　模型的缩放

步骤 01 打开文件 D:\an15.01\work\ch03.04.03\scale.wbpj。

步骤 02 选择命令。选择下拉菜单 Create → Body Operation 命令，弹出图 3.4.20 所示的“Details View”对话框。

| Details View | |
|---|---|
| Details of BodyOp1 | |
| Body Operation | BodyOp1 |
| Type | Scale |
| Bodies | 1 |
| Preserve Bodies? | No |
| Scaling Origin | World Origin |
| FD1, Scaling Factor (>0) | 0.8 |

图 3.4.20 “Details View”对话框

步骤 03 定义体操作类型。在 Type 下拉列表中选择 Scale 选项。

步骤 04 选取操作对象。单击以激活 Bodies 后的文本框，选取图 3.4.19a 所示的体，单击 Apply 按钮确认。

步骤 05 定义缩放比例。单击以激活 FD1, Scaling Factor (>0) 后的文本框，输入缩放比例数值 0.8。

步骤 06 单击 Generate 按钮，完成缩放的操作，结果如图 3.4.19b 所示。

### 3. 缝合操作

缝合操作用于将多个面体对象进行合并，使其成为一个整体对象。下面以图 3.4.21 所示的模型为例来介绍缝合操作的一般过程。

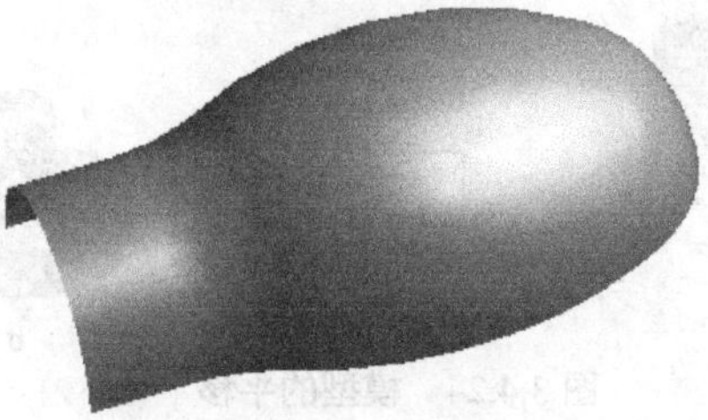

图 3.4.21 缝合

步骤 01 打开文件 D:\an15.01\work\ch03.04.03\sew.wbpj。

步骤 02 选择命令。选择 Create → Body Operation 命令，弹出图 3.4.22 所示的“Details View”对话框。

| Details View | |
|---|---|
| Details of BodyOp1 | |
| Body Operation | BodyOp1 |
| Type | Sew |
| Bodies | 2 |
| Create Solids? | No |
| Tolerance | Normal |
| Merge Bodies | Yes |

图 3.4.22 “Details View”对话框

步骤 03 定义体操作类型。在Type下拉列表中选择Sew选项。

步骤 04 选取操作对象。单击Bodies后的文本框，按住 Ctrl 键，选取图 3.4.23 所示的模型片体，单击Apply按钮确认。

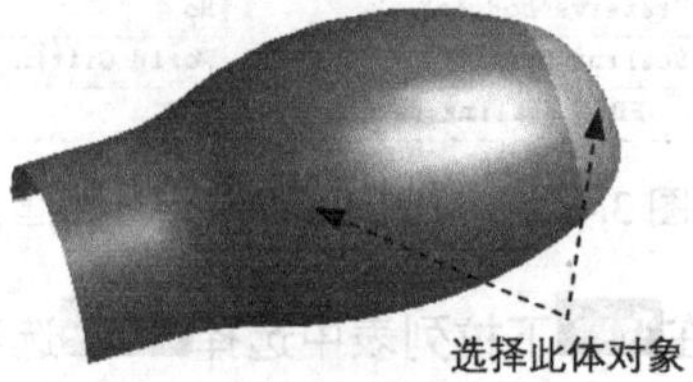


图 3.4.23 定义操作对象

说明：在选取对象过程中，可提前通过选择Tools → Surface Flip命令来定义面体的正反面，以便于用户进行观察。

步骤 05 单击Generate按钮，完成缝合操作，结果如图 3.4.21 所示。

### 4. 平移操作

平移操作是将模型沿着指定方向移动到指定距离的操作。下面以图 3.4.24 所示的模型为例来介绍平移操作的一般过程。

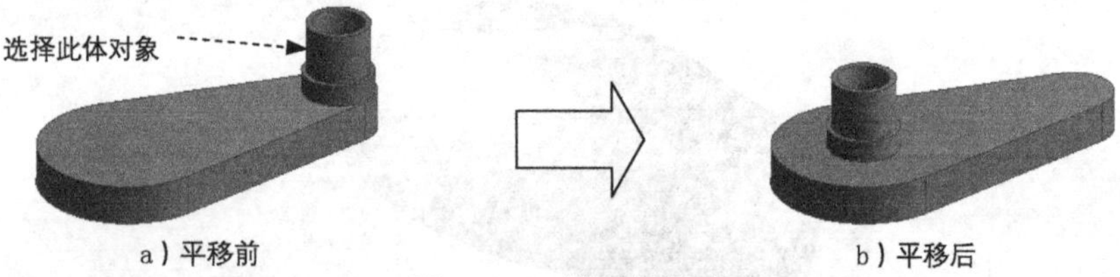


图 3.4.24 模型的平移

步骤 01 打开文件 D:\an15.01\work\ch03.04.03\Translate.wbpj。

步骤 02 选择命令。选择Create → Body Operation命令，弹出图 3.4.25 所示的“Details View”对话框。

Details View

| Details of BodyOp1 | |
|---|---|
| Body Operation | BodyOp1 |
| Type | Translate |
| Bodies | 1 |
| Preserve Bodies? | No |
| Direction Definition | Coordinates |
| FD3, X Offset | -80 mm |
| FD4, Y Offset | 0 mm |
| FD5, Z Offset | 0 mm |

图 3.4.25 “Details View”对话框

步骤 03 定义体操作类型。在 Type 下拉列表中选择 Translate 选项。

步骤 04 选取操作对象。单击以激活 Bodies 后的文本框，选取图 3.4.24a 所示的体，单击 Apply 按钮确认。

步骤 05 定义平移类型和参数。在 Direction Definition 下拉列表中选择 Coordinates 选项，在 FD3, X Offset 文本框中输入数值-80，在 FD4, Y Offset 文本框中输入数值 0，在 FD5, Z Offset 文本框中输入数值 0。

步骤 06 单击 Generate 按钮，完成平移操作，结果如图 3.4.24b 所示。

### 5. 旋转变换

旋转操作就是将模型绕轴线旋转到新位置。下面以图 3.4.26 所示的模型为例来介绍旋转操作的一般过程。

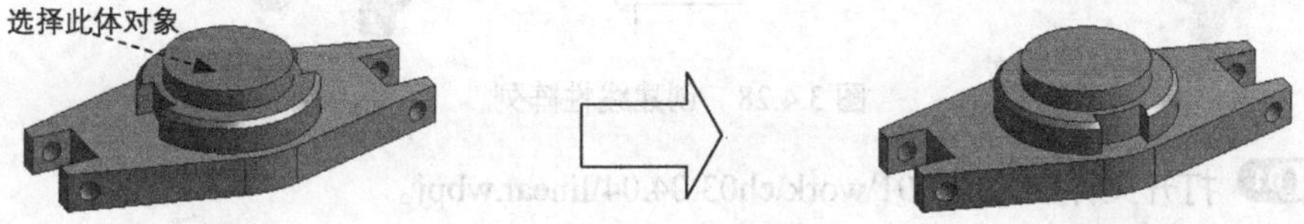


a）旋转前　　b）旋转后

图 3.4.26　模型的旋转

步骤 01 打开文件 D:\an15.01\work\ch03.04.03\rotate.wbpj。

步骤 02 选择命令。选择 Create → Body Operation 命令，弹出图 3.4.27 所示的“Details View”对话框。

步骤 03 定义体操作类型。在 Type 下拉列表中选择 Rotate 选项。

步骤 04 选取操作对象。单击以激活 Bodies 后的文本框，选取图 3.4.26a 所示的体，单击 Apply 按钮确认。

步骤 05 定义旋转轴。在 Axis Definition 下拉列表中选择 Components 选项，在 FD6, X Component 文本框中输入数值 0，在 FD7, Y Component 文本框中输入数值 0，在 FD8, Z Component 文本框中输入数值 1。

Details View

| Details of BodyOp1 | |
|---|---|
| Body Operation | BodyOp1 |
| Type | Rotate |
| Bodies | 1 |
| Preserve Bodies? | No |
| Axis Definition | Components |
| FD6, X Component | 0 |
| FD7, Y Component | 0 |
| FD8, Z Component | 1 |
| FD9, Angle | 90 ° |

图 3.4.27 “Details View”对话框

步骤 06 定义旋转角度。在 FD9, Angle 文本框中输入数值 90。

步骤 07 单击 Generate 按钮，完成旋转操作，结果如图 3.4.26b 所示。

## 3.4.4 阵列

使用阵列操作可以对某一体对象进行一定规律的复制，用于创建一个体的多个副本。阵列操作包括线性阵列、圆形阵列和矩形阵列三种，下面分别介绍其操作过程。

### 1. 线性阵列

下面介绍图 3.4.28 所示的螺栓的线性阵列的操作过程。

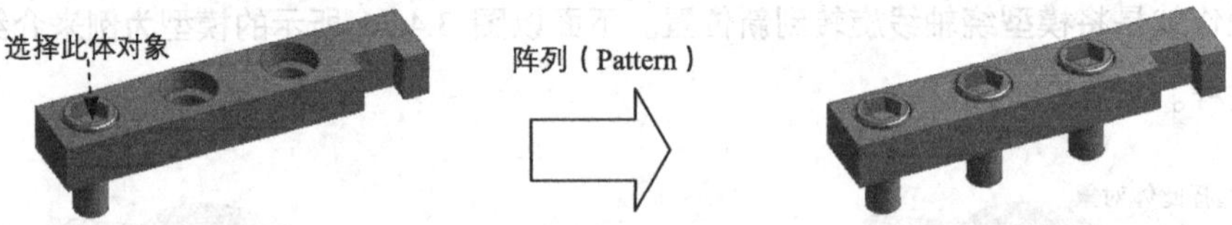


a）阵列前　　b）阵列后

图 3.4.28　创建线性阵列

步骤 01 打开文件 D:\an15.01\work\ch03.04.04\linear.wbpj。

步骤 02 选择命令。选择 Create → Pattern 命令，弹出图 3.4.29 所示的“Details View”对话框。

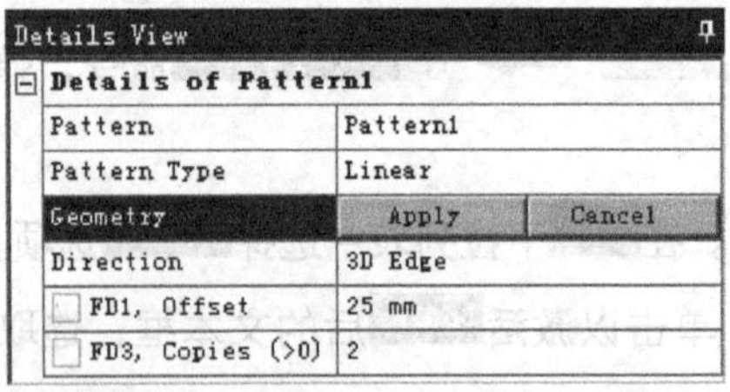

Details View

| Details of Pattern1 | |
|---|---|
| Pattern | Pattern1 |
| Pattern Type | Linear |
| Geometry | Apply / Cancel |
| Direction | 3D Edge |
| FD1, Offset | 25 mm |
| FD3, Copies (>0) | 2 |

图 3.4.29　“Details View”对话框

步骤 03 定义阵列类型。在 Pattern Type 下拉列表中选择 Linear 选项。

步骤 04 选取阵列对象。单击以激活 Geometry 后的文本框，选取图 3.4.28a 所示的体，单击 Apply 按钮确认。

步骤 05 定义阵列方向。单击以激活 Direction 后的文本框，选取图 3.4.30 所示的实体边线为参照方向，调整箭头方向如图 3.4.30 所示，并单击 Apply 按钮确认。

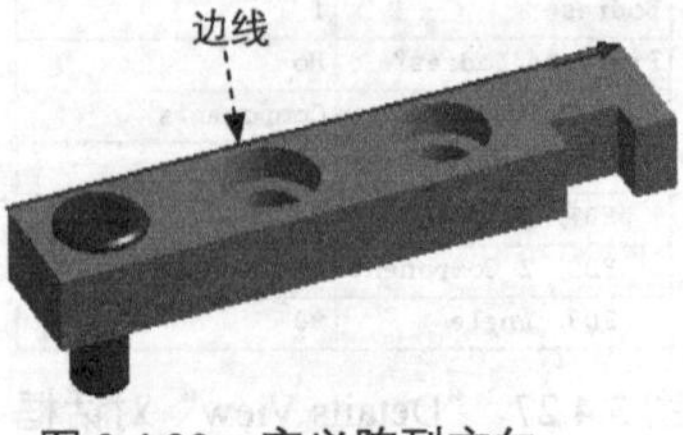


图 3.4.30　定义阵列方向

步骤 06 定义阵列参数。在 FD1, Offset 文本框输入数值 25，在 FD3, Copies (>0) 文本框输入数值 2。

步骤 07 单击 Generate 按钮，完成线性阵列的操作。

## 2. 圆形阵列

下面介绍图 3.4.31 所示的螺栓的圆形阵列的操作过程。

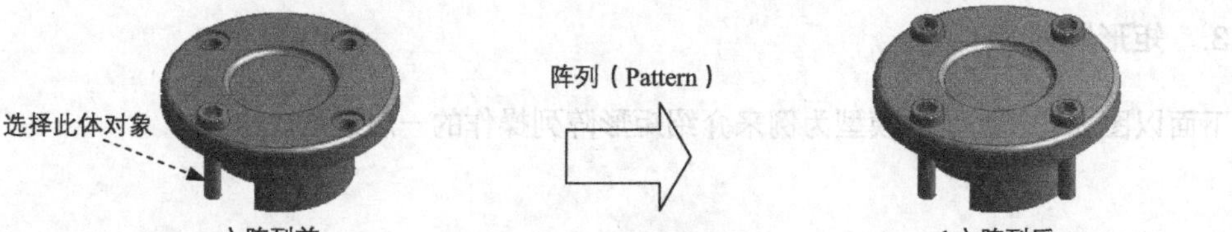


a）阵列前　　b）阵列后

图 3.4.31　创建圆形阵列

步骤 01 打开文件 D:\an15.01\work\ch03.04.04\circular.wbpj。

步骤 02 选择命令。选择 Create → Pattern 命令，弹出图 3.4.32 所示的“Details View”对话框。

Details View

| Details of Pattern1 | |
|---|---|
| Pattern | Pattern1 |
| Pattern Type | Circular |
| Geometry | 1 Body |
| Axis | Selected |
| FD2, Angle | Evenly Spaced |
| FD3, Copies (>0) | 3 |

图 3.4.32　“Details View”对话框

步骤 03 定义阵列类型。在 Pattern Type 下拉列表中选择 Circular 选项。

步骤 04 选取阵列对象。单击以激活 Geometry 后的文本框，选取图 3.4.31a 所示的体，单击 Apply 按钮确认。

步骤 05 定义阵列参数。

（1）选择轴参考元素。单击以激活 Axis 文本框，选取图 3.4.33 所示的轴线为参考元素，单击 Apply 按钮确认。

（2）定义参数。在 FD2, Angle 文本框中输入圆形阵列角度数值，此处采用系统默认设置，在 FD3, Copies (>0) 文本框中输入数值 3。

步骤 06 单击 Generate 按钮，完成圆形阵列的操作。

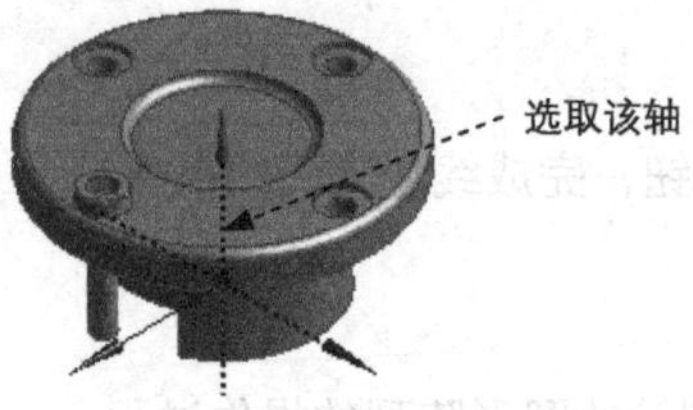


图 3.4.33 定义轴参考

### 3. 矩形阵列

下面以图 3.4.34 所示的模型为例来介绍矩形阵列操作的一般过程。

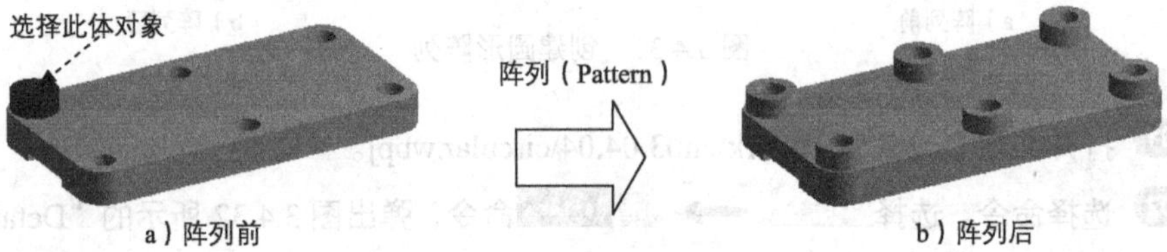


a）阵列前 b）阵列后

图 3.4.34 创建矩形阵列

步骤 01 打开文件 D:\an15.01\work\ch03.04.04\rectangular.wbpj。

步骤 02 选择命令。选择 Create → Pattern 命令，弹出图 3.4.35 所示的“Details View”对话框。

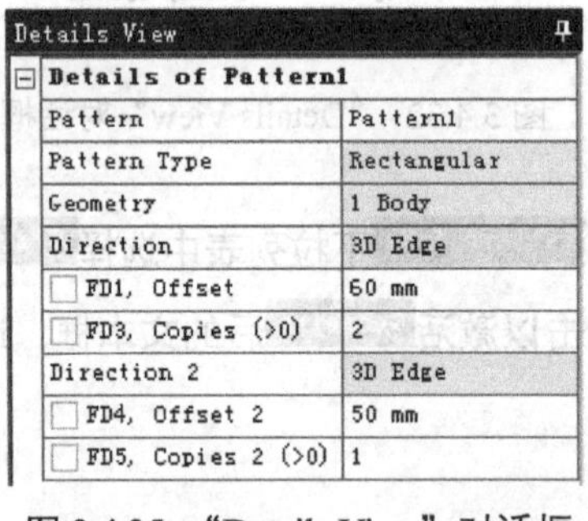

Details View

| Details of Pattern1 | |
|---|---|
| Pattern | Pattern1 |
| Pattern Type | Rectangular |
| Geometry | 1 Body |
| Direction | 3D Edge |
| FD1, Offset | 60 mm |
| FD3, Copies (>0) | 2 |
| Direction 2 | 3D Edge |
| FD4, Offset 2 | 50 mm |
| FD5, Copies 2 (>0) | 1 |

图 3.4.35 “Details View”对话框

步骤 03 定义阵列类型。在 Pattern Type 下拉列表中选择 Rectangular 选项。

步骤 04 选取阵列对象。单击以激活 Geometry 后的文本框，选取图 3.4.34a 所示的体，单击 Apply 按钮确认。

步骤 05 定义阵列参数。

（1）定义第一方向参考元素。单击以激活 Direction 后的文本框，选取图 3.4.36 所示的实体边线为参照方向，调整箭头方向如图 3.4.36 所示，并单击 Apply 按钮确认。

（2）定义第一方向参数。在 FD1, Offset 文本框中输入阵列间距数值 60；在 FD3, Copies (>0) 文本框中输入阵列副本数 2。

（3）定义第二方向参考元素。单击以激活 Direction 2 后的文本框，选取图 3.4.37 所示的实体边线为参照方向，调整箭头方向如图 3.4.37 所示，并单击 Apply 按钮确认。

（4）定义第二方向参数。在 FD4, Offset 2 文本框中输入阵列间距数值 50；在 FD5, Copies 2 (>0) 文本框中输入阵列副本数 1。

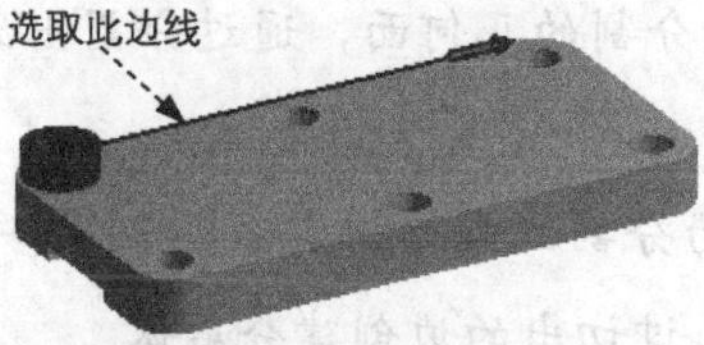


图 3.4.36 定义第一方向

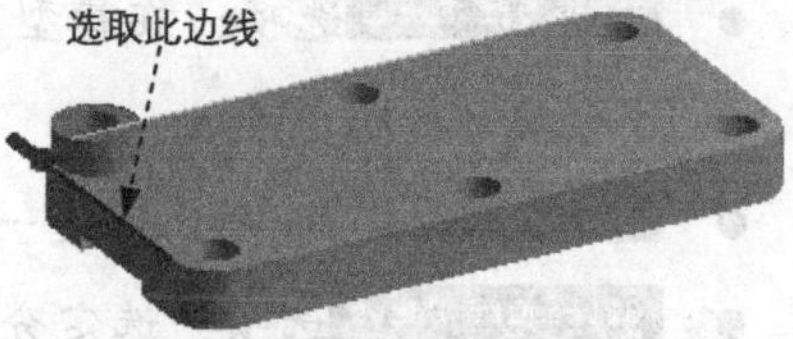


图 3.4.37 定义第二方向

步骤 06 单击 Generate 按钮，完成矩形阵列的操作。

## 3.4.5 分割

在 DM 中，分割特征就是通过平面、表面、面或边切分已有的体；从网格划分的角度来说，在众多情况下激活体需被分解为网格划分时需要的体，以便得到理想的网格；其方法就是分割，将一些不规则的体切割为规则的几何体，以划分出高质量的六面体网格。下面以图 3.4.38 所示的模型为例介绍分割的一般操作过程。

a）分割前

b）分割后

图 3.4.38 创建分割

步骤 01 打开文件 D:\an15.01\work\ch03.04.05\slice.wbpj。

步骤 02 选择命令。选择 Create → Slice 命令，弹出图 3.4.39 所示的“Details View”对话框。

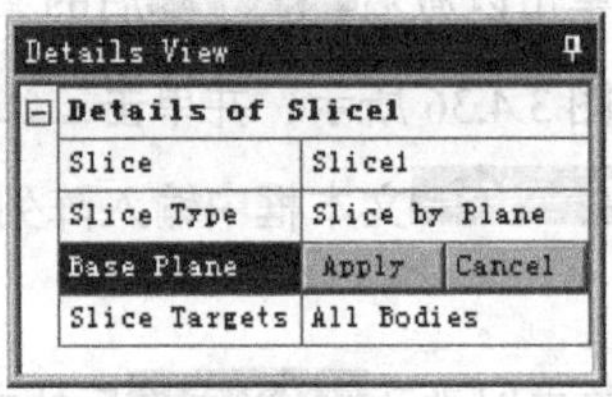


图 3.4.39 “Details View”对话框

图 3.4.39 所示的“Details of Slice1”对话框中部分选项说明如下。

◆ Slice Type 下拉列表：用于设置分割的类型，包括以下几种类型。
  - Slice by Plane 选项：用指定的平面切割模型。
  - Slice Off Faces 选项：在模型中，选择分割的几何面，通过分割出的面创建一个分离体。
  - Slice by Surface 选项：选定一表面作为分割工具切割实体。
  - Slice Off Edges 选项：选定分割边，通过切出的边创建分离体。
  - Slice By Edge Loop 选项：选择闭合的边作为分割工具切割实体。

步骤 03 定义分割方式。在 Slice Type 下拉列表中选择 Slice by Plane 选项。

步骤 04 选取分割平面。单击以激活 Base Plane 后的文本框，选取 XYPlane 为分割平面，单击 Apply 按钮确认。

步骤 05 单击 Generate 按钮，完成分割 1 的创建，其结果如图 3.4.40 所示。

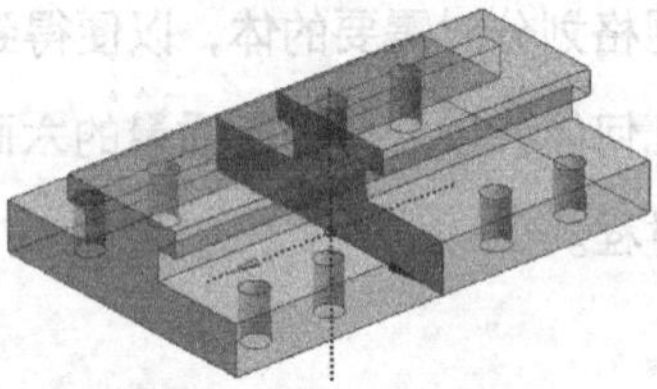

图 3.4.40 分割 1

步骤 06 参照上述步骤，选取 YZPlane 为分割平面，并单击以激活 Bodies 后的文本框，选取图 3.4.41 所示的实体为分割实体，完成分割 2 的创建。

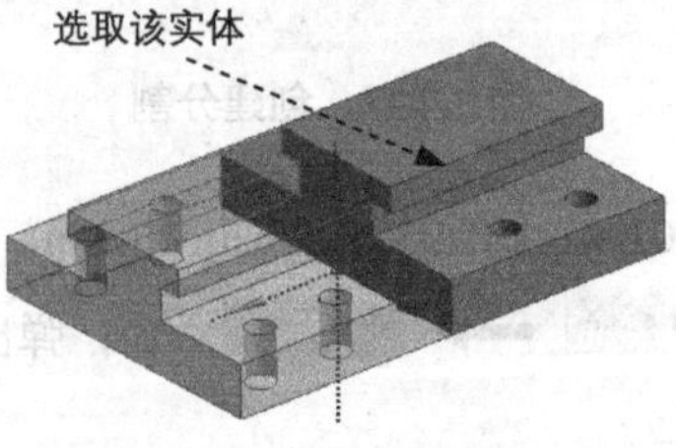


图 3.4.41 定义分割实体

## 3.4.6 对称

对于对称结构的零件，在分析过程中，为了减小网格划分工作量及减少求解时间，从而提高分析效率，一般进行对称处理，就是使用一个平面将对称结构进行对称剖切，取其一部分进行分析。下面以图 3.4.42 所示的模型为例介绍对称操作的一般过程。

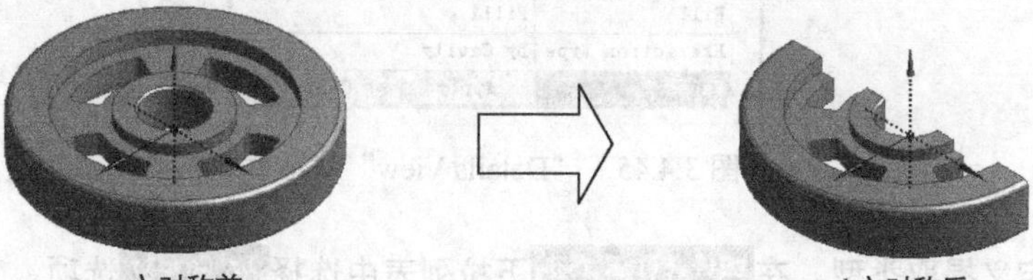

a）对称前　　b）对称后

图 3.4.42　对称操作

步骤 01 打开文件 D:\an15.01\work\ch03.04.06\symmetry.wbpj。

步骤 02 选择命令。选择 Tools → Symmetry 命令，弹出如图 3.4.43 所示的“Details View”对话框。

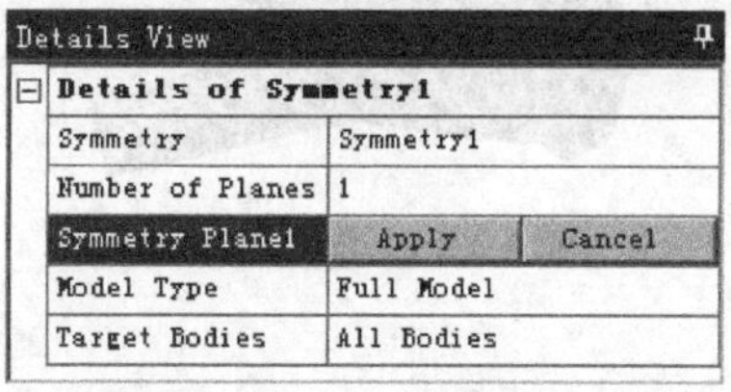


图 3.4.43　“Details View”对话框

步骤 03 定义对称平面。选取 XYPlane 平面为对称平面，并单击 Apply 按钮确认。

步骤 04 其他选项采用系统默认设置，单击 Generate 按钮，完成对称操作。

## 3.4.7 填充

填充命令主要用在流体分析和电磁场分析方面。图 3.4.44 所示的管道接头，在建模时一般只创建了管道接头模型，若想对管道接头内的流体进行流体分析，就需要通过已有的管道接头来创建内部的流体几何模型，使用填充操作即可完成该操作。下面以图 3.4.44 所示的模型为例介绍填充的一般操作过程。

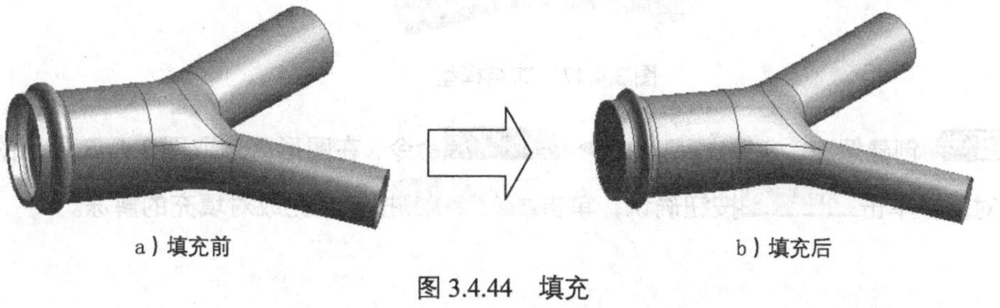

a）填充前　　b）填充后

图 3.4.44　填充

步骤 01 打开文件 D:\an15.01\work\ch03.04.07\fill.wbpj。

步骤 02 选择命令。选择 Tools → Fill 命令，弹出图 3.4.45 所示的 “Details View” 对话框。

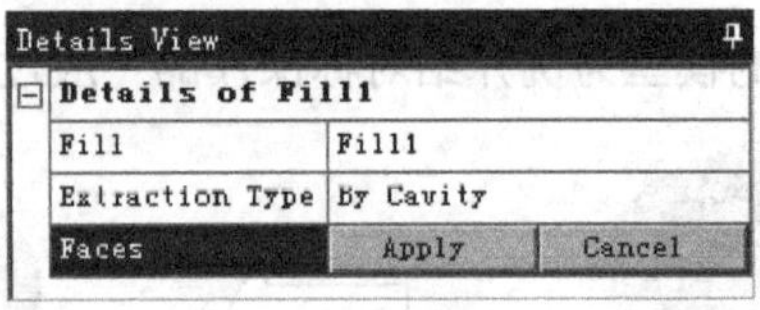


图 3.4.45 “Details View”对话框

步骤 03 定义提取类型。在 Extraction Type 下拉列表中选择 By Cavity 选项。

步骤 04 定义提取面。单击以激活 Faces 后的文本框，选取图 3.4.46 所示的模型内表面，单击 Apply 按钮，并单击 Generate 按钮。

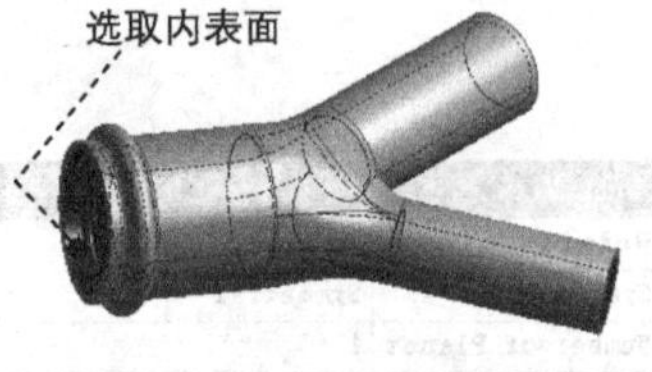


图 3.4.46 定义提取面

说明

此处在选择面时需要选择模型内部的所有表面，可以先在模型中任意选择一个内表面，然后在“选择过滤器”工具条中单击按钮，在弹出的下拉列表中选择 Flood Blends 选项，此时与所选面相切的面被选中，具体操作请参看随书光盘。

步骤 05 创建冻结。选择 Tools → Freeze 命令，系统自动将模型中的一般实体冻结，结果如图 3.4.47 所示。

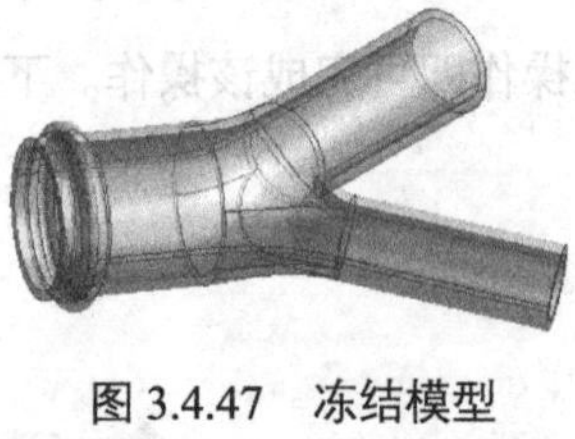

图 3.4.47 冻结模型

步骤 06 创建解冻。选择 Tools → Unfreeze 命令，在图形区选取图 3.4.48 所示的填充体为解冻对象，单击 Apply 按钮确认，单击 Generate 按钮，完成对填充的解冻。

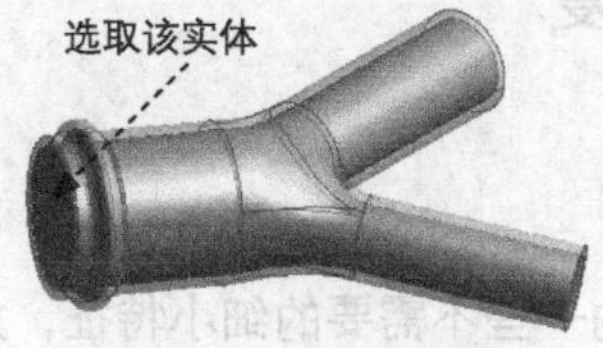


图 3.4.48 解冻填充体

## 3.4.8 包围

和填充命令一样，包围操作也用于流体分析和电磁场分析中，如对正在飞行的炮弹周围的空气流场进行分析，同样，在建模时一般只创建炮弹模型，但在流体分析中，实际分析的对象是炮弹周围的空气，采用包围工具可以快速创建炮弹周围的空气场模型。下面以图 3.4.49 所示的模型为例，介绍创建包围的一般操作过程。

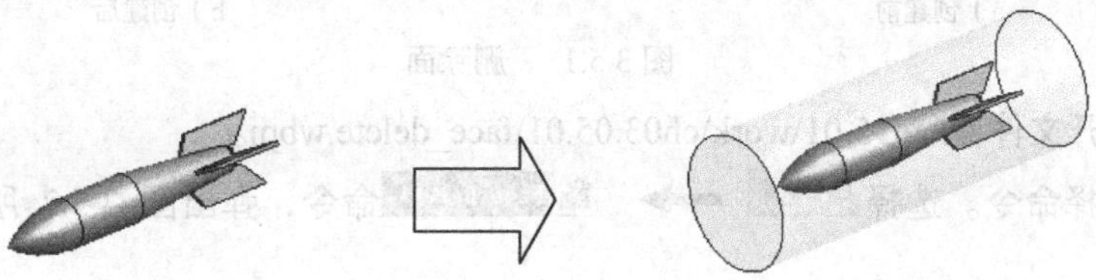

a）创建前　　b）创建后

图 3.4.49 包围

步骤 01 打开文件 D:\an15.01\work\ch03.04.08\enclosure.wbpj。

步骤 02 选择命令。选择 Tools → Enclosure 命令，弹出图 3.4.50 所示的“Details View”对话框。

步骤 03 定义形状类型。在 Shape 下拉列表中选择 Cylinder 选项。

步骤 04 定义圆柱体属性。在 Cylinder Alignment 下拉列表中选择 Y-Axis 选项，在 FD1, Cushion Radius (>0) 文本框中输入数值 20，在 FD2, Cushion (>0), +ive Direction 文本框中输入数值 30，在 FD3, Cushion (>0), -ive Direction 文本框中输入数值 30，其他选项采用系统默认设置。

步骤 05 单击 Generate 按钮，完成包围的操作。

Details View

| Details of Enclosure1 | |
|---|---|
| Enclosure | Enclosure1 |
| Shape | Cylinder |
| Cylinder Alignment | Y-Axis |
| Number of Planes | 0 |
| Cushion | Non-Uniform |
| FD1, Cushion Radius (>0) | 20 mm |
| FD2, Cushion (>0), +ive Direction | 30 mm |
| FD3, Cushion (>0), -ive Direction | 30 mm |
| Target Bodies | All Bodies |
| Merge Parts? | No |

图 3.4.50 “Details View”对话框

# 3.5 几何体的简化与修复

## 3.5.1 删除面

删除面通常用于删除模型中的一些不需要的细小特征，如圆角、倒角、小孔等，这样可以加快模型网格化的速度，同时不会对分析结果产生影响。下面以图 3.5.1 所示的模型为例，介绍删除面的一般操作过程。

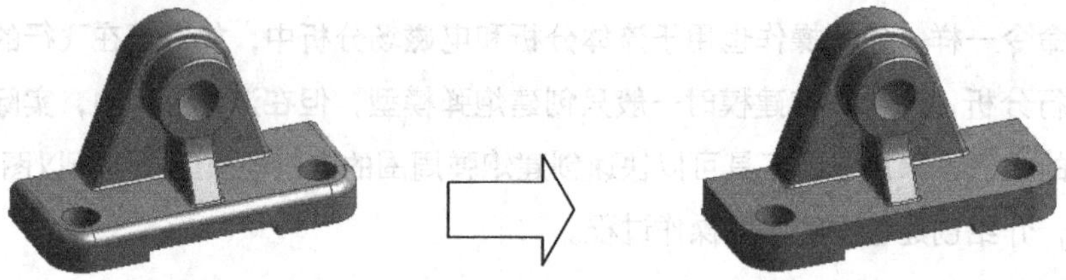

a）创建前　　b）创建后

图 3.5.1　删除面

步骤 01 打开文件 D:\an15.01\work\ch03.05.01\face_delete.wbpj。

步骤 02 选择命令。选择 Create → Face Delete 命令，弹出图 3.5.2 所示的“Details View”对话框。

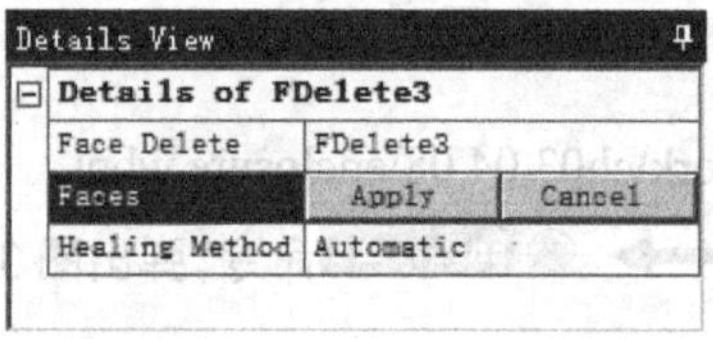


图 3.5.2　“Details View”对话框

步骤 03 定义要删除的面。在模型中选取图 3.5.3a 所示的圆角面，然后在“选择过滤器”工具条中单击按钮，在弹出的下拉列表中选择 Flood Blends 选项，此时与所选择的圆角面相连的圆角面被选中（图 3.5.3b）。

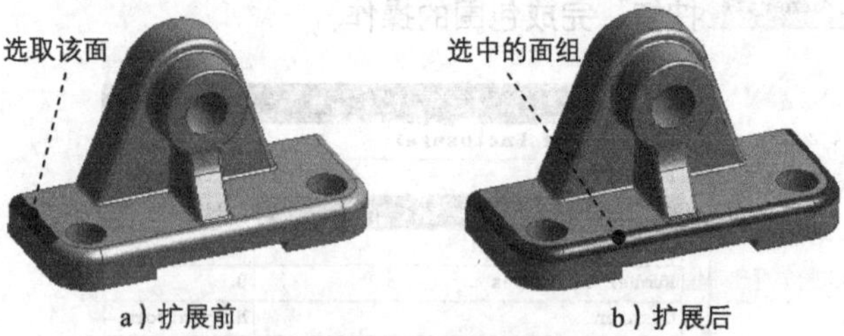


a）扩展前　　b）扩展后

图 3.5.3　定义要删除的面

步骤 04 定义修复类型。在“Details View”对话框中单击 Apply 按钮，然后在 Healing Method

下拉列表中选择 Automatic 选项。

步骤 05 单击 Generate 按钮，完成删除面的操作。

## 3.5.2 延伸曲面

延伸曲面用于将曲面沿某一个边缘延伸一定的距离。下面以图 3.5.4 所示的模型为例，介绍延伸曲面的一般操作过程。

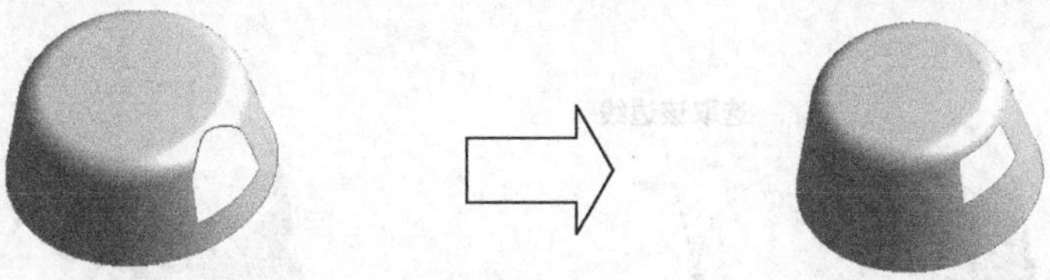

a）创建前　　b）创建后

图 3.5.4 延伸曲面

步骤 01 打开文件 D:\an15.01\work\ch03.05.02\extension.wbpj。

步骤 02 选择命令。选择 Tools → Surface Extension 命令，系统弹出图 3.5.5 所示的“Details View”对话框。

Details View

| | |
|---|---|
| ⊟ Details of SurfaceExt1 | |
| Surface Extension | SurfaceExt1 |
| Selection Method | Manual |
| Bounding Bodies | All Bodies |
| Edge Selection Method | Simple |
| ⊟ Surface Extension Group 1 | (R... |
| Extent Type | Natural |
| Edges | Apply Cancel |
| Extent | Fixed |
| FD1, Distance (>0) | 30 mm |

图 3.5.5 “Details View”对话框

步骤 03 定义要延伸的边。按住 Ctrl 键，在模型中选取图 3.5.6 所示的边线，在“Details View”对话框中单击 Apply 按钮。

步骤 04 单击 Generate 按钮，完成延伸面的操作，结果如图 3.5.7 所示。

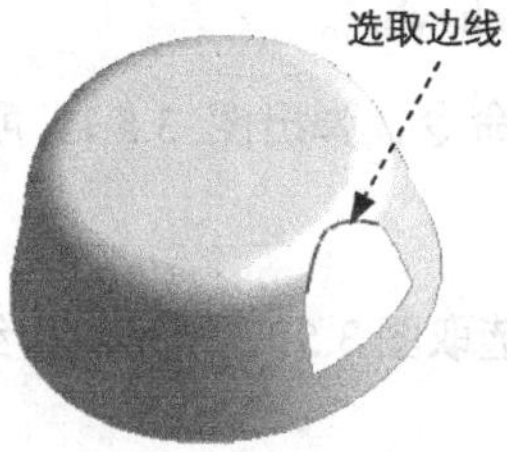


图 3.5.6 定义要延伸的边

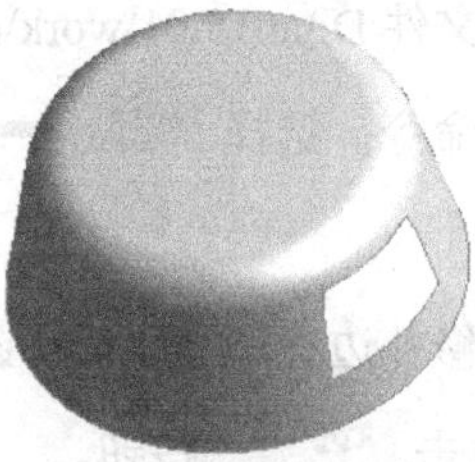

图 3.5.7 延伸结果 1

步骤 05 选择命令。选择 Tools → Surface Extension 命令，弹出“Details View”对话框。

步骤 06 定义要延伸的边。按住 Ctrl 键，在模型中选取图 3.5.8 所示的边线，在“Details View”对话框中单击 Apply 按钮。

步骤 07 定义延伸距离。在“Details View”对话框的 FD1, Distance (>0) 文本框中输入数值 15 并按下 Enter 键。

步骤 08 单击 Generate 按钮，完成延伸面的操作，结果如图 3.5.9 所示。

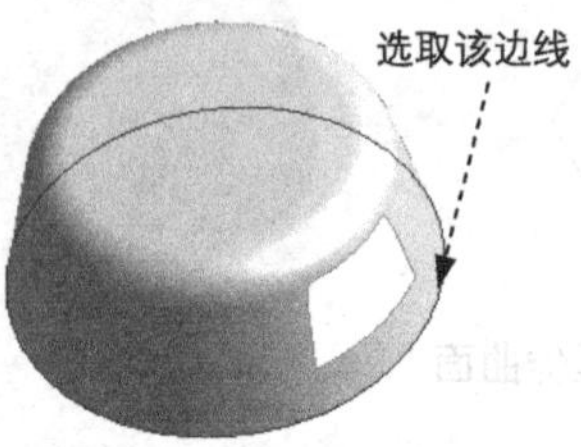


图 3.5.8 定义要延伸的边

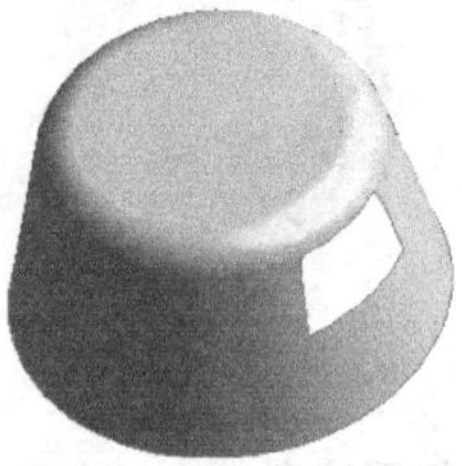

图 3.5.9 延伸结果 2

## 3.5.3 修补曲面

修补曲面通常用于将曲面中的小孔、缝隙等进行填充，通过选取孔的封闭边缘来完成该操作。对于一些较为复杂的孔洞，可能需要经过多次修补才能得到较好的结果。下面以图 3.5.10 所示的模型为例，介绍修补曲面的一般操作过程。

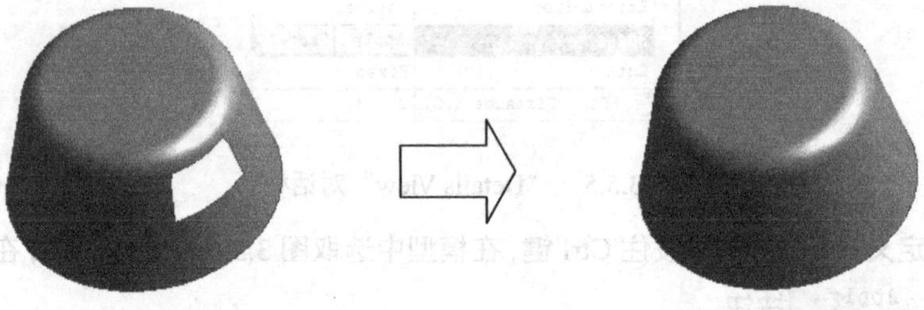

a）创建前　　b）创建后

图 3.5.10 修补曲面

步骤 01 打开文件 D:\an15.01\work\ch03.05.03\surf_patch.wbpj。

步骤 02 选择命令。选择 Tools → Surface Patch 命令，弹出图 3.5.11 所示的“Details View”对话框。

步骤 03 定义修补边界。按住 Ctrl 键，在模型中依次选取图 3.5.12 所示的边线，在“Details View”对话框中单击 Apply 按钮。

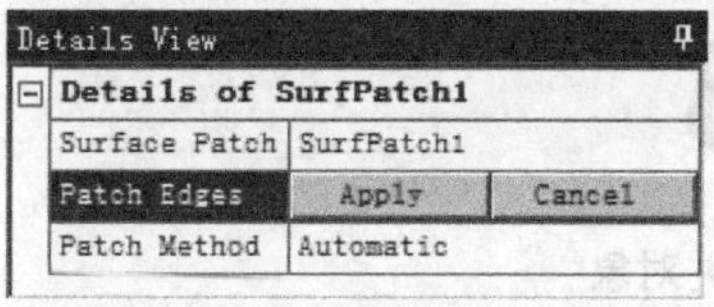


图 3.5.11 “Details View”对话框

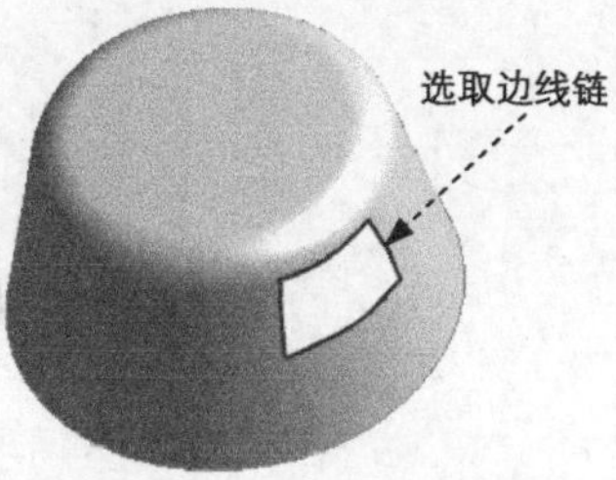


图 3.5.12 定义修补边界

步骤 04 单击 Generate 按钮，完成曲面修补操作，结果如图 3.5.10b 所示。

## 3.5.4 合并曲面

合并曲面命令用于合并一组面或边线，这样可以减少网格化的复杂性。下面以图 3.5.13 所示的模型为例，介绍合并曲面的一般操作过程。

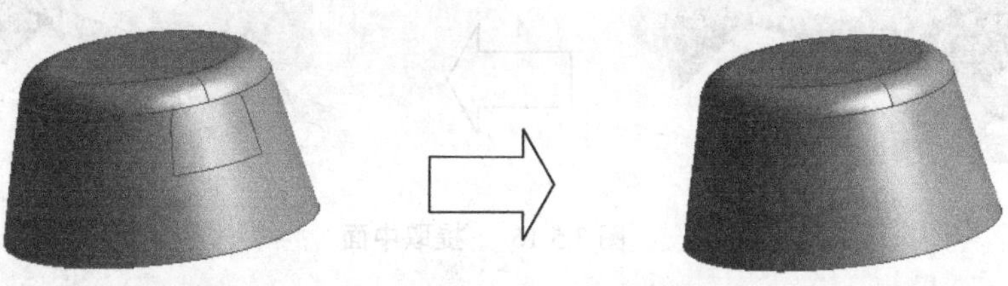

a）创建前 b）创建后

图 3.5.13 合并曲面

步骤 01 打开文件 D:\an15.01\work\ch03.05.04\merge.wbpj。

步骤 02 选择命令。选择 Tools → Merge 命令，弹出图 3.5.14 所示的“Details View”对话框。

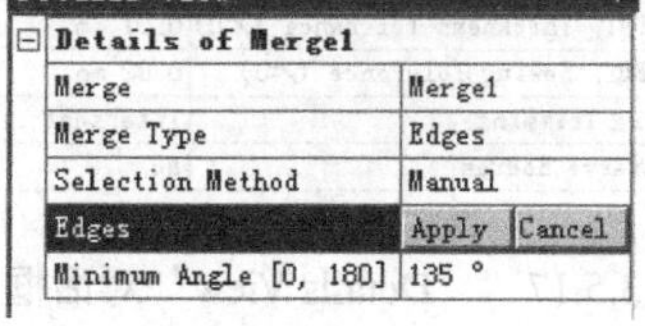


图 3.5.14 “Details View”对话框

步骤 03 定义合并类型。在“Details View”对话框的 Merge Type 下拉列表中选择 Faces 选项。

步骤 04 定义合并对象。按住 Ctrl 键，在模型中依次选取图 3.5.15 所示的曲面，在“Details View”对话框中单击 Apply 按钮。

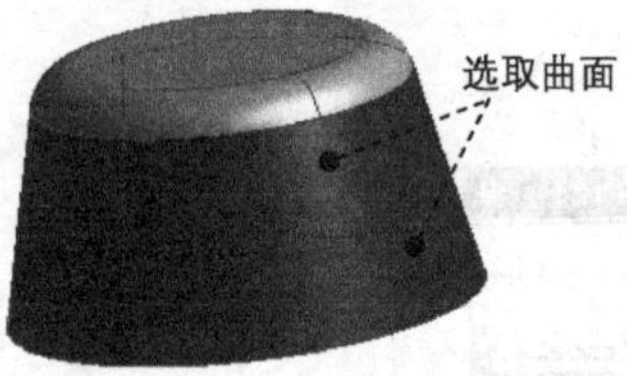


图 3.5.15　定义合并对象

步骤 05 单击 Generate 按钮，完成合并曲面操作，结果如图 3.5.13b 所示。

## 3.5.5　提取中面

提取中面就是提取几何体中间曲面，以后在分析中将以壳单元划分网格，提取中面是进行壳分析的一步重要操作。下面以图 3.5.16 所示的模型为例介绍提取中面的操作过程。

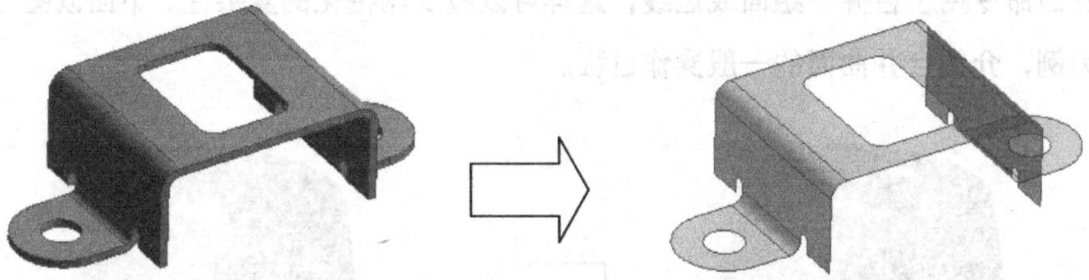

a）创建前　　b）创建后

图 3.5.16　提取中面

步骤 01 打开文件 D:\an15.01\work\ch03.05.05\mid_surf.wbpj。

步骤 02 选择命令。选择 Tools → Mid-Surface 命令，弹出图 3.5.17 所示的“Details View”对话框。

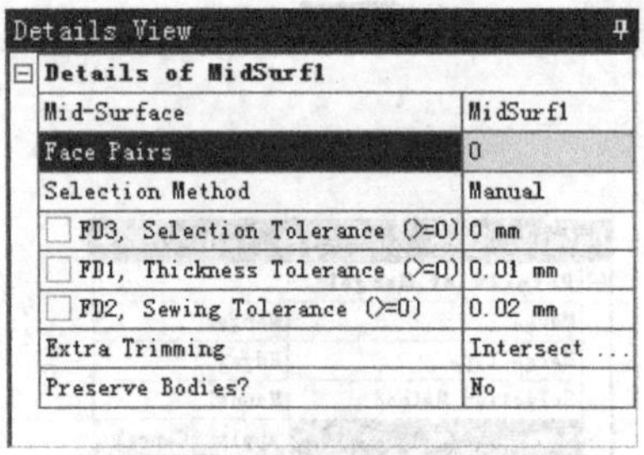

Details View

| Details of MidSurf1 | |
|---|---|
| Mid-Surface | MidSurf1 |
| Face Pairs | 0 |
| Selection Method | Manual |
| FD3, Selection Tolerance (>=0) | 0 mm |
| FD1, Thickness Tolerance (>=0) | 0.01 mm |
| FD2, Sewing Tolerance (>=0) | 0.02 mm |
| Extra Trimming | Intersect ... |
| Preserve Bodies? | No |

图 3.5.17　“Details View”对话框

步骤 03 定义面对 1。按住 Ctrl 键，在模型中依次选取图 3.5.18 所示的曲面 1 和曲面 2。

说明　所选择的曲面 1 和曲面 2 为零件模型中相对应的两个面。

步骤 04 定义其余面对。参照上一步的操作方法，按住 Ctrl 键，在模型中依次选取其余的曲面对（具体选择操作参看视频），然后在“Details View”对话框中单击 Apply 按钮。

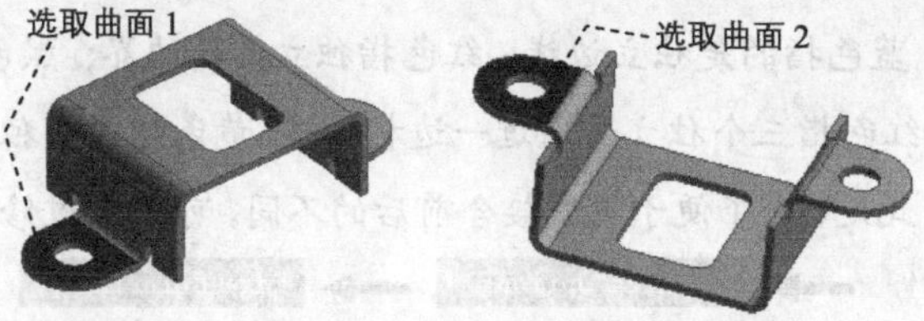


图 3.5.18 定义面对 1

步骤 05 单击 Generate 按钮，完成提取中面的操作，结果如图 3.5.16b 所示。

步骤 06 创建解冻。选择 Tools → Unfreeze 命令，弹出“Details View”对话框；选取上一步创建的中面对象，在“Details View”对话框中单击 Apply 按钮；最后单击 Generate 按钮，完成解冻操作。

## 3.5.6 接合

使用接合命令可以将表面体接合在一起，在以后的分析中可以对其处理，如设置接触等，接合操作可用于激活体或冻结体。下面以图 3.5.19 所示的模型为例介绍接合操作的一般过程。

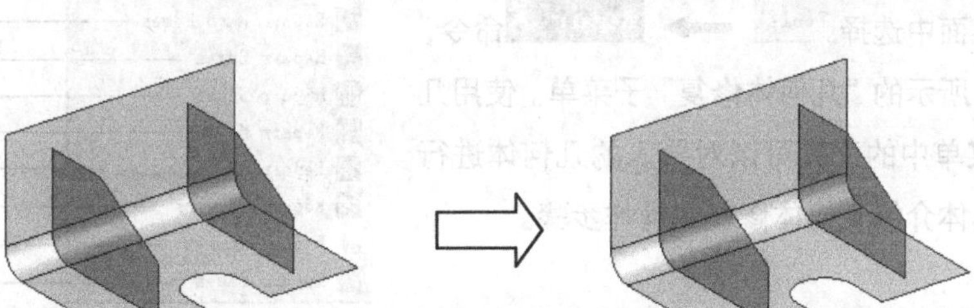

a）接合前　　b）接合后

图 3.5.19 接合操作

步骤 01 打开文件 D:\an15.01\work\ch03.05.06\joint。

步骤 02 选择命令。选择 Tools → Joint 命令，弹出图 3.5.20 所示的“Details View”对话框。

步骤 03 选取目标几何。选取所有片体为接合对象，单击“Details View”对话框 Target Geometries 文本框中的 Apply 按钮。

步骤 04 单击 Generate 按钮，完成接合操作，结果如图 3.5.19b 所示。

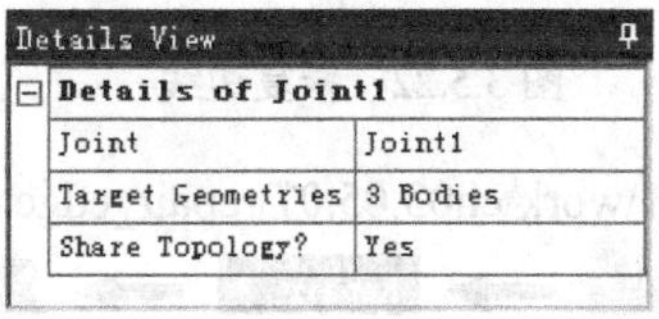

Details View

| Details of Joint1 | |
| --- | --- |
| Joint | Joint1 |
| Target Geometries | 3 Bodies |
| Share Topology? | Yes |

图 3.5.20 “Details View”对话框

说明

（1）在 DM 中，可以通过边的颜色来判断边的连接状态，主要包括以下几种颜色：蓝色指的是独立边线；红色指独立面的边界；黑色指两个面通过一边相连接；粉红色指三个独立面通过一边相连接；黄色指四个独立面通过一边相连接。

（2）此处，为了便于观察接合前后的不同，可以通过修改边显示样式来观察，选择 View → Graphics Options → Edge Coloring → By Connection 命令，系统将以不同颜色来显示不同的连接状态。

（3）在本例中，接合之前三个独立片体面的边界显示为红色，表示它们之间是彼此独立的；接合之后，其中的两个独立面连接到第三个独立面上，通过一条边连接，所以连接处的边界显示黑色，其余边界依然显示红色。

## 3.5.7 几何体修复

一般情况下，从外部 CAD 软件或第三方格式文件中导入 ANSYS Workbench 中的几何体模型可能会因为传送过程中数据的丢失而存在一些缺陷，不能直接为我们分析所用，就需要对其进行必要的几何修复操作。

在 DM 界面中选择 Tools → Repair 命令，弹出图 3.5.21 所示的“几何体修复”子菜单。使用几何体修复子菜单中的工具可以对导入的几何体进行修复，下面具体介绍几何体修复的操作步骤。

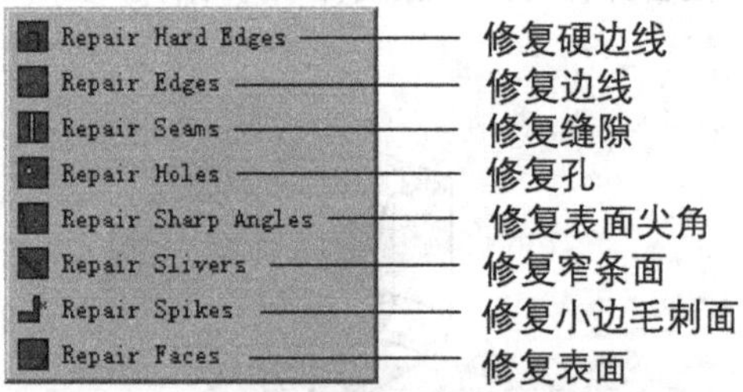


图 3.5.21 “几何体修复”子菜单

### 1. 修复边线

修复边线（Repair Edges）主要用来修复模型中一些短的边线，避免对后续的网格划分产生影响。下面介绍图 3.5.22 中修复边线的操作过程。

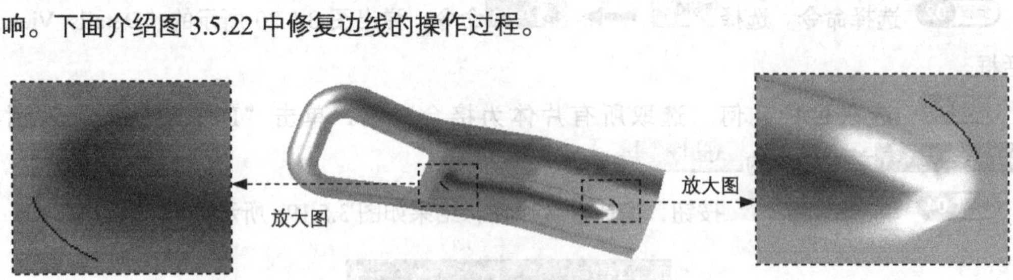


图 3.5.22 修复边线

步骤 01 打开文件 D:\an15.01\work\ch03.05.07\repair_edges.wbpj。

步骤 02 选择命令。选择 Tools → Repair → Repair Edges 命令，弹出图 3.5.23

所示的“Details View”对话框（一）。

| Details of RepairEdge1 | |
|---|---|
| Repair | RepairEdge1 |
| Bodies To Search | Visible Bodies |
| Min Edge Length Limit | 0 mm |
| Max Edge Length Limit | 0.77 mm |
| Find Faults Now? | No |

图 3.5.23 “Details View”对话框（一）

步骤 03 定义修复范围。在Min Edge Length Limit文本框中输入数值 0，在Max Edge Length Limit文本框中输入数值 0.4。

步骤 04 查找修复区域。在Find Faults Now?下拉列表中选择Yes选项，系统开始查找复合修复范围的区域，查找结束后，系统弹出图 3.5.24 所示的“Details View”对话框（二），单击对话框中的Edge 1 (RMB)和Edge 2 (RMB)区域，在图形区显示修复区域（图 3.5.25 和图 3.5.26）。

| Details of RepairEdge1 | |
|---|---|
| Repair | RepairEdge1 |
| Bodies To Search | Visible Bodies |
| Min Edge Length Limit | 0 mm |
| Max Edge Length Limit | 0.4 mm |
| Find Faults Now? | No |
| **Edge 1 (RMB)** | |
| Length | 0.35568 mm |
| Repair Method | Edge Merge |
| Merging Entity | Automatic Selection |
| **Edge 2 (RMB)** | |
| Length | 0.36027 mm |
| Repair Method | Edge Merge |
| Merging Entity | Automatic Selection |

图 3.5.24 “Details View”对话框（二）

说明：在“Details View”对话框（二）的Find Faults Now?下拉列表中选择Yes选项，系统即开始对模型进行检查，一旦有在设置的检查范围内的对象，系统将一显示在对话框下部，本例中找到两处满足要求的边线（图 3.5.25 和图 3.5.26）。

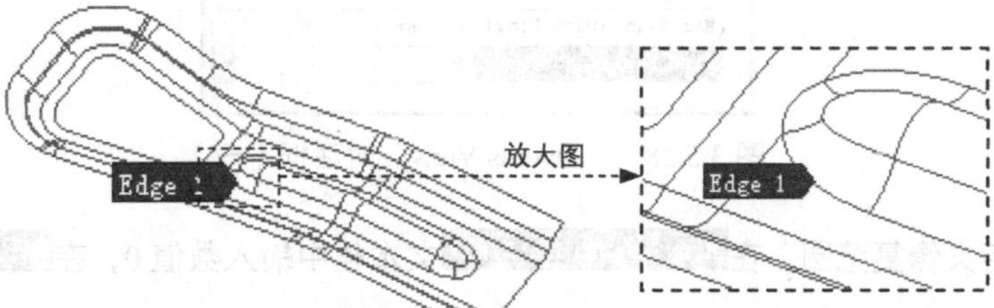


图 3.5.25 修复区域 1

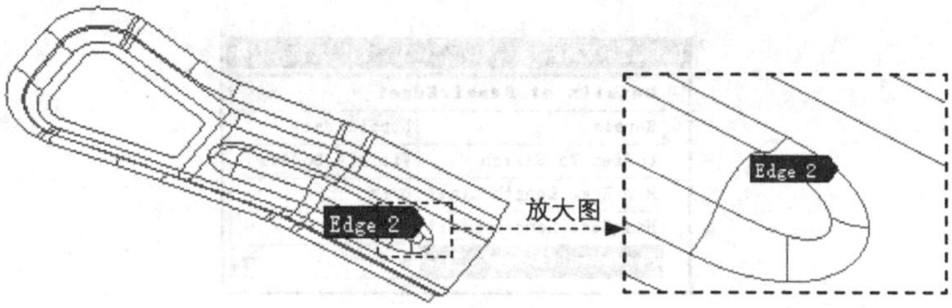


图 3.5.26　修复区域 2

步骤 05　定义修复方式。分别在 Edge 1 (RMB) 和 Edge 2 (RMB) 区域的 Repair Method 下拉列表中选择 Edge Merge 选项。

步骤 06　单击 Generate 按钮，完成修复边线操作，结果如图 3.5.22 所示。

## 2. 修复缝隙

修复缝隙（Repair Seams）主要用来修复模型中存在的缝隙；下面介绍图 3.5.27 中修复缝隙的操作过程。

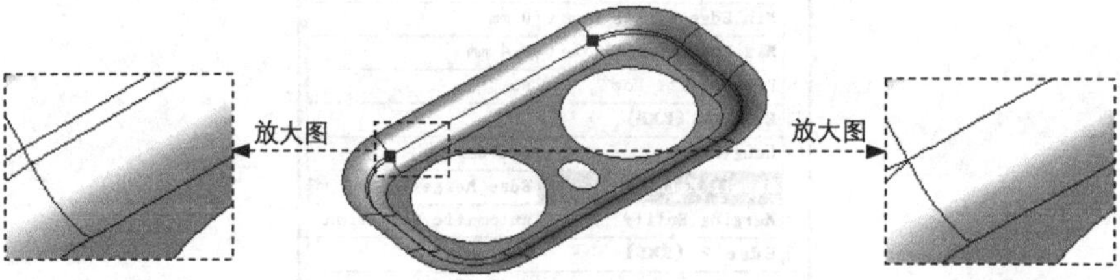


a）修复前　　b）修复后

图 3.5.27　修复缝隙

步骤 01　打开文件 D:\an15.01\work\ch03.05.07\repair_seams.wbpj。

步骤 02　选择命令。选择 Tools → Repair ▸ → Repair Seams 命令，弹出图 3.5.28 所示的“Details View”对话框（一）。

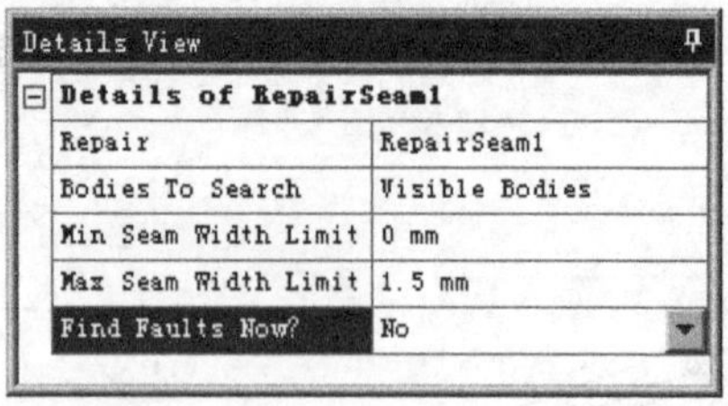

Details View

| Details of RepairSeam1 | |
|---|---|
| Repair | RepairSeam1 |
| Bodies To Search | Visible Bodies |
| Min Seam Width Limit | 0 mm |
| Max Seam Width Limit | 1.5 mm |
| Find Faults Now? | No |

图 3.5.28　“Details View”对话框（一）

步骤 03　定义修复范围。在 Min Seam Width Limit 文本框中输入数值 0，在 Max Seam Width Limit 文

本框中输入数值 1.5。

步骤 04 查找修复区域。在Find Faults Now?下拉列表中选择Yes选项，系统开始查找复合修复范围的区域，查找结束后，弹出图 3.5.29 所示的“Details View”对话框（二），单击对话框中的Seam 1 (RMB)区域，在图形区显示修复区域（图 3.5.30）。

Details View

| | |
|---|---|
| **Details of RepairSeam1** | |
| Repair | RepairSeam1 |
| Bodies To Search | Visible Bodies |
| Min Seam Width Limit | 0 mm |
| Max Seam Width Limit | 1.5 mm |
| Find Faults Now? | No |
| **Seam 1 (RMB)** | |
| Width | 0.85781 mm |
| Repair Method | Automatic |

图 3.5.29 “Details View”对话框（二）

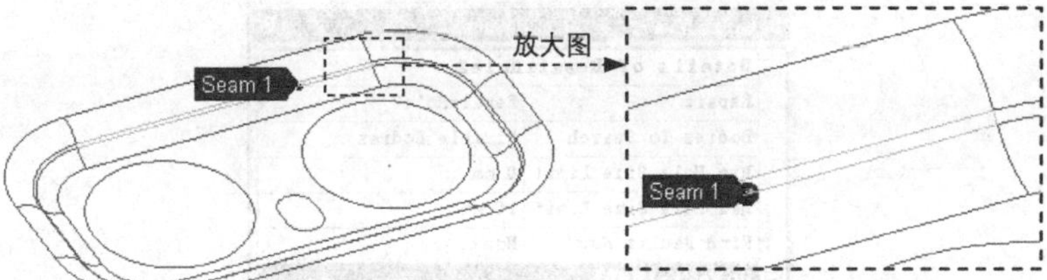


图 3.5.30 查找修复区域

步骤 05 定义修复方式。在Seam 1 (RMB)区域的Repair Method下拉列表中选择Automatic选项。

步骤 06 单击Generate按钮，完成修复缝隙操作，结果如图 3.5.27b 所示。

### 3. 修复孔

修复孔（Repair Holes）主要用来删除模型中的孔。下面介绍图 3.5.31 中修复孔的操作过程。

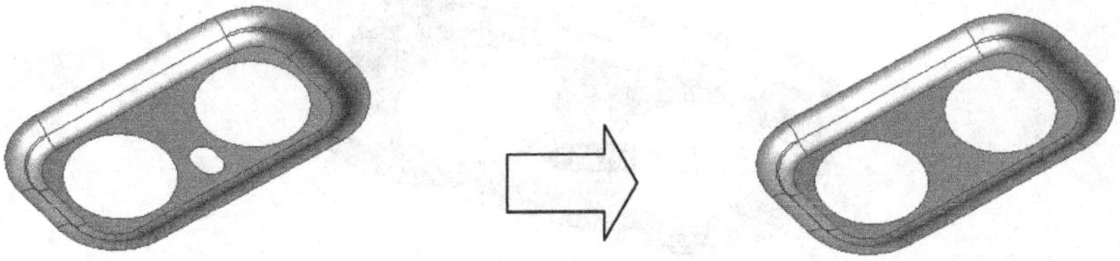

a）修复前　　b）修复后

图 3.5.31 修复孔

步骤 01 打开文件 D:\an15.01\work\ch03.05.07\repair_holes.wbpj。

步骤 02 选择命令。选择Tools → Repair → Repair Holes命令，弹出图 3.5.32 所示的“Details View”对话框（一）。

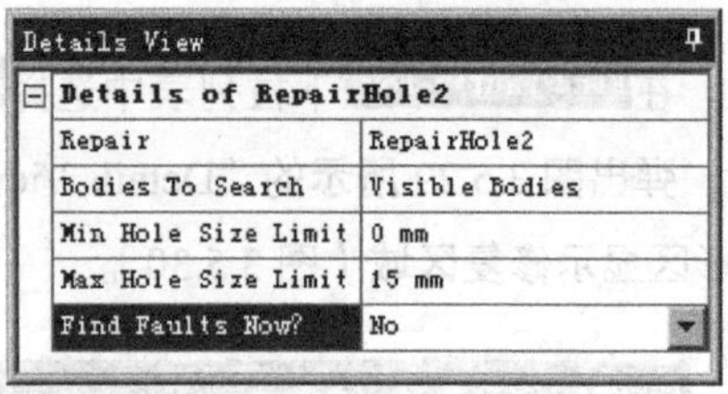


图 3.5.32 “Details View”对话框（一）

步骤 03 定义修复范围。在Min Hole Size Limit文本框中输入数值 0，在Max Hole Size Limit文本框中输入数值 15。

步骤 04 查找修复区域。在Find Faults Now?下拉列表中选择Yes选项，系统开始查找复合修复范围的区域，查找结束后，弹出图 3.5.33 所示的“Details View”对话框（二），单击对话框中的Hole 1 (RMB)区域，在图形区显示修复区域（图 3.5.34）。

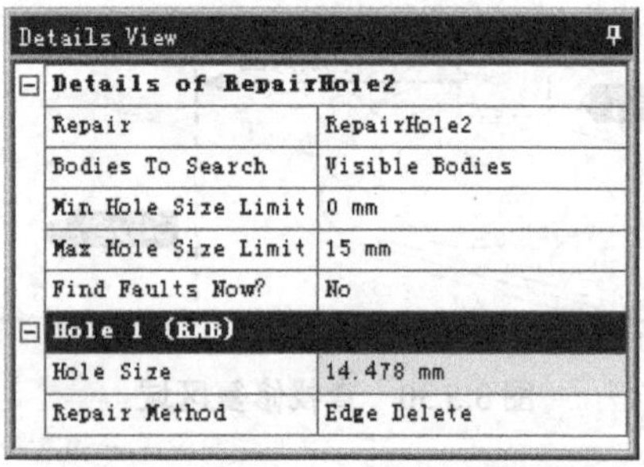


图 3.5.33 “Details View”对话框（二）

步骤 05 定义修复方式。在Hole 1 (RMB)区域的Repair Method下拉列表中选择Edge Delete选项。

步骤 06 单击Generate按钮，完成修复缝隙操作，结果如图 3.5.31b 所示。

图 3.5.34 查找修复区域

### 4. 修复表面尖角

修复表面尖角（Repair Shape Angles）主要用来修复几何体外表面的尖角。下面介绍图 3.4.35 中修复表面尖角的操作过程。

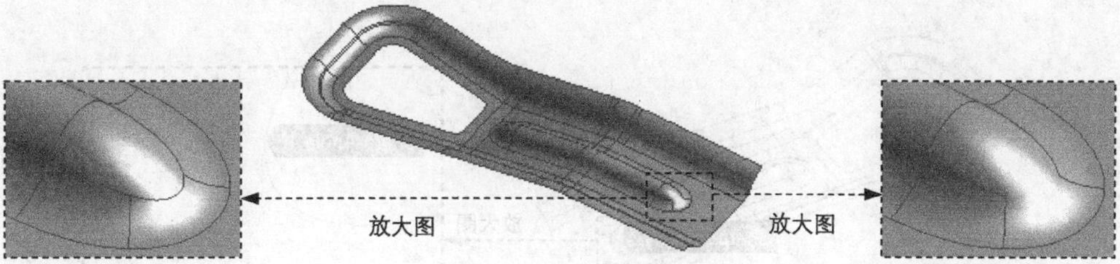


a）修复前　　b）修复后

图 3.4.35　修复表面尖角

步骤 01 打开文件 D:\an15.01\work\ch03.05.07\ repair_shape_angles.wbpj。

步骤 02 选择命令。选择下拉菜单 Tools → Repair ▸ → Repair Sharp Angles 命令，系统弹出图 3.5.36 所示的 “Details View” 对话框（一）。

**Details View**

| Details of RepairSharpAngle1 | |
|---|---|
| Repair | RepairSharpAngle1 |
| Bodies To Search | Visible Bodies |
| Min Sharp Angle Limit | 0 ° |
| Max Sharp Angle Limit | 30 ° |
| Find Faults Now? | No |

图 3.5.36　“Details View” 对话框（一）

步骤 03 定义修复范围。在 Min Sharp Angle Limit 文本框中输入数值 0，在 Max Sharp Angle Limit 文本框中输入数值 30。

步骤 04 查找修复区域。在 Find Faults Now? 下拉列表中选择 Yes 选项，系统开始查找复合修复范围的区域，查找结束后，弹出图 3.5.37 所示的 “Details View” 对话框（二），单击对话框中的 Sharp Angle 1 (RMB) 区域，在图形区显示修复区域（图 3.5.38）。

步骤 05 定义修复方式。在 Sharp Angle 1 (RMB) 区域的 Repair Method 下拉列表中选择 Face Merge 选项。

步骤 06 单击 Generate 按钮，完成修复表面尖角操作，结果如图 3.5.35b 所示。

**Details View**

| Details of RepairSharpAngle1 | |
|---|---|
| Repair | RepairSharpAngle1 |
| Bodies To Search | Visible Bodies |
| Min Sharp Angle Limit | 0 ° |
| Max Sharp Angle Limit | 30 ° |
| Find Faults Now? | No |
| **Sharp Angle 1 (RMB)** | |
| Repair Method | Face Merge |
| Merging Entity | Automatic Selection |
| Angle | 28.083 ° |

图 3.5.37　“Details View” 对话框（二）

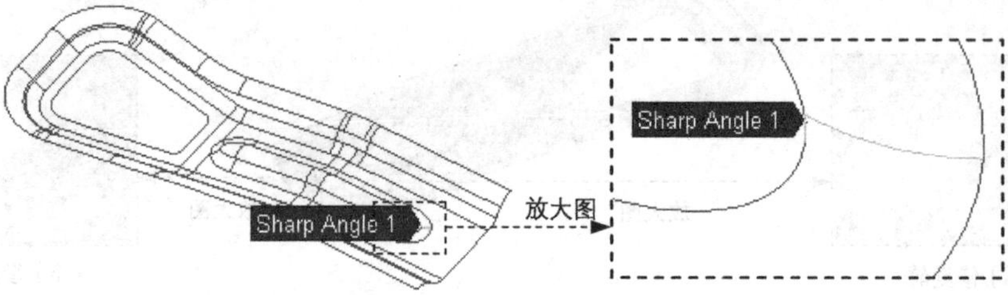


图 3.5.38　查找修复区域

### 5. 修复窄条面

修复窄条面（Repair Slivers）用来修复几何体外表面的尖角窄条状面。下面介绍图 3.5.39 中修复窄条面的操作过程。

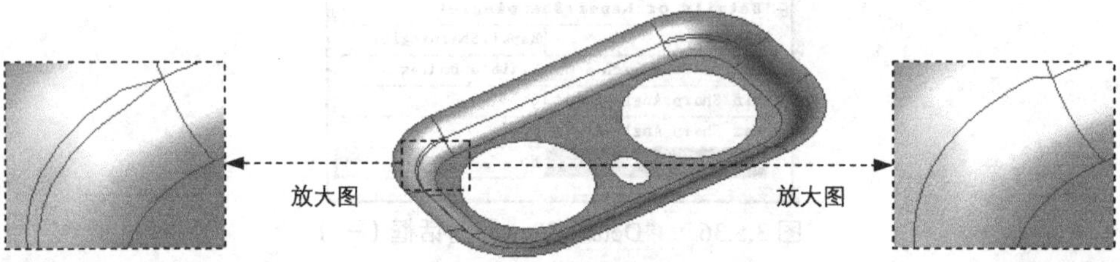


a）修复前　　b）修复后

图 3.5.39　修复窄条面

步骤 01　打开文件 D:\an15.01\work\ch03.05.07\repair_slivers.wbpj。

步骤 02　选择命令。选择 Tools → Repair ▸ → Repair Slivers 命令，弹出图 3.5.40 所示的“Details View”对话框（一）。

步骤 03　定义修复范围。在 Min Sliver Width Limit 文本框中输入数值 0，在 Max Sliver Width Limit 文本框中输入数值 1.5。

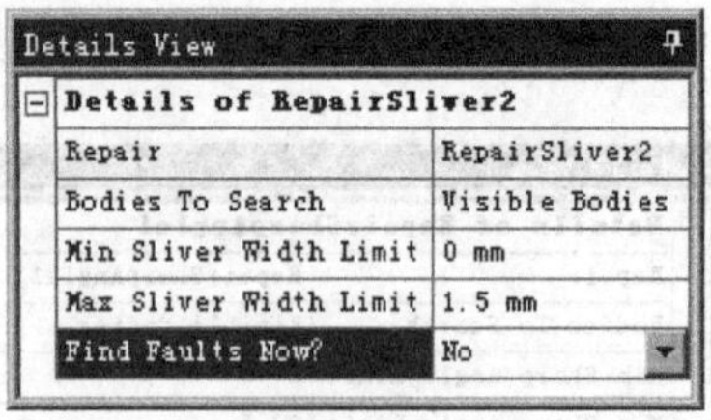


图 3.5.40　“Details View”对话框（一）

步骤 04　查找修复区域。在 Find Faults Now? 下拉列表中选择 Yes 选项，系统开始查找复合修复范围的区域，查找结束后，弹出图 3.5.41 所示的“Details View”对话框（二），单击对话框中的 Sliver 1 (RMB) 区域，在图形区显示修复区域（图 3.5.42）。

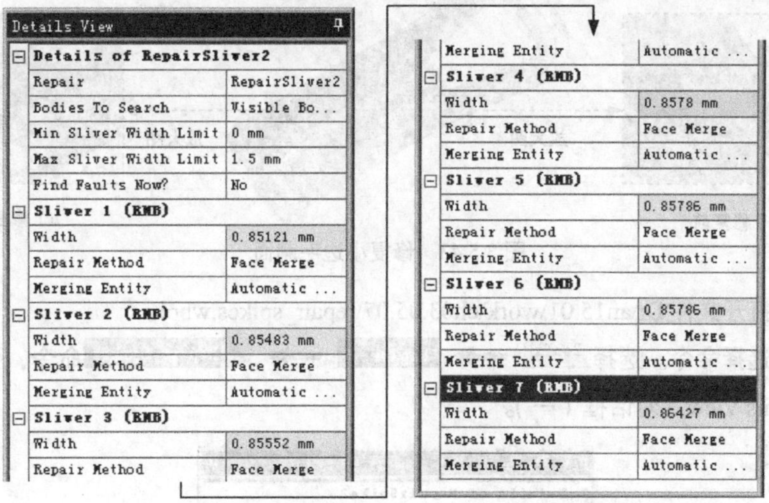

| Details View | |
|---|---|
| Details of RepairSliver2 | |
| Repair | RepairSliver2 |
| Bodies To Search | Visible Bo... |
| Min Sliver Width Limit | 0 mm |
| Max Sliver Width Limit | 1.5 mm |
| Find Faults Now? | No |
| Sliver 1 (RMB) | |
| Width | 0.85121 mm |
| Repair Method | Face Merge |
| Merging Entity | Automatic ... |
| Sliver 2 (RMB) | |
| Width | 0.85483 mm |
| Repair Method | Face Merge |
| Merging Entity | Automatic ... |
| Sliver 3 (RMB) | |
| Width | 0.85552 mm |
| Repair Method | Face Merge |
| Merging Entity | Automatic ... |
| Sliver 4 (RMB) | |
| Width | 0.8578 mm |
| Repair Method | Face Merge |
| Merging Entity | Automatic ... |
| Sliver 5 (RMB) | |
| Width | 0.85786 mm |
| Repair Method | Face Merge |
| Merging Entity | Automatic ... |
| Sliver 6 (RMB) | |
| Width | 0.85786 mm |
| Repair Method | Face Merge |
| Merging Entity | Automatic ... |
| Sliver 7 (RMB) | |
| Width | 0.86427 mm |
| Repair Method | Face Merge |
| Merging Entity | Automatic ... |

图 3.5.41 "Details View" 对话框（二）

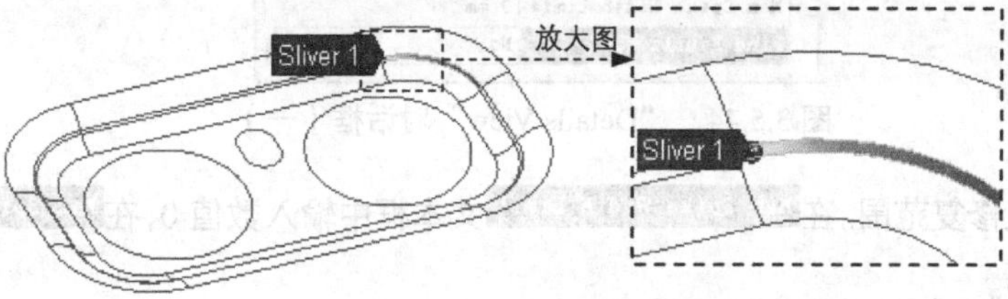


图 3.5.42 查找修复区域

说明 此处系统一共找到 7 处修复区域，分别单击 "Details View" 对话框（二）中的 Sliver 1 (RMB)、Sliver 2 (RMB)、Sliver 3 (RMB)、Sliver 4 (RMB)、Sliver 5 (RMB)、Sliver 6 (RMB) 和 Sliver 7 (RMB) 区域进行查看，本书限于篇幅不一一介绍，读者可自行查看。

步骤 05 定义修复方式。依次在 Sliver 1 (RMB)、Sliver 2 (RMB)、Sliver 3 (RMB)、Sliver 4 (RMB)、Sliver 5 (RMB)、Sliver 6 (RMB) 和 Sliver 7 (RMB) 区域的下拉列表中选择 Face Merge 选项。

步骤 06 单击 Generate 按钮，完成修复窄条面操作，结果如图 3.5.39b 所示。

### 6. 修复小边毛刺面

修复小边毛刺面（Repair Spikes）用来删除几何体外表面的小边毛刺面。下面介绍图 3.5.43 中修复小边毛刺面的操作过程。

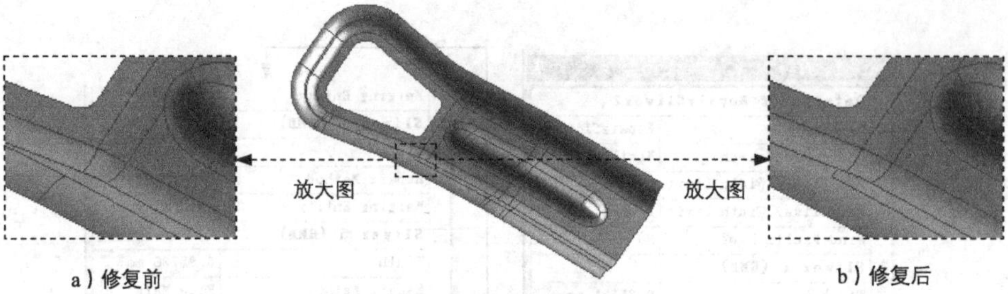


a）修复前　　b）修复后

图 3.5.43　修复小边毛刺面

步骤 01 打开文件 D:\an15.01\work\ch03.05.07\repair_spikes.wbpj。

步骤 02 选择命令。选择 Tools → Repair → Repair Spikes 命令，弹出图 3.5.44 所示的“Details View”对话框（一）。

Details View

| Details of RepairSpike2 | |
|---|---|
| Repair | RepairSpike2 |
| Bodies To Search | Visible Bodies |
| Min Spike Width Limit | 0 mm |
| Max Spike Width Limit | 3 mm |
| Find Faults Now? | No |

图 3.5.44　“Details View”对话框（一）

步骤 03 定义修复范围。在 Min Spike Width Limit 文本框中输入数值 0，在 Max Spike Width Limit 文本框中输入数值 3。

步骤 04 查找修复区域。在 Find Faults Now? 下拉列表中选择 Yes 选项，系统开始查找复合修复范围的区域，查找结束后，弹出图 3.5.45 所示的“Details View”对话框（二），单击对话框中的 Spike 1 (RMB) 和 Spike 2 (RMB) 区域，在图形区显示修复区域（图 3.5.46 和图 3.5.47）。

步骤 05 定义修复方式。分别在 Spike 1 (RMB) 和 Spike 2 (RMB) 区域的 Repair Method 下拉列表中选择 Automatic 选项。

步骤 06 单击 Generate 按钮，完成修复边线操作，结果如图 3.5.43b 所示。

Details View

| Details of RepairSpike2 | |
|---|---|
| Repair | RepairSpike2 |
| Bodies To Search | Visible Bodies |
| Min Spike Width Limit | 0 mm |
| Max Spike Width Limit | 3 mm |
| Find Faults Now? | No |
| **Spike 1 (RMB)** | |
| Width | 2.8858 mm |
| Repair Method | Automatic |
| **Spike 2 (RMB)** | |
| Width | 2.9069 mm |
| Repair Method | Automatic |

图 3.5.45　“Details View”对话框（二）

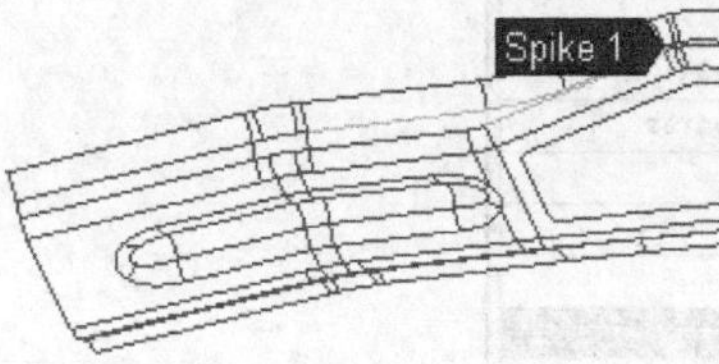


图 3.5.46　查找修复区域 1

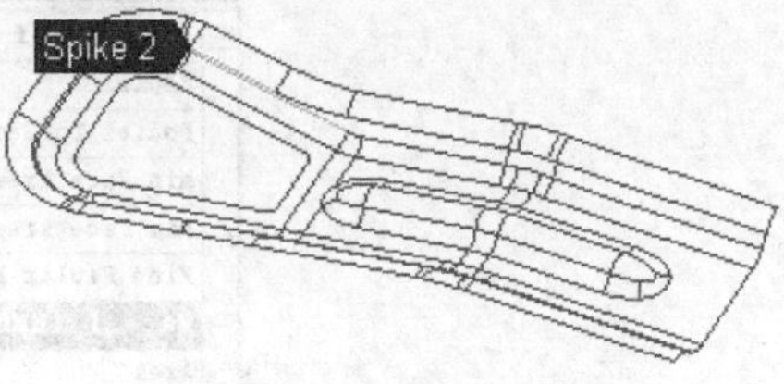


图 3.5.47　查找修复区域 2

**7. 修复表面**

修复表面（Repair Faces）用来修补碎面。下面介绍图 3.5.48 中修复表面的操作过程。

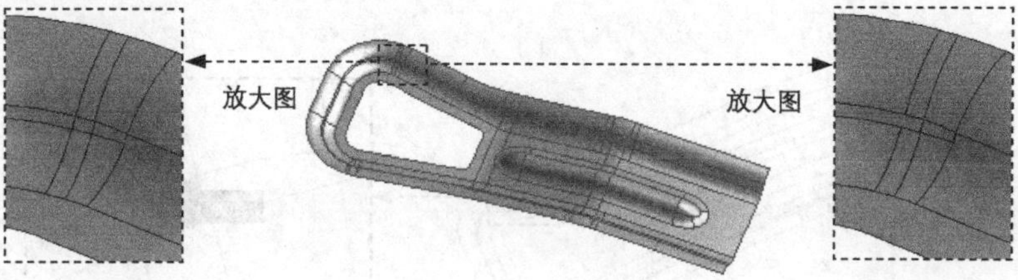


a）修复前　　b）修复后

图 3.5.48　修复表面

步骤 01 打开文件 D:\an15.01\work\ch03.05.07\repair_faces.wbpj。

步骤 02 选择命令。选择 Tools → Repair ▸ → Repair Faces 命令，弹出图 3.5.49 所示的“Details View”对话框（一）。

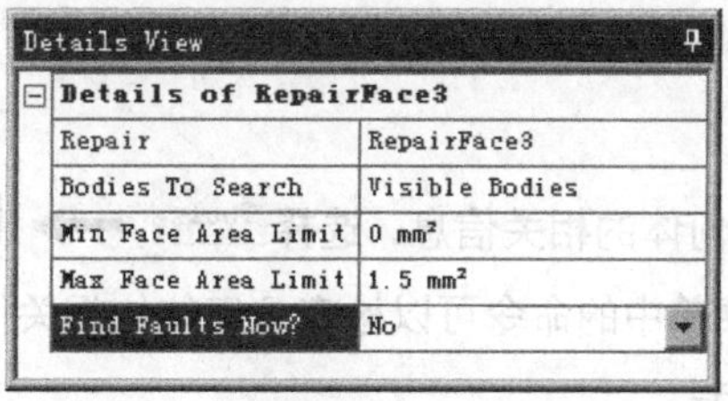


| | |
|---|---|
| Repair | RepairFace3 |
| Bodies To Search | Visible Bodies |
| Min Face Area Limit | 0 mm² |
| Max Face Area Limit | 1.5 mm² |
| Find Faults Now? | No |

图 3.5.49　“Details View”对话框（一）

步骤 03 定义修复范围。在 Min Face Area Limit 文本框中输入数值 0，在 Max Face Area Limit 文本框中输入数值 1.5。

步骤 04 查找修复区域。在 Find Faults Now? 下拉列表中选择 Yes 选项，系统开始查找复合修复范围的区域，查找结束后，弹出图 3.5.50 所示的“Details View”对话框（二），单击对话框中的 Face 1 (RMB) 和 Face 2 (RMB) 区域，在图形区显示修复区域（图 3.5.51）。

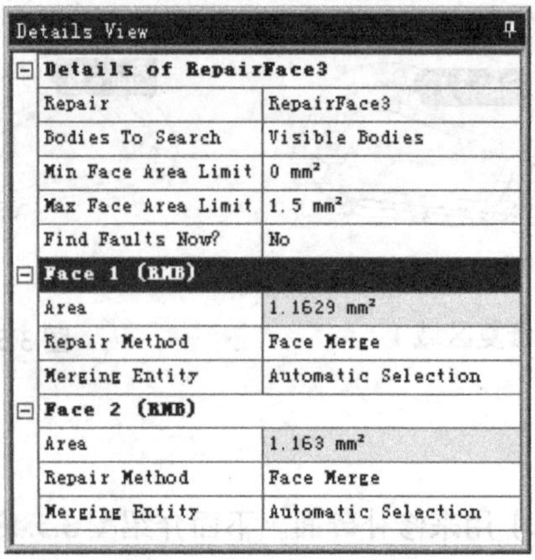


图 3.5.50 “Details View”对话框（二）

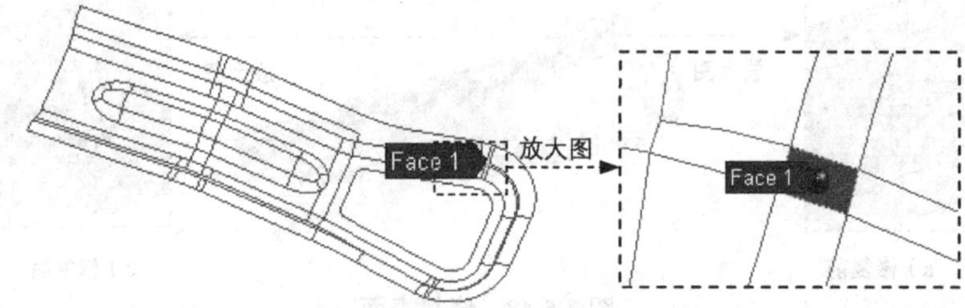


图 3.5.51 查找修复区域

步骤 05 定义修复方式。分别在 Face 1 (RMB) 和 Face 2 (RMB) 区域的 Repair Method 下拉列表中选择 Face Merge 选项。

步骤 06 单击 Generate 按钮，完成修复表面操作，结果如图 3.5.48b 所示。

## 3.6 分析工具

使用分析工具可以检查几何体的相关信息，选择 Tools → Analysis Tools 命令，弹出图 3.6.1 所示的子菜单，选择子菜单中的命令可以检查几何体的相关信息。下面分别介绍使用分析工具进行几何体检查的操作过程。

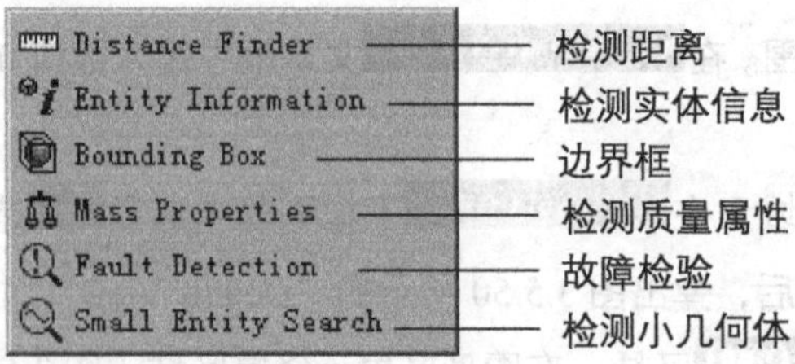


图 3.6.1 分析工具子菜单

步骤 01 打开文件 D:\an15.01\work\ch03.06\analysis_tool.wbpj。

步骤 02 选择命令。选择 Tools → Analysis Tools ▶ → Distance Finder 命令，弹出图 3.6.2 所示的“Details View”对话框。

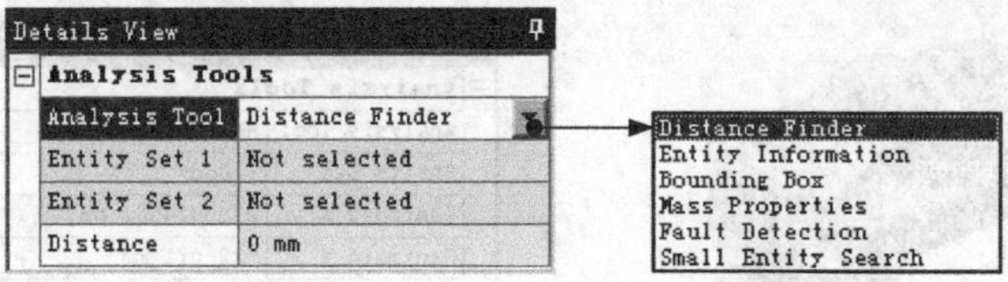


图 3.6.2 “Details View”对话框

说明 图 3.6.2 所示的“Details View”对话框的 Analysis Tool 下拉列表用于设置分析工具类型，此下拉列表中的各选项实际上与图 3.6.1 所示的子菜单的功能是一样的，此处不再赘述。

步骤 03 检测距离。在 Analysis Tool 下拉列表中选择 Distance Finder 选项，选取图 3.6.3 所示的两个实体表面为检测对象，分别单击 Entity Set 1 和 Entity Set 2 文本框中的 Apply 按钮确认，此时在模型和“Details View”对话框中显示测量结果（图 3.6.3 和图 3.6.4）。

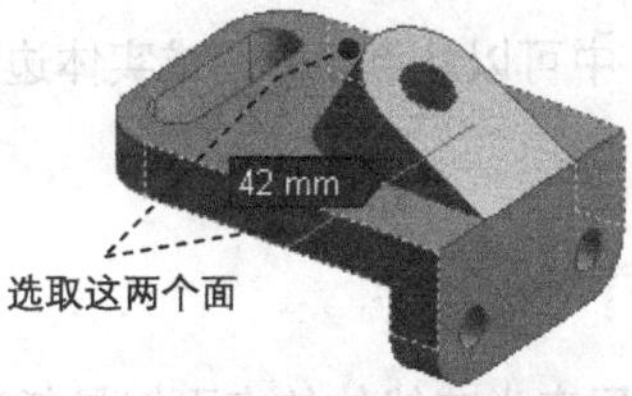


图 3.6.3 选取检测面

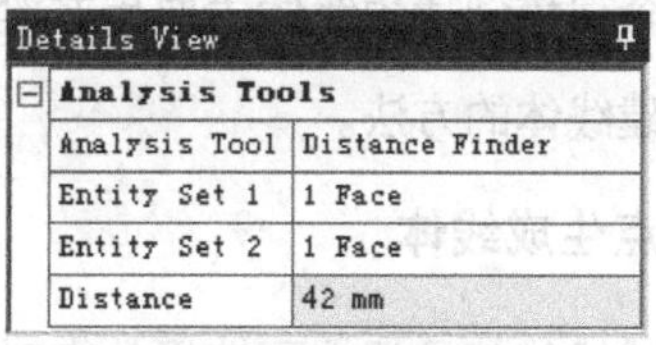


图 3.6.4 检测结果

步骤 04 检测实体信息。在 Analysis Tool 下拉列表中选择 Entity Information 选项，选取整个几何体对象，此时在“Details View”对话框中显示几何体的体积信息和表面积信息（图 3.6.5）。

步骤 05 边界框。在 Analysis Tool 下拉列表中选择 Bounding Box 选项，选取整个几何体对象，单击 Entity Set 文本框中的 Apply 按钮确认，此时在几何体上显示边界框（图 3.6.6），同时在“Details View”对话框中显示边界框尺寸（图 3.6.7）。

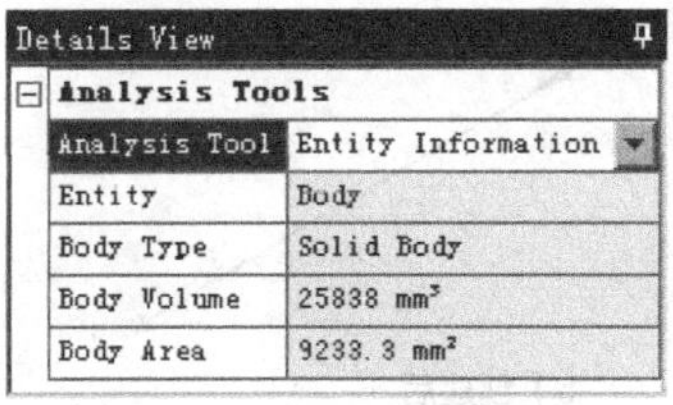


图 3.6.5 检测实体信息

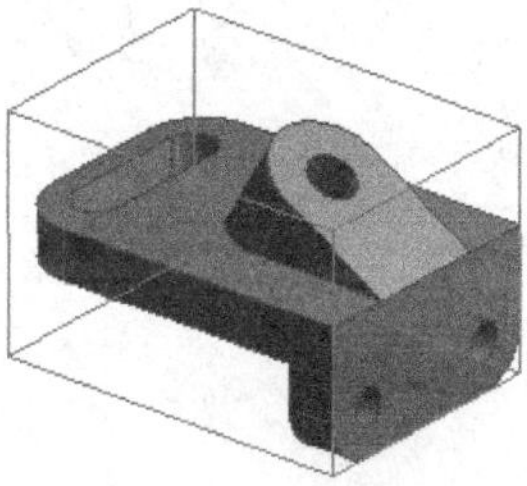

图 3.6.6 边界框

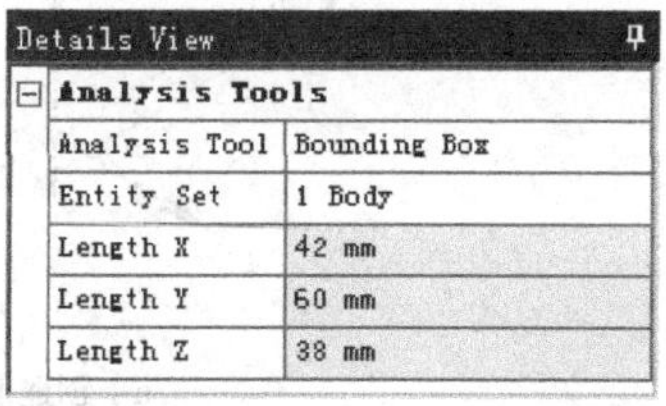


图 3.6.7 边界框信息

步骤 06 检测质量属性。在 Analysis Tool 下拉列表中选择 Mass Properties 选项，选取整个几何体对象，单击 Entity Set 文本框中的 Apply 按钮确认，此时在模型上显示质量中心（图 3.6.8），同时在“Details View”对话框中显示质量属性信息（图 3.6.9）。

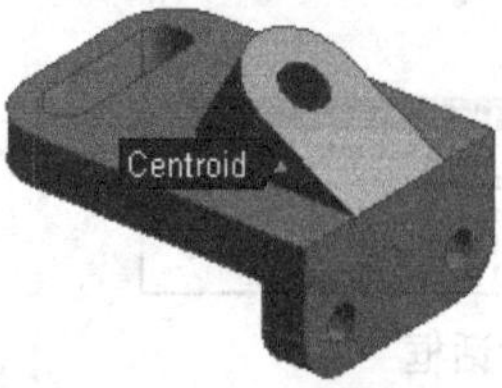


图 3.6.8　显示质量中心

Details View

| Analysis Tools | |
|---|---|
| Analysis Tool | Mass Properties |
| Entity Set | 1 Body |
| Centroid X | 0.00014552 mm |
| Centroid Y | -22.071 mm |
| Centroid Z | -4.5899 mm |

图 3.6.9　显示质量属性信息

## 3.7　概念建模

概念建模主要用于创建和修改线体或面体，并最终将这些体转变成有限元中的梁模型或壳模型。其中有限元分析中的梁模型只能使用概念建模来创建，壳模型既可以使用概念建模来创建，又可以从外部 CAD 中导入。

### 3.7.1　创建线体

使用概念建模创建的线体主要用在梁分析中，在 DM 中可以从点、草图或实体边创建线体。下面介绍创建线体的方法。

#### 1.　从点生成线体

从点生成线体就是根据可选择的点对象来生成线体，用来生成线体的点可以是任意 2D 草图点、3D 模型顶点或具有点特征的点。下面以图 3.7.1 所示的模型为例，介绍从点生成线体的操作过程。

步骤 01 打开文件 D:\an15.01\work\ch03.07.01\lines_from_points.wbpj。

步骤 02 选择命令。选择 Concept → Lines From Points 命令，弹出图 3.7.2 所示的“Details View”对话框。

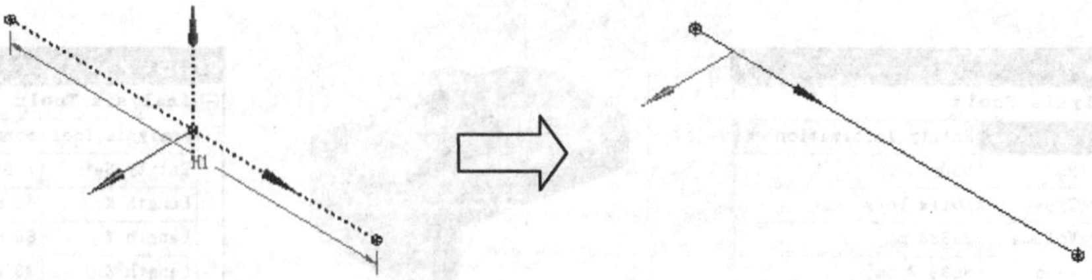

a）创建前　　b）创建后

图 3.7.1　由点生成线体

| Details View | |
|---|---|
| **Details of Line1** | |
| Lines From Points | Line1 |
| Point Segments | 1 |
| Operation | Add Material |

图 3.7.2 “Details View”对话框

步骤 03 选择点对象。按住 Ctrl 键，选择直线的两个端点对象，单击 Point Segments 文本框中的 Apply 按钮确认。

步骤 04 单击 Generate 按钮，完成线体创建，结果如图 3.7.1b 所示。

## 2. 从草图生成线体

从草图生成线体就是根据草图对象来生成线体。下面以图 3.7.3 所示的模型为例，介绍从草图生成线体的操作过程。

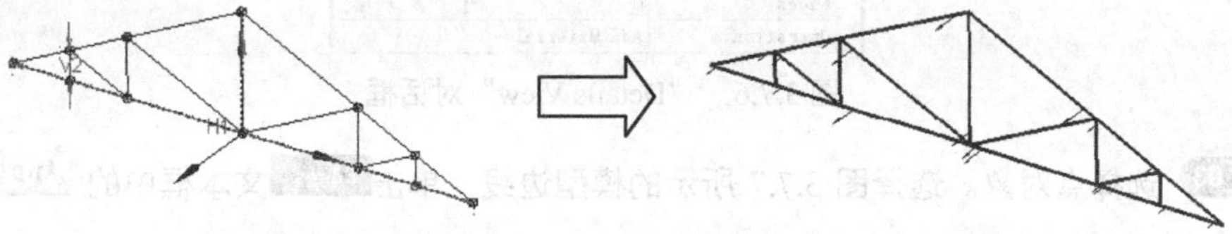

a）创建前　　b）创建后

图 3.7.3 从草图生成线体

步骤 01 打开文件 D:\an15.01\work\ch03.07.01\lines_from_sketches. Wbpj。

步骤 02 选择命令。选择 Concept → Lines From Sketches 命令，弹出图 3.7.4 所示的“Details View”对话框。

步骤 03 选择草图对象。在“Tree Outline”中选择 Sketch1 草图对象，单击 Base Objects 文本框中的 Apply 按钮确认。

步骤 04 单击 Generate 按钮，完成线体创建，结果如图 3.7.3b 所示。

| Details View | |
|---|---|
| **Details of Line1** | |
| Lines From Sketches | Line1 |
| Base Objects | Not selected |
| Operation | Add Material |

图 3.7.4 “Details View”对话框

## 3. 从边生成线体

从边生成线体是指利用模型的边线来生成线体。下面以图 3.7.5 所示的模型为例，介绍从边生成线体的操作过程。

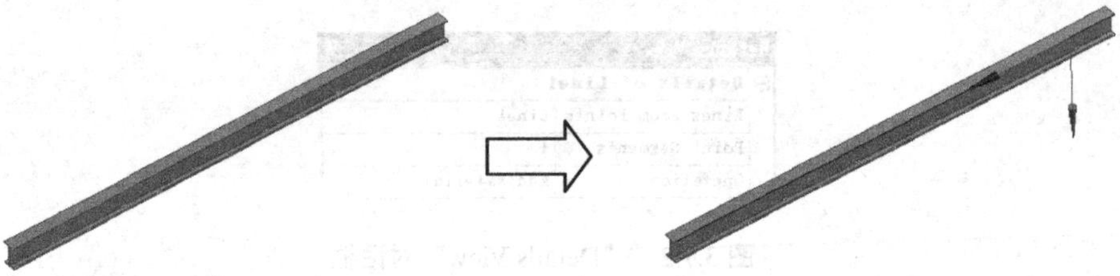

a）创建前　　　　b）创建后

图 3.7.5　从边生成线体

步骤 01 打开文件 D:\an15.01\work\ch03.07.01\lines_from_edges.wbpj。

步骤 02 选择命令。选择 Concept → Lines From Edges 命令，弹出图 3.7.6 所示的“Details View”对话框。

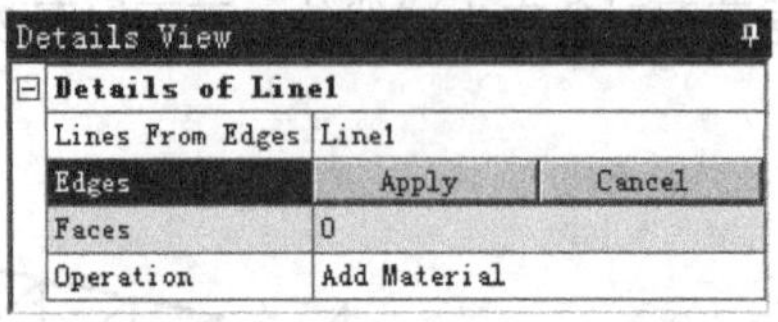


图 3.7.6　“Details View”对话框

步骤 03 选择点对象。选择图 3.7.7 所示的模型边线，单击 Edges 文本框中的 Apply 按钮确认。

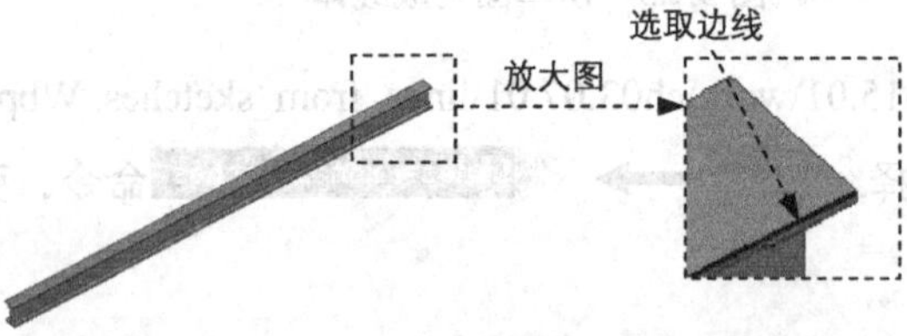


图 3.7.7　选取模型边线

步骤 04 单击 Generate 按钮，完成线体创建，结果如图 3.7.5b 所示。

说明

在“Details View”对话框中激活 Faces 文本框，然后可在模型中选择模型面，此时系统将以所选面的边线来创建线体。

## 3.7.2 创建面体

使用概念建模创建的面体主要用在壳分析中，在 DM 中可以从边、草图或实体表面创建面体。下面介绍创建面体的方法。

### 1. 从边生成面体

从边生成面体就是根据选择的边对象来生成面体。下面以图 3.7.8 所示的模型为例，介绍从边生成面体的操作过程。

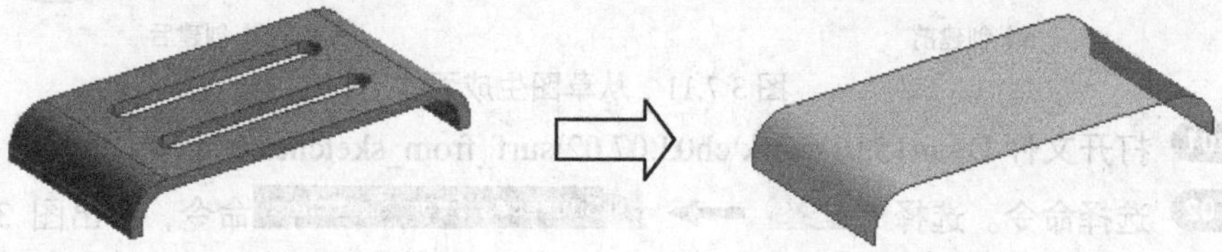

a）创建前　　　　b）创建后

图 3.7.8　由边生成面体

步骤 01 打开文件 D:\an15.01\work\ch03.07.02\surf_from_edges.wbpj。

步骤 02 选择命令。选择 Concept → Surfaces From Edges 命令，弹出图 3.7.9 所示的“Details View”对话框。

步骤 03 选择边对象。按住 Ctrl 键，选取图 3.7.10 所示的几何体边界，单击 Edges 文本框中的 Apply 按钮确认。

**注意**：选取边界时，必须是一个连续的封闭的环形边界链，中间不能包含其他边界链；边界链可以是平面的边界链，也可以是空间的边界链。

**说明**：在选择边界链时，可以使用“选择过滤器”工具条中的 Extend to Limits 命令，快速选取相邻并相切的边界，具体操作请参看随书光盘。

步骤 04 单击 Generate 按钮，完成面体创建，结果如图 3.7.8b 所示。

Details View

| Details of Surf2 | |
|---|---|
| Line-Body Tool | Surf2 |
| Edges | 12 |
| Thickness (>=0) | 0 mm |

图 3.7.9　“Details View”对话框

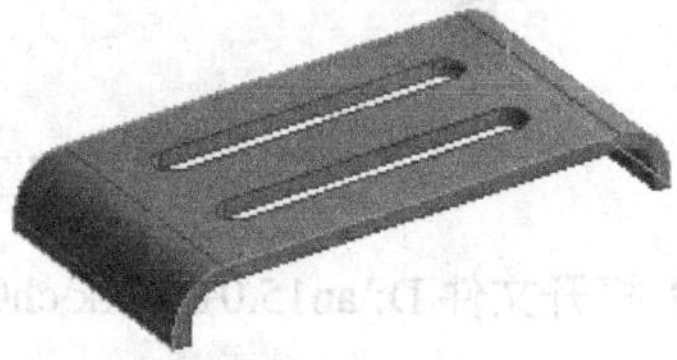

图 3.7.10　选取边界

### 2. 从草图生成面体

从草图生成面体就是利用已经存在的草图对象生成面体，用来生成面体的对象可以是任意草图对象。下面以图 3.7.11 所示的模型为例，介绍从草图生成面体的操作过程。

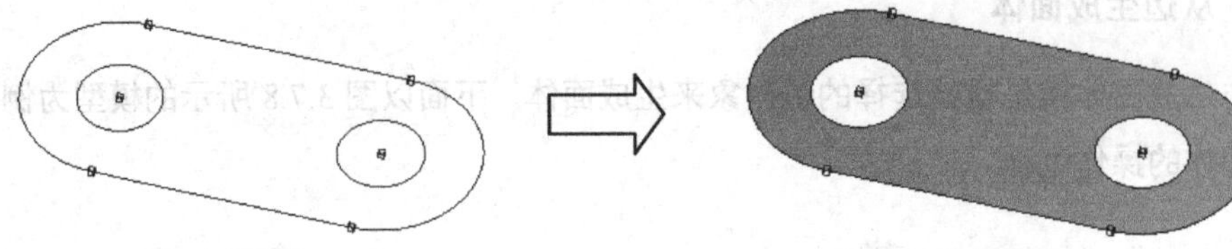

a）创建前　　　　b）创建后

图 3.7.11　从草图生成面体

步骤 01 打开文件 D:\an15.01\work\ch03.07.02\surf_from_sketches.wbpj。

步骤 02 选择命令。选择 Concept → Surfaces From Sketches 命令，弹出图 3.7.12 所示的“Details View”对话框。

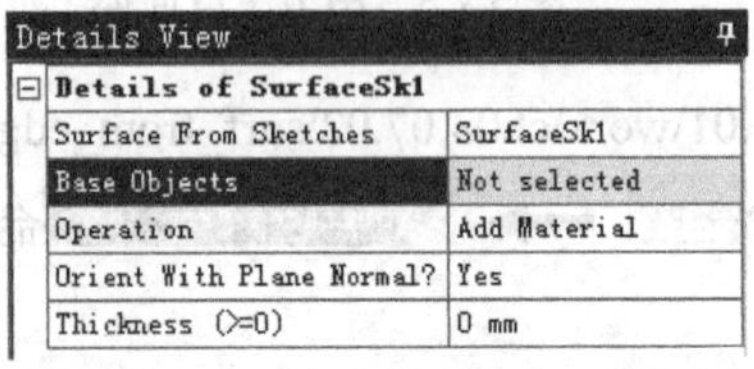


图 3.7.12　“Details View”对话框

步骤 03 选择草图对象。在“Tree Outline”中选择 Sketch1 草图对象，单击 Base Objects 文本框中的 Apply 按钮确认。

步骤 04 单击 Generate 按钮，完成面体创建，结果如图 3.7.11b 所示。

### 3. 从面生成面体

从面生成面体就是根据所选择的几何体表面对象来生成面体。下面以图 3.7.13 所示的模型为例，介绍从面生成面体的操作过程。

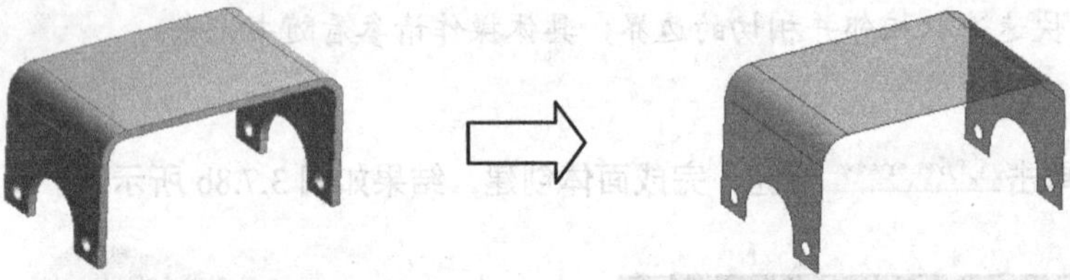

a）创建前　　　　b）创建后

图 3.7.13　从面生成面体

步骤 01 打开文件 D:\an15.01\work\ch03.07.02\surf_from_faces.wbpj。

步骤 02 选择命令。选择 Concept → Surfaces From Faces 命令，弹出图 3.7.14 所示的“Details View”对话框。

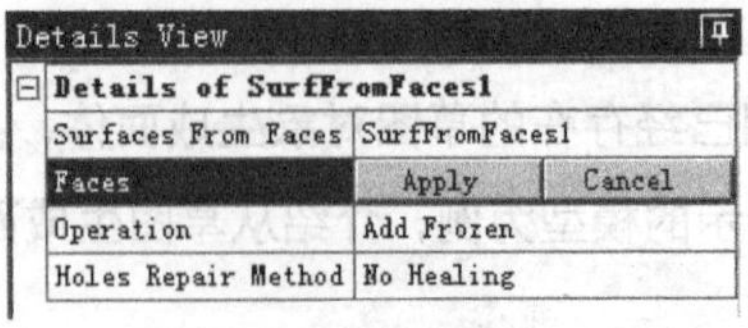


图 3.7.14　“Details View”对话框

步骤 03 选择面对象。选取图 3.7.15 所示的几何体表面，在“选择过滤器”工具栏中单击按钮，在弹出的下拉列表中选择 Extend to Limits 命令，然后单击 Faces 文本框中的 Apply 按钮确认。

图 3.7.15 选择曲面

步骤 04 单击 Generate 按钮，完成面体创建，结果如图 3.7.13b 所示。

## 3.7.3 横截面

在有限元分析中，对于梁结构还需要定义其横截面，然后将横截面属性赋给线体特征，即可创建供有限元分析用的梁结构。选择 Concept ➡ Cross Section ▸ 命令，弹出图 3.7.16 所示的子菜单，用于定义横截面属性，其中包含常用的横截面，也可以自定义横截面。下面以图 3.7.17 所示的梁结构建模（梁截面为空心圆管）为例，介绍定义横截面及将横截面属性赋给线体的操作过程。

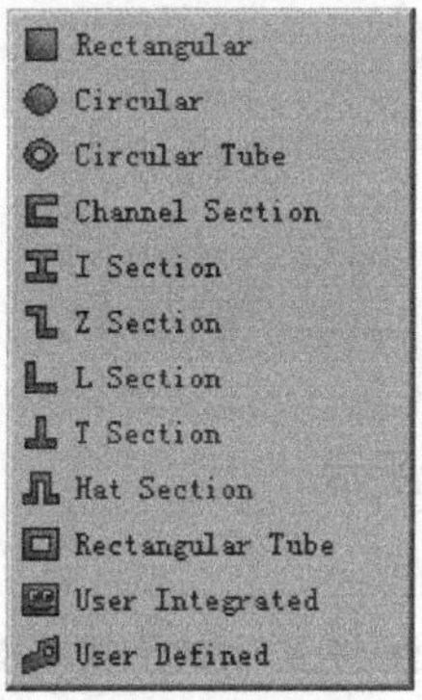


图 3.7.16 “Cross Section”子菜单

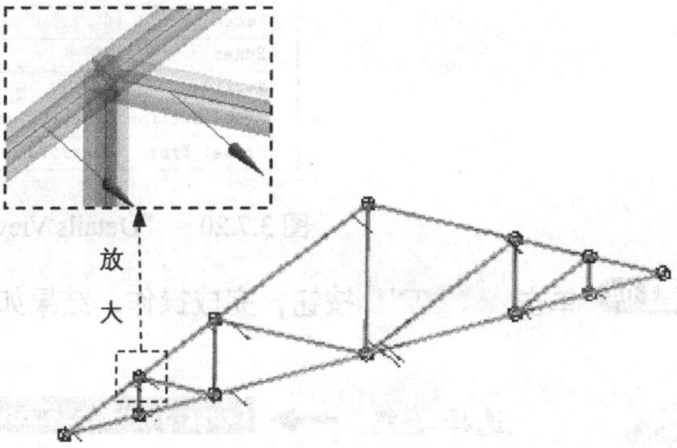


图 3.7.17 梁结构建模

步骤 01 打开文件 D:\an15.01\work\ch03.07.03\cross_section.wbpj。

步骤 02 定义截面属性。选择 Concept ➡ Cross Section ▸ ➡ Circular Tube 命令，弹出图 3.7.18 所示的“Details View”对话框。此时系统自动在图形区生成横截面的二维草绘，修改截面尺寸值如图 3.7.19 所示。

注意：在 DM 中创建的横截面位于 XY 平面内，这一点与 MAPDL 不同，MAPDL 中的梁横截面位于 YZ 平面内。

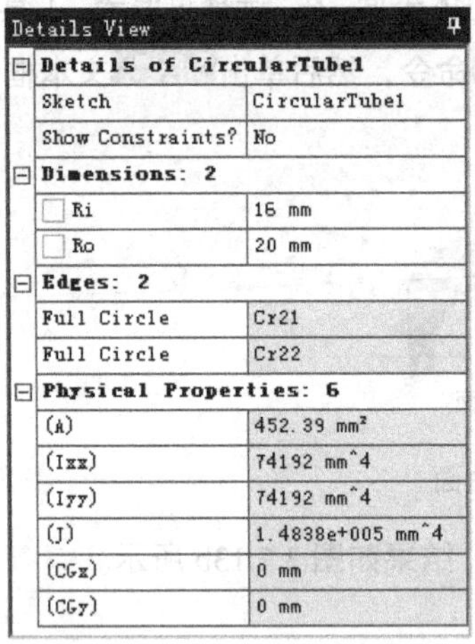

Details View

| Details of CircularTube1 | |
|---|---|
| Sketch | CircularTube1 |
| Show Constraints? | No |
| **Dimensions: 2** | |
| Ri | 16 mm |
| Ro | 20 mm |
| **Edges: 2** | |
| Full Circle | Cr21 |
| Full Circle | Cr22 |
| **Physical Properties: 6** | |
| (A) | 452.39 mm² |
| (Ixx) | 74192 mm^4 |
| (Iyy) | 74192 mm^4 |
| (J) | 1.4838e+005 mm^4 |
| (CGx) | 0 mm |
| (CGy) | 0 mm |

图 3.7.18 “Details View”对话框

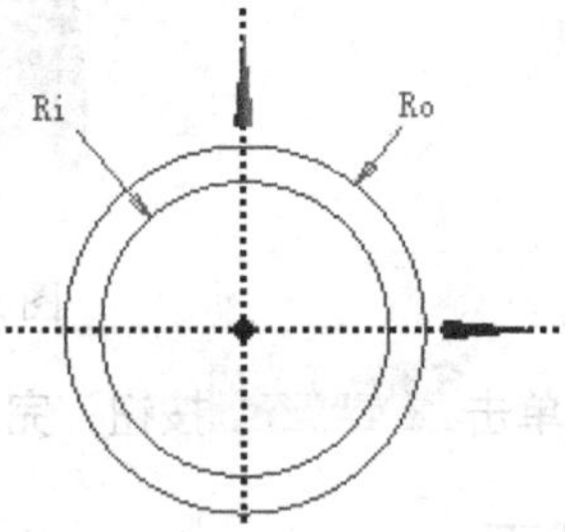


图 3.7.19 定义横截面参数

步骤 03 将横截面属性赋给线体。在“Tree Outline”中展开 1 Part, 1 Body 节点，然后单击选中线体 Line Body，弹出图 3.7.20 所示的“Details View”对话框，在对话框的 Cross Section 下拉列表中选择 CircularTube1 选项，完成操作。

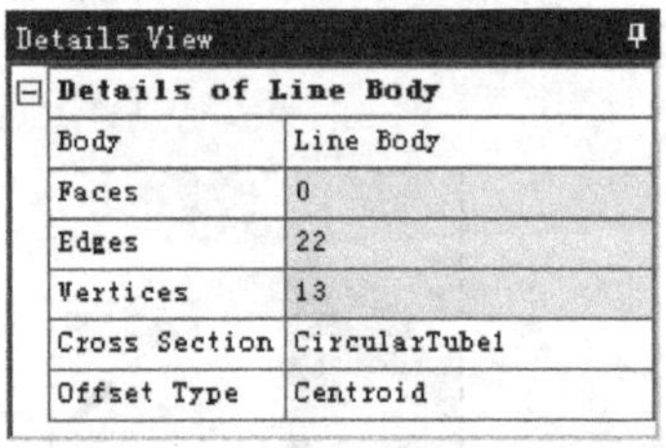

Details View

| Details of Line Body | |
|---|---|
| Body | Line Body |
| Faces | 0 |
| Edges | 22 |
| Vertices | 13 |
| Cross Section | CircularTube1 |
| Offset Type | Centroid |

图 3.7.20 “Details View”对话框

步骤 04 单击 Generate 按钮，完成操作，结果如图 3.7.17 所示。

说明

选择 View → Cross Section Solids 命令，系统将显示赋予横截面属性后的梁结构，否则系统仅显示之前的线体样式。

## 3.8 ANSYS Workbench 几何建模实际应用一

应用概述：

本应用将介绍一个较为复杂的二维草图（图 3.8.1）的绘制过程。对于二维草图的绘制，一般是先绘制二维草图的大体轮廓，然后处理草图中的几何约束，最后标注与修改草图中的尺寸，其中的难点是草图中几何约束的处理，在此需要读者认真领会。下面具体介绍图 3.8.1 所示的二维草图的绘制过程。

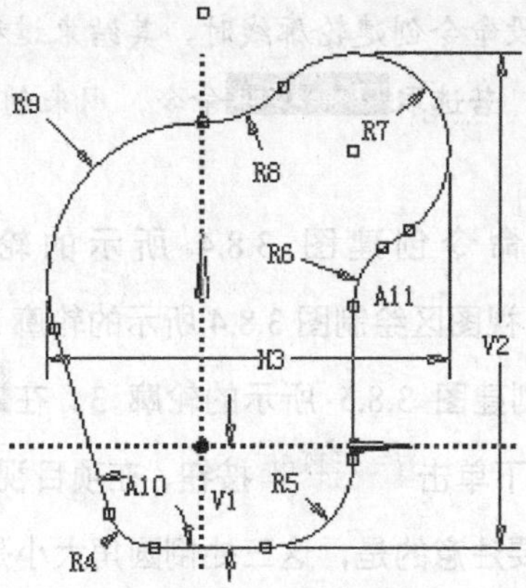


图 3.8.1 草图范例

步骤 01 新建“Geometry”项目列表。在 ANSYS Workbench 界面中双击 Toolbox 工具箱 ⊟ Component Systems 区域中的 Geometry，即新建一个“Geometry”项目列表，如图 3.8.2 所示。

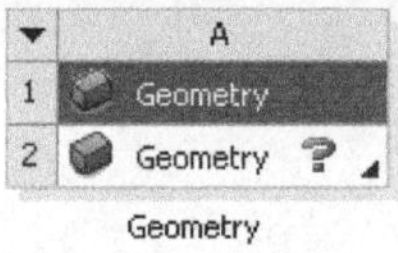


图 3.8.2 新建“Geometry”项目列表

步骤 02 新建几何体。在“Geometry”项目列表中右击 Geometry 选项，在弹出的快捷菜单中选择 New Geometry... 命令，进入“Geometry”环境。

步骤 03 新建草图。在“草图绘制”工具条的 XYPlane 下拉列表中选择 XYPlane 平面为草图平面，单击工具条中的“New Sketch”按钮，系统即在选定的草图平面下新建一草图。

步骤 04 使用多段线命令创建图 3.8.3 所示的轮廓 1。在选项卡区域单击 Sketching 选项卡，进入草图绘制模式，在 Sketching Toolboxes 工具箱中单击 Draw 按钮，在 Draw 窗口下打开 Polyline 按钮，在项目视图区绘制图 3.8.3 所示的轮廓后右击，在弹出的快捷菜单中选取 Open End 命令。

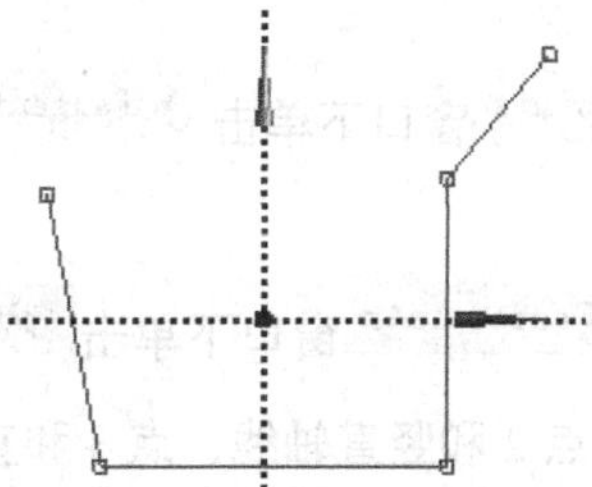

图 3.8.3 轮廓 1

说明：在使用多线段命令创建轮廓线时，其结束过程中选取Open End命令，用来创建开放的多线段；若选取Closed End命令，用来创建首尾相连的封闭多线段。

步骤05 使用相切圆弧命令创建图 3.8.4 所示的轮廓 2。在Draw窗口下单击Arc by Tangent按钮，在项目视图区绘制图 3.8.4 所示的轮廓 2。

步骤06 使用倒圆角命令创建图 3.8.5 所示的轮廓 3。在Sketching Toolboxes工具箱中单击Modify按钮，在Modify窗口下单击Fillet按钮，在项目视图区两相邻直线间添加圆角（草图中需要创建三处倒圆角，需要注意的是，这三处倒圆角大小是不相等的）。

说明：在 DM 中绘制草图圆角时需要输入圆角半径，在此可以按照最终半径值来绘制，也可以随便输入一个圆角半径值来绘制，最后再统一修改即可。

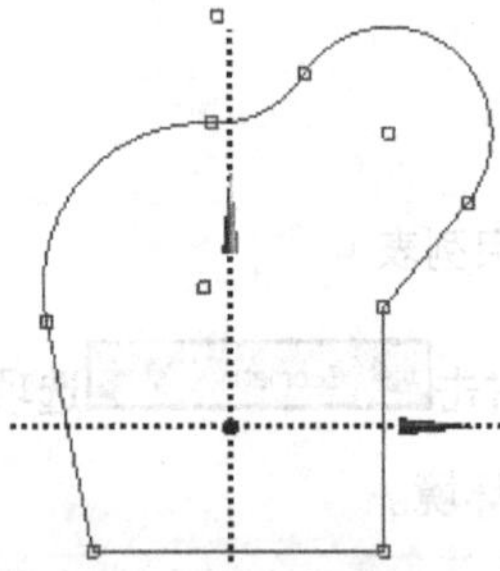

图 3.8.4　轮廓 2

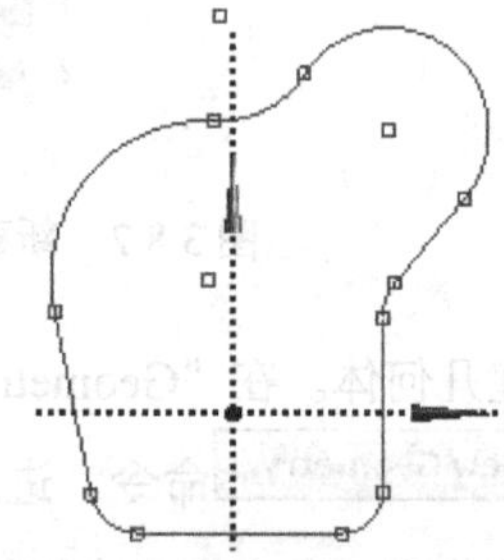

图 3.8.5　轮廓 3

步骤07 添加图 3.8.6 所示的约束（自动添加约束未满足的情况下）。

（1）添加水平约束。在Sketching Toolboxes工具箱中单击Constraints按钮，在Constraints窗口中单击Horizontal按钮，在项目视图区选取图 3.8.7 所示的直线 1。

（2）添加竖直约束。在Constraints窗口下单击Vertical按钮，在项目视图区选取图 3.8.7 所示的直线 2。

（3）添加相切约束。在Constraints窗口下单击Tangent按钮，在项目视图区选取直线与圆弧段和圆弧与圆弧段之间相切。

（4）添加点在线上约束。在Constraints窗口下单击Coincident按钮，在项目视图区选取图 3.8.7 所示的点 1 和竖直轴线、点 2 和竖直轴线、点 3 和直线 2。

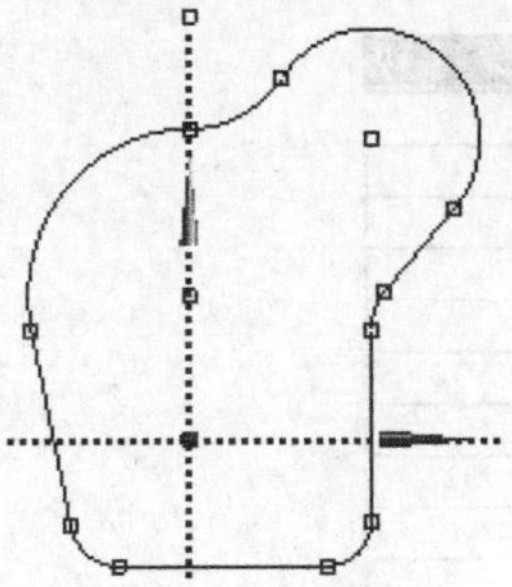

图 3.8.6　添加约束

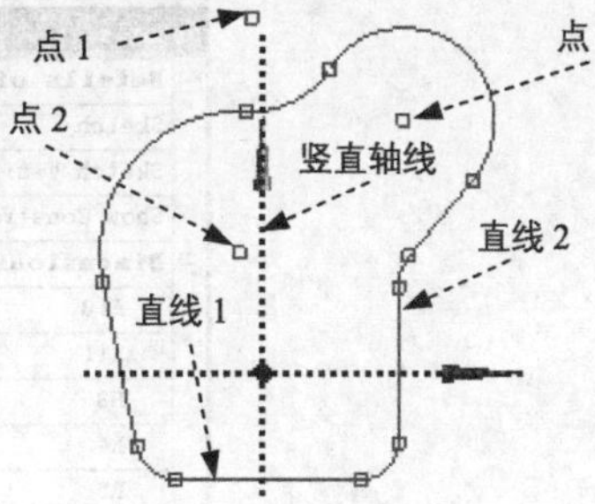


图 3.8.7　定义约束 1

步骤 08 标注尺寸。

（1）标注竖直尺寸。在 Sketching Toolboxes 工具箱中单击 Dimensions 按钮，在 Dimensions 窗口中单击 Vertical 按钮，标注图 3.8.8 所示的竖直尺寸。

（2）标注水平尺寸。在 Dimensions 窗口中单击 Horizontal 按钮，标注图 3.8.9 所示的水平尺寸。

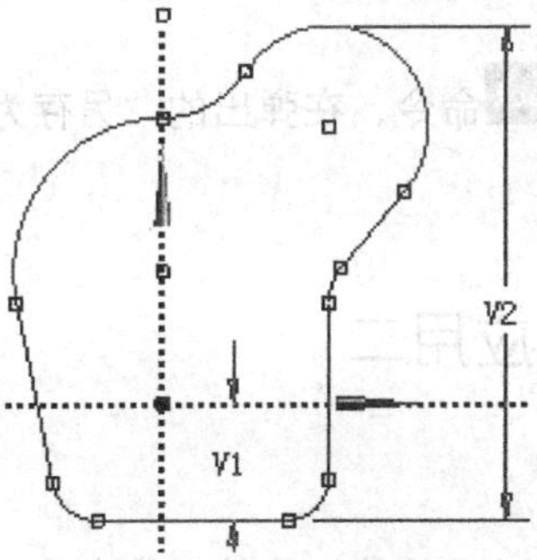


图 3.8.8　添加竖直尺寸约束

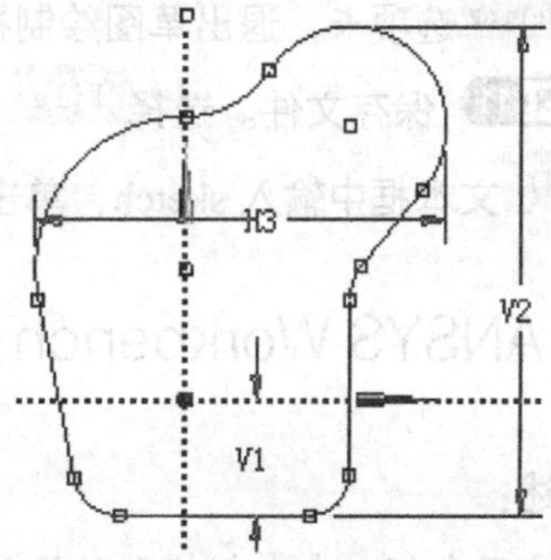


图 3.8.9　添加水平尺寸约束

（3）标注半径尺寸。在 Dimensions 窗口中单击 Radius 按钮，标注图 3.8.10 所示的半径尺寸。

（4）标注角度尺寸。在 Dimensions 窗口中单击 Angle 按钮，标注图 3.8.11 所示的角度尺寸。

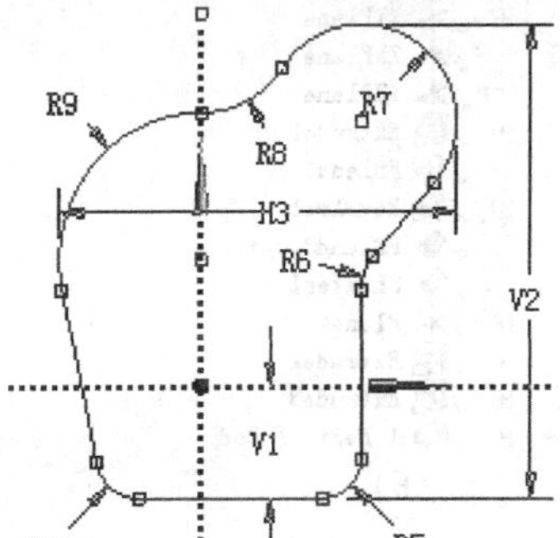


图 3.8.10　添加半径尺寸约束

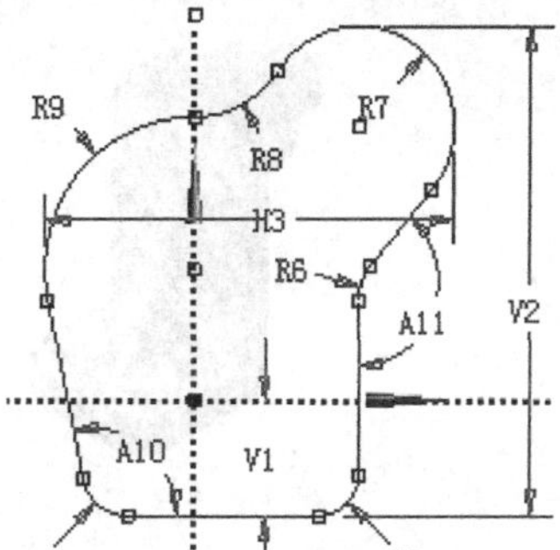


图 3.8.11　添加角度尺寸约束

步骤 09 修改尺寸。在草绘环境的“Details View”对话框中修改尺寸，如图 3.8.12 所示。

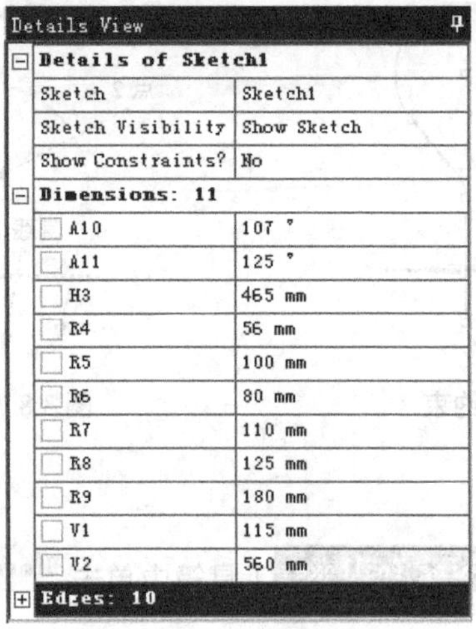


图 3.8.12 修改尺寸

步骤 10 在 Dimensions 窗口中单击 Move 按钮，调整尺寸至合适的位置，完成草图绘制，打开 Modeling 选项卡，退出草图绘制模式。

步骤 11 保存文件。选择 File → Save Project 命令，在弹出的“另存为”对话框的 文件名(N): 文本框中输入 sketch，单击 保存(S) 按钮。

## 3.9 ANSYS Workbench 几何建模实际应用二

应用概述：

本应用介绍一个支架模型的设计过程，其中主要使用了拉伸、旋转、基准面、倒圆角和倒斜角等命令，其模型及特征树如图 3.9.1 所示。下面具体介绍其设计过程。

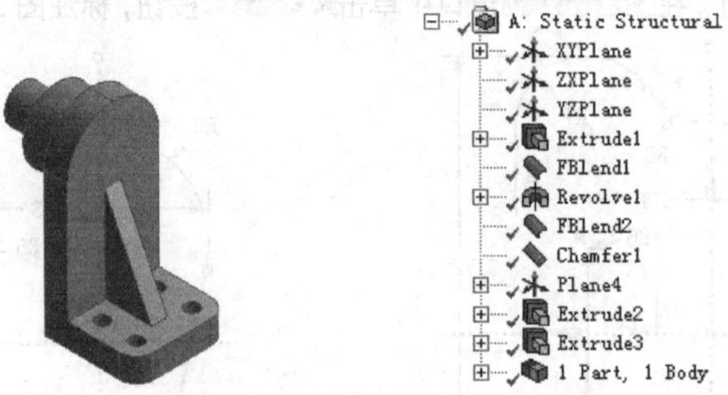


a) b)

图 3.9.1 模型及特征树

步骤 01 创建项目列表。在 ANSYS Workbench 界面中双击 Toolbox 工具箱的 ⊟ Component Systems 区域中的 Geometry 选项，即创建一个“Geometry”项目列表。

步骤 02 新建几何体。在“Geometry”项目列表中右击 Geometry 选项，在弹出的快捷菜单中选择 New Geometry... 命令，进入“Geometry”环境。

步骤 03 创建图 3.9.2 所示的拉伸特征 1。

（1）绘制图 3.9.3 所示的草图 1。在“草图绘制”工具条的 XYPlane 下拉列表中选择 XYPlane 平面为草图平面，单击“New Sketch”按钮，绘制图 3.9.3 所示的截面草图，其中 H1=40，V2=80，V3=10。

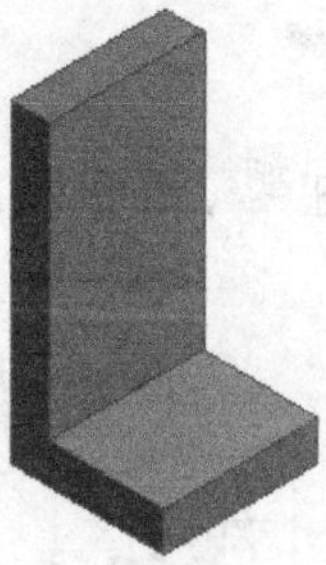

图 3.9.2 拉伸特征 1

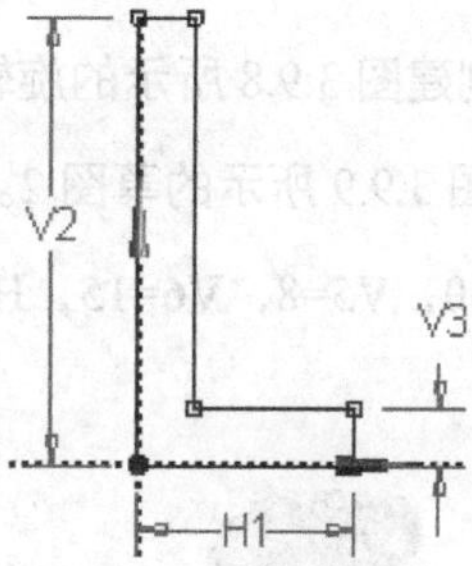


图 3.9.3 草图 1

（2）定义拉伸属性。在工具条中单击 Extrude 按钮，弹出图 3.9.4 所示的“Details View”对话框，使用草图 1 作为截面，在 Operation 下拉列表中选择 Add Material 选项，在 Direction 下拉列表中选择 Both - Symmetric 选项，在 FD1, Depth (>0) 文本框中输入数值 20，其他采用系统默认设置值。单击工具条中的 Generate 按钮，完成拉伸特征 1 的创建。

Details View

| Details of Extrude1 | |
|---|---|
| Extrude | Extrude1 |
| Geometry | Sketch1 |
| Operation | Add Material |
| Direction Vector | None (Normal) |
| Direction | Both - Symmetric |
| Extent Type | Fixed |
| FD1, Depth (>0) | 20 mm |
| As Thin/Surface? | No |
| Merge Topology? | Yes |
| Geometry Selection: 1 | |
| Sketch | Sketch1 |

图 3.9.4 “Details View”对话框

步骤 04 创建图 3.9.5 所示的倒圆角特征 1。选择 Create → Fixed Radius Blend 命令，弹出图 3.9.6 所示的“Details View”对话框。在对话框的 FD1, Radius (>0) 文本框中输入数值

20，在 Geometry 文本框中单击，选取图 3.9.7 所示的边线为倒圆角边线并单击 Apply 按钮。单击工具条中的 Generate 按钮，完成倒圆角特征 1 的创建。

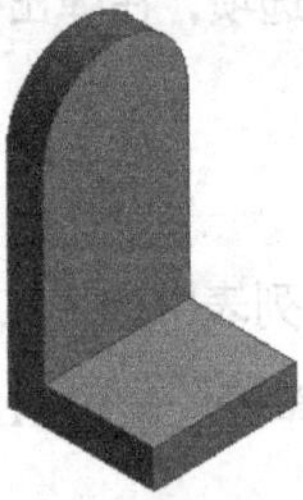

图 3.9.5 倒圆角特征 1

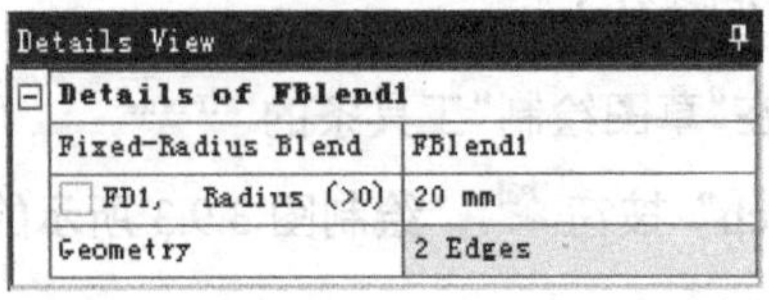

| Details View | |
|---|---|
| Details of FBlend1 | |
| Fixed-Radius Blend | FBlend1 |
| FD1, Radius (>0) | 20 mm |
| Geometry | 2 Edges |

图 3.9.6 “Details View”对话框

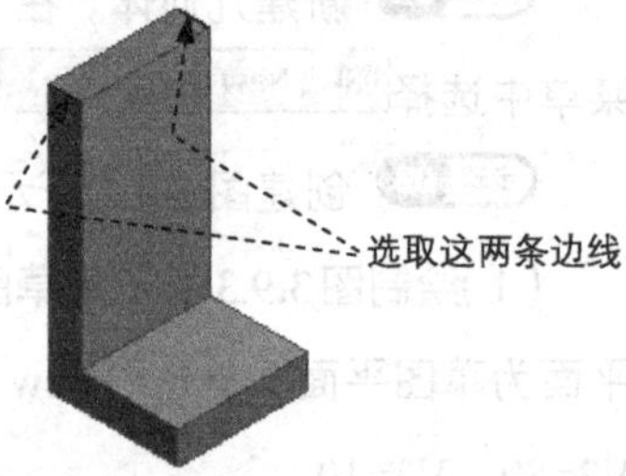


图 3.9.7 定义倒圆角边线

步骤 05 创建图 3.9.8 所示的旋转特征 1。

（1）绘制图 3.9.9 所示的草图 2。单击“New Sketch”按钮，绘制图 3.9.9 所示的截面草图，其中 V4=60，V5=8，V6=15，H7=15，H8=30。

图 3.9.8 旋转特征 1

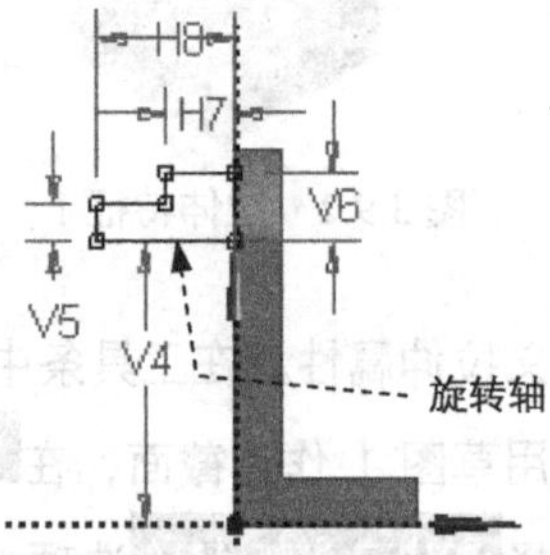


图 3.9.9 草图 2

（2）在工具条中单击 Revolve 按钮，弹出图 3.9.10 所示的“Details View”对话框。使用草图 2 作为截面，定义水平轴线为旋转轴，单击工具条中的 Generate 按钮，完成旋转特征 1 的创建。

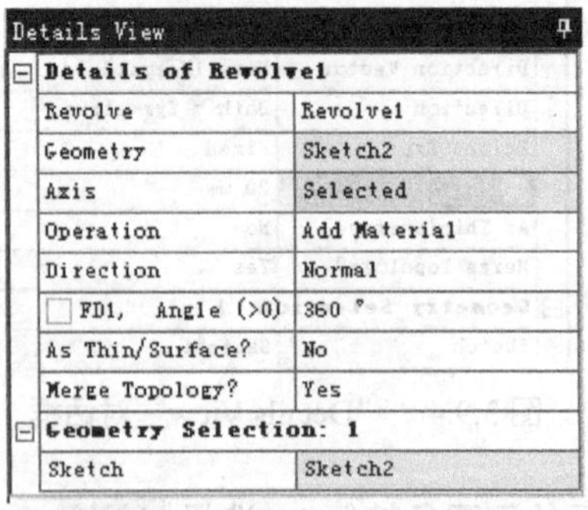

| Details View | |
|---|---|
| Details of Revolve1 | |
| Revolve | Revolve1 |
| Geometry | Sketch2 |
| Axis | Selected |
| Operation | Add Material |
| Direction | Normal |
| FD1, Angle (>0) | 360 ° |
| As Thin/Surface? | No |
| Merge Topology? | Yes |
| Geometry Selection: 1 | |
| Sketch | Sketch2 |

图 3.9.10 “Details View”对话框

步骤 06 创建图 3.9.11 所示的倒圆角特征 2。选择 Create ➡ Fixed Radius Blend 命令，

弹出“Details View”对话框。在 FD1, Radius (>0) 文本框中输入数值 8，在 Geometry 文本框中单击，选取图 3.9.12 所示的边线为倒圆角边线并单击 Apply 按钮。单击工具条中的 Generate 按钮，完成倒圆角特征 2 的创建。

图 3.9.11 倒圆角特征 2

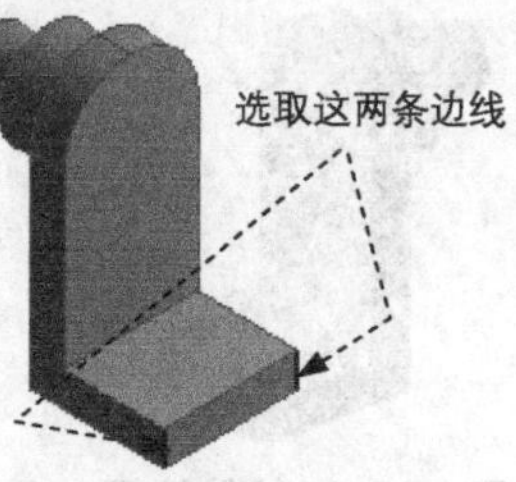


图 3.9.12 定义倒圆角边线

步骤 07 创建图 3.9.13 所示的倒斜角特征 1。选择 Create → Chamfer 命令，弹出“Details View”对话框。在 Geometry 文本框中单击，选取图 3.9.14 所示的边线为倒斜角边线并单击 Apply 按钮。在 FD1, Left Length (>0) 文本框和 FD2, Right Length (>0) 文本框中均输入数值 1。单击工具条中的 Generate 按钮，完成倒斜角特征 1 的创建。

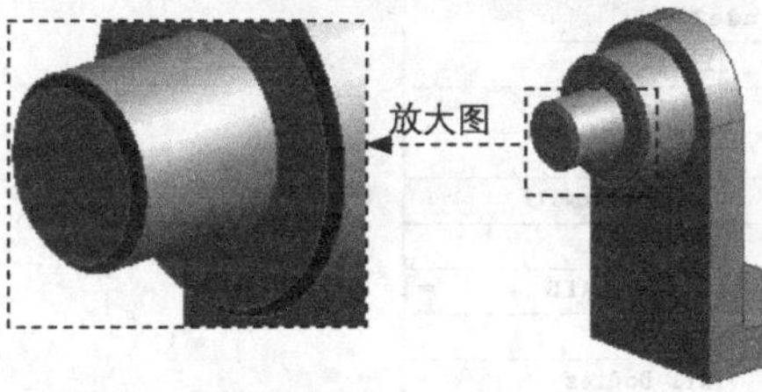


图 3.9.13 倒斜角特征 1

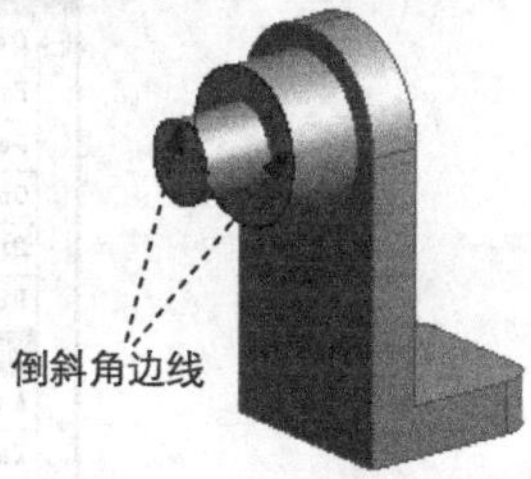


图 3.9.14 定义倒斜角边线

步骤 08 创建图 3.9.15 所示的平面 4。（注：本步的详细操作过程请参见随书光盘中 video\ch03.09\reference\文件下的语音视频讲解文件“support_part-r01.exe”。）

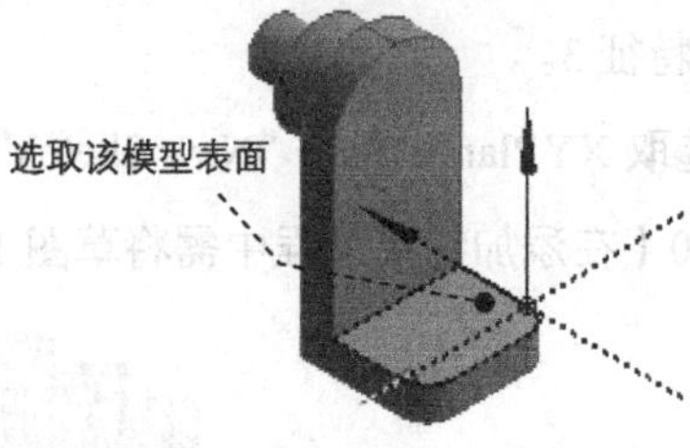


图 3.9.15 平面 4

注意

在创建平面 4 的过程中，选取参考面时，鼠标所单击的位置不同，创建的平面轴向方向也是不同的，相应地导致在绘制草图 3 时进行尺寸标注时有所不同（水平方向和竖直方向的尺寸代号不一样）。

步骤 09 创建图 3.9.16 所示的拉伸特征 2。

（1）绘制图 3.9.17 所示的草图 3。选取平面 4，单击“New Sketch”按钮，绘制图 3.9.17 所示的截面草图，其中 D1=6 ，H2=15，H3=15，V4=8，V5=24。

图 3.9.16　拉伸特征 2

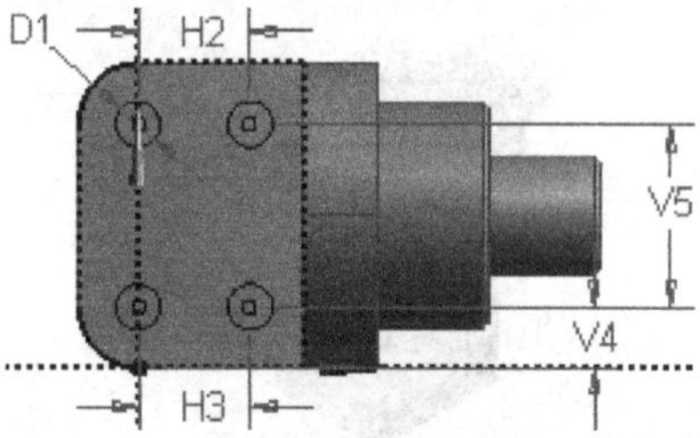


图 3.9.17　草图 3

（2）在工具条中单击 Extrude 按钮，弹出图 3.9.18 所示的“Details View”对话框，使用草图 3 作为截面，在 Operation 下拉列表中选择 Cut Material 选项，在 Extent Type 下拉列表中选择 Through All 选项，其他采用系统默认设置值。单击工具条中的 Generate 按钮，完成拉伸特征 2 的创建。

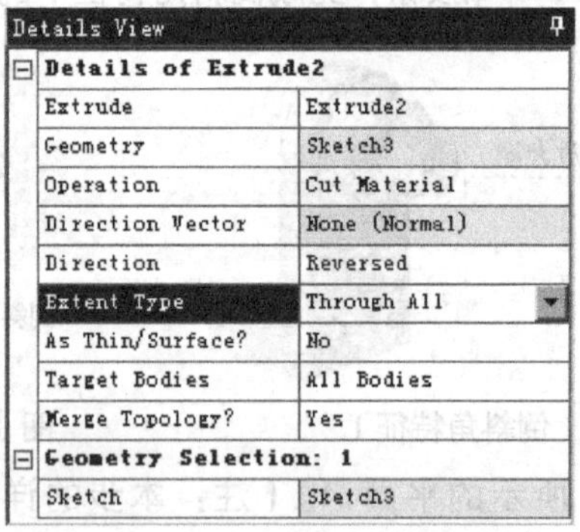

Details View

| Details of Extrude2 | |
|---|---|
| Extrude | Extrude2 |
| Geometry | Sketch3 |
| Operation | Cut Material |
| Direction Vector | None (Normal) |
| Direction | Reversed |
| Extent Type | Through All |
| As Thin/Surface? | No |
| Target Bodies | All Bodies |
| Merge Topology? | Yes |
| Geometry Selection: 1 | |
| Sketch | Sketch3 |

图 3.9.18　“Details View”对话框

步骤 10 创建图 3.9.19 所示的拉伸特征 3。

（1）绘制图 3.9.20 所示的草图 4。选取 XYPlane，单击“New Sketch”按钮，绘制图 3.9.20 所示的截面草图，其中 H9=20，V10=40（在添加约束过程中需将草图 1 显示出来）。

图 3.9.19　拉伸特征 3

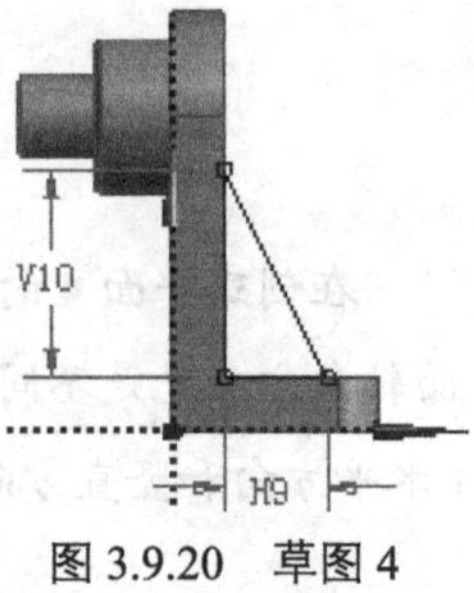


图 3.9.20　草图 4

（2）在工具条中单击 Extrude 按钮，弹出图 3.9.21 所示的“Details View”对话框，使用草图 4 作为截面，在 Operation 下拉列表中选择 Add Material 选项，在 Direction 下拉列表中选择 Both - Symmetric 选项，在 FD1, Depth (>0) 文本框中输入数值 3.5，其他采用系统默认设置值。单击工具条中的 Generate 按钮，完成拉伸特征 3 的创建。

Details View

| Details of Extrude3 | |
| --- | --- |
| Extrude | Extrude3 |
| Geometry | Sketch4 |
| Operation | Add Material |
| Direction Vector | None (Normal) |
| Direction | Both - Symmetric |
| Extent Type | Fixed |
| FD1, Depth (>0) | 3.5 mm |
| As Thin/Surface? | No |
| Merge Topology? | Yes |
| **Geometry Selection: 1** | |
| Sketch | Sketch4 |

图 3.9.21 “Details View”对话框

步骤 11 保存文件。选择 File → Save Project 命令，在弹出的“另存为”对话框中的 文件名(N): 文本框中输入 support_part，单击 保存(S) 按钮。

## 3.10 ANSYS Workbench 几何建模实际应用三

应用概述：

本应用介绍了支架的建模设计过程，其中主要使用了拉伸、基准面和倒圆角等命令。其创建基准平面是学习的重点，需要读者认真体会。下面具体介绍其设计过程，其模型及特征树如图 3.10.1 所示。

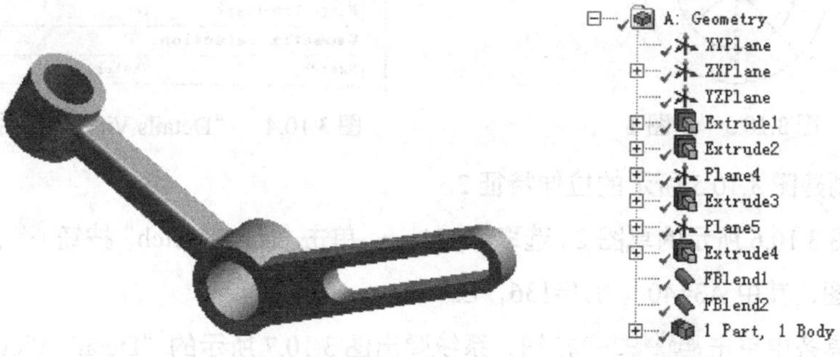


a) b)

图 3.10.1 模型及特征树

步骤 01 创建“Geometry”项目列表。在 ANSYS Workbench 界面中双击 Toolbox 工具箱的 Component Systems 区域中的 Geometry 选项，即创建一个“Geometry”项目列表。

步骤 02 新建几何体。在“Geometry”项目列表中右击 Geometry 选项，在弹出的快捷菜单中选择 New Geometry... 命令，系统进入“Geometry”环境。

步骤 03 创建图 3.10.2 所示的拉伸特征 1。

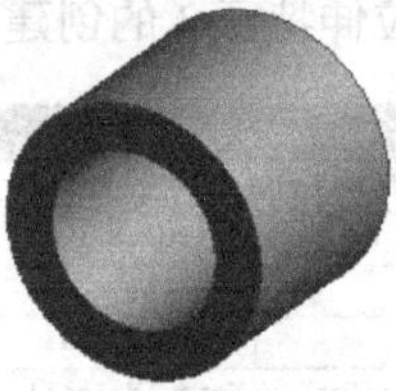

图 3.10.2　拉伸特征 1

（1）绘制图 3.10.3 所示的草图 1。在“草图绘制”工具条的 XYPlane 下拉列表中选择 ZXPlane 平面作为草图平面，单击“New Sketch”按钮，绘制图 3.10.3 所示的截面草图，其中 D1=45，D2=70。

（2）在工具条中单击 Extrude 按钮，弹出图 3.10.4 所示的“Details View”对话框，使用草图 1 作为截面，在 Operation 下拉列表中选择 Add Material 选项，在 Direction 下拉列表中选择 Both - Symmetric 选项，在 FD1, Depth (>0) 文本框中输入数值 25，其他采用系统默认设置值；单击工具条中的 Generate 按钮，完成拉伸特征 1 的创建。

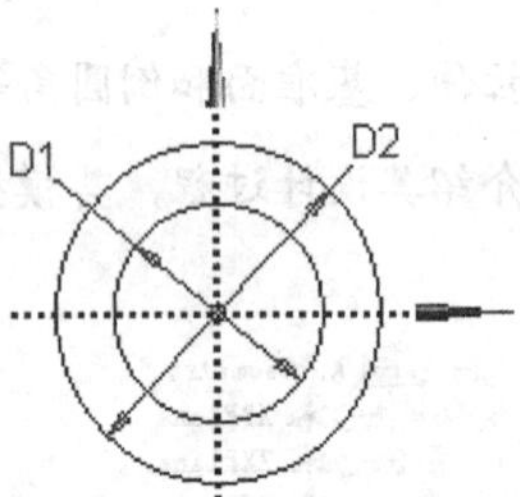


图 3.10.3　草图 1

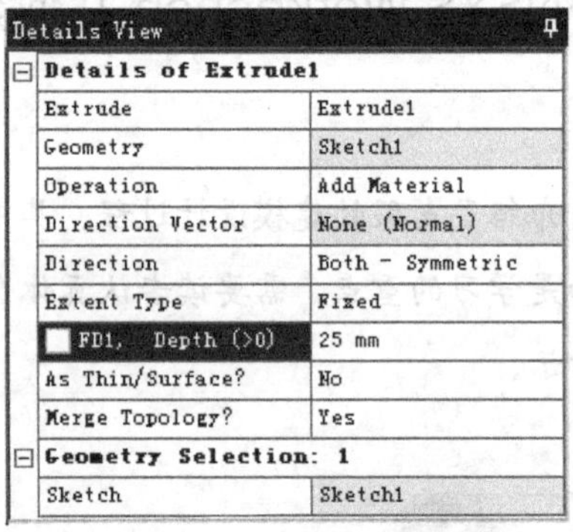

Details View

| Details of Extrude1 | |
|---|---|
| Extrude | Extrude1 |
| Geometry | Sketch1 |
| Operation | Add Material |
| Direction Vector | None (Normal) |
| Direction | Both - Symmetric |
| Extent Type | Fixed |
| FD1, Depth (>0) | 25 mm |
| As Thin/Surface? | No |
| Merge Topology? | Yes |
| **Geometry Selection: 1** | |
| Sketch | Sketch1 |

图 3.10.4　“Details View”对话框

步骤 04 创建图 3.10.5 所示的拉伸特征 2。

（1）绘制图 3.10.6 所示的草图 2。选取 ZXPlane，单击“New Sketch”按钮，绘制图 3.10.6 所示的截面草图，其中 A3=40，L4=136，L5=24。

（2）在工具条中单击 Extrude 按钮，系统弹出图 3.10.7 所示的“Details View”对话框，使用草图 2 作为截面，在 Operation 下拉列表中选择 Add Material 选项，在 Direction 下拉列表中选择 Both - Symmetric 选项，在 FD1, Depth (>0) 文本框中输入数值 15，其他采用系统默认设置值。单击工具条中的 Generate 按钮，完成拉伸特征 2 的创建。

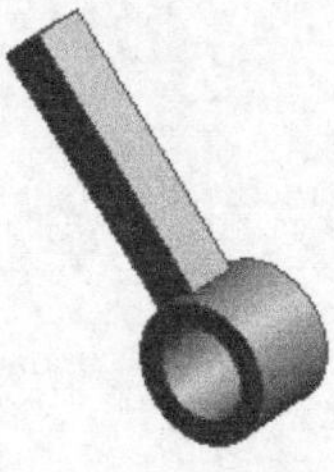

图 3.10.5 拉伸特征 2

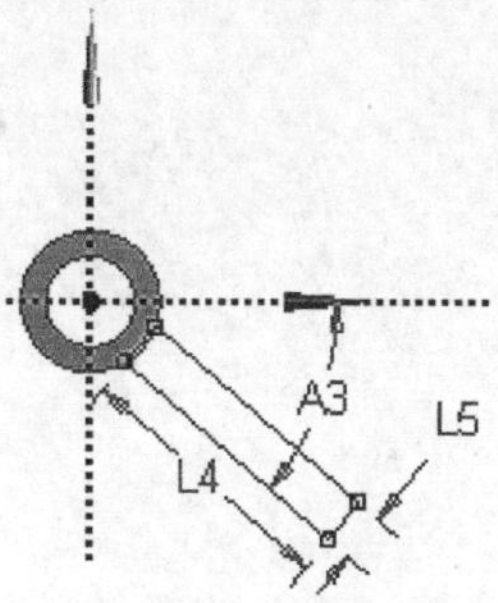


图 3.10.6 草图 2

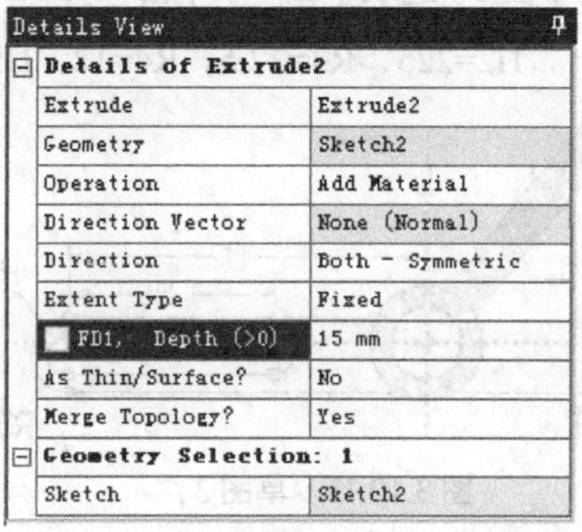

| Details View | |
|---|---|
| Details of Extrude2 | |
| Extrude | Extrude2 |
| Geometry | Sketch2 |
| Operation | Add Material |
| Direction Vector | None (Normal) |
| Direction | Both - Symmetric |
| Extent Type | Fixed |
| FD1, Depth (>0) | 15 mm |
| As Thin/Surface? | No |
| Merge Topology? | Yes |
| Geometry Selection: 1 | |
| Sketch | Sketch2 |

图 3.10.7 “Details View”对话框

步骤 05 创建图 3.10.8 所示的平面 4。单击基准平面工具条中的“New Plane”按钮，弹出图 3.10.9 所示的“Details View”对话框，在对话框的 Type 下拉列表中选择 From Face 选项，在 Base Face 文本框中单击，选取图 3.10.8 所示的模型表面为参考，在 Transform 1 (RMB) 下拉列表中选择 Rotate about Z 选项，在 FD1, Value 1 文本框中输入数值 90，其余均采用系统默认设置值。单击工具条中的 Generate 按钮，完成平面 4 的创建。

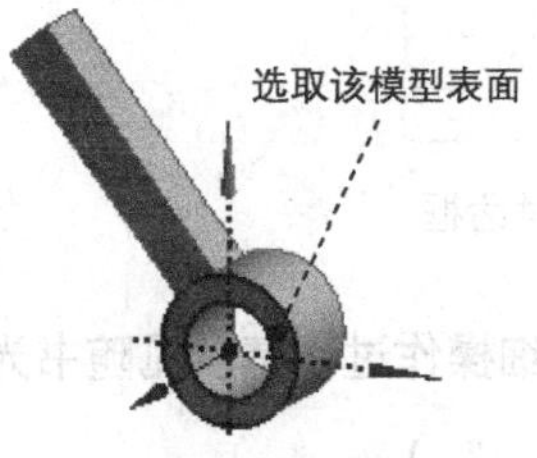


图 3.10.8 平面 4

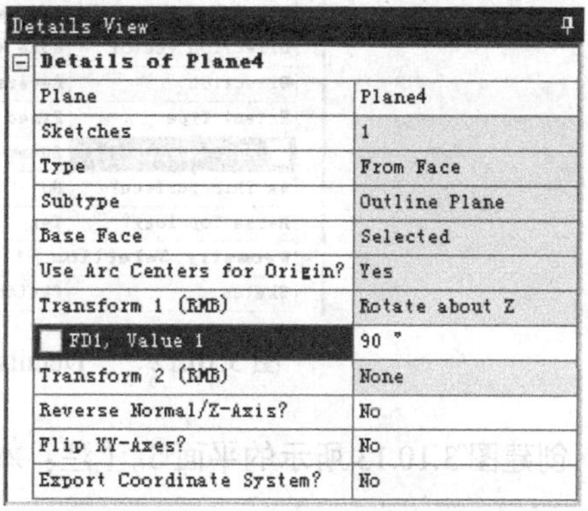

| Details View | |
|---|---|
| Details of Plane4 | |
| Plane | Plane4 |
| Sketches | 1 |
| Type | From Face |
| Subtype | Outline Plane |
| Base Face | Selected |
| Use Arc Centers for Origin? | Yes |
| Transform 1 (RMB) | Rotate about Z |
| FD1, Value 1 | 90 ° |
| Transform 2 (RMB) | None |
| Reverse Normal/Z-Axis? | No |
| Flip XY-Axes? | No |
| Export Coordinate System? | No |

图 3.10.9 “Details View”对话框

步骤 06 创建图 3.10.10 所示的拉伸特征 3。

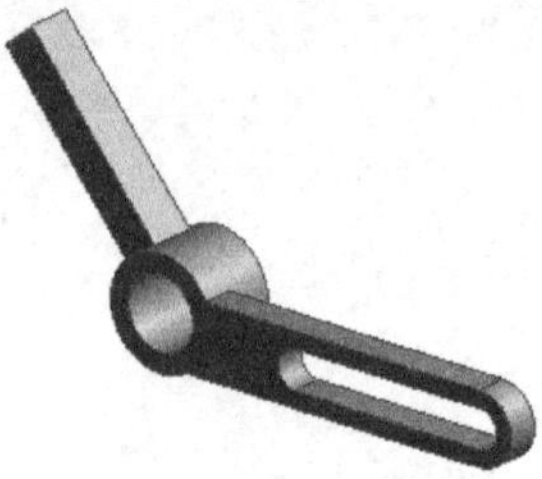

图 3.10.10　拉伸特征 3

（1）绘制图 3.10.11 所示的草图 3。选取平面 4，单击“New Sketch”按钮，绘制图 3.10.11 所示的截面草图，其中 V1=30 ，H2=225，R3=22.5，R4=12，H5=130。

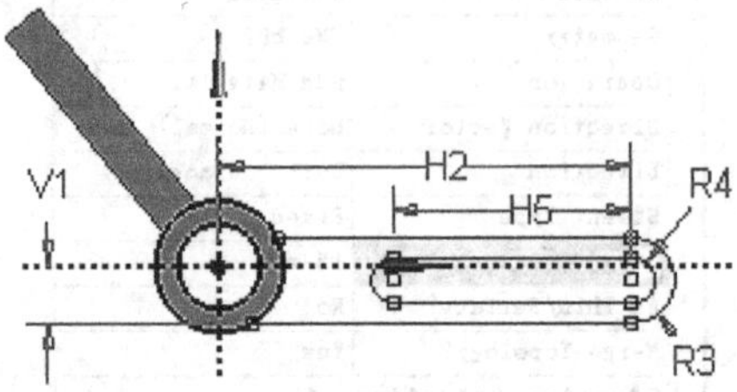


图 3.10.11　草图 3

（2）在工具条中单击 Extrude 按钮，弹出图 3.10.12 所示的“Details View”对话框，使用草图 3 作为截面，在 Operation 下拉列表中选择 Add Material 选项，在 Direction 下拉列表中选择 Reversed 选项，在 FD1, Depth (>0) 文本框中输入数值 20，其他采用系统默认设置值。单击工具条中的 Generate 按钮，完成拉伸特征 3 的创建。

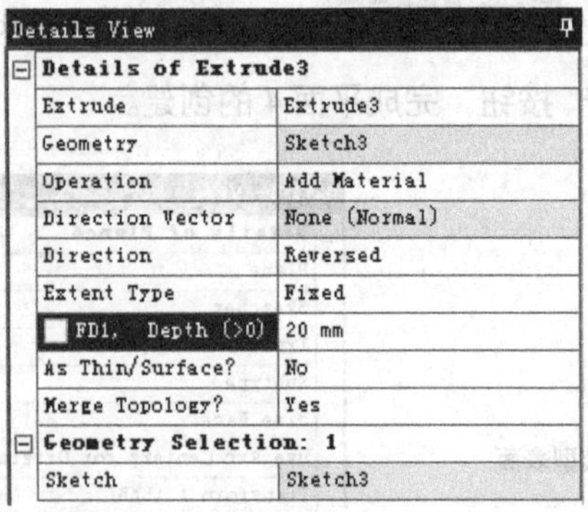

Details View

| Details of Extrude3 | |
|---|---|
| Extrude | Extrude3 |
| Geometry | Sketch3 |
| Operation | Add Material |
| Direction Vector | None (Normal) |
| Direction | Reversed |
| Extent Type | Fixed |
| FD1, Depth (>0) | 20 mm |
| As Thin/Surface? | No |
| Merge Topology? | Yes |
| Geometry Selection: 1 | |
| Sketch | Sketch3 |

图 3.10.12　“Details View”对话框

步骤 07 创建图 3.10.13 所示的平面 5。（注：本步的详细操作过程请参见随书光盘中 video\ch03.10\reference\文件下的语音视频讲解文件“bracket-r01.exe”。）

步骤 08 创建图 3.10.14 所示的拉伸特征 4。

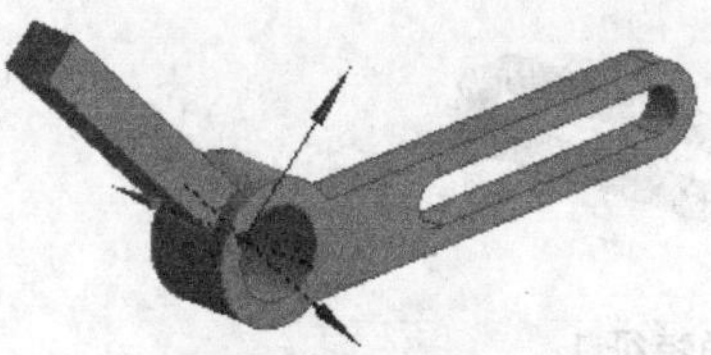

图 3.10.13 平面 5

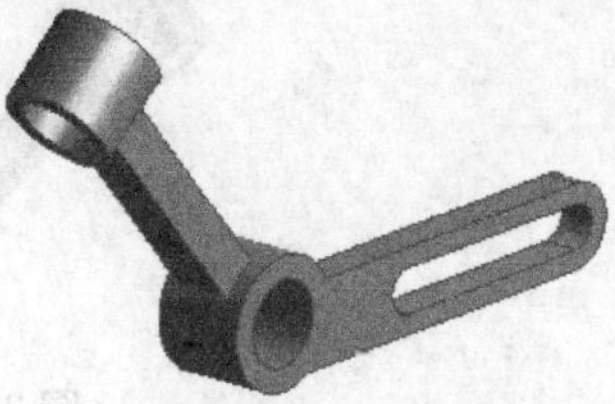

图 3.10.14 拉伸特征 4

（1）绘制图 3.10.15 所示的草图 4。选取平面 5，单击“New Sketch”按钮，绘制图 3.10.15 所示的截面草图，其中 D1=60 ，D2=40，H3=192。

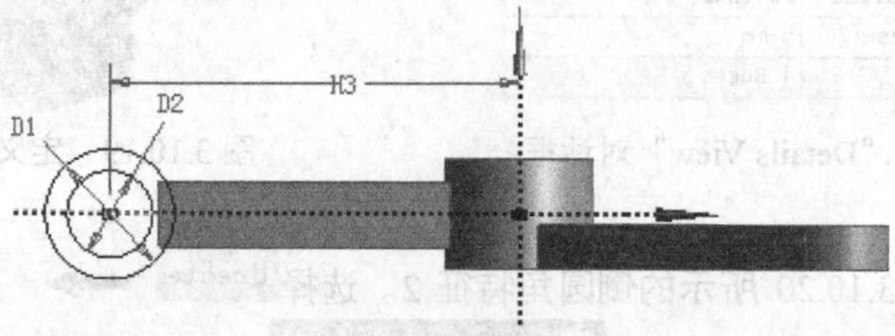


图 3.10.15 草图 4

（2）在工具条中单击 Extrude 按钮，弹出图 3.10.16 所示的“Details View”对话框，使用草图 4 作为截面，在 Operation 下拉列表中选择 Add Material 选项，在 Direction 下拉列表中选择 Both - Symmetric 选项，在 FD1, Depth (>0) 文本框中输入数值 25，其他采用系统默认设置值。单击工具条中的 Generate 按钮，完成拉伸特征 4 的创建。

Details View

| Details of Extrude4 | |
|---|---|
| Extrude | Extrude4 |
| Geometry | Sketc4 |
| Operation | Add Material |
| Direction Vector | None (Normal) |
| Direction | Both - Symmetric |
| Extent Type | Fixed |
| FD1, Depth (>0) | 25 mm |
| As Thin/Surface? | No |
| Merge Topology? | Yes |
| **Geometry Selection: 1** | |
| Sketch | Sketc4 |

图 3.10.16 “Details View”对话框

步骤 09 创建图 3.10.17 所示的倒圆角特征 1。选择 Create → Fixed Radius Blend 命令，弹出图 3.10.18 所示的“Details of FBlend1”对话框。在 FD1, Radius (>0) 文本框中输入数值 5，在 Geometry 文本框中单击，选取图 3.10.19 所示的 4 条边线为倒圆角边线并单击 Apply 按钮。单击工具条中的 Generate 按钮，完成倒圆角特征 1 的创建。

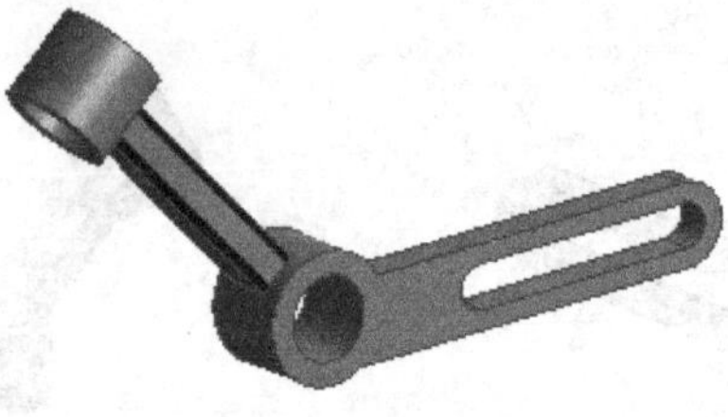

图 3.10.17　倒圆角特征 1

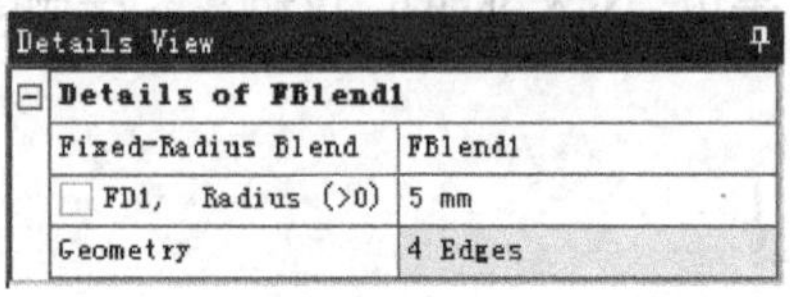


图 3.10.18　“Details View”对话框

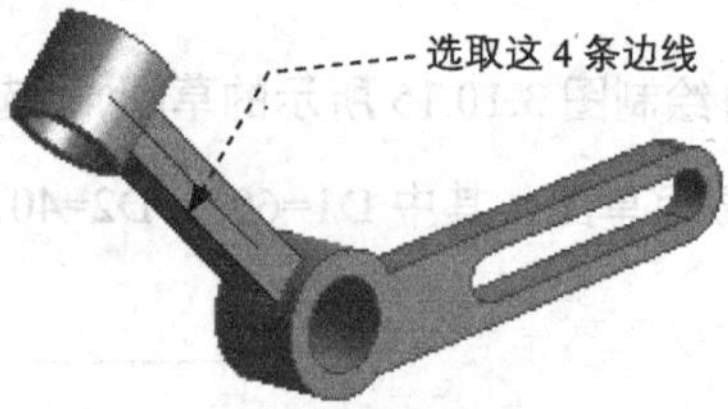


图 3.10.19　定义倒圆角边线

步骤 10　创建图 3.10.20 所示的倒圆角特征 2。选择 Create → Fixed Radius Blend 命令，弹出“Details View”对话框。在 FD1, Radius (>0) 文本框中输入数值 5，在 Geometry 文本框中单击，选取图 3.10.21 所示的 16 条边线为倒圆角边线并单击 Apply 按钮。单击工具条中的 Generate 按钮，完成倒圆角特征 2 的创建。

图 3.10.20　倒圆角特征 2

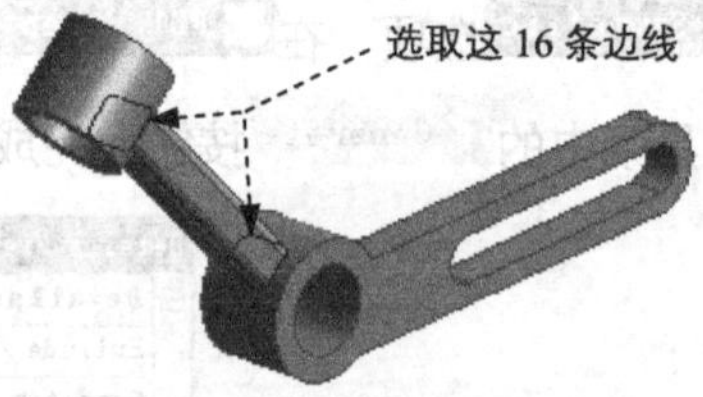


图 3.10.21　定义倒圆角边线

步骤 11　保存文件。选择 File → Save Project 命令，在弹出的“另存为”对话框的 文件名(N): 文本框中输入 bracket，单击 保存(S) 按钮。

## 3.11　ANSYS Workbench 几何建模实际应用四

应用概述：

本应用介绍了飞轮的建模设计过程，其中主要使用了旋转、拉伸、冻结与解冻、阵列、布尔运算和倒圆角等命令。其中重点要注意的是建模顺序的合理安排，需要读者认真体会。下面具体介绍其设计过程，其模型及特征树如图 3.11.1 所示。

a）

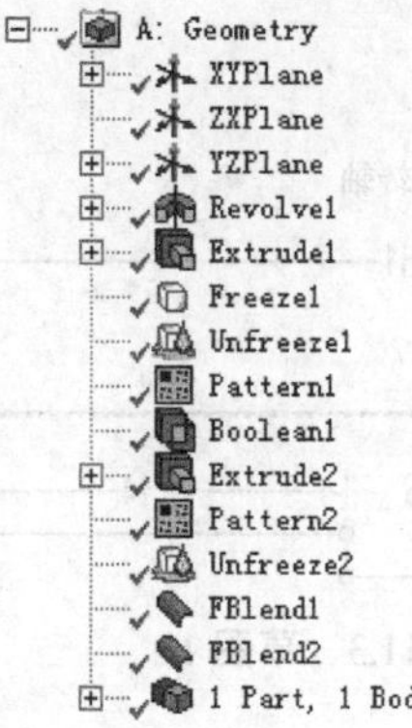


b）

图 3.11.1 模型及特征树

步骤 01 创建“Geometry”项目列表。在 ANSYS Workbench 界面中双击 Toolbox 工具箱的 Component Systems 区域中的 Geometry 选项，即创建一个“Geometry”项目列表。

步骤 02 新建几何体。在“Geometry”项目列表中右击 Geometry 选项，在弹出的快捷菜单中选择 New Geometry... 命令，系统进入“Geometry”环境。

步骤 03 创建图 3.11.2 所示的旋转特征 1。

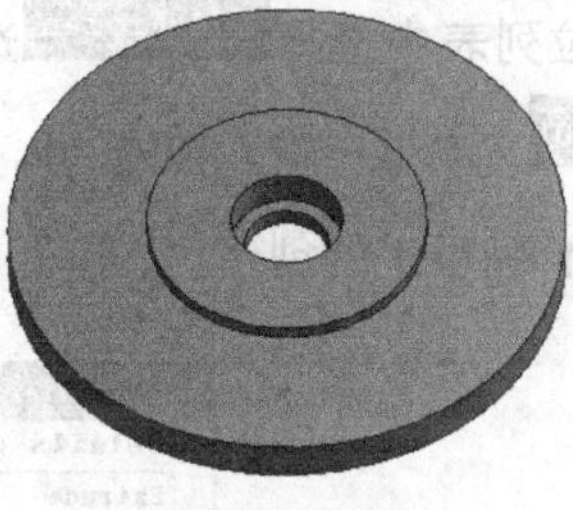

图 3.11.2 旋转特征 1

（1）绘制图 3.11.3 所示的草图 1。在“草图绘制”工具条的 XYPlane 下拉列表中选择 YZPlane 平面为草图平面，单击“New Sketch”按钮，绘制图 3.11.3 所示的截面草图，其中 H1=300，H2=60，H3=15，H4=150，V5=60 ，V6=20，V7=45。

（2）在工具条中单击 Revolve 按钮，弹出图 3.11.4 所示的“Details View”对话框。使用草图 1 作为旋转截面，定义竖直轴线为旋转轴，单击工具条中的 Generate 按钮，完成旋转特征 1 的创建。

步骤 04 创建图 3.11.5 所示的拉伸特征 1。

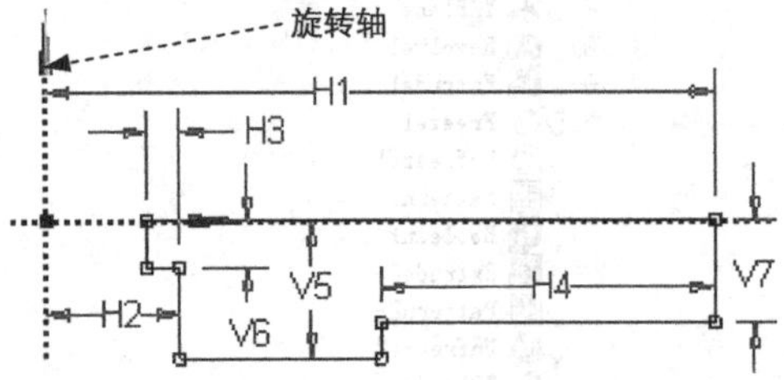


图 3.11.3 草图 1

| Details View | |
|---|---|
| Details of Revolve1 | |
| Revolve | Revolve1 |
| Geometry | Sketch1 |
| Axis | Selected |
| Operation | Add Material |
| Direction | Normal |
| FD1, Angle (>0) | 360 ° |
| As Thin/Surface? | No |
| Merge Topology? | Yes |
| Geometry Selection: 1 | |
| Sketch | Sketch1 |

图 3.11.4 “Details View”对话框

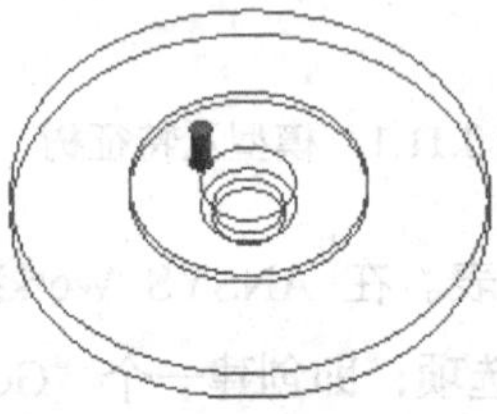

图 3.11.5 拉伸特征 1

（1）绘制图 3.11.6 所示的草图 2。选取 XYPlane，单击“New Sketch”按钮，绘制图 3.11.6 所示的截面草图（圆环），其中 V1=108 ，D2=27。

（2）在工具条中单击 Extrude 按钮，弹出图 3.11.7 所示的“Details View”对话框，使用草图 2 作为截面，在 Operation 下拉列表中选择 Add Frozen 选项，在 Direction 下拉列表中选择 Reversed 选项，在 FD1, Depth (>0) 文本框中输入数值 60，其他采用系统默认设置值。单击工具条中的 Generate 按钮，完成拉伸特征 1 的创建。

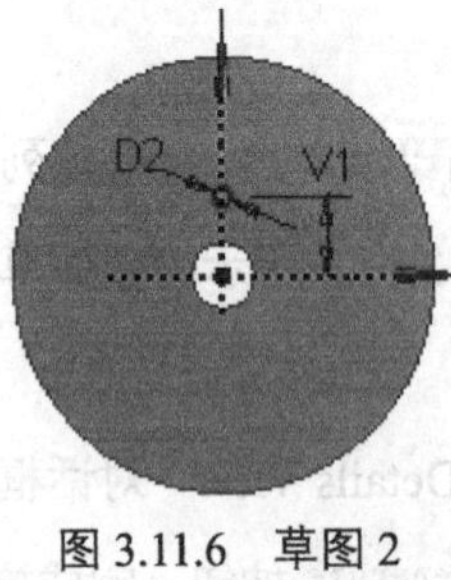


图 3.11.6 草图 2

| Details View | |
|---|---|
| Details of Extrude1 | |
| Extrude | Extrude1 |
| Geometry | Sketch2 |
| Operation | Add Frozen |
| Direction Vector | None (Normal) |
| Direction | Reversed |
| Extent Type | Fixed |
| FD1, Depth (>0) | 60 mm |
| As Thin/Surface? | No |
| Merge Topology? | Yes |
| Geometry Selection: 1 | |
| Sketch | Sketch2 |

图 3.11.7 “Details View”对话框

步骤 05 冻结所有体对象。选择 Tools → Freeze 命令，完成冻结体操作。

步骤 06 解冻拉伸特征 1。选择 Tools → Unfreeze 命令，弹出图 3.11.8 所示的

"Details View"对话框，在项目视图区选取拉伸特征 1 为解冻对象并单击 Apply 按钮。单击工具条中的 Generate 按钮，完成该特征的解冻。

步骤 07 创建图 3.11.9 所示的阵列操作 1。(注：本步的详细操作过程请参见随书光盘中 video\ch03.11\reference\文件下的语音视频讲解文件"fan_wheel-r01.exe"。)

Details View

| Details of Unfreeze1 | |
| --- | --- |
| Unfreeze Feature | Unfreeze1 |
| Bodies | 1 |
| Freeze Others? | No |

图 3.11.8 "Details View"对话框

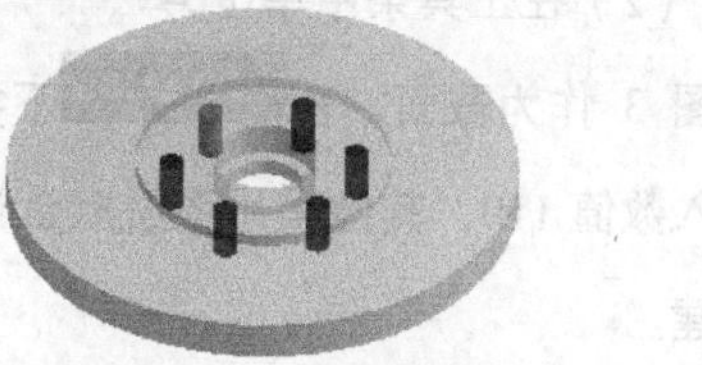

图 3.11.9 阵列操作 1

步骤 08 创建图 3.11.10 所示的布尔求差操作 1。选择 Create → Boolean 命令，弹出图 3.11.11 所示的"Details View"对话框，在 Operation 下拉列表中选择 Subtract 选项，在 Target Bodies 文本框中单击，选取图 3.11.12 所示实体为目标体并单击 Apply 按钮。在 Tool Bodies 文本框中单击，选取图 3.11.13 所示实体为工具体并单击 Apply 按钮。单击工具条中的 Generate 按钮，完成布尔求差操作。

图 3.11.10 布尔求差操作 1

Details View

| Details of Boolean1 | |
| --- | --- |
| Boolean | Boolean1 |
| Operation | Subtract |
| Target Bodies | 1 Body |
| Tool Bodies | 6 Bodies |
| Preserve Tool Bodies? | No |

图 3.11.11 "Details View"对话框

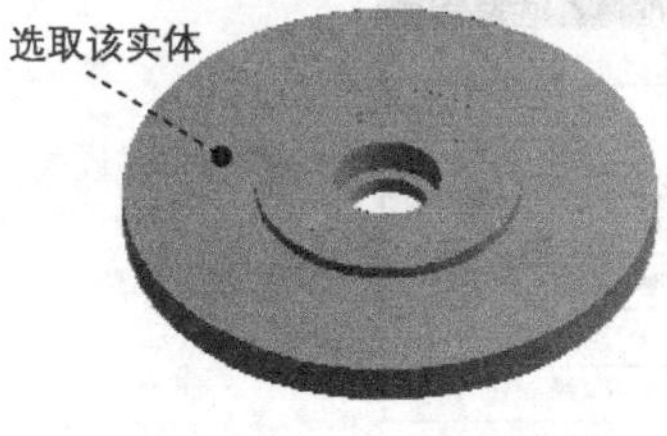


图 3.11.12 定义目标体

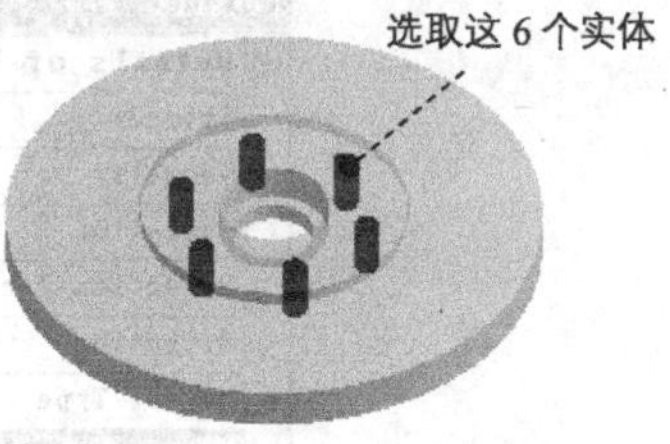


图 3.11.13 定义工具体

步骤 09 创建图 3.11.14 所示的拉伸特征 2。

(1)绘制图 3.11.15 所示的草图 3。选取 XYPlane，单击"New Sketch"按钮，绘制图 3.11.15 所示的截面草图，其中 H3=90，H4=170，R5=10。

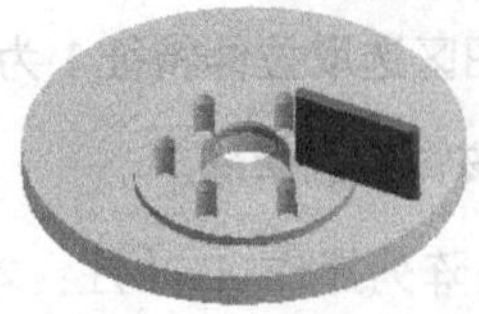

图 3.11.14　拉伸特征 2

（2）在工具条中单击 Extrude 按钮，弹出图 3.11.16 所示的“Details View”对话框，使用草图 3 作为截面，在 Operation 下拉列表中选择 Add Frozen 选项，在 FD1, Depth (>0) 文本框中输入数值 110，其他采用系统默认设置值。单击工具条中的 Generate 按钮，完成拉伸特征 2 的创建。

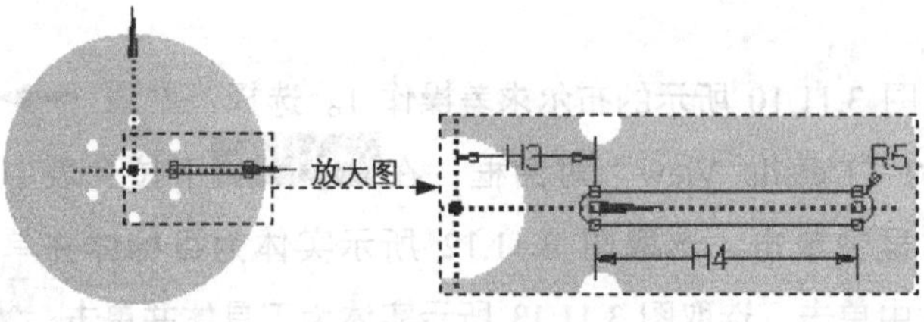


图 3.11.15　草图 3

步骤 10　创建图 3.11.17 所示的阵列操作 2。选择 Create ➡ Pattern 命令，弹出图 3.11.18 所示的“Details View”对话框。在 Pattern Type 下拉列表中选择 Circular 选项，在 Geometry 文本框中单击，选取图 3.11.19 所示的实体为参照对象并单击 Apply 按钮。在 Axis 文本框中单击，选取图 3.11.20 所示的轴线，并单击 Apply 按钮。在 FD3, Copies (>0) 文本框输入数值 5，其他采用系统默认设置值。单击工具条中的 Generate 按钮，完成阵列操作的创建。

| Details View | |
|---|---|
| **Details of Extrude2** | |
| Extrude | Extrude2 |
| Geometry | Sketch3 |
| Operation | Add Frozen |
| Direction Vector | None (Normal) |
| Direction | Normal |
| Extent Type | Fixed |
| FD1, Depth (>0) | 110 mm |
| As Thin/Surface? | No |
| Merge Topology? | Yes |
| **Geometry Selection: 1** | |
| Sketch | Sketch3 |

图 3.11.16　“Details View”对话框

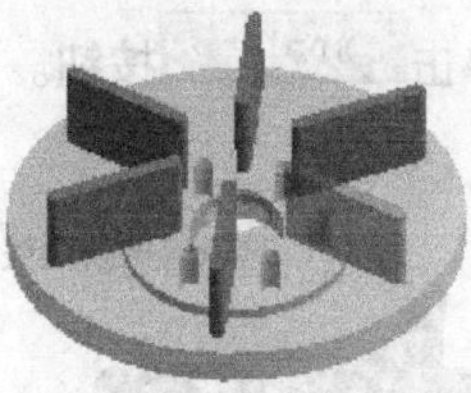

图 3.11.17 阵列操作 2

| Details View | |
|---|---|
| Details of Pattern2 | |
| Pattern | Pattern2 |
| Pattern Type | Circular |
| Geometry | 1 Body |
| Axis | Selected |
| FD2, Angle | Evenly Spaced |
| FD3, Copies (>0) | 5 |

图 3.11.18 “Details View”对话框

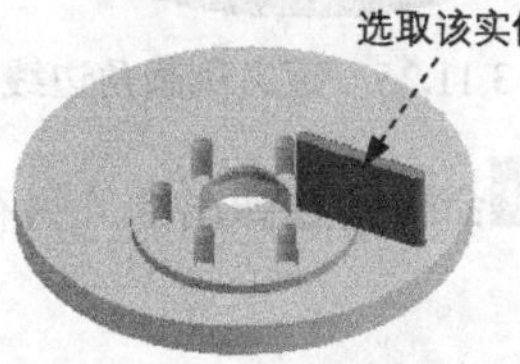


图 3.11.19 定义参照对象

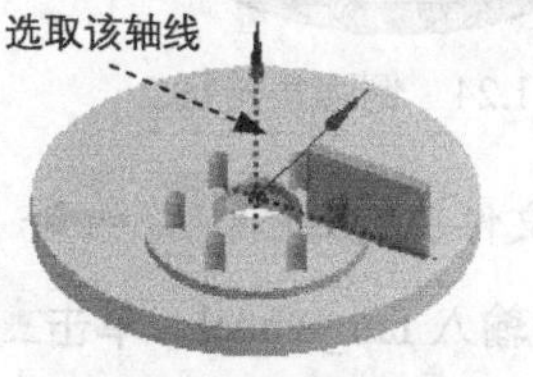


图 3.11.20 定义轴

步骤 11 解冻所有体。选择 Tools → Unfreeze 命令，弹出图 3.11.21 所示的“Details View”对话框，选取所有实体为解冻对象并单击 Apply 按钮。单击工具条中的 Generate 按钮，完成解冻。

| Details View | |
|---|---|
| Details of Unfreeze1 | |
| Unfreeze Feature | Unfreeze1 |
| Bodies | 1 |
| Freeze Others? | No |

图 3.11.21 “Details View”对话框

步骤 12 创建图 3.11.22 所示的倒圆角特征 1。选择 Create → Fixed Radius Blend 命令，弹出“Details View”对话框。在 FD1, Radius (>0) 文本框中输入数值 6，在 Geometry 文本框中单击，选取图 3.11.23 所示的 24 条边线为倒圆角边线并单击 Apply 按钮。单击工具条中的 Generate 按钮，完成倒圆角特征 1 的创建。

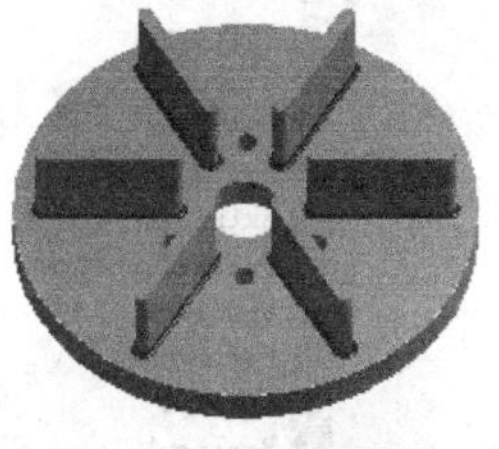

图 3.11.22 倒圆角特征 1

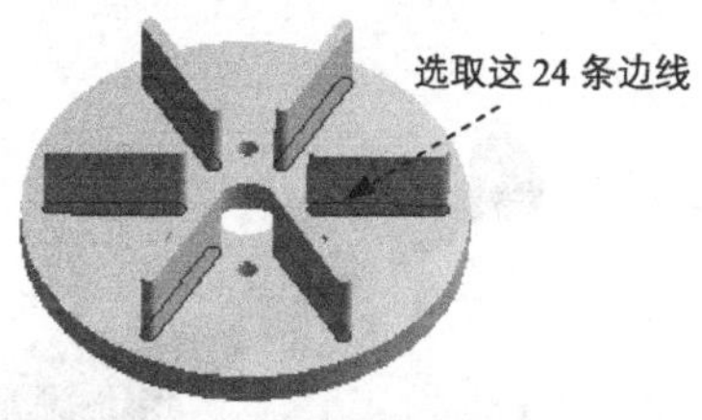


图 3.11.23 定义倒圆角边线

步骤 13 创建图 3.11.24 所示的倒圆角特征 2。选择 Create → Fixed Radius Blend 命

令，弹出“Details View”对话框。在 FD1, Radius (>0) 文本框中输入数值 4，在 Geometry 文本框中单击，选取图 3.11.25 所示的两条边线为倒圆角边线并单击 Apply 按钮。单击工具条中的 Generate 按钮，完成倒圆角特征 2 的创建。

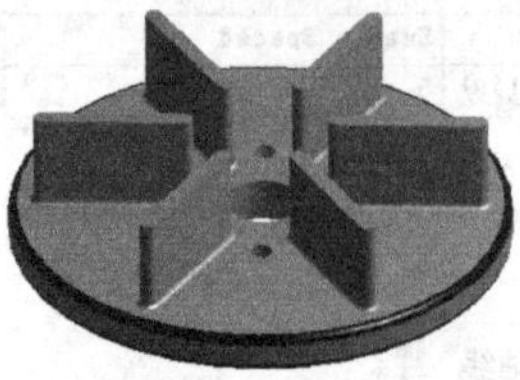

图 3.11.24　倒圆角特征 2

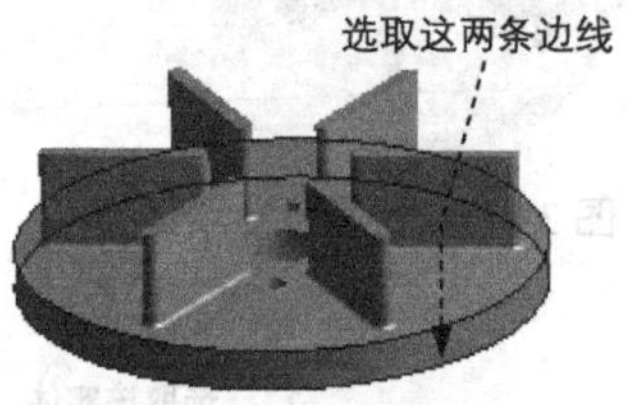


图 3.11.25　定义倒圆角边线

步骤 14　保存文件。选择 File → Save Project 命令，在弹出的“另存为”对话框的 文件名(N): 文本框中输入 fan_wheel，单击 保存(S) 按钮。

## 3.12　ANSYS Workbench 几何建模实际应用五

**应用概述：**

本应用介绍了曲轴的建模设计过程，其中主要使用了旋转、拉伸、基准面、冻结和解冻、体操作、阵列操作、布尔操作、倒斜角和倒圆角等命令。另外，读者需要特别注意的是本应用中建模思路与顺序的安排。下面具体介绍其设计过程，其模型及特征树如图 3.12.1 所示。

步骤 01　创建“Geometry”项目列表。在 ANSYS Workbench 界面中双击 Toolbox 工具箱 ⊟ Component Systems 区域中的 Geometry 选项，即创建一个“Geometry”项目列表。

步骤 02　新建几何体。在“Geometry”项目列表中右击 Geometry ? 选项，在弹出的快捷菜单中选择 New Geometry... 命令，系统进入“Geometry”环境。

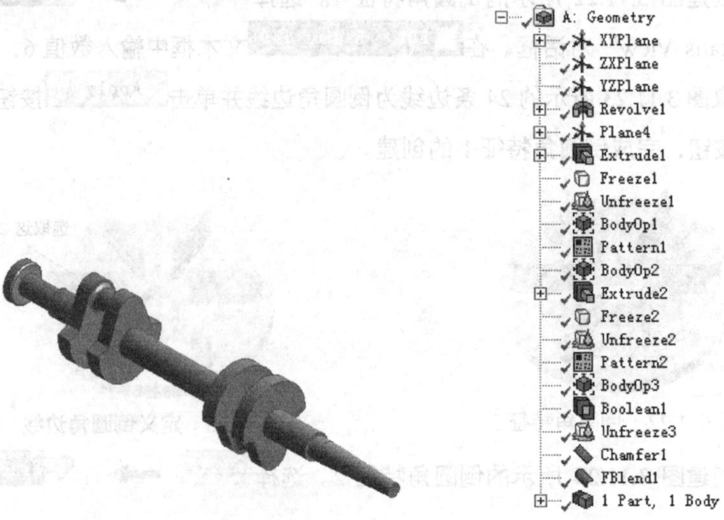


a)　　b)

图 3.12.1　模型及特征树

步骤 03 创建图 3.12.2 所示的旋转特征 1。

（1）绘制图 3.12.3 所示的草图 1。在“草图绘制”工具条的 XYPlane 下拉列表中选择 XYPlane 平面为草图平面，单击“New Sketch”按钮，绘制图 3.12.3 所示的截面草图，其中 H1=8，H2=30，H3=240，H4=10，H5=350，V6=15，V7=8，V8=10，V9=8，V10=5。

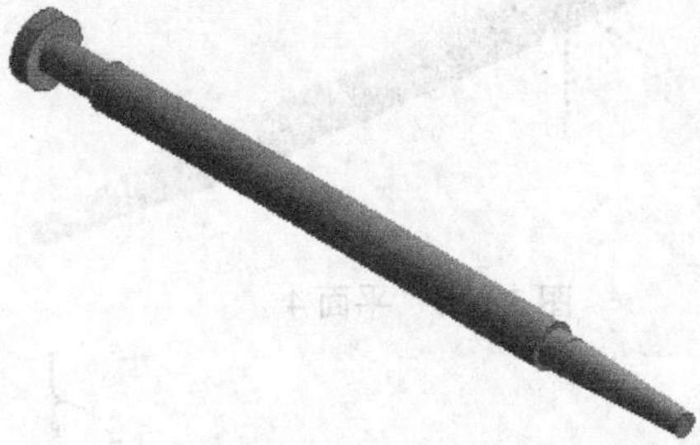

图 3.12.2 旋转特征 1

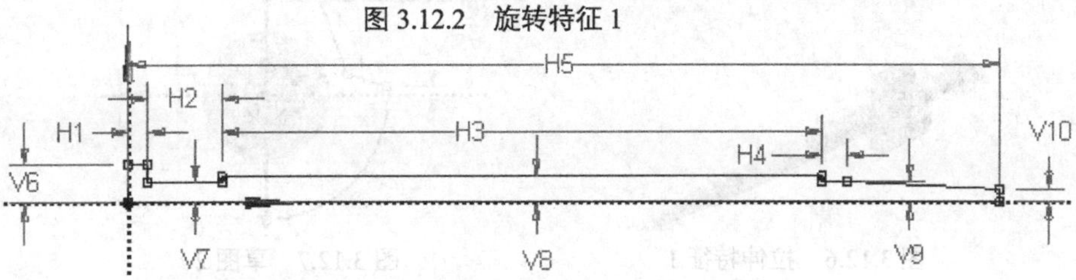


图 3.12.3 草图 1

（2）在工具条中单击 Revolve 按钮，弹出图 3.12.4 所示的“Details View”对话框。使用草图 1 作为截面，定义水平轴线为旋转轴，单击工具条中的 Generate 按钮，完成旋转特征 1 的创建。

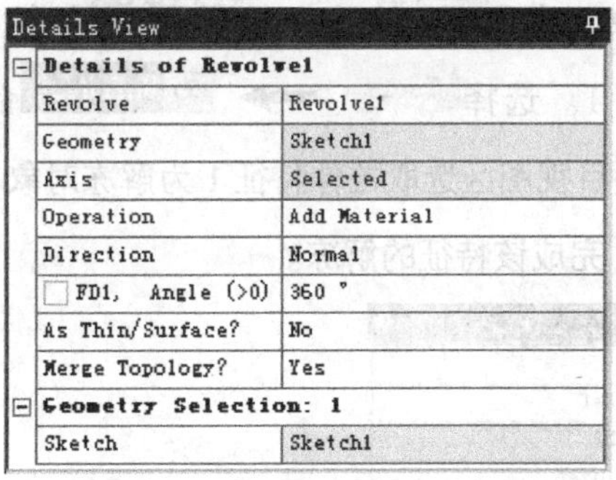

Details View

| Details of Revolve1 | |
|---|---|
| Revolve | Revolve1 |
| Geometry | Sketch1 |
| Axis | Selected |
| Operation | Add Material |
| Direction | Normal |
| FD1, Angle (>0) | 360 ° |
| As Thin/Surface? | No |
| Merge Topology? | Yes |
| Geometry Selection: 1 | |
| Sketch | Sketch1 |

图 3.12.4 “Details View”对话框

步骤 04 创建图 3.12.5 所示的平面 4。（注：本步的详细操作过程请参见随书光盘中 video\ch03.12\reference\文件下的语音视频讲解文件“crank_shaft-r01.exe”。）

步骤 05 创建图 3.12.6 所示的拉伸特征 1。

（1）绘制图 3.12.7 所示的草图 2。单击“New Sketch”按钮，绘制图 3.12.7 所示的截面草图，其中 R1=12，R2=29，V3=22，L4=23，V5=2，V6=5。

图 3.12.5 平面 4

图 3.12.6 拉伸特征 1

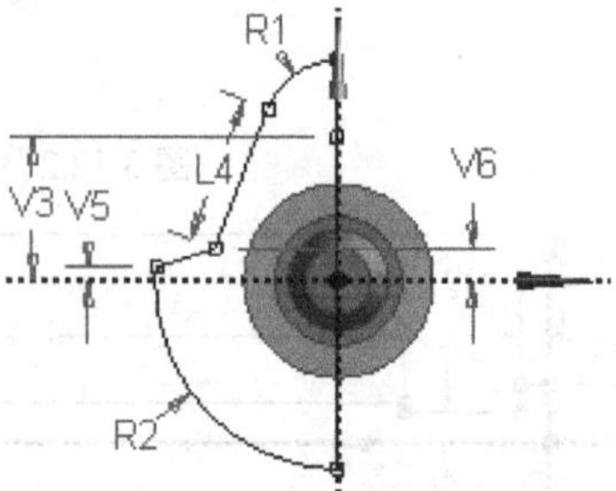


图 3.12.7 草图 2

（2）在工具条中单击 Extrude 按钮，弹出图 3.12.8 所示的“Details View”对话框，使用草图 2 作为截面，在 Operation 下拉列表中选择 Add Frozen 选项，在 Direction 下拉列表中选择 Both - Symmetric 选项，在 FD1, Depth (>0) 文本框中输入数值 19，其他采用系统默认设置值。单击工具条中的 Generate 按钮，完成拉伸特征的创建。

步骤 06 冻结所有体对象。选择 Tools → Freeze 命令，完成冻结体操作。

步骤 07 解冻拉伸特征 1。选择 Tools → Unfreeze 命令，弹出图 3.12.9 所示的“Details View”对话框，在项目视图区选取拉伸特征 1 为解冻对象并单击 Apply 按钮；单击工具条中的 Generate 按钮，完成该特征的解冻。

Details View

| Details of Extrude1 | |
|---|---|
| Extrude | Extrude1 |
| Geometry | Sketch2 |
| Operation | Add Frozen |
| Direction Vector | None (Normal) |
| Direction | Both - Symmetric |
| Extent Type | Fixed |
| FD1, Depth (>0) | 19 mm |
| As Thin/Surface? | No |
| Merge Topology? | Yes |
| Geometry Selection: 1 | |
| Sketch | Sketch2 |

图 3.12.8 “Details View”对话框

Details View

| Details of Unfreeze1 | |
|---|---|
| Unfreeze Feature | Unfreeze1 |
| Bodies | 1 |
| Freeze Others? | No |

图 3.12.9 “Details View”对话框

步骤 08 创建图 3.12.10 所示的镜像操作 1。选择下拉菜单 Create → Body Operation 命令；系统弹出图 3.12.11 所示的“Details View”对话框；在 Type 下拉列表中选择 Mirror 选项，在 Bodies 文本框中单击，在项目视图区选取拉伸特征 1 为镜像对象并单击 Apply 按钮，在 Mirror Plane 文本框中单击，在特征树中选取 XYPlane 并单击 Apply 按钮。单击工具条中的 Generate 按钮，完成镜像操作的创建。

图 3.12.10 镜像操作 1

Details View

| Details of BodyOp1 | |
| --- | --- |
| Body Operation | BodyOp1 |
| Type | Mirror |
| Bodies | 1 |
| Preserve Bodies? | Yes |
| Mirror Plane | XYPlane |

图 3.12.11 “Details View”对话框

步骤 09 创建图 3.12.12 所示的阵列操作 1。选择 Create → Pattern 命令，弹出图 3.12.13 所示的“Details View”对话框。在 Pattern Type 下拉列表中选择 Linear 选项，在 Geometry 文本框中单击，选取图 3.12.14 所示的实体为参照对象并单击 Apply 按钮；在 Direction 文本框中单击，选取图 3.12.14 所示的实体边线为参照方向，调整箭头方向，如图 3.12.15 所示，并单击 Apply 按钮；在 FD1, Offset 文本框输入数值 135，在 FD3, Copies (>0) 文本框输入数值 1。单击工具条中的 Generate 按钮，完成阵列操作。

图 3.12.12 阵列操作 1

Details View

| Details of Pattern1 | |
| --- | --- |
| Pattern | Pattern1 |
| Pattern Type | Linear |
| Geometry | 1 Body |
| Direction | 3D Edge |
| FD1, Offset | 135 mm |
| FD3, Copies (>0) | 1 |

图 3.12.13 “Details View”对话框

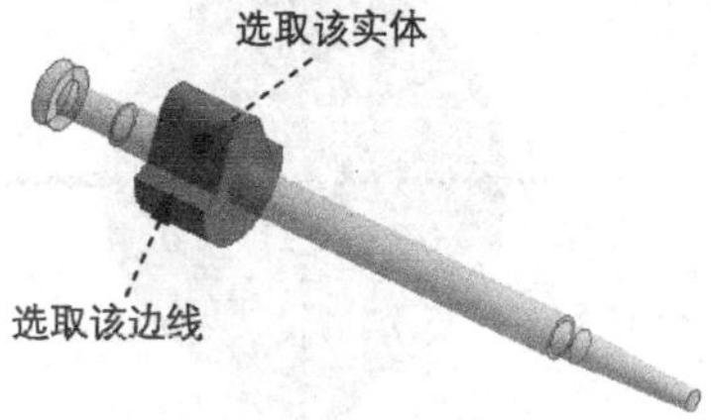


图 3.12.14 定义参照对象

图 3.12.15 定义阵列方向

步骤 10 创建图 3.12.16 所示的旋转操作 1。选择 Create → Body Operation 命令，弹

出图 3.12.17 所示的“Details View”对话框，在 Type 下拉列表中选择 Rotate 选项，在 Bodies 文本框中单击，选取图 3.12.18 所示的实体为旋转对象并单击 Apply 按钮；在 Axis Definition 下拉列表中选择 Components 选项，在 FD6, X Component 文本框中输入数值 1，在 FD7, Y Component 文本框中输入数值 0，在 FD8, Z Component 文本框中输入数值 0，在 FD9, Angle 文本框中输入数值 180。单击工具条中的 Generate 按钮，完成旋转操作的创建。

图 3.12.16　旋转操作 1

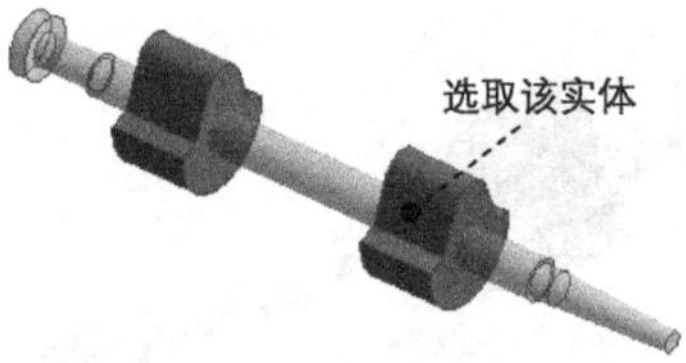

图 3.12.18　定义旋转对象

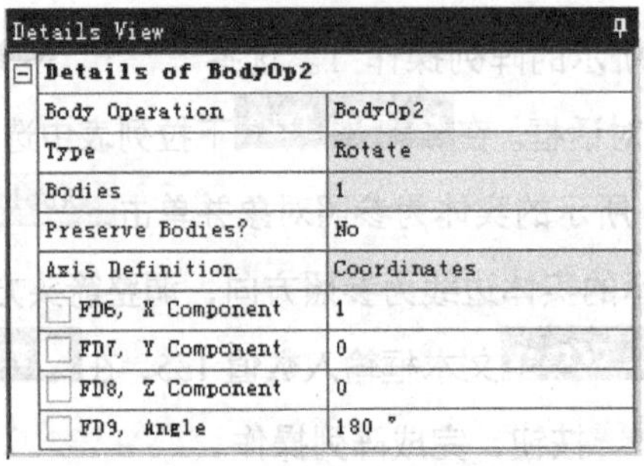

Details View

| Details of BodyOp2 | |
|---|---|
| Body Operation | BodyOp2 |
| Type | Rotate |
| Bodies | 1 |
| Preserve Bodies? | No |
| Axis Definition | Coordinates |
| FD6, X Component | 1 |
| FD7, Y Component | 0 |
| FD8, Z Component | 0 |
| FD9, Angle | 180 ° |

图 3.12.17　“Details View”对话框

步骤 11 创建图 3.12.19 所示的拉伸特征 2。

（1）绘制图 3.12.20 所示的草图 3。选取平面 4，单击“New Sketch”按钮，绘制图 3.12.20 所示的截面草图，其中 D7=15。

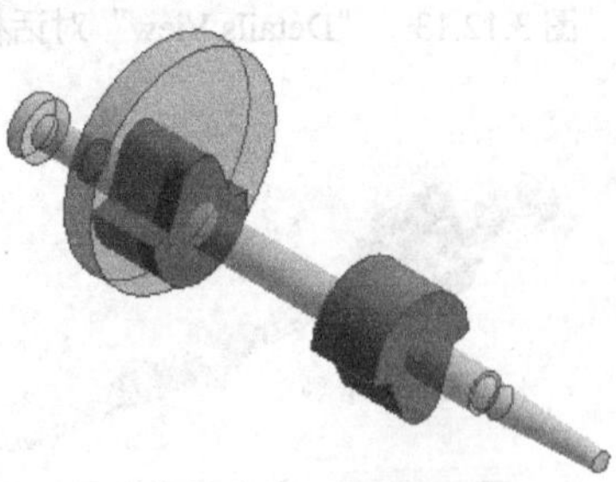
图 3.12.19　拉伸特征 2

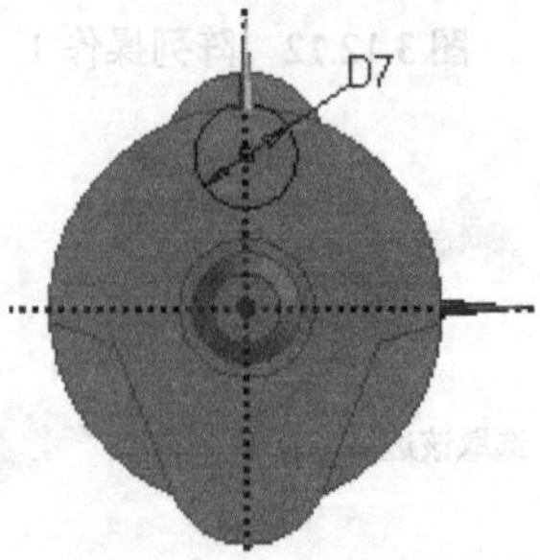

图 3.12.20　草图 3

（2）在工具条中单击 Extrude 按钮，弹出图 3.12.21 所示的“Details View”对话框，使用草图 3 作为截面，在 Operation 下拉列表中选择 Add Frozen 选项，在 Direction 下拉列表中选择 Both - Symmetric 选项，在 FD1, Depth (>0) 文本框中输入数值 8；在 As Thin/Surface? 下拉列表中选择 Yes 选项，在 FD2, Inward Thickness (>=0) 文本框中输入数值 0，在 FD3, Outward Thickness (>=0) 文本框中输入数值 50，其他采用系统默认设置值。单击工具条中的 Generate 按钮，完成拉伸特征 2 的创建。

步骤 12 冻结所有体对象。选择 Tools → Freeze 命令，完成冻结体操作。

步骤 13 解冻拉伸特征 2。选择 Tools → Unfreeze 命令，弹出 图 3.12.22 所示的“Details View”对话框，选取拉伸特征 2 为解冻对象并单击 Apply 按钮。单击工具条中的 Generate 按钮，完成该特征的解冻。

Details View

| Details of Extrude2 | |
|---|---|
| Extrude | Extrude2 |
| Geometry | Sketch3 |
| Operation | Add Frozen |
| Direction Vector | None (Normal) |
| Direction | Both - Symmetric |
| Extent Type | Fixed |
| FD1, Depth (>0) | 8 mm |
| As Thin/Surface? | Yes |
| FD2, Inward Thickness (>=0) | 0 mm |
| FD3, Outward Thickness (>=0) | 50 mm |
| Merge Topology? | Yes |
| Geometry Selection: 1 | |
| Sketch | Sketch3 |

图 3.12.21 “Details View”对话框

Details View

| Details of Unfreeze1 | |
|---|---|
| Unfreeze Feature | Unfreeze1 |
| Bodies | 1 |
| Freeze Others? | No |

图 3.12.22 “Details View”对话框

步骤 14 参照步骤 9 创建图 3.12.23 所示的阵列操作 2。选取图 3.12.24 所示的实体为参照对象。

图 3.12.23 阵列操作 2

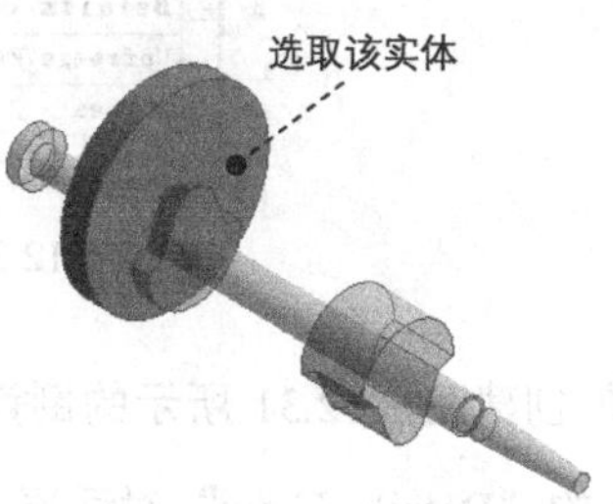


图 3.12.24 定义参照对象

步骤 15 参照步骤 10 创建图 3.12.25 所示的旋转操作 2，选取图 3.12.26 所示的实体为参照对象。

步骤 16 创建图 3.12.27 所示的布尔求差操作 1。选择 Create → Boolean 命令,弹出

“Details View”对话框，在 Operation 下拉列表中选择 Subtract 选项，在 Target Bodies 文本框中单击，选取图 3.12.28 所示实体为目标体并单击 Apply 按钮；在 Tool Bodies 文本框中单击，选取图 3.12.29 所示实体为工具体并单击 Apply 按钮；单击工具条中的 Generate 按钮，完成布尔求差操作的创建。

图 3.12.25 旋转操作 2

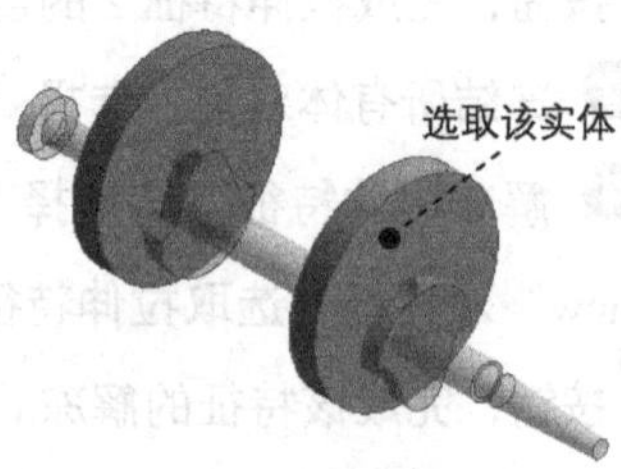


图 3.12.26 定义旋转对象

图 3.12.27 布尔求差操作 1

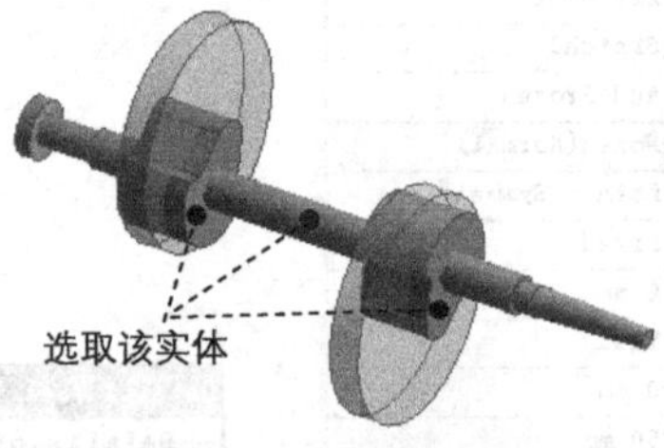


图 3.12.28 定义目标体

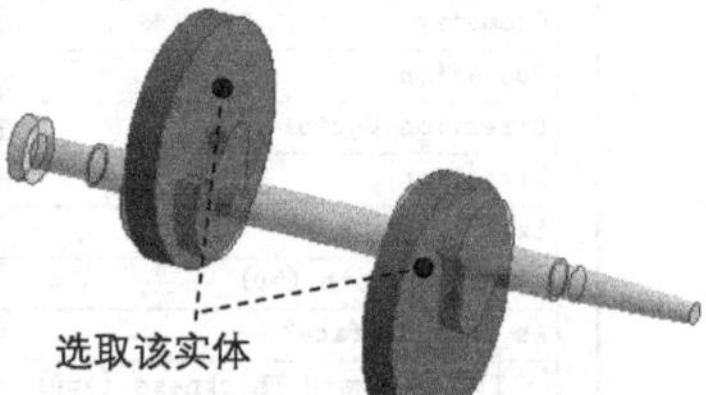


图 3.12.29 定义工具体

步骤 17 解冻所有体。选择 Tools → Unfreeze 命令，弹出图 3.12.30 所示的“Details View”对话框，选取所有实体为解冻对象并单击 Apply 按钮；单击工具条中的 Generate 按钮，完成解冻。

Details View

| Details of Unfreeze1 | |
|---|---|
| Unfreeze Feature | Unfreeze1 |
| Bodies | 1 |
| Freeze Others? | No |

图 3.12.30 “Details View”对话框

步骤 18 创建图 3.12.31 所示的倒斜角特征 1。选择 Create → Chamfer 命令，弹出图 3.12.33 所示的“Details View”对话框；在 Geometry 文本框中单击，选取图 3.12.33 所示的边线为倒斜角边线并单击 Apply 按钮；在 FD1, Left Length (>0) 文本框和 FD2, Right Length (>0) 文本框中均输入数值 1；单击工具条中的 Generate 按钮，完成倒斜角特征的创建。

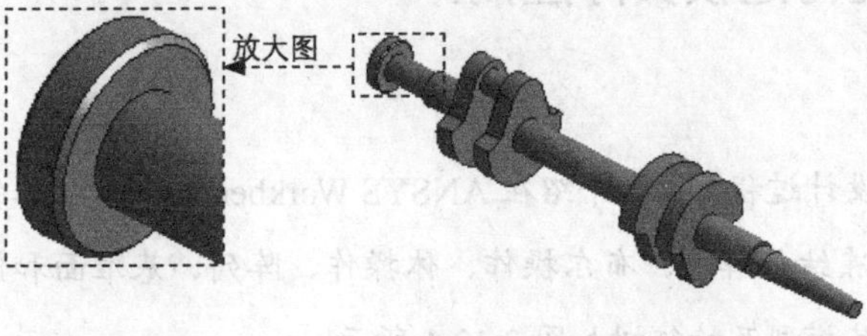


图 3.12.31 倒斜角特征 1

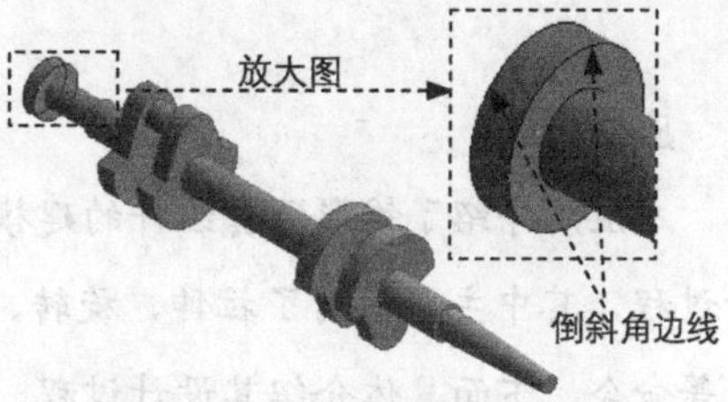


图 3.12.33 定义倒斜角边线

Details View

| Details of Chamfer1 | |
| --- | --- |
| Chamfer | Chamfer1 |
| Geometry | 2 Edges |
| Type | Left-Right |
| FD1, Left Length (>0) | 1 mm |
| FD2, Right Length (>0) | 1 mm |

图 3.12.32 “Details View”对话框

步骤 19 创建图 3.12.34 所示的倒圆角特征 1。选择 Create → Fixed Radius Blend 命令，弹出图 3.12.35 所示的“Details View”对话框；在 FD1, Radius (>0) 文本框中输入数值 3，在 Geometry 文本框中单击，选取图 3.12.36 所示的边线为倒圆角边线并单击 Apply 按钮；单击工具条中的 Generate 按钮，完成倒圆角特征的创建。

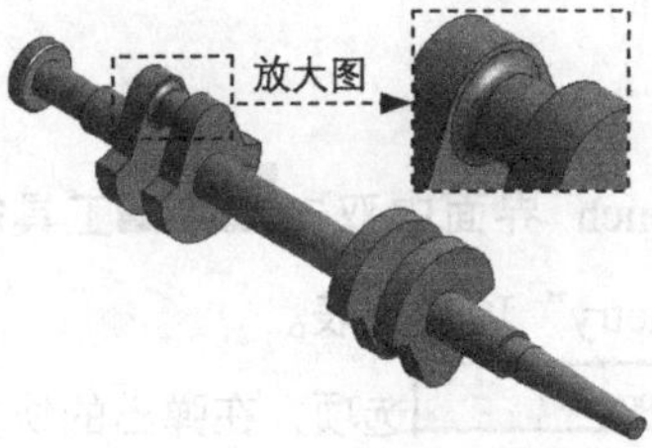


图 3.12.34 倒圆角特征 1

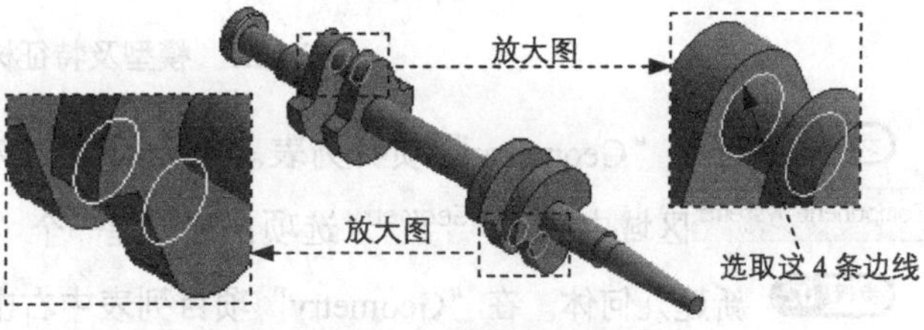


图 3.12.36 定义倒圆角边线

Details View

| Details of FBlend1 | |
| --- | --- |
| Fixed-Radius Blend | FBlend1 |
| FD1, Radius (>0) | 3 mm |
| Geometry | 4 Edges |

图 3.12.35 “Details View”对话框

步骤 20 保存文件。选择 File → Save Project 命令，在弹出的“另存为”对话框的 文件名(N): 文本框中输入 crank_shaft，单击 保存(S) 按钮。

## 3.13 ANSYS Workbench 几何建模实际应用六

应用概述：

本应用介绍了锥形涨套组件的建模设计过程，主要介绍在 ANSYS Workbench 中装配体的设计过程，其中主要使用了拉伸、旋转、冻结与解冻、布尔操作、体操作、阵列、基准面和倒圆角等命令。下面具体介绍其设计过程，其模型及特征树如图 3.13.1 所示。

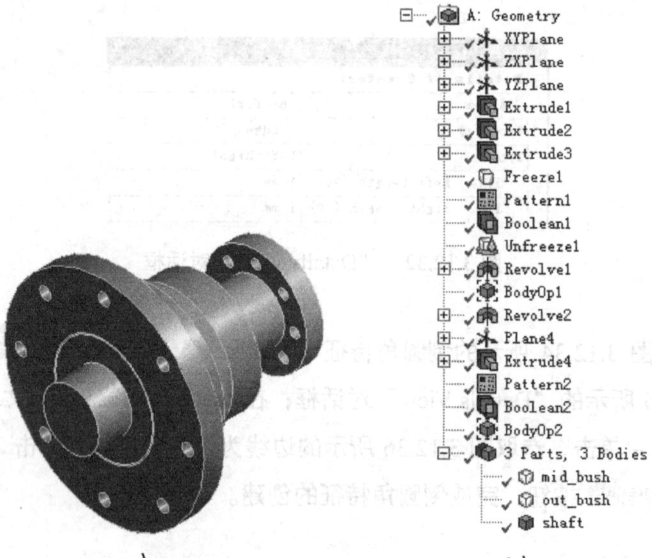


a) b)

图 3.13.1 模型及特征树

步骤 01 创建“Geometry”项目列表。在 ANSYS Workbench 界面中双击 Toolbox 工具箱 Component Systems 区域中的 Geometry 选项，即创建一个“Geometry”项目列表。

步骤 02 新建几何体。在“Geometry”项目列表中右击 Geometry 选项，在弹出的快捷菜单中选择 New Geometry... 命令，系统进入“Geometry”环境。

步骤 03 创建图 3.13.2 所示的拉伸特征 1。

图 3.13.2 拉伸特征 1

(1) 绘制图 3.13.3 所示的草图 1。在“草图绘制”工具条的 XYPlane 下拉列表中选择 XYPlane 平面作为草图平面，单击“New Sketch”按钮，绘制图 3.13.3 所示的截面草图，其中 D1=90。

（2）在工具条中单击 Extrude 按钮，弹出图 3.13.4 所示的“Details View”对话框，使用草图 1 作为截面，在 Operation 下拉列表中选择 Add Material 选项，在 FD1, Depth (>0) 文本框中输入数值 15，其他采用系统默认设置值。单击工具条中的 Generate 按钮，完成拉伸特征 1 的创建。

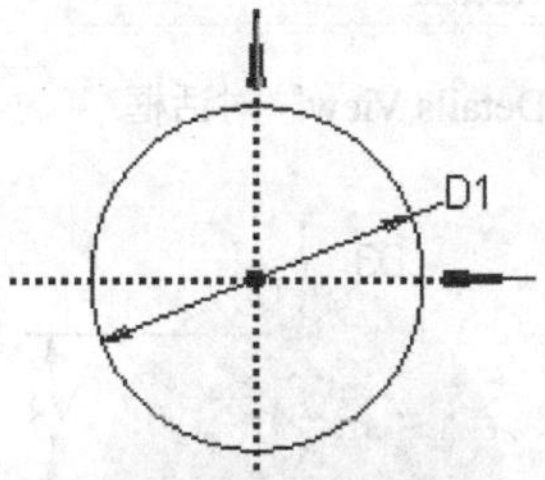


图 3.13.3　草图 1

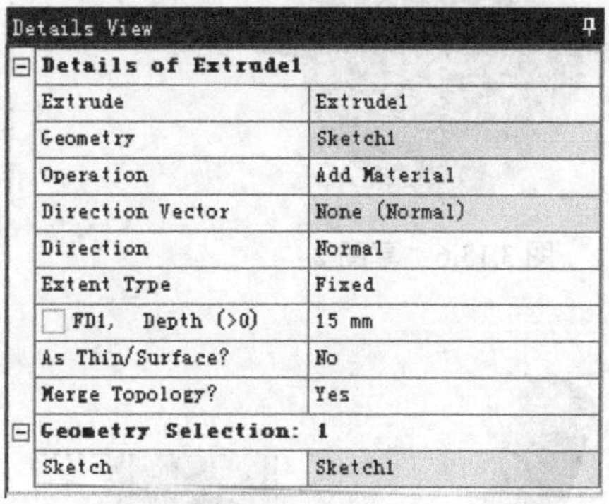


图 3.13.4　“Details View”对话框

步骤 04 创建图 3.13.5 所示的拉伸特征 2。

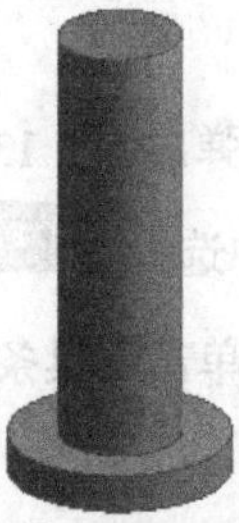

图 3.13.5　拉伸特征 2

（1）绘制图 3.13.6 所示的草图 2。选取 XYPlane，单击“New Sketch”按钮，绘制图 3.13.6 所示的截面草图，其中 D2=50。

（2）在工具条中单击 Extrude 按钮，弹出图 3.13.7 所示的“Details View”对话框，使用草图 2 作为截面，在 Operation 下拉列表中选择 Add Material 选项，在 FD1, Depth (>0) 文本框中输入数值 180，其他采用系统默认设置值。单击工具条中的 Generate 按钮，完成拉伸特征 2 的创建。

步骤 05 创建图 3.13.8 所示的拉伸特征 3。

（1）绘制图 3.13.9 所示的草图 3。选取 XYPlane，单击“New Sketch”按钮，绘制图 3.13.9 所示的截面草图（圆环），其中 D3=8，V4=34。

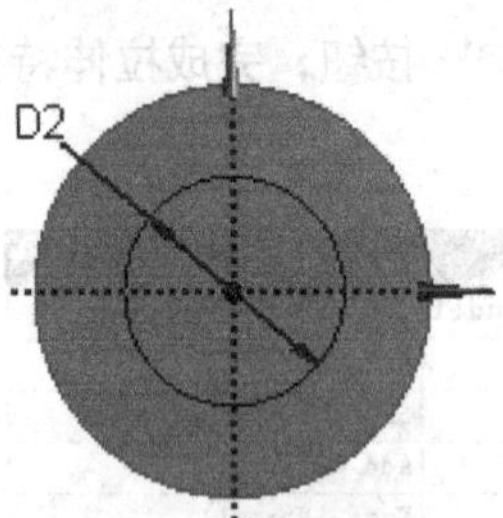


图 3.13.6 草图 2

Details View

| | |
|---|---|
| **Details of Extrude2** | |
| Extrude | Extrude2 |
| Geometry | Sketch2 |
| Operation | Add Material |
| Direction Vector | None (Normal) |
| Direction | Normal |
| Extent Type | Fixed |
| FD1, Depth (>0) | 180 mm |
| As Thin/Surface? | No |
| Merge Topology? | Yes |
| **Geometry Selection: 1** | |
| Sketch | Sketch2 |

图 3.13.7 “Details View”对话框

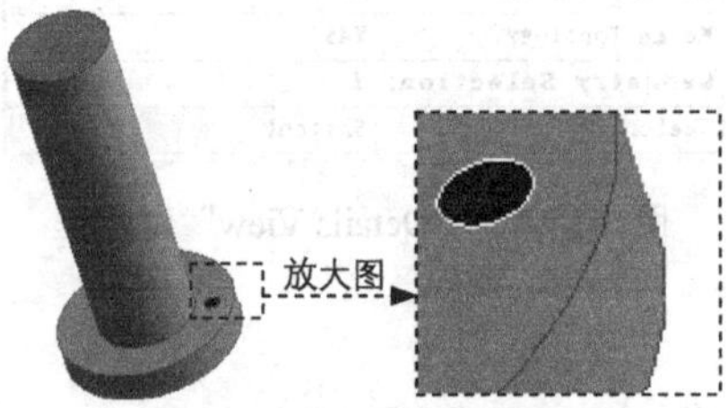


图 3.13.8 拉伸特征 3

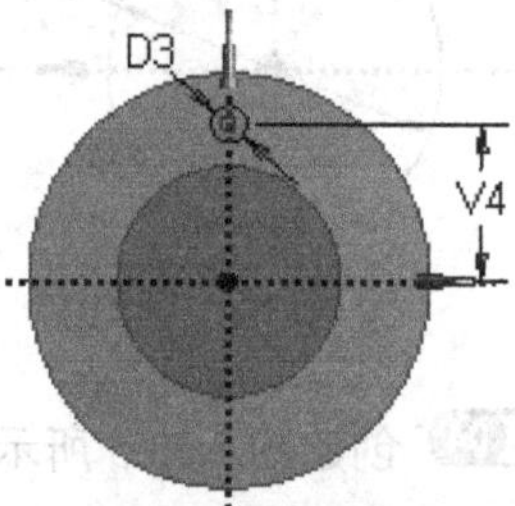


图 3.13.9 草图 3

（2）在工具条中单击 Extrude 按钮，弹出图 3.13.10 所示的“Details View”对话框，使用草图 3 作为截面，在 Operation 下拉列表中选择 Add Frozen 选项，在 FD1, Depth (>0) 文本框中输入数值 15，其他采用系统默认设置值。单击工具条中的 Generate 按钮，完成拉伸特征 3 的创建。

Details View

| | |
|---|---|
| **Details of Extrude3** | |
| Extrude | Extrude3 |
| Geometry | Sketch3 |
| Operation | Add Frozen |
| Direction Vector | None (Normal) |
| Direction | Normal |
| Extent Type | Fixed |
| FD1, Depth (>0) | 15 mm |
| As Thin/Surface? | No |
| Merge Topology? | Yes |
| **Geometry Selection: 1** | |
| Sketch | Sketch3 |

图 3.13.10 “Details View”对话框

步骤 06 冻结所有体对象。选择 Tools → Freeze 命令，完成冻结体操作。

步骤 07 创建图 3.13.11 所示的阵列操作 1。选择 Create → Pattern 命令，弹出图 3.13.12 所示的“Details View”对话框；在 Pattern Type 下拉列表中选择 Circular 选项，在 Geometry 文本框中单击，选取图 3.13.13 所示的实体为参照对象并单击 Apply 按钮；在 Axis 文本框中单击，选取图 3.13.14 所示的轴线，并单击 Apply 按钮；在 FD3, Copies (>0) 文本框中输入数值 7，其他采用系统默认设置值。单击工具条中的 Generate 按钮，完成阵列操作的创建。

图 3.13.11　阵列操作 1

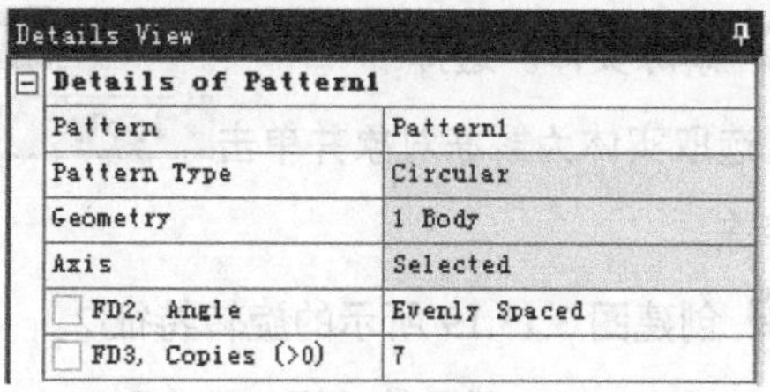

Details View

| Details of Pattern1 | |
|---|---|
| Pattern | Pattern1 |
| Pattern Type | Circular |
| Geometry | 1 Body |
| Axis | Selected |
| FD2, Angle | Evenly Spaced |
| FD3, Copies (>0) | 7 |

图 3.13.12　“Details View”对话框

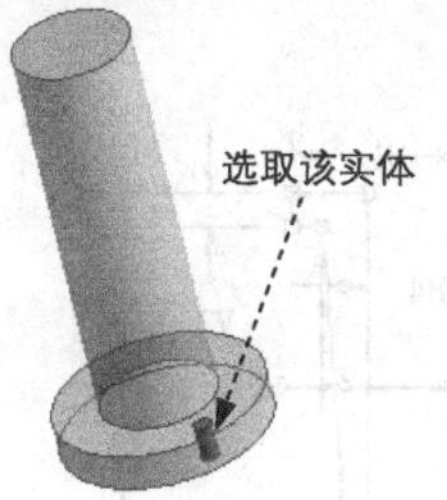


图 3.13.13　定义参照对象

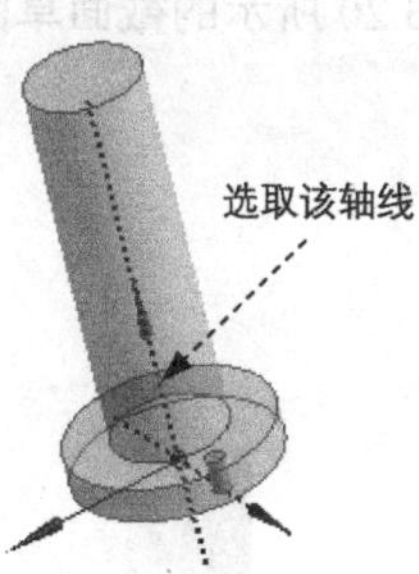


图 3.13.14　定义轴

步骤 08 创建图 3.13.15 所示的布尔求差操作 1。选择 Create → Boolean 命令，弹出图 3.13.16 所示的“Details View”对话框，在 Operation 下拉列表中选择 Subtract 选项，在 Target Bodies 文本框中单击，选取图 3.13.17 所示的实体为目标体并单击 Apply 按钮；在 Tool Bodies 文本框中单击，选取图 3.13.18 所示的实体为工具体并单击 Apply 按钮。单击工具条中的 Generate 按钮，完成布尔求差操作的创建。

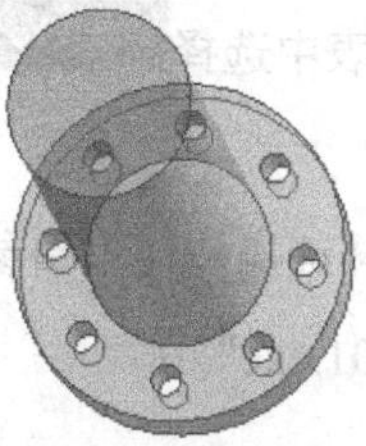

图 3.13.15　布尔求差操作 1

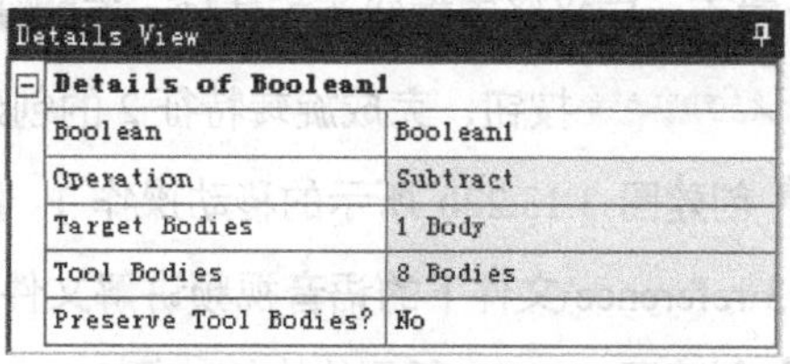

Details View

| Details of Boolean1 | |
|---|---|
| Boolean | Boolean1 |
| Operation | Subtract |
| Target Bodies | 1 Body |
| Tool Bodies | 8 Bodies |
| Preserve Tool Bodies? | No |

图 3.13.16　“Details View”对话框

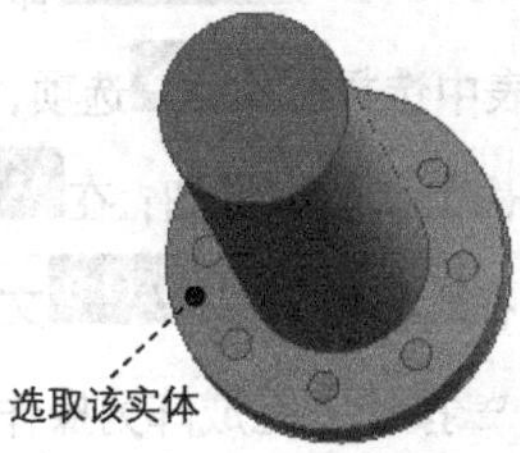


图 3.13.17 定义目标体

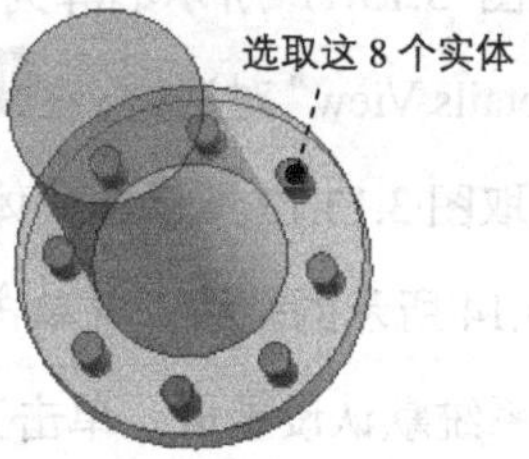


图 3.13.18 定义工具体

步骤 09 解冻实体。选择 Tools → Unfreeze 命令，弹出“Details View”对话框，在项目视图区选取实体为解冻对象并单击 Apply 按钮。单击工具条中的 Generate 按钮，完成该特征的解冻。

步骤 10 创建图 3.13.19 所示的旋转特征 2。

（1）绘制图 3.13.20 所示的草图 4。选取 ZXPlane 平面为草图平面，单击“New Sketch”按钮，绘制图 3.13.20 所示的截面草图，其中 H1=44，H2=36，H3=30，H4=25，V5=150 ，V6=60，V7=8。

图 3.13.19 旋转特征 2

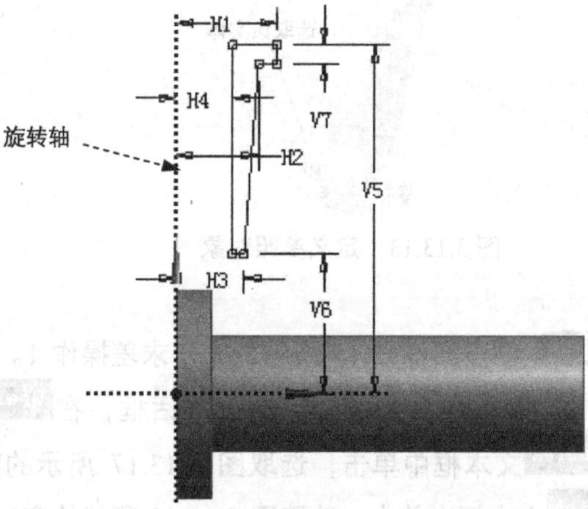


图 3.13.20 草图 4

（2）在工具条中单击 Revolve 按钮，弹出图 3.13.21 所示的“Details View”对话框；使用草图 4 作为截面，定义竖直轴线为旋转轴，在 Operation 下拉列表中选择 Add Frozen 选项。单击工具条中的 Generate 按钮，完成旋转特征 2 的创建。

步骤 11 创建图 3.13.22b 所示的移动操作 1。（注：本步的详细操作过程请参见随书光盘中 video\ch03.13\reference\文件下的语音视频讲解文件“bush_asm-r01.exe”。）

步骤 12 创建图 3.13.23 所示的旋转特征 2。

（1）绘制图 3.13.24 所示的草图 5。选取 YZPlane 平面为草图平面，单击“New Sketch”按钮，绘制图 3.13.24 所示的截面草图，其中 H1=60，H2=85，H3=104，H4=150，H5=18，H6=8，V7=30，V8=50，V9=36，V10=45，V11=90，V12=28。

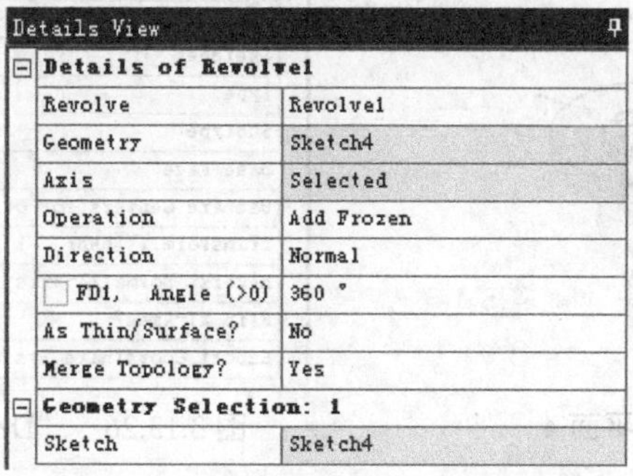


| Details of Revolve1 | |
|---|---|
| Revolve | Revolve1 |
| Geometry | Sketch4 |
| Axis | Selected |
| Operation | Add Frozen |
| Direction | Normal |
| FD1, Angle (>0) | 360 ° |
| As Thin/Surface? | No |
| Merge Topology? | Yes |
| **Geometry Selection: 1** | |
| Sketch | Sketch4 |

图 3.13.21 “Details View”对话框

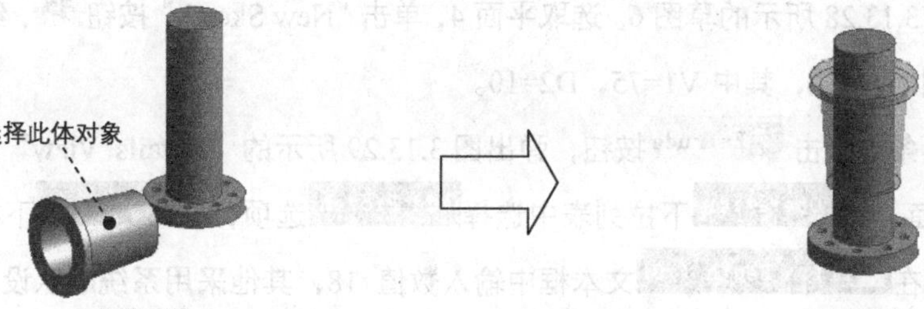


a）移动前　　b）移动后

图 3.13.22 模型的移动

图 3.13.23 旋转特征 2

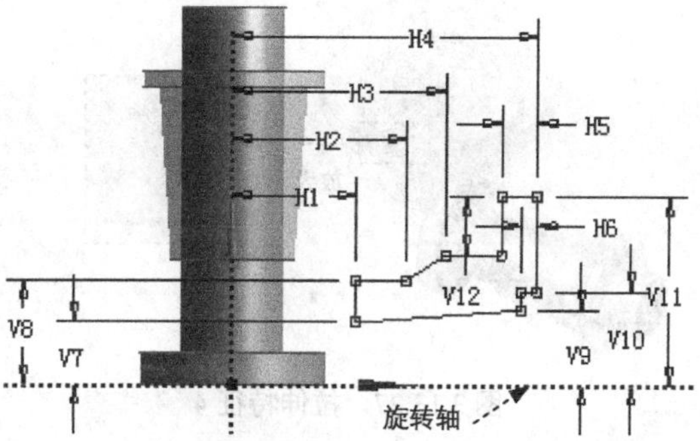


图 3.13.24 草图 5

（2）在工具条中单击 Revolve 按钮，弹出“Details View”对话框；使用草图 5 作为截面，定义水平轴线为旋转轴，在 Operation 下拉列表中选择 Add Frozen 选项。单击工具条中的 Generate 按钮，完成旋转特征 2 的创建。

步骤 13 创建图 3.13.25 所示的平面 4。单击基准平面工具条中的“New Plane”按钮，系统弹出图 3.13.26 所示的“Details View”对话框，在对话框的 Type 下拉列表中选择 From Face

选项，在 Base Face 文本框中单击，选取图 3.13.25 所示的模型表面为参考，其余均采用系统默认设置值。单击工具条中的 Generate 按钮，完成平面 4 的创建。

图 3.13.25　平面 4

Details View

| Details of Plane4 | |
|---|---|
| Plane | Plane4 |
| Sketches | 1 |
| Type | From Face |
| Subtype | Outline Plane |
| Base Face | Selected |
| Use Arc Centers for Origin? | Yes |
| Transform 1 (RMB) | None |
| Reverse Normal/Z-Axis? | No |
| Flip XY-Axes? | No |
| Export Coordinate System? | No |

图 3.13.26　“Details View”对话框

步骤 14　创建图 3.13.27 所示的拉伸特征 4。

（1）绘制图 3.13.28 所示的草图 6。选取平面 4，单击“New Sketch”按钮，绘制图 3.13.28 所示的截面草图（圆环），其中 V1=75，D2=10。

（2）在工具条中单击 Extrude 按钮，弹出图 3.13.29 所示的“Details View”对话框，使用草图 6 作为截面，在 Operation 下拉列表中选择 Add Frozen 选项，在 Direction 下拉列表中选择 Reversed 选项，在 FD1, Depth (>0) 文本框中输入数值 18，其他采用系统默认设置值。单击工具条中的 Generate 按钮，完成拉伸特征 4 的创建。

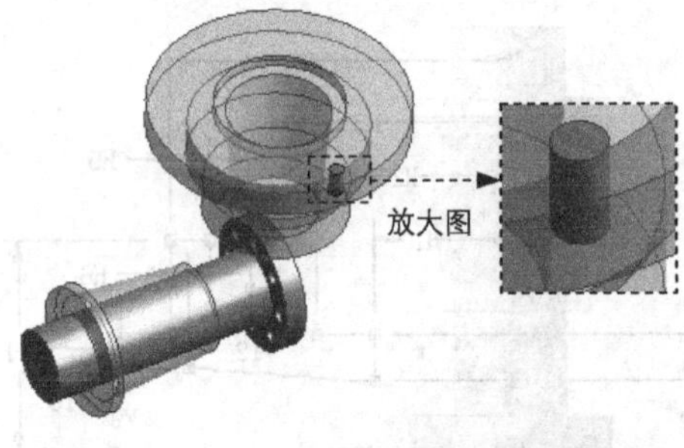


图 3.13.27　拉伸特征 4

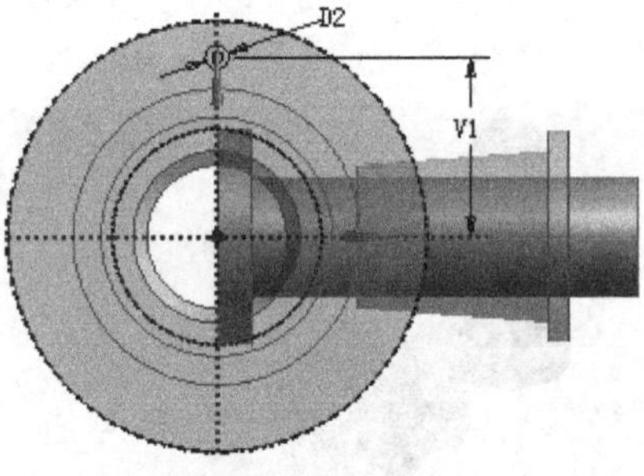


图 3.13.28　草图 6

Details View

| Details of Extrude4 | |
|---|---|
| Extrude | Extrude4 |
| Geometry | Sketch6 |
| Operation | Add Frozen |
| Direction Vector | None (Normal) |
| Direction | Reversed |
| Extent Type | Fixed |
| FD1, Depth (>0) | 18 mm |
| As Thin/Surface? | No |
| Merge Topology? | Yes |
| **Geometry Selection: 1** | |
| Sketch | Sketch6 |

图 3.13.29　“Details View”对话框

步骤 15 创建图 3.13.30 所示的阵列操作 2。选择 Create → Pattern 命令，弹出图 3.13.31 所示的“Details View”对话框；在 Pattern Type 下拉列表中选择 Circular 选项，在 Geometry 文本框中单击，选取图 3.13.32 所示的实体为参照对象并单击 Apply 按钮；在 Axis 文本框中单击，选取图 3.13.33 所示的轴线，并单击 Apply 按钮；在 FD3, Copies (>0) 文本框输入数值 7，其他采用系统默认设置值。单击工具条中的 Generate 按钮，完成阵列操作的创建。

图 3.13.30 阵列操作 2

Details View

| Details of Pattern2 | |
|---|---|
| Pattern | Pattern2 |
| Pattern Type | Circular |
| Geometry | 1 Body |
| Axis | Selected |
| FD2, Angle | Evenly Spaced |
| FD3, Copies (>0) | 7 |

图 3.13.31 “Details View”对话框

步骤 16 创建图 3.13.34 所示的布尔求差操作 2。选择 Create → Boolean 命令，弹出图 3.13.35 所示的“Details View”对话框，在 Operation 下拉列表中选择 Subtract 选项，在 Target Bodies 文本框中单击，选取图 3.13.36 所示实体为目标体并单击 Apply 按钮。在 Tool Bodies 文本框中单击，选取图 3.13.37 所示实体为工具体并单击 Apply 按钮。单击工具条中的 Generate 按钮，完成布尔求差操作的创建。

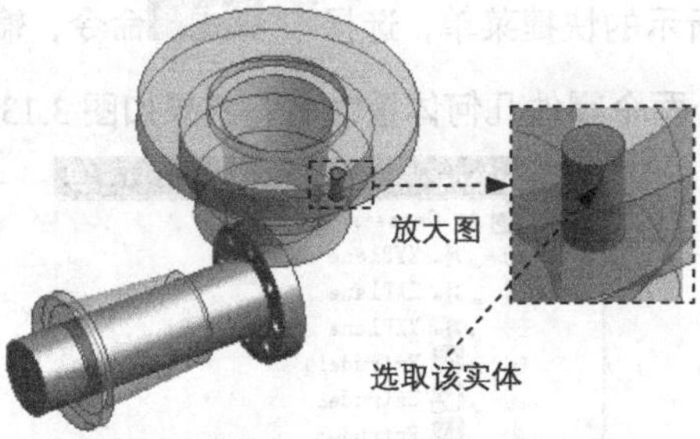


图 3.13.32 定义参照对象

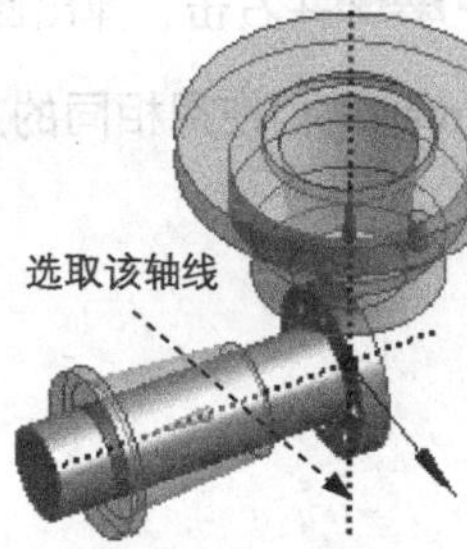


图 3.13.33 定义轴

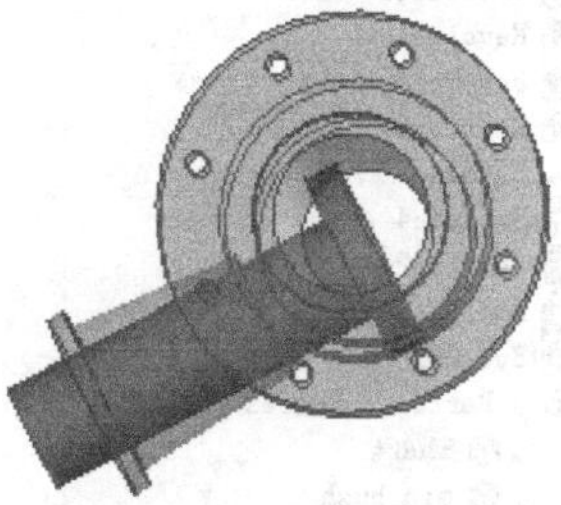

图 3.13.34 布尔求差操作 2

Details View

| Details of Boolean2 | |
|---|---|
| Boolean | Boolean2 |
| Operation | Subtract |
| Target Bodies | 1 Body |
| Tool Bodies | 8 Bodies |
| Preserve Tool Bodies? | No |

图 3.13.35 “Details View”对话框

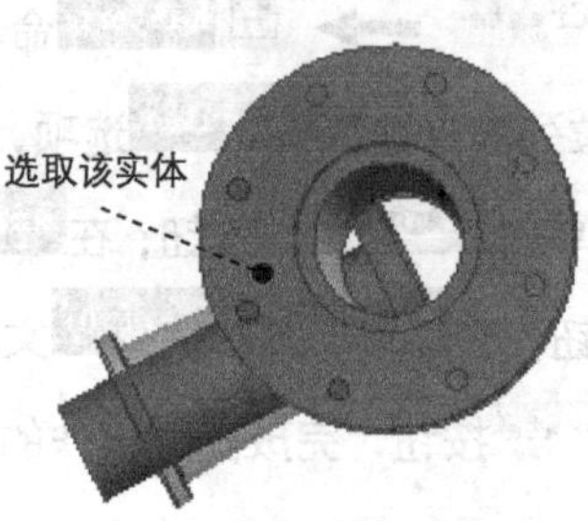


图 3.13.36　定义目标体

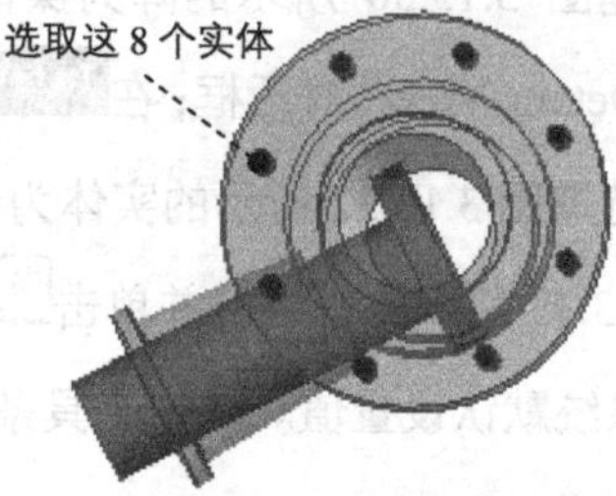


图 3.13.37　定义工具体

步骤 17 创建图 3.13.38b 所示的移动操作 2。(注：本步的详细操作过程请参见随书光盘中 video\ch03.13\reference\文件下的语音视频讲解文件“bush_asm-r02.exe”。)

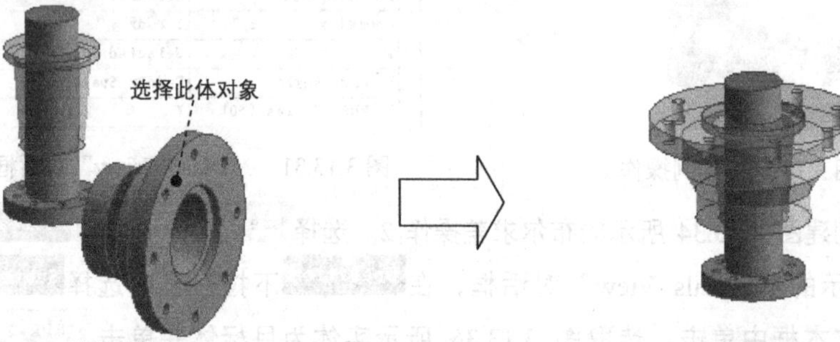


a) 移动前　　b) 移动后

图 3.13.38　模型的移动

步骤 18 重命名零件几何体。在“Tree Outline”窗口中展开 3 Parts, 3 Bodies 下所有节点，选中第一个 solid 并右击，弹出图 3.13.39 所示的快捷菜单，选择 Rename 命令，输入文件名称 shaft 并按 Enter 键；使用相同的方法对另外两个零件几何体重命名，结果如图 3.13.40 所示。

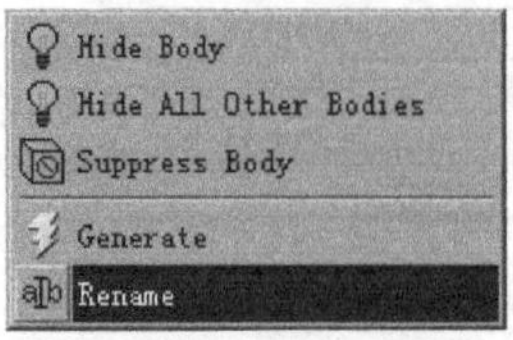


图 3.13.39　快捷菜单

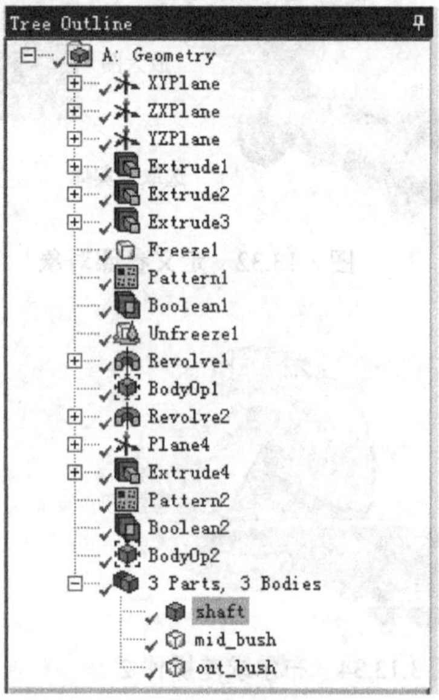


图 3.13.40　“Outline”窗口

步骤 19 返回 Workbench 主界面，选中 Toolbox 工具箱 Component Systems 区域中的 Static Structural 选项，将其拖动到项目视图区“Geometry”项目列表中的 Geometry 上（图 3.13.41），释放鼠标左键，创建一个“Static Structural”项目列表。

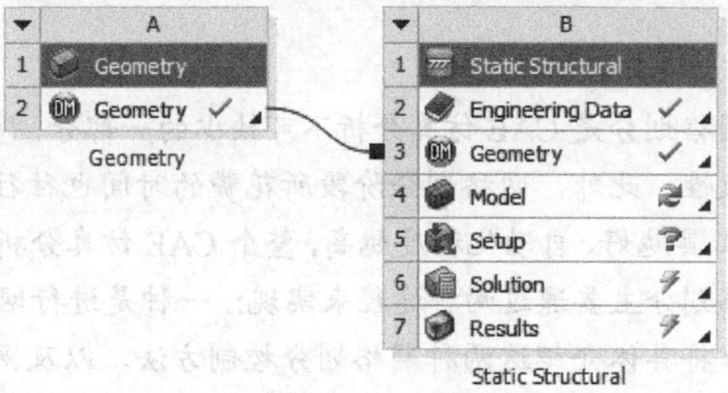


图 3.13.41 创建“Static Structural”项目列表

步骤 20 在“Static Structural”项目列表中双击 Model 选项，进入“Mechanical”环境，结果如图 3.13.42 所示，同时在“Outline”窗口中展开 Geometry 节点，可以观察到三个零件几何体（图 3.13.43）。

步骤 21 保存文件。选择 File → Save Project 命令，在弹出的“另存为”对话框的 文件名(N): 文本框中输入 bush_asm，单击 保存(S) 按钮。

图 3.13.42 装配模型

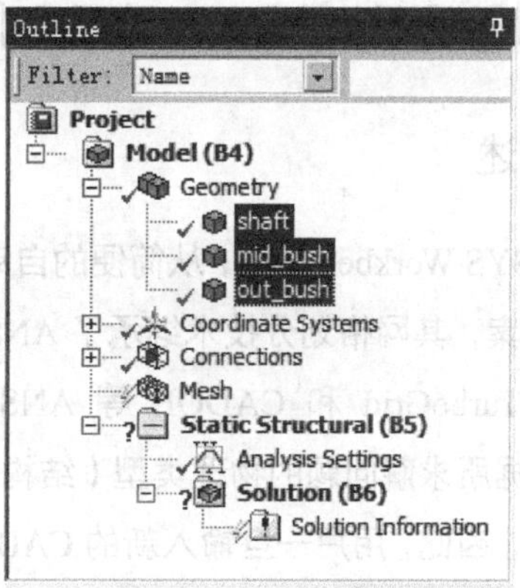


图 3.13.43 “Outline”窗口

# 第4章 网格划分

**本章提要** 网格划分是CAE仿真分析不可缺少的一部分，网格的质量直接影响计算结果的精度、求解的收敛性。此外，网格划分阶段所花费的时间也往往占整个仿真分析的大部分时间，因此，网格划分工具越好、自动化程度越高，整个CAE仿真分析的效率就越高。在ANSYS Workbench 中进行网格划分主要通过两种途径来实现：一种是进行网格全局控制;另外一种是进行网格局部控制。本章将具体介绍这两种网格划分控制方法，以及网格划分的其他内容。本章内容包括：

- ANSYS Work bench 15.0 网格划分基础。
- 全局网格控制。
- 局部网格控制。
- 虚拟拓扑。
- 网格检查。

## 4.1 ANSYS Workbench15.0 网格划分基础

### 4.1.1 概述

在ANSYS Workbench中，从简便的自动网格划分到高级网格划分，ANSYS Meshing都有完美的解决方案，其网格划分技术继承了ANSYS Mechanical、ANSYS ICEM CFD、ANSYS CFX、GAMBIT、TurboGrid 和 CADOE 等 ANSYS 各结构/流体网格划分程序的相关功能。ANSYS Meshing根据所求解问题的物理类型（结构、流体、电磁和显式等）设定了相应的、智能化的网格划分程序。因此，用户一旦输入新的CAD几何模型并选择所需的物理类型，即可使用ANSYS Meshing强大的自动网格划分功能进行网格自动化处理。当CAD模型参数变化后，网格的重新划分会自动进行，实现CAD-CAE的无缝集成。

ANSYS Meshing 提供了包括混合网格和全六面体自动网格等在内的一系列高级网格划分技术，方便用户进行自定义以对具体的隐式/显式结构、流体、电磁、板壳、2D模型和梁杆模型等进行细致的网格处理，得到最佳的网格模型，为高精度分析计算打下基础。

除了ANSYS Meshing之外，还有顶级的ANSYS ICEM CFD和ANSYS TurboGrid网格划分平台。虽然它们在不断地整合到ANSYS Meshing中，但其强大的网格划分功能、独特的网格划分方法，在划分复杂网格方面表现突出，也是ANSYS网格划分平台的重要组成部分。

### 4.1.2 网格类型

ANSYS Workbench 中主要包括一维网格、二维网格和三维网格 3 种类型的网络，每种类型的网络都适用于一定的对象。下面具体介绍各种类型网格的特点。

◆ 一维网格（图 4.1.1）：一维网格单元由两个节点组成，用于对曲线、边的网格划分（主要用于杆、梁结构分析中）。

图 4.1.1 一维网格

◆ 二维网格（图 4.1.2）：二维网格包括三角形单元（3 节点或 6 节点组成）和四边形单元（4 节点或 8 节点组成），用于对片体、壳体实体进行划分网格。

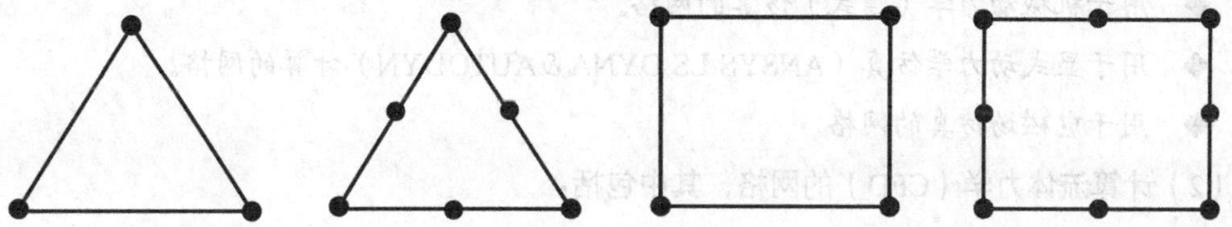

a）三角形单元（3 节点） b）三角形单元（6 节点） c）四边形单元（4 节点） d）四边形单元（8 节点）

图 4.1.2 二维网格

注意

在使用二维网格划分网格时尽量采用正方形单元，这样分析结果就比较精确；如果无法使用正方形网格，则要保证四边形的长宽比小于 10；如果是不规则四边形，则应保证四边形的各角度在 45°~135°；在关键区域应避免使用有尖角的单元，且避免产生扭曲单元。在使用三角形单元划分网格时，应尽量使用等边三角形单元。还应尽量避免混合使用三角形和四边形单元对模型划分网格。

◆ 三维网格（图 4.1.3）：三维网格包括四面体单元（4 节点或 10 节点组成）和六面体单元（8 节点或 20 节点组成）。

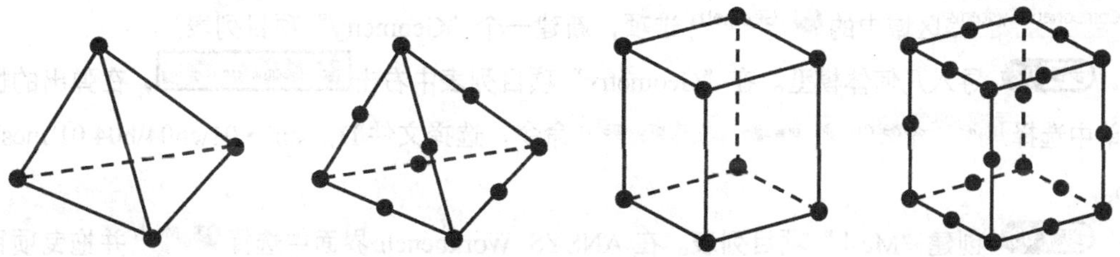

a）四面体单元（4 节点） b）四面体单元（10 节点） c）六面体单元（8 节点） d）六面体单元（12 节点）

图 4.1.3 三维网格

注意

10 节点四面体单元是应力单元，4 节点四面体单元是应变单元，后者刚性较高，在对模型进行三维网格划分时，若采用四面体单元，应优先采用 10 节点四面体单元。

### 4.1.3　ANSYS 网格划分平台

网格划分工具平台实际上为 ANSYS 软件的不同物理场和求解器提供相应的网格文件。Workbench 中划分网格的软件主要有 ICEM CFD、TGRID、CFX-Mesh 和 Gambit 等，网格文件具体地说主要有两类。

（1）有限元分析（FEM）网格，其中包括：

- 用于机械动力学（隐式）仿真的网格。
- 用于显式动力学仿真（ANSYS LS DYNA &AUTODYN）计算的网格。
- 用于电磁场仿真的网格。

（2）计算流体力学（CFD）的网格，其中包括：

- 用于 ANSYS CFX 计算的网格。
- 用于 ANSYS FLUENT 计算的网格。
- 用于 POLYFLOW 计算的网格。

### 4.1.4　ANSYS Workbench 网格划分界面

在 ANSYS Workbench 中要完成网格划分，可以在 ANSYS 专有网格划分平台（ANSYS Meshing）上进行，也可以在后面的分析环境中进行。本章主要介绍在 ANSYS 专有网格划分平台上进行网格划分的相关内容，在分析环境中进行网格划分将在后面的章节中介绍。

进入 ANSYS 专有网格划分平台主要有以下两种方法。

方法一：首先创建一个“Geometry”项目列表，然后创建“Mesh”项目列表并进入 ANSYS 专有网格划分平台，具体操作方法如下。

步骤 01 创建“Geometry”项目列表。在 ANSYS Workbench 界面中双击 Toolbox 工具箱的 ⊟ Component Systems 区域中的 Geometry 选项，新建一个“Geometry”项目列表。

步骤 02 导入几何体模型。在“Geometry”项目列表中右击 Geometry ?，在弹出的快捷菜单中选择 Import Geometry ▸ ➡ Browse... 命令，选择文件 D：\an15.01\ch04\h04.01\mesh.Stp。

步骤 03 创建“Mesh”项目列表。在 ANSYS Workbench 界面中选择 Mesh 并拖曳项目视图区的“Geometry”项目列表中的 Geometry ✓ 上释放，结果如图 4.1.4 所示。

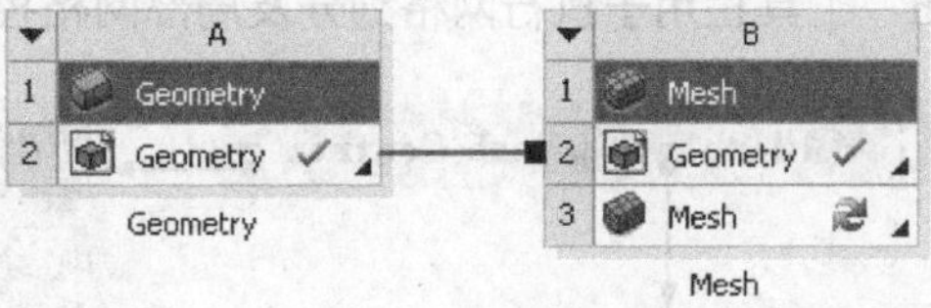


图 4.1.4　创建项目列表

步骤 04 进入 ANSYS 专有网格划分平台。在“Mesh”项目列表中双击 Mesh ，系统进入 ANSYS 专有网格划分平台，如图 4.1.5 所示。

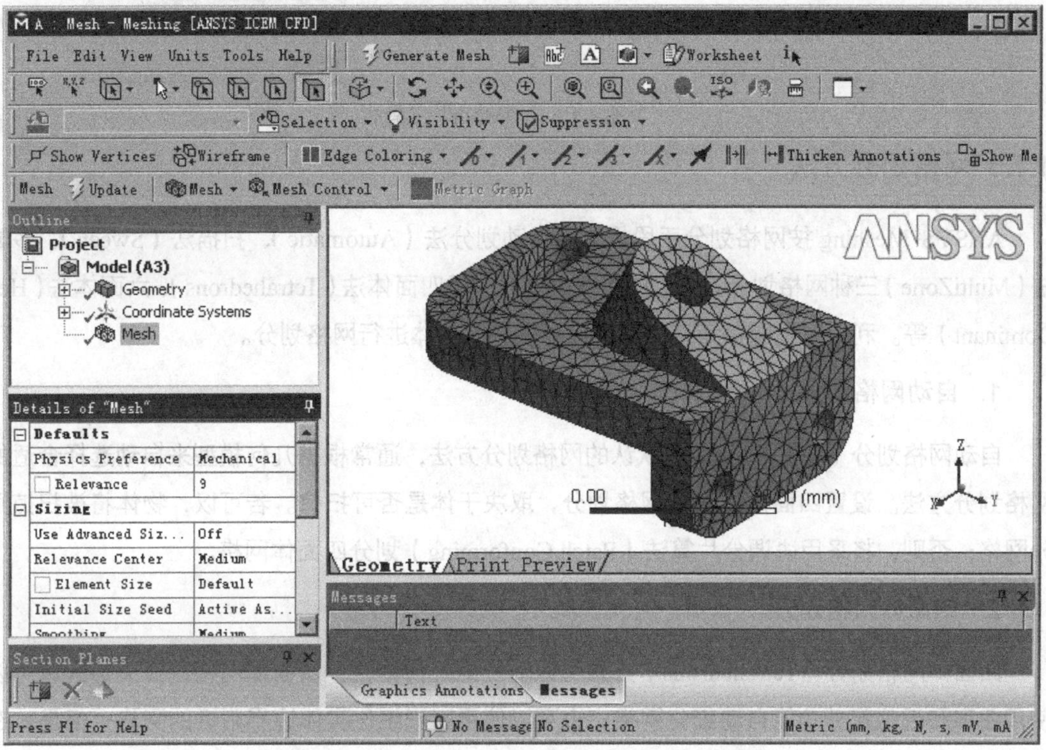


图 4.1.5　ANSYS Workbench 专有网格划分平台

方法二：直接创建“Mesh”项目列表并进入 ANSYS 专有网格划分平台，具体操作方法如下。

步骤 01 创建“Mesh”项目列表。在 ANSYS Workbench 界面中双击 Toolbox 工具箱的 Component Systems 区域中的 Mesh 选项，新建一个“Mesh”项目列表。

步骤 02 导入几何体。在“Mesh”项目列表中右击 Geometry ，在弹出的快捷菜单中选择 Import Geometry → Browse... 命令，选择文件 D：\an15.01\ch04\ch04.01\mesh.stp。

步骤 03 进入 ANSYS 专有网格划分平台。在“Mesh”项目列表中双击 Mesh ，系统进入 ANSYS 专有网格划分平台。

图 4.1.6 所示的“Mesh”工具栏用于执行网格划分及局部网格控制等操作。

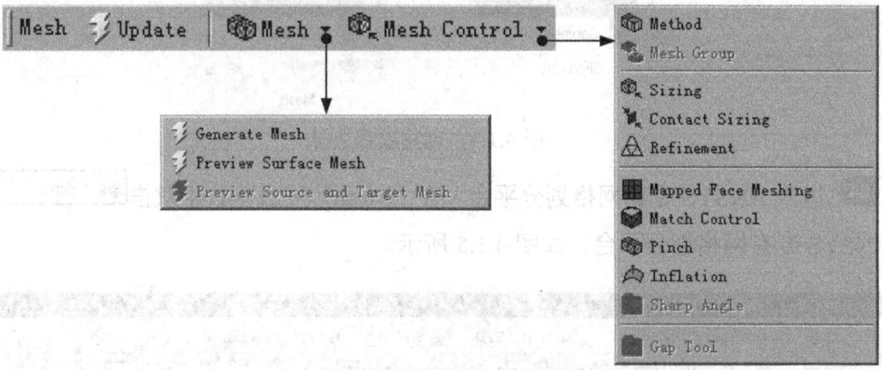


图 4.1.6 “Mesh”工具栏

## 4.1.5 网格划分方法

ANSYS Meshing 按网格划分手段提供了自动划分法（Automatic）、扫描法（Sweep）、多域法（MultiZone）三种网格划分方法，按网格类型提供了四面体法（Tetrahedrons）、六面体法（Hex Dominant）等。利用以上网格划分方法可以对各种几何体进行网格划分。

### 1. 自动网格划分

自动网格划分（Automatic）为默认的网格划分方法，通常根据几何模型来自动选择合适的网格划分方法。设置四面体或扫掠网格划分，取决于体是否可扫掠。若可以，物体将被扫掠划分网格；否则，将采用协调分片算法（Patch Conforming）划分四面体网格。

### 2. 四面体网格划分

四面体网格划分（Tetrahedrons）方法可以对任意几何体划分四面体网格，在关键区域可以使用曲率和近似尺寸功能自动细化网格，也可以使用膨胀细化实体边界附近的网格；但是，在同样的求解精度情况下，四面体网格的单元和节点数高于六面体网格，会占用计算机更大的内存，求解速度和效率不如六面体网格。四面体网格划分包括以下两种算法。

（1）协调分片算法（Path Conforming）。该方法基于 TGrid 算法，先生成面网格，然后生成体网格。

- 在默认设置时，会考虑几何模型所有的边、面等几何尺寸较小的特征。
- 在多体部件中可以结合扫掠方法生成共形的混合四面体、棱柱和六面体网格。
- 用虚拟拓扑工具可以简化 CAD 模型的较小特征，放宽分片限制。
- 选用协调分片算法的方法：在图 4.1.7 所示的“Details of ‘Patch Independent’ -Mothod”对话框 Definition 区域的 Method 下拉列表中选择 Tetrahedrons 选项，在 Algorithm 下拉列

表中选择 Patch Independent 选项。

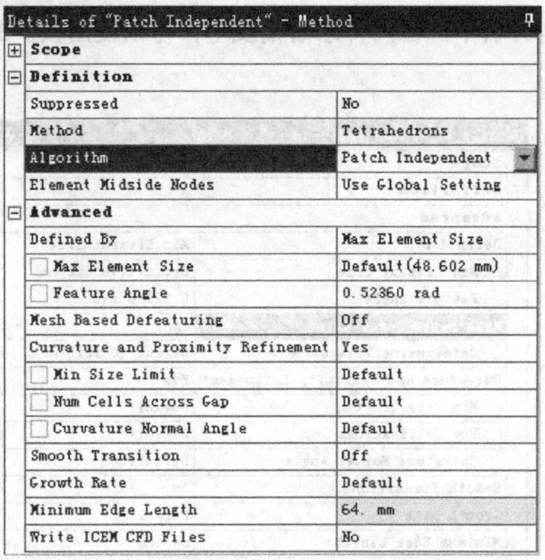


图 4.1.7 "Details of 'Patch Independent'-Mothod"对话框（一）

（2）独立分片算法（Patch Independent）。该方法基于 ICEM CFD Tetra 四面体或棱柱的 Octree 方法，先生成体网格，然后映射到点、边和面创建表面网格。可以对 CAD 模型的长边等进行修补，更适合对质量差的 CAD 模型划分网格。

- 机械分析适用于协调分片算法划分的网格，电磁分析或流体分析适用于协调分片算法或独立分片算法划分的网格，显式动力学适用于有虚拟拓扑的协调分片算法或独立分片算法划分的网格。
- 选用独立分片算法的方法：主要操作与协调分片算法一样，另外，在图 4.1.8 所示的"Details of 'Patch Independent'-Mothod"对话框的 Advanced 区域还有清除网格特征的附加设置（Mesh Based Defeaturing）、基于曲率和相邻的细化设置（Curvature and Proximity Refinement）、平滑过渡选项（Smooth Transition）等；当在 Mesh Based Defeaturing 下拉列表中选择 On 时，在 Defeaturing Tolerance 文本框中输入清除特征容差，则清除容差范围内的小特征。该划分方法也可写出 ICEM CFD 文件（Write ICEM CFD Files）。

### 3. 六面体网格划分

六面体网格划分（Hex Dominant）主要采用六面体单元来划分，形状复杂的模型可能无法划分成完整的六面体网格，这时会出现缺陷。ANSYS Meshing 会自动处理这个缺陷，并用楔形单元、金字塔单元或四面体单元填充处理。

六面体网格划分，首先生成四边形主导的面网格，然后按照需要填充三角形面网格，之后对内部容积大的几何体和可扫掠的体进行六面体网格划分，不可扫掠的部分用楔形或四面体单元补充。但是，最好避免楔形和四面体单元出现。六面体网格划分方法常用于受弯曲或扭转的结构、变形量较大的结构分析中。在同样求解精度下，可以使用较少的六面体单元数量来进行求解。

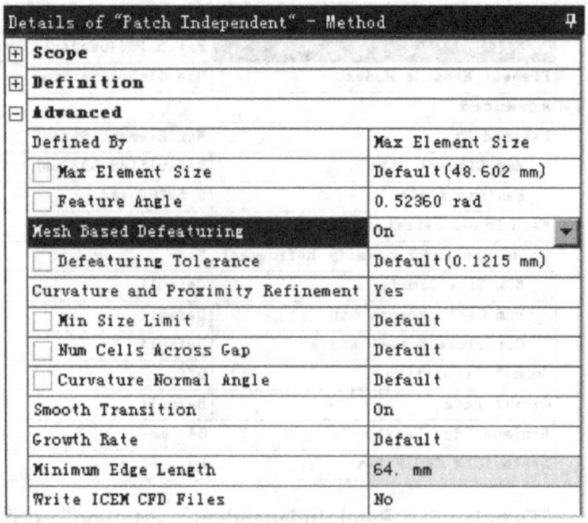


图 4.1.8 “Details of ‘Patch Independent’-Mothod”对话框（二）

### 4. 扫掠网格划分

扫掠网格划分（Sweep）可以得到六面体网格，也可能包含楔形单元。使用此方法的几何体必须是可扫掠体，其他实体采用四面体单元划分。一个扫掠体需满足：包含不完全闭合空间，至少有一个边或闭合面连接从源面到目标面的路径，没有硬性约束定义以至在源面和目标面相应边上有不同的分割数。扫掠划分方法还包括了一种薄扫掠方法（Thin Sweep Method），此方法与直接进行扫掠类似，但也有其特点，在某种情况下可以弥补直接扫掠划分网格的不足。

### 5. 多域网格划分

多区域划分（MultiZone）可以自动将几何体分解成映射区域和自由区域，可以自动判断区域并生成纯六面体网格，对不满足条件的区域采用更好的非结构化网格划分。多重区域网格划分适用于扫掠方法不能分解的几何体。此方法基于 ICEM CFD Hexa 模块，非结构化区域可由六面体主导（或以六面体为核心），也可以四面体来划分网格。

### 6. Cut Cell 网格划分

Cut Cell 网格划分采用自动修边的独立分片网格划分方法，可以对复杂的三维几何体自动生成以六面体为主的通用网格。这是为 ANSYS FLUENT 设计的笛卡儿网格划分方法，主要用于对单体或多体的流体域进行网格划分，不能划分装配体，也不能与其他网格划分方法混合使用，支持边界层。使用 Cut Cell 网格划分方法，需要在图 4.1.9 所示的“Details of ‘Mesh’”对话框中进行如下设置。

（1）在Defaults区域的Physics Preference下拉列表中选择CFD选项，在Solver Preference下拉列表中选择Fluent选项。

（2）在Assembly Meshing区域的Method下拉列表中选择CutCell选项。在Feature Capture下拉列表中选择Feature Angle选项，设置特征捕捉角度，程序默认捕捉角为 40°，可以设定更小的角度来捕捉更多特征。如捕捉角度设为 0，则捕捉所有 CAD 特征。在Tessellation Refinement下拉列表中选择Absolute Tolerance选项，设置棋盘形镶嵌的错位技术细分网格，可由程序控制或指定绝对容差（Absolute Tolerance）进行网格细分。

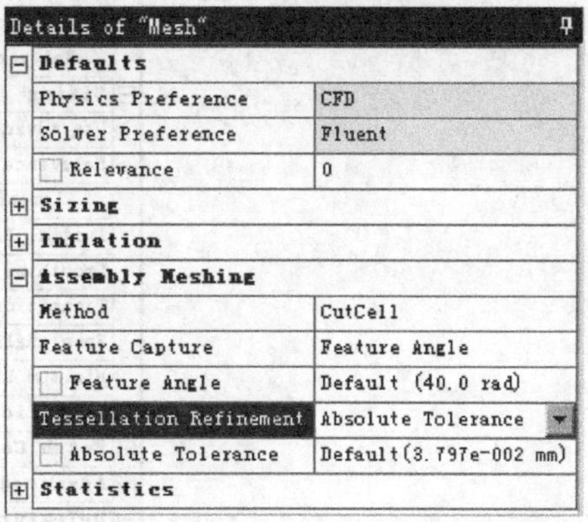


图 4.1.9 “Details of ‘Mesh’”对话框

**7. 面网格划分**

ANSYS 网格划分平台可以对 DM 或其他用 CAD 软件创建的面体进行网格划分，用于 2D 有限元分析。主要可划分为三角形或四边形的网格，对网格的控制没有三维几何体划分网格负责，主要是对边和映射面的控制。这部分比较简单，因此不再叙述。

### 4.1.6 ANSYS Workbench 网格划分流程

在 ANSYS Workbench 中进行网格划分的流程如下：

- 确定物理场和网格划分方法。
- 设置全局网格参数，对网格进行全局控制。
- 设置局部网格参数，对网格进行局部控制。
- 预览并划分网格。
- 检查网格质量，如有需要，调整网格设置并重新划分网格。

## 4.2 全局网格控制

### 4.2.1 概述

全局网格控制通常用于整体网格划分的全局控制，包括网格基本物理场类型、网格单元尺寸、尺寸参数、膨胀参数及网格详细信息的查看等相关内容。

在网格划分平台界面的“Outline”窗口中单击Mesh，弹出图 4.2.1 所示的“Details of ‘Mesh’”对话框，用于对网格划分进行全局控制。

下面具体介绍网格划分及对网格划分进行全局控制的相关操作。

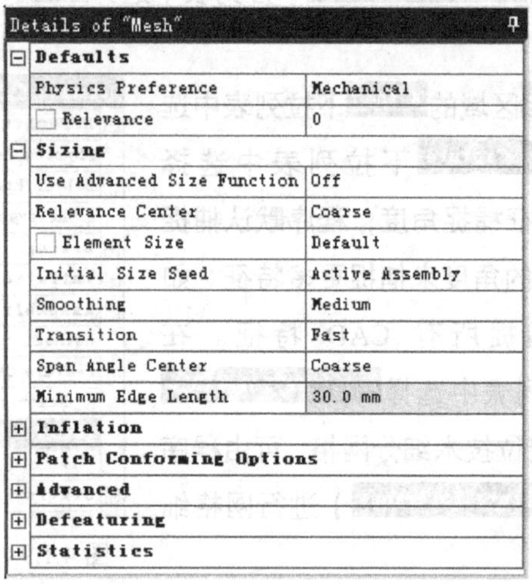

| Details of "Mesh" | |
|---|---|
| ⊟ **Defaults** | |
| Physics Preference | Mechanical |
| Relevance | 0 |
| ⊟ **Sizing** | |
| Use Advanced Size Function | Off |
| Relevance Center | Coarse |
| Element Size | Default |
| Initial Size Seed | Active Assembly |
| Smoothing | Medium |
| Transition | Fast |
| Span Angle Center | Coarse |
| Minimum Edge Length | 30.0 mm |
| ⊞ **Inflation** | |
| ⊞ **Patch Conforming Options** | |
| ⊞ **Advanced** | |
| ⊞ **Defeaturing** | |
| ⊞ **Statistics** | |

图 4.2.1 "Details of 'Mesh'"对话框

## 4.2.2 划分网格

下面以图 4.2.2 所示的模型为例，介绍自动网格划分的一般操作。

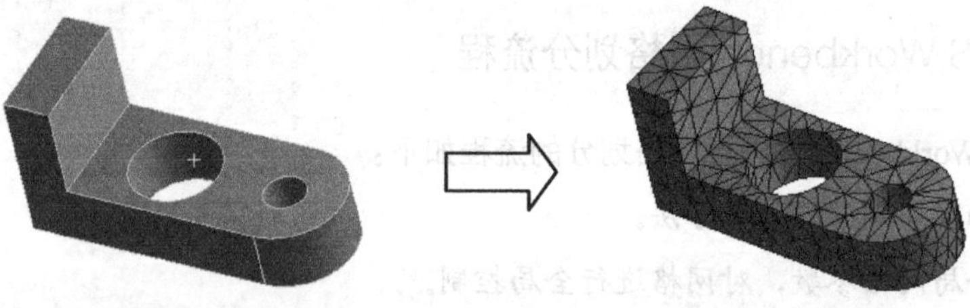

a）划分前　　b）划分后

图 4.2.2 划分网格

步骤 01 创建"Mesh"项目列表。在 ANSYS Workbench 界面中双击 Toolbox 工具箱的 Component Systems 区域中的 Mesh 选项，新建一个"Mesh"项目列表。

步骤 02 导入几何体。在"Mesh"项目列表中右击 Geometry，在弹出的快捷菜单中选择 Import Geometry ▸ ➡ Browse... 命令，选择导入文件 D：\an15.01\ch04.02.02\mesh_part.stp。

步骤 03 进入 ANSYS 专有网格划分平台。在"Mesh"项目列表中双击 Mesh，进入 ANSYS 专有网格划分平台。

步骤 04 划分网格。在"Outline"窗口中右击 Mesh，在弹出的快捷菜单中选择 Generate Mesh 命令，系统自动划分网格，结果如图 4.2.2b 所示。

说明

在 ANSYS Workbench 中，对于导入的几何体，系统会根据几何体结构与尺寸大小自动确定网格大小尺寸，但是系统自动确定的网格尺寸一般比较粗糙，会影响最终的求解结果精度，所以，在分析中为了提高求解精度，一般要对网格进行全局或局部控制。

如果需要清除几何体中的网格，可以在“Outline”中右击 Mesh，在弹出的快捷菜单中选择 Clear Generated Data 命令，在弹出的图 4.2.3 所示的“ANSYS Workbench”对话框中单击 是(Y) 按钮即可。

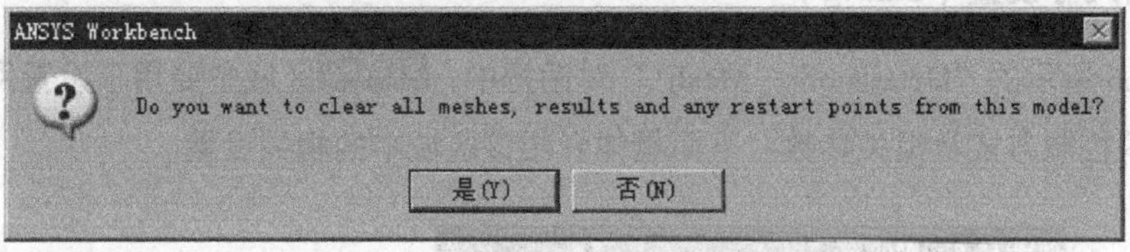


图 4.2.3 “ANSYS Workbench”对话框

## 4.2.3 全局网格参数设置

### 1. 基本参数设置（Defaults）

图 4.2.4 所示的“Details of ‘Mesh’”对话框中的 Defaults 区域主要用于设置网格基本参数，包括 Physics Preference 下拉列表和 Relevance 文本框。

划分网格之前必须首先确定物理场类型。窗口中的 Physics Preference 下拉列表用于设置网格物理场类型，包括结构场、流场，显示动力学和电磁场；选择不同的场，其具体参数设置是不一样的。

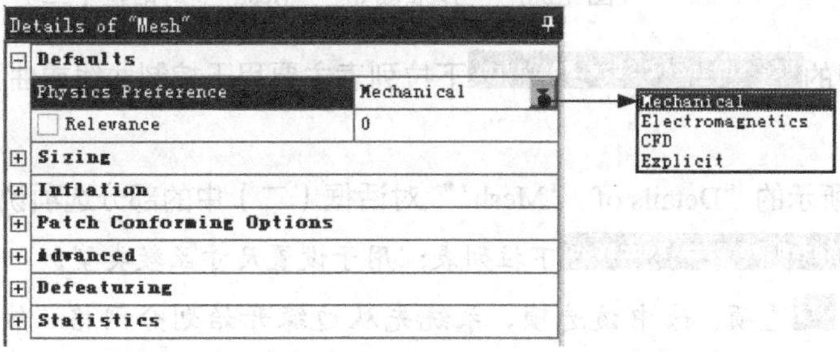


图 4.2.4 “Details of ‘Mesh’” 对话框（一）

当物理场类型确定后，单击 Relevance 后的文本框，调节文本框中的滑块，用于控制网格划分总体质量。越往负值方向网格越粗糙，质量越差；越往正值方向网格越细致，质量越高，如图 4.2.5 所示。

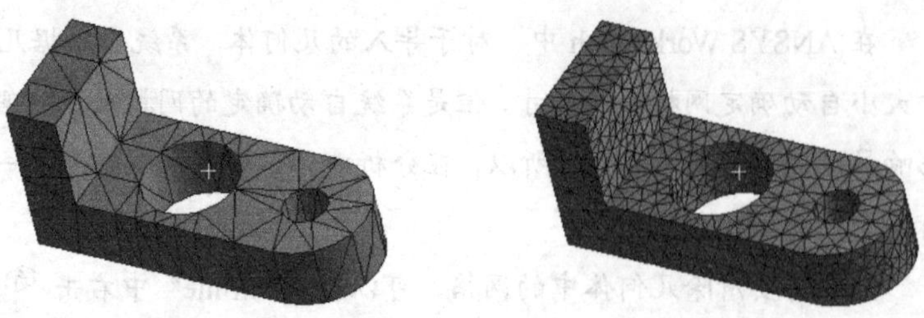

a）relevance=-100　　b）relevance=100

图 4.2.5　控制网格划分总体质量

2. 网格尺寸设置（Sizing）

在图 4.2.6 所示的"Details of 'Mesh'"对话框中，Sizing 区域主要用于设置网格划分过程中网格尺寸的控制方式及相关参数。下面具体介绍该区域中的相关设置。

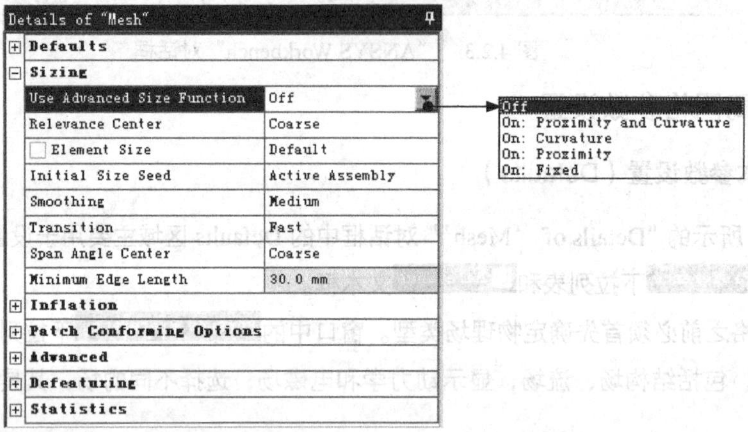


图 4.2.6　"Details of 'Mesh'"对话框（二）

对话框中的 Use Advanced Size Function 下拉列表主要用于控制曲线或曲面在曲率较大地方的网格细化方式。

图 4.2.6 所示的"Details of 'Mesh'"对话框（二）中的部分选项说明如下。

◆ Use Advanced Size Function 下拉列表：用于设置尺寸函数类型。
  - Off 选项：选中该选项，系统先从边缘开始划分网格，然后在曲率较大处细化边缘网格，接下来产生面网格，最后产生体网格。
  - On: Proximity and Curvature 选项：选中该选项，系统在划分网格时，同时具有 Proxinmity 和 Curvature 二者的特点，但所耗的时间也长。
  - On: Curvature 选项：若选中该选项，则系统根据曲率法向角度（Curvature Normal Angle）来确定细化边和曲面处的网格单元尺寸大小。

- On: Proximity选项：选中该选项，用于控制模型临近区网格生成，主要适用于结构窄薄处网格的生成。
- On: Fixed选项：根据已设定的单元大小划分网格，系统不会根据曲率大小自动细化网格。

◆ Relevance选项和Relevance Center下拉列表：两者组合使用，可以得到不同细化程度的网格效果。

- Relevance选项：用于设置网格精度，数值从-100至+100，表示网格精度由粗糙到精细。
- Relevance Center下拉列表：用于设置网格细化程度，包括Coarse（稀疏）、Medium（中等）和Fine（细化）三个选项。

◆ Element Size（单元尺寸）文本框：可输入网格尺寸，以控制网格划分尺寸。

◆ Initial Size Seed（初始化尺寸参考）下拉列表：用于设置网格初始化尺寸参考对象范围。包括Active Assembly（激活的装配体）、Full Assembly（所有装配体）和Part（零件）三个选项。

- Active Assembly选项：选中该选项，系统以激活的装配体的网格尺寸作为网格初始化尺寸参考。
- Full Assembly选项：系统以整个装配体的网格尺寸作为网格初始化尺寸参考。
- Part选项：系统以指定零件的网格尺寸作为网格初始化尺寸参考。

◆ Smoothing（平滑度）下拉列表：用于设置平滑度，其通过移动网格的节点和单元的节点位置来改进网格质量，其中包括Low、Medium和High三个选项。

- Low选项：主要用于结构计算。
- Medium选项：主要用于流体动力学和电磁场计算，即 CFD 和 Emag。
- High选项：主要用于显示动力学计算，即 Explicit。

◆ Transition（过渡）下拉列表：用于设置过渡，控制邻近单元的增长比；其中包括Fast（快速）和Slow（慢速）两个选项。

- Fast选项：在 Meshing 和 Emag 网格中产生网格过渡。
- Slow选项：在 CFD 和 Explicit 网格中产生网格过渡。

◆ Span Angle Center（跨度中心角）下拉列表：用于设置基于边的细化的角度目标，网格在弯曲区域细分，直到单独单元跨越这个角，包括Coarse（稀疏）、Medium（中等）和Fine（细化）三个选项。

- Coarse选项：角度范围-90°~60°。
- Medium选项：角度范围-75°~24°。

● Fine 选项：角度范围-36~12°。

◆ Minimum Edge Length（最小单元边长）文本框：用于设置网格划分的最小单元边长。

### 3. 膨胀设置（Inflation）

图 4.2.7 所示的“Details of ‘Mesh’”对话框中的 Inflation 区域主要用于对网格进行膨胀层设置。

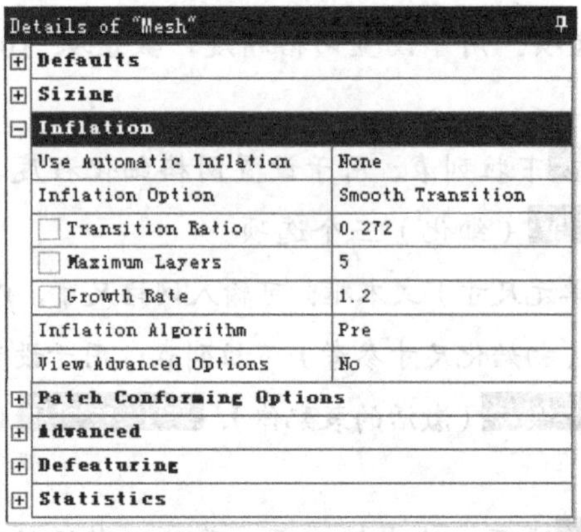


图 4.2.7 “Details of ‘Mesh’”对话框（三）

图 4.2.7 所示的“Details of ‘Mesh’”对话框中部分选项说明如下。

◆ Use Automatic Inflation（使用自动控制膨胀层）下拉列表：其提供以下 3 种方式。
  ● None（无）选项：为默认值，适用于局部网格控制手动设置。
  ● Program Controlled（程序化控制）选项：在程序化控制里所有面无命名选项，共享体间没有内部面。
  ● All Faces in Chosen Named Selection（以命名选择所有面）选项：可对定义命名选择的一组面生成膨胀层。

◆ Inflation Option（膨胀选项）下拉列表：除此之外膨胀还有以下 5 种方式。
  ● Smooth Transition（平滑过渡）选项：在邻近层之间保持平滑的体积增长率，其设置对于二维分析和四面体网格划分是默认的。
  ● Total Thickness（总厚度）选项：创建常膨胀层，膨胀其第一层和下列每一层的厚度是常量。用 Number of Layers、Growth Rate 和 Maximum Thickness 的参数来控制生成的膨胀网格。
  ● First Layer Thickness（第一层厚度）选项：创建常膨胀层，膨胀其第一层和下列每一层的厚度是常量。用 First Layer Height、Maximum Layers 和 Growth Rate 的参数来控制生成的膨胀网格。
  ● First Aspect Ratio（第一层纵横比）选项：指定从基础层拉伸的纵横比来控制

膨胀层的高度。

- Last Aspect Ratio（最后层纵横比）选项：利用第一层的高度值、最高层值及纵横比来控制膨胀层。

◆ Transition Ratio（平滑比率）文本框：程序默认的值为 0.272，用户可以根据需要对其进行更改。

◆ Maximum Layers（最大层数）文本框：程序默认的最大层数为 5，用户可以根据需要对其进行更改。

◆ Growth Rate（生长速度）文本框：相邻两侧网格中内层与外层的比例，默认值为 1.2，用户可以根据需要对其进行更改。

◆ Inflation Algorithm（膨胀层算法）下拉列表：包括 Pre（前处理）和 Post（后处理）两种方法。

- Pre（前处理）选项：基于 TGrid 算法，为所有物理类型的默认设置。
- Post（后处理）：基于 ICEM CFD 算法，使用一种在四面体网格生成后作用的后处理技术，只对 Patching Conforming 和 Patch Independent 四面体网格有效。

◆ View Advanced Options（高级选项窗口）选项：设置更高级的用法。

### 4. 网格高级参数设置（Advanced）

图 4.2.8 所示的“Details of ‘Mesh’”对话框中的 Advanced 区域主要用于设置网格划分高级参数。

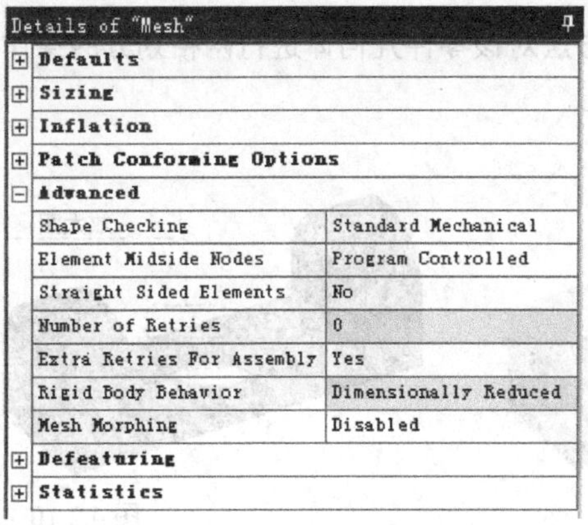


图 4.2.8 “Detail of ‘Mesh’” 对话框（四）

◆ Shape Checking（形状检查）下拉列表：针对于不同物理场有不同的形状检查控制，其包括以下几种方式。

- Standard Mechanical（标准结构计算网格形状）选项：适用于线性网格划分。

- Aggressive Mechanical（改进的结构计算网格形状）选项：适用于大变形及材料非线性网格划分。
- Electromagnetics（电磁学计算网格形状）选项：其设置应用于电磁学分析。
- CFD（流体动力学计算网格形状）选项：其设置应用于流体分析。
- Explicit（显式动力学计算网格形状）选项：其设置应用于显式动力学分析。
- None（无）选项：对网格划分不进行形状检查。

◆ Element Midside Nodes（单元中间节点）下拉列表：控制网格增加是否有中间节点，其包括以下几种方式。

- Program Controlled（默认程序控制）选项：系统自动控制网格的中间节点。
- Dropped（去掉）选项：对于面体或梁模型，识别为 Dropped（无中间节点，线性单元）。
- Kept（保留）选项：对于实体或 2D 模型，识别为 Kept（有中间节点，二次单元）。

◆ Number of Retries（重试次数）文本框：如果网格质量差，可尝试重新精细划分网格。

◆ Mesh Morphing（网格变形）文本框：设置是否允许网格变形；其中包括 Disabled（允许）和 Enabled（不允许）两个选项。

## 4.2.4 全局网格参数设置实际应用

对于图 4.2.9 所示的零件模型，从结构上看，有些部位比较狭窄，存在多处圆弧结构，在划分网格时需要对其进行局部细化控制，才能够保证网格质量，提高分析求解精度，下面具体介绍使用全局网格参数控制方法对该零件几何体进行网格划分的操作方法，最终网格划分结果如图 4.2.10 所示。

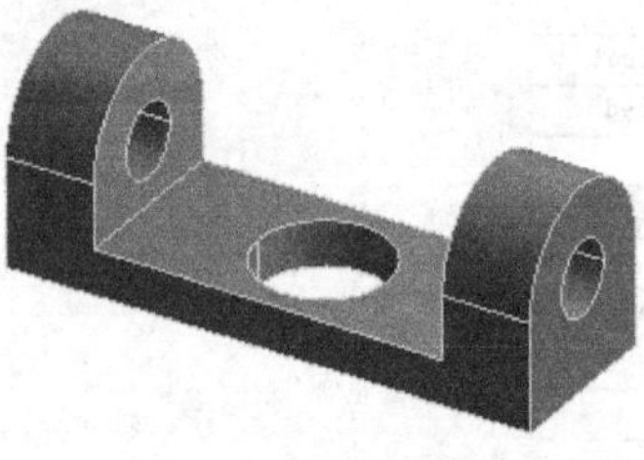

图 4.2.9 零件模型

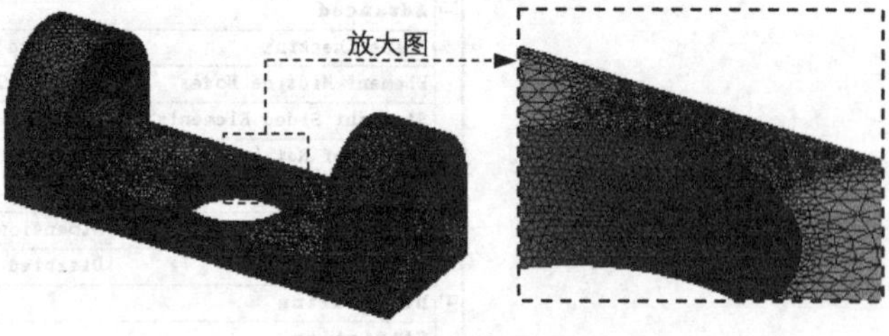


图 4.2.10 网格划分结果

步骤 01 创建“Mesh”项目列表。在 ANSYS Workbench 界面中双击 Toolbox 工具箱的 ⊟ Component Systems 区域中的 Mesh 选项，新建一个“Mesh”项目列表。

步骤 02 导入几何体。在“Mesh”项目列表中右击 Geometry，在弹出的快捷菜单中选择 Import Geometry ▸ ➡ Browse... 命令，选择导入文件 D：\an15.01\work\ch04.02.04\mesh_adv.stp。

步骤 03 进入 ANSYS 专有网格划分平台。在“Mesh”项目列表中双击 Mesh，进入 ANSYS 专有网格划分平台。

步骤 04 初步划分网格。在“Outline”窗口中右击 Mesh，在弹出的快捷菜单中选择 Generate Mesh 命令，系统划分网格，结果如图 4.2.11 所示。

说明

网格划分在有限元分析的过程中是一个比较复杂也是一个不断尝试的过程，特别是要得到质量比较好的网格。在 ANSYS Workbench 中进行网格划分，主要通过以下两种方法来获得精细的网格。

（1）全局网格参数控制法。这种方法是先采用系统默认的网格划分方案进行划分，得到初步的网格划分结果，通过对初步的网格划分结果进行评估与分析，然后对网格参数进行初步修改，得到比较精细的网格，最后对网格参数进行精确设置，得到精细的网格。

（2）全局网格参数与局部网格参数同步进行。这种方法是先采用全局网格参数控制对模型进行初步的网格划分，得到比较精细的网格，然后使用各种局部网格控制方法对网格进行不同方式的局部控制，最终得到满足分析需求的网格。

步骤 05 设置全局网格控制参数。

（1）对网格参数进行初步修改。在“Details of ‘Mesh’”对话框的 Relevance 文本框中输入数值 100，在 Sizing 区域的 Relevance Center 下拉列表中选择 Fine 选项，在 Element Size 文本框中输入数值 10.0；单击 Update 按钮，此时网格结果如图 4.2.12 所示。

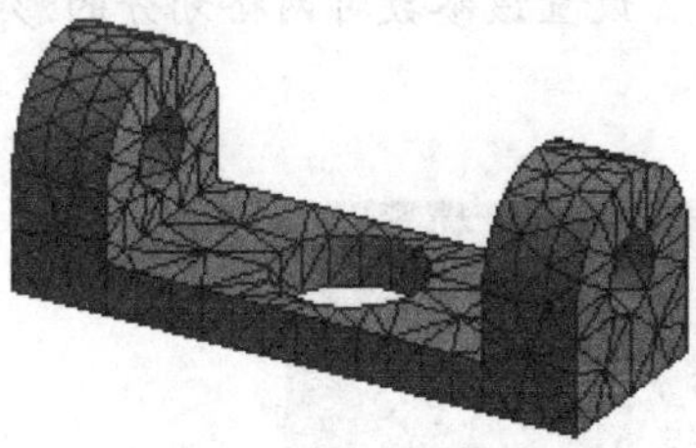

图 4.2.11 初步划分网格

图 4.2.12 对网格参数进行初步修改后的结果

（2）对网格参数进行精确设置。在图 4.2.13 所示的“Details of ‘Mesh’”对话框的 Use Advanced Size Function 下拉列表中选择 On: Proximity and Curvature 选项，在 Span Angle Center 下拉列表中选择 Fine 选项，在 Curvature Normal Angle 文本框中输入数值 60，在 Proximity Accuracy 文本

框中输入数值 0.2，在 Num Cells Across Gap 文本框中输入数值 15，在 Min Size 文本框中输入数值 0.06，在 Proximity Min Size 文本框中输入数值 0.06，在 Max Face Size 文本框中输入数值 10，在 Max Size 文本框中输入数值 13，在 Growth Rate 文本框中输入数值 1.5，其他参数采用系统默认设置。

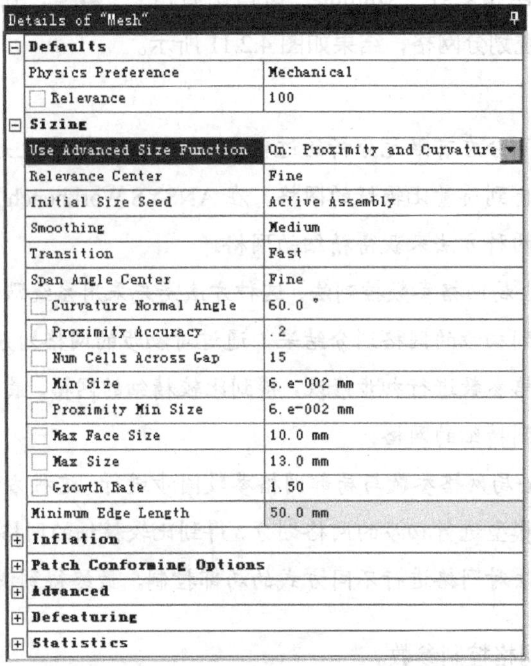

| Details of "Mesh" | |
|---|---|
| **Defaults** | |
| Physics Preference | Mechanical |
| Relevance | 100 |
| **Sizing** | |
| Use Advanced Size Function | On: Proximity and Curvature |
| Relevance Center | Fine |
| Initial Size Seed | Active Assembly |
| Smoothing | Medium |
| Transition | Fast |
| Span Angle Center | Fine |
| Curvature Normal Angle | 60.0 ° |
| Proximity Accuracy | .2 |
| Num Cells Across Gap | 15 |
| Min Size | 6.e-002 mm |
| Proximity Min Size | 6.e-002 mm |
| Max Face Size | 10.0 mm |
| Max Size | 13.0 mm |
| Growth Rate | 1.50 |
| Minimum Edge Length | 50.0 mm |
| **Inflation** | |
| **Patch Conforming Options** | |
| **Advanced** | |
| **Defeaturing** | |
| **Statistics** | |

图 4.2.13 “Details of ‘Mesh’”对话框

图 4.2.13 所示“Details of ‘Mesh’”对话框中部分选项说明如下。

◆ Curvature Normal Angle 文本框（曲率法向角度）：用于设置曲率法向角度参数，角度值越小，在曲率较大部位的网格被划分得越细致。设置该参数对网格划分的影响如图 4.2.14 所示。

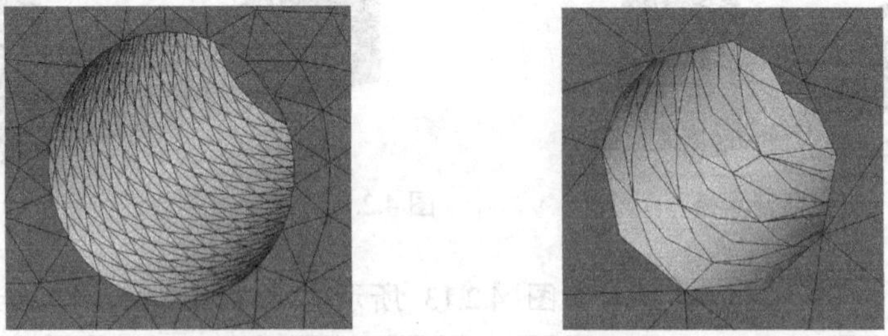

a）Angle=20°　　b）Angle=75°

图 4.2.14 不同 Curvature Normal Angle 参数下的效果

◆ Proximity Accuracy 文本框（近接精度）：用于设置网格划分的近接精度参数。

◆ Num Cells Across Gap 文本框（单元交叉间隙数）：用于设置单元交叉间隙参数，值越大，在结构近接处的网格被划分得越细致。设置该参数对网格划分的影响如图 4.2.15 所示。

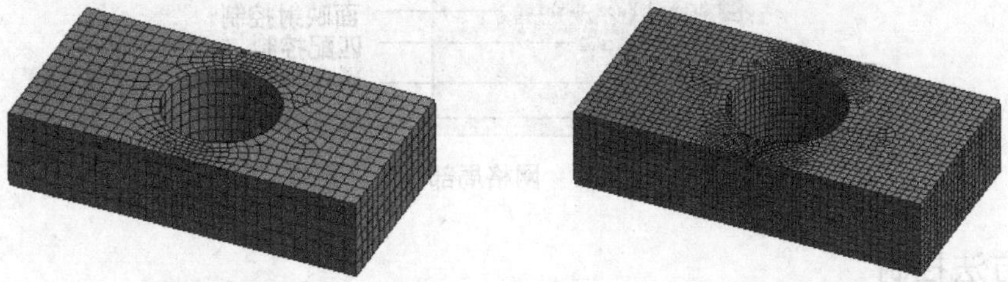

a）Num Cells=5　　b）Num Cells=10

图 4.2.15　不同 Num Cells Across Gap 参数下的效果

◆ Min Size 文本框（最小尺寸）：用于设置单元最小尺寸值。

◆ Proximity Min Size 文本框（最小近接尺寸）：用于设置单元最小近接尺寸值。

◆ Max Face Size 文本框（最大面尺寸）：用于设置最大面尺寸值。

◆ Max Size 文本框（最大尺寸）：用于设置单元最大尺寸值。

步骤 06 更新网格。单击 Update 按钮，更新网格，结果如图 4.2.16 所示。

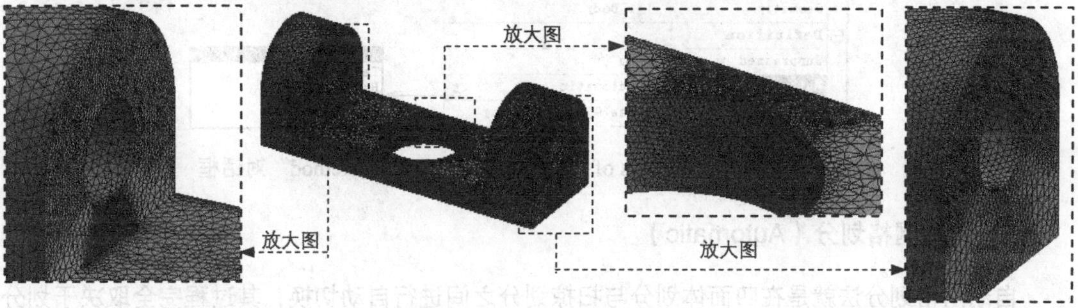


图 4.2.16　网格划分结果

## 4.3 局部网格控制

### 4.3.1 概述

在网格专有划分平台的"Outline"窗口中右击 Mesh，在弹出的快捷菜单中选择 Insert 命令，弹出图 4.3.1 所示的子菜单，主要用于对网格进行局部控制。下面具体介绍各种网格局部控制的操作方法。

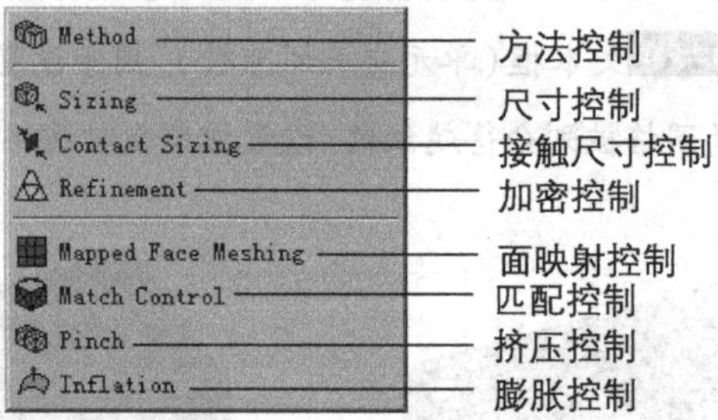


图 4.3.1　网格局部控制子菜单

## 4.3.2　方法控制

应用方法控制主要有五种方法：自动网格划分法（Automatic）、四面体网格划分法（Tetrahedrons）、六面体网格划分法（Hex Dominant）、扫掠法（Sweep）和多域法（MultiZone）。

在网格专有划分平台的“Outline”窗口中右击 Mesh，在弹出的快捷菜单中选择 Insert ▸ → Method 命令，弹出图 4.3.2 所示的“Details of ‘Automatic Method’-Method”对话框，用于对网格进行各种方法控制。下面具体介绍其操作过程。

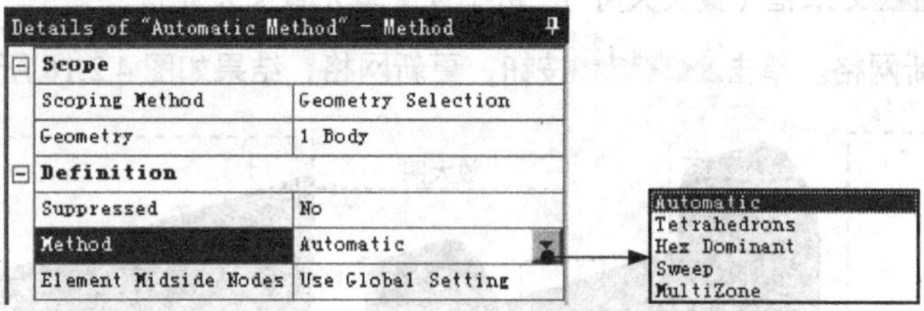


图 4.3.2　“Details of ‘Automatic Method’-Method”对话框

### 1. 自动网格划分（Automatic）

自动网格划分法就是在四面体划分与扫掠划分之间进行自动切换，其过程完全取决于划分的几何体是否被扫掠。一般来说，当几何体不规则（即未能被扫掠）时，系统就自动产生四面体。反之，当几何体规则（即能被扫掠）时，系统就会产生六面体网格。下面具体介绍其操作过程。

步骤 01　打开文件并进入界面。选择 File → Open... 命令，打开文件 D:\an15.01\work\ch04.03.02\automatic_01.wbpj，在项目列表中双击 Model 选项，进入“Mechanical”环境。

步骤 02　选取命令。在网格专有划分平台的“Outline”窗口中右击 Mesh，在弹出的快捷菜单中选择 Insert ▸ → Method 命令，弹出图 4.3.3 所示的“Details of ‘Automatic Method’-Method”对话框。

步骤 03 定义划分对象。选取整个模型对象，在Geometry后的文本框中单击Apply按钮。

步骤 04 定义方法控制。在Definition区域的Method下拉列表中选择Automatic选项。

步骤 05 单击Update按钮，完成自动网格划分，单击Mesh，查看结果，如图 4.3.4 所示。

| Details of "Automatic Method" - Method | |
|---|---|
| **Scope** | |
| Scoping Method | Geometry Selection |
| Geometry | 1 Body |
| **Definition** | |
| Suppressed | No |
| Method | Automatic |
| Element Midside Nodes | Use Global Setting |

图 4.3.3 "Details of 'Automatic Method'-Method"对话框

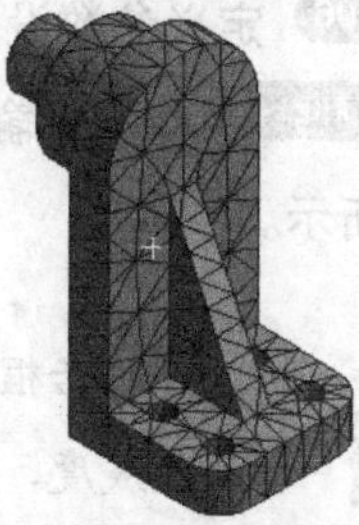

图 4.3.4 自动网格划分（不规则）

图 4.3.3 所示的"Details of 'Automatic Method' -Method"对话框中部分选项说明如下。

- Element Midside Nodes下拉列表：用于控制网格是否增加中间节点单元，主要有以下三种方式。
  - Use Global Setting选项：使用全局设置。
  - Dropped选项：划分网格无中间节点，单元类型为线性单元，如图 4.3.5a 所示。
  - Kept选项。划分网格有中间节点，单元类型为二次单元，如图 4.3.5b 所示。

a）Dropped（无中间节点） b）Kept（有中间节点）

图 4.3.5 两种选项下的不同结果

## 2. 四面体网格划分（Tetrahedrons）

在网格划分中，相对而言四面体网格划分是最简单的，其中又包含了"Patch Conforming"和"Patch Independent"两种运算方法。下面具体介绍其操作过程。

步骤 01 打开文件并进入界面。选择File → Open...命令，打开文件D:\an15.01\work\ch04.03.02\tetrahedrons.wbpj，在项目列表中双击Mesh选项，进入ANSYS专有网格划分平台。

步骤 02 选取命令。在"Outline"窗口中右击Mesh，在弹出的快捷菜单中选择Insert → Method命令，弹出"Details of 'Automatic Method' -Method"对话框。

步骤 03 定义划分对象。选取整个模型对象，在 Geometry 后的文本框中单击 Apply 按钮。

步骤 04 定义方法控制。在 Definition 区域的 Method 下拉列表中选择 Tetrahedrons 选项。

步骤 05 定义运算法则。在 Definition 区域的 Algorithm 下拉列表中选择 Patch Independent 选项。

步骤 06 定义参数设置。在 Advanced 区域的 Max Element Size 文本框中输入数值 10.0，在 Feature Angle 文本框中输入数值 30，在 Min Size Limit 文本框中输入数值 5.0，其他选项参数如图 4.3.6 所示。

说明：对话框中 Feature Angle 文本框参数单位默认的可能是 rad，此处需要将单位设置成度，选择 Units → Degrees 命令，可以完成该操作。

步骤 07 单击 Update 按钮，完成网格划分，单击 Mesh，查看结果，如图 4.3.7 所示。

Details of "Patch Independent" - Method

| | |
|---|---|
| **Scope** | |
| **Definition** | |
| Suppressed | No |
| Method | Tetrahedrons |
| Algorithm | Patch Independent |
| Element Midside Nodes | Use Global Setting |
| **Advanced** | |
| Defined By | Max Element Size |
| Max Element Size | 10. mm |
| Feature Angle | 30.0 ° |
| Mesh Based Defeaturing | Off |
| Curvature and Proximity Refinement | Yes |
| Min Size Limit | 5. mm |
| Num Cells Across Gap | Default |
| Curvature Normal Angle | Default |
| Smooth Transition | Off |
| Growth Rate | Default |
| Minimum Edge Length | 2.0534 mm |
| Write ICEM CFD Files | No |

图 4.3.6 "Detail of 'Patch Independent Method' -Method" 对话框

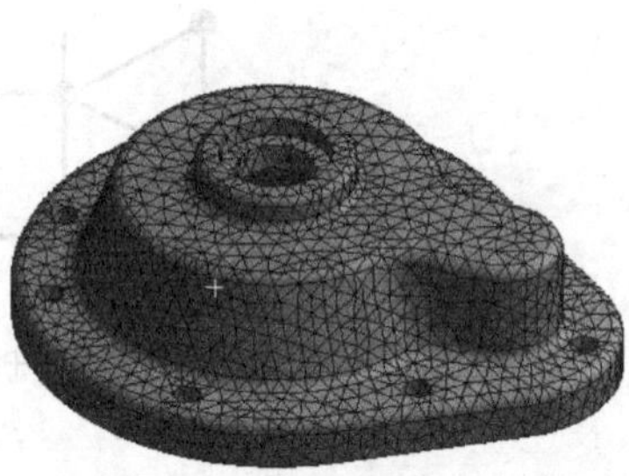

图 4.3.7 四面体网格划分结果

图 4.3.6 所示的 "Details of 'Automatic Method' -Method" 对话框中部分选项说明如下。

◆ Algorithm 下拉列表：用于控制网格划分的算法，主要包括以下两种算法。

- Patch Conforming 选项：在划分网格过程中依次按照几何体的边、面、体的顺序进行划分，同时，充分考虑到了几何体上的面及边界，包括边界层上网格的设置等（图 4.3.8a）。主要用于比较好及较简洁的几何体。
- Patch Independent 选项：在划分网格过程中依次按照几何体的体、面、边的顺序进行划分，主要用于比较差及较复杂的几何体；几何体上的网格面及边界等的影响通常可能被忽略，即粗糙的网格可能会忽略几何体表面的细节，如图 4.3.8b 所示。

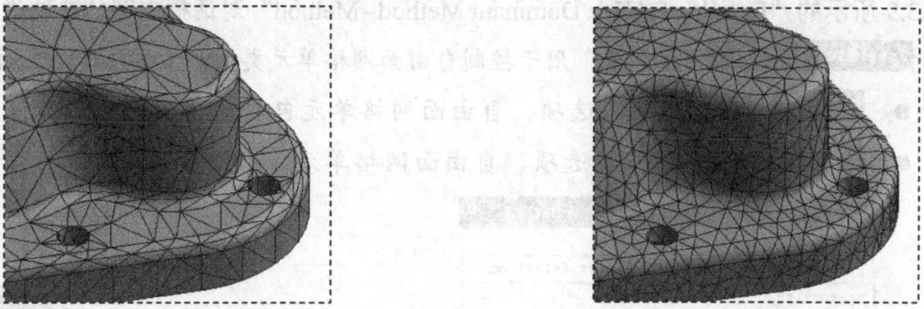

a）“Patch Conforming”运算　　b）“Patch Independent”运算

图 4.3.8　两种算法效果对比

◆ Defined By下拉列表：用于控制网格划分细化方式，主要有以下两种方式。

● Max Element Size选项：使用最大单元尺寸对网格进行细化，此时在对话框的 Max Element Size文本框中输入最大单元尺寸值。

● Approx number of Elements per Part选项：根据给定的每一个几何体近似的总单元数来划分网格，此时在 Approx number of Elements per Part对话框中输入总的单元数。

◆ Write ICEM CFD Files下拉列表：用于控制 ICEM CFD 文件生成。

● No选项：选中该选项，不生成 ICEM CFD 文件。

● Yes选项：选中该选项，生成 ICEM CFD 文件。

● Interactive选项：选中该选项，以交互式方式生成 ICEM CFD 文件。

● Batch选项：选中该选项，以批处理方式生成 ICEM CFD 文件。

### 3. 六面体网格划分（Hex Dominant）

六面体网格划分中，先在表面生成四边形，然后根据需要填充四面体和锥体，推荐用于不能扫掠的实体（薄壁或外形复杂的实体除外）。下面具体介绍其操作过程。

步骤 01 打开文件并进入界面。选择 File → Open... 命令，打开文件 D:\an15.01\work\ch04.03.02\hex_dominant.wbpj，在项目列表中双击 Mesh 选项，进入 ANSYS 专有网格划分平台。

步骤 02 选取命令。在“Outline”窗口中右击 Mesh，在弹出的快捷菜单中选择 Insert → Method命令，弹出“Details of‘Hex Dominant Method’-Method”对话框。

步骤 03 定义划分对象。选取整个模型对象，在 Geometry后的文本框中单击 Apply按钮。

步骤 04 定义方法控制。在Definition区域Method下拉列表中选择Hex Dominant选项，其他选项如图 4.3.9 所示。

步骤 05 单击 Update 按钮，完成网格划分，单击 Mesh，其结果如图 4.3.10 所示。

图 4.3.9 所示的“Details of ‘Hex Dominant Method–Method”对话框中部分选项说明如下。

◆ Free Face Mesh Type 下拉列表：用于控制自由面网格单元类型，主要包括以下两种。

- Quad/Tri 选项：选中该选项，自由面网格单元包括四边形和三角形。
- All Quad 选项：选中该选项，自由面网格单元只有四边形。

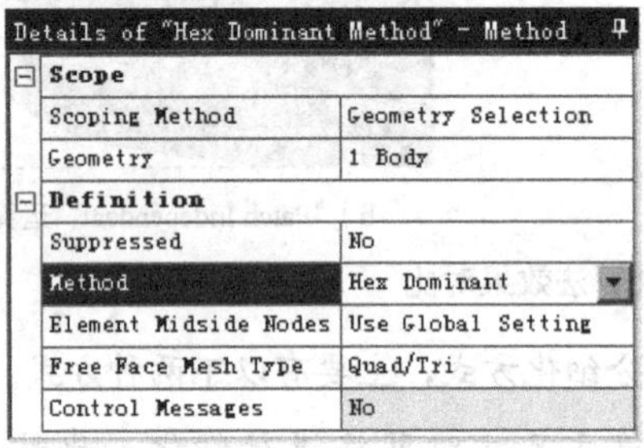
Details of "Hex Dominant Method" - Method

| | |
|---|---|
| **Scope** | |
| Scoping Method | Geometry Selection |
| Geometry | 1 Body |
| **Definition** | |
| Suppressed | No |
| Method | Hex Dominant |
| Element Midside Nodes | Use Global Setting |
| Free Face Mesh Type | Quad/Tri |
| Control Messages | No |

图 4.3.9 “Details of ‘Hex Dominant Method’ -Method”对话框

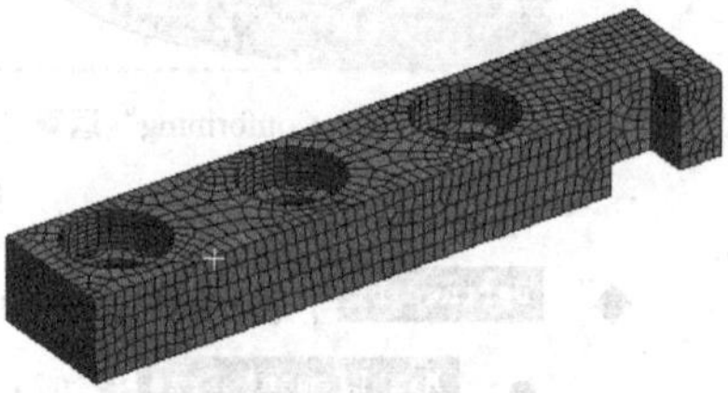

图 4.3.10 六面体网格划

## 4. 扫掠法（Sweep）

扫掠法主要是将可扫掠的几何体（规则几何体）划分为六面体网格或棱柱体网格，可手动选择初始面及目标面，也可以定义尺寸及间隔比例。下面具体介绍其操作过程。

步骤 01 打开文件并进入界面。选择 File ➡ Open... 命令，打开文件 D:\an15.01\work\ch04.03.02\sweep.wbpj，在项目列表中双击 Mesh 选项，进入 ANSYS 专有网格划分平台。

步骤 02 选取命令。在“Outline”窗口中右击 Mesh，在弹出的快捷菜单中选择 Insert ➡ Method 命令，弹出“Details of ‘Hex Dominant Method’ -Method”对话框。

步骤 03 定义划分对象。选取整个模型对象，在 Geometry 后的文本框中单击 Apply 按钮。

步骤 04 定义方法控制。在 Definition 区域的 Method 下拉列表中选择 Sweep 选项。

步骤 05 定义源面和目标面。在 Src/Trg Selection 下拉列表中选择 Manual Source and Target 选项，单击以激活 Source 后的文本框，选取图 4.3.11 所示的模型表面为源面，单击 Apply 按钮；单击以激活 Target 后的文本框，选取图 4.3.11 所示的模型表面为目标面，单击 Apply 按钮。

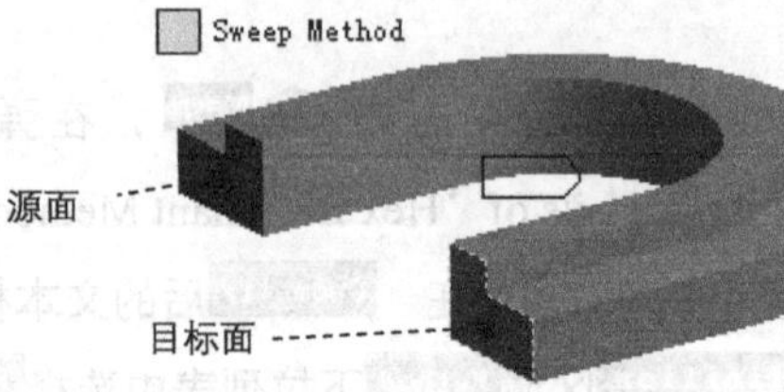


图 4.3.11 定义源面和目标面

步骤 06 定义面网格类型。在Free Face Mesh Type下拉列表中选择All Quad选项，其他选项如图 4.3.12 所示。

步骤 07 单击Update按钮，完成网格划分，单击Mesh，其结果如图 4.3.13 所示。

图 4.3.12 所示的“Details of ‘Sweep Method’-Method”对话框中部分选项说明如下。

- ◆ Src/Trg Selection下拉列表：用于设置源面和目标面的选择方式，主要包括以下几种。
  - ● Automatic选项：选中该选项，系统自动选取源面和目标面。
  - ● Manual Source选项：选中该选项，需要手动选取源面，系统自动选取目标面。
  - ● Manual Source and Target选项：选中该选项，手动选取源面和目标面。
  - ● Automatic Thin选项：选中该选项，自动创建薄壳扫掠网格。
  - ● Manual Thin选项：选中该选项，手动创建薄壳扫掠网格。

Details of "Sweep Method" - Method

| | |
|---|---|
| **Scope** | |
| Scoping Method | Geometry Selection |
| Geometry | 1 Body |
| **Definition** | |
| Suppressed | No |
| Method | Sweep |
| Element Midside Nodes | Use Global Setting |
| Src/Trg Selection | Manual Source and Target |
| Source | 1 Face |
| Target | 1 Face |
| Free Face Mesh Type | All Quad |
| Type | Number of Divisions |
| Sweep Num Divs | Default |
| Sweep Bias Type | No Bias |
| Element Option | Solid |

图 4.3.12 “Details of ‘Sweep Method’-Method”对话框

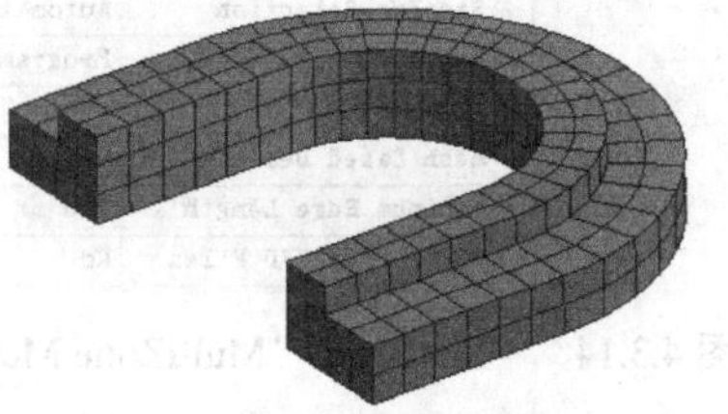

图 4.3.13 扫描网格划分

- ◆ Free Face Mesh Type下拉列表：与六面体网格划分工具中的该选项一样，同样用于控制自由面网格单元类型，比六面体网格划分工具中多了一项All Tri选项，可以全部划分成三角形类型。
- ◆ Type下拉列表：用于控制网格细化方式，主要包括以下两种方式。
  - ● Element Size选项：选中该选项，通过定义单元尺寸对网格进行细化，此时需要在Sweep Element Size文本框中输入单元尺寸值。
  - ● Number of Divisions选项：选中该选项，定义边界单元段数对网格进行细化，此时需要在Sweep Num Divs文本框中输入段数值。

### 5. 多域法（MultiZone）

多域法主要运用于划分六面体网格，其本身具有几何体自动分解的功能，从而产生六面体网格。下面具体介绍其操作过程。

步骤 01 打开文件并进入界面。选择 File → Open... 命令，打开文件 D:\an15.01\work\ch04.03.02\multiZone.wbpj，在项目列表中双击 Mesh 选项，进入ANSYS专有网格划分平台。

步骤 02 选取命令。在“Outline”窗口中右击 Mesh，在弹出的快捷菜单中选择 Insert → Method 命令，弹出“Details of ‘Automatic Method’-Method”对话框。

步骤 03 定义划分对象。选取整个模型对象，在 Geometry 后的文本框中单击 Apply 按钮。

步骤 04 定义方法控制。在 Definition 区域的 Method 下拉列表中选择 MultiZone 选项，其他选项如图 4.3.14 所示。

步骤 05 单击 Update 按钮，完成网格划分，单击 Mesh，其结果如图 4.3.15 所示。

Details of "MultiZone" - Method

| | |
|---|---|
| **Scope** | |
| Scoping Method | Geometry Selection |
| Geometry | 1 Body |
| **Definition** | |
| Suppressed | No |
| Method | MultiZone |
| Mapped Mesh Type | Hexa |
| Free Mesh Type | Not Allowed |
| Element Midside Nodes | Use Global Setting |
| Src/Trg Selection | Automatic |
| Source | Program Controlled |
| **Advanced** | |
| Mesh Based Defeaturing | Off |
| Minimum Edge Length | 2.5 mm |
| Write ICEM CFD Files | No |

图 4.3.14 “Details of ‘MultiZone Method’-Method”对话框

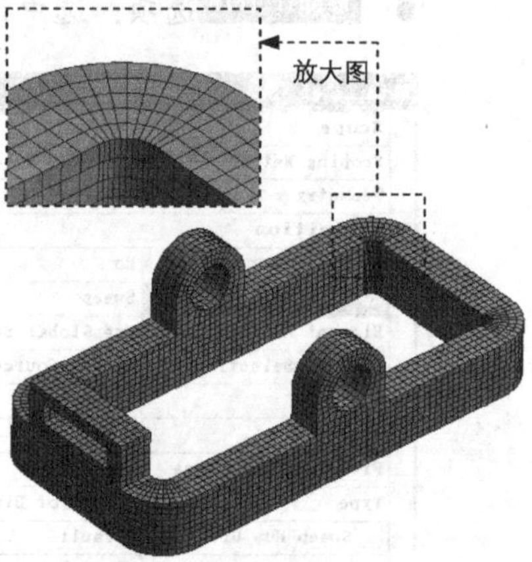


图 4.3.15 多域网格划分结果

图 4.3.14 所示的“Details of ‘MultiZone Method’-Method”对话框中部分选项说明如下。

◆ Mapped Mesh Type 下拉列表：用于设置映射网格类型，主要包括以下几个选项。
- Hexa 选项：选中该选项，映射类型为六面体。
- Hexa/Prism 选项：选中该选项，映射类型为六面体和棱柱。
- Prism 选项：选中该选项，映射类型为棱柱。

◆ Free Mesh Type 下拉列表：用于设置自由网格类型，主要包括以下四种类型。
- Not Allowed 选项：选中该选项，系统自动设置。
- Tetra 选项：选中该选项，定义网格类型为四面体网格类型。
- Hexa Dominant 选项：选中该选项，定义网格类型以六面体为主导类型。
- Hexa Core 选项：选中该选项，定义网格类型以六面体作为内部主导类型。

### 4.3.3 尺寸控制

尺寸控制对一般实体来说包括两种方法：局部尺寸控制和影响球控制，但是对曲面来说则多了一种边界分段控制的方法。

在网格专有划分平台的“Outline”窗口中右击 Mesh，在弹出的快捷菜单中选择 Insert ▸ ➡ Sizing 命令，弹出图 4.3.16 所示的“Details of‘Edge Sizing’- Sizing”对话框，用于对网格进行各种尺寸控制。

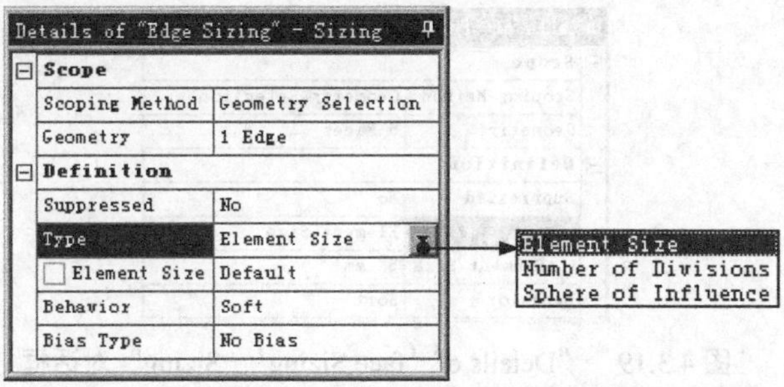


图 4.3.16 “Details of‘Edge Sizing’-Sizing”对话框

### 1. 局部尺寸控制（Element Size）

局部尺寸控制用于设置单元尺寸，系统根据设置的单元尺寸对定义对象（点、边、面和实体）进行网格划分。下面以图 4.3.17 所示的模型为例，介绍其操作过程。

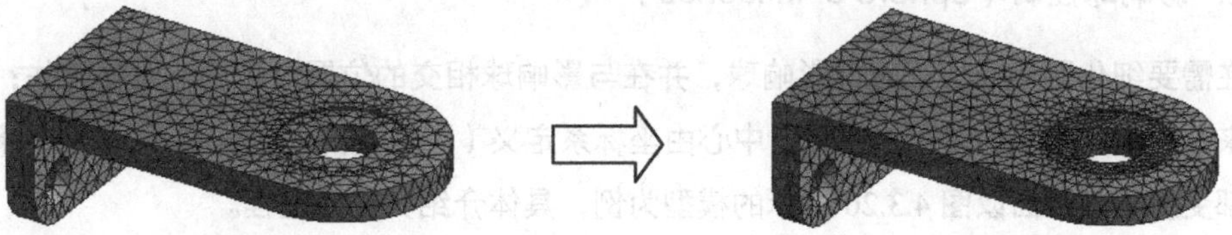

a）创建前　　b）创建后

图 4.3.17 划分网格

步骤 01 打开文件并进入界面。选择 File ➡ Open... 命令，打开文件 D:\an15.01\work\ch04.03.03\element_size.wbpj，在项目列表中双击 Mesh 选项，进入 ANSYS 专有网格划分平台。

步骤 02 选取命令。在“Outline”窗口中右击 Mesh，在弹出的快捷菜单中选择 Insert ▸ ➡ Sizing 命令，弹出“Details of‘Face Sizing’- Sizing”对话框。

步骤 03 定义划分对象。选取图 4.3.18 所示的模型表面为对象，并在 Geometry 后的文本框中单击 Apply 按钮。

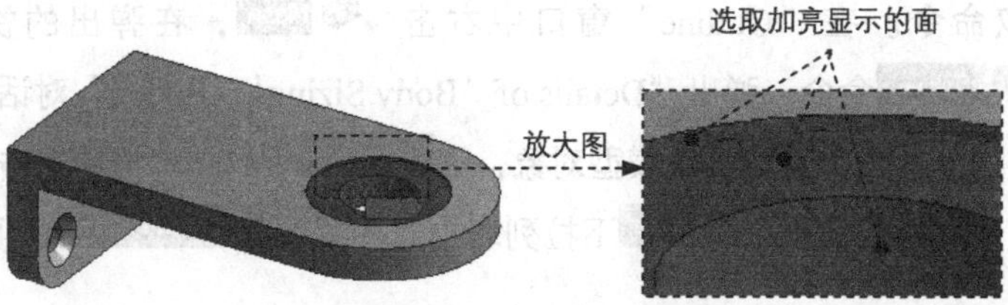


图 4.3.18 定义划分对象

步骤 04 定义尺寸控制类型。在 Definition 区域的 Type 下拉列表中选择 Element Size 选项。

步骤 05 定义单元尺寸。在 Element Size 文本框中输入数值 5.0，其他各选项设置如图 4.3.19 所示。

步骤 06 单击 Update 按钮，完成网格划分，单击 Mesh，其结果如图 4.3.17b 所示。

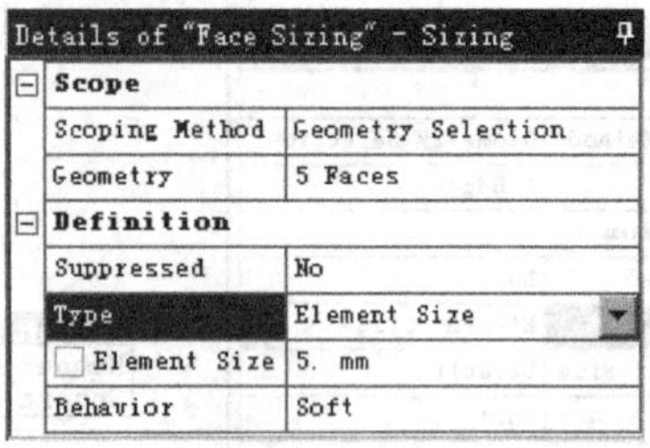

| Details of "Face Sizing" - Sizing | |
|---|---|
| **Scope** | |
| Scoping Method | Geometry Selection |
| Geometry | 5 Faces |
| **Definition** | |
| Suppressed | No |
| Type | Element Size |
| Element Size | 5. mm |
| Behavior | Soft |

图 4.3.19 “Details of‘face Sizing’-Sizing”对话框

图 4.3.19 所示的“Details of‘Face Sizing’-Sizing”对话框中部分选项说明如下。

◆ Behavior 下拉列表：用于设置网格属性行为，主要包括以下两个选项。

- Soft 选项：选中该选项，此处的设置可以被其他控制技术覆盖。
- Hard 选项：选中该选项，此处的设置不会被其他任何技术覆盖。

## 2. 影响球控制（Sphere of Influence）

在需要细化网格的位置定义影响球，并在与影响球相交的位置进行细化网格操作；其球体则用来设定单元的平均大小的范围，中心由坐标系定义（可先定义局部坐标系），所有采集到的实体都受影响。下面以图 4.3.20 所示的模型为例，具体介绍其操作过程。

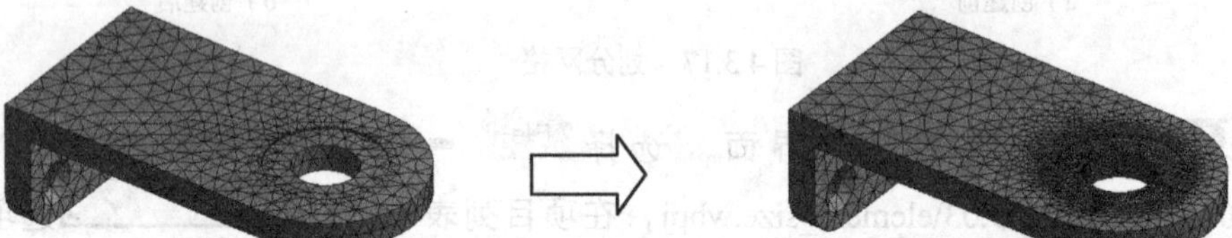

a）创建前　　　　b）创建后

图 4.3.20 划分网格

步骤 01 打开文件并进入界面。选择 File → Open... 命令，打开文件 D:\an15.01\work\ch04.03.03\element_size.wbpj，在项目列表中双击 Mesh 选项，进入 ANSYS 专有网格划分平台。

步骤 02 选取命令。在“Outline”窗口中右击 Mesh，在弹出的快捷菜单中选择 Insert → Sizing 命令，弹出“Details of‘Body Sizing’- Sizing”对话框。

步骤 03 定义划分对象。选取整个模型对象，在 Geometry 后的文本框中单击 Apply 按钮。

步骤 04 定义尺寸控制类型。在 Type 下拉列表中选择 Sphere of Influence 选项。

步骤 05 定义中心。在 Sphere Center 下拉列表中选择 Plane4 选项，此时模型如图 4.3.21 所示。

步骤 06 定义球半径和单元尺寸。在 Sphere Radius 文本框中输入数值 55.0，在 Element Size 文本框中输入数值 3.0，其他各选项设置如图 4.3.22 所示。

步骤 07 单击 Update 按钮，完成网格划分，单击 Mesh，其结果如图 4.3.20b 所示。

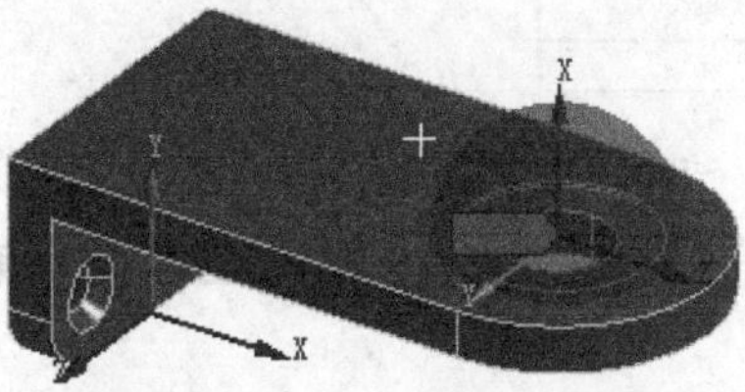

图 4.3.21 定义控制参数

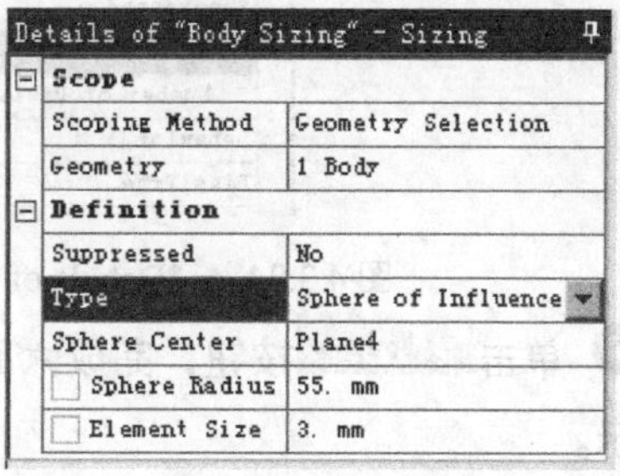

Details of "Body Sizing" - Sizing

| | |
|---|---|
| **Scope** | |
| Scoping Method | Geometry Selection |
| Geometry | 1 Body |
| **Definition** | |
| Suppressed | No |
| Type | Sphere of Influence |
| Sphere Center | Plane4 |
| Sphere Radius | 55. mm |
| Element Size | 3. mm |

图 4.3.22 "Details of 'Body Sizing' -Sizing"对话框

### 3. 边界分段控制

用于设置单元段数，系统根据设置的单元段数对定义边进行网格划分。下面以图 4.3.23 所示的模型为例，介绍其操作过程。

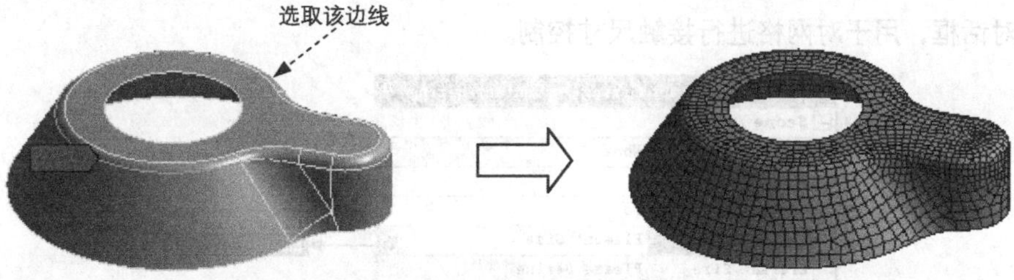


a) 创建前　　b) 创建后

图 4.3.23 划分网格

步骤 01 打开文件并进入界面。选择 File → Open... 命令，打开文件 D:\an15.01\work\ch04.03.03\number_of_divisions.wbpj，在项目列表中双击 Mesh 选项，进入 ANSYS 专有网格划分平台。

步骤 02 选取命令。在"Outline"窗口中右击 Mesh，在弹出的快捷菜单中选择 Insert → Sizing 命令，弹出"Details of 'Edge Sizing' - Sizing"对话框。

步骤 03 定义划分对象。选取图 4.3.23 所示的模型边线为对象，并在 Geometry 后的文本框中单击 Apply 按钮。

步骤 04 定义尺寸控制类型。在 Type 下拉列表中选择 Number of Divisions 选项。

步骤 05 定义单元段数。在 Number of Divisions 文本框中输入数值 30。

步骤 06 定义行为。在 Behavior 下拉列表中选择 Hard 选项。其他选项如图 4.3.24 所示，采用系统默认设置。

| Details of "Edge Sizing" - Sizing | |
|---|---|
| **Scope** | |
| Scoping Method | Geometry Selection |
| Geometry | 2 Edges |
| **Definition** | |
| Suppressed | No |
| Type | Number of Divisions |
| Number of Divisions | 30 |
| Behavior | Hard |
| Bias Type | No Bias |

图 4.3.24 “Details of ‘Edge Sizing’ –Sizing” 对话框

步骤 07 单击 Update 按钮，完成六面体网格划分的创建，单击 Mesh，其结果如图 4.3.23b 所示。

## 4.3.4 接触尺寸控制

接触尺寸控制用于装配体中接触区域的网格划分，其在接触面生成大小一致的尺寸单元。

在网格专有划分平台的 “Outline” 窗口中右击 Mesh，在弹出的快捷菜单中选择 Insert ▸ ⟶ Contact Sizing 命令，弹出图 4.3.25 所示的 “Details of ‘Contact Sizing’ -Contact Sizing” 对话框，用于对网格进行接触尺寸控制。

| Details of "Contact Sizing" - Contact Sizing | |
|---|---|
| **Scope** | |
| Contact Region | None |
| **Definition** | |
| Suppressed | No |
| Type | Element Size |
| Element Size | Please Define |

Type 下拉选项：Relevance / Element Size

图 4.3.25 “Details of ‘Contact Sizing’ – Contact Sizing” 对话框

下面以图 4.3.26 所示的模型为例，介绍其操作过程。

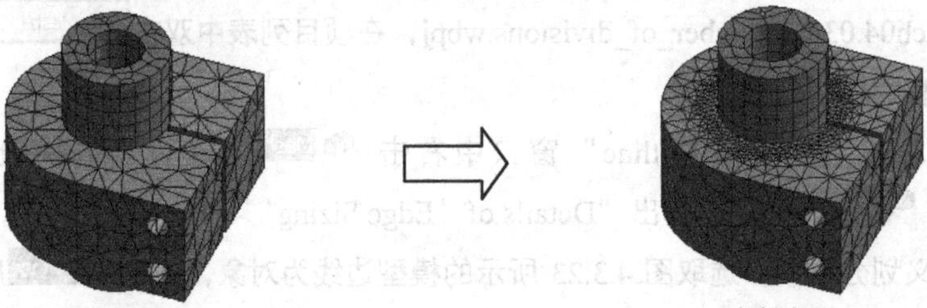

a）创建前 b）创建后

图 4.3.26 接触尺寸控制

步骤 01 打开文件并进入界面。选择 File ⟶ Open... 命令，打开文件 D:\an15.01\work\ch04.03.04\contact_sizing.wbpj，在项目列表中双击 Mesh 选项，进入 ANSYS 专有网格划分平台。

步骤 02 选取命令。在“Outline”窗口中右击 Mesh，在系统弹出的快捷菜单中选择 Insert ▸ → Contact Sizing 命令，弹出“Details of ‘Contact Sizing’- Sizing”对话框。

步骤 03 定义接触区域。在 Scope 区域的 Contact Region 下拉列表中选择 Contact Region 选项。

步骤 04 定义接触尺寸控制类型。在 Type 下拉列表中选择 Element Size 选项。

步骤 05 定义单元尺寸。在 Element Size 文本框中输入数值 2.0。

步骤 06 单击 Update 按钮，完成网格划分，单击 Mesh，其结果如图 4.3.26b 所示。

说明

当接触尺寸控制类型定义为 Relevance 时，在 Relevance 文本框中调节网格的质量。

## 4.3.5 加密控制

加密控制就是对初始网格使用全局或局部尺寸设置，然后单元在采集位置加密，加密系数为 1~3（最小值~最大值）。

在网格专有划分平台的“Outline”窗口中右击 Mesh，在弹出的快捷菜单中选择 Insert ▸ → Refinement 命令，弹出图 4.3.27 所示的“Details of‘Refinement’-Refinement”对话框，用于对网格进行加密控制。

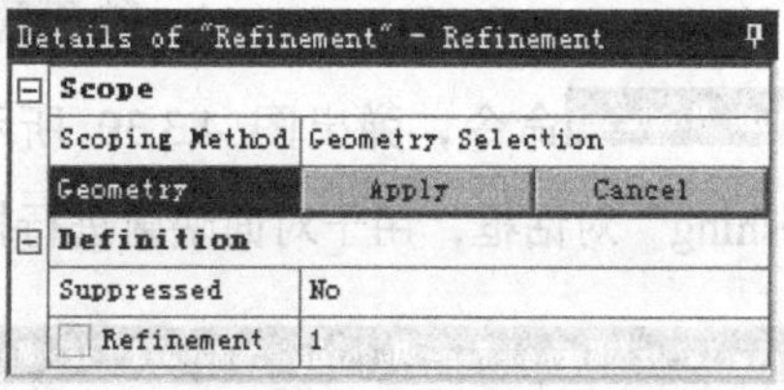

| Details of "Refinement" - Refinement | |
|---|---|
| Scope | |
| Scoping Method | Geometry Selection |
| Geometry | Apply / Cancel |
| Definition | |
| Suppressed | No |
| Refinement | 1 |

图 4.3.27 “Details of‘Refinement’-Refinement”对话框

下面以图 4.3.28 所示的模型为例，介绍其操作过程。

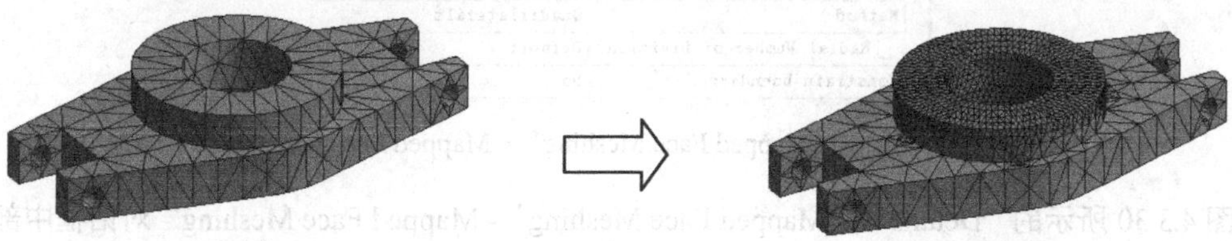

a）创建前 b）创建后

图 4.3.28 加密网格控制

步骤 01 打开文件并进入界面。选择 File → Open... 命令，打开文件 D:\an15.01\work\ch04.03.05\refinement.wbpj，在项目列表中双击 Mesh 选项，系统进入

到ANSYS专有网格划分平台。

步骤 02 选取命令。在“Outline”窗口中右击 Mesh 节点，在弹出的快捷菜单中选择 Insert ▸ → Refinement 命令，弹出“Details of ‘Refinement’-Refinement”对话框。

步骤 03 定义采集位置。选取图4.3.29所示的模型表面为对象，并在 Geometry 后的文本框中单击 Apply 按钮。

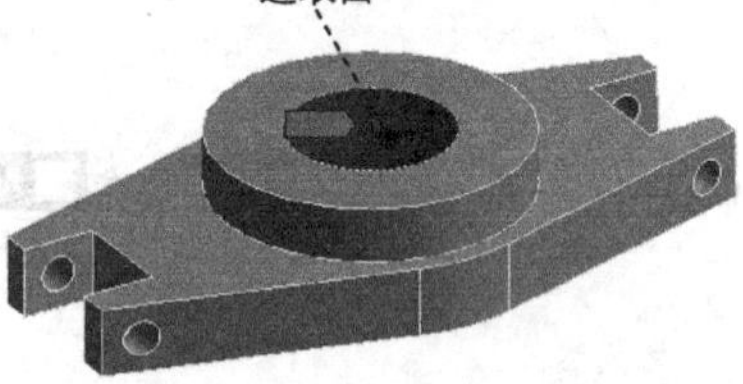


图4.3.29 定义采集位置

步骤 04 定义加密系数。在 Definition 区域的 Refinement 文本框中输入数值3。

步骤 05 单击 Update 按钮，完成网格划分，单击 Mesh，其结果如图4.3.28b所示。

## 4.3.6 面映射控制

面映射控制就是对映射的面进行网格划分，其特点是可以在面上划分结构网格，由于进行映射网格划分可以得到一致的网格，所以对计算求解是非常有利的。

在网格专有划分平台的“Outline”窗口中右击 Mesh，在弹出的快捷菜单中选择 Insert ▸ → Mapped Face Meshing 命令，弹出图4.3.30所示的“Details of ‘Mapped Face Meshing’- Mapped Face Meshing”对话框，用于对面映射进行控制。

| Details of "Mapped Face Meshing" - Mapped Face Meshing | |
|---|---|
| ⊟ Scope | |
| Scoping Method | Geometry Selection |
| Geometry | No Selection |
| ⊟ Definition | |
| Suppressed | No |
| Method | Quadrilaterals |
| ☐ Radial Number of Divisions | Default |
| Constrain Boundary | No |

图4.3.30 “Details of ‘Mapped Face Meshing’ – Mapped Face Meshing”对话框

图4.3.30所示的“Details of ‘Mapped Face Meshing’- Mapped Face Meshing”对话框中部分选项说明如下。

- Method 下拉列表：设置形状类型（用于片体）。
  - Quadrilaterals 选项：选中该选项，系统会尝试更多四边形，之后以三角形填补。

- Triangles: Best Split选项：选中该选项，系统会以全三角形填补。

◆ 当在Geometry中定义映射面后（无论是实体的还是片体的），“Details of ‘Mapped Face Meshing’ - Mapped Face Meshing”对话框中均会出现图 4.3.31 所示的区域，其中包含了Specified Sides、Specified Corners和Specified Ends三个选项。

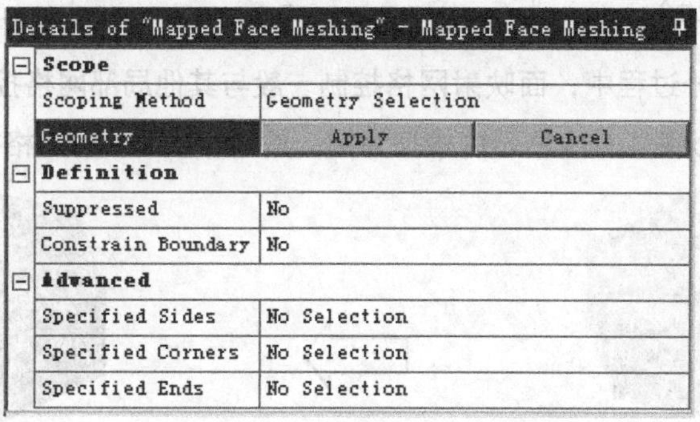


图 4.3.31 “Advanced”区域

- Specified Sides选项：用来指定 side vertex，其指定的点与通过内部节点的节点连线只有一条，如图 4.3.32a 所示。
- Specified Corners选项：用来指定 corner vertex，其指定的点与通过内部节点的节点连线只有两条，如图 4.3.32b 所示。
- Specified Ends选项：用来指定 end vertex，其指定的点与通过内部节点的节点连线不存在，如图 4.3.32c 所示。

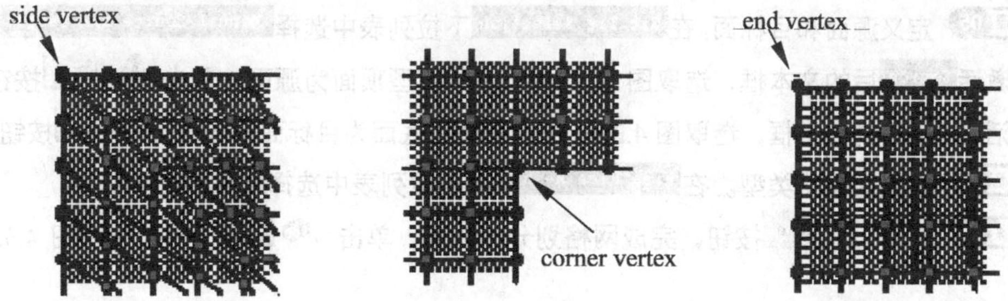


a）指定 side vertex　　b）指定 corner vertex　　c）指定 end vertex

图 4.3.32 指定点

对于这三类点，总结起来其属性见表 4.3.1。

表 4.3.1 点属性

| 点类型 | 过点网格线数目 | 相邻边夹角 |
|---|---|---|
| end vertex | 0 | 0° ~135° |
| side vertex | 1 | 136° ~224° |
| corner vertex | 2 | 225° ~314° |

在实际网格划分过程中，面映射网格控制一般与其他局部网格控制方法并用才能够得到最佳网格效果。下面以图 4.3.33 所示的模型为例，具体介绍面映射网格控制在网格划分中的应用。

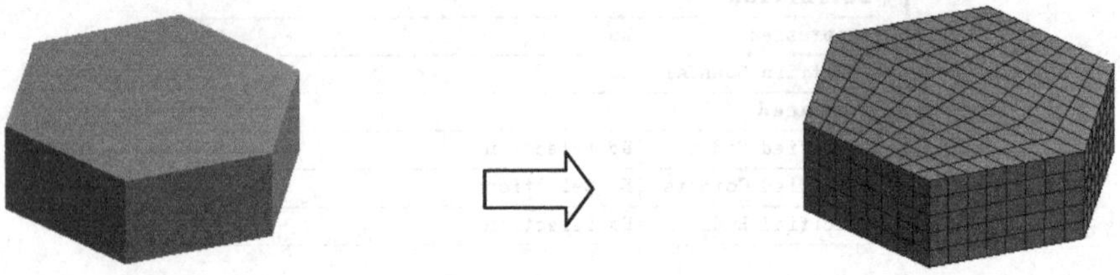

a）创建前　　b）创建后

图 4.3.33 面映射控制

步骤 01 打开文件并进入界面。选择 File → Open... 命令，打开文件 D:\an15.01\work\ch04.03.06\mapped_face_meshing.wbpj，在项目列表中双击 Mesh 选项，进入 ANSYS 专有网格划分平台。

步骤 02 选取命令。在“Outline”窗口中右击 Mesh，在弹出的快捷菜单中选择 Insert → Method 命令，弹出“Details of ‘Automatic Method’ -Method”对话框。

步骤 03 定义划分对象。选取整个模型对象，在 Geometry 后的文本框中单击 Apply 按钮。

步骤 04 定义方法控制。在 Definition 区域 Method 下拉列表中选择 Sweep 选项。

步骤 05 定义源面和目标面。在 Src/Trg Selection 下拉列表中选择 Manual Source and Target 选项，单击以激活 Source 后的文本框，选取图 4.3.34 所示的模型顶面为源面，单击 Apply 按钮；单击以激活 Target 后的文本框，选取图 4.3.34 所示的模型底面为目标面，单击 Apply 按钮。

步骤 06 定义面网格类型。在 Free Face Mesh Type 下拉列表中选择 All Quad 选项。

步骤 07 单击 Update 按钮，完成网格划分的创建，单击 Mesh，其结果如图 4.3.35 所示。

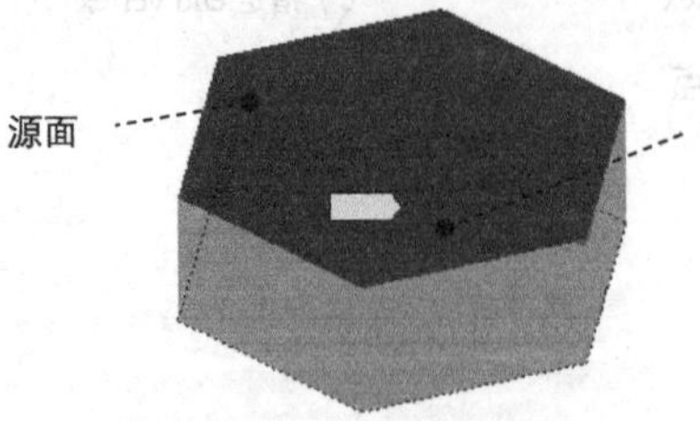


图 4.3.34 定义源面和目标面

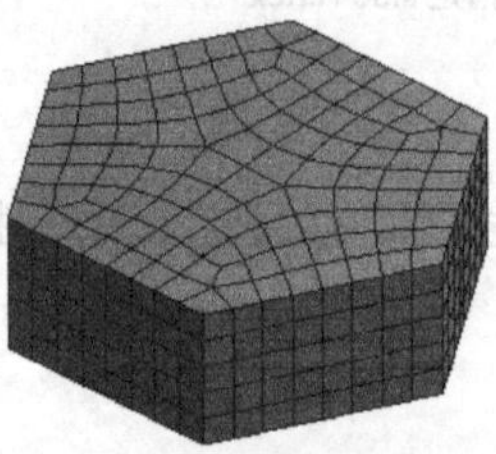

图 4.3.35 扫描网格划分结果

步骤 08 选取命令。在“Outline”窗口中右击 Mesh，在弹出的快捷菜单中选择 Insert ▸ → Mapped Face Meshing 命令，弹出“Details of‘Mapped Face Meshing’- Mapped Face Meshing”对话框。

步骤 09 定义映射面。选取图 4.3.36 所示的模型表面为对象，并在 Geometry 后的文本框中单击 Apply 按钮确认。

步骤 10 指定 side vertex。单击以激活 Specified Sides 后的文本框，选取图 4.3.37 所示的点，单击 Apply 按钮确认。

步骤 11 指定 end vertex。单击以激活 Specified Ends 后的文本框，选取图 4.3.38 所示的点，单击 Apply 按钮确认。

步骤 12 单击 Update 按钮，完成网格划分的创建，单击 Mesh，其结果如图 4.3.33b 所示。

图 4.3.36 定义映射面

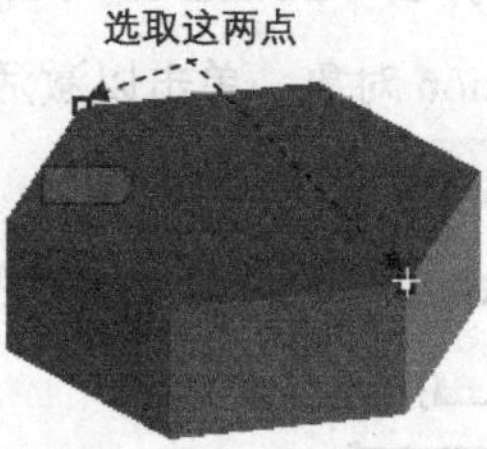

图 4.3.37 指定 side vertex

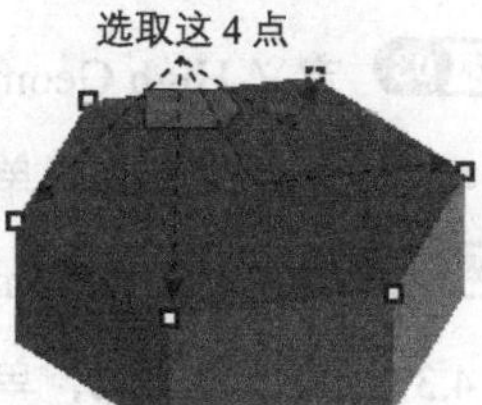

图 4.3.38 指定 end vertex

## 4.3.7 匹配控制

匹配控制即将选择的两个面对象进行匹配控制，网格划分完成后，两个面对象上的网格结构是一致的，相当于做了一个镜像操作。

在网格专有划分平台的“Outline”窗口中右击 Mesh，在弹出的快捷菜单中选择 Insert ▸ → Match Control 命令，弹出图 4.3.39 所示的“Details of‘Match Control’- Match Control”对话框，用于匹配控制。

Details of "Match Control" - Match Control

| | |
|---|---|
| **Scope** | |
| High Geometry Selection | No Selection |
| Low Geometry Selection | No Selection |
| **Definition** | |
| Suppressed | No |
| Transformation | Cyclic |
| Axis of Rotation | None |
| Control Messages | No |

图 4.3.39 “Detail of‘Match Control’- Match Control”对话框

下面以图 4.3.40 所示的模型为例，介绍其操作过程。

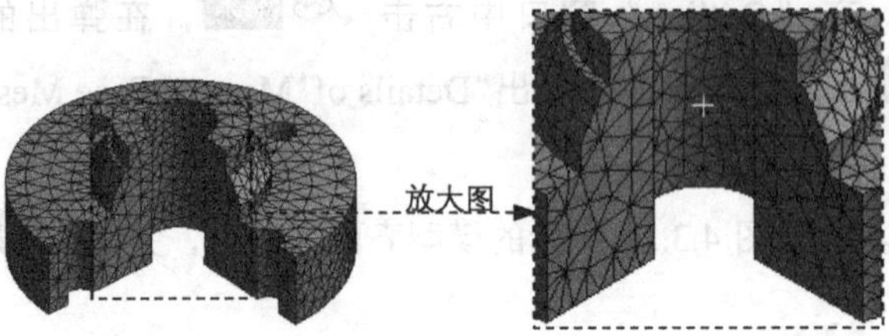


图 4.3.40 匹配控制

步骤 01 打开文件并进入界面。选择 File → Open... 命令，打开文件 D:\an15.01\work\ch04.03.07\match_control.wbpj，在项目列表中双击 Mesh 选项，进入 ANSYS 专有网格划分平台。

步骤 02 选取命令。在“Outline”窗口中右击 Mesh，在系统弹出的快捷菜单中选择 Insert → Match Control 命令，弹出“Details of ‘Match’ -Control”对话框。

步骤 03 定义 High Geometry Selection 对象。单击以激活 High Geometry Selection 后的文本框，选取图 4.3.41 所示的面 1，单击 Apply 按钮。

步骤 04 定义 Low Geometry Selection 对象。单击以激活 Low Geometry Selection 后的文本框，选取图 4.3.41 所示的面 2，单击 Apply 按钮。

步骤 05 定义轴对象。在 Axis of Rotation 下拉列表中选择 Coordinate System 选项。

步骤 06 单击 Update 按钮，完成网格划分，单击 Mesh，其结果如图 4.3.40 所示。

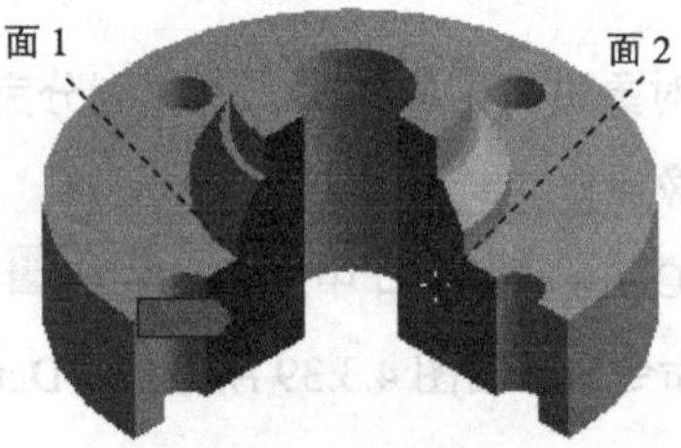


图 4.3.41 定义对象

## 4.3.8 简化控制

简化控制被应用于网格的收缩控制，在划分过程中系统会自动去除一些模型上的狭小特征，如边、狭窄区域等，但是只针对点和边有效，对面和体无效，且不支持直角笛卡儿网格。

在网格专有划分平台的“Outline”窗口中右击 Mesh，在弹出的快捷菜单中选择 Insert → Pinch 命令，弹出图 4.3.42 所示的“Details of ‘Pinch’ - Pinch”对话框，用于简化控制。

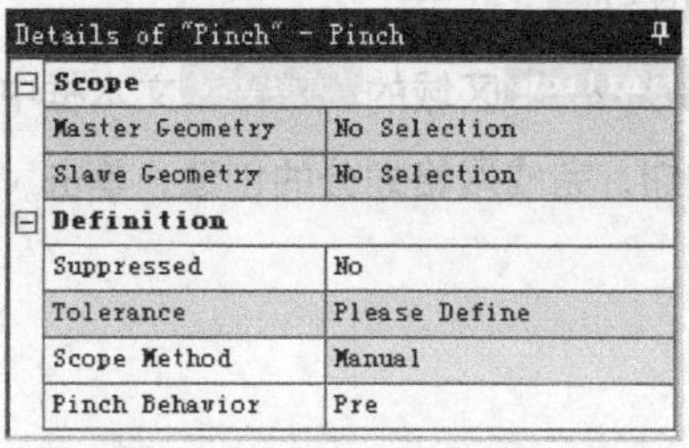


图 4.3.42 “Details of‘Pinch’- Pinch”对话框

图 4.3.42 所示的“Details of‘Pinch’- Pinch”对话框中部分选项说明如下。

- ◆ Master Geometry选项：保留原形貌的几何体。
- ◆ Slave Geometry选项：被改变的几何体，并移动到 master 中。

下面以图 4.3.43 所示的模型为例，介绍其操作过程。

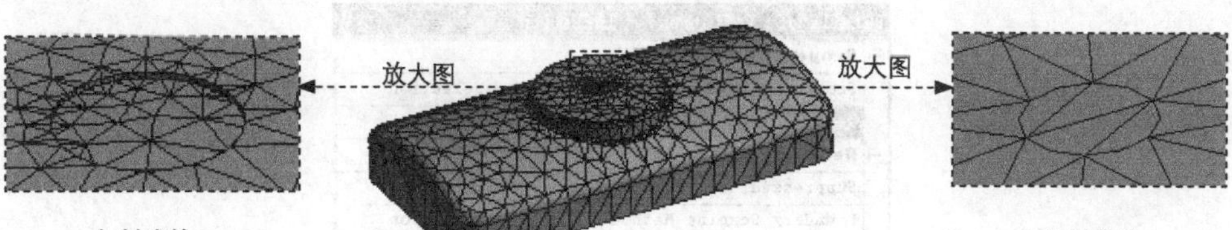


a）创建前　　b）创建后

图 4.3.43 简化控制

步骤 01 打开文件并进入界面。选择 File → Open... 命令，打开文件 D:\an15.01\work\ch04.03.08\pinch.wbpj，在项目列表中双击 Mesh 选项，进入 ANSYS 专有网格划分平台。

步骤 02 选取命令。在网格专有划分平台的“Outline”窗口中右击 Mesh，在弹出的快捷菜单中选择 Insert → Pinch 命令，弹出“Details of‘Pinch’- Pinch”对话框。

步骤 03 定义 Master Geometry 对象。单击以激活 Master Geometry 后的文本框，选取图 4.3.44 所示的边线 1，单击 Apply 按钮。

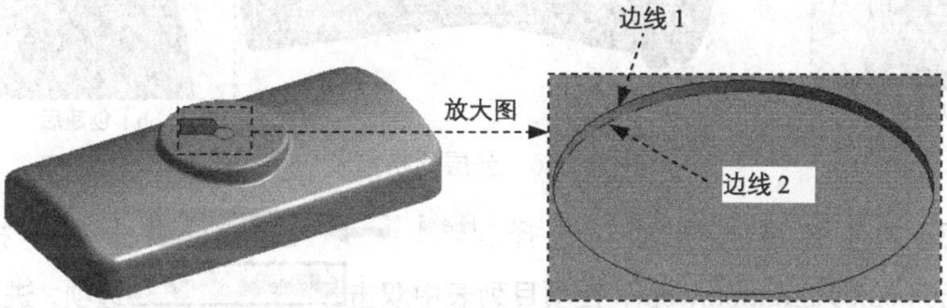


图 4.3.44 定义对象

步骤 04 定义 Master Geometry 对象。单击以激活 Slave Geometry 后的文本框，选取图 4.3.44

所示的边线 2，单击 Apply 按钮。

步骤 05 定义公差。在 Definition 区域的 Tolerance 文本框中输入数值 1.0。

步骤 06 单击 Update 按钮，完成网格划分的创建，单击 Mesh，其结果如图 4.3.43b 所示。

## 4.3.9 分层网格控制

分层网格控制用于生成沿指定边界法向的层状单元。当一些物理参数在边界层处的梯度变化恒定时，为了精确地描述这些参数，往往需要进行分层网格控制。

在网格专有划分平台的“Outline”窗口中右击 Mesh，在弹出的快捷菜单中选择 Insert ▶ → Inflation 命令，弹出图 4.3.45 所示的“Details of‘Inflation’-Inflation”对话框，用于分层网格控制。

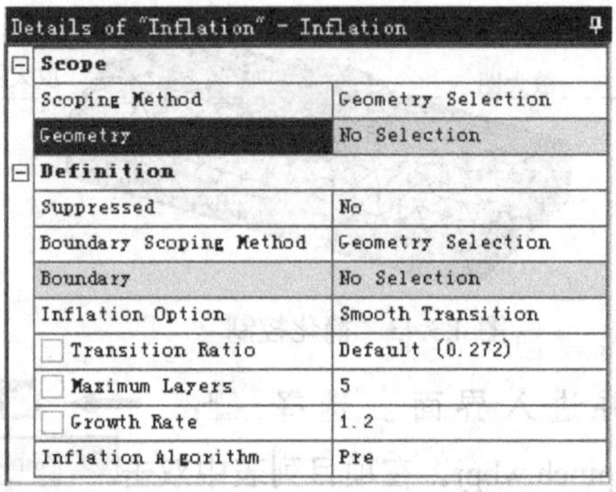

Details of "Inflation" - Inflation

| | |
|---|---|
| **Scope** | |
| Scoping Method | Geometry Selection |
| Geometry | No Selection |
| **Definition** | |
| Suppressed | No |
| Boundary Scoping Method | Geometry Selection |
| Boundary | No Selection |
| Inflation Option | Smooth Transition |
| Transition Ratio | Default (0.272) |
| Maximum Layers | 5 |
| Growth Rate | 1.2 |
| Inflation Algorithm | Pre |

图 4.3.45 “Details of‘Inflation’-Inflation”对话框

下面以图 4.3.46 所示的模型为例，介绍创建分层网格控制的一般操作过程。

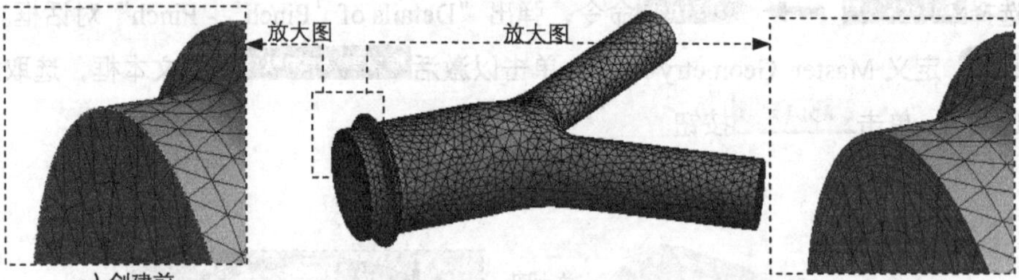


a）创建前　　b）创建后

图 4.3.46 分层网格控制

步骤 01 打开文件并进入界面。选择 File → Open... 命令，打开文件 D:\an15.01\work\ch04.03.09\inflation.wbpj，在项目列表中双击 Mesh 选项，进入 ANSYS 专有网格划分平台。

步骤 02 选取命令。在网格专有划分平台的“Outline”窗口中右击 Mesh，在弹出的快捷菜单中选择 Insert ▸ ⟶ Inflation 命令，弹出“Details of ‘Inflation’-Inflation”对话框。

步骤 03 定义划分对象。选取整个模型对象，在 Geometry 后的文本框中单击 Apply 按钮。

步骤 04 定义边界对象。单击以激活 Boundary 后的文本框，选取图 4.3.47 所示的实体外表面，单击 Apply 按钮。

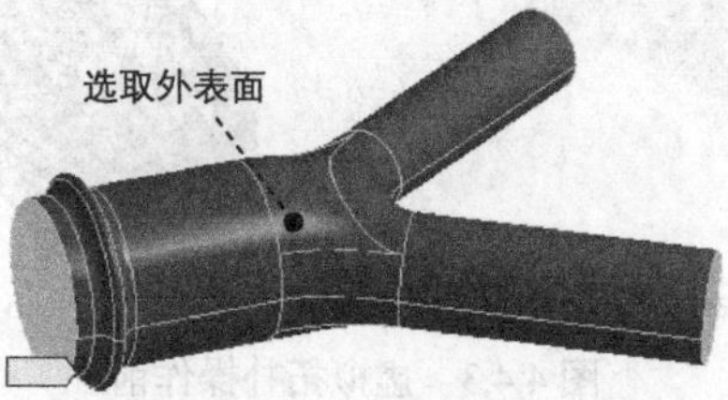

图 4.3.47　定义边界

步骤 05 定义最大层数。在 Definition 区域的 Maximum Layers 文本框中输入数值 3。

步骤 06 单击 Update 按钮，完成网格划分的创建，单击 Mesh，其结果如图 4.3.46b 所示。

## 4.4　虚拟拓扑

### 4.4.1　概述

任何一个导入到 ANSYS Workbench 有限元分析环境中的几何体，表面都会存在一些边界线或内部边线（图 4.4.1），一般情况下，这些边界线系统被认为是独立的，因为这些边界线的存在，在划分网格时，系统会受到这些边界的影响，在边界上会产生节点（图 4.4.2），特别是几何体内部过多的边线（或不合适的边线）会产生过多的内部节点，最终会影响网格划分结构甚至网格划分质量。另外，边界线会将实体表面“分割”成一个个彼此独立的“表面”，过多的表面对几何对象的选择不利，特别是在定义约束和载荷时，有很大的影响。

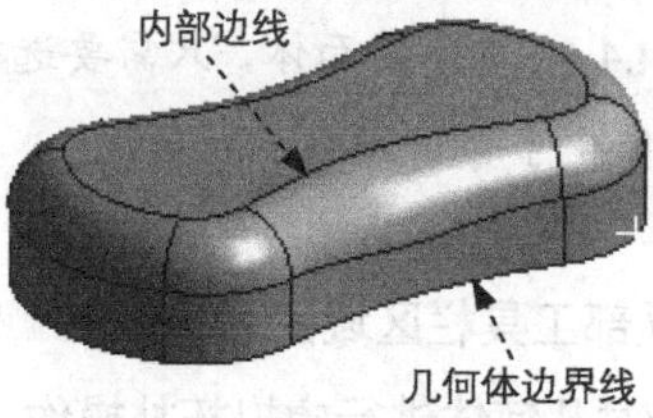

图 4.4.1　几何体边界线

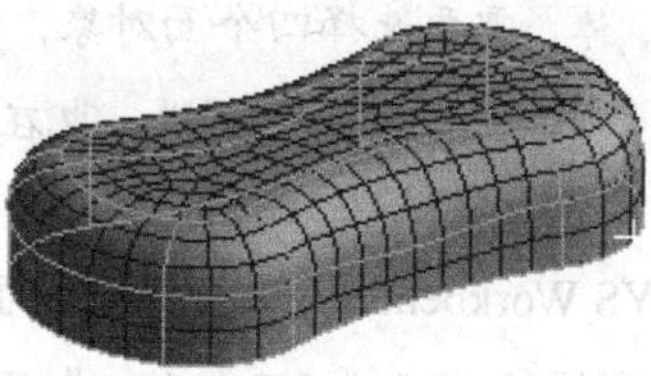
图 4.4.2　网格划分

虚拟拓扑用于对导入到 ANSYS Workbench 有限元分析界面中的几何体（特别是外部导入几何体）进行简化与分割操作。一方面，可以简化或分割实体边界线和内部边线，从而在一定程度上减少内部节点，简化网格划分，提高网格划分质量；另一方面，对几何体中的边界线进行一定的分割处理，能够很好地改善几何体网格划分的结构，从而得到更加合理的网格结构，也能在一定程度上提高网格划分的总体质量（图 4.4.3~图 4.4.4）；最后还可以简化实体表面，从而提高选择内部几何对象的效率。

a）虚拟拓扑前的几何体　　　　b）划分网格

图 4.4.3　虚拟拓扑操作前

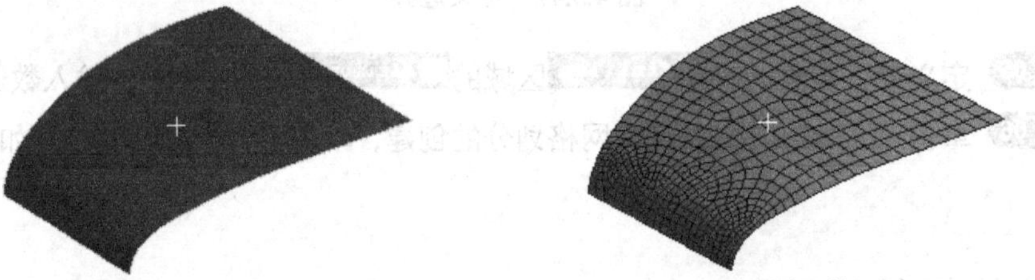

a）虚拟拓扑后的几何体　　　　b）划分网格

图 4.4.4　虚拟拓扑操作后

说明

（1）如图 4.4.3 所示，导入的面体中包含一些内部边线，这些边线将完整的面体“分割”成四块独立的面体，在划分网格时，由于这些内部边线的存在，产生了很多内部节点，网格划分完成后如图 4.4.3b 所示。

（2）如图 4.4.4 所示，对导入的面体进行一定的虚拟拓扑操作，将所有的面通过合并简化成一整张面体，在划分网格时，由于面体内部已经没有边线，所以内部没有过多节点，此时的网格划分如图 4.4.4b 所示。

（3）如果此处需要在整个面体上添加一个约束条件，对于图 4.4.3a 所示的面体，需要选择四个面对象；但是对于图 4.4.4a 所示的面体，只需要选择一个面即可，从这一点上来讲，也在一定程度上简化了分析操作。

在 ANSYS Workbench 有限元分析界面中，单击顶部工具栏区域的 Virtual Topology 按钮，弹出图 4.4.5 所示的“Virtual Topology”工具栏，用于对几何体进行虚拟拓扑操作。

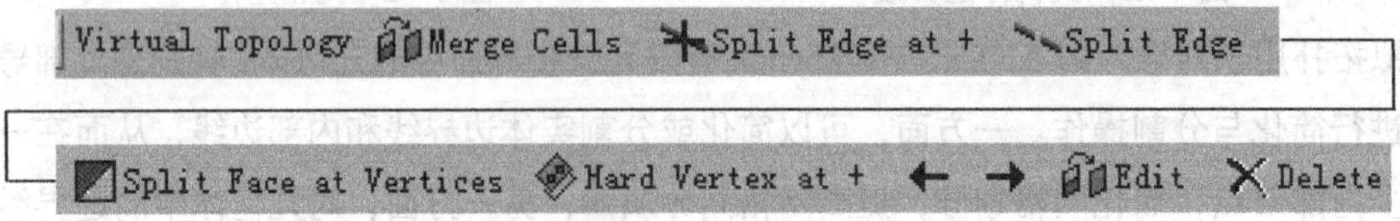


图 4.4.5　“Virtual Topology”工具栏

## 4.4.2 虚拟拓扑基本操作

### 1. 合并单元

下面介绍合并单元的一般操作方法。

步骤 01 打开文件并进入界面。选择 File → Open... 命令，打开文件 D:\an15.01\work\ch04.04.02\virtual_topolopy_01.wbpj，在项目列表中双击 Model 选项，进入有限元分析平台。

步骤 02 合并单元（一）。在特征树中选中 Model (A4)，单击顶部工具栏区域的 Virtual Topology 按钮，按住 Ctrl 键，选取图 4.4.6a 所示的面组为对象，并在“Virtual Topology”工具栏中单击 Merge Cells 按钮，结果如图 4.4.6b 所示。

a）选取曲面对象　　b）完成合并

图 4.4.6　合并单元（一）

步骤 03 合并单元（二）。按住 Ctrl 键，选取图 4.4.7a 所示的面组为对象，并在“Virtual Topology”工具栏中单击 Merge Cells 按钮，结果如图 4.4.7b 所示。

a）选取曲面对象　　b）完成合并

图 4.4.7　合并单元（二）

### 2. 在选中点处分割边

下面介绍在选中点处分割边的一般操作方法。

步骤 01 打开文件并进入界面。选择 File → Open... 命令，打开文件 D:\an15.01\work\ch04.04.02\virtual_topolopy_02.wbpj，在项目列表中双击 Model 选项，进入有限元分析平台。

步骤 02 定义分割（一）。在特征树中选中 Model (A4)，单击顶部工具栏区域的

Virtual Topology 按钮，选取图 4.4.8 所示的边线为对象，并在“Virtual Topology”工具栏中单击 Split Edge at + 按钮。

说明　图 4.4.8 中箭头所指位置为鼠标指针选取边线的位置，即默认的分割位置。

步骤 03　定义分割（二）。选取图 4.4.9 所示的边线为对象，并在“Virtual Topology”工具栏中单击 Split Edge at + 按钮。

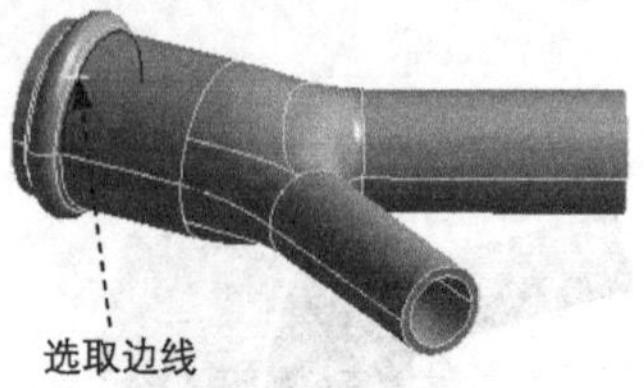


图 4.4.8　分割边（一）

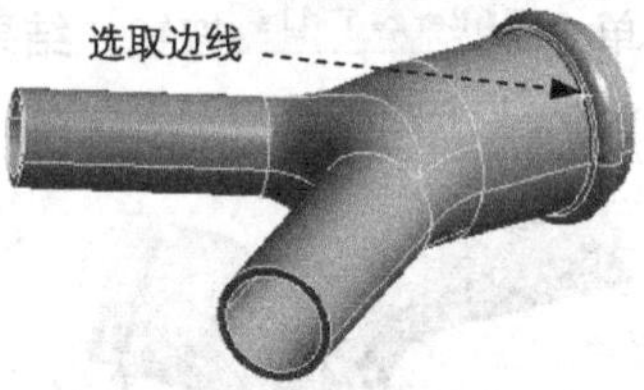


图 4.4.9　分割边（二）

步骤 04　定义分割（三）。在特征树中选中 Model (A4)，选取图 4.4.10 所示的边线为对象，并在“Virtual Topology”工具栏中单击 Split Edge at + 按钮。

步骤 05　定义分割（四）。选取图 4.4.11 所示的边线为对象，并在“Virtual Topology”工具栏中单击 Split Edge at + 按钮。

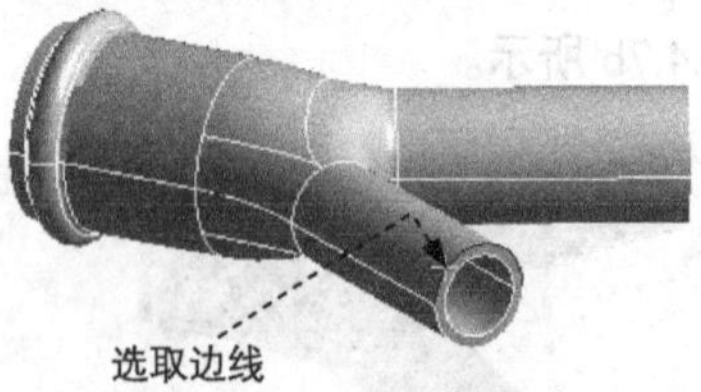


图 4.4.10　分割边（三）

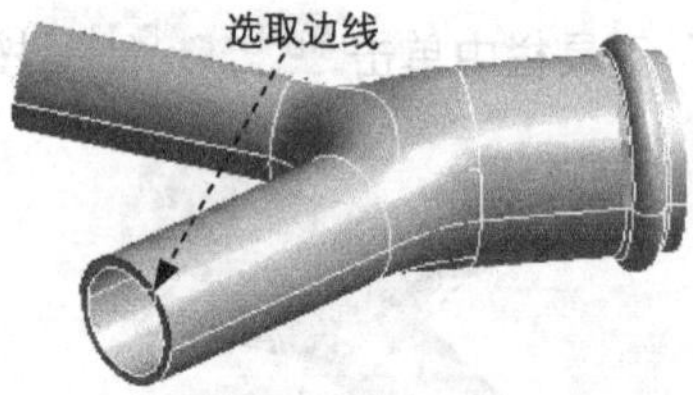


图 4.4.11　分割边（四）

步骤 06　编辑分割（一）。在“Virtual Topology”工具栏中单击 → 或 ← 按钮，将边线定位到图 4.4.12 所示的边线上，然后单击 Edit 按钮，在弹出的图 4.4.13 所示的“Virtual Topology Properties”对话框的 Split Ratio 文本框中输入数值 0.82 并按下 Enter 键。

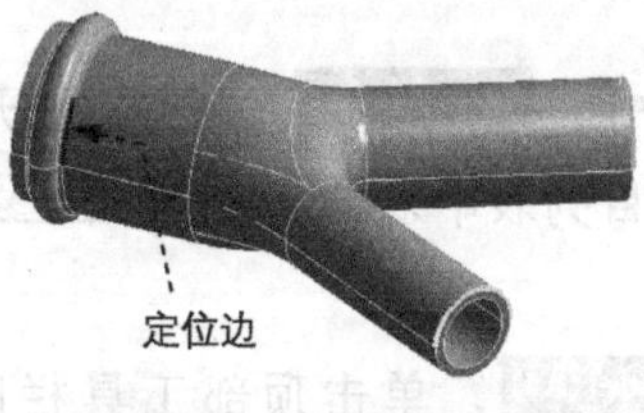


图 4.4.12　编辑分割（一）

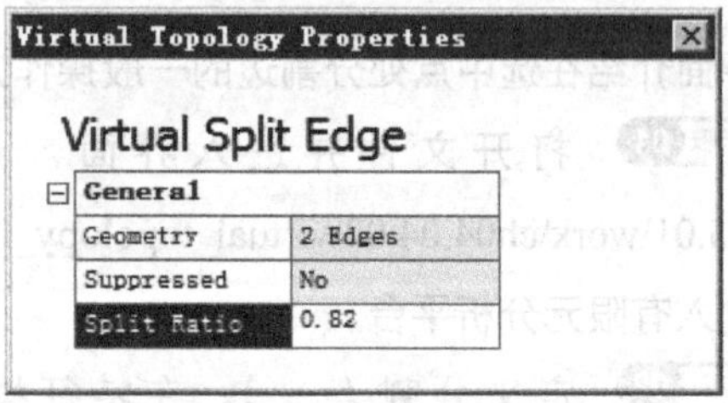


图 4.4.13　定义分割参数

步骤 07 编辑分割（二）。在“Virtual Topology”工具栏中单击或按钮，将边线定位到图 4.4.14 所示的边线上，然后单击Edit按钮，在弹出的图 4.4.15 所示的“Virtual Topology Properties”对话框的Split Ratio文本框中输入数值 0.2 并按下 Enter 键。

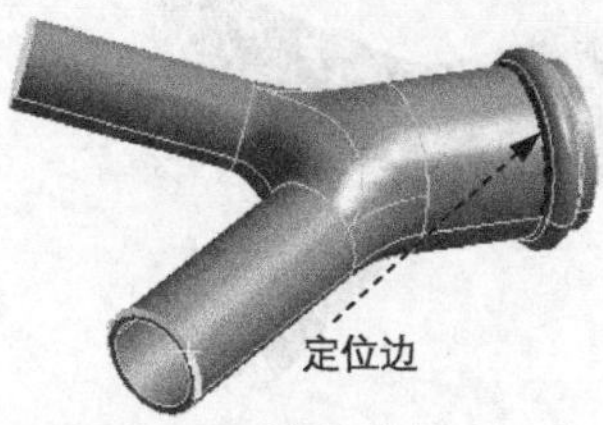


图 4.4.14 编辑分割（二）

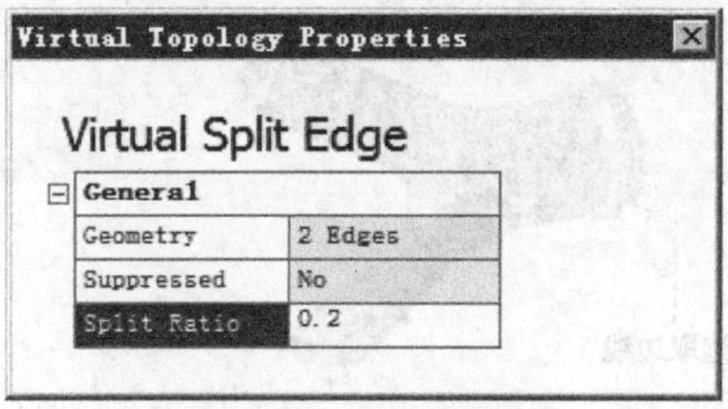


图 4.4.15 定义分割参数

步骤 08 编辑分割（三）。在“Virtual Topology”工具栏中单击或按钮，将边线定位到图 4.4.16 所示的边线上，然后单击Edit按钮，在弹出的图 4.4.17 所示的“Virtual Topology properties”对话框的Split Ratio文本框中输入数值 0.3 并按下 Enter 键。

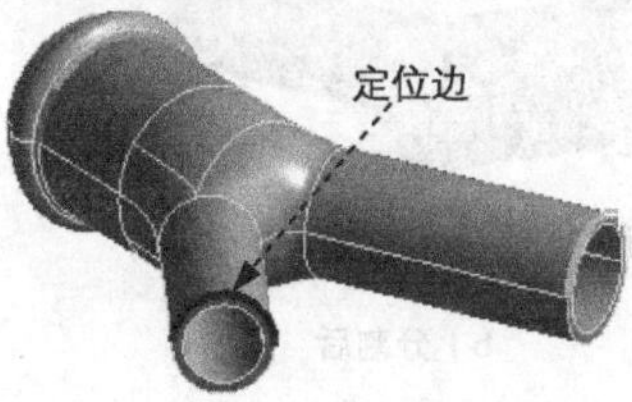


图 4.4.16 编辑分割（三）

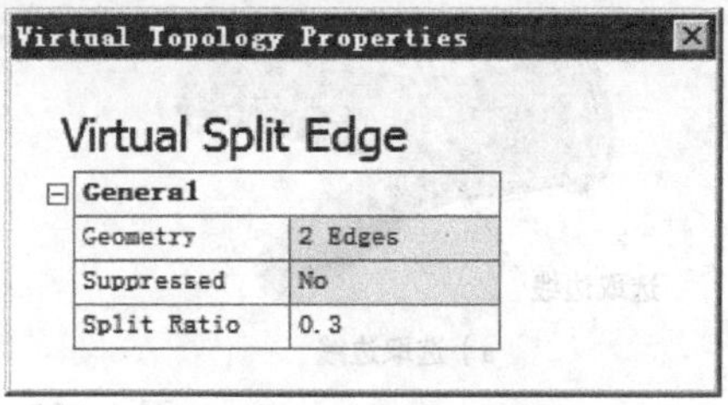


图 4.4.17 定义分割参数

步骤 09 编辑分割（四）。在“Virtual Topology”工具栏中单击或按钮，将边线定位到图 4.4.18 所示的边线上，然后单击Edit按钮，在系统弹出的图 4.4.19 所示的“Virtual Topologg properties Edge”对话框中Split Ratio文本框中输入数值 0.3 并按下 Enter 键。

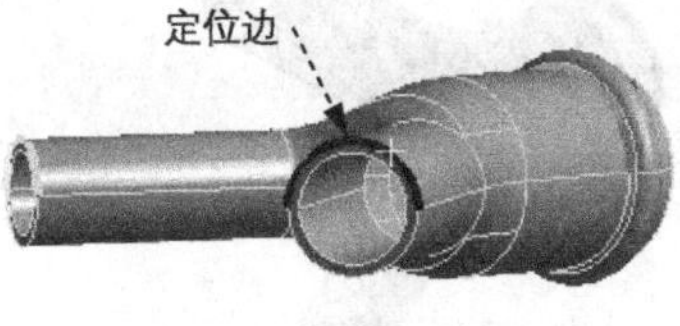


图 4.4.18 编辑分割（四）

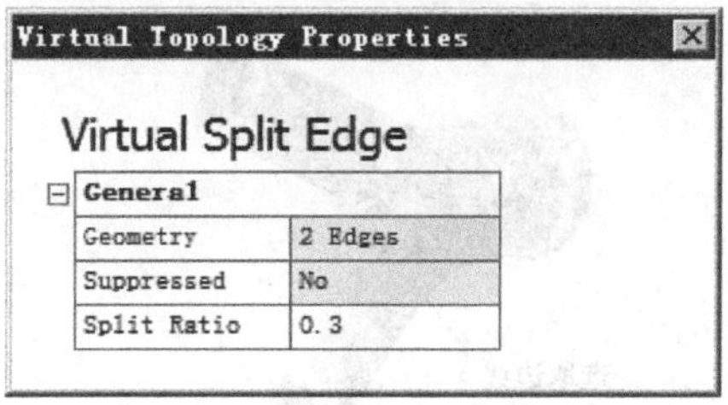


图 4.4.19 定义分割参数

### 3. 在中点处分割边

下面介绍在中点处分割边的一般操作方法。

步骤 01 打开文件并进入界面。选择File → Open...命令，打开文件 D:\an15.01\work\ch04.04.02\virtual_topolopy_03.wbpj，在项目列表中双击Model选项，进入有限

元分析平台。

步骤 02 定义分割（一）。在特征树中选中 Virtual Topology，选取图 4.4.20 所示的边线为对象，在“Virtual Topology”工具栏中单击 Split Edge 按钮，分割结果如图 4.4.21 所示。

图 4.4.20 分割边（一）

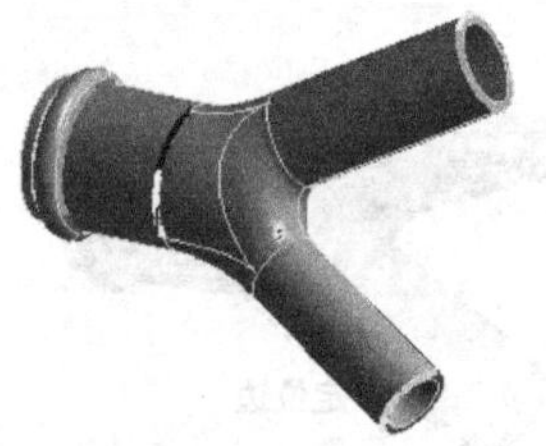

图 4.4.21 分割结果

步骤 03 定义分割（二）。参照步骤 2 的操作方法，选取图 4.4.22a 所示的边线为对象，并在“Virtual Topology”工具栏中单击 Split Edge 按钮，此时该边线被分割成两段，结果如图 4.4.22b 所示。

a）选取边线　　b）分割后

图 4.4.22 分割边（二）

步骤 04 定义分割（三）。参照步骤 2 的操作方法，选取图 4.4.23a 所示的边线为对象，并在“Virtual Topology”工具栏中单击 Split Edge 按钮，此时该边线被分割成两段，结果如图 4.4.23b 所示。

a）选取边线　　b）分割后

图 4.4.23 分割边（三）

### 4. 在点处分割面

下面介绍在点处分割面的一般操作方法。

步骤 01 打开文件并进入界面。选择 File → Open... 命令，打开文件

D:\an15.01\work\ch04.04.02\virtual_topolopy_04.wbpj，在项目列表中双击 Model 选项，进入有限元分析平台。

步骤 02 定义分割（一）。在特征树中选中 Virtual Topology，按住 Ctrl 键，选取图 4.4.24a 所示的两点为对象，在“Virtual Topology”工具栏中单击 Split Face at Vertices 按钮，结果如图 4.4.24b 所示。

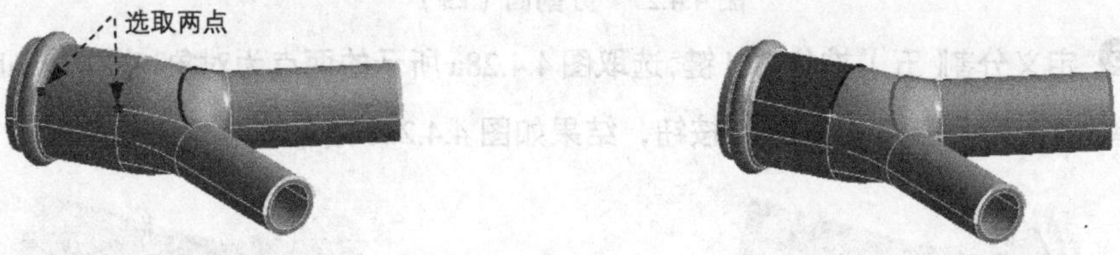


a）选取点　　b）分割后

图 4.4.24　分割面（一）

步骤 03 定义分割（二）。按住 Ctrl 键，选取图 4.4.25a 所示的两点为对象，在“Virtual Topology”工具栏中单击 Split Face at Vertices 按钮，结果如图 4.4.25b 所示。

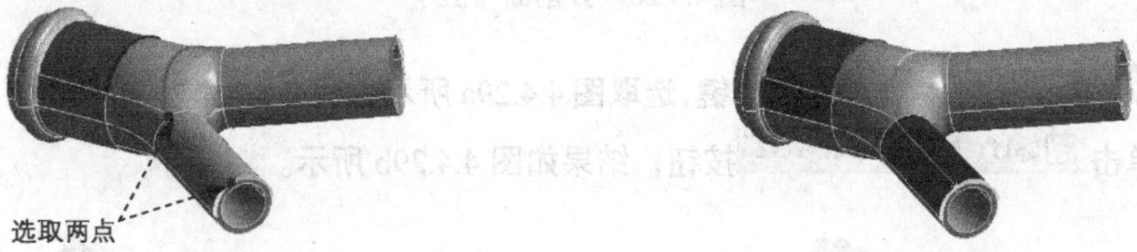


a）选取点　　b）分割后

图 4.4.25　分割面（二）

步骤 04 定义分割（三）。按住 Ctrl 键，选取图 4.4.26a 所示的两点为对象，在“Virtual Topology”工具栏中单击 Split Face at Vertices 按钮，结果如图 4.4.26b 所示。

a）选取点　　b）分割后

图 4.4.26　分割面（三）

步骤 05 定义分割（四）。按住 Ctrl 键，选取图 4.4.27a 所示的两点为对象，在“Virtual Topology”工具栏中单击 Split Face at Vertices 按钮，结果如图 4.4.27b 所示。

a）选取点　　　　b）分割后

图 4.4.27　分割面（四）

步骤 06 定义分割（五）。按住 Ctrl 键，选取图 4.4.28a 所示的两点为对象，在“Virtual Topology”工具栏中单击 Split Face at Vertices 按钮，结果如图 4.4.28b 所示。

a）选取点　　　　b）分割后

图 4.4.28　分割面（五）

步骤 07 定义分割（六）。按住 Ctrl 键，选取图 4.4.29a 所示的两点为对象，在“Virtual Topology”工具栏中单击 Split Face at Vertices 按钮，结果如图 4.4.29b 所示。

a）选取点　　　　b）分割后

图 4.4.29　分割面（六）

### 5. 创建分割点

下面介绍在面上创建分割点的一般操作方法。

步骤 01 打开文件并进入界面。选择 File → Open... 命令，打开文件 D:\an15.01\work\ch04.04.02\virtual_topolopy_05.wbpj，在项目列表中双击 Model 选项，进入有限元分析平台。

步骤 02 定义分割点（一）。在特征树中选中 Virtual Topology，在图 4.4.30a 所示的位置单击，在“Virtual Topology”工具栏中单击 Hard Vertex at + 按钮，结果如图 4.4.30b 所示。

a）选取面的位置点　　b）创建点

图 4.4.30　创建分割点（一）

步骤 03　定义分割点（二）。在图 4.4.31a 所示的位置单击，在“Virtual Topology”工具栏中单击 Hard Vertex at + 按钮，结果如图 4.4.31b 所示。

a）选取面的位置点　　b）创建点

图 4.4.31　创建分割点（二）

步骤 04　分割面（一）。按住 Ctrl 键，选取图 4.4.32a 所示的两点为对象，在“Virtual Topology”工具栏中单击 Split Face at Vertices 按钮，结果如图 4.4.32b 所示。

a）选取点　　b）分割后

图 4.4.32　分割面（一）

步骤 05　分割面（二）。按住 Ctrl 键，选取图 4.4.33a 所示的两点为对象，在“Virtual Topology”工具栏中单击 Split Face at Vertices 按钮，结果如图 4.4.33b 所示。

a）选取点　　b）分割后

图 4.4.33　分割面（二）

步骤 06 分割面(三)。按住 Ctrl 键，选取图 4.4.34a 所示的两点为对象，在“Virtual Topology”工具栏中单击 Split Face at Vertices 按钮，结果如图 4.4.34b 所示。

a）选取点 b）分割后

图 4.4.34 分割面（三）

## 4.4.3 虚拟拓扑在网格划分中的应用

几何体模型上的拓扑结构会影响其网格划分，规则的拓扑结构使网格划分更为规则，在对一些几何体进行网格划分之前，可以先处理几何体上的拓扑结构，然后使用网格划分工具划分网格。

下面以图 4.4.35 所示的连杆零件模型为例，介绍虚拟拓扑在网格划分中的应用。在划分网格之前，先进行虚拟拓扑处理，得到图 4.4.36 所示的虚拟拓扑结构，最后进行网格划分，结果如图 4.4.37 所示。

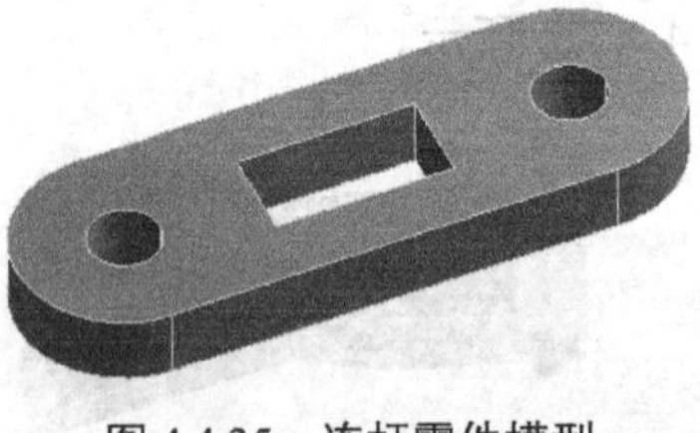

图 4.4.35 连杆零件模型

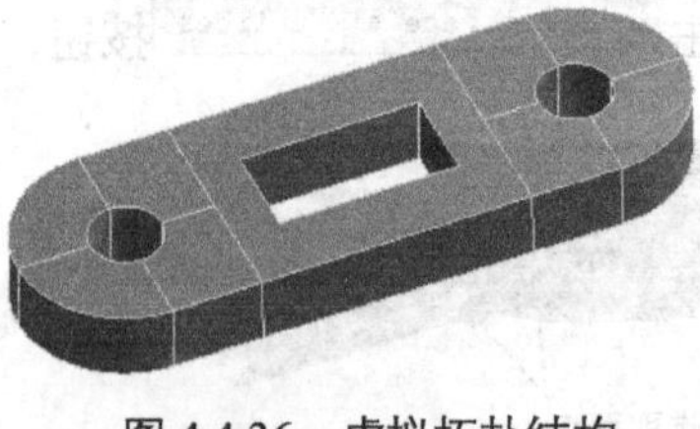

图 4.4.36 虚拟拓扑结构

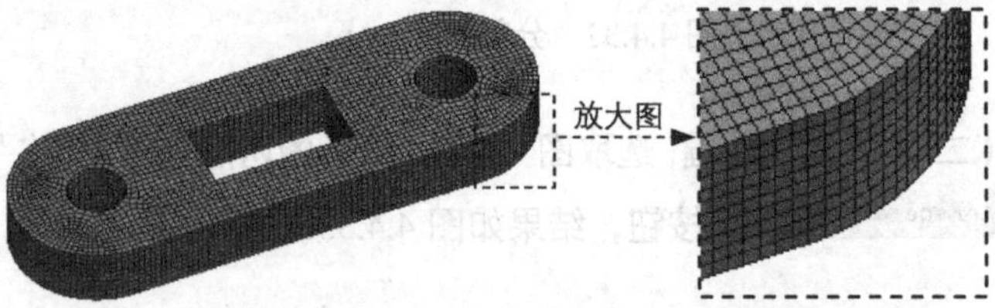


图 4.4.37 网格划分

步骤 01 创建“Mesh”项目列表。在 ANSYS Workbench 界面中双击 Toolbox 工具箱的 Component Systems 区域中的 Mesh 选项，新建一个“Mesh”项目列表。

步骤 02 导入几何体。在“Mesh”项目列表中右击 Geometry，在弹出的快捷菜单中选择 Import Geometry → Browse... 命令，选择文件 D:\an15.01\work\ch04.04.03\virtual_ mesh.stp 并打开。

步骤 03 进入 ANSYS 专有网格划分平台。在“Mesh”项目列表中双击 Mesh 选项，进入 ANSYS 专有网格划分平台。

步骤 04 初步划分网格。在“Outline”窗口中右击 Mesh，在弹出的快捷菜单中选择 Generate Mesh 命令，网格划分结果如图 4.4.38 所示。

步骤 05 修改网格参数。在“Outline”窗口中选择 Mesh 节点，在“Details of ‘Mesh’”对话框的 Relevance 文本框中输入数值 100；在 Sizing 区域的 Relevance Center 下拉列表中选择 Fine 选项，并在 Element Size 文本框中输入数值 10.0；单击 Update 按钮，此时网格结果如图 4.4.39 所示。

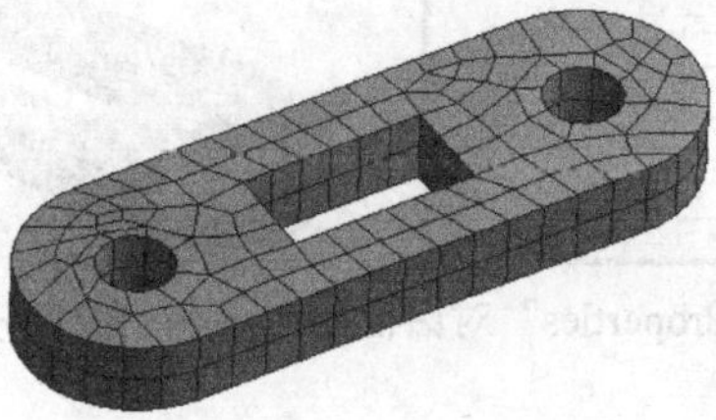

图 4.4.38 初步划分结果

图 4.4.39 修改后的网格划分结果

说明

此处进行网格划分的目的就是与后面完成拓扑处理后再进行网格划分的结果进行对比，了解拓扑结构对网格结构的影响。

步骤 06 添加虚拟拓扑（一）。

（1）添加分割边。在“Outline”窗口中选中 Model (A3) 节点，单击顶部工具栏区域的 Virtual Topology 按钮，在图 4.4.40 所示的边线位置单击，在“Virtual Topology”工具栏中单击 Split Edge at + 按钮。

（2）添加其余分割边。参照添加分割边的步骤，分别选取其余的 7 个对应分割位置（图 4.4.41 中标示了 5 个），单击 Split Edge at + 按钮对边线进行分割操作。

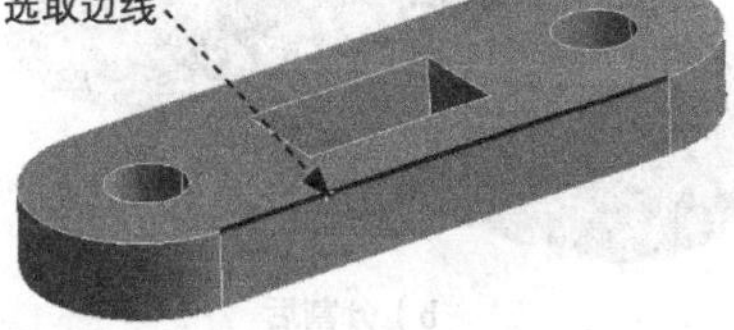


图 4.4.40 分割边（一）

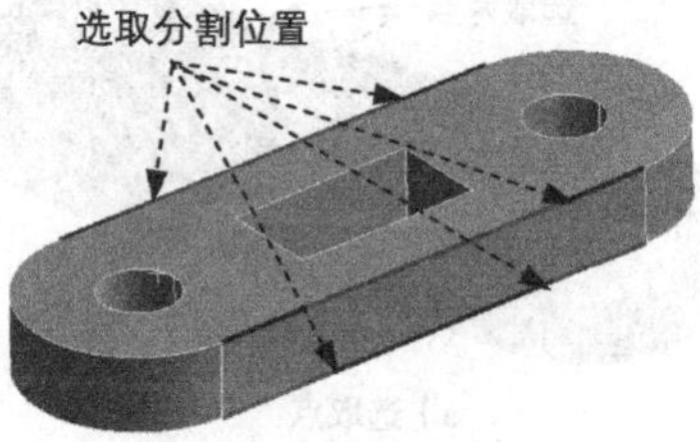


图 4.4.41 分割边（二）

（3）编辑分割参数（一）。在“Virtual Topology”工具栏中单击→或←按钮，将边线定位到图 4.4.42 所示的边线上，单击Edit按钮，在弹出的“Virtual Topology Properties”对话框的Split Ratio文本框中输入数值 0.2 并按 Enter 键（图 4.4.43）。

（4）编辑分割参数（二）。在“Virtual Topology”工具栏中单击→或←按钮，将边线定位到图 4.4.44 所示的边线上，单击Edit按钮，在弹出的“Virtual Topology Properties”对话框的Split Ratio文本框中输入数值 0.75 并按 Enter 键。

（5）编辑其余分割参数。参照编辑分割参数的步骤，分别编辑其余分割边的分割位置参数为 0.2 或 0.75（具体操作参见随书光盘）。

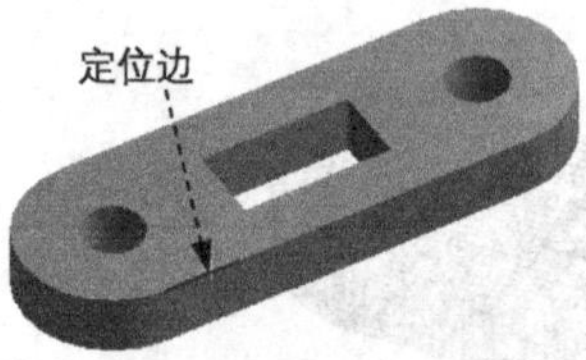


图 4.4.42　编辑分割参数（一）

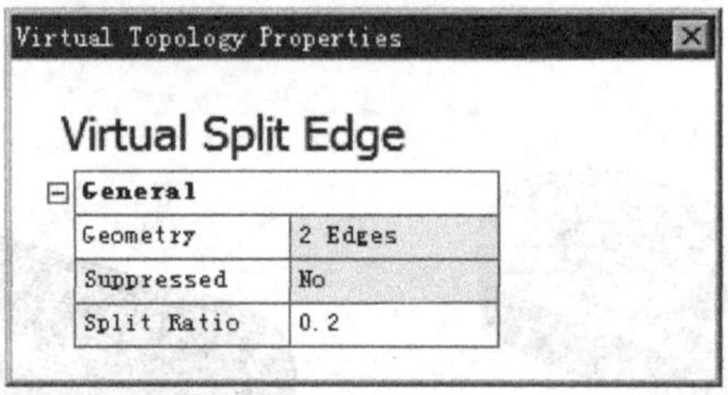


图 4.4.43　“Virtual Topology Properties”对话框

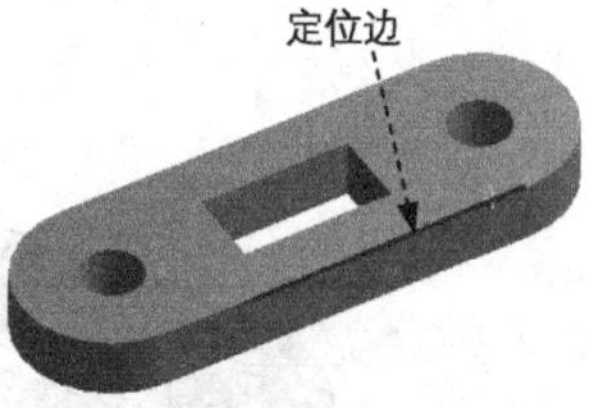


图 4.4.44　编辑分割参数（二）

步骤 07　添加虚拟拓扑（二）。

（1）创建分割面（一）。在“Outline”窗口中选中Virtual Topology节点，按住 Ctrl 键，选取图 4.4.45a 所示的两点为对象，在“Virtual Topology”工具栏中单击Split Face at Vertices按钮，结果如图 4.4.45b 所示。

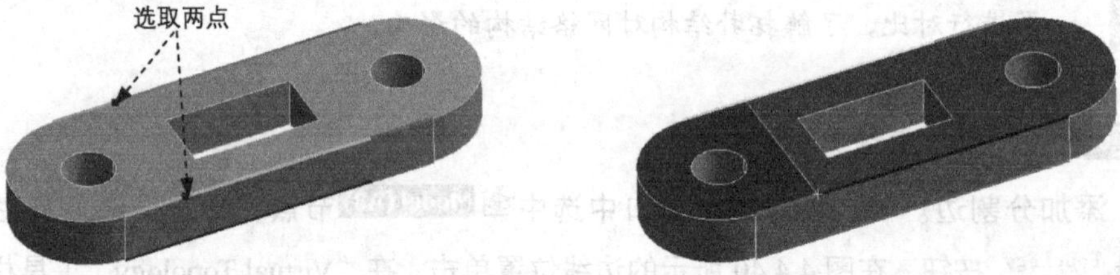


a）选取点　　b）分割后

图 4.4.45　分割面（一）

（2）创建分割面（二）。按住 Ctrl 键，选取图 4.4.46a 所示的两点为对象，在“Virtual Topology”工具栏中单击Split Face at Vertices按钮，结果如图 4.4.46b 所示。

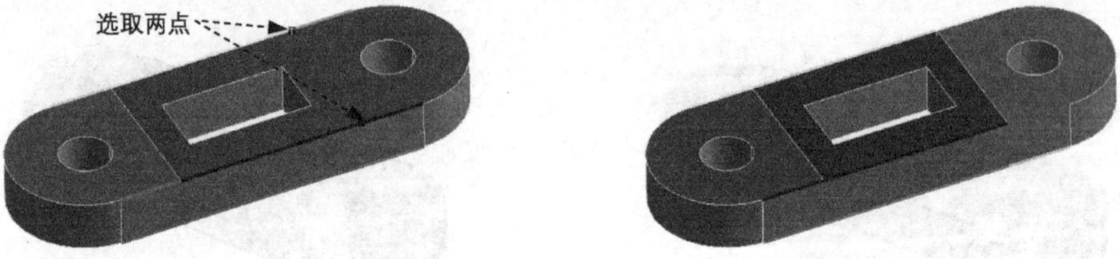


a）选取点　　b）分割后

图 4.4.46　分割面（二）

（3）定义其余分割面。参照创建分割面的步骤，分别选择其余面上的分割点对模型表面进行分割操作，结果如图 4.4.47 所示（具体操作参见随书光盘）。

步骤 08 添加虚拟拓扑（三）。

（1）创建中点分割（一）。在“Outline”窗口中选中 Virtual Topology 节点，选取图 4.4.48 所示的边线，在“Virtual Topology”工具栏中单击 Split Edge 按钮，结果如图 4.4.49 所示。

图 4.4.47　分割面结果

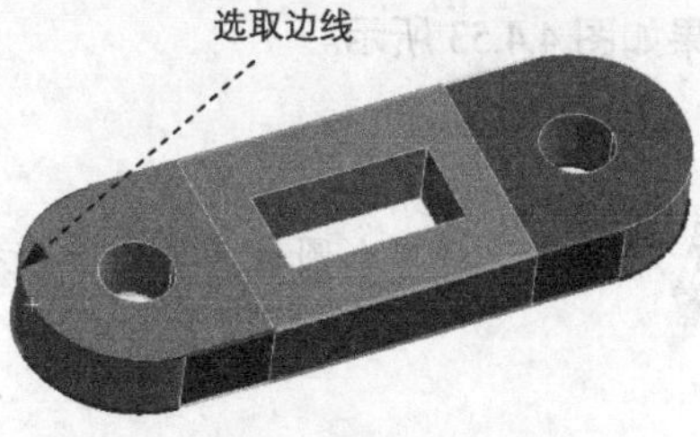


图 4.4.48　创建中点分割（一）

（2）创建中点分割（二）。参照（1）中的步骤，分别选取图 4.4.50 所示的边线对象创建中点分割（图中仅显示了一面的边线，另一侧面的边线也要进行分割。具体操作参见随书光盘）。

图 4.4.49　分割结果

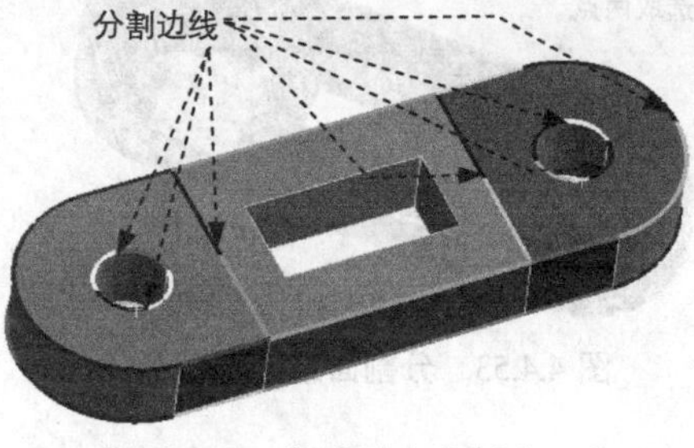


图 4.4.50　创建重点分割（二）

步骤 09 添加虚拟拓扑（四）。

（1）创建分割面（一）。在“Outline”窗口中选中 Virtual Topology 节点，按住 Ctrl 键，选取图 4.4.51 所示的两点对象，在“Virtual Topology”工具栏中单击 Split Face at Vertices 按钮，结果如图 4.4.51 所示。

（2）创建分割面（二）。参照（1）中的步骤，分别选择对应的分割点对模型表面进行分割操作，结果如图 4.4.52 所示。

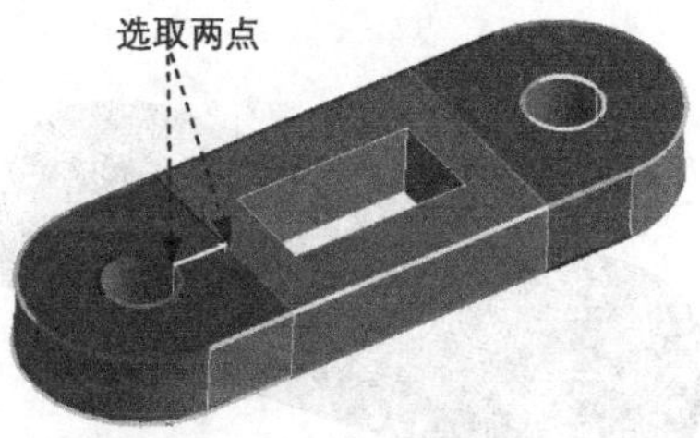


图 4.4.51　分割面结果（一）

图 4.4.52　分割面结果（二）

**注意** 图 4.4.52 所示为一面的分割结果，底面同样需要进行分割操作。

（3）定义圆柱面的分割。参照（1）中的步骤，分别选择对应的分割点对圆柱面进行分割操作，结果如图 4.4.53 所示。

**注意** 对每个圆柱面均需要进行 4 次分割操作。

**步骤 10** 更新网格。在“Outline”窗口中右击 Mesh，单击 Update 按钮，此时网格结果如图 4.4.54 所示。

图 4.4.53　分割面结果（三）

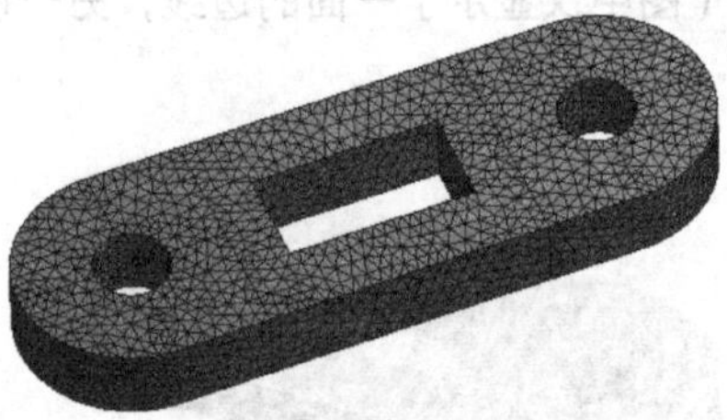

图 4.4.54　更新网格结果

**步骤 11** 添加网格控制。在“Outline”窗口中右击 Mesh，在弹出的快捷菜单中选择 Insert → Method 命令，弹出“Details of ‘Automatic Method’ -Method”对话框。选取整个模型对象，在 Geometry 后的文本框中单击 Apply 按钮；在 Definition 区域的 Method 下拉列表中选择 Hex Dominant 选项，在 Free Face Mesh Type 下拉列表中选择 All Quad 选项；单击 Update 按钮，此时网格结果如图 4.4.55 所示。

**步骤 12** 修改网格参数。在“Outline”窗口中选中 Mesh，在“Details of ‘Mesh’”对话框 Sizing 区域的 Element Size 文本框中输入数值 8.0；单击 Update 按钮，此时网格结果如图 4.4.56 所示。

图 4.4.55　添加网格控制

图 4.4.56　调整后的网格结果

## 4.5 网格检查

网格划分结束后可以检查网格的质量，通常来说，不同物理场和不同的求解器所要求的网格检查准则是不同的。在特征树中单击 Mesh，弹出图 4.5.1 所示的“Details of ‘Mesh’”对话框，在 Statistics 区域的 Mesh Metric 下拉列表中选择一种检查准则，如图 4.5.1 所示，打开检查结果统计图表（一），如图 4.5.2 所示。

读者练习本小节内容时，可打开文件 D:\an15.01\work\ch04.05\mesh_metric.wbpj。

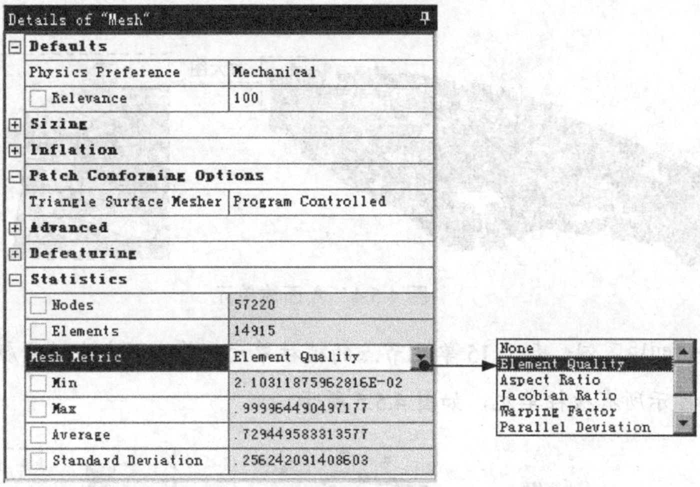


图 4.5.1 “Details of ‘Mesh’”对话框

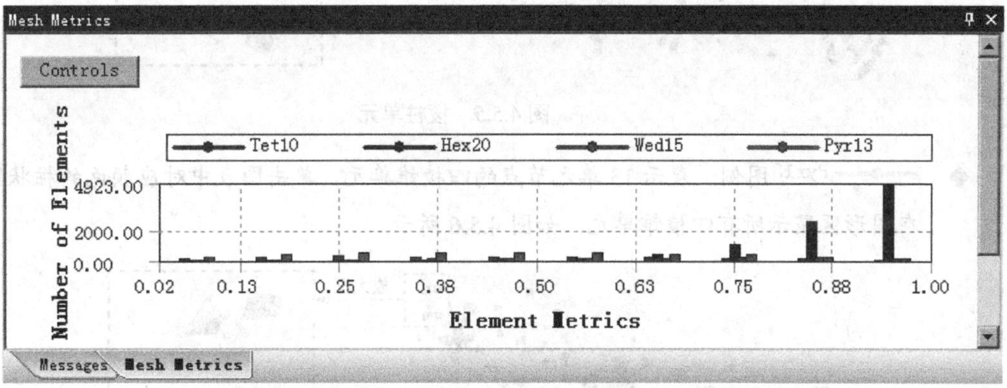


图 4.5.2 检查结果统计图表（一）

图 4.5.2 所示的检查结果统计图表相关说明如下。

- Tet10 图例：表示 10 单元节点的四面体单元，单击图表中对应颜色的柱状图，在图形区显示所有四面体单元，如图 4.5.3 所示。
- Hex20 图例：表示 20 单元节点的六面体单元，单击图表中对应颜色的柱状图，在图形区显示所有六面体单元，如图 4.5.4 所示。

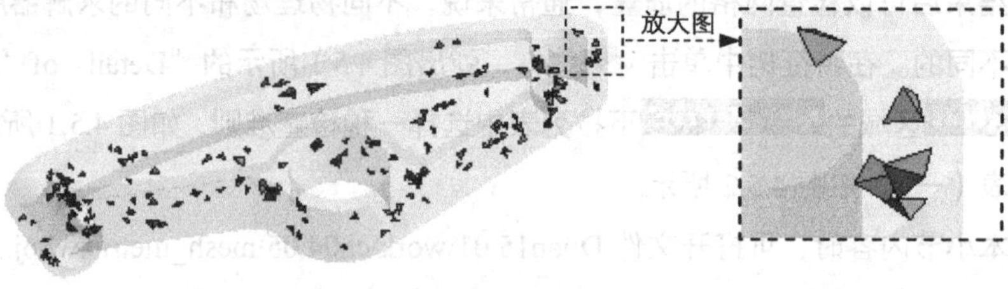


图 4.5.3　四面体单元

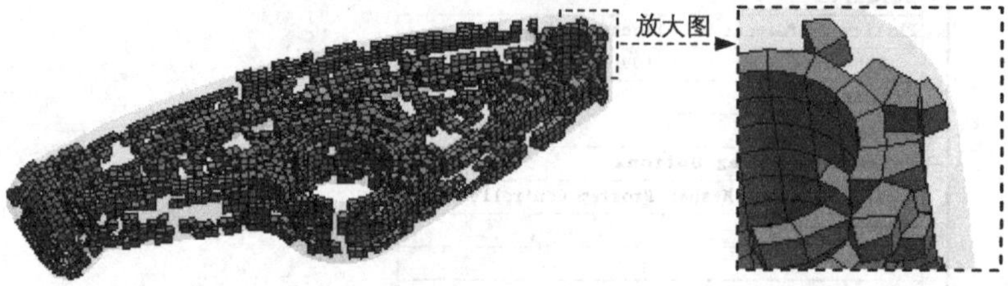


图 4.5.4　六面体单元

◆ Wed15 图例：表示 15 单元节点的棱柱单元，单击图表中对应颜色的柱状图，在图形区显示所有棱柱单元，如图 4.5.5 所示。

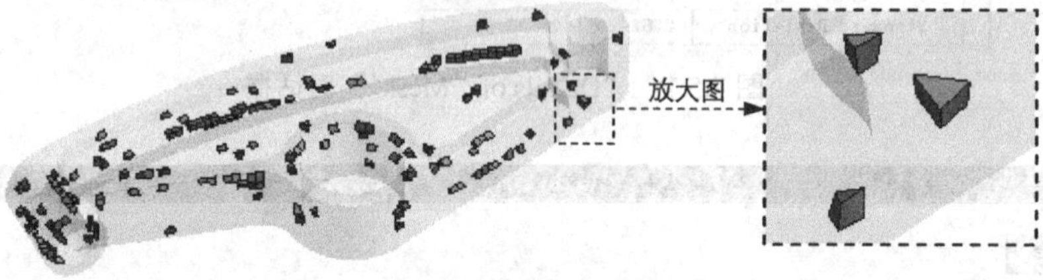


图 4.5.5　棱柱单元

◆ Pyr13 图例：表示 13 单元节点的四棱锥单元，单击图表中对应颜色的柱状图，在图形区显示所有四棱锥单元，如图 4.5.6 所示。

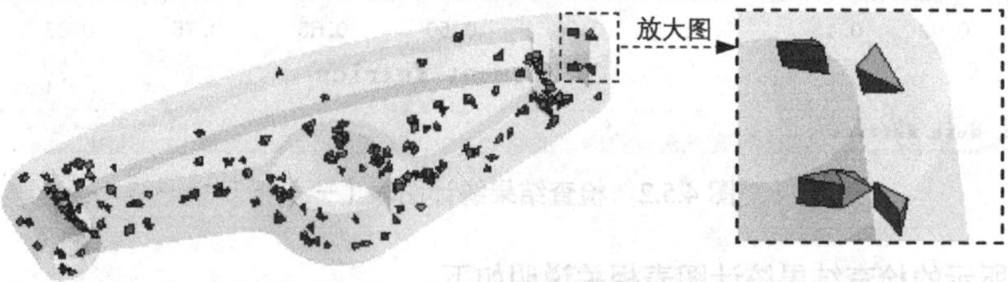


图 4.5.6　四棱锥单元

◆ 图 4.5.2 所示的检查结果统计图表中横坐标值对应的单元质量之间的定量关系见表 4.5.1。

表 4.5.1 柱状图中各值对应的质量

| Value of Skewness | 单元质量 |
|---|---|
| 1 | degenerate |
| 0.9~1 | bad（sliver） |
| 0.75~0.9 | poor |
| 0.5~0.75 | fair |
| 0.25~0.5 | good |
| 0~0.25 | excellent |
| 0 | equilateral |

◆ 在统计图表区域单击 Controls 按钮，弹出图 4.5.7 所示的对话框，在该对话框中可以对统计图表样式进行设定。

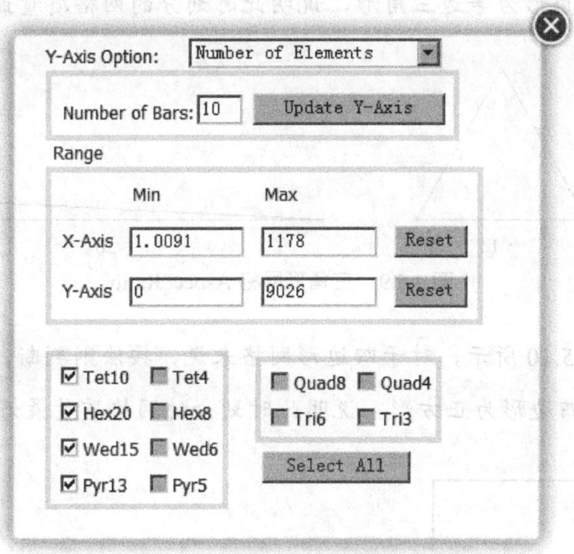


图 4.5.7 单元质量控制图表

对于不同的分析项目，对网格的检查标准也不一样，ANSYS Workbench 中包括多种网格质量检查准则，下面具体介绍各网格质量检查准则。

◆ Element Quality（单元质量检查）。这是一种比较通用的网格质量检查准则。1 表示完美的立方体或正方形；0 表示 0 体积或负体积。

◆ Aspect Ratio（纵横比）。选择此选项后，此时在信息栏中打开图 4.5.8 所示的检查结果统计图表 。

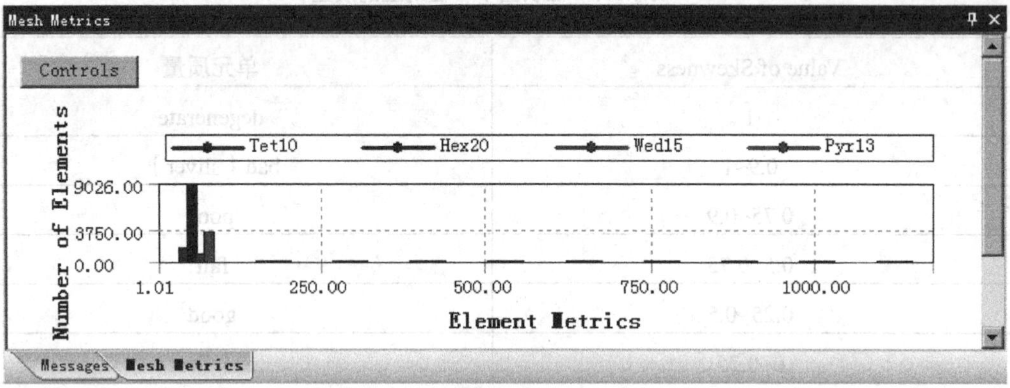


图 4.5.8　检查结果统计图表（二）

- 如图 4.5.9 所示，对于三角形网格来说，按法则判断，当 Aspect Ratio 值为 1 时，三角形为等边三角形，说明此时划分的网格质量最好。

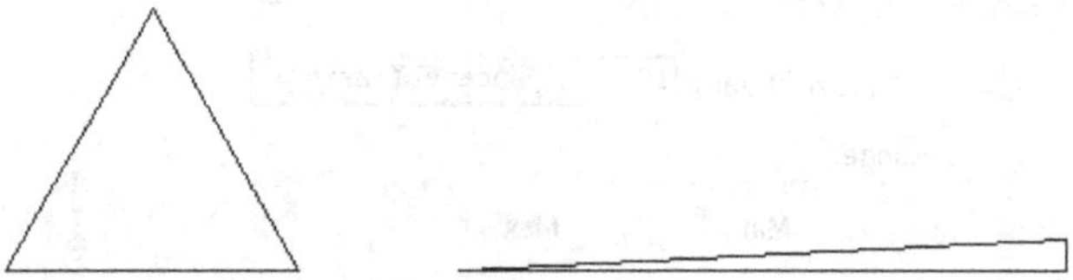


图 4.5.9　三角形网格 Aspect Ratio

- 如图 4.5.10 所示，对于四边形网格来说，按法则判断，当 Aspect Ratio 值为 1 时，四边形为正方形，说明此时划分的网格质量最好。

图 4.5.10　四边形网格 Aspect Ratio

- Jacobian Ratio（雅克比率）。雅克比率适应性较广，一般用于处理带有中节点的单元，选择此选项后，在信息栏中打开图 4.5.11 所示的检查结果统计图表。

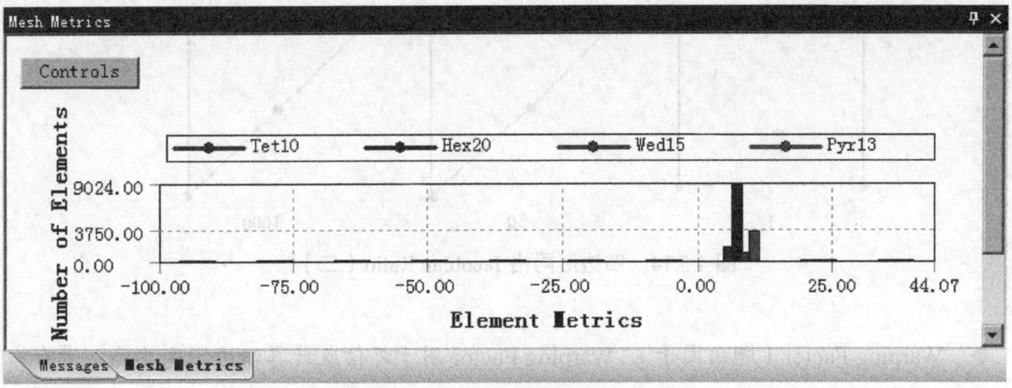


图 4.5.11 检查结果统计图表（三）

- 对于三角形单元，其每个三角形的中间点都在三角形边的中点上，那么此时 Jacobian Ratio 为 1。图 4.5.12 所示的 Jacobian Ratio 为 1、30、1000 时的三角形网格。

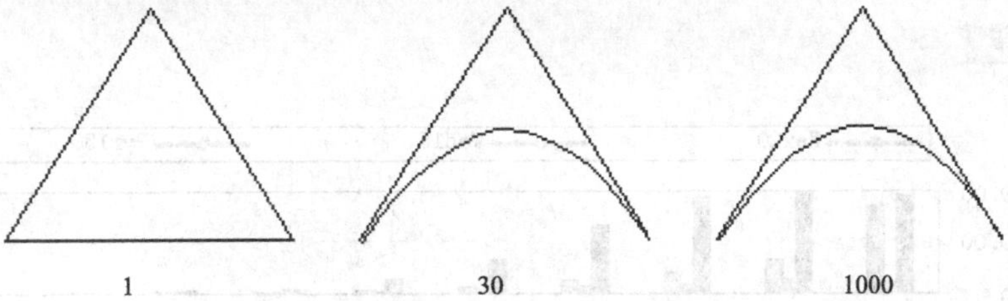


图 4.5.12 三角形网格 Jacobian Ratio

- 对于任何一个矩形单元或平行四边形单元，其不管是否含有中间节点，Jacobian Ratio 都为 1。图 4.5.13 所示的是 Jacobian Ratio 为 1、30、100 时的四边形网格。

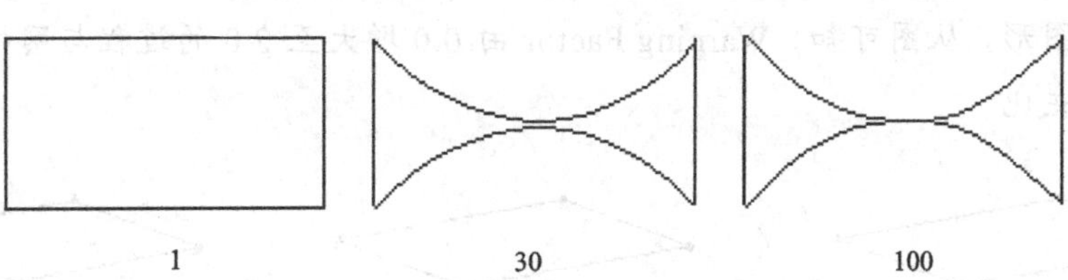


图 4.5.13 四边形网格 Jacobian Ratio（一）

- 能够满足四边形单元或块单元的 Jacobian Ratio 为 1，需保证所有的边都平行或任何边上的中间节点都位于两个焦点的中间位置。图 4.5.14 所示的是 Jacobian Ratio 为 1、30、1000 时的四边形网格，此四边形网格可以生成 Jacobian Ratio 为 1 的六面体网格。

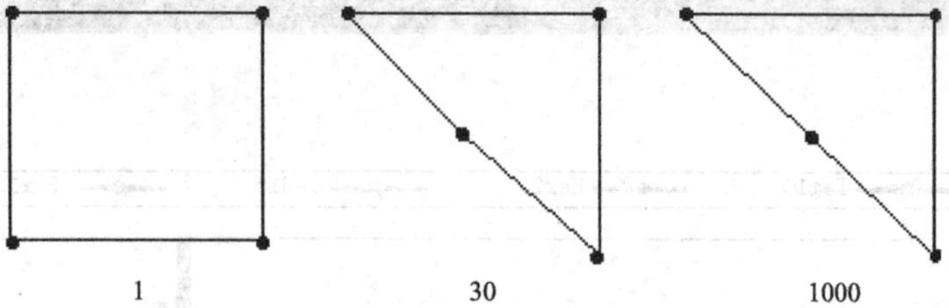


图 4.5.14　四边形网格 Jacobian Ratio（二）

◆ Warping Factor（翘曲因子）。Warping Factor 用于评估或计算四边形壳单元、带有四边形面的块单元(楔形单元及金子塔单元)等，高扭曲系数表明单元控制方程不能较好控制单元，需重新划分。选择此选项后，在信息栏中打开图 4.5.15 所示的检查结果统计图表。

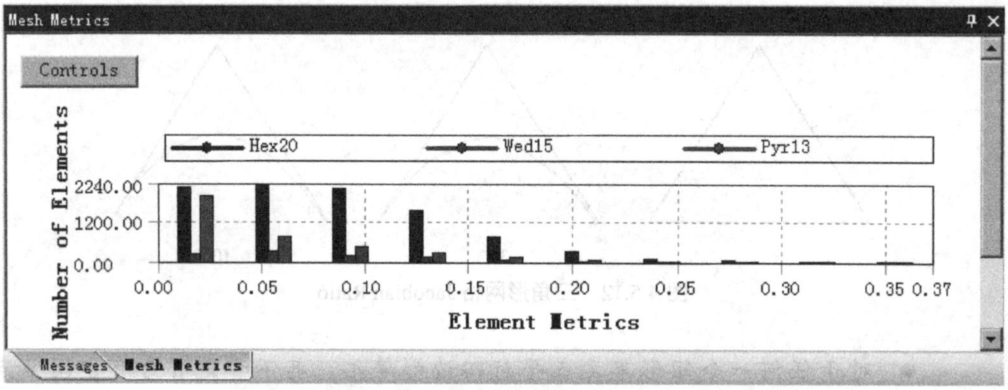


图 4.5.15　检查结果统计图表（四）

● 图 4.5.16 所示的是二维四边形壳单元的 Warping Factor 逐渐增加的网格变形图形，从图可知，Warping Factor 由 0.0 增大至 2.0 的过程与网格扭曲程度成正比。

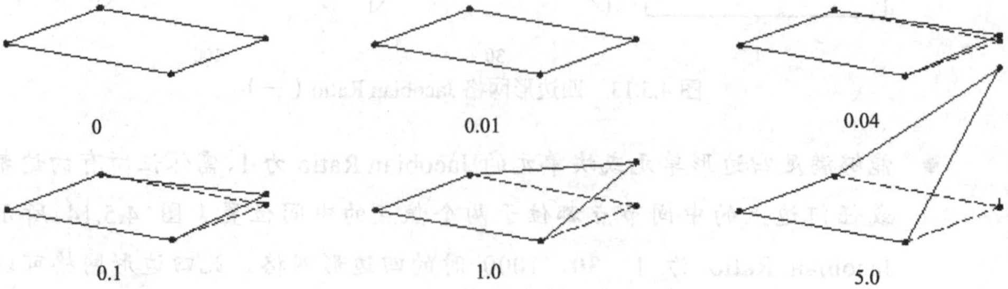


图 4.5.16　Warping Factor 二维图形变形

- 相对三维块单元的 Warping Factor 来说，分别对 6 个面的 Warping Factor 进行比较，选取其中的最大值作为翘曲因子，如图 4.5.17 所示。

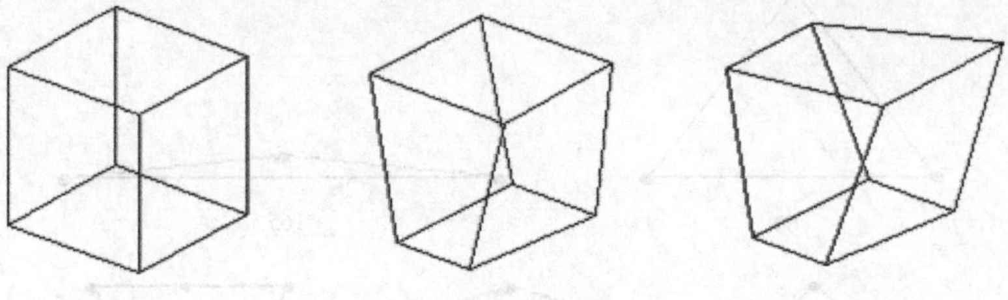


图 4.5.17　Warping Factor 三维块单元变化

◆ Parallel Deviation（平行偏差）。通过对边矢量的点积进行计算，并利用其中的余弦值求出最大夹角；其 Parallel Deviation 为 0 最好，表明两对边平行。选择此选项后，在信息栏中打开图 4.5.18 所示的检查结果统计图表。

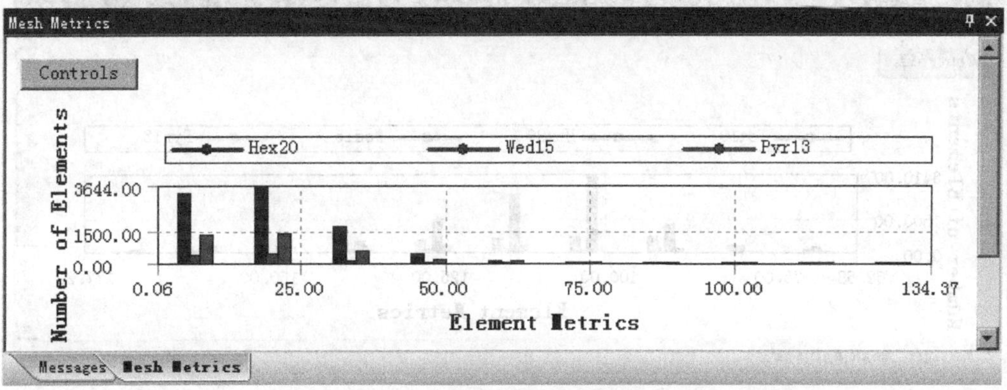


图 4.5.18　检查结果统计图表（五）

- 图 4.5.19 所示为当 Parallel Deviation 值从 0~170 时的二维四边形单元变化图形。

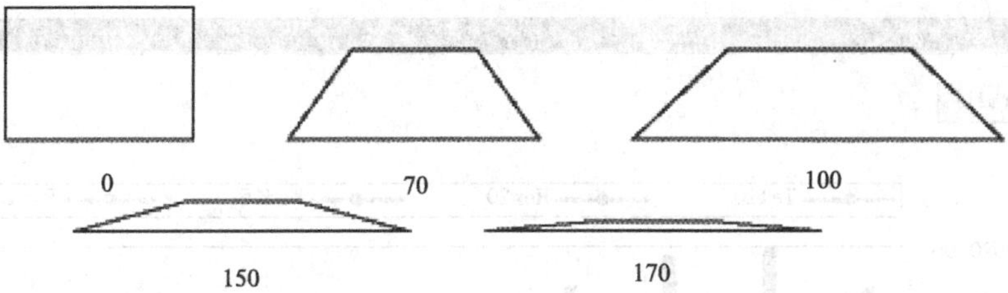


图 4.5.19　Parallel Deviation 二维四边形单元变化图形

◆ Maximum Corner Angle（最大转弯角）：计算最大角度，相对于三角形而言，60° 最好且为等边三角形；对于四边形而言，90° 最好且为矩形，如图 4.5.20 所示。选择此选项后，在信息栏中打开图 4.5.21 所示的检查结果统计图表。

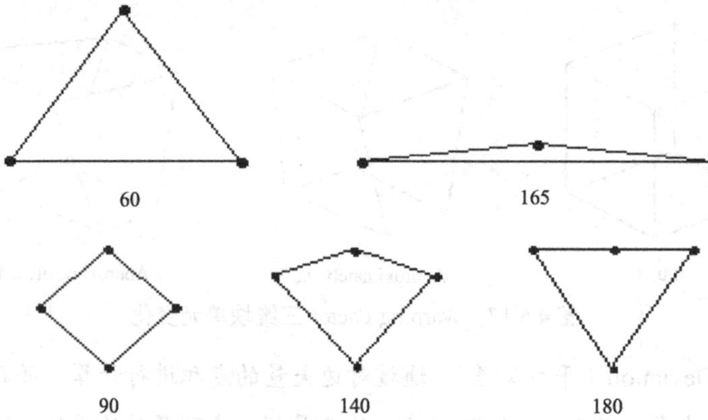


图 4.5.20　Maximum Corner Angle 二维单元变化图形

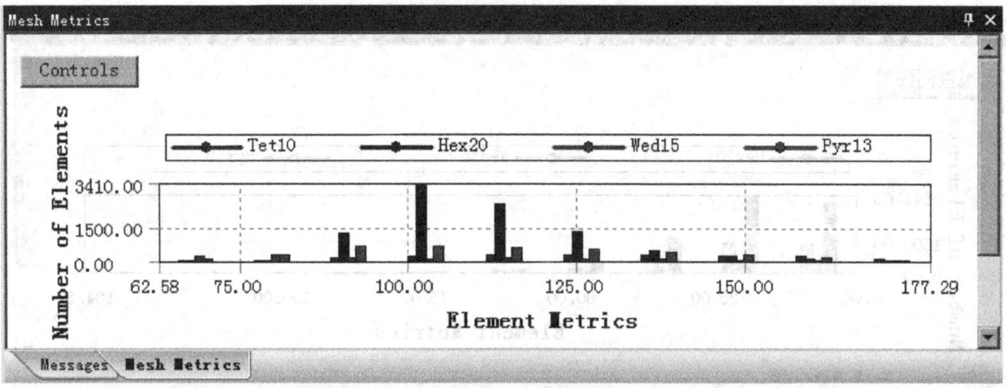


图 4.5.21　检查结果统计图表（六）

◆ Skewness（偏度）。其为网格质量检查的主要方法之一，选择此选项后，在信息栏中打开图 4.5.22 所示的检查结果统计图表。

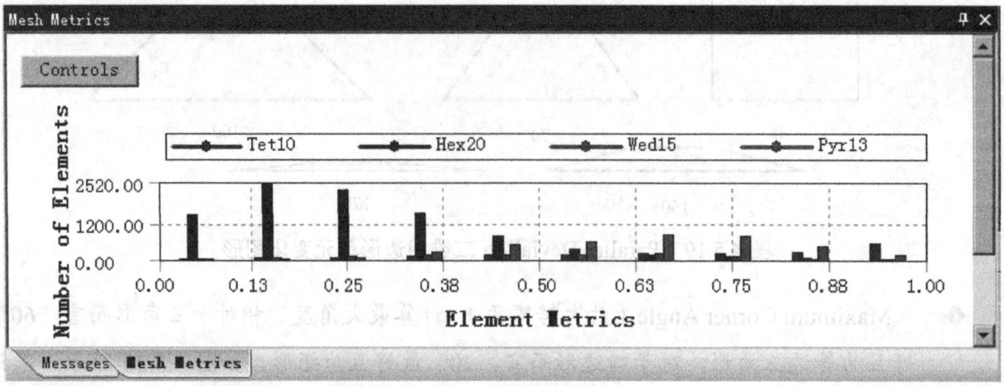


图 4.5.22　检查结果统计图表（七）

◆ Orthogonal Quality（正交品质）。这是网格质量检查的主要方法之一，其值位于 0 和 1 之间，0 最差，1 最好。选择此选项后，在信息栏中打开图 4.5.23 所示的检查结果统计图表。

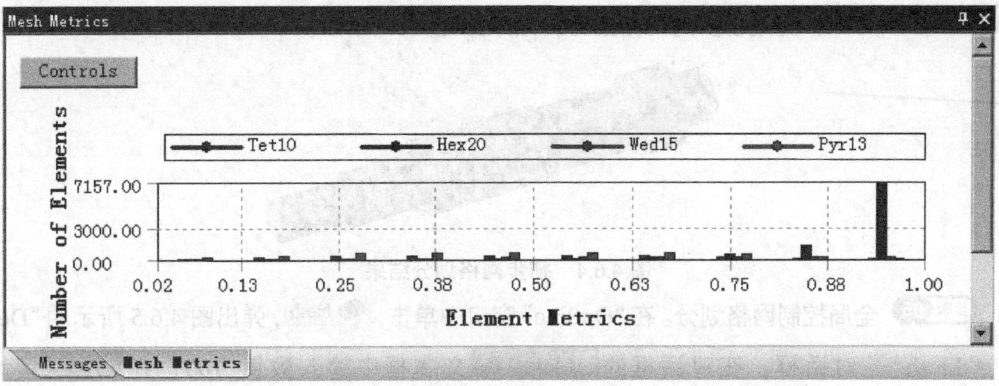


图 4.5.23　检查结果统计图表（八）

## 4.6　ANSYS Workbench 网格划分实际应用一

应用概述：

本应用将对图 4.6.1 所示的轴零件进行网格划分，首先进行初步网格划分，得到比较粗糙的网格单元，然后使用全局网格控制工具对网格进行一定的细化，最后使用局部控制方法将网格划分成质量精细的六面体网格单元，如图 4.6.2 所示。下面具体介绍其网格划分过程。

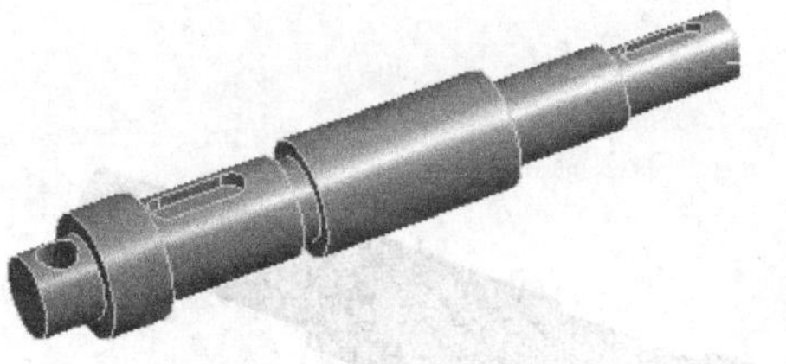

图 4.6.1　轴几何体

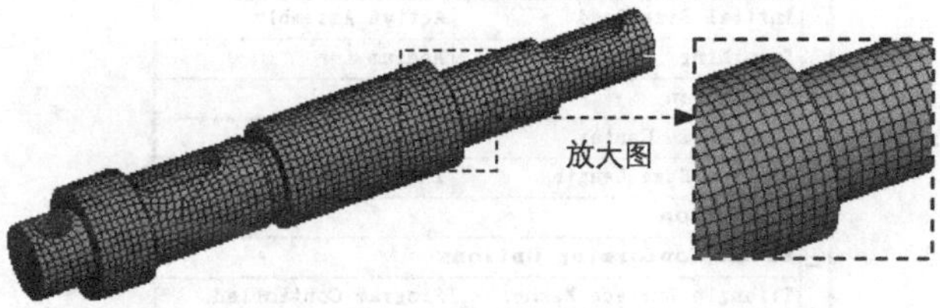


图 4.6.2　轴网格划分

步骤 01　打开文件 D:\an15.01\work\ch04.06\shaft_mesh.wbpj。

步骤 02　创建“Mesh”项目列表。在 ANSYS Workbench 界面中单击选中 Toolbox 工具箱的 ⊟ Component Systems 区域中的 Mesh 选项，将其拖动到项目视图区“Geometry”项目列表中的 Geometry ✓ 上（图 4.6.3），释放鼠标，新建一个“Mesh”项目列表。

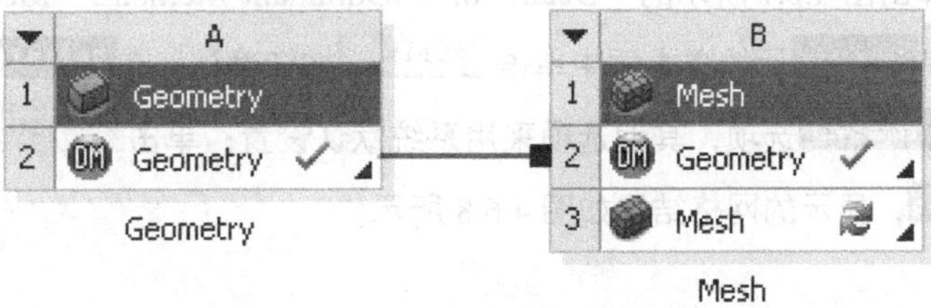


图 4.6.3　创建“Mesh”项目列表

步骤 03 进入 ANSYS 专有网格划分平台。在 Workbench 主界面中双击“Mesh”项目列表中的 Mesh ，进入 ANSYS 专有网格划分平台。

步骤 04 初步划分网格。在“Outline”窗口中右击 Mesh，在弹出的快捷菜单中选择 Generate Mesh 命令，完成初步的网格划分，结果如图 4.6.4 所示。

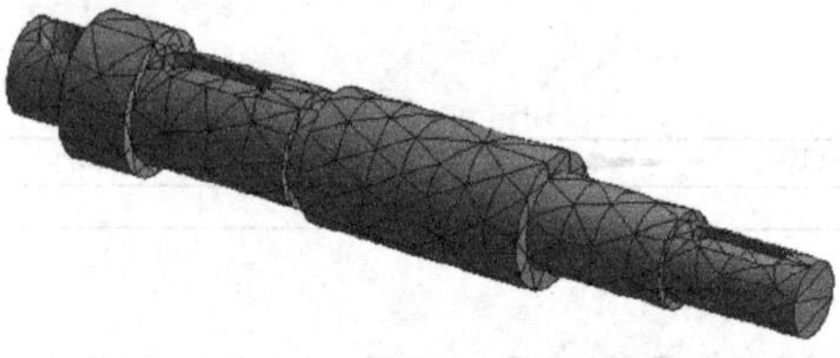

图 4.6.4 初步网格划分结果

步骤 05 全局控制网格划分。在“Outline”窗口中单击 Mesh，弹出图 4.6.5 所示的“Details of ‘Mesh’”对话框，在对话框的 Relevance 文本框中输入数值 100，在 Sizing 区域的 Relevance Center 下拉列表中选择 Fine 选项，并在 Element Size 文本框中输入数值 2.0；单击 Update 按钮，网格划分结果如图 4.6.6 所示。

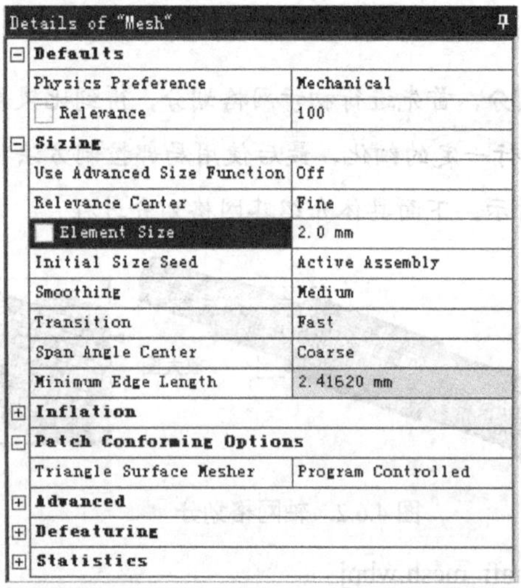

| Details of "Mesh" | |
|---|---|
| **Defaults** | |
| Physics Preference | Mechanical |
| Relevance | 100 |
| **Sizing** | |
| Use Advanced Size Function | Off |
| Relevance Center | Fine |
| Element Size | 2.0 mm |
| Initial Size Seed | Active Assembly |
| Smoothing | Medium |
| Transition | Fast |
| Span Angle Center | Coarse |
| Minimum Edge Length | 2.41620 mm |
| **Inflation** | |
| **Patch Conforming Options** | |
| Triangle Surface Mesher | Program Controlled |
| **Advanced** | |
| **Defeaturing** | |
| **Statistics** | |

图 4.6.5 “Details of ‘Mesh’”对话框

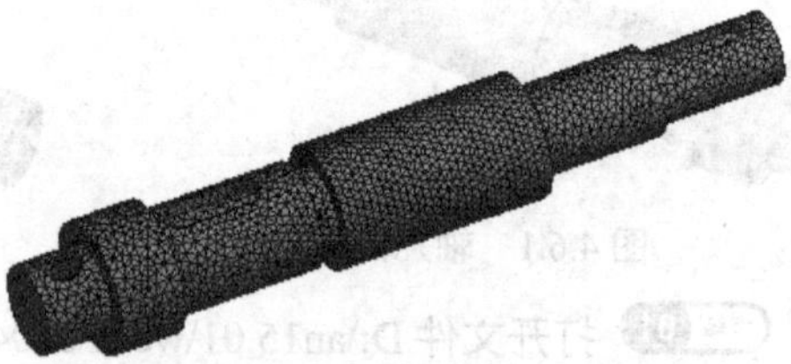

图 4.6.6 全局控制网格划分结果

步骤 06 使用 Method 方法对网格进行局部控制。在 Mesh Control 下拉菜单中选择 Method 命令，弹出图 4.6.7 所示的“Details of ‘Dominant Method’–Method”对话框。选取整个模型对象，在 Geometry 后的文本框中单击 Apply 按钮确认；在 Definition 区域的 Method 下拉列表中选择 Hex Dominant 选项，其他选项采用系统默认设置；单击 Update 按钮，完成网格划分，单击 Mesh，显示的网格结果如图 4.6.8 所示。

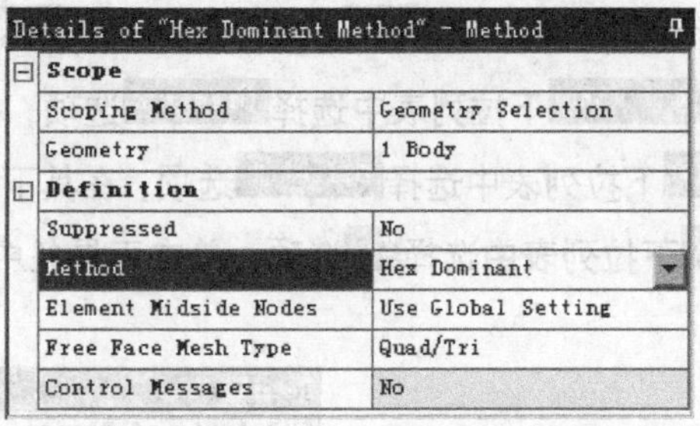

| Details of "Hex Dominant Method" - Method | |
|---|---|
| Scope | |
| Scoping Method | Geometry Selection |
| Geometry | 1 Body |
| Definition | |
| Suppressed | No |
| Method | Hex Dominant |
| Element Midside Nodes | Use Global Setting |
| Free Face Mesh Type | Quad/Tri |
| Control Messages | No |

图 4.6.7 “Details of ‘Dominant Method’-Method”对话框

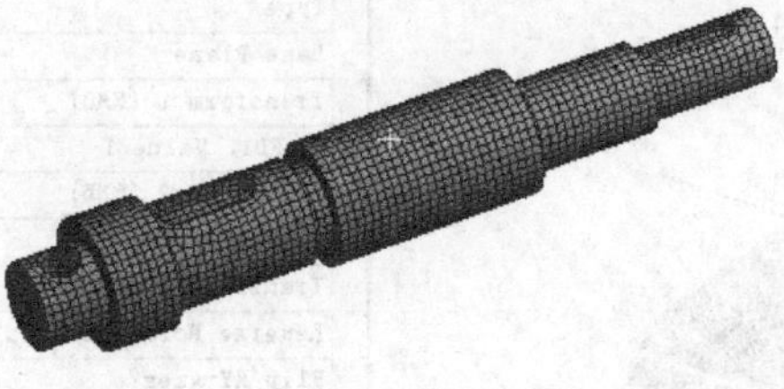

图 4.6.8 使用 Method 方法控制网格划分结果

## 4.7 ANSYS Workbench 网格划分实际应用二

应用概述:

本应用将对图 4.7.1 所示的支架零件进行网格划分，首先对网格进行全局控制，然后分别使用方法控制工具和尺寸控制工具对网格进行局部控制细化，最终得到图 4.7.2 所示的网格划分效果。下面具体介绍其网格划分过程。

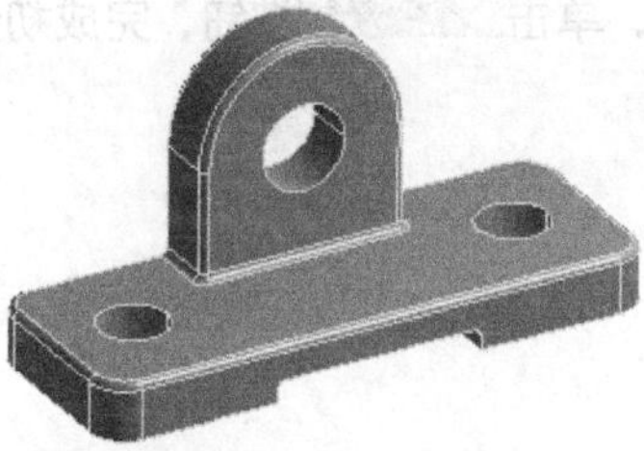

图 4.7.1 支架几何体

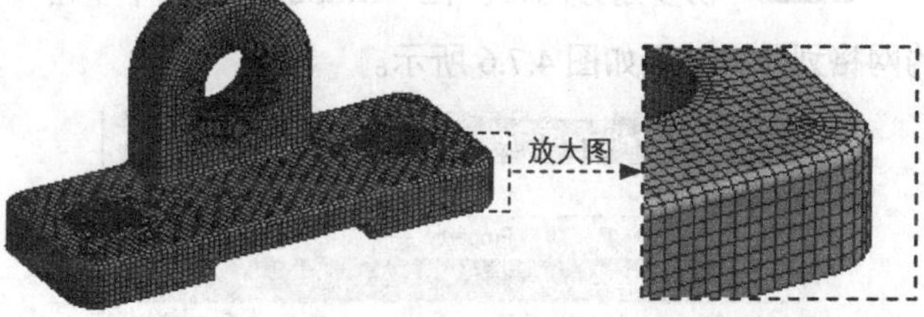


图 4.7.2 支架网格划分

步骤 01 创建“Mesh”项目列表。在 ANSYS Workbench 界面中双击 Toolbox 工具箱的 Component Systems 区域中的 Mesh 选项，新建一个“Mesh”项目列表。

步骤 02 导入几何体。在“Mesh”项目列表中右击 Geometry ，在弹出的快捷菜单中选择 Import Geometry → Browse... 命令，选择文件 D：\an15.01\work\ch04.07\support_mesh.stp 并打开。在“Mesh”项目列表中双击 Geometry ，在弹出的“ANSYS Workbench”对话框中选中 Millimeter 选项，单击 OK 按钮，进入 DM 界面，在该界面中单击 Generate 按钮，完成几何体的导入。

步骤 03 创建图 4.7.3 所示的平面 4。单击工具条中的“New Plane”按钮，弹出图 4.7.4

所示的“Details View”对话框。在对话框的Type下拉列表中选择From Plane选项，选择✓ZXPlane平面为参考平面，在Transform 1 (RMB)下拉列表中选择Offset Z选项，在其下的文本框中输入偏移距离值15，在Transform 2 (RMB)下拉列表中选择Offset X选项，在其下的文本框中输入偏移距离值5，在Export Coordinate System?下拉列表中选择Yes选项，单击工具条中的Generate按钮，完成平面4的创建。

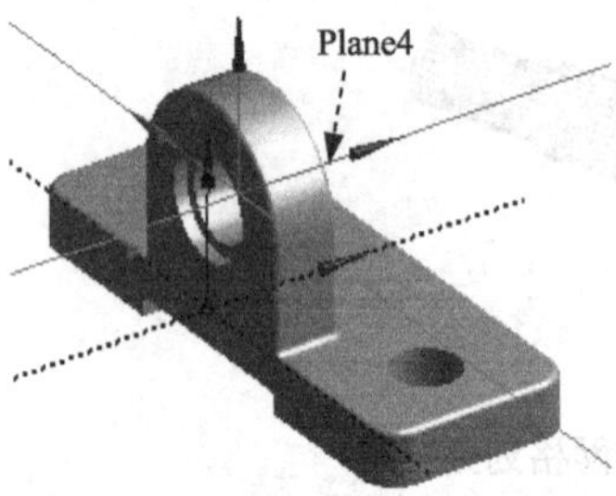


图 4.7.3　创建平面 4

| Details View | |
|---|---|
| Details of Plane4 | |
| Plane | Plane4 |
| Type | From Plane |
| Base Plane | ZXPlane |
| Transform 1 (RMB) | Offset Z |
| FD1, Value 1 | 15 mm |
| Transform 2 (RMB) | Offset X |
| FD2, Value 2 | 5 mm |
| Transform 3 (RMB) | None |
| Reverse Normal/Z-Axis? | No |
| Flip XY-Axes? | No |
| Export Coordinate System? | Yes |

图 4.7.4　“Details View”对话框

步骤 04 修改几何属性。切换到 Workbench 主界面，在“Mesh”项目列表中右击Geometry，在弹出的快捷菜单中选择Properties命令，弹出图 4.7.5 所示的对话框，并选中Import Coordinate Systems后的复选框。

步骤 05 进入 ANSYS 专有网格划分平台。在 Workbench 主界面中双击“Mesh”项目列表中的Mesh，进入 ANSYS 专有网格划分平台。

步骤 06 初步划分网格。在“Outline”窗口中单击Mesh，单击Update按钮，完成初步的网格划分，结果如图 4.7.6 所示。

Properties of Schematic A3: Geometry

| | A | B |
|---|---|---|
| 1 | Property | Value |
| 2 | ⊟ General | |
| 3 | Component ID | Geometry |
| 4 | Directory Name | SYS |
| 5 | ⊞ Geometry Source | |
| 8 | ⊞ Basic Geometry Options | |
| 13 | ⊟ Advanced Geometry Options | |
| 14 | Analysis Type | 3D |
| 15 | Use Associativity | ☑ |
| 16 | Import Coordinate Systems | ☑ |
| 17 | Import Work Points | ☐ |
| 18 | Reader Mode Saves Updated File | ☐ |
| 19 | Import Using Instances | ☑ |
| 20 | Smart CAD Update | ☐ |
| 21 | Enclosure and Symmetry Processing | ☑ |
| 22 | Decompose Disjoint Faces | ☑ |

图 4.7.5　定义几何属性

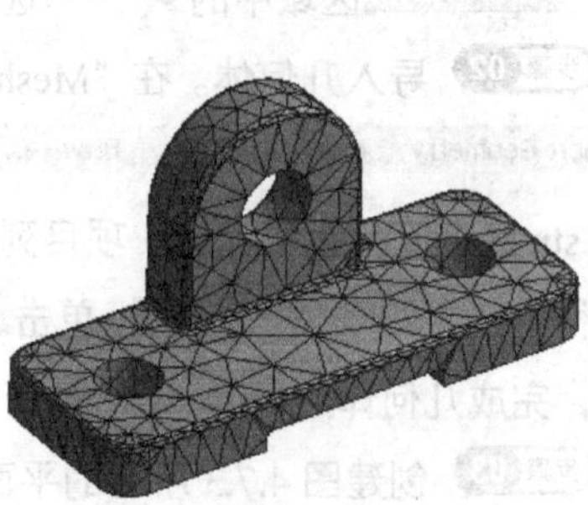

图 4.7.6　网格划分结果

步骤 07 全局控制网格划分。在“Outline”窗口中单击 Mesh，弹出图 4.7.7 所示的“Details of ‘Mesh’”对话框，在对话框的 Relevance 文本框中输入数值 100，在 Sizing 区域的 Relevance Center 下拉列表中选择 Fine 选项，并在 Element Size 文本框中输入数值 1.0；单击 Update 按钮，网格划分结果如图 4.7.8 所示。

Details of "Mesh"

| | |
|---|---|
| Defaults | |
| Physics Preference | Mechanical |
| Relevance | 100 |
| Sizing | |
| Use Advanced Size Function | Off |
| Relevance Center | Fine |
| Element Size | 1.0 mm |
| Initial Size Seed | Active Assembly |
| Smoothing | Medium |
| Transition | Fast |
| Span Angle Center | Coarse |
| Minimum Edge Length | 2.41620 mm |
| Inflation | |
| Patch Conforming Options | |
| Triangle Surface Mesher | Program Controlled |
| Advanced | |
| Defeaturing | |
| Statistics | |

图 4.7.7 “Details of ‘Mesh’”对话框

图 4.7.8 全局控制网格划分结果

步骤 08 对网格应用 Method 控制。在“Outline”窗口中单击 Mesh，在 Mesh Control 下拉菜单中选择 Method 命令，弹出图 4.7.9 所示的“Details of ‘Hex Dominant Method’–Method”对话框；选取整个模型对象，在 Geometry 后的文本框中单击 Apply 按钮确认；在 Definition 区域的 Method 下拉列表中选择 Hex Dominant 选项，其他选项采用系统默认设置；单击 Update 按钮，完成网格划分，单击 Mesh，显示网格结果如图 4.7.10 所示。

Details of "Hex Dominant Method" - Method

| | |
|---|---|
| Scope | |
| Scoping Method | Geometry Selection |
| Geometry | 1 Body |
| Definition | |
| Suppressed | No |
| Method | Hex Dominant |
| Element Midside Nodes | Use Global Setting |
| Free Face Mesh Type | Quad/Tri |
| Control Messages | No |

图 4.7.9 “Details of ‘Hex Dominant Method’–Method”对话框

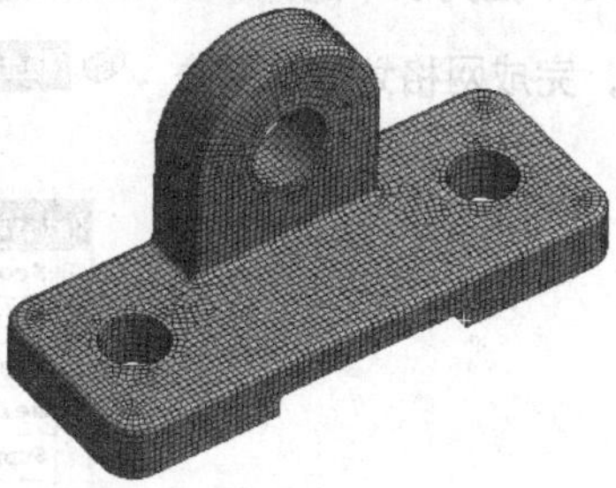

图 4.7.10 网格应用 Method 控制

步骤 09 对网格应用 Sizing 控制（一）。在“Outline”窗口中单击 Mesh，在 Mesh Control 下拉菜单中选择 Sizing 命令，弹出图 4.7.11 所示的“Details of “Body Sizing”–Sizing”对话

框；选取整个模型对象，在Geometry后的文本框中单击Apply按钮确认；在Type下拉列表中选择Sphere of Influence选项。在Sphere Center下拉列表中选择Plane4选项，在Sphere Radius文本框中输入数值值 11.0，在Element Size文本框中输入数值 0.5，单击Update按钮，完成网格划分，单击Mesh，显示网格结果如图 4.7.12 所示。

| Details of "Body Sizing" - Sizing | |
|---|---|
| **Scope** | |
| Scoping Method | Geometry Selection |
| Geometry | 1 Body |
| **Definition** | |
| Suppressed | No |
| Type | Sphere of Influence |
| Sphere Center | Plane4 |
| Sphere Radius | 11. mm |
| Element Size | 0.5 mm |

图 4.7.11 "Details of "Body Sizing"—Sizing" 对话框

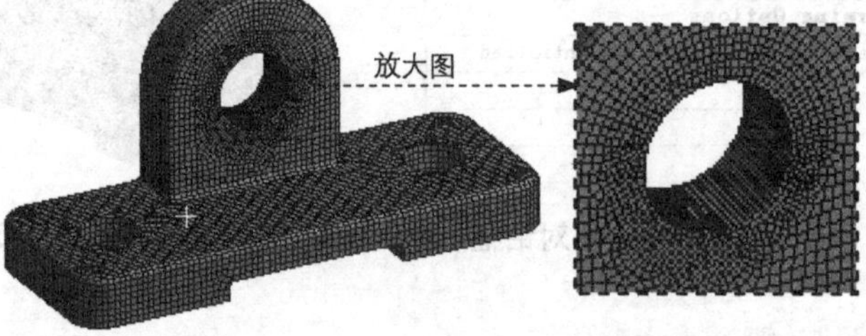


图 4.7.12 网格应用 Sizing 控制一

步骤 10 对网格应用 Sizing 控制(二)。在"Outline"窗口中单击Mesh，在Mesh Control下拉菜单中选择Sizing命令，弹出图 4.7.13 所示的"Details of "Face Sizing" –Sizing"对话框；选取底板上的两个孔的内表面为对象，在Geometry后的文本框中单击Apply按钮确认；在Type下拉列表中选择Element Size选项，在Element Size文本框中输入数值 0.5，单击Update按钮，完成网格划分，单击Mesh，显示网格结果如图 4.7.14 所示。

| Details of "Face Sizing" - Sizing | |
|---|---|
| **Scope** | |
| Scoping Method | Geometry Selection |
| Geometry | 4 Faces |
| **Definition** | |
| Suppressed | No |
| Type | Element Size |
| Element Size | 0.5 mm |
| Behavior | Soft |

图 4.7.13 "Details of "Sizing" –Sizing" 对话框

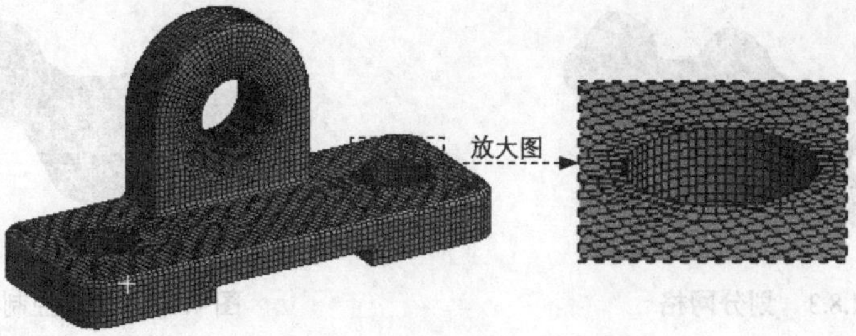


图 4.7.14 网格应用 Sizing 控制（二）

## 4.8 ANSYS Workbench 网格划分实际应用三

应用概述：

本应用将对图 4.8.1 所示的连接臂零件进行网格划分，首先对网格进行全局控制，然后分别使用分层方法控制工具对网格进行局部控制细化，最终得到图 4.8.2 所示的网格划分结果。下面具体介绍其网格划分过程。

图 4.8.1 支架几何体

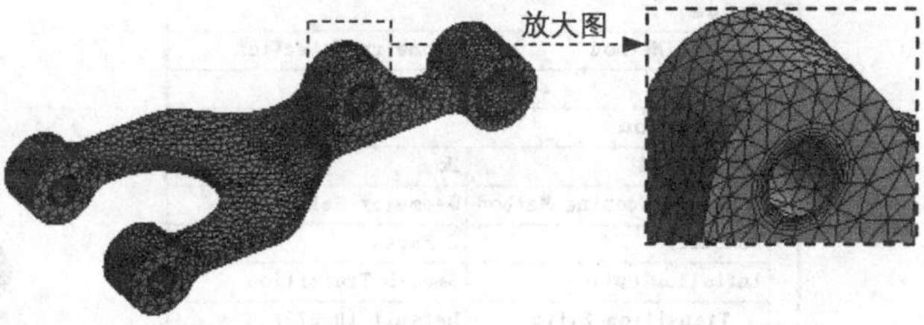


图 4.8.2 支架网格划分结果

步骤 01 创建“Mesh”项目列表。在 ANSYS Workbench 界面中双击 Toolbox 工具箱的 Component Systems 区域中的 Mesh 选项，新建一个“Mesh”项目列表。

步骤 02 导入几何体。在“Mesh”项目列表中右击 Geometry，在弹出的快捷菜单中选择 Import Geometry → Browse... 命令，选择文件 D:\an15.01\work\ch04.08\arm.stp 并打开。

步骤 03 进入 ANSYS 专有网格划分平台。在“Mesh”项目列表中双击 Mesh 选项，进入 ANSYS 专有网格划分平台。

步骤 04 初步划分网格。在“Outline”窗口中单击 Mesh，单击 Update 按钮，完成初步的网格划分，结果如图 4.8.3 所示。

步骤 05 全局控制网格划分。在“Outline”窗口中单击 Mesh，弹出“Details of ‘Mesh’”对话框，在对话框的 Relevance 文本框中输入数值 100，在 Sizing 区域的 Relevance Center 下拉列表中选择 Fine 选项，在 Element Size 文本框中输入数值 1.5；单击 Update 按钮，完成图 4.8.4 所示的网格划分。

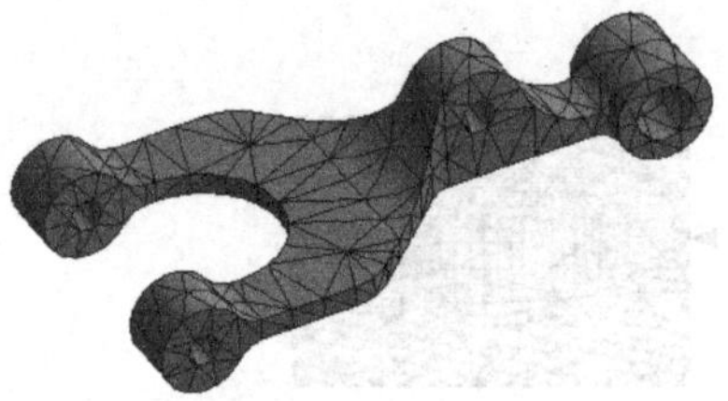

图 4.8.3　划分网格

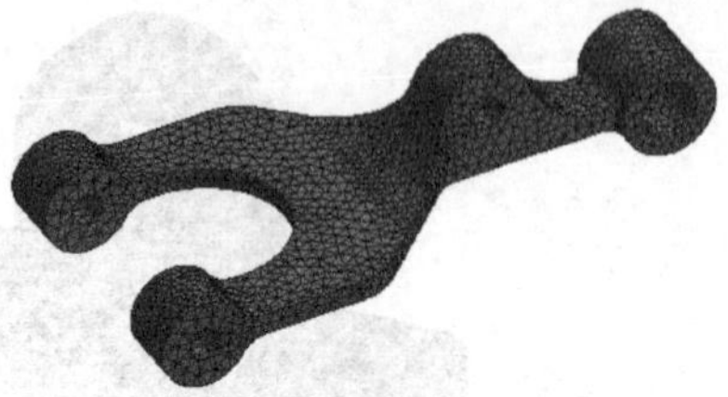

图 4.8.4　全局控制网格划分

步骤 06 对网格应用 Inflation 控制(一)。在“Outline”窗口中单击 Mesh，在 Mesh Control 下拉菜单中选择 Inflation 命令，弹出图 4.8.5 所示的“Details of “Inflation” – Inflation”对话框；选取整个模型对象，在 Geometry 后的文本框中单击 Apply 按钮确认；选取图 4.8.6 所示的圆孔面为边界面，在 Boundary 后的文本框中单击 Apply 按钮确认；在 Maximum Layers 文本框中输入数值 4，其他选项采用系统默认设置；单击 Update 按钮，完成网格划分，单击 Mesh，显示网格结果如图 4.8.7 所示。

Details of "Inflation" - Inflation

| | |
|---|---|
| **Scope** | |
| Scoping Method | Geometry Selection |
| Geometry | 1 Body |
| **Definition** | |
| Suppressed | No |
| Boundary Scoping Method | Geometry Selection |
| Boundary | 2 Faces |
| Inflation Option | Smooth Transition |
| Transition Ratio | Default (0.272) |
| Maximum Layers | 4 |
| Growth Rate | 1.2 |
| Inflation Algorithm | Pre |

图 4.8.5　“Details of “Inflation” –Inflation”对话框

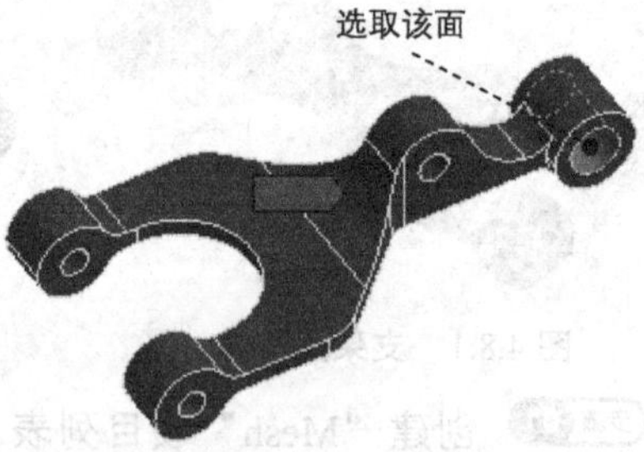


图 4.8.6　选取边界面对象（一）

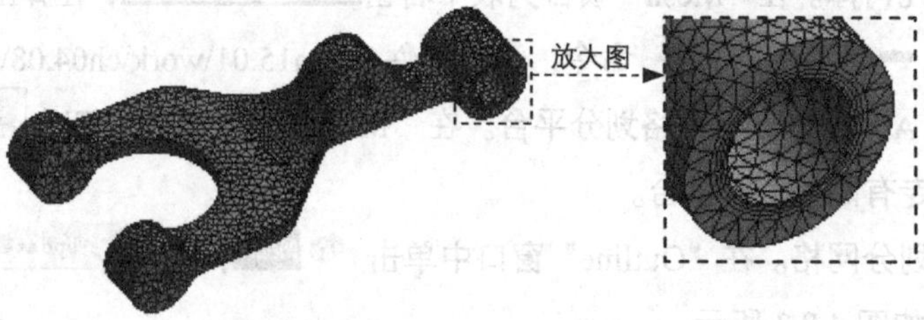


图 4.8.7　应用 Inflation 控制（一）

步骤 07 对网格应用 Inflation 控制（二）。参考第 6 步骤，选取图 4.8.8 所示的圆孔面，在 Maximum Layers 文本框中输入数值 3，网格划分结果如图 4.8.9 所示。

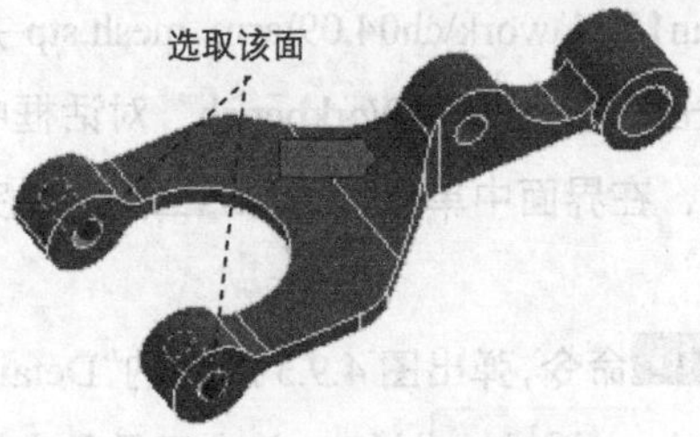


图 4.8.8　选取边界面对象（二）

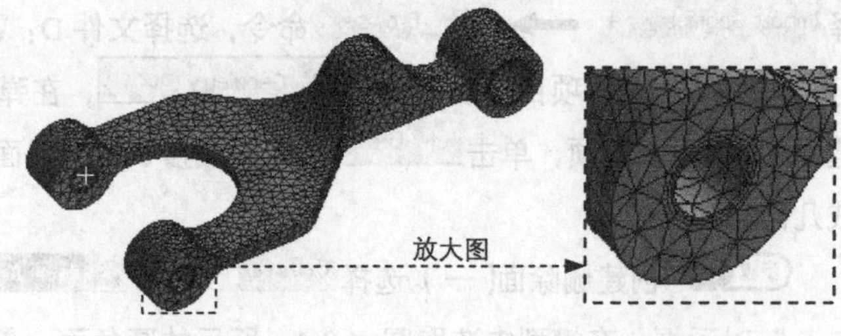


图 4.8.9　应用 Inflation 控制（二）

步骤 08 对网格应用 Inflation 控制（三）。参考第 6 步，选取图 4.8.10 所示的圆孔面，在 Maximum Layers 文本框中输入数值 5，网格划分结果如图 4.8.11 所示。

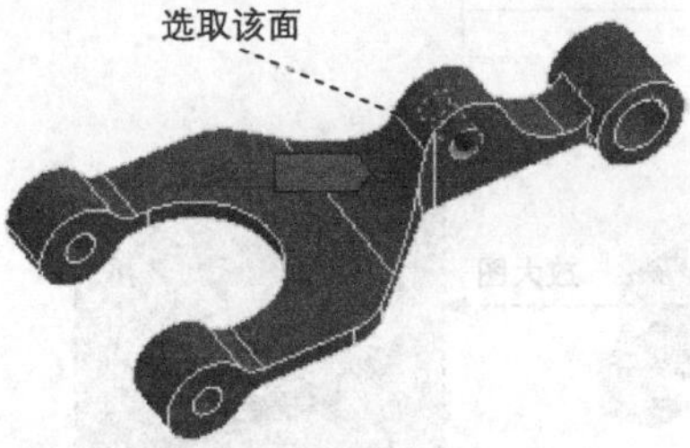


图 4.8.10　选取边界面对象（三）

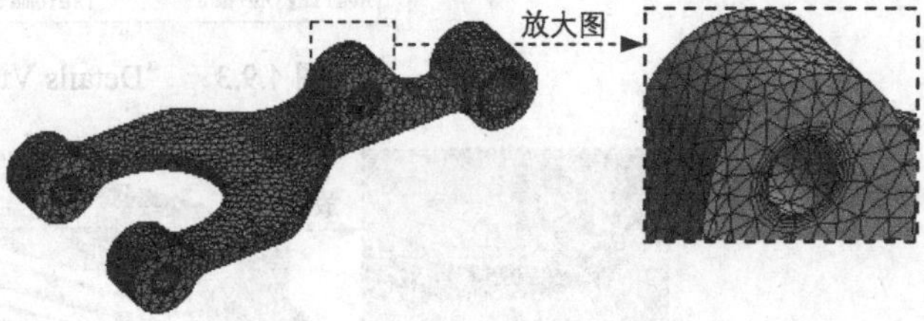


图 4.8.11　应用 Inflation 控制（三）

## 4.9　ANSYS Workbench 网格划分实际应用四

应用概述：

本应用将对图 4.9.1 所示的装配体进行网格划分，首先对网格进行全局控制，然后分别使用方法控制工具、尺寸控制工具和接触尺寸控制工具对网格进行局部控制细化，最终得到图 4.9.2 所示的网格划分效果。下面具体介绍其网格划分过程。

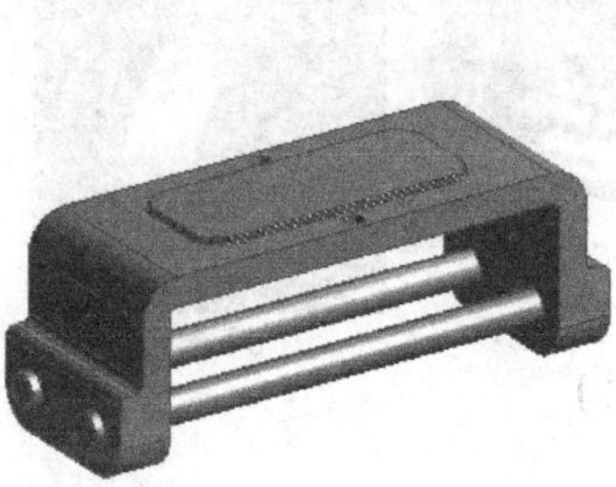

图 4.9.1　装配体

图 4.9.2　装配体网格划分

步骤 01 创建“Mesh”项目列表。在 ANSYS Workbench 界面中双击 Toolbox 工具箱的 ⊟ Component Systems 区域中的 Mesh 选项，新建一个“Mesh”项目列表。

步骤 02 导入几何体。在“Mesh”项目列表中右击 Geometry，在弹出的快捷菜单中选择 Import Geometry → Browse... 命令，选择文件 D：\an15.01\work\ch04.09\arm_mesh.stp 并打开，在“Mesh”项目列表中双击 Geometry，在弹出的“ANSYS Workbench”对话框中选中 Millimeter 选项，单击 OK 按钮，进入 DM 界面，在界面中单击 Generate 按钮，完成几何体的导入。

步骤 03 创建删除面(一)。选择 Create → Face Delete 命令，弹出图 4.9.3 所示的“Details View”对话框。在模型中选取图 4.9.4a 所示的圆角面，单击 Apply 按钮，单击工具条中的 Generate 按钮，完成删除面的操作。

Details View

| Details of FDelete1 | |
|---|---|
| Face Delete | FDelete1 |
| Faces | 16 |
| Healing Method | Automatic |

图 4.9.3 “Details View”对话框

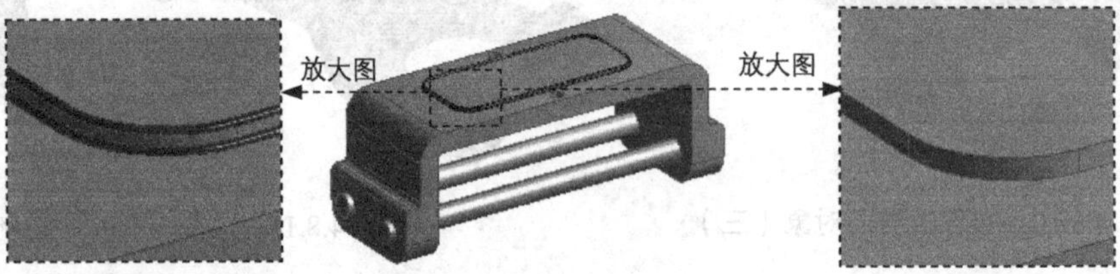


a）删除前　　b）删除后

图 4.9.4 删除面（一）

步骤 04 创建删除面（二）。选择 Create → Face Delete 命令，弹出“Details View”对话框。在模型中选取图 4.9.5a 所示的倒角面（两根轴的两端），并单击 Apply 按钮，单击工具条中的 Generate 按钮，完成删除面的操作。

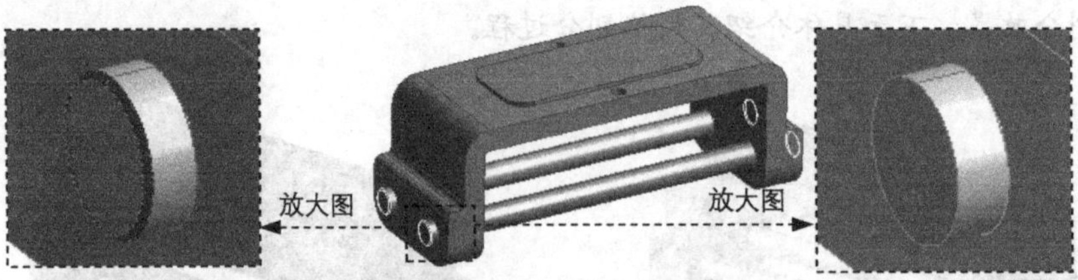


a）删除前　　b）删除后

图 4.9.5 删除面（二）

步骤 05 进入 ANSYS 专有网格划分平台。在 Workbench 主界面中双击“Mesh”项目列表中的 Mesh，进入 ANSYS 专有网格划分平台。

步骤 06 初步划分网格。在“Outline”窗口中单击 Mesh，单击 Update 按钮，完成初步的网格划分，结果如图 4.9.6 所示。

步骤 07 全局控制网格划分。在“Outline”窗口中单击 Mesh，弹出“Details of ‘Mesh’”对话框，在对话框的 Relevance 文本框中输入数值 100，在 Sizing 区域的 Use Advanced Size Function 下拉列表中选择 On: Proximity and Curvature 选项；单击 Update 按钮，此时的网格划分结果如图 4.9.7 所示。

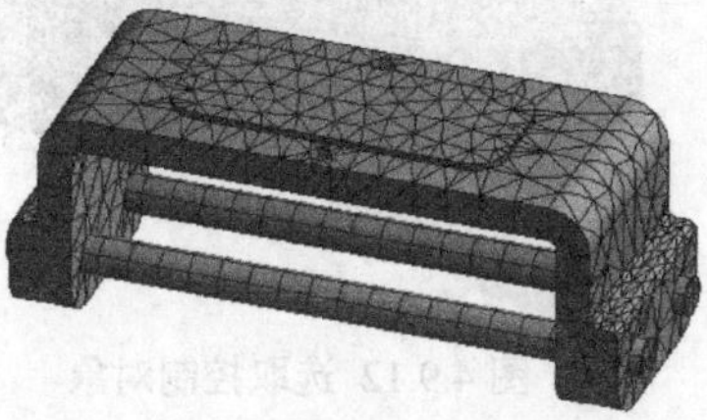

图 4.9.6 初步网格划分结果

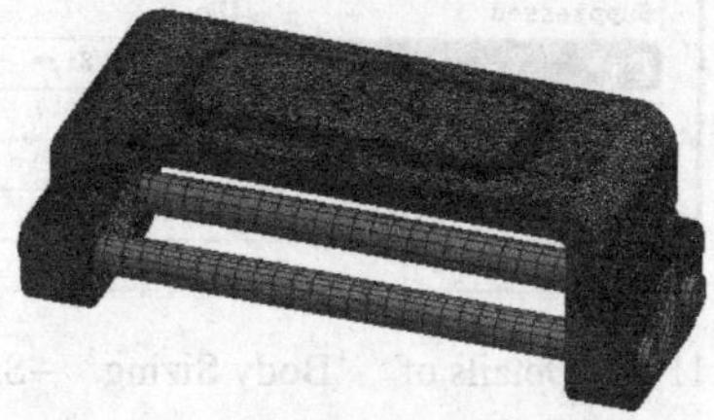

图 4.9.7 全局控制网格划分结果

步骤 08 对网格应用 Method 控制。在“Outline”窗口中单击 Mesh，在 Mesh Control 下拉菜单中选择 Method 命令，弹出图 4.9.8 所示的“Details of “Hex Dominant Method” –Method”对话框。选取图 4.9.9 所示的几何体对象，在 Geometry 后的文本框中单击 Apply 按钮确认；在 Method 下拉列表中选择 Hex Dominant 选项，其他选项采用系统默认设置；单击 Update 按钮，完成网格更新，单击 Mesh，显示网格结果如图 4.9.10 所示。

Details of "Hex Dominant Method" - Method

| | |
|---|---|
| **Scope** | |
| Scoping Method | Geometry Selection |
| Geometry | 1 Body |
| **Definition** | |
| Suppressed | No |
| Method | Hex Dominant |
| Element Midside Nodes | Use Global Setting |
| Free Face Mesh Type | Quad/Tri |
| Control Messages | No |

图 4.9.8 “Details of “Hex Dominant Method” —Method” 对话

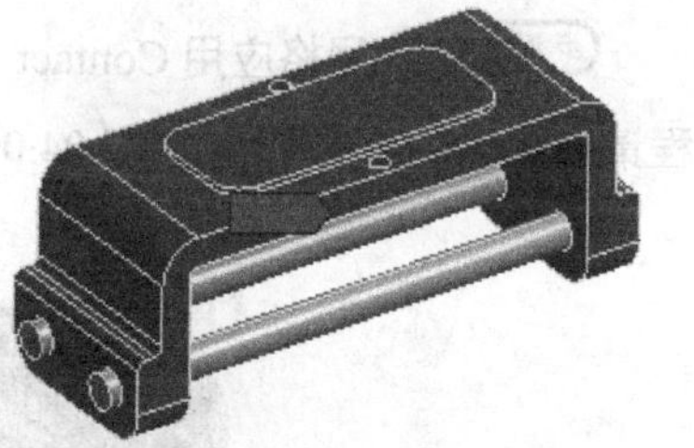

图 4.9.9 选取控制对象

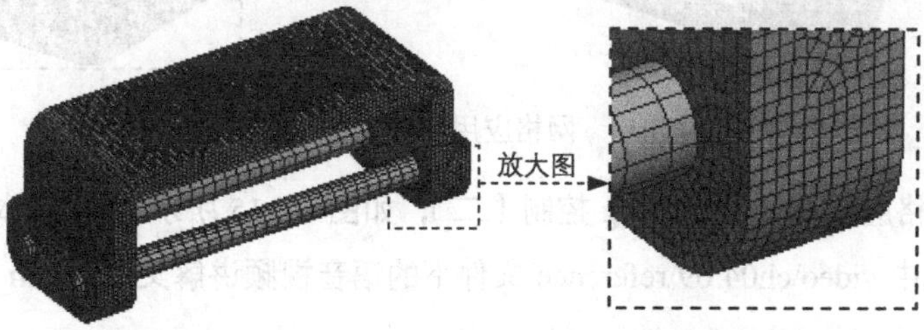


图 4.9.10 网格应用 Method 控制

步骤 09 对网格应用 Sizing 控制。在“Outline”窗口中单击 Mesh，在 Mesh Control 下拉菜单中选择 Sizing 命令，弹出图 4.9.11 所示的“Details of “Body Sizing” –Sizing” 对话框。选取图 4.9.12 所示的几何体对象（两根圆柱轴对象），在 Geometry 后的文本框中单击 Apply 按钮确认；在 Type 下拉列表中选择 Element Size 选项，在 Element Size 文本框中输入数值 3，单击

Update 按钮，完成网格更新，单击 Mesh，显示网格划分结果如图 4.9.13 所示。

Details of "Body Sizing" - Sizing

| | |
|---|---|
| **Scope** | |
| Scoping Method | Geometry Selection |
| Geometry | 2 Bodies |
| **Definition** | |
| Suppressed | No |
| Type | Element Size |
| Element Size | 3. mm |
| Behavior | Soft |
| Curvature Normal Angle | Default |
| Growth Rate | Default |

图 4.9.11 “Details of ‘Body Sizing’ –Sizing”对话框

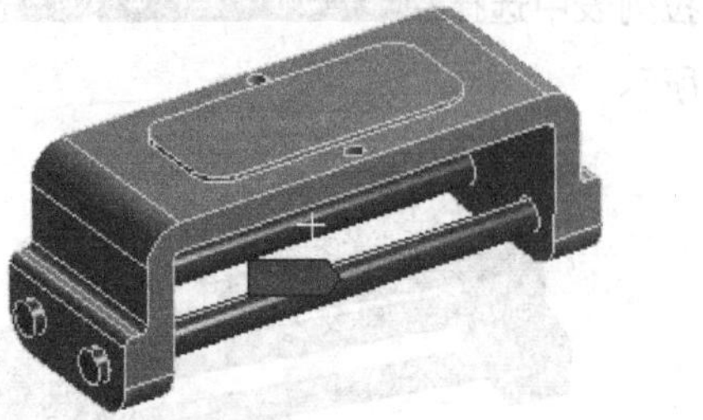

图 4.9.12 选取控制对象

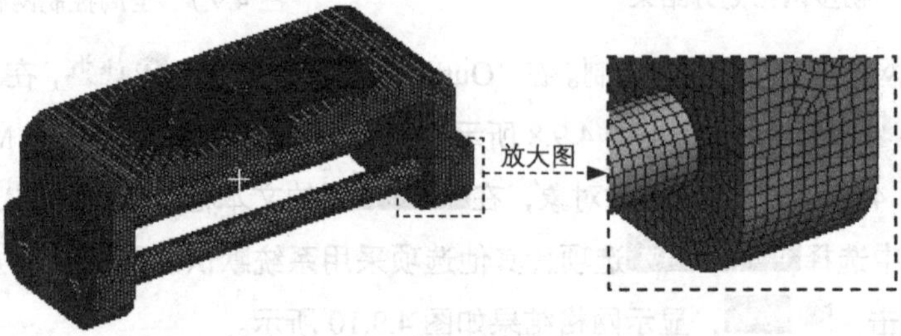


图 4.9.13 网格应用 Sizing 控制

步骤 10 对网格应用 Contact Sizing 控制（一），如图 4.9.14 所示。（注：本步的详细操作过程请参见随书光盘中 video\ch04.09\reference\文件下的语音视频讲解文件“asm_mesh-r01.exe”。）

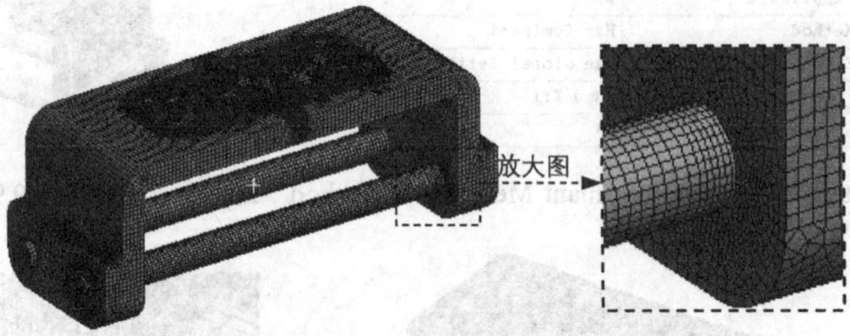


图 4.9.14 网格应用 Contact Sizing 控制（一）

步骤 11 对网格应用 Contact Sizing 控制（二），如图 4.9.15 所示。（注：本步的详细操作过程请参见随书光盘中 video\ch04.09\reference\文件下的语音视频讲解文件“asm_mesh-r02.exe”。）

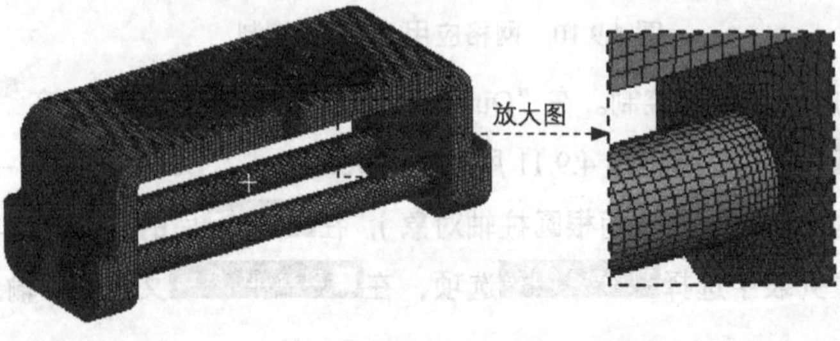


图 4.9.15 网格应用 Contact Sizing 控制（二）

# 第 5 章 载荷定义

**本章提要**

利用 ANSYS Mechanical 进行结构分析时，往往需要施加多种载荷；根据其性质主要分为惯性载荷和结构载荷。本章将具体介绍这两种载荷及施加方法，其主要内容包括：

- 惯性载荷。
- 加速度。
- 重力加速度。
- 旋转速度；
- 力。
- 压力。
- 远程载荷。
- 轴承载荷。
- 螺栓载荷。
- 力矩。
- 热载荷。

## 5.1 惯性载荷

惯性载荷（Inertial）作用在整个系统中，常常与结构的质量有关，因此材料属性中必须有密度；且载荷是通过施加加速度来实现的，加速度是通过惯性力施加到结构上的，惯性力的方向与所施加力的方向相反，包括加速度、重力加速度和旋转速度等。

在工具栏区域的“Environment”工具条中选择 Inertial 命令，弹出图 5.1.1 所示的“惯性载荷”子菜单。

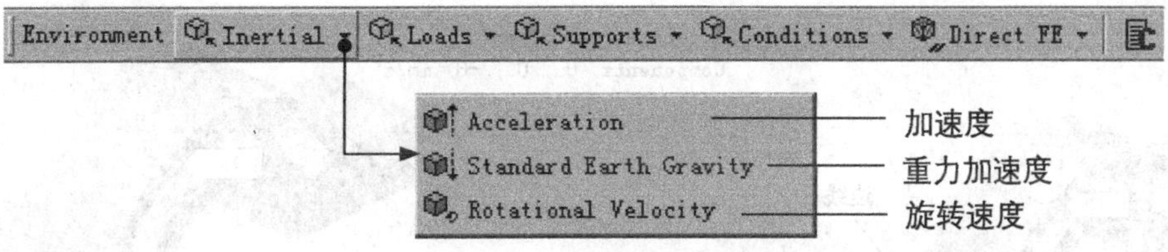


图 5.1.1 “惯性载荷”子菜单

### 5.1.1 加速度

此处的加速度（Acceleration）指的是线性加速度，单位为 m/s²，可以通过定义部件或矢量来进行添加。

在“Outline”窗口中选中 Static Structural (A5) 选项，在“Environment”工具栏中单击 Inertial 按钮，并在其子菜单中选择 Acceleration 命令，用于对结构施加载荷。下面具体介绍其操作过程。

步骤 01 打开文件并进入界面。选择 File → Open... 命令，打开文件 D:\an15.01\work\ch05.01\acceleration.wbpj，在项目列表中双击 Model 选项，进入“Mechanical”环境中。

步骤 02 选取命令。在“Outline”窗口中选中 Static Structural (A5) 选项，在“Environment”工具栏中选择 Inertial → Acceleration 命令，弹出图 5.1.2 所示的“Details of ‘Acceleration’”对话框。

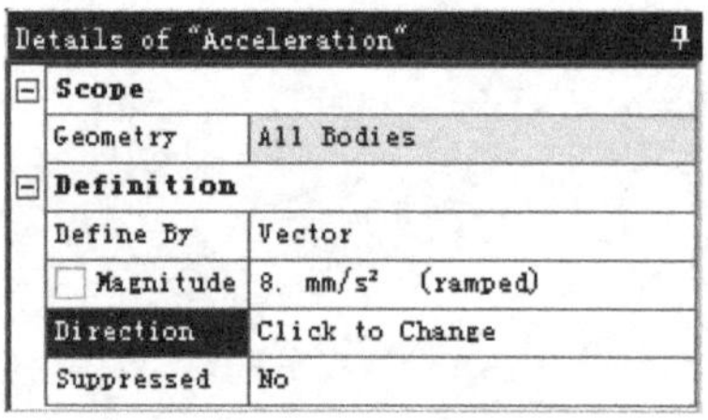


图 5.1.2 “Details of ‘Acceleration’”对话框

步骤 03 选取几何对象。采用系统默认对象。

步骤 04 定义方式。在 Definition 区域的 Define By 下拉列表中选择 Vector 选项。

步骤 05 定义加速度值。在 Magnitude 文本框中输入数值 8。

步骤 06 定义加速度方向。单击以激活 Direction 后的文本框，选取图 5.1.3 所示的实体边线为参照方向，调整箭头方向如图 5.1.3 所示，单击 Apply 按钮确认，完成载荷添加，结果如图 5.1.4 所示。

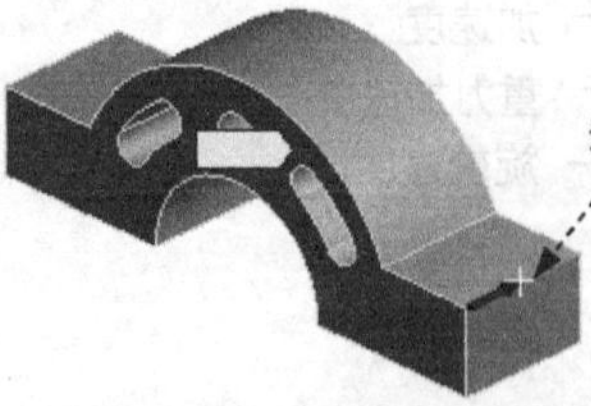


图 5.1.3 定义加速度方向

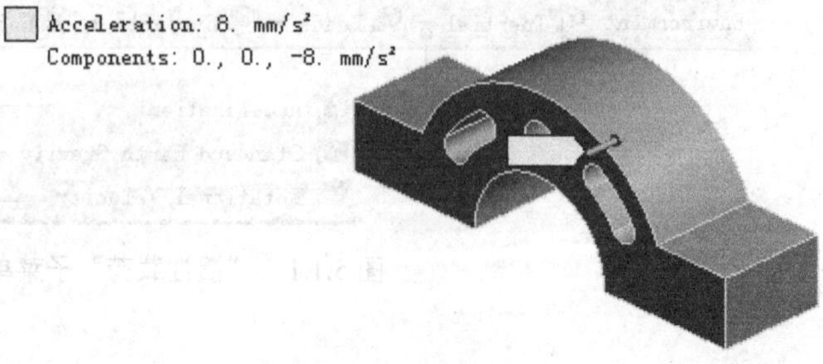


图 5.1.4 添加加速度

## 5.1.2 重力加速度

重力加速度（Standard Earth Gravity）可以作为一个载荷施加，方向可以沿着全局坐标轴的任意轴，其值为 9.806665m/s²。

在“Outline”窗口中选中 Static Structural (A5) 选项，在“Environment”工具栏中单击 Inertial 按钮，在其子菜单中选择 Standard Earth Gravity 命令，用于对结构施加载荷。下面具体介绍其操作过程。

步骤 01 打开文件并进入界面。选择 File → Open... 命令，打开文件 D:\an15.01\work\ch05.01\standard_earth_gravity .wbpj，在项目列表中双击 Model 选项，进入“Mechanical”环境中。

步骤 02 选取命令。在“Outline”窗口中选中 Static Structural (A5) 选项，在“Environment”工具栏中选择 Inertial → Standard Earth Gravity 命令，弹出图 5.1.5 所示的“Details of ‘Standard Earth Gravity’”对话框。

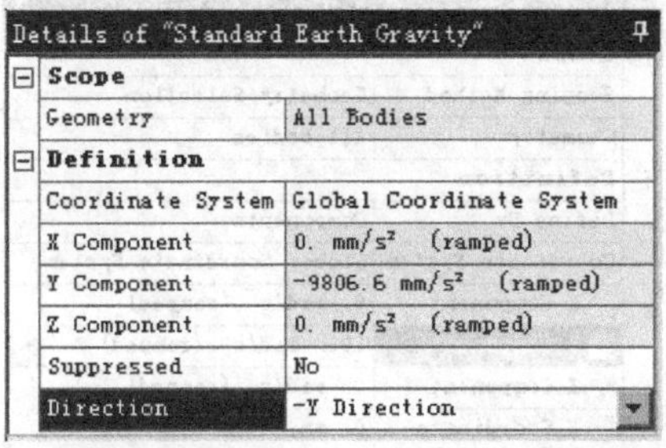

| Details of "Standard Earth Gravity" | |
|---|---|
| **Scope** | |
| Geometry | All Bodies |
| **Definition** | |
| Coordinate System | Global Coordinate System |
| X Component | 0. mm/s² (ramped) |
| Y Component | -9806.6 mm/s² (ramped) |
| Z Component | 0. mm/s² (ramped) |
| Suppressed | No |
| Direction | -Y Direction |

图 5.1.5 “Details of ‘Standard Earth Gravity’”对话框

步骤 03 选取几何对象。采用系统默认对象。

步骤 04 定义加速度方向。在 Definition 区域的 Direction 下拉列表中选择 -Y Direction 选项。完成载荷添加，结果如图 5.1.6 所示。

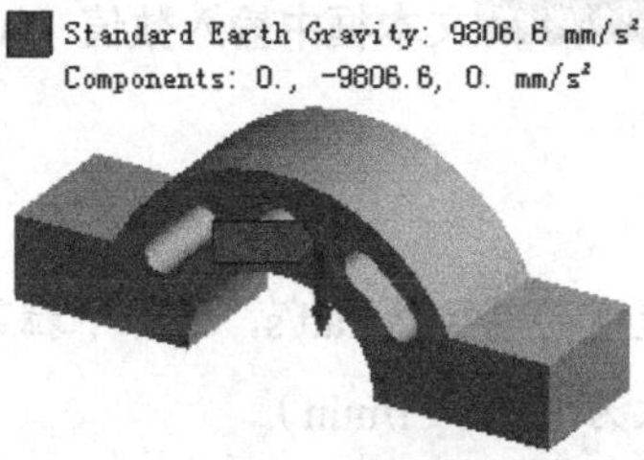


图 5.1.6 施加重力加速度

### 5.1.3 旋转速度

旋转速度（Rotational Veloctity）是指整个模型以给定的速度旋转。它可以以矢量来实现，给定转速大小和旋转轴，也可以通过分量来定义，在总体坐标系下指定点和分量值；输入单位可以是 rad/s（默认选项），也可以是 RPM（r/min）。

在“Outline”窗口中选中 Static Structural (A5) 选项，在“Environment”工具栏中单击 Inertial 按钮，在其子菜单中选择 Standard Earth Gravity 命令，用于对结构施加载荷。下面具体介绍其操作过程。

步骤 01 打开文件并进入界面。选择 File → Open... 命令，打开文件 D:\an15.01\work\ch05.01\rotational_veloctity，在项目列表中双击 Model 选项，进入“Mechanical”环境中。

步骤 02 选取命令。在“Outline”窗口选中 Static Structural (A5) 选项，在“Environment”工具栏中选择 Inertial → Rotational Velocity 命令，弹出图 5.1.7 所示的“Details of ‘Rotational Veloctity’”对话框。

Details of "Rotational Velocity"

| | |
|---|---|
| **Scope** | |
| Scoping Method | Geometry Selection |
| Geometry | All Bodies |
| **Definition** | |
| Define By | Components |
| Coordinate System | Global Coordinate System |
| X Component | 0. rad/s (ramped) |
| Y Component | 100. rad/s (ramped) |
| Z Component | 0. rad/s (ramped) |
| X Coordinate | 0. mm |
| Y Coordinate | 0. mm |
| Z Coordinate | 0. mm |
| Suppressed | No |

图 5.1.7 “Details of ‘Rotational Veloctity’”对话框

步骤 03 选取几何对象。采用系统默认对象。

步骤 04 定义方式。在 Definition 区域的 Define By 下拉列表中选择 Components 选项。

步骤 05 定义角速度。在 Y Component 文本框中输入数值 1000。单击 Apply 按钮确认，完成载荷添加，结果如图 5.1.8 所示。

说明

对话框中旋转速度的单位是 rad/s，选择下拉菜单 Units → RPM 命令，可以将旋转速度单位改为 RPM（r/min）。

图 5.1.8　施加旋转速度

## 5.2　结构载荷

结构载荷（Loads）是作用在系统或部件结构上的力或力矩。在 ANSYS Mechanical 中常用的结构载荷，包括力、压力、远程载荷、轴承载荷、螺栓载荷、力矩和热载荷等。

在工具栏区域的“Environment”工具条中选择 Loads 命令，弹出图 5.2.1 所示的“结构载荷”子菜单。下面具体介绍几种常用载荷的添加方法。

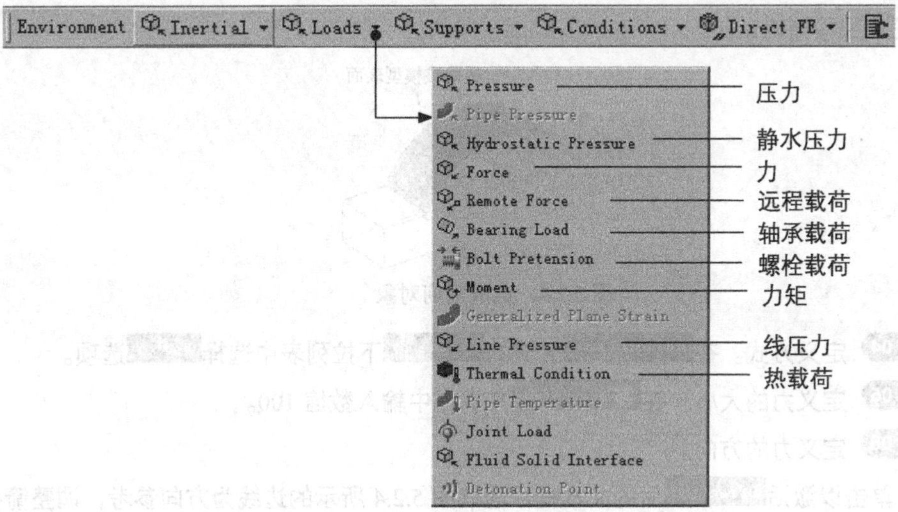


图 5.2.1　“结构载荷”子菜单

### 5.2.1　力

力（Force）可以施加在结构的顶点、边缘或面上，且施加的力将分布到整个结构当中去。力可以通过矢量或分量来定义，其单位是 N（国际单位）。

在“Outline”窗口中选中 Static Structural (A5) 选项，在“Environment”工具栏中单击 Loads 按钮，在其子菜单中选择 Force 命令，用于对结构施加载荷。下面具体介绍其操作过程。

步骤 01 打开文件并进入界面。选择 File → Open... 命令，打开文件 D:\an15.01\work\ch05.02\force.wbpj，在项目列表中双击 Model 选项，进入“Mechanical”环境中。

步骤 02 选取命令。在“Outline”窗口中选中 Static Structural (A5) 选项，在“Environment”工具栏中选择 Loads → Force 命令，弹出图 5.2.2 所示的“Details of ‘Force’”对话框（一）。

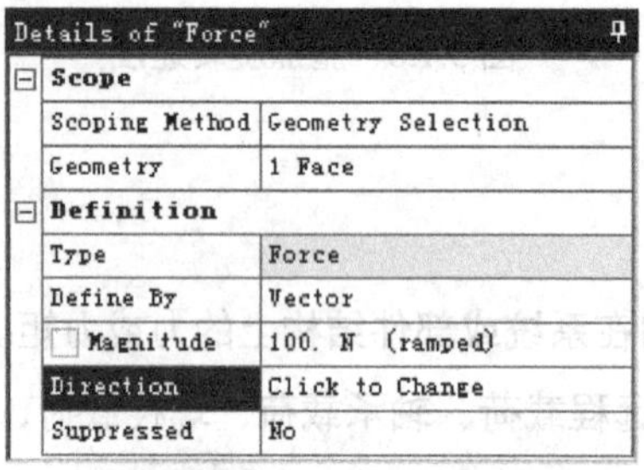
Details of "Force"

| | |
|---|---|
| **Scope** | |
| Scoping Method | Geometry Selection |
| Geometry | 1 Face |
| **Definition** | |
| Type | Force |
| Define By | Vector |
| Magnitude | 100. N (ramped) |
| Direction | Click to Change |
| Suppressed | No |

图 5.2.2 “Details of ‘Force’”对话框（一）

步骤 03 选取几何对象。选取图 5.2.3 所示的模型表面为几何对象，在 Geometry 后的文本框中单击 Apply 按钮确认。

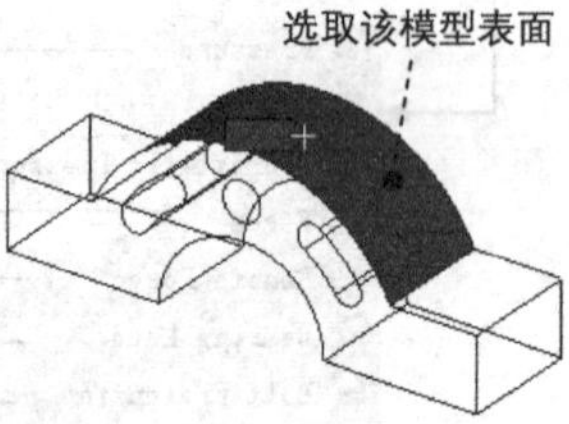


图 5.2.3 选取几何对象

步骤 04 定义方式。在 Definition 区域的 Define By 下拉列表中选择 Vector 选项。

步骤 05 定义力的大小。在 Magnitude 文本框中输入数值 100。

步骤 06 定义力的方向。

（1）单击以激活 Direction 后的文本框，选取图 5.2.4 所示的边线为方向参考，调整箭头方向如图 5.2.4 所示。

（2）单击 Apply 按钮确认，完成力载荷添加，结果如图 5.2.5 所示。

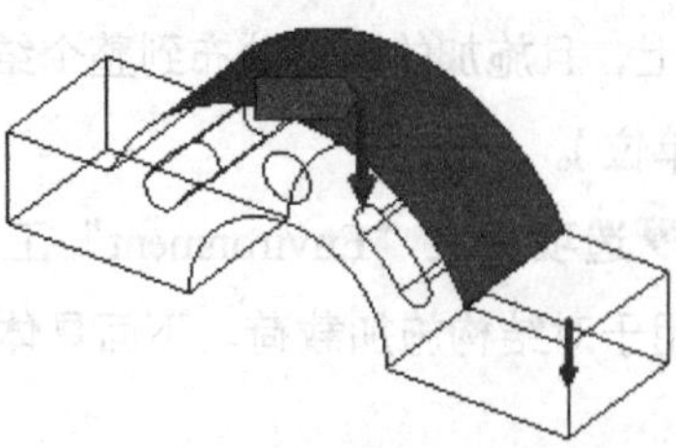

图 5.2.4 定义力方向

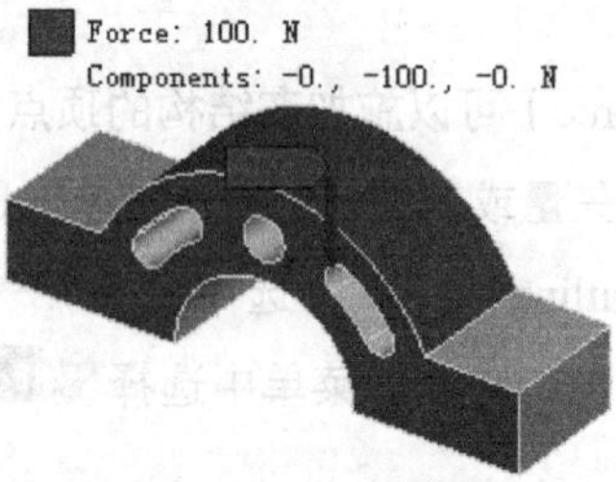


图 5.2.5 添加力载荷

图 5.2.2 所示的“Details of ‘Force’”对话框（一）中部分选项说明如下。

◆ Magnitude 下拉列表：用于设置载荷值定义类型。

- Import... 选项：从外界导入载荷文件。选中该选项，弹出图 5.2.6 所示的“Import Load History Data”对话框，用于添加和编辑载荷文件。

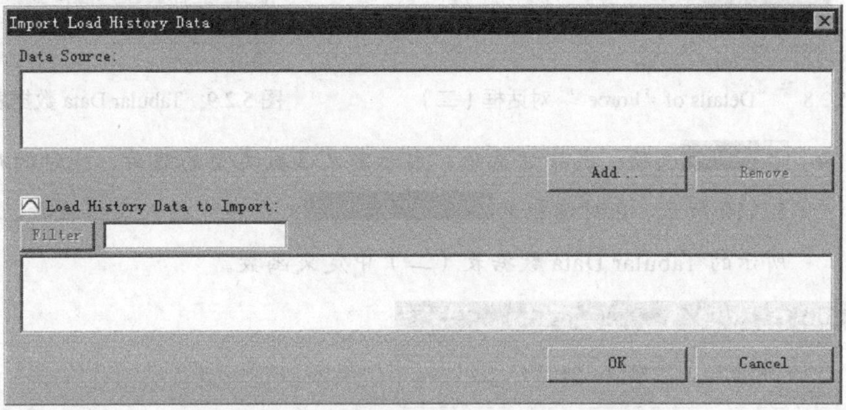


图 5.2.6 “Import Load History Data”对话框

- Export... 选项：将定义的载荷导出。选中该选项，弹出图 5.2.7 所示的“另存为”对话框，输入文件名称，单击 保存(S) 按钮，即可导出载荷文件。

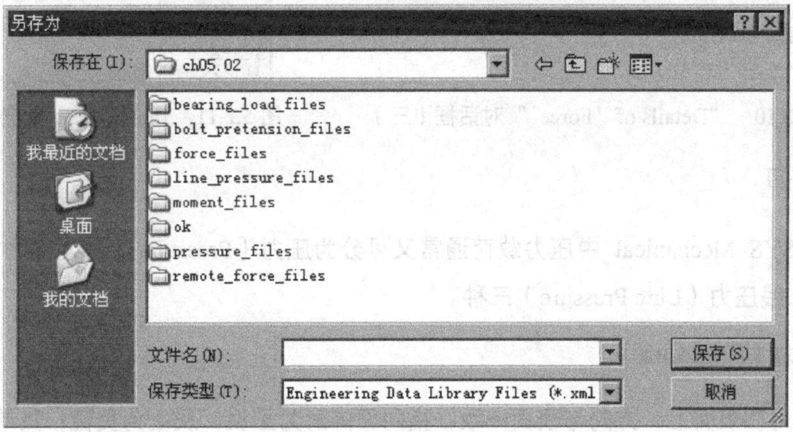


图 5.2.7 “另存为”对话框

- Constant 选项：选中该选项，用于定义恒定的载荷值。
- Tabular (Time) 选项：选中该选项，用于定义一个表格类型的载荷，此时的对话框如图 5.2.8 所示，在图 5.2.9 所示的 Tabular Data 数据表（一）中定义表格数据。

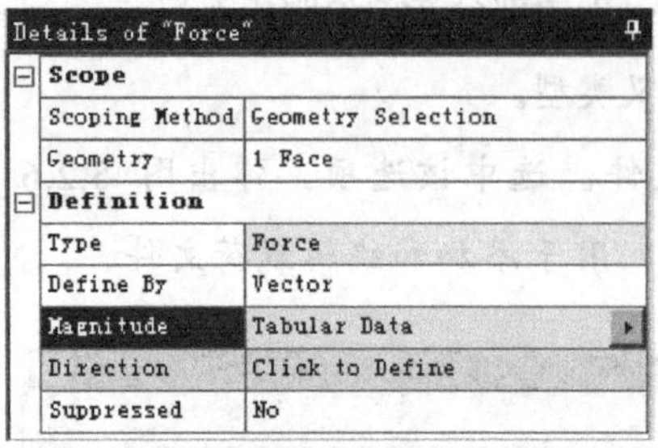


图 5.2.8 “Details of ‘Force’”对话框（二）

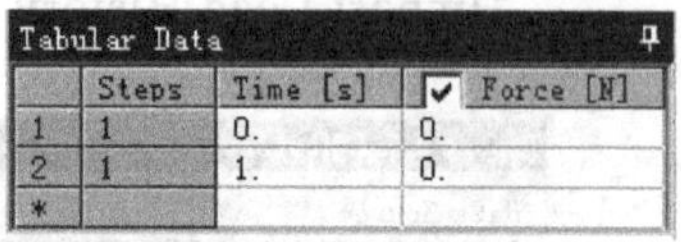


图 5.2.9 Tabular Data 数据表（一）

- Function选项：选中该选项，用于定义函数类型的载荷，此时的对话框如图 5.2.10 所示，在对话框的Number Of Segments文本框中输入表格段数。在图 5.2.11 所示的 Tabular Data 数据表（二）中定义函数。

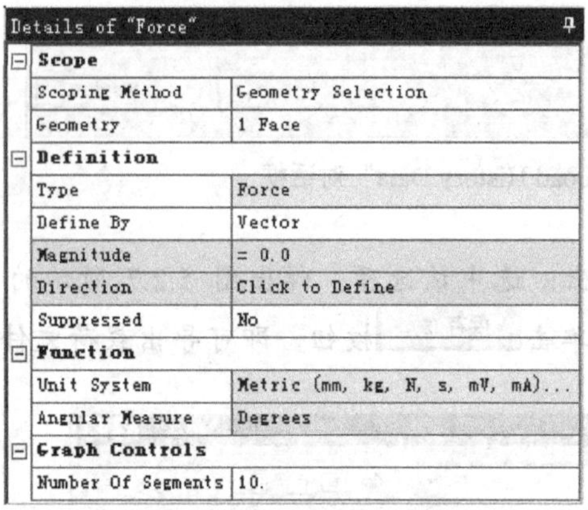


图 5.2.10 “Details of ‘Force’”对话框（三）

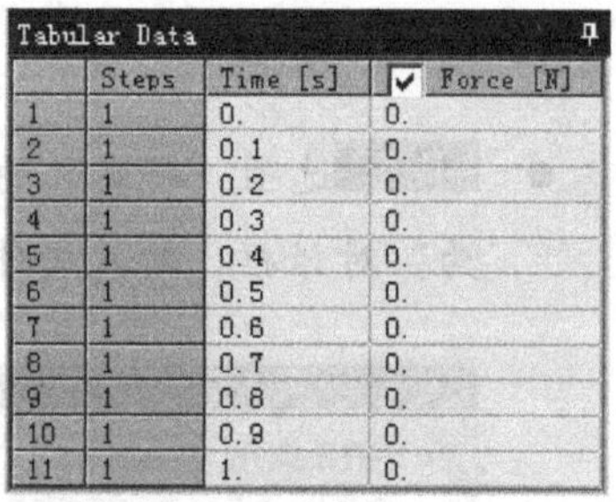


图 5.2.11 Tabular Data 数据表（二）

## 5.2.2 压力

在 ANSYS Mechanical 中压力载荷通常又可分为压力（Pressure）、静水压力（Hydrostatic Pressure）和线压力（Line Pressure）三种。

### 1. 压力（Pressure）

压力作用在表面上，方向与表面一致，指向面内时为正值，反之为负值；其单位是 Pa（国际单位）。

在“Outline”窗口中选中 Static Structural (A5)选项，在“Environment”工具栏中单击 Loads 按钮，并在其子菜单中选择 Force 命令，用于对结构施加载荷。下面具体介绍其操作过程。

步骤 01 打开文件并进入界面。选择 File → Open... 命令，打开文件

D:\an15.01\work\ch05.02\pressure.wbpj，在项目列表中双击 Model 选项，进入“Mechanical”环境中。

步骤 02 选取命令。在“Outline”窗口中选中 Static Structural (A5) 选项，在“Environment”工具栏中选择 Loads → Pressure 命令，弹出图 5.2.12 所示的“Details of ‘Pressure’”对话框。

Details of "Pressure"

| | |
|---|---|
| **Scope** | |
| Scoping Method | Geometry Selection |
| Geometry | 1 Face |
| **Definition** | |
| Type | Pressure |
| Define By | Normal To |
| Magnitude | 1. MPa (ramped) |
| Suppressed | No |

图 5.2.12 “Details of ‘Pressure’”对话框

步骤 03 选取几何对象。选取图 5.2.13 所示的模型表面为几何对象，在 Geometry 后的文本框中单击 Apply 按钮确认。

步骤 04 定义方式。在 Definition 区域的 Define By 下拉列表中选择 Normal To 选项。

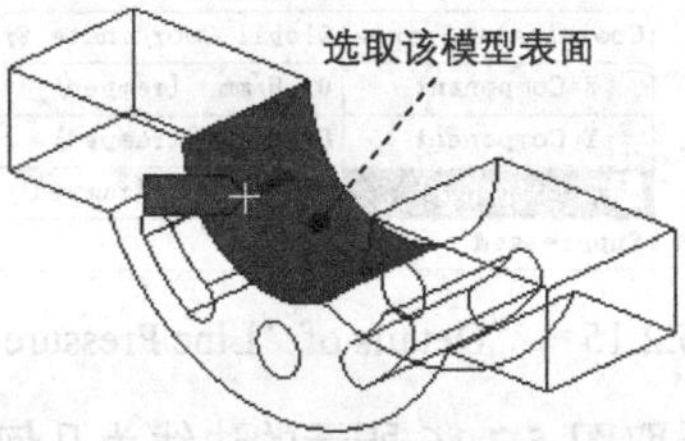


图 5.2.13 选取几何对象

步骤 05 定义压力的大小。在 Magnitude 文本框中输入数值 1MPa，完成压力载荷添加，结果如图 5.2.14 所示。

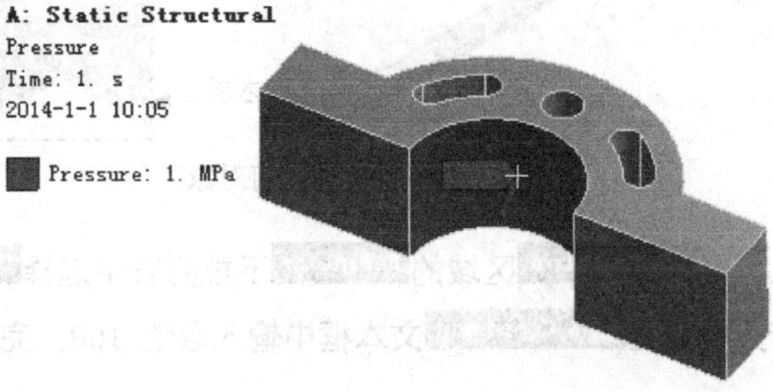


图 5.2.14 添加压力载荷

### 2. 线压力（Line Pressure）

线压力就是在三维模型中通过载荷密度形式给一边施加分布载荷，其定义方式有幅值和向量、幅值和分量方向（总体或局部坐标系）、幅值和切向 3 种。

在“Outline”窗口中选中 Static Structural (A5) 选项，在“Environment”工具栏中单击 Loads 按钮，并在其子菜单中选择 Line Pressure 命令，用于对结构施加载荷。下面具体介绍其操作过程。

步骤 01 打开文件并进入界面。选择 File → Open... 命令，打开文件 D:\an15.01\work\ch05.02\line_pressure.wbpj，在项目列表中双击 Model 选项，进入“Mechanical”环境中。

步骤 02 选取命令。在“Outline”窗口中选中 Static Structural (B5) 选项，在“Environment”工具栏中选择 Loads → Line Pressure 命令，弹出图 5.2.15 所示的“Details of ‘Line Pressure’”对话框。

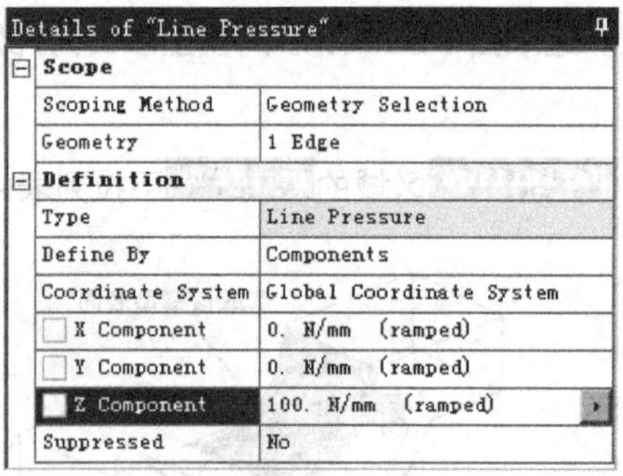
Details of "Line Pressure"

| | |
|---|---|
| **Scope** | |
| Scoping Method | Geometry Selection |
| Geometry | 1 Edge |
| **Definition** | |
| Type | Line Pressure |
| Define By | Components |
| Coordinate System | Global Coordinate System |
| X Component | 0. N/mm (ramped) |
| Y Component | 0. N/mm (ramped) |
| Z Component | 100. N/mm (ramped) |
| Suppressed | No |

图 5.2.15 “Details of ‘Line Pressure’”对话框

步骤 03 选取几何对象。选取图 5.2.16 所示的边线为几何对象，在 Geometry 后的文本框中单击 Apply 按钮。

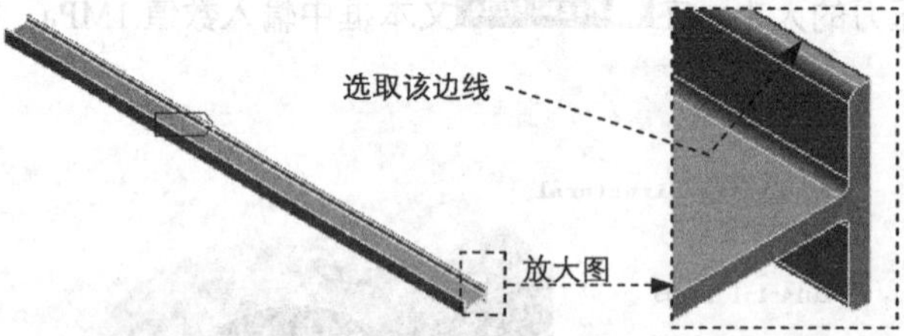


图 5.2.16 选取几何对象

步骤 04 定义方式。在 Definition 区域的 Define By 下拉列表中选择 Components 选项。

步骤 05 定义载荷大小。在 Z Component 文本框中输入数值 100。完成线压力载荷添加，结果如图 5.2.17 所示。

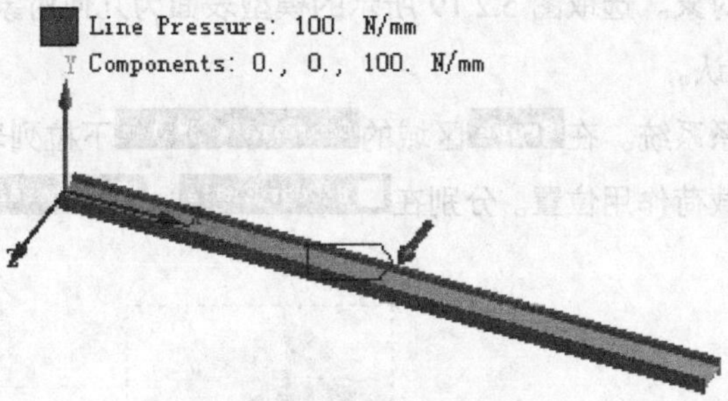


图 5.2.17 添加线压力载荷

### 3. 静水压力（Hydrostatic Pressure）

静水压力是模拟流体质量产生的压力。静水压力通常需要对以下几个方面进行定义，包括流体的包围面、加载面、静水压力的大小及方向、流体密度和流体自由表面位置。

## 5.2.3 远程载荷

远程载荷（Remote Force）是在几何模型的表面或边上施加偏置的力，并设定其力的初始位置，其力可以通过矢量和大小或分量来定义。若在某面上施加一远程载荷后，则相当于在这个面上将得到一个等效力和偏置所引起的力矩。这里可以通过力学中的平移定理、等效原理和圣维南原理来理解远程载荷。

在“Outline”窗口中选中 Static Structural (A5) 选项，在“Environment”工具栏中单击 Loads 按钮，并在其子菜单中选择 Remote Force 命令，用于对结构施加载荷。下面具体介绍其操作过程。

步骤 01 打开文件并进入界面。选择 File → Open... 命令，打开文件 D:\an15.01\work\ch05.02\remote_force .wbpj，在项目列表中双击 Model 选项，进入“Mechanical”环境。

步骤 02 选取命令。在“Outline”窗口中选中 Static Structural (A5) 选项，在“Environment”工具栏中选择 Loads → Remote Force 命令，弹出图 5.2.18 所示的“Details of‘Remote Force’”对话框。

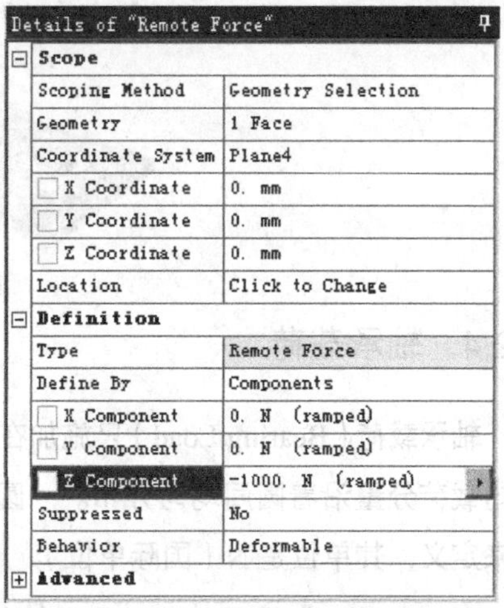
Details of "Remote Force"

| | |
|---|---|
| **Scope** | |
| Scoping Method | Geometry Selection |
| Geometry | 1 Face |
| Coordinate System | Plane4 |
| X Coordinate | 0. mm |
| Y Coordinate | 0. mm |
| Z Coordinate | 0. mm |
| Location | Click to Change |
| **Definition** | |
| Type | Remote Force |
| Define By | Components |
| X Component | 0. N (ramped) |
| Y Component | 0. N (ramped) |
| Z Component | -1000. N (ramped) |
| Suppressed | No |
| Behavior | Deformable |
| **Advanced** | |

图 5.2.18 “Details of‘Remote Force’”对话框

步骤 03 选取几何对象。选取图 5.2.19 所示的模型表面为几何对象，在 Geometry 后的文本框中单击 Apply 按钮确认。

步骤 04 定义坐标系系统。在 Scope 区域的 Coordinate System 下拉列表中选择 Plane4 选项。

步骤 05 定义远程载荷作用位置。分别在 X Coordinate、Y Coordinate 和 Z Coordinate 文本框中输入数值 0。

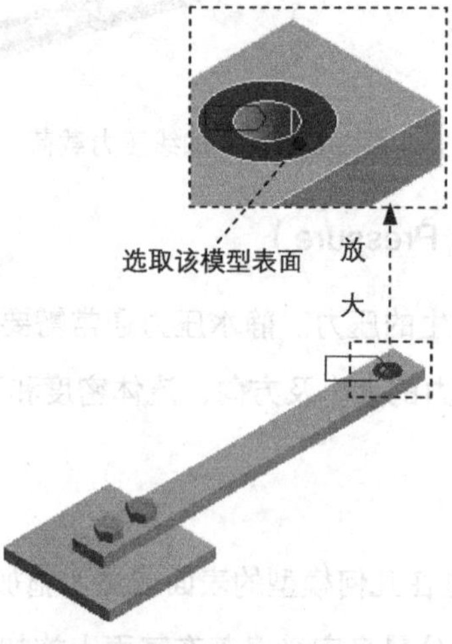


图 5.2.19 选取几何对象

步骤 06 定义方式。在 Definition 区域的 Define By 下拉列表中选择 Components 选项。

步骤 07 定义载荷的大小。在 Z Component 文本框中输入数值-1000。完成远程载荷添加，结果如图 5.2.20 所示。

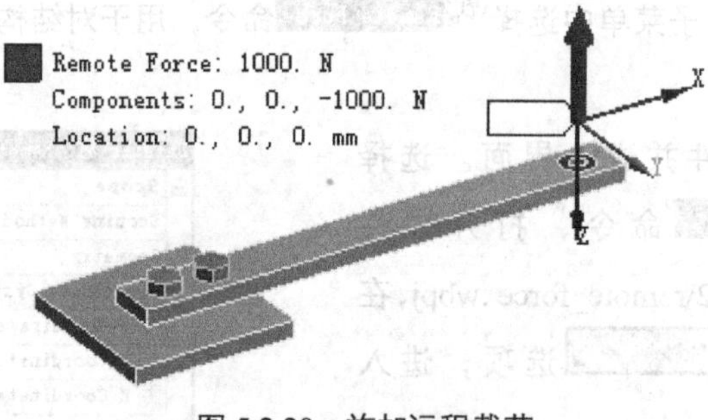


图 5.2.20 施加远程载荷

## 5.2.4 轴承载荷

轴承载荷（Bearing Load）只施加在圆柱的表面上，其径向分量将根据投影面积来分布压力，轴向载荷分量沿着圆周均匀分布。一圆柱面只施加一个轴承载荷，且可以通过矢量和大小或分量来定义，其单位是 N（国际单位）。

在“Outline”窗口中选中 ? Static Structural (A5) 选项，在“Environment”工具栏中单击

Loads 按钮，并在其子菜单中选择 Bearing Load 命令，用于对结构施加载荷。下面具体介绍其操作过程。

步骤 01 打开文件并进入界面。选择 File → Open... 命令，打开文件 D:\an15.01\work\ch05.02\bearing_load.wbpj，在项目列表中双击 Model 选项，进入 “Mechanical” 环境中。

步骤 02 选取命令。在 “Outline” 窗口中选中 Static Structural (B5) 选项，在 “Environment” 工具栏中选择 Loads → Bearing Load 命令，弹出图 5.2.21 所示的 “Details of ‘Bearing Load’” 对话框。

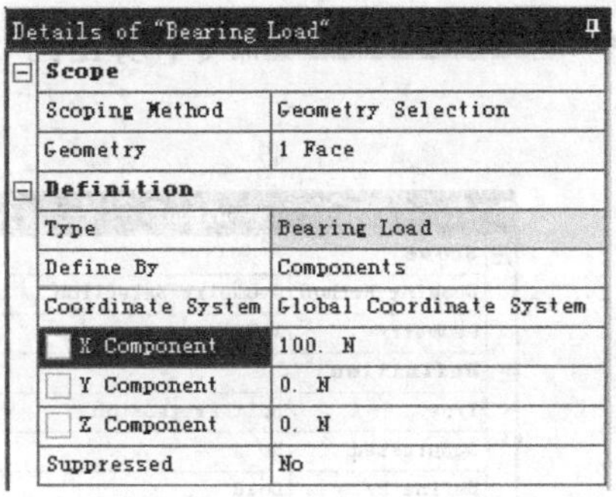

Details of "Bearing Load"

| | |
|---|---|
| **Scope** | |
| Scoping Method | Geometry Selection |
| Geometry | 1 Face |
| **Definition** | |
| Type | Bearing Load |
| Define By | Components |
| Coordinate System | Global Coordinate System |
| X Component | 100. N |
| Y Component | 0. N |
| Z Component | 0. N |
| Suppressed | No |

图 5.2.21 “Details of ‘Bearing Load’” 对话框

步骤 03 选取几何对象。选取图 5.2.22 所示的圆柱面为几何对象，在 Geometry 后的文本框中单击 Apply 按钮确认。

步骤 04 定义方式。在 Definition 区域的 Define By 下拉列表中选择 Components 选项。

步骤 05 定义载荷的大小。在 X Component 文本框中输入数值 100。完成轴承载荷添加，结果如图 5.2.23 所示。

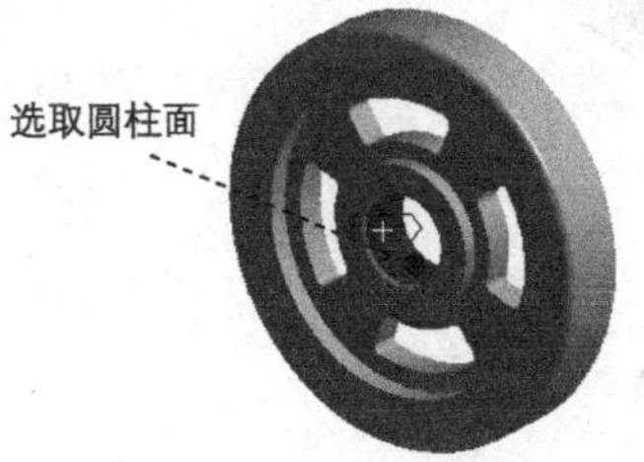


图 5.2.22 选取几何对象

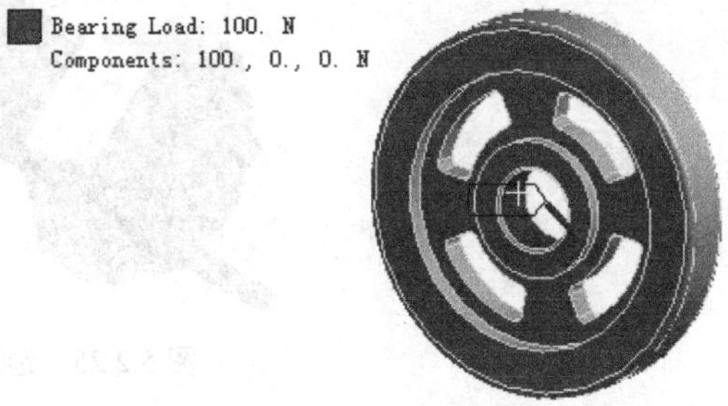


图 5.2.23 添加轴承载荷

## 5.2.5 螺栓载荷

螺栓载荷（Bolt Pretension）就是在圆柱截面上施加预紧载荷以模拟螺栓连接，且预紧载荷值使用在 3D 模拟中，但需定义一个以 Z 轴为主方向的局部坐标系。

在“Outline”窗口中选中 Static Structural (A5) 选项，在“Environment”工具栏中单击 Loads 按钮，并在其子菜单中选择 Bolt Pretension 命令，用于对结构施加载荷。下面具体介绍其操作过程。

步骤 01 打开文件并进入界面。选择下拉菜单 File → Open... 命令，打开文件 D:\an15.01\work\ch05.02\bolt_pretension.wbpj，在项目列表中双击 Model 选项，进入“Mechanical”环境中。

步骤 02 选取命令。在“Outline”窗口中选中 Static Structural (A5) 选项，在“Environment”工具栏中选择 Loads → Bolt Pretension 命令，弹出图 5.2.24 所示的“Details of ‘Bolt Pretension’”对话框。

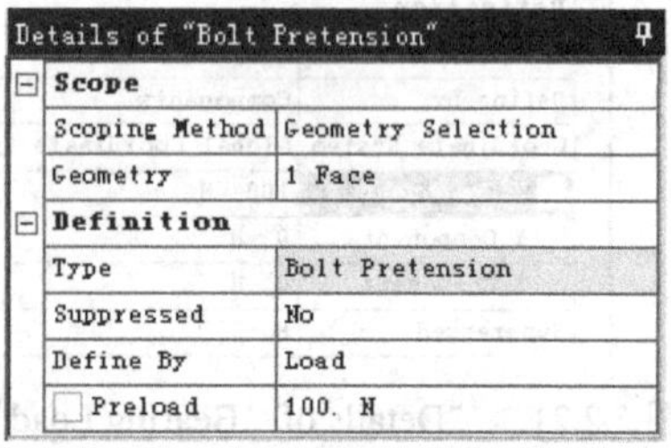
Details of "Bolt Pretension"

| | |
|---|---|
| **Scope** | |
| Scoping Method | Geometry Selection |
| Geometry | 1 Face |
| **Definition** | |
| Type | Bolt Pretension |
| Suppressed | No |
| Define By | Load |
| Preload | 100. N |

图 5.2.24 “Details of ‘Bolt Pretension’”对话框

步骤 03 选取几何对象。在图形中选取图 5.2.25 所示的任一螺栓的圆柱面为几何对象，在 Geometry 后的文本框中单击 Apply 按钮确认。

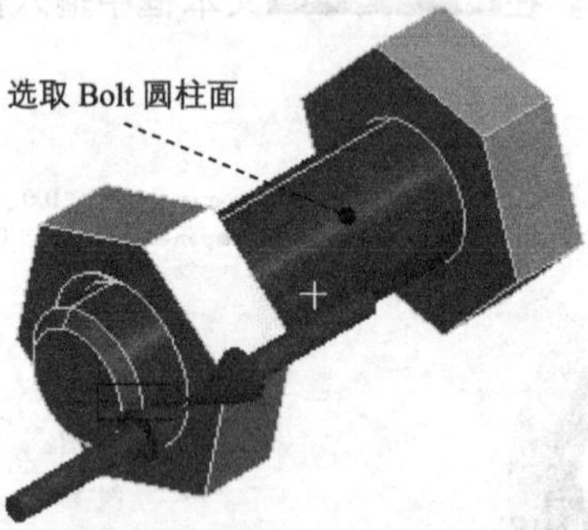


图 5.2.25 选取几何对象

步骤 04 定义方式。在 Definition 区域的 Define By 下拉列表中选择 Load 选项。

步骤 05 定义载荷的大小。在 Preload 文本框中输入数值 100。完成螺栓载荷添加，结果如图 5.2.26 所示。

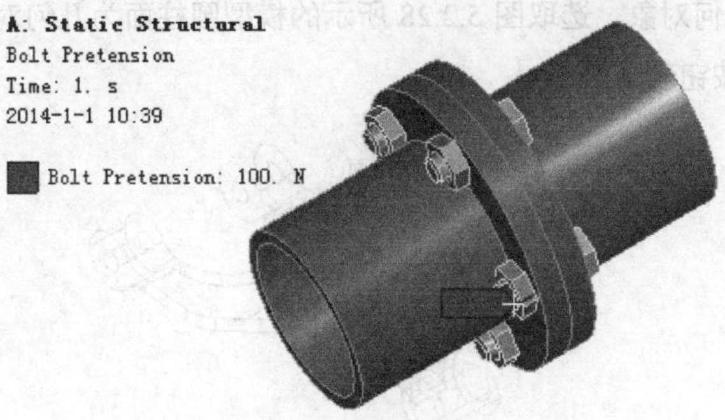


图 5.2.26 添加螺栓载荷

图 5.2.24 所示的“Details of ‘Bolt Pretension’”对话框中部分选项说明如下。

◆ Define By 下拉列表：用于设置螺栓载荷定义方式。

- Load 选项：选中该选项，用于定义螺栓预载荷，此时在对话框的 Preload 文本框中输入螺栓载荷。
- Adjustment 选项：选中该选项，用于定义螺栓调整间隙，此时在对话框的 Preadjustment 文本框中输入调整间隙值。
- Open 选项：选中该选项，定义一个开放螺栓载荷。

## 5.2.6 力矩

力矩（Moment）可以施加在任意模型表面上、实体表面的顶点或边缘处，可以通过矢量及其大小或分量来定义。

在“Outline”窗口中选中 ?Static Structural (A5) 选项，在“Environment”工具栏中单击 Loads 按钮，并在其子菜单中选择 Moment 命令，用于对结构施加载荷。下面具体介绍其操作过程。

步骤 01 打开文件并进入界面。选择 File → Open... 命令，打开文件 D:\an15.01\work\ch05.02\moment .wbpj，在项目列表中双击 Model 选项，进入“Mechanical”环境中。

步骤 02 选取命令。在“Outline”窗口中选中 ?Static Structural (A5) 选项，在“Environment”工具栏中选择 Loads → Moment 命令，弹出图 5.2.27 所示的“Details of ‘Moment’”对话框。

Details of "Moment"

| | |
|---|---|
| **Scope** | |
| Scoping Method | Geometry Selection |
| Geometry | 2 Faces |
| **Definition** | |
| Type | Moment |
| Define By | Components |
| Coordinate System | Global Coordinate System |
| X Component | 0. N·mm (ramped) |
| Y Component | 0. N·mm (ramped) |
| Z Component | 200. N·mm (ramped) |
| Suppressed | No |
| Behavior | Deformable |
| **Advanced** | |

图 5.2.27 “Details of ‘Moment’”对话框

步骤 03 选取几何对象。选取图 5.2.28 所示的模型圆柱面为几何对象，在 Geometry 后的文本框中单击 Apply 按钮确认。

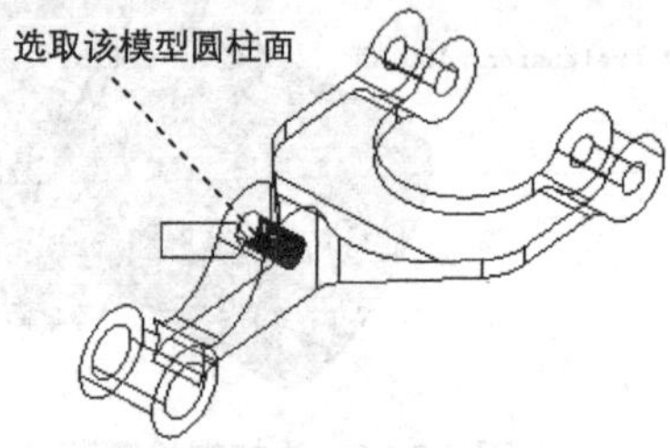


图 5.2.28 选取几何对象

步骤 04 定义方式。在 Definition 区域的 Define By 下拉列表中选择 Components 选项。

步骤 05 定义载荷的大小。在 Z Component 文本框中输入数值 200。完成力矩载荷添加，结果如图 5.2.29 所示。

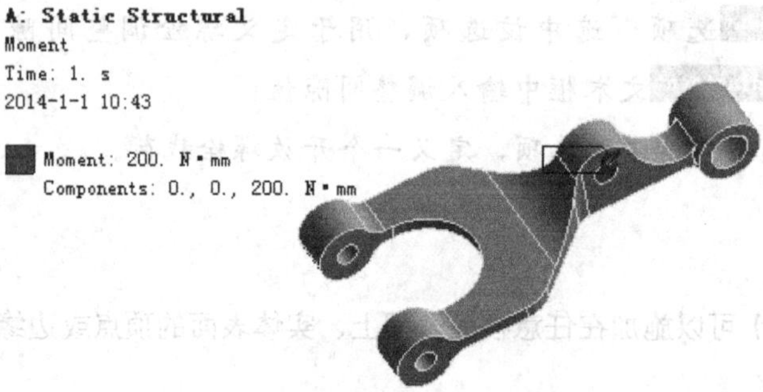


图 5.2.29 添加力矩载荷

# 第 6 章 约束定义

**本章提要** 本章主要介绍 ANSYS Workbench 中常用的几种约束类型，主要内容包括：

- ◆ 固定约束。
- ◆ 强迫位移。
- ◆ 远程位移。
- ◆ 无摩擦约束。
- ◆ 圆柱面约束。
- ◆ 仅压缩约束。
- ◆ 简支约束。
- ◆ 固定旋转。
- ◆ 弹性支撑。

## 6.1 支撑约束

支撑约束（Supports）用来在结构中限制结构系统或部件在一定范围内移动。在 ANSYS Mechanical 中常见的支撑约束包括固定约束、强迫位移、远程位移、无摩擦约束、圆柱面约束、仅压缩约束、简支约束、固定旋转和弹性支撑。

在顶部工具栏区域的“Environment”工具条中选择 Supports 命令，弹出图 6.1.1 所示的“支撑约束”子菜单。下面具体介绍几种常用支撑约束的添加方法。

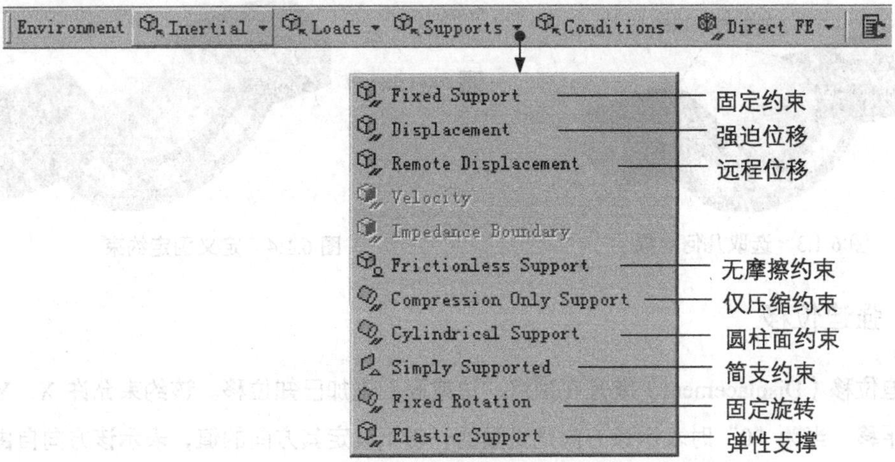


图 6.1.1 “支撑约束”子菜单

## 6.1.1 固定约束

固定约束（Fixed Supports）在顶点、边或面上施加，以便于限制所有的自由度。对于实体限制 X、Y、Z 方向上的移动；对于面体和线体限制 X、Y、Z 方向上的移动和绕各轴的转动。

在“Outline”窗口中选中 ?⊟ Static Structural (A5) 选项，在“Environment”工具栏中单击 Supports ▾ 按钮，在弹出的子菜单中选择 Fixed Support 命令，用于对结构施加固定约束。下面具体介绍其操作过程。

步骤 01 打开文件并进入界面。选择 File → Open... 命令，打开文件 D:\an15.01\work\ch06.01\fixed_supports.wbpj，在项目列表中双击 Model 选项，进入“Mechanical”环境中。

步骤 02 选取命令。在“Outline”窗口中选中 ?⊟ Static Structural (A5) 选项，在“Environment”工具栏中选择 Supports ▾ → Fixed Support 命令，弹出图 6.1.2 所示的“Details of ‘Fixed Support’”对话框。

Details of "Fixed Support"

| | |
|---|---|
| **Scope** | |
| Scoping Method | Geometry Selection |
| Geometry | 2 Faces |
| **Definition** | |
| Type | Fixed Support |
| Suppressed | No |

图 6.1.2 “Details of ‘Fixed Support’”对话框

步骤 03 选取几何对象。选取图 6.1.3 所示的模型表面为几何对象，在 Geometry 后的文本框中单击 Apply 按钮。完成固定约束的添加，结果如图 6.1.4 所示。

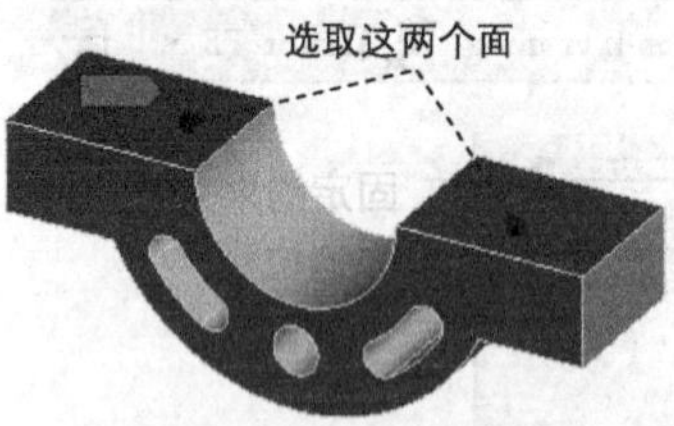


图 6.1.3 选取几何对象

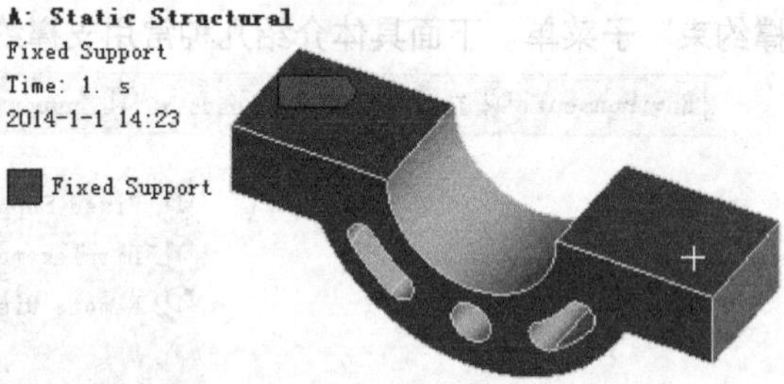


图 6.1.4 定义固定约束

## 6.1.2 强迫位移

强迫位移（Displacement）就是在顶点、边或面上施加已知位移。该约束允许 X、Y、Z 方向上的平移，当为“0”时表示该方向是受限的；若不设定其方向的值，表示该方向自由。

在“Outline”窗口中选中 Static Structural (A5) 选项，在“Environment”工具栏中单击 Supports 按钮，在弹出的子菜单中选择 Displacement 命令，对结构施加强迫位移约束。下面具体介绍其操作过程。

步骤 01 打开文件并进入界面。选择 File → Open... 命令，打开文件 D:\an15.01\work\ch06.01\displacement.wbpj，在项目列表中双击 Model 选项，进入“Mechanical”环境中。

步骤 02 选取命令。在“Outline”窗口中选中 Static Structural (A5) 选项，在“Environment”工具栏中选择 Supports → Displacement 命令，弹出图 6.1.5 所示的“Details of ‘Displacement’”对话框。

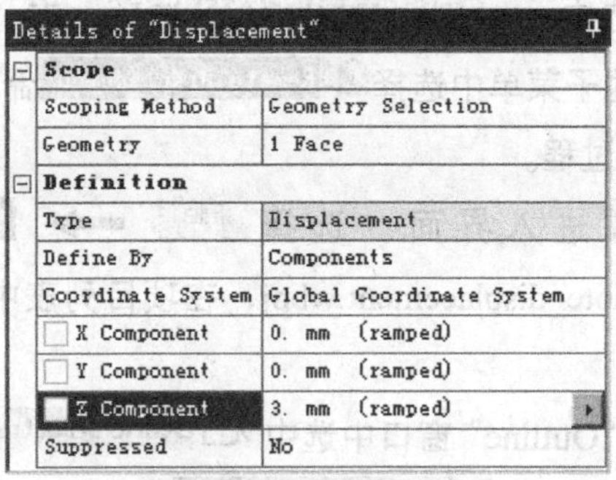

Details of "Displacement"

| | |
|---|---|
| **Scope** | |
| Scoping Method | Geometry Selection |
| Geometry | 1 Face |
| **Definition** | |
| Type | Displacement |
| Define By | Components |
| Coordinate System | Global Coordinate System |
| X Component | 0. mm (ramped) |
| Y Component | 0. mm (ramped) |
| Z Component | 3. mm (ramped) |
| Suppressed | No |

图 6.1.5 “Details of ‘Displacement’”对话框

步骤 03 选取几何对象。选取图 6.1.6 所示的模型表面为几何对象，在 Geometry 后的文本框中单击 Apply 按钮。

图 6.1.6 选取几何对象

步骤 04 定义方式。在 Definition 区域的 Define By 下拉列表中选择 Components 选项。

步骤 05 定义位移的大小。在 X Component 文本框中输入数值 0，在 Y Component 文本框中输入数值 0，在 Z Component 文本框中输入数值 3。完成强迫位移约束的添加，结果如图 6.1.7 所示。

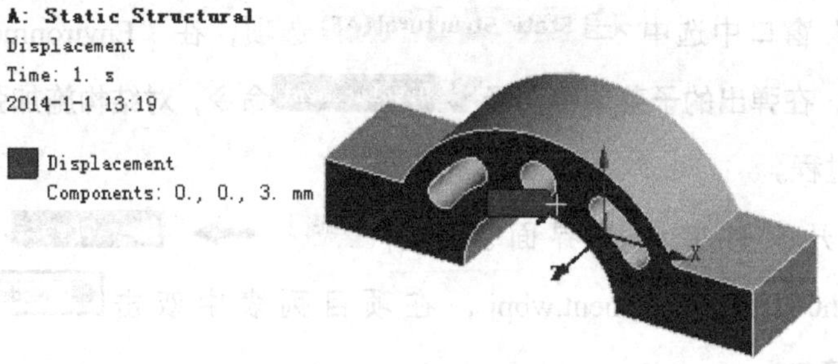


图 6.1.7　定义强迫位移

## 6.1.3　远程位移

远程位移（Remote Displacement）就是在远端施加平动和旋转位移。该约束需定义远端的定位点，可通过选取点或定义坐标值来完成，通常应用局部坐标施加远端转角。

在“Outline”窗口中选中 ? Static Structural (A5) 选项，在“Environment”工具栏中单击 Supports 按钮，在弹出的子菜单中选择 Remote Displacement 命令，用于对结构施加远程位移约束。下面具体介绍其操作过程。

步骤 01　打开文件并进入界面。选择 File → Open... 命令，打开文件 D:\an15.01\work\ch06.01\remote_displacement.wbpj，在项目列表中双击 Model 选项，进入“Mechanical”环境中。

步骤 02　选取命令。在“Outline”窗口中选中 ? Static Structural (A5) 选项，在“Environment”工具栏中选择 Supports → Remote Displacement 命令，弹出图 6.1.8 所示的“Details of ‘Remote Displacement’”对话框。

步骤 03　选取几何对象。选取图 6.1.9 所示的模型表面为几何对象，在 Geometry 后的文本框中单击 Apply 按钮。

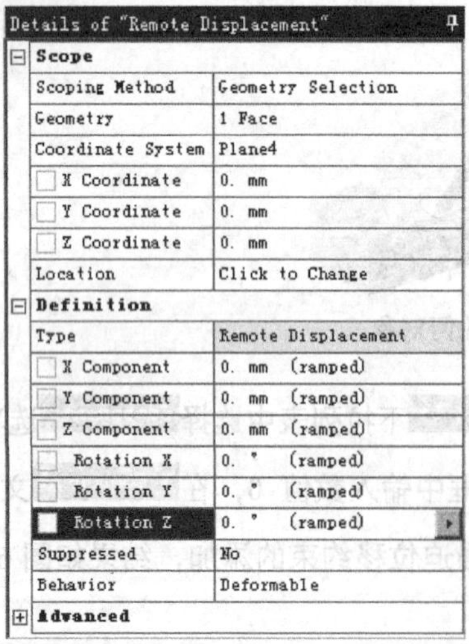

Details of "Remote Displacement"

| | |
|---|---|
| **Scope** | |
| Scoping Method | Geometry Selection |
| Geometry | 1 Face |
| Coordinate System | Plane4 |
| X Coordinate | 0. mm |
| Y Coordinate | 0. mm |
| Z Coordinate | 0. mm |
| Location | Click to Change |
| **Definition** | |
| Type | Remote Displacement |
| X Component | 0. mm (ramped) |
| Y Component | 0. mm (ramped) |
| Z Component | 0. mm (ramped) |
| Rotation X | 0. ° (ramped) |
| Rotation Y | 0. ° (ramped) |
| Rotation Z | 0. ° (ramped) |
| Suppressed | No |
| Behavior | Deformable |
| **Advanced** | |

图 6.1.8　“Details of ‘Remote Displacement’”对话框

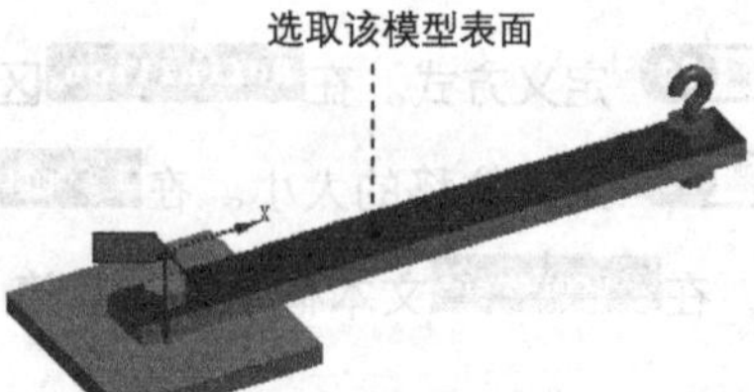


图 6.1.9　选取几何对象

步骤 04 定义坐标系统。在 Scope 区域的 Coordinate System 下拉列表中选择 Plane4 选项。

步骤 05 定义远程位移位置。分别在 X Coordinate、Y Coordinate 和 Z Coordinate 文本框中输入数值 0。

步骤 06 定义位移值。在 Definition 区域的 X Component 文本框中输入数值 0，在 Y Component 文本框中输入数值 0，在 Z Component 文本框中输入数值 0；在 Rotation X 文本框中输入数值 0，在 Rotation Y 文本框中输入数值 0，在 Rotation Z 文本框中输入数值 90。

步骤 07 完成远程位移约束的添加，结果如图 6.1.10 所示。

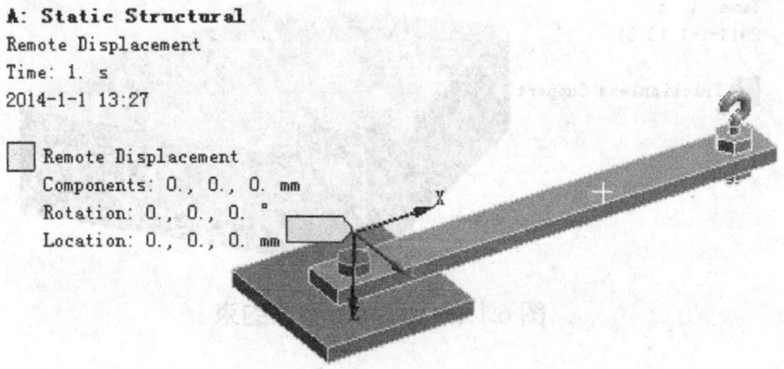


图 6.1.10 定义远程位移

## 6.1.4 无摩擦约束

无摩擦约束（Frictionless Support）用于在面上施加法向约束，对于实体零件可以用于模拟对称边界约束。

在“Outline”窗口中选中 Static Structural (A5) 选项，在“Environment”工具栏中单击 Supports 按钮，在弹出的子菜单中选择 Frictionless Support 命令，用于对结构施加约束。下面具体介绍其操作过程。

步骤 01 打开文件并进入界面。选择 File → Open... 命令，打开文件 D:\an15.01\work\ch06.01\frictionless_support .wbpj，在项目列表中双击 Model 选项，进入“Mechanical”环境中。

步骤 02 选取命令。在“Outline”窗口中选中 Static Structural (A5) 选项，在“Environment”工具栏中选择 Supports → Frictionless Support 命令，弹出图 6.1.11 所示的“Details of ‘Frictionless Support’”对话框。

步骤 03 选取几何对象。选取图 6.1.12 所示的模型表面为几何对象，在 Geometry 后的文本框中单击 Apply 按钮。完成无摩擦约束的添加，结果如图 6.1.13 所示。

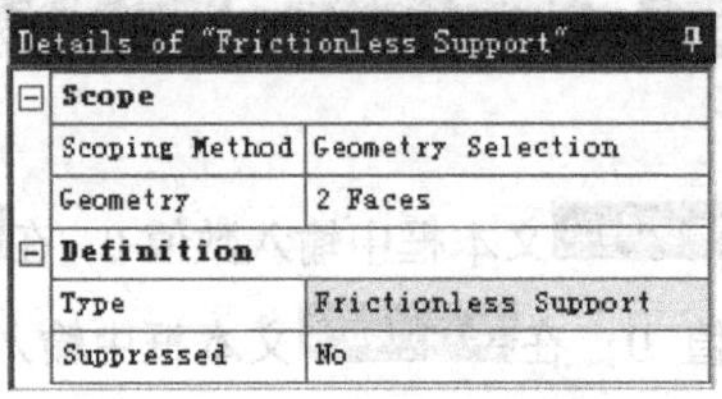


图 6.1.11 “Details of ‘Frictionless Support’” 对话框

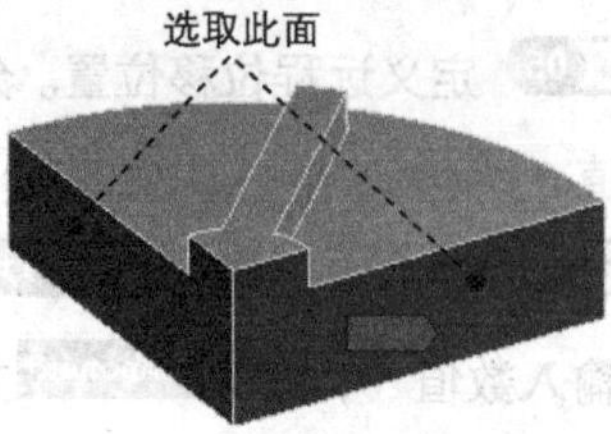


图 6.1.12 选取几何对象

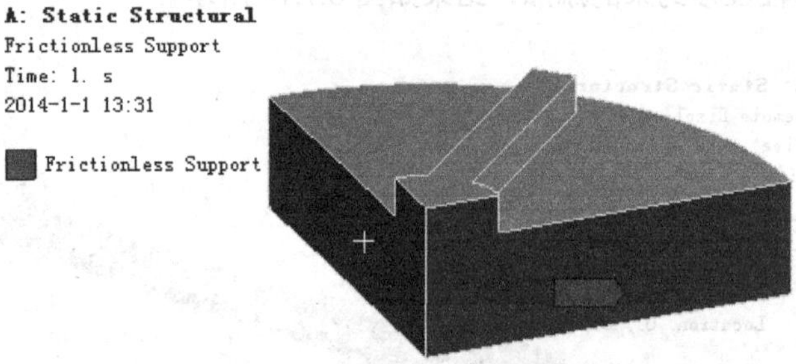


图 6.1.13 定义无摩擦约束

## 6.1.5 仅压缩约束

仅压缩约束（Compression Only Support）用于在任何表面上施加法向上的压缩约束，且压缩的约束仅仅限制这个表面在约束的法向正方向的移动。该约束常常用来模拟圆柱面上受销钉、螺栓等的作用，求解时需要进行迭代（非线性）。

在“Outline”窗口中选中 Static Structural (A5) 选项，在“Environment”工具栏中单击 Supports 按钮，在弹出的子菜单中选择 Compression Only Support 命令，用于对结构施加约束。下面具体介绍其操作过程。

步骤 01 打开文件并进入界面。选择 File → Open... 命令，打开文件 D:\an15.01\work\ch06.01\compression_only_support .wbpj，在项目列表中双击 Model 选项，进入“Mechanical”环境。

说明 在定义约束之前，可以先将模型中的其他次要几何体暂时隐藏起来，方便选择约束几何对象。

步骤 02 选取命令。在“Outline”窗口中选中 Static Structural (A5) 选项，在“Environment”工具栏中选择 Supports → Compression Only Support 命令，弹出图 6.1.14 所示的“Details of ‘Compression Only Support’”对话框。

步骤 03 选取几何对象。选取图 6.1.15 所示的模型任一圆柱面（配合螺栓）为几何对象，在 Geometry 后的文本框中单击 Apply 按钮。完成仅压缩约束的添加，结果如图 6.1.16 所示。

Details of "Compression Only Support"

| | |
|---|---|
| **Scope** | |
| Scoping Method | Geometry Selection |
| Geometry | 2 Faces |
| **Definition** | |
| Type | Compression Only Support |
| Suppressed | No |

图 6.1.14 "Details of 'Compression Only Support'" 对话框

图 6.1.15 选取几何对象

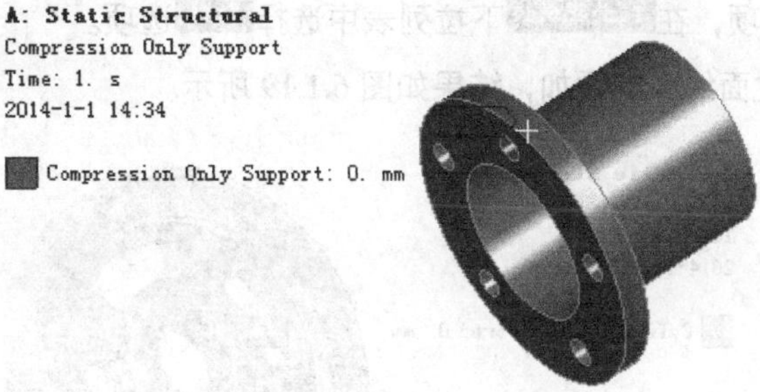


图 6.1.16 定义仅压缩约束

## 6.1.6 圆柱面约束

圆柱面约束（Cylindrical Support）施加在圆柱面上，可以指定轴向、径向和切向约束。该约束仅适用于线性分析。

在"Outline"窗口中选中 Static Structural (A5) 选项，在"Environment"工具栏中单击 Supports 按钮，在弹出的子菜单中选择 Cylindrical Support 命令，用于对结构施加约束。下面具体介绍其操作过程。

步骤 01 打开文件并进入界面。选择 File → Open... 命令，打开文件 D:\an15.01\work\ch06.01\cylindrical_support .wbpj，在项目列表中双击 Model 选项，进入"Mechanical"环境中。

步骤 02 选取命令。在"Outline"窗口中选中 Static Structural (B5) 选项，在"Environment"工具栏中选择 Supports → Cylindrical Support 命令，弹出图 6.1.17 所示的"Details of 'Cylindrical Support'"对话框。

步骤 03 选取几何对象。选取图 6.1.18 所示的模型圆柱面为几何对象，在 Geometry 后的文本框中单击 Apply 按钮。

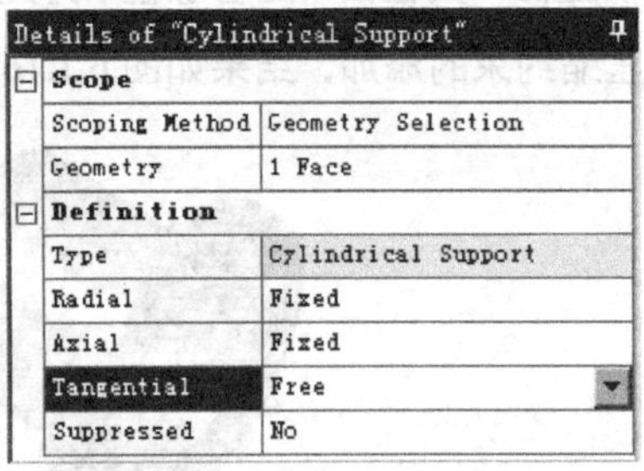


图 6.1.17 “Details of ‘Cylindrical Support’”对话框

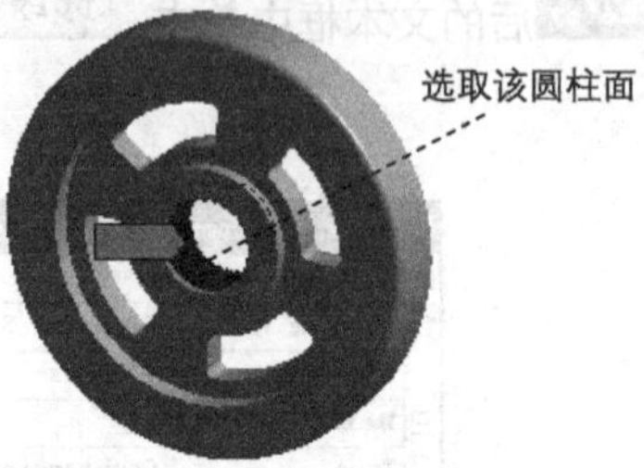


图 6.1.18 选取几何对象

步骤 04 定义约束属性。在 Definition 区域的 Radial 下拉列表中选择 Fixed 选项，在 Axial 下拉列表中选择 Fixed 选项，在 Tangential 下拉列表中选择 Free 选项。

步骤 05 完成圆柱面约束的添加，结果如图 6.1.19 所示。

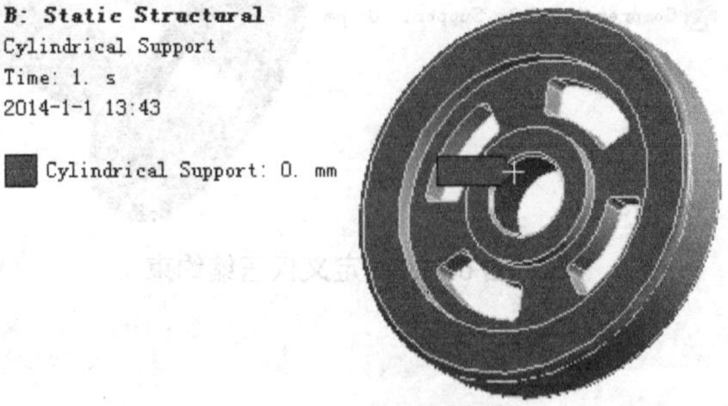


图 6.1.19 定义圆柱面约束

## 6.1.7 简支约束

简支约束（Simply Supported）仅用于面体或线性模型的三维模型，可以将其施加在梁或壳体的表面、边缘及顶点上，用来限制平移，但是允许旋转且所有旋转都是自由的。

在“Outline”窗口中选中 Static Structural (A5) 选项，在“Environment”工具栏中单击 Supports 按钮，在弹出的子菜单中选择 Simply Supported 命令，用于对结构施加约束。下面具体介绍其操作过程。

步骤 01 打开文件并进入界面。选择 File → Open... 命令，打开文件 D:\an15.01\work\ch06.01\simply_supported .wbpj，在项目列表中双击 Model 选项，进入“Mechanical”环境中。

步骤 02 选取命令。在“Outline”窗口中选中 Static Structural (A5) 选项，在“Environment”工具栏中选择 Supports → Simply Supported 命令，弹出图 6.1.20 所示的“Details of‘Simply Supported’”对话框。

| Details of "Simply Supported" | |
|---|---|
| **Scope** | |
| Scoping Method | Geometry Selection |
| Geometry | 1 Vertex |
| **Definition** | |
| Type | Simply Supported |
| Suppressed | No |

图 6.1.20 "Details of 'Simply Supported'" 对话框

步骤 03 选取几何对象。选取图 6.1.21 所示的点为几何对象，在 Geometry 后的文本框中单击 Apply 按钮。完成简支约束的添加，结果如图 6.1.22 所示。

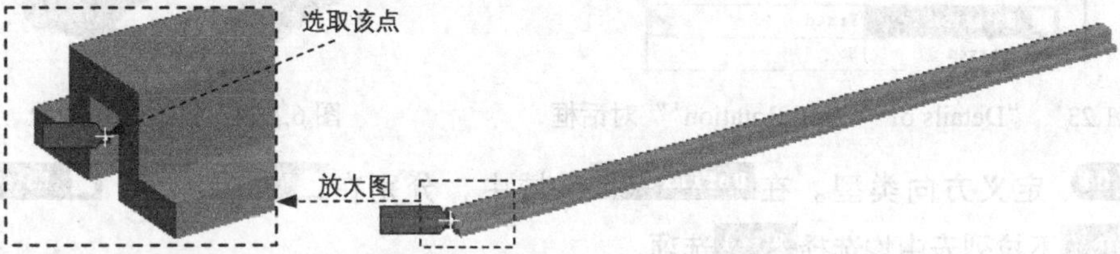


图 6.1.21 选取几何对象

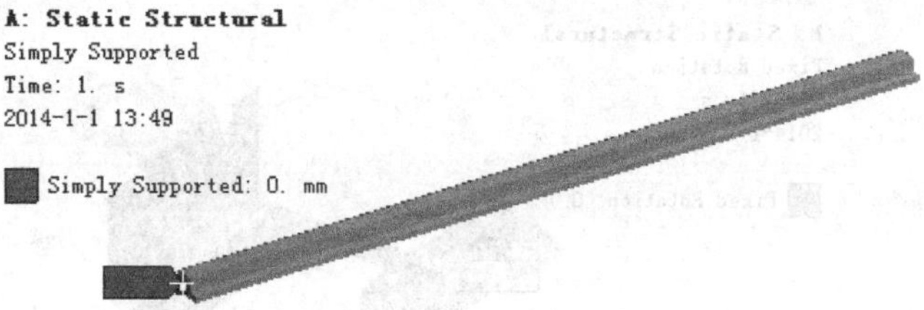


图 6.1.22 定义简支约束

## 6.1.8 固定旋转

固定旋转（Fixed Rotation）可施加在梁或壳体的表面、边及顶点上来约束旋转，但平移是自由的。

在"Outline"窗口中选中 Static Structural (A5) 选项，在"Environment"工具栏中单击 Supports 按钮，在弹出的子菜单中选择 Fixed Rotation 命令，用于对结构施加约束。下面具体介绍其操作过程。

步骤 01 打开文件并进入界面。选择 File → Open... 命令，打开文件 D:\an15.01\work\ch06.01\fixed_rotation.wbpj，在项目列表中双击 Model 选项，进入"Mechanical"环境中。

步骤 02 选取命令。在"Outline"窗口中选中 Static Structural (B5) 选项，在"Environment"工具栏中选择 Supports → Fixed Rotation 命令，弹出图 6.1.23 所示的"Details of 'Fixed

Rotation'"对话框。

步骤 03 选取几何对象。选取图 6.1.24 所示的模型表面为几何对象，在 Geometry 后的文本框中单击 Apply 按钮。

| Details of "Fixed Rotation" | |
|---|---|
| **Scope** | |
| Scoping Method | Geometry Selection |
| Geometry | 1 Face |
| **Definition** | |
| Type | Fixed Rotation |
| Coordinate System | Global Coordinat... |
| Rotation X | Fixed |
| Rotation Y | Fixed |
| Rotation Z | Fixed |
| Suppressed | No |

图 6.1.23 "Details of 'Fixed Rotation'"对话框

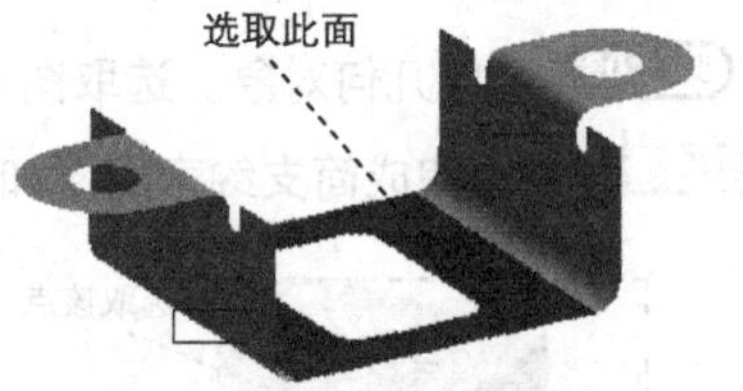


图 6.1.24 选取几何对象

步骤 04 定义方向类型。在 Definition 区域中，分别在 Rotation X、Rotation Y 和 Rotation Z 下拉列表中均选择 Fixed 选项。

步骤 05 完成固定旋转约束的添加，结果如图 6.1.25 所示。

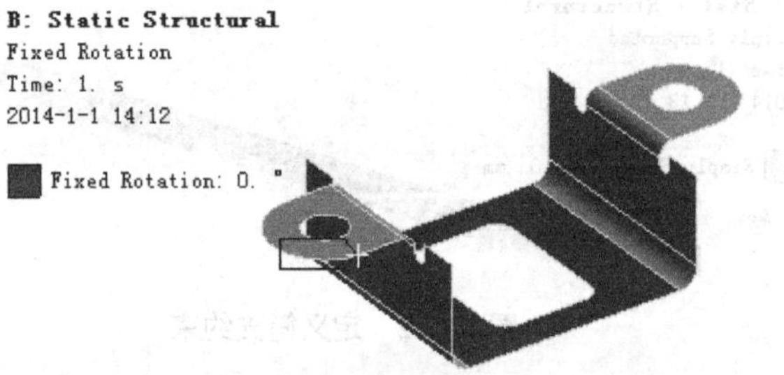


图 6.1.25 固定旋转约束

## 6.1.9 弹性支撑

弹性支撑（Elastic Support）就是在面、边界上模拟类似弹簧的行为产生移动或变形。弹性支撑是基于定义的基础刚度，即产生基础单位法向变形的压力值。

在"Outline"窗口中选中 Static Structural (A5) 选项，在"Environment"工具栏中单击 Supports 按钮，在弹出的子菜单中选择 Elastic Support 命令，用于对结构施加约束。下面具体介绍其操作过程。

步骤 01 打开文件并进入界面。选择 File → Open... 命令，打开文件 D:\an15.01\work\ch06.01\elastic_support.wbpj，在项目列表中双击 Model 选项，进入"Mechanical"环境中。

步骤 02 选取命令。在"Outline"窗口中选中 Static Structural (A5) 选项，在"Environment"工具栏中选择 Supports → Elastic Support 命令，弹出图 6.1.26 所示的"Details of 'Elastic

Support’”对话框。

步骤 03 选取几何对象。选取图 6.1.27 所示的模型表面为几何对象，在 Geometry 后的文本框中单击 Apply 按钮。

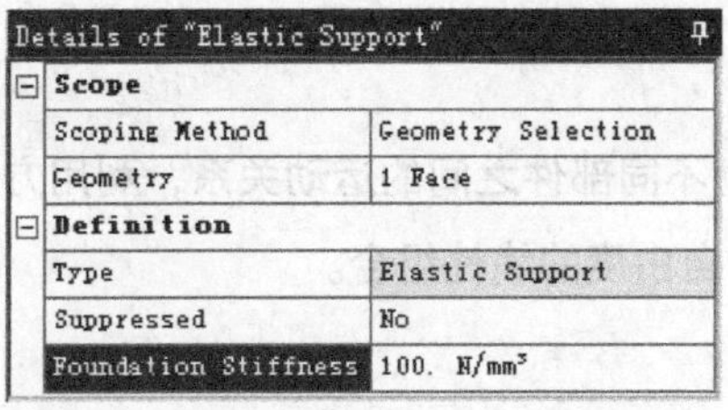

| Details of "Elastic Support" | |
|---|---|
| **Scope** | |
| Scoping Method | Geometry Selection |
| Geometry | 1 Face |
| **Definition** | |
| Type | Elastic Support |
| Suppressed | No |
| Foundation Stiffness | 100. N/mm³ |

图 6.1.26 “Details of ‘Elastic Support’”对话框

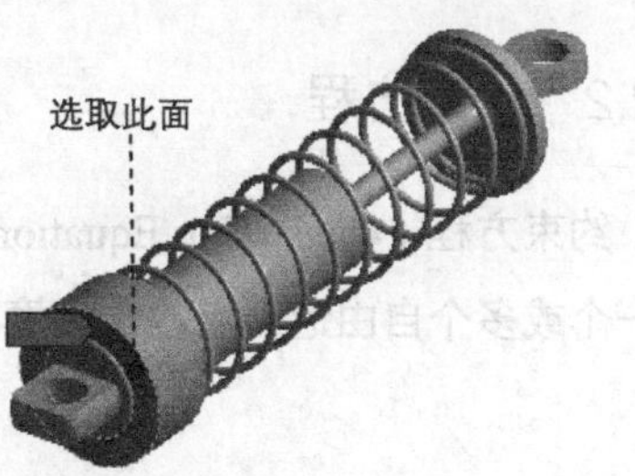


图 6.1.27 选取几何对象

步骤 04 定义刚度值。在 Definition 区域的 Foundation Stiffness 文本框中输入数值 100。完成弹性支撑约束的添加，结果如图 6.1.28 所示。

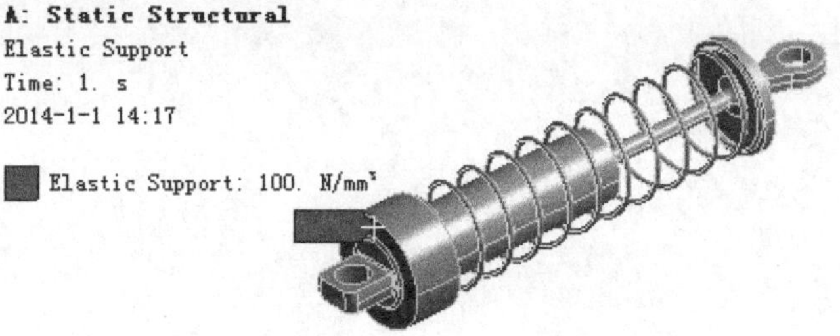


图 6.1.28 弹性支撑约束

## 6.2 条件关系

条件关系（Conditions）用来进行相应关系的连接，在 ANSYS Mechanical 中常见的条件关系包括耦合和约束方程，如图 6.2.1 所示。

在顶部工具栏区域的“Environment”工具栏中选择 Supports 命令，弹出图 6.2.1 所示的“条件关系”子菜单。下面具体介绍这些约束的添加方法。

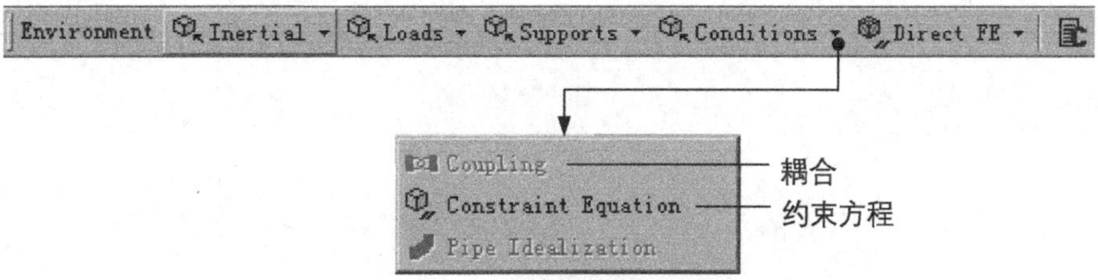


图 6.2.1 “条件关系“子菜单

### 6.2.1 耦合

耦合（Coupling）边界条件关系作用于耦合节点自由度，如模拟关节、铰链等效果；同一个几何体上只能定义一个耦合条件，且不能施加在有自由度约束的节点上。

### 6.2.2 约束方程

约束方程（Constraint Equation）可以建立模型不同部件之间的运动关系，利用方程可以关联一个或多个自由远端点的自由度，且约束方程为自由度的线性组合。

# 第 7 章　线性静力结构分析

**本章提要**　所谓静力就是结构受到静态载荷的作用时，惯性和阻尼可以忽略，在静态载荷作用下，结构处于静力平衡状态，此时必须充分约束。但由于不考虑惯性，则质量对结构没有影响。但是在很多情况下，如果载荷周期远远大于结构自振周期（即缓慢加载），则结构的惯性效应可以忽略，这种情况可以简化为线性静力分析来进行。本章主要介绍静力结构分析的相关内容，包括：

- 线性静力结构分析基础。
- 线性静力结构分析流程。
- 杆系与梁系结构分析。
- 薄壳结构分析。
- 平面问题分析。
- 接触分析。

## 7.1　线性静力结构分析基础

结构受到静态载荷的作用，惯性和阻尼可以忽略，在静态载荷作用下，结构处于静力平衡状态，此时必须充分约束，但由于不考虑惯性，则质量对结构没有影响。但在很多情况下，如果载荷周期远远大于结构自振周期（即缓慢加载），则结构的惯性效应可以忽略，这种情况可以简化为线性静力分析来进行。

线性静力结构分析用来分析结构在给定静力载荷作用下的响应。一般情况下，比较关注的往往就是结构的位移、约束反力、应力及应变等参数。由经典理论力学可知物体的动力学通用方程为

$$[M]\{\ddot{x}\}+[C]\{\dot{x}\}+[K]\{x\}=\{F(t)\}$$

式中，$[M]$表示质量矩阵、[C]表示阻尼矩阵、$[K]$表示刚度系数矩阵、$\{x\}$表示位移矢量、$\{F\}$表示力矢量。

在线性静力结构分析中，所有与时间相关的选项都被忽略，于是可得到以下方程：

$$[K]\{x\}=\{F\}$$

在分析中应该满足以下假设条件：必须是连续的，材料需满足线弹性材料和小变形理论。其中$\{F\}$表示静力载荷，同时不考虑随时间变化的载荷，也不考虑惯性（如质量、阻尼等）的影响。在线性静力分析中，假设条件是非常重要的。

线性静力分析是有限元分析中最基本但又是应用最广泛的一种分析类型，用于线弹性材料静态加载的情况。一般工程计算中最常应用的分析方法就是静力分析。

在 ANSYS Workbench 15.0 中进行线性静力结构分析，首先要创建“Static Structural“项目列表。在 ANSYS Workbench 界面中双击 Toolbox 工具箱 Analysis Systems 区域中的 Static Structural，即可新建一个“Static Structural”项目列表（图 7.1.1）。在项目列表中有 A1~A7 共 7 个表格（如同 Excel 表格），从上到下依次进行设置即可完成一个静力分析项目。

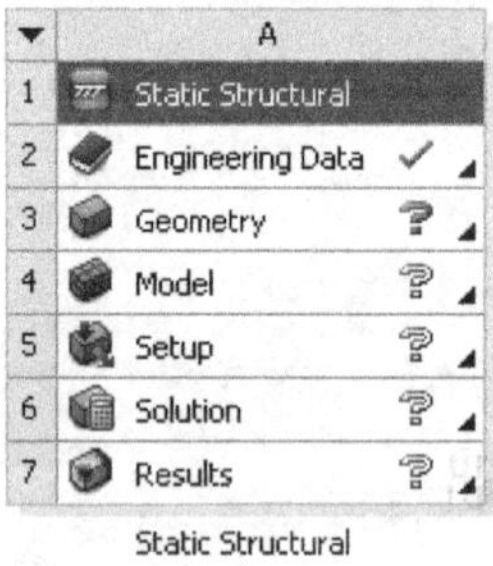


图 7.1.1　“Static Structural”项目列表

ANSYS Workbench 15.0 的线性静力分析可以将多种载荷组合在一起进行分析，即可以进行多工况的力学分析。

本章对线性静力分析基础进行介绍，介绍在 ANSYS Workbench 15.0 中进行线性静力结构分析的一般流程、线性静力结构分析中的几种典型问题的分析方法，并结合实例进行讲解。通过对本章内容的学习，读者能够对线性静力结构分析有一个较为深入的了解。

## 7.2　线性静力结构分析流程

下面通过一个实例，具体介绍在 ANSYS Workbench 15.0 中进行一般线性静力结构分析的一般流程。

图 7.2.1 所示的固定支架模型，左端两个小孔完全固定，在零件右部矩形切口位置受到一个竖直向下的力的作用，已知力的大小为 500N，分析其应力、位移变形情况。

步骤 01 创建“Static Structural”项目列表。在 ANSYS Workbench 界面中双击 Toolbox 工具

箱⊟ Analysis Systems区域中的 Static Structural，新建一个“Static Structural”项目列表，结果如图 7.2.2 所示。

步骤 02 导入几何体。在“Static Structural”项目列表中右击 Geometry 项目，在弹出的快捷菜单中选择 Import Geometry ▸ → Browse... 命令，弹出“打开”对话框，选择文件 D:\an15.01\work\ch07.02\static.stp 并打开。

图 7.2.1 固定支架模型

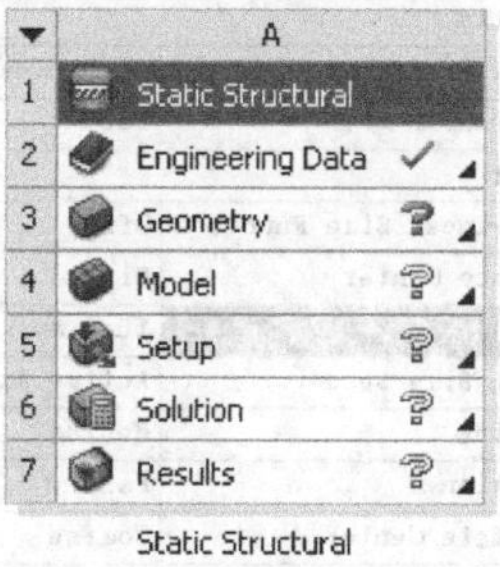


图 7.2.2 新建“Static Structural”项目列表

步骤 03 进入“Mechanical”分析环境。在“Static Structural”项目列表中双击 Model ，进入“Mechanical”分析环境。

步骤 04 设置材料属性。在“Outline”窗口中单击 Geometry 节点下的 STATIC，弹出图 7.2.3 所示的 “Datails of ‘STATIC’”对话框，在对话框的⊟ Material 区域确认 Assignment 属性为 Structural Steel 选项。

说明 在进行静态结构分析过程中，必须为分析对象添加材料属性。在 ANSYS Workbench 中，可以在“Static Structural”项目列表中双击 Engineering Data ，进入设计数据管理界面，定义相关材料属性。关于材料属性内容，在本书第 2 章中做了详细介绍，在此不再赘述。

步骤 05 初步划分网格。在“Outline”窗口中右击 Mesh 节点，在弹出的快捷菜单中选择 Generate Mesh 命令，系统划分网格，结果如图 7.2.4 所示。

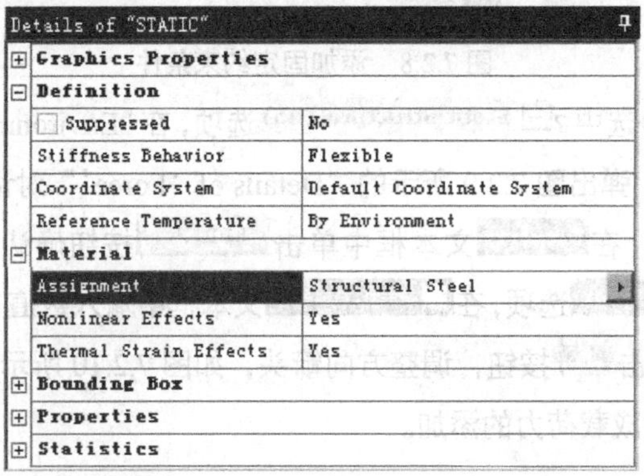

Details of "STATIC"

| | |
|---|---|
| ⊞ Graphics Properties | |
| ⊟ Definition | |
| Suppressed | No |
| Stiffness Behavior | Flexible |
| Coordinate System | Default Coordinate System |
| Reference Temperature | By Environment |
| ⊟ Material | |
| Assignment | Structural Steel |
| Nonlinear Effects | Yes |
| Thermal Strain Effects | Yes |
| ⊞ Bounding Box | |
| ⊞ Properties | |
| ⊞ Statistics | |

图 7.2.3 “Details of‘STATIC”对话框

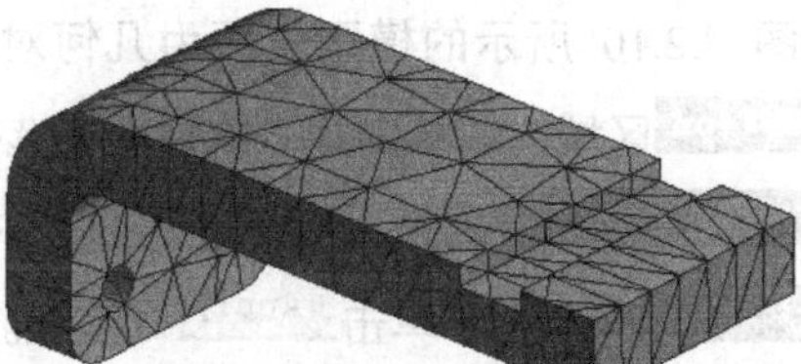

图 7.2.4 初步划分网格

步骤 06 全局网格控制。在“Outline”窗口中单击 Mesh 节点，弹出图 7.2.5 所示的“Details of ‘Mesh’”对话框，在对话框的 Relevance 文本框中输入数值 100，在 Sizing 区域的 Relevance Center 下拉列表中选择 Fine 选项，并在 Element Size 文本框中输入数值 10.0。单击 Update 按钮，系统重新划分网格，结果如图 7.2.6 所示。

Details of "Mesh"

| | |
|---|---|
| ⊟ **Defaults** | |
| Physics Preference | Mechanical |
| ☐ Relevance | 100 |
| ⊟ **Sizing** | |
| Use Advanced Size Function | Off |
| Relevance Center | Fine |
| ☐ Element Size | 10.0 mm |
| Initial Size Seed | Active Assembly |
| Smoothing | Medium |
| Transition | Fast |
| Span Angle Center | Coarse |
| Minimum Edge Length | 17.0 mm |
| ⊞ **Inflation** | |
| ⊞ **Patch Conforming Options** | |
| ⊞ **Advanced** | |
| ⊞ **Defeaturing** | |
| ⊞ **Statistics** | |

图 7.2.5 “Details of ‘Mesh’”对话框

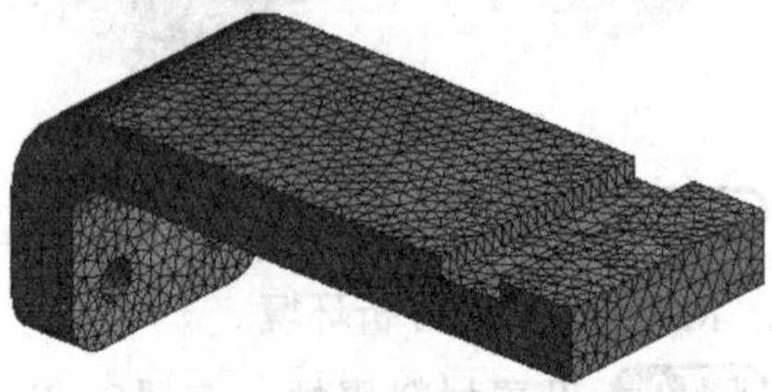

图 7.2.6 全局网格控制

步骤 07 添加固定约束条件。在“Outline”窗口中右击? Static Structural (A5) 选项，在弹出的快捷菜单中选择 Insert ▸ → Fixed Support 命令，弹出图 7.2.7 所示的“Details of ‘Fixed Support’”对话框；选取图 7.2.8 所示的两个圆柱孔内表面为固定对象，在 Geometry 后的文本框中单击 Apply 按钮，完成固定约束的添加。

Details of "Fixed Support"

| | |
|---|---|
| ⊟ **Scope** | |
| Scoping Method | Geometry Selection |
| Geometry | 4 Faces |
| ⊟ **Definition** | |
| Type | Fixed Support |
| Suppressed | No |

图 7.2.7 “Details of ‘Fixed Support’”对话框

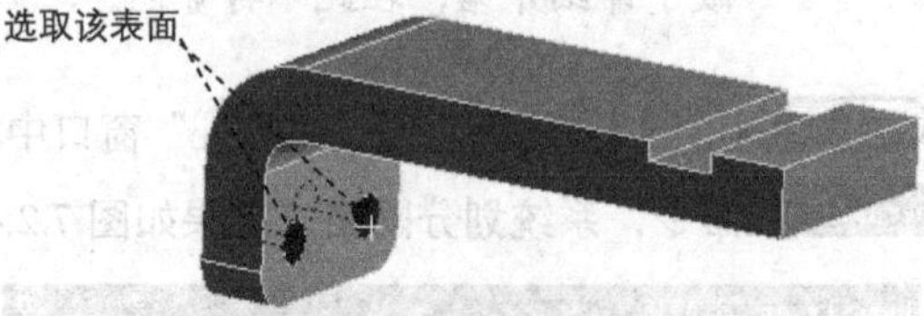


图 7.2.8 添加固定约束条件

步骤 08 添加载荷力。在“Outline”窗口中选中? Static Structural (A5) 选项，在“Environment”工具栏中选择 Loads ▾ → Force 命令，弹出图 7.2.9 所示的“Details of ‘Force’”对话框。选取图 7.2.10 所示的模型表面为几何对象，在 Geometry 文本框中单击 Apply 按钮确认；在 Definition 区域的 Define By 下拉列表中选择 Vector 选项，在 Magnitude 文本框中输入数值 500；单击 Direction 文本框，然后在图形区中单击 ⇆ 按钮，调整方向箭头，如图 7.2.10 所示；在 Direction 文本框中单击 Apply 按钮。完成载荷力的添加。

Details of "Force"

| | |
|---|---|
| **Scope** | |
| Scoping Method | Geometry Selection |
| Geometry | 1 Face |
| **Definition** | |
| Type | Force |
| Define By | Vector |
| Magnitude | 500. N (ramped) |
| Direction | Click to Change |
| Suppressed | No |

图 7.2.9 "Details of 'Force'" 对话框

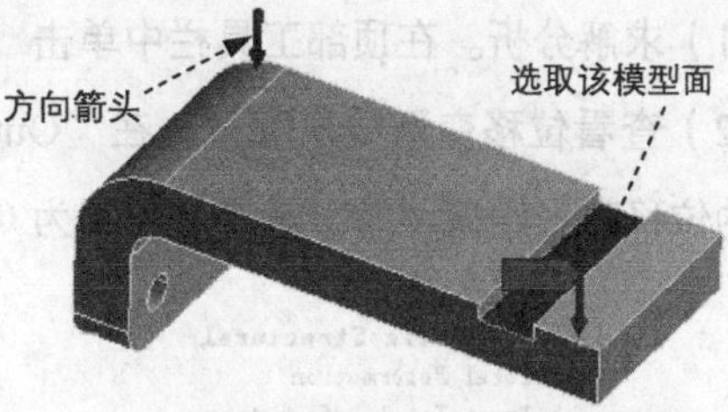


图 7.2.10 添加载荷力

步骤 09 插入应力结果图解。在"Outline"窗口中右击 Solution (A6) 选项，在弹出的快捷菜单中选择 Insert → Stress → Equivalent (von-Mises) 命令，弹出图 7.2.11 所示的"Details of 'Equivalent Stress'"对话框，采用系统默认设置，完成应力结果图解定义。

Details of "Equivalent Stress"

| | |
|---|---|
| **Scope** | |
| Scoping Method | Geometry Selection |
| Geometry | All Bodies |
| **Definition** | |
| Type | Equivalent (von-Mises) Stress |
| By | Time |
| Display Time | Last |
| Calculate Time History | Yes |
| Identifier | |
| Suppressed | No |
| **Integration Point Results** | |
| Display Option | Averaged |
| **Results** | |
| Minimum | |
| Maximum | |
| **Information** | |

图 7.2.11 "Details of 'Equivalent Stress'" 对话框

步骤 10 插入总位移变形结果图解。在"Outline"窗口中右击 Solution (A6) 选项，在弹出的快捷菜单中选择 Insert → Deformation → Total 命令，弹出图 7.2.12 所示的"Details of 'Total Deformation'"对话框，采用系统默认设置，完成总位移变形结果图解定义。

Details of "Total Deformation"

| | |
|---|---|
| **Scope** | |
| Scoping Method | Geometry Selection |
| Geometry | All Bodies |
| **Definition** | |
| Type | Total Deformation |
| By | Time |
| Display Time | Last |
| Calculate Time History | Yes |
| Identifier | |
| Suppressed | No |
| **Results** | |
| Minimum | |
| Maximum | |
| **Information** | |

图 7.2.12 "Details of 'Total Deformation'" 对话框

步骤 11 求解并查看应力及位移变形结果。

（1）求解分析。在顶部工具栏中单击 Solve 按钮求解分析。

（2）查看位移变形结果图解。在“Outline”窗口中选中 Total Deformation，查看图 7.2.13 所示的位移变形结果图解，其最小位移为 0 mm，其最大位移为 0.037268mm。

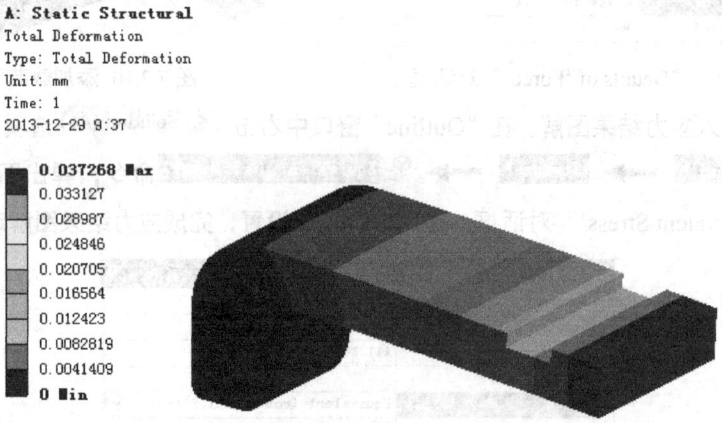


图 7.2.13　位移变形结果图解

（3）查看应力结果图解。单击 Solve 按钮，系统开始进行计算。在“Outline”窗口中选中 Equivalent Stress，查看图 7.2.14 所示的应力结果图解，其最小应力为 0.0001008 MPa，其最大应力为 3.0897 MPa。

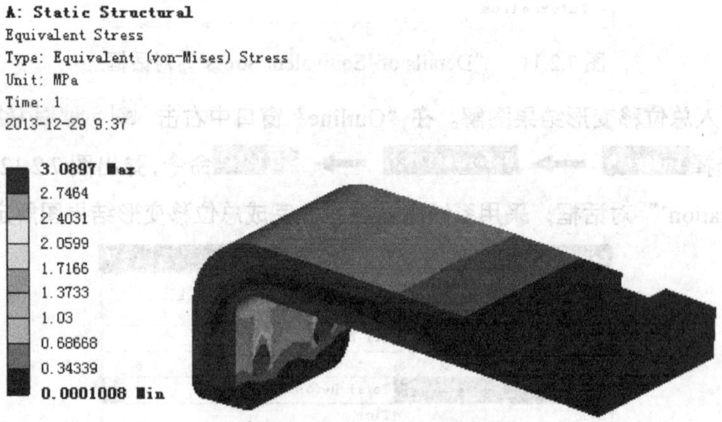


图 7.2.14　应力结果图解

步骤 12 保存文件。选择 File → Save Project... 命令，在弹出的“另存为”对话框的 文件名(N): 文本框中输入 static_analysis，单击 保存(S) 按钮保存。

# 7.3 杆系与梁系结构分析

## 7.3.1 概述

杆系与梁系问题在有限元分析中非常常见，对于这类问题，在分析过程中首先根据其结构特点进行简化（一般是简化成线体模型），然后对简化模型进行分析，这样既保证了求解精度，简化了建模，又提高了分析效率。下面先了解一下杆系与梁系问题基础，然后通过一个实例介绍在 ANSYS Workbench 中进行分析的一般过程。

### 1. 杆系问题

杆系结构是指结构由许多细长杆构成的结构系统，且杆的弯曲刚度较小或弯曲产生的应力较之轴力相比较小，故杆的主要变形为轴向变形，主要承受轴向拉/压力，力学上称为二力杆。

### 2. 梁系问题

较之杆系，梁系结构杆件还考虑了弯曲、扭转效应。这时节点上的广义位移在线位移的基础上又增加了角位移。

在 ANSYS Workbench 中，对于杆系、梁系结构的分析，先是创建其简化的线体模型，然后对线体模型进行分析即可。下面通过一个实例，具体介绍在 ANSYS Workbench 15.0 中进行一般杆系与梁系结构分析的一般流程。

## 7.3.2 杆系与梁系结构分析一般流程

图 7.3.1 所示的工字钢横梁，长度为 9400mm、高度为 300mm、宽度为 130mm，横梁厚度为 8.5mm，材料为结构钢。根据图 7.3.2 所示的横梁的受力示意图，对其进行应力分布、变形等情况的分析。

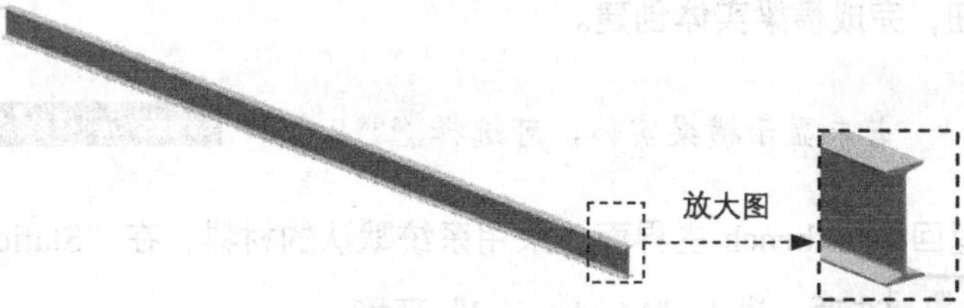


图 7.3.1 工字钢横梁

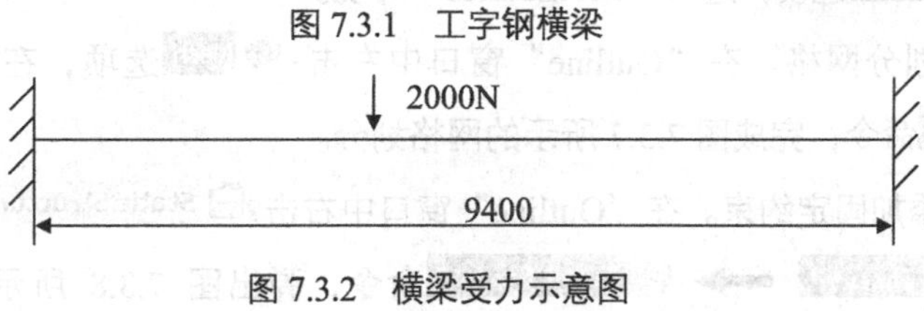


图 7.3.2 横梁受力示意图

步骤 01 创建 Static Structural 项目列表。在 ANSYS Workbench 界面中，双击 Toolbox 工具箱 ⊟ Analysis Systems 区域中的 Static Structural 选项，新建一个“Static Structural”项目列表。

步骤 02 新建几何体。在“Static Structural”项目列表中右击 Geometry 选项，在弹出的快捷菜单中选择 New Geometry... 命令，进入 DM 建模环境。

步骤 03 创建草图 1。在“草图绘制”工具条的 XYPlane 下拉列表中选择 XYPlane 平面为草图平面，单击“New Sketch”按钮，进入草图绘制模式，绘制图 7.3.3 所示的截面草图（两个点），其中 H1=9400。

步骤 04 创建图 7.3.4 所示的线体。选择 Concept → Lines From Points 命令，按住 Ctrl 键，选取之前绘制的两点为对象，在 Point Segments 后的文本框中单击 Apply 按钮。单击 Generate 按钮，完成线体创建。

步骤 05 创建图 7.3.5 所示的横截面。（注：本步的详细操作过程请参见随书光盘中 video\ch07.03\reference\文件下的语音视频讲解文件“beam_analysis-r01.exe”。）

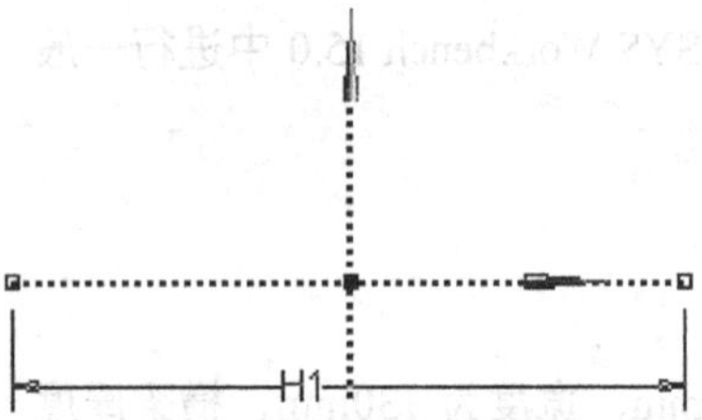


图 7.3.3 草图 1

图 7.3.4 创建线体

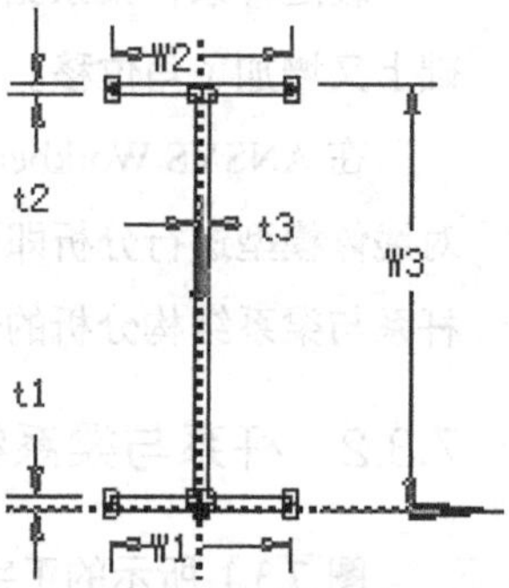


图 7.3.5 定义横截面

步骤 06 创建图 7.3.6 所示的横梁实体。在“Outline”窗口中选中 1 Part, 1 Body 节点下的 Line Body，弹出“Details View”对话框，在 Cross Section 下拉列表中选择 I1 选项；单击 Generate 按钮，完成横梁实体创建。

说明

若未显示横梁实体，可选择 View → Cross Section Solids 命令。

7 返回 Workbench 主界面，采用系统默认的材料，在“Static Structural”项目列表中双击 Model 选项，进入“Mechanical”环境。

步骤 08 划分网格。在“Outline”窗口中右击 Mesh 选项，在弹出的快捷菜单中选择 Generate Mesh 命令，完成图 7.3.7 所示的网格划分。

步骤 09 添加固定约束。在“Outline”窗口中右击? Static Structural (A5) 选项，在弹出的快捷菜单中选择 Insert → Fixed Support 命令，弹出图 7.3.8 所示的“Details of ‘Fixed

Support'" 对话框。选取图 7.3.9 所示的线体两端点为固定几何对象，在 Geometry 后的文本框中单击 Apply 按钮，完成固定约束的添加。

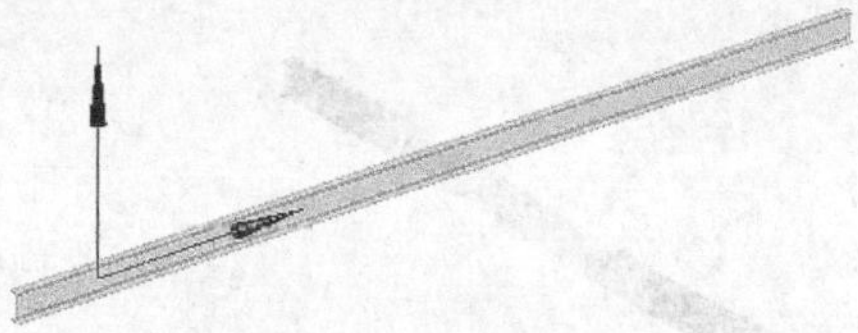

图 7.3.6 横梁实体

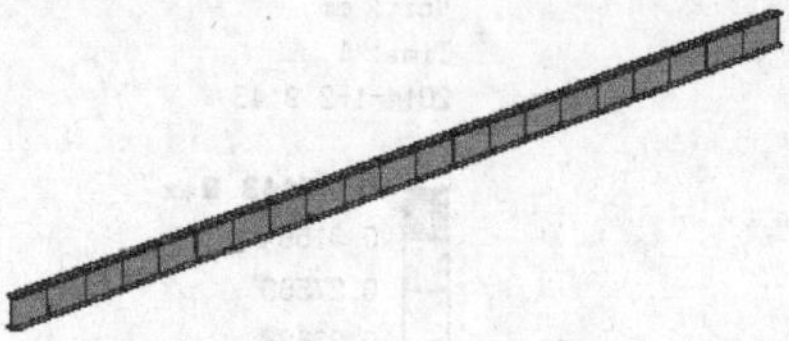

图 7.3.7 划分网格

| Details of "Fixed Support" | |
|---|---|
| **Scope** | |
| Scoping Method | Geometry Selection |
| Geometry | 2 Vertices |
| **Definition** | |
| Type | Fixed Support |
| Suppressed | No |

图 7.3.8 "Details of 'Fixed Support'" 对话框

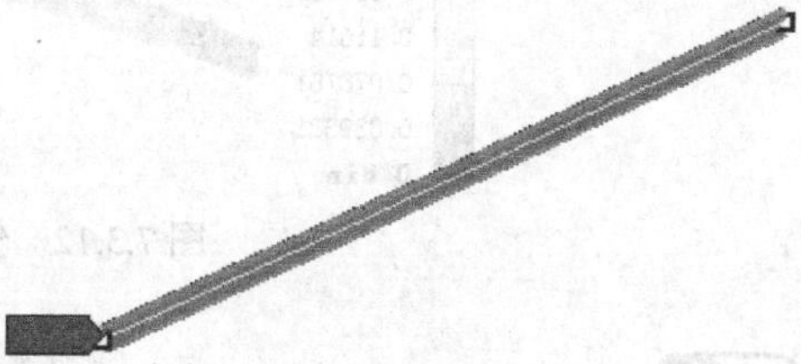

图 7.3.9 添加约束

步骤 10 添加载荷条件。在 "Outline" 窗口中右击? Static Structural (A5) 选项，在弹出的快捷菜单中选择 Insert ▸ → Force 命令，弹出图 7.3.10 所示的 "Details of 'Force'" 对话框。选取图 7.3.11 所示的线体，在 Geometry 后的文本框中单击 Apply 按钮，在 Define By 下拉列表中选择 Components 选项，在 Z Component 文本框中输入数值-2000，其他参数采用系统默认设置。

| Details of "Force" | |
|---|---|
| **Scope** | |
| Scoping Method | Geometry Selection |
| Geometry | 1 Edge |
| **Definition** | |
| Type | Force |
| Define By | Components |
| Coordinate System | Global Coordinate System |
| X Component | 0. N (ramped) |
| Y Component | 0. N (ramped) |
| Z Component | -2000. N (ramped) |
| Suppressed | No |

图 7.3.10 "Details of 'Force'" 对话框

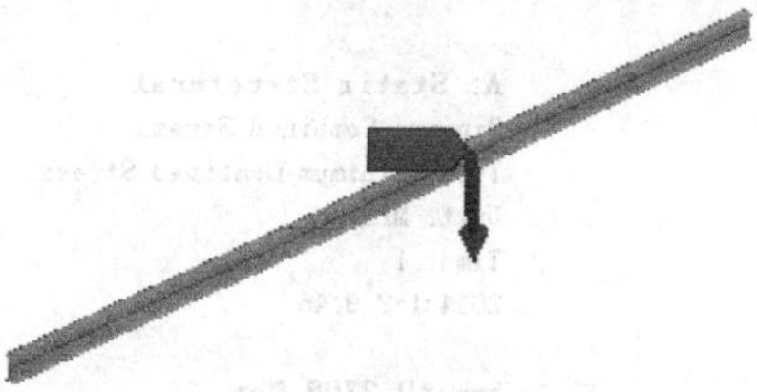

图 7.3.11 添加载荷

步骤 11 插入总位移变形图解。在 "Outline" 窗口中右击 Solution (A6) 选项，在弹出的快捷菜单中选择 Insert ▸ → Deformation ▸ → Total 命令。

步骤 12 求解查看位移变形结果。单击 Solve 按钮，查看图 7.3.12 所示的位移变形结果，其最大位移为 0.35443mm。

步骤 13 插入梁工具。在 "Outline" 窗口中右击 Solution (A6) 选项，在弹出的快捷菜单中选择 Insert ▸ → Beam Tool ▸ → Beam Tool 命令。

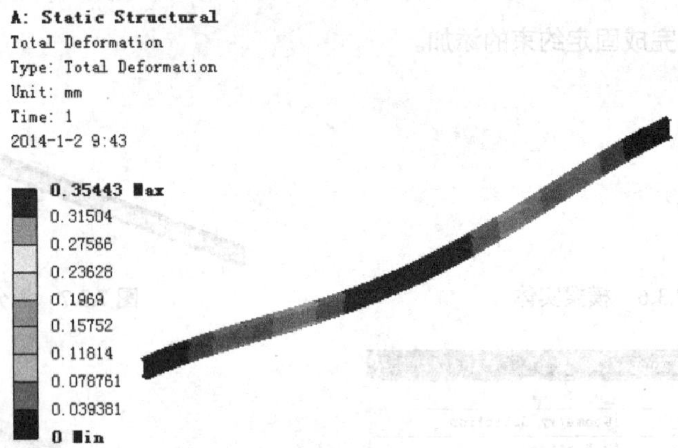


图 7.3.12　位移变形结果图解

步骤 14 求解查看应力结果。单击 Solve 按钮，查看图 7.3.13 所示的应力结果。

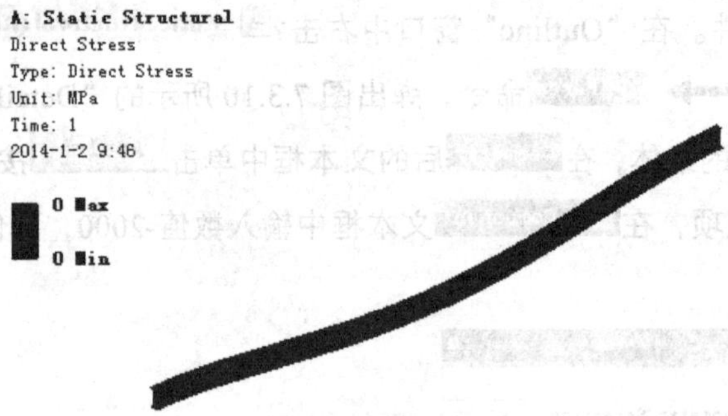


a）　Direct Stress

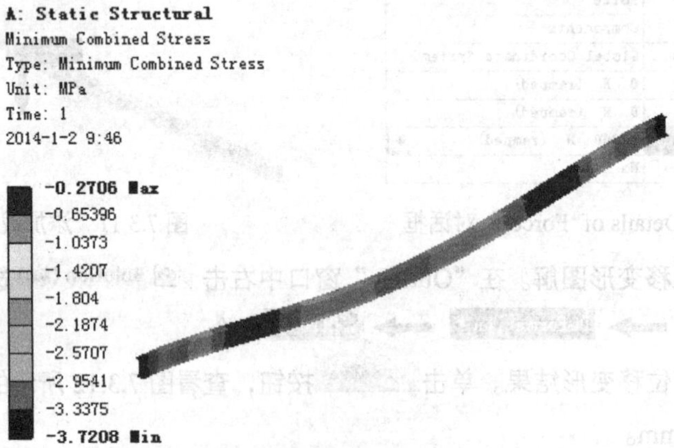


b）　Minimum Combined Stress

图 7.3.13 主应力和组合应力图解

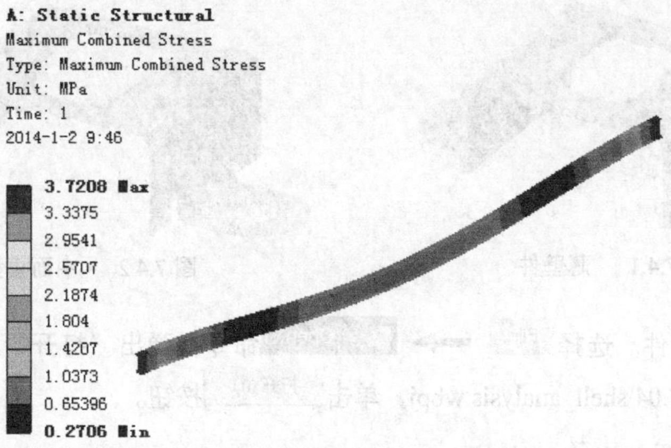


c） Maximum Combined Stress

图 7.3.13 主应力和组合应力图解（续）

步骤 15 保存文件。选择 File → Save Project... 命令，在弹出的“另存为”对话框的 文件名(N): 文本框中输入 beam_analysis，单击 保存(S) 按钮保存。

## 7.4 薄壳结构分析

### 7.4.1 概述

当薄壁构件承受横向载荷作用时，将发成弯曲变形，此时可以用板壳模型来计算。壳主要用于薄面板或曲面的模型，壳分析应用的基本原则是每块面板的主尺寸不小于其厚度的 10 倍。在 ANSYS Workbench 中通常用 18x 系列单元中的 SHELL181 来模拟壳体。

对于薄壁件结构分析，在分析过程中首先根据其结构特点进行简化（一般简化成面体模型），然后对简化模型进行分析，这样既保证了求解精度、简化了建模，又提高了分析效率。

在 ANSYS Workbench 中，先在 DM 中使用中面工具创建薄壁件的面体模型（中面模型），然后对中面模型进行分析即可。下面通过一个实例，具体介绍在 ANSYS Workbench 15.0 中进行一般薄壁件结构分析的一般流程。

### 7.4.2 薄壳结构分析一般流程

图 7.4.1 所示的钣金件模型是一个典型的薄壁件，需要创建薄壁件的中面模型进行分析（本例中的中面模型已经创建完成，如图 7.4.2 所示）。在本例中模型底部两个圆孔被完全固定，模型上部面上受到一个垂直于面且方向向下的压力，材料使用 ANSYS 默认的材料，对该薄壁件进行分析。

图 7.4.1　薄壁件

图 7.4.2　中面模型

步骤 01 打开文件。选择 File → Open... 命令，弹出“打开”对话框，选择文件 D:\an15.01\work\ch07.04\shell_analysis.wbpj，单击 打开(O) 按钮。

说明：在前面的章节中，本例中的薄壁件模型已经完成了其中面模型的创建，此处直接对该中面模型进行有限元分析即可。

步骤 02 创建“Static Structural”项目列表。切换到 ANSYS Workbench 界面，在 Toolbox 工具箱的 Analysis Systems 区域选中 Static Structural 选项，将其拖动到项目视图区，此时在项目视图区中的“Geometry”项目列表周围出现四个绿色矩形虚线框，将鼠标指针移动到“Geometry”项目列表中的 Geometry 上，此时右侧虚线框变成红色实线框，释放鼠标，系统在“Geometry”项目列表右侧创建一个“Static Structural”项目列表，如图 7.4.3 所示。

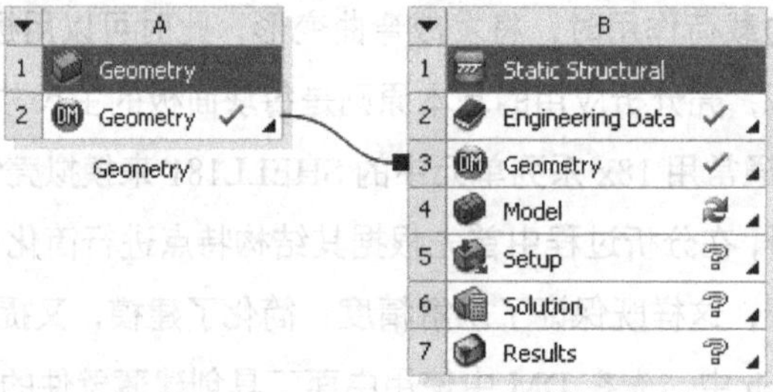


图 7.4.3　“Static Structure”项目列表

步骤 03 采用系统默认的材料，在“Static Structural”项目列表中双击 Model 选项，进入“Mechanical”环境。

步骤 04 设置几何体属性。在“Outline”窗口中选中 mid_surface 几何对象，然后在弹出的图 7.4.4 所示的“Datails of ‘mid_surface’”对话框的 Thickness 文本框中输入数值 2.0，并按 Enter 键确认。

步骤 05 划分网格。在“Outline”窗口中右击 Mesh 节点，在弹出的快捷菜单中选择 Generate Mesh 命令，系统划分网格，结果如图 7.4.5 所示。

| Details of "mid_urface" | |
|---|---|
| ⊞ **Graphics Properties** | |
| ⊟ **Definition** | |
| Suppressed | No |
| Stiffness Behavior | Flexible |
| Coordinate System | Default Coordinate System |
| Reference Temperature | By Environment |
| Thickness | 2. mm |
| Thickness Mode | Refresh on Update |
| Offset Type | Middle |
| ⊟ **Material** | |
| Assignment | Structural Steel |
| Nonlinear Effects | Yes |
| Thermal Strain Effects | Yes |
| ⊞ **Bounding Box** | |
| ⊞ **Properties** | |
| ⊞ **Statistics** | |

图 7.4.4 "Details of 'mid surface" 对话框

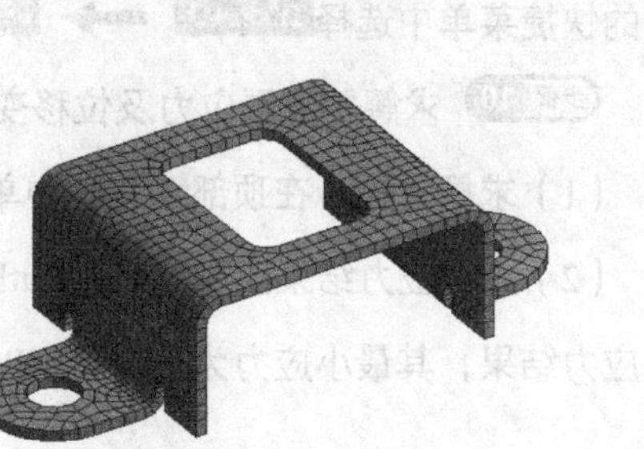

图 7.4.5 划分网格

步骤 06 添加固定约束条件。在"Outline"窗口中右击 ?⊟ Static Structural (B5) 选项，在弹出的快捷菜单中选择 Insert ▶ → Fixed Support 命令，弹出图 7.4.6 所示的"Details of 'Fixed Support'"对话框；选取图 7.4.7 所示的两条圆孔边线为固定对象，在 Geometry 后的文本框中单击 Apply 按钮，完成固定约束的添加。

步骤 07 添加压力载荷。在"Outline"窗口中右击 ?⊟ Static Structural (B5) 选项，在"Environment"工具栏中选择 Loads ▾ → Pressure 命令，弹出图 7.4.8 所示的"Details of 'Pressure'"对话框。选取图 7.4.9 所示的模型表面为几何对象，在 Geometry 文本框中单击 Apply 按钮确认；在 Definition 区域的 Define By 下拉列表中选择 Normal To 选项，在 Magnitude 文本框中输入数值 10。完成压力载荷的添加。

| Details of "Fixed Support" | |
|---|---|
| ⊟ **Scope** | |
| Scoping Method | Geometry Selection |
| Geometry | 2 Edges |
| ⊟ **Definition** | |
| Type | Fixed Support |
| Suppressed | No |

图 7.4.6 "Details of 'Fixed Support'" 对话框

图 7.4.7 添加固定约束条件

| Details of "Pressure" | |
|---|---|
| ⊟ **Scope** | |
| Scoping Method | Geometry Selection |
| Geometry | 1 Face |
| ⊟ **Definition** | |
| Type | Pressure |
| Define By | Normal To |
| Magnitude | 2. MPa (ramped) |
| Suppressed | No |

图 7.4.8 "Detail of 'Pressure'" 对话框

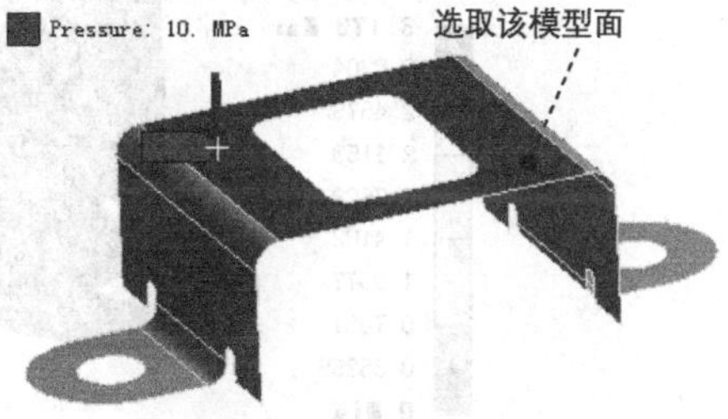


图 7.4.9 添加载荷力

步骤 08 插入应力结果图解。在“Outline”窗口中右击 Solution (B6) 选项，在弹出的快捷菜单中选择 Insert → Stress → Equivalent (von-Mises) 命令。

步骤 09 插入总位移变形结果图解。在“Outline”窗口中右击 Solution (B6) 选项，在弹出的快捷菜单中选择 Insert → Deformation → Total 命令。

步骤 10 求解并查看应力及位移变形结果。

（1）求解分析。在顶部工具栏中单击 Solve 按钮求解分析。

（2）查看应力结果图解。在“Outline”窗口中选中 Equivalent Stress，查看图 7.4.10 所示的总应力结果，其最小应力为 18.997MPa，其最大应力为 3093.1MPa。

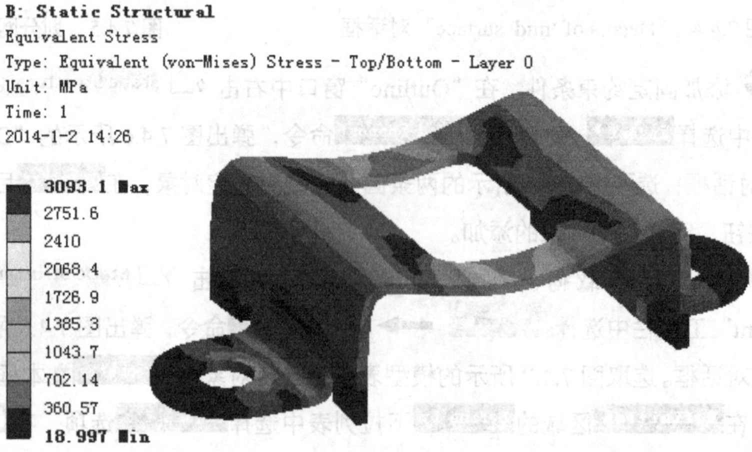


图 7.4.10 应力结果图解

（3）查看位移变形结果图解。在“Outline”窗口中选中 Total Deformation，查看图 7.4.11 所示的位移变形结果，其最小位移为 0 mm，其最大位移为 3.173mm。

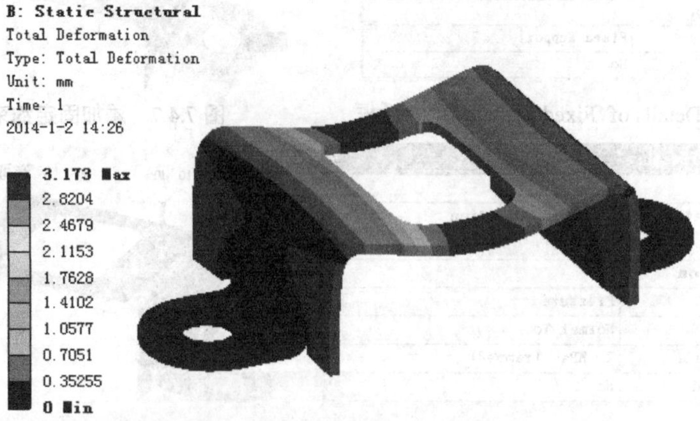


图 7.4.11 位移变形结果图解

步骤 11 保存文件。选择 File → Save Project... 命令，在弹出的“另存为”对话框的文件名(N): 文本框中输入 shell_analysis，单击 保存(S) 按钮保存。

## 7.5 平面问题分析

### 7.5.1 概述

实际工程问题中有各种不同的结构，有些结构可以视为平面问题，主要包括平面应力问题、平面应变问题和轴对称问题。此处的平面应力和平面应变都属于弹性力学的范畴。

平面问题分析就是将三维的空间问题简化为近似二维的平面问题，用二维坐标系来研究三维的空间问题，从而大大缩短了分析的时间，提高了分析的效率。

### 7.5.2 平面应力问题

平面应力问题的研究对象一般是薄板。薄板指板厚度方面的几何尺寸远远小于其余两个方向上的几何尺寸，同时载荷只有板边上受平行于板面并且不沿厚度变化的面力或约束。满足以上条件的工程结构通常称为平面应力，其力学模型如图 7.5.1 所示。

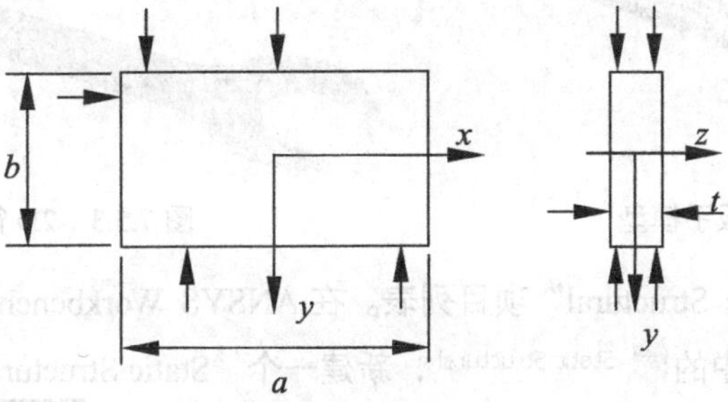


图 7.5.1 平面应力问题

从平面应力的力学模型中不难看出：板面上（$z=\pm t/2$）无外力载荷作用，所以有

$$(\sigma_z)_{z=\pm\frac{t}{2}}=0,\ (\tau_{zx})_{z=\pm\frac{t}{2}}=0,\ (\tau_{zy})_{z=\pm\frac{t}{2}}=0$$

另外，由于板很薄，外力不沿厚度变化，应力沿板的厚度又是连续分布的，因此可以认为对于薄板所有的点都有

$$\sigma_z=0,\ \tau_{zx}=\tau_{xz}=0,\ \tau_{zy}=\tau_{yz}=0$$

其物理方程为：

$$\left.\begin{aligned}\varepsilon_x &= \frac{1}{E}(\sigma_X - \mu\mu_Y)\\ \varepsilon_Y &= \frac{1}{E}(\sigma_Y - \mu\mu_X)\\ \varepsilon_x &= \frac{2(1+\mu)}{E}\tau_{XY}\end{aligned}\right\}$$

对于平面应力问题，在 ANSYS Workbench 中，先是创建结构的 2D 简化模型，然后对其简化模型进行分析。下面通过一个实例，具体介绍在 ANSYS Workbench 15.0 中进行平面应力问题分析的一般流程。

下面以图 7.5.2 所示的扳手模型为例进行介绍。扳手在拧紧螺母的情况下，左端夹持螺母，手柄上面承受 50N 的力，使扳手顺时针旋转，扳手材料为结构钢，分析扳手的应力、位移分布。要完成该问题的分析，可以先根据扳手几何模型创建图 7.5.3 所示的扳手 2D 简化模型，然后进行平面应力问题分析。

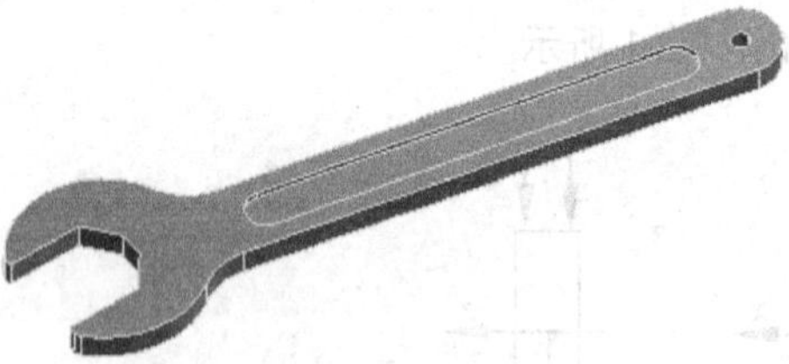

图 7.5.2　扳手模型

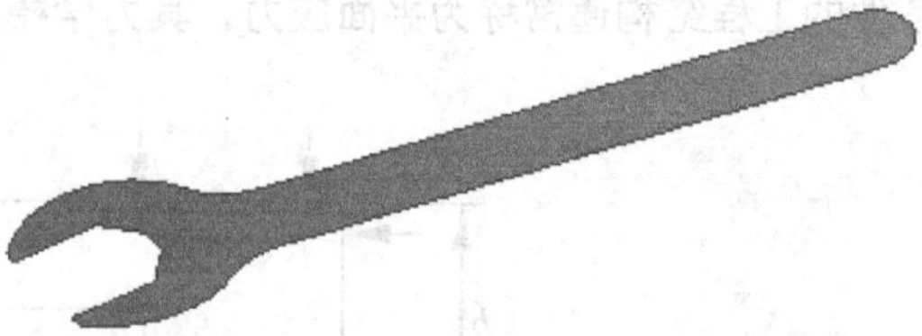

图 7.5.3　2D 简化模型

步骤 01 创建“Static Structural”项目列表。在 ANSYS Workbench 界面中，双击 Toolbox 工具箱 Analysis Systems 区域中的 Static Structural，新建一个“Static Structural”项目列表。

步骤 02 导入几何体。在“Static Structural”项目列表中右击 Geometry 选项，在弹出的快捷菜单中选择 Import Geometry → Browse... 命令，弹出“打开”对话框；选择文件 D:\an15.01\work\ch07.05.02\plane_stress.stp，单击 打开(O) 按钮。

步骤 03 导入几何体。在“Static Structural”项目列表中右击 Geometry 选项，在弹出的快捷菜单中选择 Edit Geometry... 命令，系统进入 DM 建模环境。在界面中单击 Generate 按钮，完成几何体的导入。

步骤 04 创建图 7.5.4 所示的填充 1。选择 Tools → Fill 命令，弹出图 7.5.5 所示的“Details View”对话框；在 Extraction Type 下拉列表中选择 By Cavity 选项，单击以激活 Faces 后的文本框，选取图 7.5.4a 所示的圆柱面，单击 Apply 按钮，并单击 Generate 按钮，完成填充的创建。

步骤 05 创建图 7.5.6 所示的填充 2。选择 Tools → Fill 命令，弹出“Details View”对话框；在 Extraction Type 下拉列表中选择 By Cavity 选项，单击以激活 Faces 后的文本框，选取图 7.5.7 所示的槽内所有表面，单击 Apply 按钮，并单击 Generate 按钮，完成填充 2 的创建。

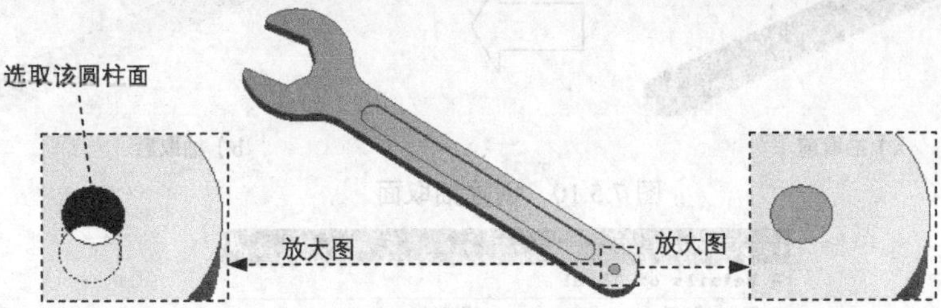


a）填充前　　b）填充后

图 7.5.4 填充 1

| Details View | |
|---|---|
| Details of Fill1 | |
| Fill | Fill1 |
| Extraction Type | By Cavity |
| Faces | 2 |

图 7.5.5 “Details View”对话框

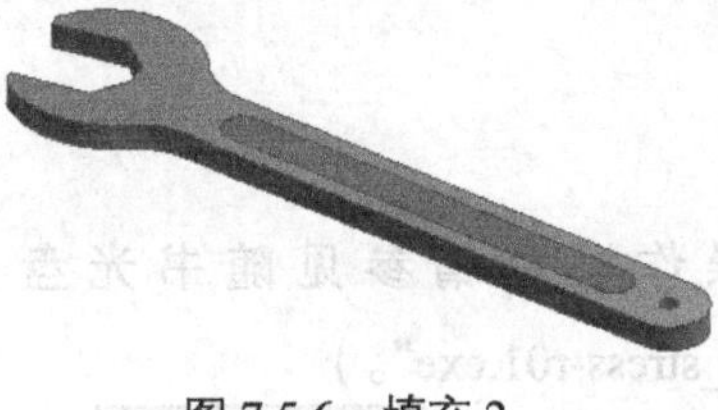

图 7.5.6 填充 2

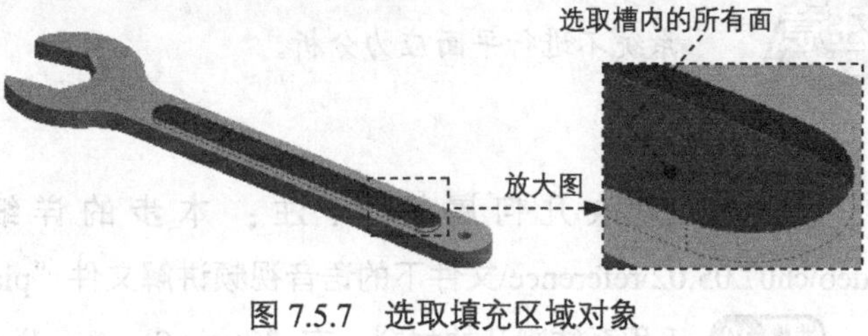


图 7.5.7 选取填充区域对象

步骤 06 创建冻结。选择 Tools → Freeze 命令，系统自动将模型中的一般实体冻结，结果如图 7.5.8 所示。

步骤 07 创建解冻。选择 Tools → Unfreeze 命令，在图形区选取所有的实体为解冻对象，单击 Apply 按钮，单击 Generate 按钮，完成解冻操作，如图 7.5.9 所示。

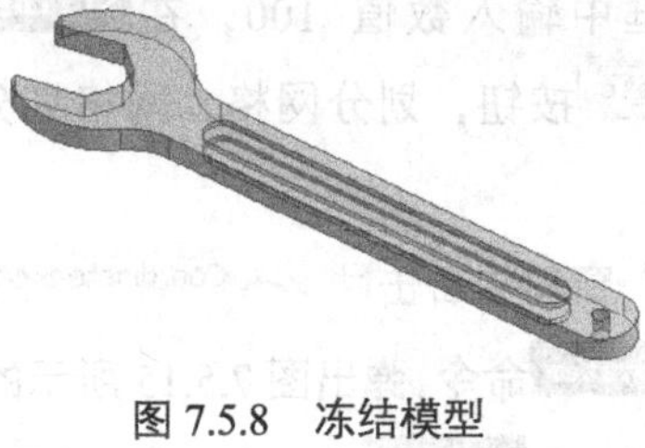

图 7.5.8 冻结模型

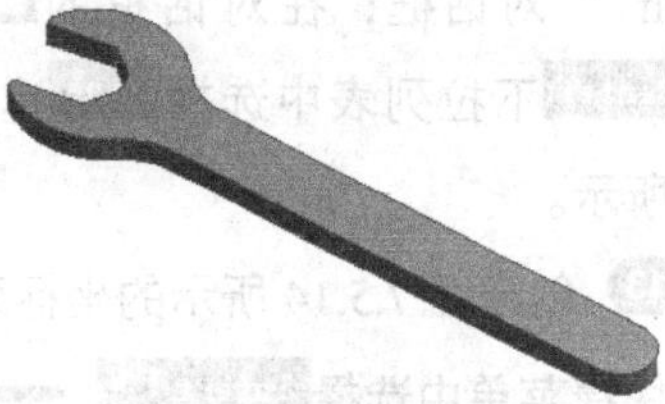

图 7.5.9 解冻

步骤 08 创建图 7.5.10b 所示的抽取面。选择 Create → Thin/Surface 命令，弹出图 7.5.11 所示的“Details View”对话框；在 Selection Type 下拉列表中选择 Faces to Keep 选项，单击以激活 Faces 后的文本框，选取图 7.5.10a 所示的模型表面为要保留的面，单击 Apply 按钮确认，在对话框的 FD1, Thickness (>=0) 文本框中输入数值 0。单击 Generate 按钮，完成抽取面的创建。

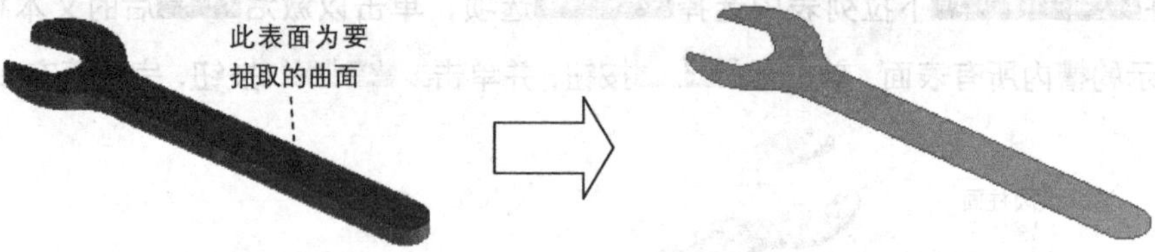


a）抽取前　　b）抽取后

图 7.5.10　创建抽取面

| Details View | |
|---|---|
| **Details of Thin1** | |
| Thin/Surface | Thin1 |
| Selection Type | Faces to Keep |
| Geometry | 1 Face |
| Direction | Inward |
| FD1, Thickness (>=0) | 0 mm |
| FD2, Face Offset (>=0) | 0 mm |

图 7.5.11　“Details View”对话框

注意：在平面应力问题分析中，抽取的面必须位于绝对坐标系的 XY 平面中，否则系统不进行平面应力分析。

步骤 09 修改几何属性。（注：本步的详细操作过程请参见随书光盘中 video\ch07.05.02\reference\文件下的语音视频讲解文件“plane_stress-r01.exe”。）

步骤 10 采用系统默认的材料，在“Static Structural”项目列表中双击 Model 选项，进入“Mechanical”环境。

步骤 11 定义分析类型。（注：本步的详细操作过程请参见随书光盘中 video\ch07.05.02\reference\文件下的语音视频讲解文件“plane_stress-r02.exe”。）

步骤 12 划分网格。在“Outline”窗口中选中 Mesh 节点，弹出图 7.5.12 所示的“Details of ‘Mesh’”对话框；在对话框的 Relevance 文本框中输入数值 100，在 Sizing 区域的 Relevance Center 下拉列表中选择 Fine 选项，单击 Update 按钮，划分网格，网格划分结果如图 7.5.13 所示。

步骤 13 创建图 7.5.14 所示的坐标系。在“Outline”窗口中右击 Coordinate Systems 节点，在弹出的快捷菜单中选择 Insert ▶ → Coordinate System 命令，弹出图 7.5.15 所示的“Details of‘Coordinate Systems’”对话框；在 Origin 区域中单击以激活 Geometry 后的文本框，选取图 7.5.16 所示的模型边线为参考，单击 Apply 按钮；在 Principal Axis 区域的 Axis 下拉列表中选择 X 选项，在 Define By 下拉列表中选择 Geometry Selection 选项，选取图 7.5.16 所示的模型边线为参考，

并单击 Apply 按钮。其他参数采用系统默认设置，完成坐标系的创建。

| Details of "Mesh" | |
|---|---|
| **Defaults** | |
| Physics Preference | Mechanical |
| Relevance | 100 |
| **Sizing** | |
| Use Advanced Size Function | On: Curvature |
| Relevance Center | Fine |
| Initial Size Seed | Active Assembly |
| Smoothing | Medium |
| Span Angle Center | Coarse |
| Curvature Normal Angle | Default (30.0 °) |
| Min Size | Default (2.40920 mm) |
| Max Face Size | Default (12.0460 mm) |
| Growth Rate | Default |
| Minimum Edge Length | 4.87260 mm |
| **Inflation** | |
| **Patch Conforming Options** | |
| **Advanced** | |
| **Defeaturing** | |
| **Statistics** | |

图 7.5.12 "Details of 'Mesh'" 对话框

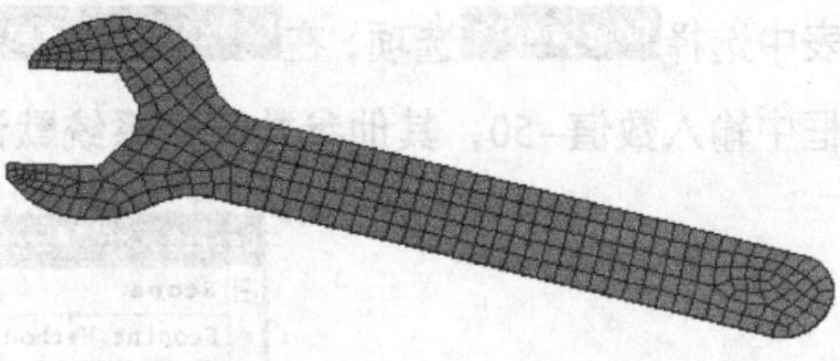

图 7.5.13 划分网格

| Details of "Coordinate System" | |
|---|---|
| **Definition** | |
| Type | Cartesian |
| Coordinate System | Program Controlled |
| **Origin** | |
| Define By | Geometry Selection |
| Geometry | Click to Change |
| Origin X | 323.29 mm |
| Origin Y | -34.574 mm |
| **Principal Axis** | |
| Axis | X |
| Define By | Geometry Selection |
| Geometry | Click to Change |
| **Orientation About Principal Axis** | |
| **Directional Vectors** | |
| **Transformations** | |

图 7.5.15 "Details of 'Coordinate System'" 对话框

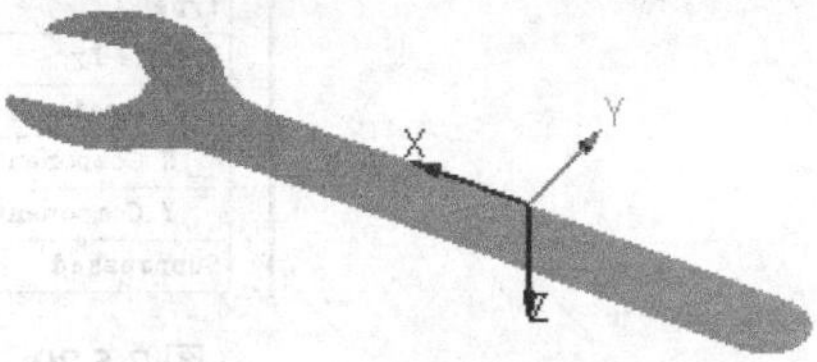


图 7.5.14 创建坐标系

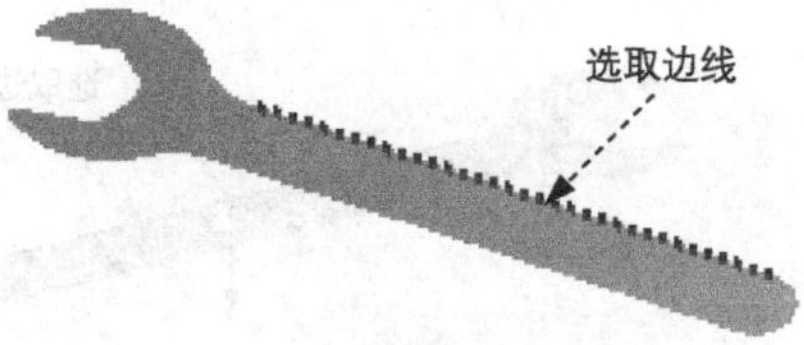


图 7.5.16 选取坐标系参考

步骤 14 添加固定约束条件。在"Outline"窗口中右击 Static Structural (B5) 选项，在弹出的快捷菜单中选择 Insert → Fixed Support 命令，弹出图 7.5.17 所示的"Details of 'Fixed Support'"对话框；选取图 7.5.18 所示的两条边线为固定对象，在 Geometry 后的文本框中单击 Apply 按钮。结果如图 7.5.19 所示。

| Details of "Fixed Support" | |
|---|---|
| **Scope** | |
| Scoping Method | Geometry Selection |
| Geometry | 2 Edges |
| **Definition** | |
| Type | Fixed Support |
| Suppressed | No |

图 7.5.17 "Details of 'Fixed Support'" 对话框

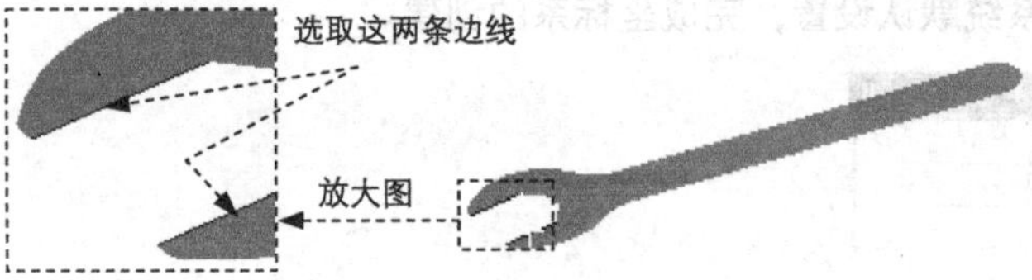


图 7.5.18 定义固定对象

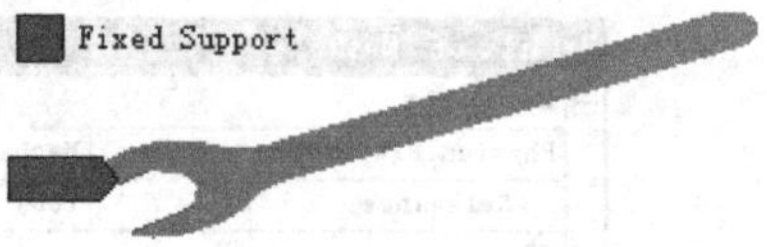


图 7.5.19 添加固定约束条件

步骤 15 添加载荷力。在“Outline”窗口中右击 Static Structural (B5) 选项，在弹出的快捷菜单中选择 Insert ▶ ➡ Force 命令，弹出图 7.5.20 所示的“Details of ‘Force’”对话框；选取图 7.5.21 所示的边线，在 Geometry 后的文本框中单击 Apply 按钮确认，在 Define By 下拉列表中选择 Components 选项，在 Coordinate System 下拉列表中选择 Components 选项，在 Y Component 文本框中输入数值-50，其他参数采用系统默认设置。结果如图 7.5.22 所示。

Details of “Force”

| | |
|---|---|
| **Scope** | |
| Scoping Method | Geometry Selection |
| Geometry | 1 Edge |
| **Definition** | |
| Type | Force |
| Define By | Components |
| Coordinate System | Coordinate System |
| X Component | 0. N (ramped) |
| Y Component | -50. N (ramped) |
| Suppressed | No |

图 7.5.20 “Details of ‘Force’”对话框

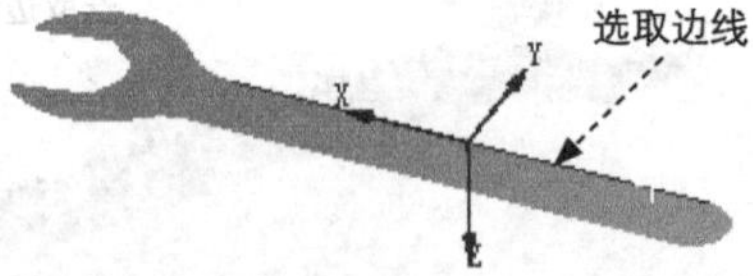


图 7.5.21 选取几何对象

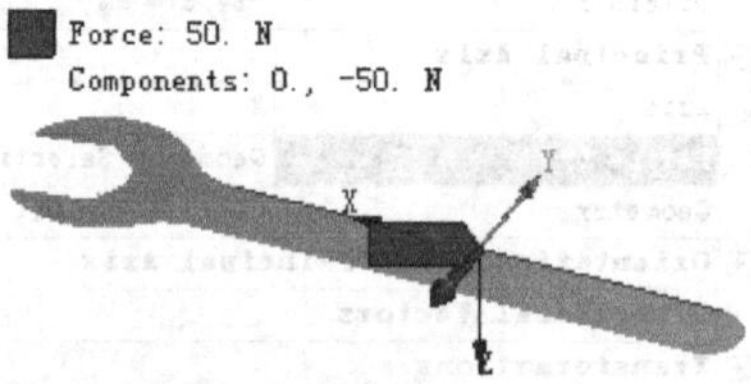


图 7.5.22 添加载荷力

步骤 16 插入应力结果图解。在“Outline”窗口中右击 Solution (A6) 选项，在弹出的快捷菜单中选择 Insert ▶ ➡ Stress ▶ ➡ Equivalent (von-Mises) 命令。

步骤 17 插入位移变形结果图解。在“Outline”窗口中右击 Solution (A6) 选项，在弹出的快捷菜单中选择 Insert ▶ ➡ Deformation ▶ ➡ Total 命令。

步骤 18 插入应变结果图解。在“Outline”窗口中右击 Solution (A6) 选项，在弹出的快捷菜单中选择 Insert ▶ ➡ Strain ▶ ➡ Equivalent (von-Mises) 命令。

步骤 19 求解查看应力及位移变形结果。

（1）求解分析。在顶部工具栏中单击 Solve 按钮求解分析。

（2）查看应力结果图解。在“Outline”窗口中选中 Equivalent Stress，查看图 7.5.23 所示的应力结果，其最小应力为 1.0152x10$^{-3}$ MPa，其最大应力为 20.877 MPa。

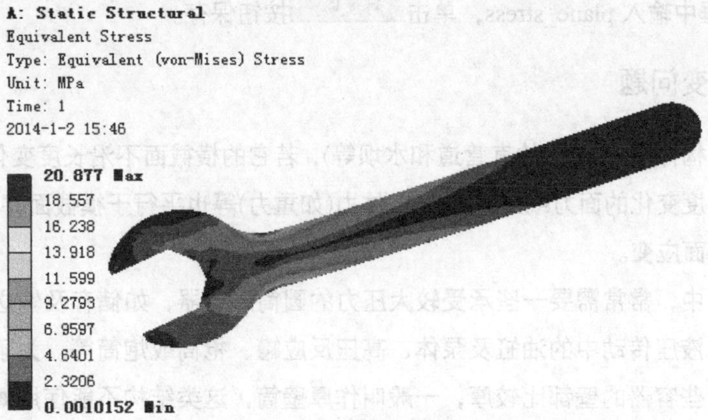


图 7.5.23 应力结果图解

（3）查看位移变形结果图解。在“Outline”窗口中选中 Total Deformation，查看图 7.5.24 所示的位移变形结果，其最大位移为 0.1974 mm。

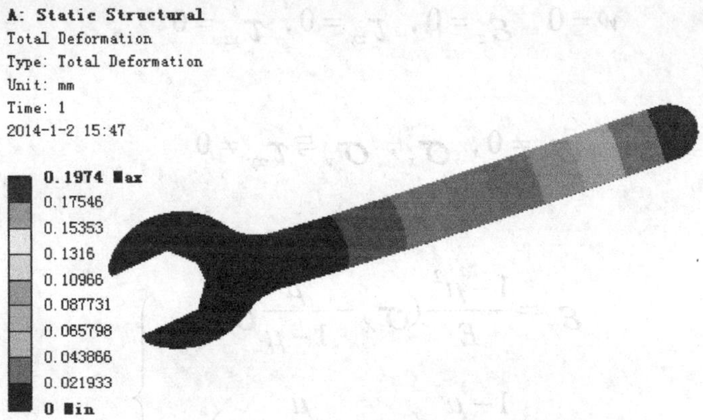


图 7.5.24 位移变形结果图解

（4）查看应变结果图解。在“Outline”窗口中选中 Equivalent Elastic Strain，查看图 7.5.25 所示的应变结果，其最小应变为 1.274x10$^{-8}$ mm/mm，其最大应变为 1.1012x10$^{-4}$ mm/mm。

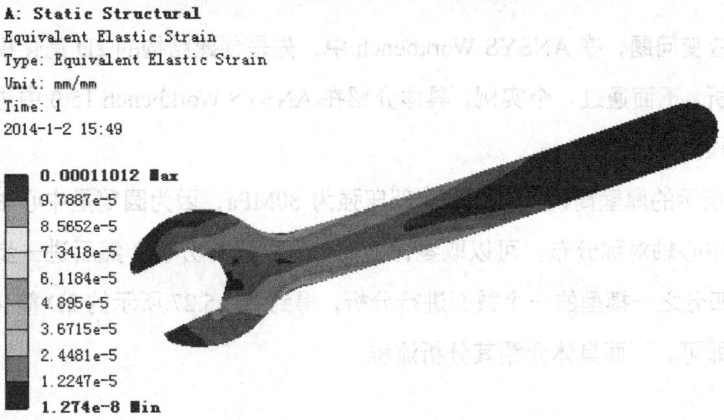


图 7.5.25 应变结果图解

步骤 20 保存文件。选择 File → Save Project... 命令，在弹出的“另存为”对话框的 文件名(N): 文本框中输入 plane_stress，单击 保存(S) 按钮保存。

### 7.5.3 平面应变问题

对于很长的构件(如等截面的直管道和水坝等)，若它的横截面不沿长度变化，受到平行于横截面并且不沿长度变化的面力或约束，同时，体力(如重力)等也平行于横截面并且不沿长度变化，这种情况称为平面应变。

在工业生产中，常常需要一些承受较大压力的圆筒形容器，如储存及输送高压液体或气体的容器及管道、液压传动中的油缸及泵体、高压反应罐、枪筒或炮筒等。为了使容器能够承受较大的压力，这些容器的壁都比较厚，一般叫作厚壁筒，这类结构不能使用薄壳来处理，主要使用平面应力来处理。

若以横截面为 XY 面，任一纵线为 $z$ 轴，则所有的应力、应变和位移都不沿 $z$ 方向变化，因而只是 $x$ 和 $y$ 的函数，故有

$$w=0，\varepsilon_z=0，\tau_{zx}=0，\tau_{yz}=0$$

一般情况下有

$$\sigma_z \neq 0，\sigma_x，\sigma_y 与 \tau_{xy} \neq 0$$

其物理方程为

$$\left.\begin{aligned} \varepsilon_x &= \frac{1-\mu^2}{E}\left(\sigma_X - \frac{\mu}{1-\mu}\sigma_Y\right) \\ \varepsilon_x &= \frac{1-\mu^2}{E}\left(\sigma_y - \frac{\mu}{1-\mu}\sigma_x\right) \\ \gamma_{xy} &= \frac{2(1+\mu)}{E}\tau_{XY} \end{aligned}\right\}$$

对于平面应变问题，在 ANSYS Workbench 中，先是创建结构的 2D 简化模型，然后对其简化模型进行分析。下面通过一个实例，具体介绍在 ANSYS Workbench 15.0 中进行平面应变问题分析的一般流程。

图 7.5.26 所示的厚壁筒模型，受到内部压强为 80MPa，因为圆筒是中心轴对称零件，应力和变形同样呈中心轴对称分布，可以取零件的四分之一进行分析，然后进一步简化。根据平面应变原理，取四分之一模型的一个截面进行分析，得到图 7.5.27 所示的 2D 简化模型，对该简化模型进行分析即可。下面具体介绍其分析流程。

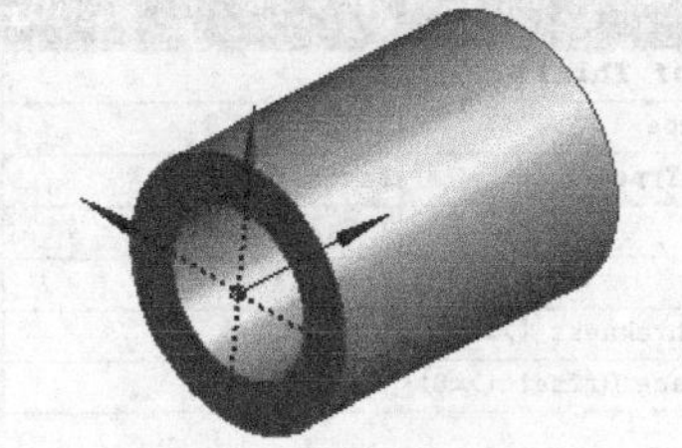

图 7.5.26 厚壁筒模型

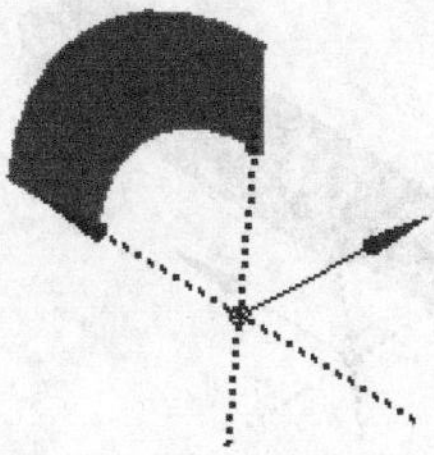

图 7.5.27 2D 简化模型

步骤 01 创建“Static Structural”项目列表。在 ANSYS Workbench 界面中，双击 Toolbox 工具箱 ⊟ Analysis Systems 区域中的 Static Structural ，新建一个“Static Structural”项目列表。

步骤 02 导入几何体。在“Static Structural”项目列表中右击 Geometry 选项，在弹出的快捷菜单中选择 Import Geometry ▸ ➡ Browse... 命令，弹出“打开”对话框，选择文件 D:\an15.01\work\ch07.05.03\plane_strain.stp，单击 打开(O) 按钮。

步骤 03 编辑几何体。在“Static Structural”项目列表中右击 Geometry 选项，在弹出的快捷菜单中选择 Edit Geometry... 命令，系统进入 DM 环境，单击 Generate 按钮，完成几何体的导入。

步骤 04 创建图 7.5.28 所示的对称 1。选择 Tools ➡ Symmetry 命令，弹出图 7.5.29 所示的“Details View”对话框（一）；选取 ZXPlane 平面为对称平面，单击 Apply 按钮，单击工具条中的 Generate 按钮，完成对称 1 的创建。

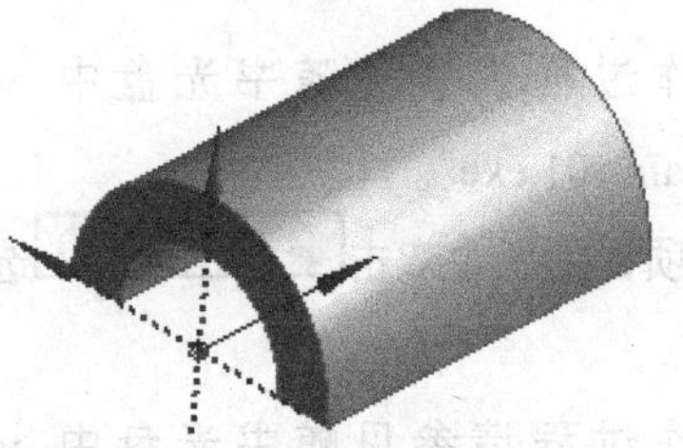

图 7.5.28 对称 1

Details View

| Details of Symmetry1 | |
|---|---|
| Symmetry | Symmetry1 |
| Number of Planes | 1 |
| Symmetry Plane1 | ZXPlane |
| Model Type | Full Model |
| Target Bodies | All Bodies |

图 7.5.29 “Details View”对话框（一）

步骤 05 创建图 7.5.30 所示的对称 2。选择 Tools ➡ Symmetry 命令，弹出图 7.5.31 所示的“Details View”对话框（二）；选取 YZPlane 平面为对称平面，单击 Apply 按钮，单击工具条中的 Generate 按钮，完成对称 2 的创建。

步骤 06 创建图 7.5.32b 所示的抽取面。选择 Create ➡ Thin/Surface 命令，弹出图 7.5.31 所示的“Details View”对话框（二）；在对话框的 Selection Type 下拉列表中选择 Faces to Keep 选项，单击以激活 Faces 后的文本框，选取图 7.5.32a 所示的模型表面为要保留的面，单击 Apply 按钮，在对话框的 FD1, Thickness (>=0) 文本框中输入数值 0。单击 Generate 按钮，完成抽取面的创建。

图 7.5.30　对称 2

| Details View | |
|---|---|
| Details of Thin1 | |
| Thin/Surface | Thin1 |
| Selection Type | Faces to Keep |
| Geometry | 1 Face |
| Direction | Inward |
| FD1, Thickness (>=0) | 0 mm |
| FD2, Face Offset (>=0) | 0 mm |

图 7.5.31　“Details View”对话框（二）

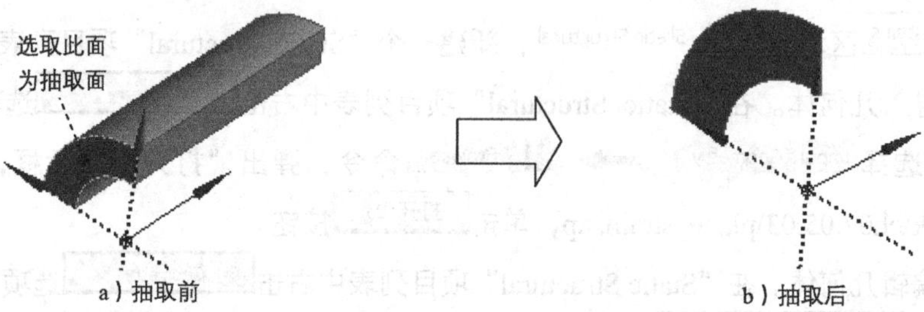


图 7.5.32　创建抽取面

注意　在平面应变问题分析中，抽取的面必须位于绝对坐标系的 XY 平面中，否则系统不进行平面应变分析，这一点和平面应力问题类似。

步骤 07　修改几何属性。（注：本步的详细操作过程请参见随书光盘中 video\ch07.05.03\reference\文件下的语音视频讲解文件“plane_strain-r01.exe”。）

步骤 08　采用系统默认的材料，在“Static Structural”项目列表中双击 Model 选项，进入“Mechanical”环境。

步骤 09　定义分析类型。（注：本步的详细操作过程请参见随书光盘中 video\ch07.05.03\reference\文件下的语音视频讲解文件“plane_strain-r02.exe”。）

步骤 10　划分网格。在“Outline”窗口中单击 Mesh 节点，弹出“Details of ‘Mesh’”对话框；在 Relevance 文本框中输入数值 100，在 Sizing 区域的 Relevance Center 下拉列表中选择 Fine 选项，单击 Update 按钮，网格划分结果如图 7.5.33 所示。

步骤 11　创建图 7.5.34 所示的坐标系。在“Outline”窗口中右击 Coordinate Systems 节点，在弹出的快捷菜单中选择 Insert ➡ Coordinate System 命令，弹出“Details of ‘Coordinate Systems’”对话框；在 Type 下拉列表中选择 Cylindrical 选项；在 Origin 区域中单击以激活 Geometry 后的文本框，选取图 7.5.35 所示的模型边线为参考对象，单击 Apply 按钮；在 Principal Axis

区域的 Axis 下拉列表中选择 X 选项，在 Define By 下拉列表中选择 Global X Axis 选项。其他参数采用系统默认设置，完成坐标系的创建。

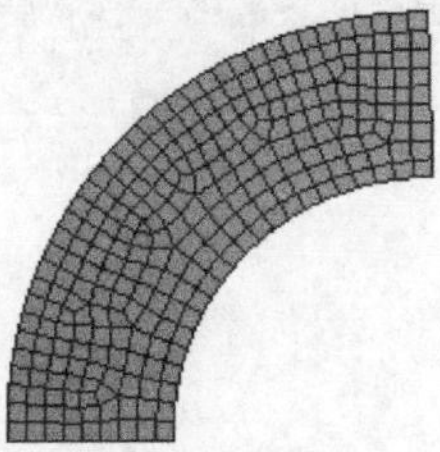

图 7.5.33 划分网格

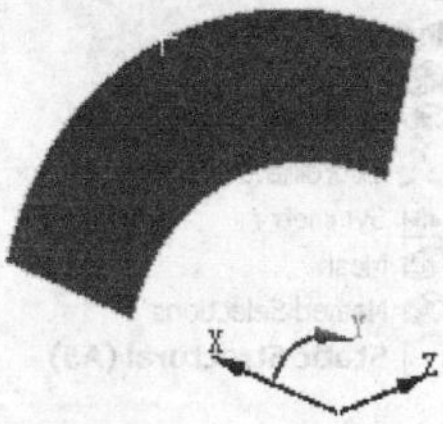


图 7.5.34 创建坐标系

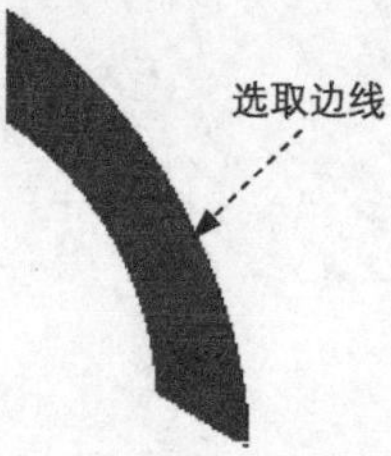


图 7.5.35 选取参考对象

步骤 12 添加压强载荷。在“Outline”窗口中右击 Static Structural (A5) 节点，在弹出的快捷菜单中选择 Insert ⟶ Pressure 命令，弹出图 7.5.36 所示的“Details of ‘Pressure’”对话框；选取图 7.5.37 所示的边线，在 Geometry 后的文本框中单击 Apply 按钮，在 Definition 区域的 Define By 下拉列表中选择 Normal To 选项，在 Magnitude 文本框中输入数值 80。结果如图 7.5.37 所示。

Details of "Pressure"

| | |
|---|---|
| **Scope** | |
| Scoping Method | Geometry Selection |
| Geometry | 1 Edge |
| **Definition** | |
| Type | Pressure |
| Define By | Normal To |
| Magnitude | 80. MPa (ramped) |
| Suppressed | No |

图 7.5.36 “Details of ‘Presure’”对话框

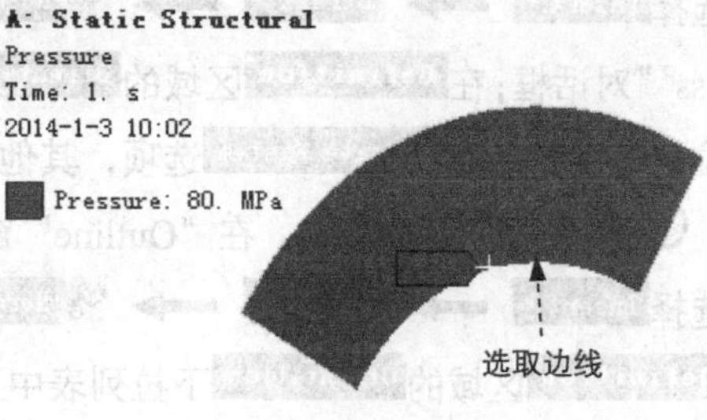


图 7.5.37 添加压强载荷

步骤 13 添加无摩擦支撑约束条件。在“Outline”窗口中右击 Static Structural (A5) 节点，在弹出的快捷菜单中选择 Insert ⟶ Frictionless Support 命令，弹出图 7.5.38 所示的“Details of ‘Frictionless Support’”对话框；选取图 7.5.39 所示的两条边线为对象，在 Geometry 后的文本框中单击 Apply 按钮。结果如图 7.5.39 所示。

Details of "Frictionless Support"

| | |
|---|---|
| **Scope** | |
| Scoping Method | Geometry Selection |
| Geometry | 2 Edges |
| **Definition** | |
| Type | Frictionless Support |
| Suppressed | No |

图 7.5.38 “Details of ‘Frictionless Support’”对话框

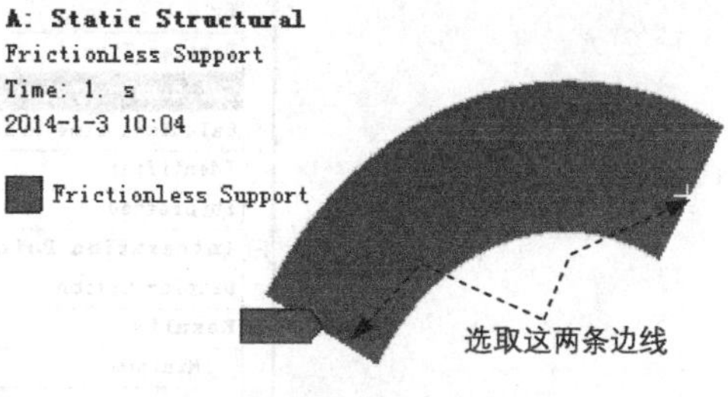


图 7.5.39 添加无摩擦支撑约束

步骤 14 插入构造几何。在“Outline”窗口中选中 Model (A4) 节点，在“Model”工具栏中单击Construction Geometry按钮，插入一个构造几何节点，如图 7.5.40 所示。

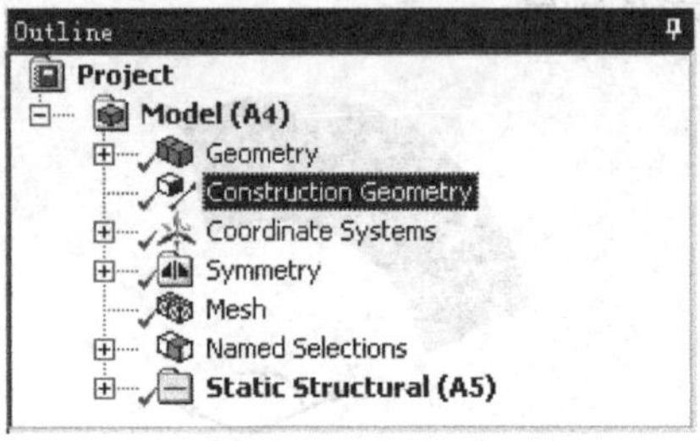


图 7.5.40　插入构造几何节点

步骤 15　创建路径 Path。（注：本步的详细操作过程请参见随书光盘中 video\ch07.05.03\reference\文件下的语音视频讲解文件"plane_strain-r03.exe"。）

步骤 16　插入位移变形结果图解。在"Outline"窗口中右击 Solution (A6) 选项，在弹出的快捷菜单中选择 Insert ▸ → Deformation ▸ → Total 命令。

步骤 17　插入径向应力。在"Outline"窗口中右击 Solution (A6) 选项，在弹出的快捷菜单中选择 Insert ▸ → Stress ▸ → Normal 命令，弹出图 7.5.41 所示的"Details of 'Normal Stress'"对话框；在 Definition 区域的 Orientation 下拉列表中选择 X Axis 选项，在 Coordinate System 下拉列表中选择 Coordinate System 选项，其他参数采用系统默认设置。

步骤 18　插入切向应力。在"Outline"窗口中右击 Solution (A6) 节点，在弹出的快捷菜单中选择 Insert ▸ → Stress ▸ → Normal 命令，弹出"Details of 'Normal Stress2'"对话框；在 Definition 区域的 Orientation 下拉列表中选择 Y Axis 选项，在 Coordinate System 下拉列表中选择 Coordinate System 选项，其他参数采用系统默认设置。

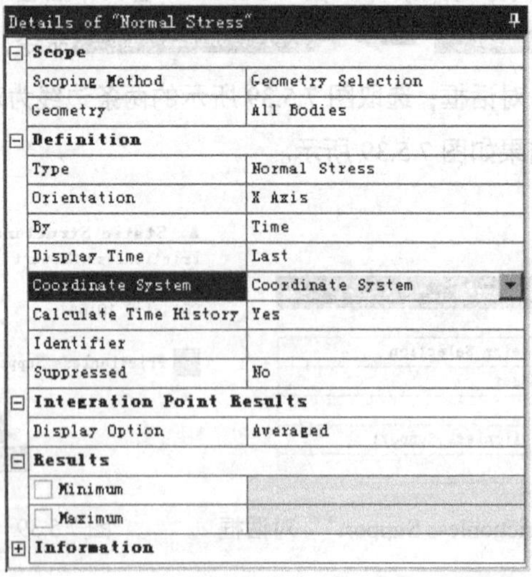


图 7.5.41　"Details of 'Normal Stress1'"对话框

步骤 19 插入径向应力（路径 Path）。在“Outline”窗口中右击 Solution (A6) 选项，在弹出的快捷菜单中选择 Insert → Stress → Normal 命令，弹出图 7.5.42 所示的“Details of ‘Normal Stress 3’”对话框；在 Scope 区域的 Scoping Method 下拉列表中选择 Path 选项，在 Path 下拉列表中选择 Path 选项；在 Definition 区域的 Orientation 下拉列表中选择 X Axis 选项，在 Coordinate System 下拉列表中选择 Coordinate System 选项，其他参数采用系统默认设置。

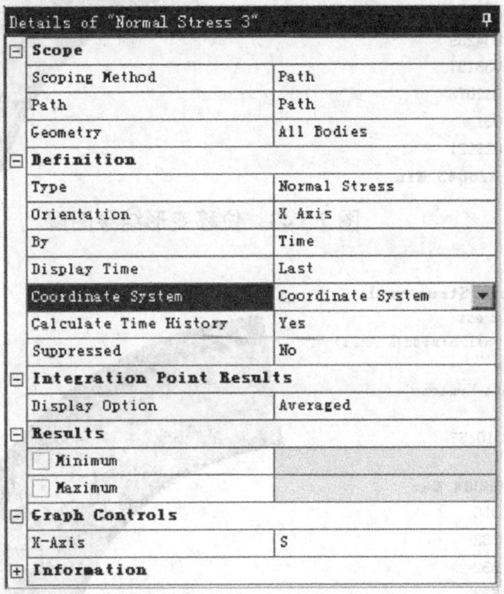


图 7.5.42 “Details of ‘Normal Stress 3’”对话框

步骤 20 插入切向应力（路径 Path）。在“Outline”窗口中右击 Solution (A6) 选项，在弹出的快捷菜单中选择 Insert → Stress → Normal 命令，弹出“Details of ‘Normal Stress 4’”对话框；在 Scope 区域的 Scoping Method 下拉列表中选择 Path 选项，在 Path 下拉列表中选择 Path 选项；在 Definition 区域的 Orientation 下拉列表中选择 Y Axis 选项，在 Coordinate System 下拉列表中选择 Coordinate System 选项，其他参数采用系统默认设置。

步骤 21 求解查看应力及位移变形结果。

（1）求解分析。在顶部工具栏中单击 Solve 按钮求解分析。

（2）查看位移变形结果图解。在“Outline”窗口中选中 Total Deformation，查看图 7.5.43 所示的位移变形结果，其最小位移为 0.028843 mm，其最大位移为 0.03855mm。

（3）查看径向应力结果图解。在“Outline”窗口中选中 Normal Stress，查看图 7.5.44 所示的径向应力结果，其最小径向应力为−80.035 MPa，其最大径向应力为 0.068804 MPa。

（4）查看切向应力结果图解。在“Outline”窗口中选中 Normal Stress 2，查看图 7.5.45 所示的切向应力结果，其最小切向应力为 97.456 MPa，其最大切向应力为 177.54MPa。

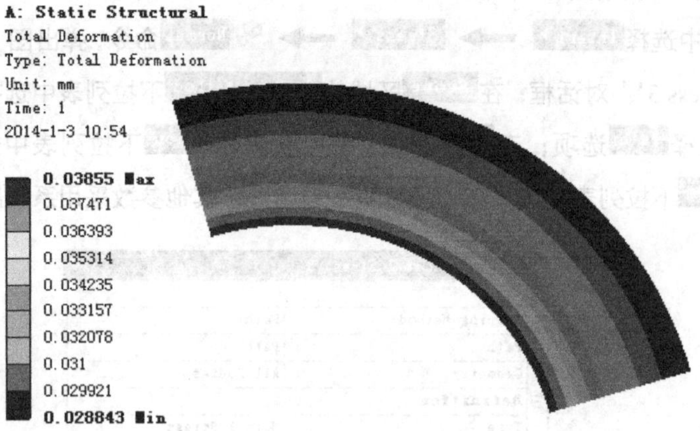


图 7.5.43 位移变形结果图解

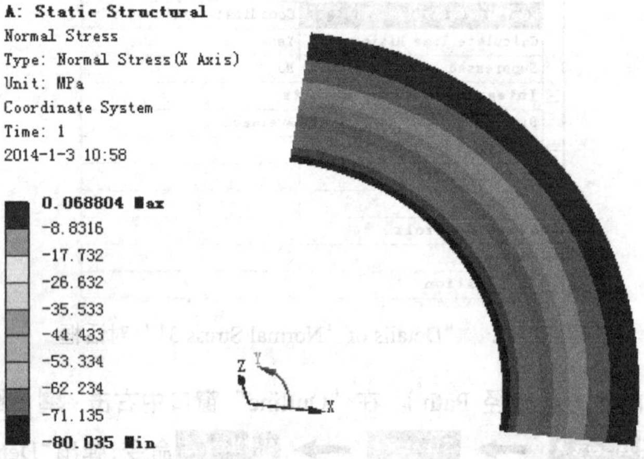


图 7.5.44 径向应力结果图解

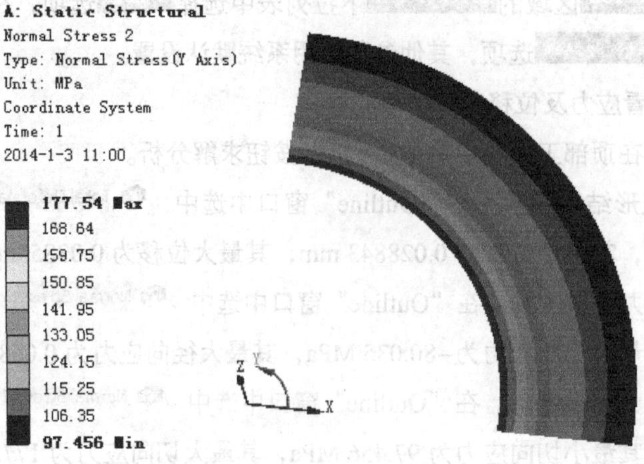


图 7.5.45 切向应力结果图解

（5）查看沿路径 Path 径向应力结果图解。在“Outline”窗口中选中 Normal Stress 3，查看图 7.5.46 所示的径向应力（路径 Path）结果，其最小应力为−79.954MPa，其最大应力为 0.015845 Mpa。在“Graph”窗口中显示图 7.5.47 所示的路径图变化情况。

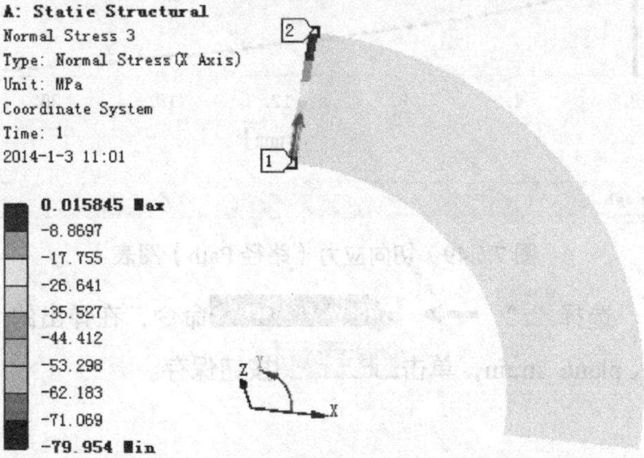


图 7.5.46　径向应力（路径 Path）结果图解

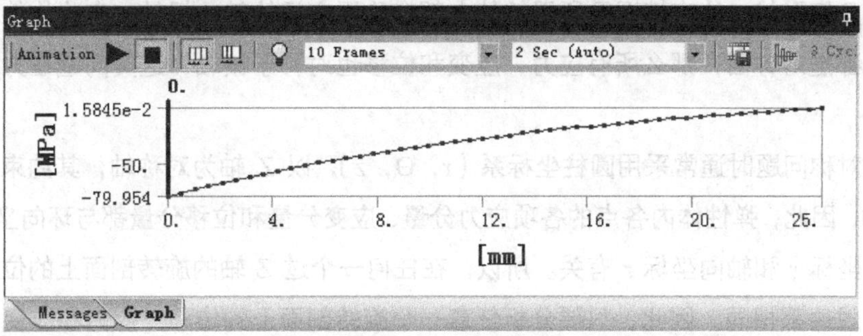


图 7.5.47　径向应力（路径 Path）图表

（6）查看沿路径 Path 切向应力结果图解。在“Outline”窗口中选中 Normal Stress 3，查看图 7.5.48 所示的切向应力（路径 Path）结果，其最小应力为-499.64 MPa，其最大应力为 0.11314 MPa；在“Graph”窗口中显示图 7.5.49 所示的路径图变化情况。

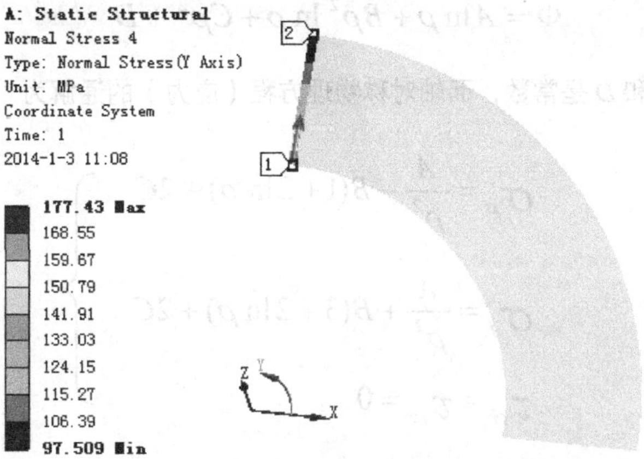


图 7.5.48　切向应力（路径 Path）结果图解

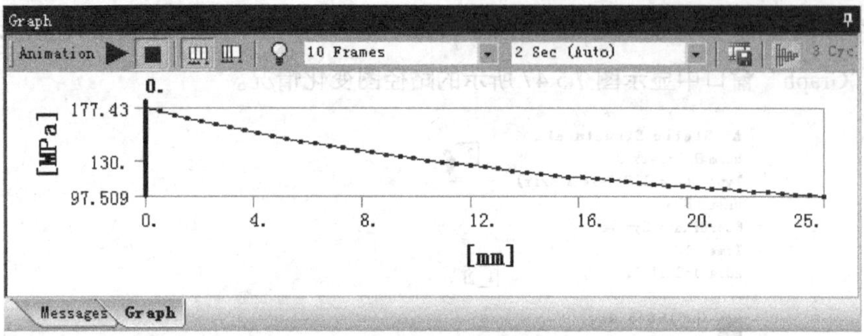


图 7.5.49　切向应力（路径 Path）图表

步骤 22 保存文件。选择 File → Save Project... 命令，在弹出的“另存为”对话框的 文件名(N): 文本框中输入 plane_strain，单击 保存(S) 按钮保存。

## 7.5.4 轴对称问题

构件的几何形状、约束情况及所受的外力都对称于空间的某一根轴，在此构件中通过该轴的任何平面都是对称面，那么所有应力、应变和位移也对称于该轴，这类问题在力学上称为轴对称问题。

研究轴对称问题时通常采用圆柱坐标系（r，Θ，z），以 Z 轴为对称轴，其约束及载荷也都对称于 Z 轴，因此，弹性体内各点的各项应力分量、应变分量和位移分量都与环向坐标 $\theta$ 无关，只是与径向坐标 $r$ 和轴向坐标 $z$ 有关。所以，在任何一个过 Z 轴的旋转剖面上的位移、应力和应变的分布规律都相同。因此，只要分析任意一个旋转剖面上的位移、应力和应变情况即可，这样，空间轴对称问题就转换成平面问题了.在 ANSYS Workbench 中将分析类型定义为 Axisymmetric 即可进行轴对称分析。

对称于 Z 轴的应力在极坐标仅仅是半径 $\rho$ 的函数，不依赖于 $\Phi$ 且剪应力为零，因而有 $\Phi=\Phi(\rho)$，这个四阶常微分方程的通解为

$$\Phi = A\ln\rho + B\rho^2\ln\rho + C\rho^2 + D$$

其中 $A$、$B$、$C$ 和 $D$ 是常数，而轴对称物理方程（应力）的通解为

$$\left.\begin{aligned}\sigma_\rho &= \frac{A}{\rho^2} + B(1+2\ln\rho) + 2C \\ \sigma_j &= \frac{A}{\rho^2} + B(3+2\ln\rho) + 2C \\ \tau_{\rho j} &= \tau_{j\rho} = 0\end{aligned}\right\}$$

形变分量为

$$\left.\begin{aligned}\varepsilon_{\rho} &= \frac{1}{E}\left[(1+\mu)\frac{A}{\rho^{2}}+(1-3\mu)B+2(1-\mu)B\ln\rho+2(1-\mu)C\right]\\ \varepsilon_{j} &= \frac{1}{E}\left[-(1+\mu)\frac{A}{\rho^{2}}+(1-\mu)B+2(1-\mu)B\ln\rho+2(1-\mu)C\right]\\ \gamma_{\rho j} &= 0\end{aligned}\right\}$$

在处理轴对称问题中需要注意以下问题。

系统默认的对称轴是 Y 轴。

只研究旋转剖面，旋转剖面必须全部在相关的笛卡儿坐标系的 X 轴的正向。

旋转剖面中落在 Y 轴上的点、线只有沿 Y 轴方向的平动自由度，因此，如果不需要约束这些点、线沿 Y 轴方向的运动，就无须对它们施加约束了。

对于轴对称问题分析，在 ANSYS Workbench 中，先创建结构的 2D 简化模型，然后对其简化模型进行分析。下面通过一个实例，具体介绍在 ANSYS Workbench 15.0 中进行轴对称问题分析的一般流程。

图 7.5.50 所示的压力容器罐模型受到的内部压强为 150MPa，因为容器罐呈轴对称布局，取零件的四分之一进行分析，然后进一步进行简化。根据轴对称原理，取四分之一模型的一个旋转截面进行分析，得到图 7.5.51 所示的 2D 简化模型，对该简化模型进行分析即可。下面具体介绍其分析流程。

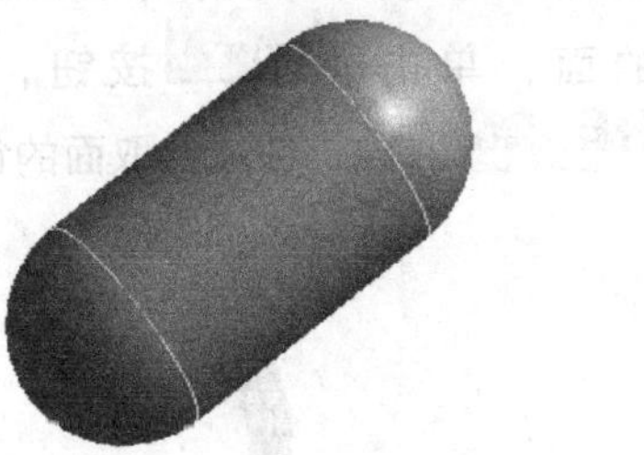

图 7.5.50　压力容器罐模型

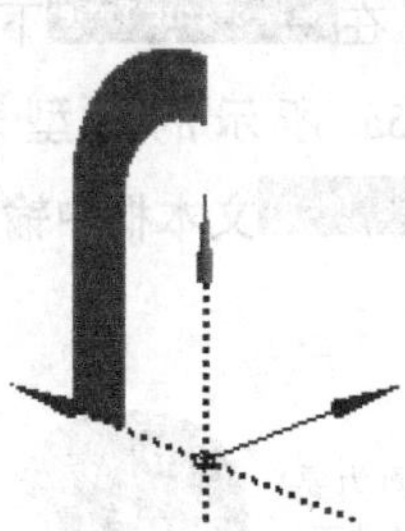

图 7.5.51　2D 简化模型

步骤 01　创建“Static Structural”项目列表。在 ANSYS Workbench 界面中，双击 Toolbox 工具箱 Analysis Systems 区域中的 Static Structural，新建一个“Static Structural”项目列表。

步骤 02　导入几何体。在“Static Structural”项目列表中右击 Geometry 选项，在弹出的快捷菜单中选择 Import Geometry → Browse... 命令，弹出“打开”对话框。选择文件

D:\an15.01\work\ch07.05.04\axisymmetric.stp，单击 打开(O) 按钮。

步骤 03 编辑几何体。在“Static Structural”项目列表中右击 Geometry 选项，在弹出的快捷菜单中选择 Edit Geometry... 命令，在弹出的“ANSYS Workbench”对话框中选中 Millimeter 选项，单击 OK 按钮，单击 Generate 按钮，完成几何体的导入。

步骤 04 创建图 7.5.52 所示的对称 1。选择 Tools → Symmetry 命令，弹出“Details View”对话框；选取 ZXPlane 平面为对称平面，单击 Apply 按钮，单击工具条中的 Generate 按钮，完成对称 1 的创建。

步骤 05 创建图 7.5.53 所示的对称 2。选择 Tools → Symmetry 命令，弹出“Details View”对话框；选取 YZPlane 平面为对称平面，单击 Apply 按钮，单击工具条中的 Generate 按钮，完成对称 2 的创建。

步骤 06 创建图 7.5.54 所示的对称 3。选择 Tools → Symmetry 命令，弹出“Details View”对话框；选取 XYPlane 平面为对称平面，单击 Apply 按钮，单击工具条中的 Generate 按钮，完成对称 3 的创建。

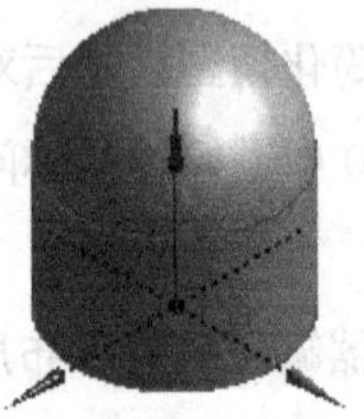
图 7.5.52 对称 1

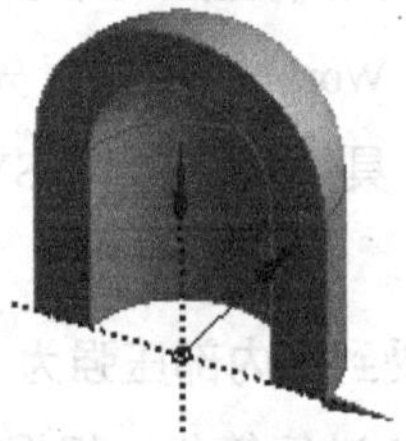
图 7.5.53 对称 2

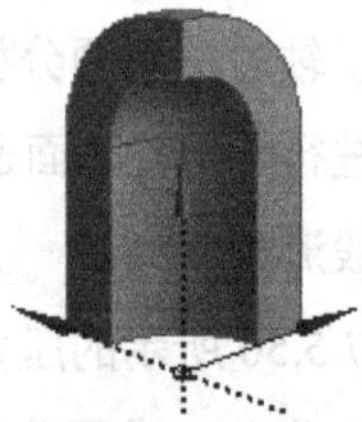
图 7.5.54 对称 3

步骤 07 创建图 7.5.55b 所示的抽取面。选择 Create → Thin/Surface 命令，弹出“Details View”对话框；在 Selection Type 下拉列表中选择 Faces to Keep 选项，单击以激活 Faces 后的文本框，选取图 7.5.55a 所示的模型表面为要保留的面，单击 Apply 按钮，在对话框的 FD1, Thickness (>=0) 文本框中输入数值 0。单击 Generate 按钮，完成抽取面的创建。

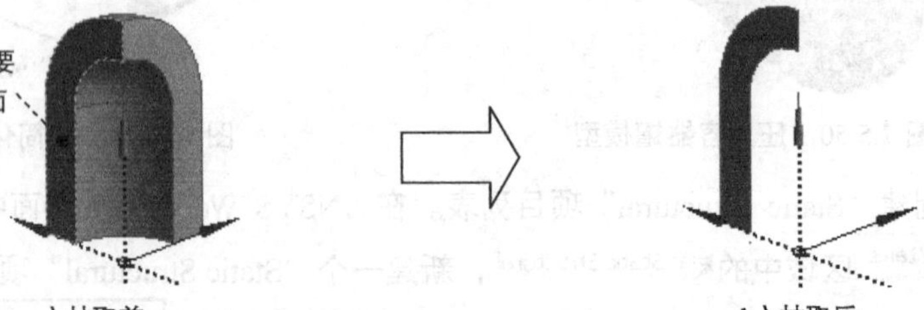

a）抽取前　　b）抽取后

图 7.5.55 创建抽取面

注意

在轴对称问题分析中，抽取的面必须位于绝对坐标系的 XY 平面中，其中 Y 轴为旋转轴，否则系统不进行轴对称分析，这一点和平面应力、平面应变问题类似。

步骤 08 修改几何属性。（注：本步的详细操作过程请参见随书光盘中 video\ch07.05.04\reference\文件下的语音视频讲解文件“axisymmetric-r01.exe”。）

步骤 09 采用系统默认的材料，在“Static Structural”项目列表中双击 Model 选项，进入“Mechanical”环境。

步骤 10 定义分析类型。（注：本步的详细操作过程请参见随书光盘中 video\ch07.05.04\reference\文件下的语音视频讲解文件“axisymmetric-r02.exe”。）

步骤 11 整理约束。在“Outline”窗口中展开 Symmetry 节点下的所有内容，如图 7.5.56 所示，右击 Symmetry Region 选项，在弹出的快捷菜单中选择 Delete 命令，在弹出的“ANSYS Workbench”对话框中单击 是(Y) 按钮，将其删除。

步骤 12 划分网格。在“Outline”窗口中选中 Mesh 节点，弹出“Details of ‘Mesh’”对话框；在 Relevance 文本框中输入数值 100，在 Sizing 区域的 Relevance Center 下拉列表中选择 Fine 选项，单击 Update 按钮，网格划分结果如图 7.5.57 所示。

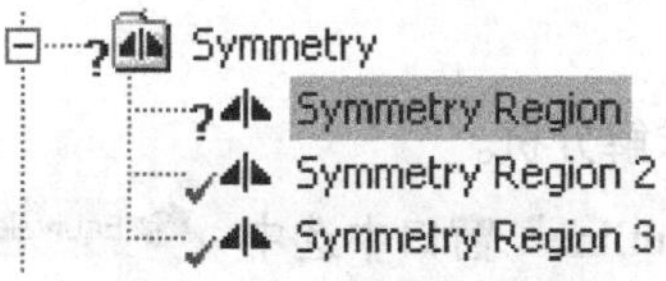


图 7.5.56 展开的所有项

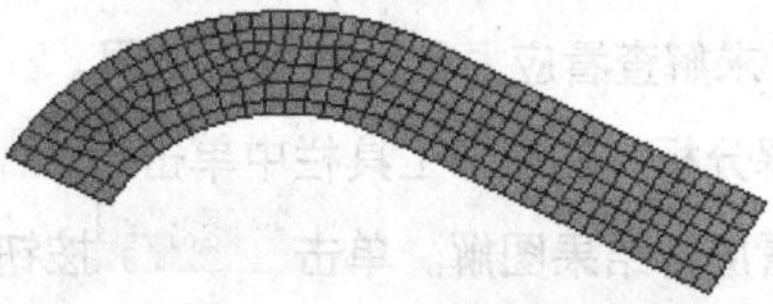

图 7.5.57 划分网格

步骤 13 添加无摩擦支撑约束条件。在“Outline”窗口中右击 Static Structural (A5) 选项，在弹出的快捷菜单中选择 Insert ➡ Frictionless Support 命令，弹出图 7.5.58 所示的“Details of ‘Frictionless Support’”对话框；选取图 7.5.59 所示的两条边线为对象，在 Geometry 后的文本框中单击 Apply 按钮。结果如图 7.5.59 所示。

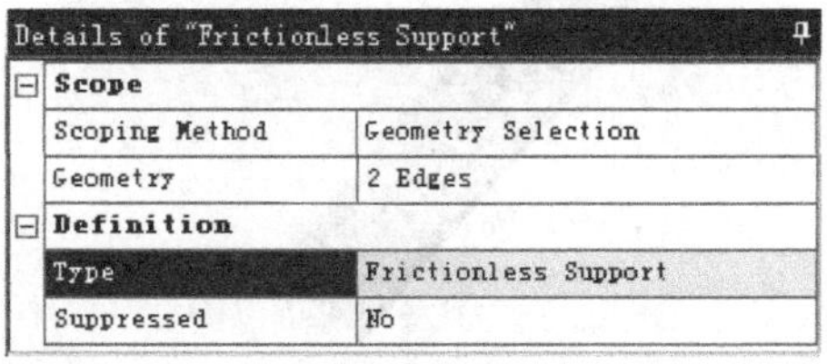

Details of "Frictionless Support"

| | |
|---|---|
| **Scope** | |
| Scoping Method | Geometry Selection |
| Geometry | 2 Edges |
| **Definition** | |
| Type | Frictionless Support |
| Suppressed | No |

图 7.5.58 “Details of ‘Frictionless Support’”对话框

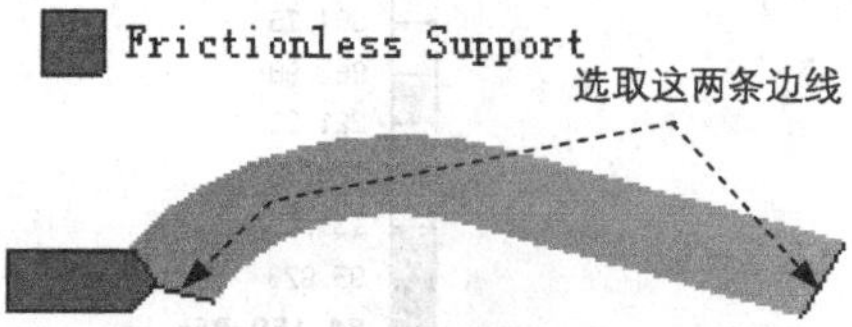


图 7.5.59 添加无摩擦支撑约束

步骤 14 添加压强载荷。在“Outline”窗口中右击 Static Structural (A5) 选项，在弹出的快捷菜单中选择 Insert → Pressure 命令，弹出图 7.5.60 所示的“Details of ‘Pressure’”对话框；选取图 7.5.61 所示的边线，在 Geometry 后的文本框中单击 Apply 按钮，在 Definition 区域的 Define By 下拉列表中选择 Normal To 选项，在 Magnitude 文本框中输入数值 150。结果如图 7.5.61 所示。

Details of “Pressure”

| | |
|---|---|
| **Scope** | |
| Scoping Method | Geometry Selection |
| Geometry | 2 Edges |
| **Definition** | |
| Type | Pressure |
| Define By | Normal To |
| Magnitude | 150. MPa (ramped) |
| Suppressed | No |

图 7.5.60 “Details of ‘Presure’”对话框

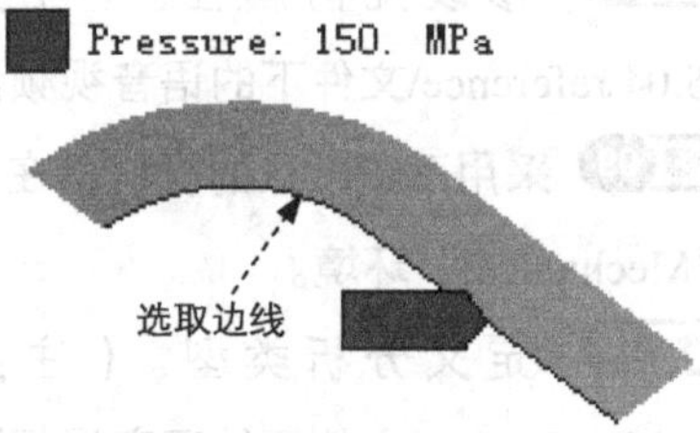


图 7.5.61 添加压强载荷

步骤 15 插入应力结果图解。在“Outline”窗口中右击 Solution (A6) 选项，在弹出的快捷菜单中选择 Insert → Stress → Equivalent (von-Mises) 命令。

步骤 16 插入位移变形结果图解。在“Outline”窗口中右击 Solution (A6) 选项，在弹出的快捷菜单中选择 Insert → Deformation → Total 命令。

步骤 17 插入应变结果图解。在“Outline”窗口中右击 Solution (A6) 选项，在弹出的快捷菜单中选择 Insert → Strain → Equivalent (von-Mises) 命令。

步骤 18 求解查看应力及位移变形结果。

（1）求解分析。在顶部工具栏中单击 Solve 按钮求解分析。

（2）查看应力结果图解。单击 Solve 按钮，在“Outline”窗口中选中 Equivalent Stress，查看图 7.5.62 所示的总应力结果，其最小应力为 54.159 MPa，其最大应力为 430.04 MPa。

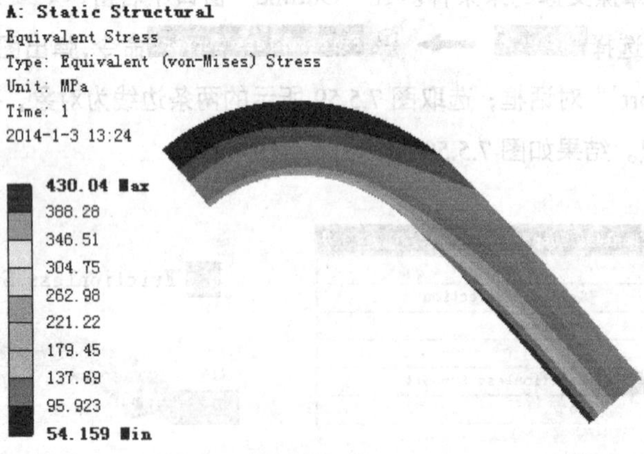


图 7.5.62 应力结果图解

（3）查看位移变形结果图解。在“Outline”窗口中选中 Total Deformation，查看图 7.5.63 所示的位移变形结果，其最小位移为 1.4095ex$10^{-2}$ mm，其最大位移为 4.5824 x$10^{-2}$ mm。

（4）查看应变结果图解。在“Outline”窗口中选中 Equivalent Elastic Strain，查看图 7.5.64 所示的应变结果，其最小应变为 2.7088 x$10^{-4}$ mm/mm，其最大应变为 2.1502 x$10^{-3}$ mm/mm。

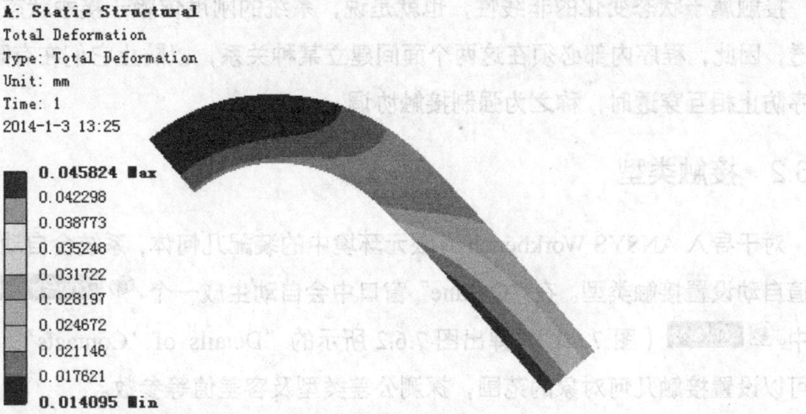


图 7.5.63 位移变形结果图解

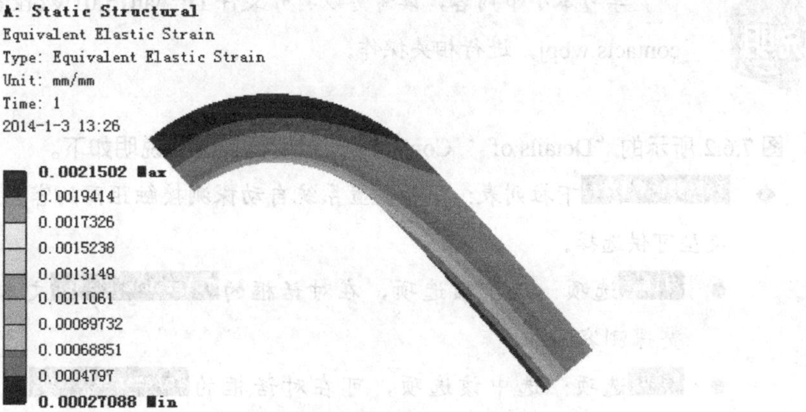


图 7.5.64 应变结果图解

步骤 19 保存文件。选择 File → Save Project... 命令，在弹出的“另存为”对话框的 文件名(N): 文本框中输入 axisymmetric，单击 保存(S) 按钮保存。

## 7.6 接触分析

### 7.6.1 概述

接触问题是一种高度非线性行为，计算时需要较大的计算资源。

当两个不同物体的表面互相接触，具有一定的公共区域时，就称它们处于接触状态，一般接触的两个物体具有以下特点。

◆ 不同物体的表面不互相渗透。

◆ 不同物体间可以传递正压力和切向摩擦力。

◆ 一般不能传递法向拉伸力。

接触属于状态变化的非线性，也就是说，系统的刚度依赖于接触状态。实际接触体互相不渗透，因此，程序内部必须在这两个面间建立某种关系，以防止它们在有限元分析中相互穿过，程序防止相互穿透时，称之为强制接触协调。

## 7.6.2 接触类型

对于导入 ANSYS Workbench 有限元环境中的装配几何体，系统会自动根据几何体之间的间隙值自动设置接触类型。在“Outline”窗口中会自动生成一个 Connections 节点，在节点下单击选中 Contacts（图 7.6.1），弹出图 7.6.2 所示的“Details of‘Contacts’”对话框。在该对话框中可以设置接触几何对象的范围，探测公差类型及容差值等参数。

**说明** 学习本小节内容，读者可以打开文件 D: \an15.01\work\ch07.06.02\contacts.wbpj。进行相关操作。

图 7.6.2 所示的“Details of‘ Contacts’”对话框各选项说明如下。

◆ Tolerance Type 下拉列表：用于设置系统自动探测接触距离的容差类型，包括以下三种类型可供选择。

- Slider 选项：选中该选项，在对话框的 Tolerance Slider 文本框中拖动滑块可调整探测容差值。
- Value 选项：选中该选项，可在对话框的 Tolerance Value 文本框中输入探测容差值。
- Use Sheet Thickness 选项：在对话框的 Thickness Scale Factor 文本框中输入厚度因子作为探测容差值。

◆ Face/Face 下拉列表：用于设置探测面与面的接触，默认为 Yes 选项，选择 No 选项，系统不探测面与面的接触。

◆ Face/Edge 下拉列表：用于设置探测面与边的接触，默认为 No 选项，选择 Yes 选项，系统探测面与边的接触。

◆ Edge/Edge 下拉列表：用于设置探测边与边的接触，默认为 No 选项，选择 Yes 选项，系统探测边与边的接触。

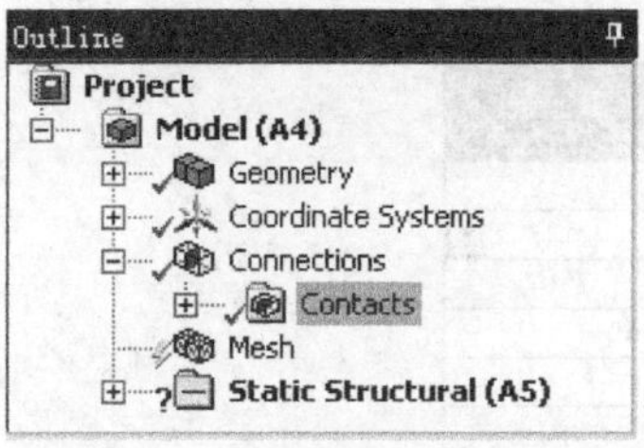


图 7.6.1 “Outline”窗口（一）

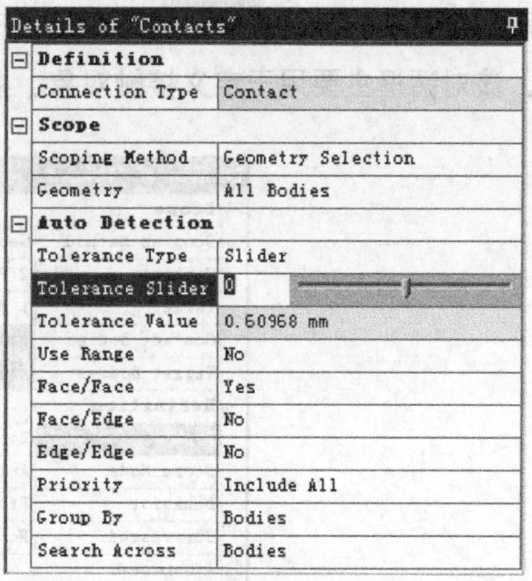


图 7.6.2 “Details of Contacts”对话框

在“Outline”窗口中展开 Contacts 节点，在其节点下有系统自动探测到的三对接触区域（图 7.6.3），选中三对接触，在图形区对应部位将显示接触对，如图 7.6.4 所示。

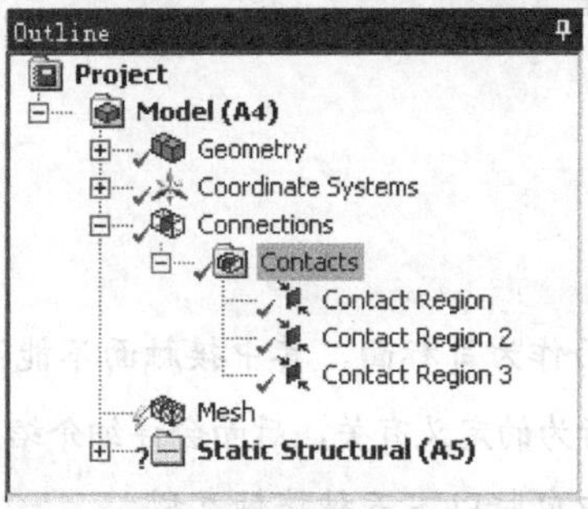


图 7.6.3 “Outline”窗口（二）

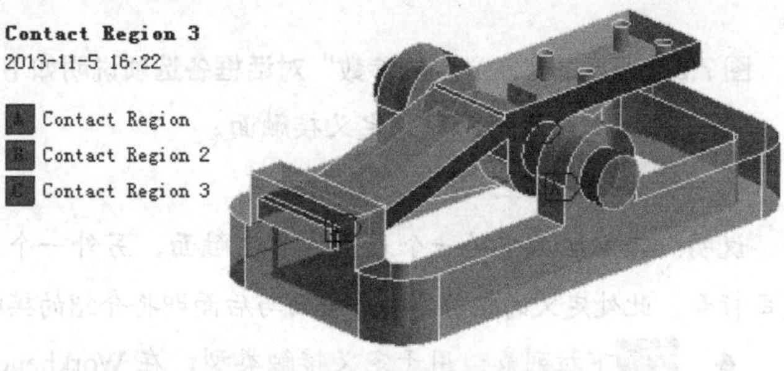


图 7.6.4 接触区域

在“Outline”窗口中右击 Contacts 节点，在弹出的快捷菜单中选择 Rename Based on Definition 命令，系统对各接触对重命名，命名中包括接触类型及接触的两个几何体对象名称，默认的接触类型为绑定（Bonded），如图 7.6.5 所示。

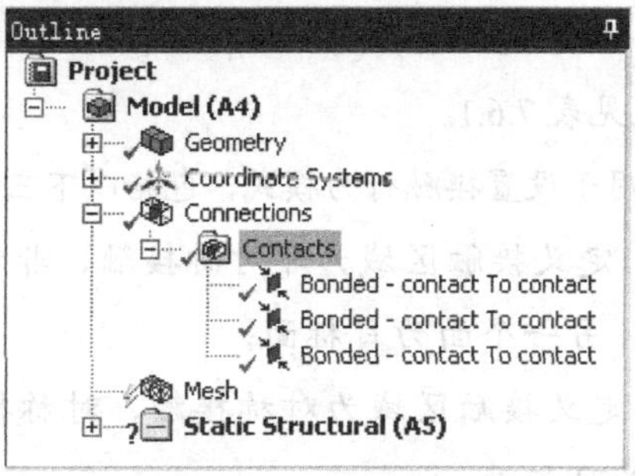


图 7.6.5 “Outline”窗口（三）

分析最初的这些接触对都是系统自动探测并定义的，并不一定符合实际情况，一般需要用户手动定义与修改。在 Contacts 节点下选中任一接触对，弹出图 7.6.6 所示的“定义接触参数”对话框，该对话框主要用于定义接触对象、接触类型及接触的其他详细参数。

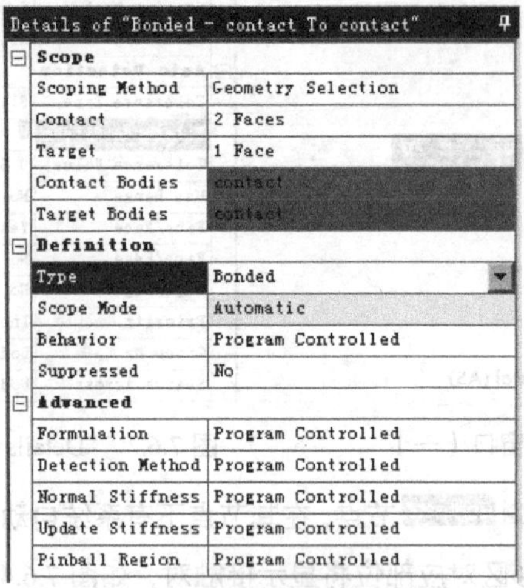


图 7.6.6　“定义接触参数”对话框

图 7.6.6 所示的“定义接触参数”对话框各选项说明如下。

- Contact 文本框：用于定义接触面。
- Target 文本框：用于定义目标面。

说明：接触区域中的一个表面作为接触面，另外一个表面作为目标面，其中接触面不能穿透目标面。此处定义的接触面和目标面与后面即将介绍的接触行为的定义有关，后面会详细介绍。

- Type 下拉列表：用于定义接触类型，在 Workbench 中包括以下五种接触类型。
  - Bonded 选项：用于定义绑定接触区域，也是系统默认的接触类型。
  - No Separation 选项：用于定义不分离接触区域。
  - Frictionless 选项：用于定义无摩擦接触区域。
  - Rough 选项：用于定义粗糙接触区域。
  - Frictional 选项：用于定义有摩擦接触区域。

说明：接触类型详细特点见表 7.6.1。

- Behavior 下拉列表：用于设置接触行为模式，包括以下三种行为模式。
  - Asymmetric 选项：定义接触区域为非对称接触，非对称接触就是指两个面中一个面是接触面，另一个面为目标面。
  - Symmetric 选项：定义接触区域为对称接触，对称接触就是指两个面都为接触面或两个面都为目标面。
  - Auto Asymmetric 选项：定义为自动非对称接触。

表 7.6.1 接触类型特点

| 接 触 类 型 | 迭 代 次 数 | 法 向 分 离 | 切 向 滑 移 |
|---|---|---|---|
| 绑定 | 1 次 | 无间隙 | 不能滑移 |
| 不分离 | 1 次 | 无间隙 | 允许滑移 |
| 无摩擦 | 多次 | 允许有间隙 | 允许滑移 |
| 粗糙 | 多次 | 允许有间隙 | 不能滑移 |
| 有摩擦 | 多次 | 允许有间隙 | 允许滑移 |

在 Contacts 节点下选中任一接触对，系统在图形区显示对应的接触区域（图 7.6.7），在界面的顶部工具栏按钮区单击 Body Views 按钮，打开图 7.6.8 所示的“Contect Body View”窗口，在该窗口中分别显示接触体与目标体；单击 Sync Views 按钮，将图形区的模型与接触体和目标体窗口中的模型同步，旋转其中任何一个几何体，其他几何体都将一起同步旋转，读者可自行操作。

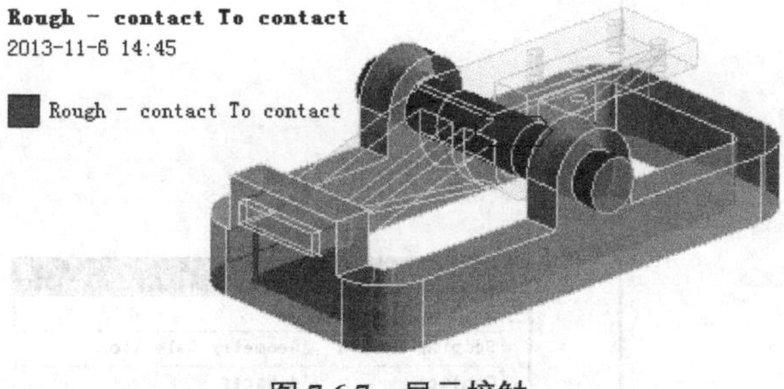


图 7.6.7 显示接触

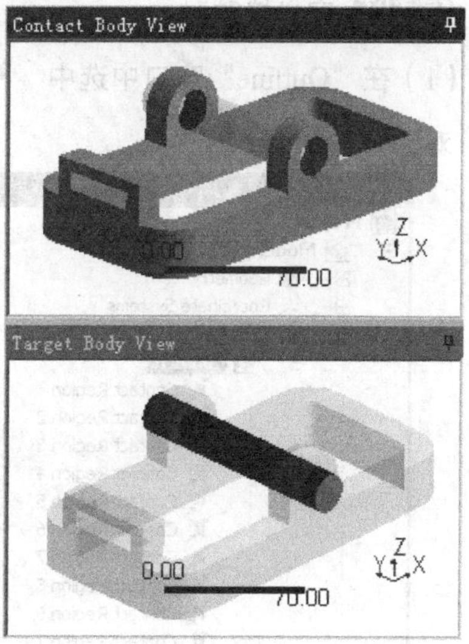


图 7.6.8 “Contect Body View”窗口

## 7.6.3 接触定义

### 1. 定义绑定接触

绑定接触就是两个物体之间不能分开、不能滑移。在一些装配体中，如果某几个零部件的运动始终都是一致的，像这样的几个零件之间的接触就可以定义成绑定接触，将它们看成一个整体。下面以图 7.6.9 所示的模型为例介绍定义绑定接触的一般操作过程。

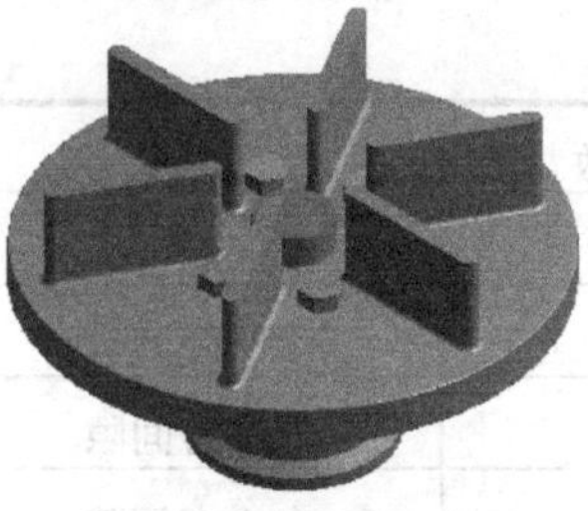

图 7.6.9　定义绑定接触

步骤 01 打开文件并进入界面。选择 File → Open... 命令，打开文件 D:\an15.01\work\ch07.06.03.01\bonded.wbpj，在项目列表中双击 Model 选项，进入“Mechanical”环境中。

步骤 02 查看接触。在“Outline”窗口中展开 Connections 节点，在 Contacts 节点下有系统自动探测到的 25 对接触区域，如图 7.6.10 所示。

步骤 03 定义接触对。

（1）在“Outline”窗口中选中 Contact Region 接触对，弹出图 7.6.11 所示的“定义接触参数”对话框。

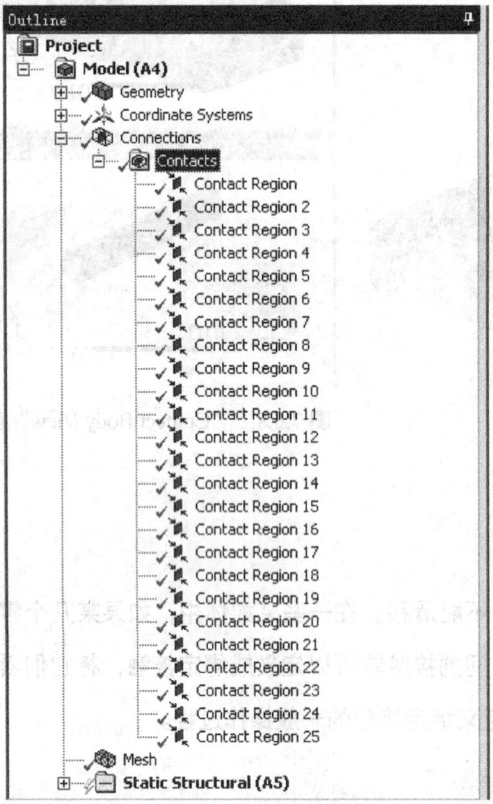


图 7.6.10　“Outline”窗口

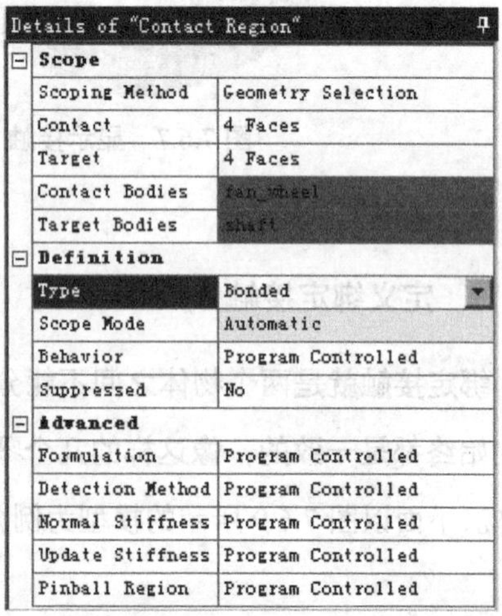


图 7.6.11　“定义接触参数”对话框

图 7.6.11 所示的“定义接触参数”对话框中的 Advanced （高级设置）区域部分选项说明如下。

- Formulation 下拉列表：用于定义接触公式，在物理上，接触体之间不相互渗透，因而程序须建立两表面间的相互关系阻止分析中的穿透，为保证接触界面的强制协调关系，在 Workbench 中提供了以下四种接触公式。
  - Augmented Lagrange 选项：增强拉格朗日法。
  - Pure Penalty 选项：罚函数法。
  - MPC 选项：多点约束方法。
  - Normal Lagrange 选项：拉格朗日法。
- Normal Stiffness 下拉列表：用于控制法向接触刚度，是影响精度和收敛行为最重要的参数，接触刚度越大，结果越精确，收敛也越困难。Workbench 中提供了 Manual （手动）和 Program Controlled （程序控制）两种方式；当选取 Manual 方式后，用户可以在 Normal Stiffness Factor （法向刚度因子）中定义数值，其值越小，接触刚度就越小；在实际应用中，对于以体积为主的问题，其法向刚度因子为 1，对于以弯曲为主的问题，其法向刚度因子在 0.01~0.1。
- Update Stiffness 下拉列表：用于刷新接触刚度，包括以下三种方式。
  - Never 选项：从不刷新。
  - Each Iteration 选项：每次迭代后刷新。
  - Each Iteration, Aggressive 选项：每次迭代后强制刷新。

（2）定义接触对象。采用系统默认的接触对象。

（3）定义接触类型。在 Type 下拉列表中选取 Bonded 选项（系统默认），其他参数采用系统默认设置。

步骤 04 定义剩余接触对。参照步骤 3 中的操作对剩余接触对进行接触定义。

步骤 05 重命名接触对。在“Outline”窗口中右击 Contacts 节点，在弹出的快捷菜单中选择 Rename Based on Definition 命令，系统对各接触对重命名，命名中包括接触类型及接触的两个几何体对象名称，如图 7.6.12 所示，完成绑定接触的定义。

步骤 06 插入应力结果图解。在“Outline”窗口中右击 Solution (A6) 选项，在弹出的快捷菜单中选择 Insert ▸ ➡ Stress ▸ ➡ Equivalent (von-Mises) 命令。

步骤 07 插入位移变形结果图解。在“Outline”窗口中右击 Solution (A6) 选项，在弹出的快捷菜单中选择 Insert ▸ ➡ Deformation ▸ ➡ Total 命令。

步骤 08 插入应力 1（零件 shaft）。在“Outline”窗口中右击 Solution (A6) 选项，在弹出的快捷菜单中选择 Insert ▸ ➡ Stress ▸ ➡ Equivalent (von-Mises) 命令，在弹出的“Details of ‘Equivalent Stess2’” 窗口中单击以激活 Geometry 后的文本框，选取几何体（shaft）为对象，单击 Apply 按钮。

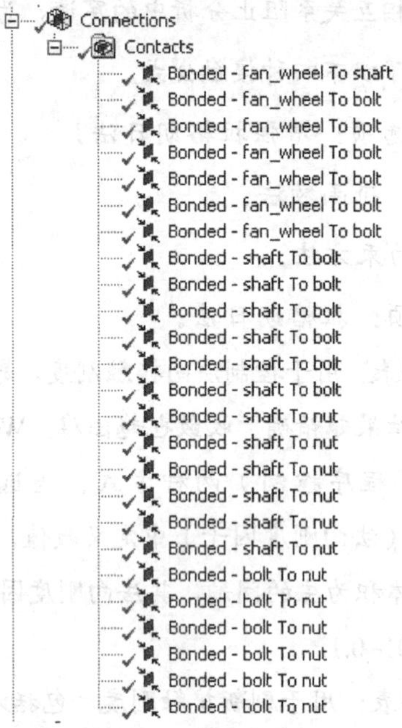


图 7.6.12　定义绑定接触

步骤 09 插入应力 2（零件 fan_wheel）。在“Outline”窗口中右击 Solution (A6) 选项，在弹出的快捷菜单中选择 Insert ➜ Stress ➜ Equivalent (von-Mises) 命令，在弹出的“Details of ‘Equivalent Stess 3’”窗口中单击以激活 Geometry 后的文本框，选取几何体（fan_wheel）为对象，单击 Apply 按钮。

步骤 10 求解查看应力及位移变形结果。

（1）求解分析。在顶部工具栏中单击 Solve 按钮求解分析。

（2）查看应力结果图解。在“Outline”窗口中选中 Equivalent Stress，查看图 7.6.13 所示的总应力结果，其最小应力为 3.4471x$10^{-3}$ MPa，其最大应力为 3948.2 MPa。

（3）查看位移结果图解。在“Outline”窗口中选中 Total Deformation，查看图 7.6.14 所示的位移变形结果，其最大位移为 8.5829 mm。

（4）查看 shaft 应力结果图解。在“Outline”窗口中选中 Equivalent Stress 2，查看图 7.6.15 所示的零件 shaft 的应力结果，其最小应力为 3.4471 x$10^{-3}$ MPa，其最大应力为 2353.5 MPa。

（5）查看 fan_wheel 应力结果图解。在“Outline”窗口中选中 Equivalent Stress 3，查看图 7.6.16 所示的零件 fan_wheel 的应力结果，其最小应力为 3.5207 MPa，其最大应力为 3948.2 MPa。

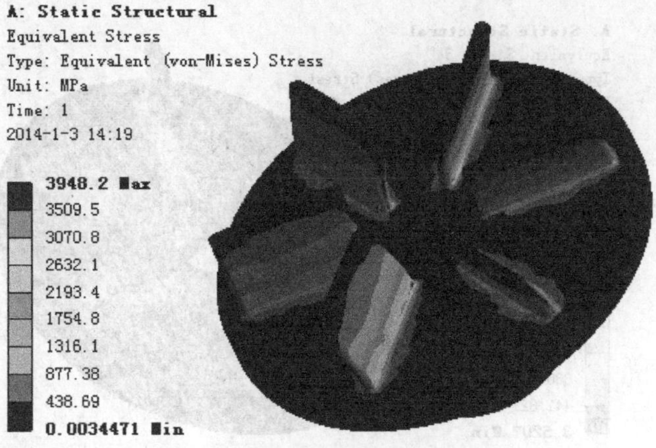


图 7.6.13 应力结果图解

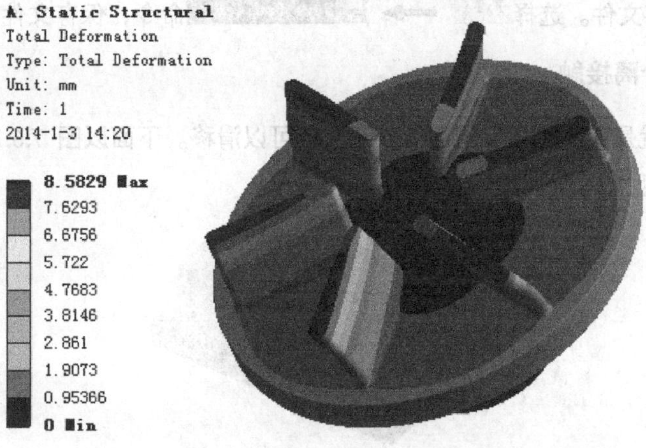


图 7.6.14 位移变形结果图解

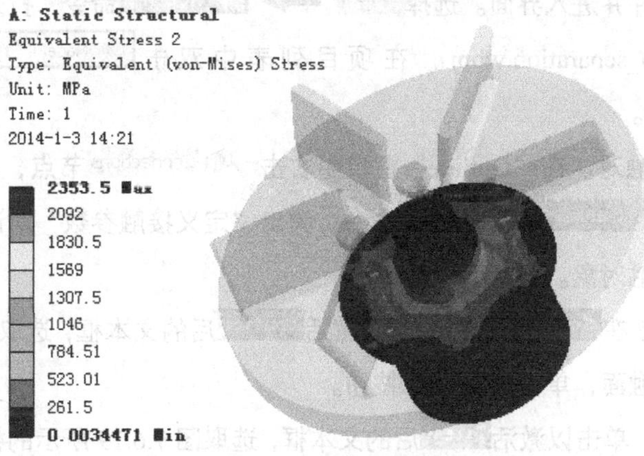


图 7.6.15 应力结果图解（shaft）

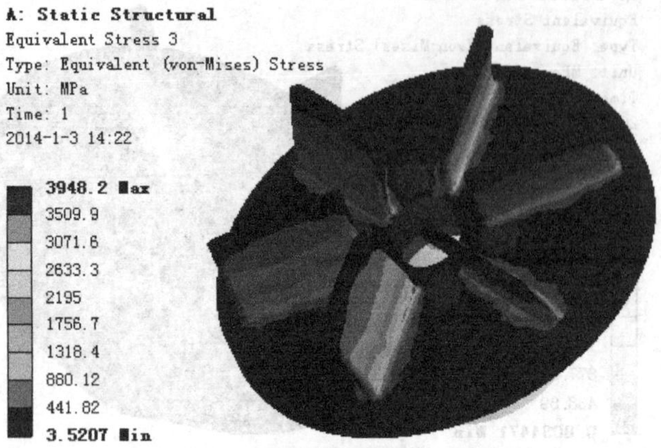


图 7.6.16 应力结果图解（fan wheel）

步骤 11 保存文件。选择 File → Save Project... 命令，保存文件。

## 2. 定义不分离接触

不分离接触就是两个物体之间不能分开，但可以滑移。下面以图 7.6.17 所示的模型为例介绍定义不分离接触的一般操作过程。

图 7.6.17 定义不分离接触

步骤 01 打开文件并进入界面。选择 File → Open... 命令，打开文件 D:\an15.01\work\ch07.06.03.02\no_separation.wbpj，在项目列表中双击 Model 选项，系统进入"Mechanical"环境中。

步骤 02 创建接触对。在"Outline"窗口中右击 Connections 节点，在弹出的快捷菜单中选择 Insert → Manual Contact Region 命令，弹出"定义接触参数"对话框。

步骤 03 创建接触对象。

（1）定义接触面。在 Scope 区域中单击以激活 Contact 后的文本框，选取图 7.6.18 所示的模型表面（7 个面）为接触面，单击 Apply 按钮。

（2）定义目标面。单击以激活 Target 后的文本框，选取图 7.6.19 所示的模型表面为目标面（7

个面），单击 Apply 按钮。

图 7.6.18 定义接触面

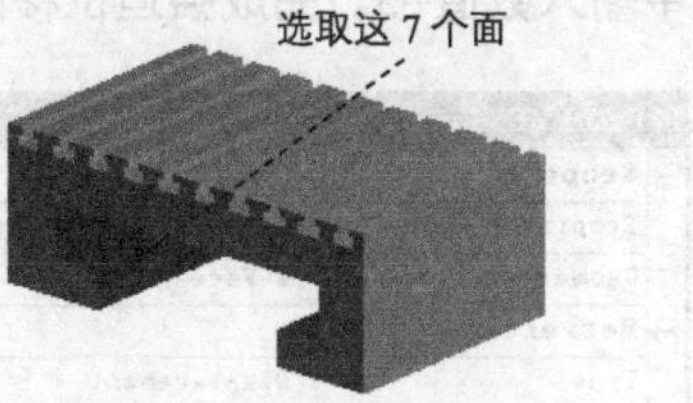


图 7.6.19 定义目标面

步骤 04 定义接触类型。在 Definition 区域的 Type 下拉列表中选取 No Separation 选项，其他参数采用系统默认设置，结果如图 7.6.20 所示。

Details of "No Separation - guide To slider"

| | |
|---|---|
| **Scope** | |
| Scoping Method | Geometry Selection |
| Contact | 7 Faces |
| Target | 7 Faces |
| Contact Bodies | guide |
| Target Bodies | slider |
| **Definition** | |
| Type | No Separation |
| Scope Mode | Manual |
| Behavior | Program Controlled |
| Suppressed | No |
| **Advanced** | |

图 7.6.20 定义不分离接触

步骤 05 添加固定约束。在“Outline”窗口中右击 Static Structural (A5) 选项，在弹出的快捷菜单中选择 Insert → Fixed Support 命令，弹出图 7.6.21 所示的“Details of ‘Fixed Support’”对话框；在对话框的 Scope 区域的 Scoping Method 下拉列表中选择 Named Selection 选项，并在 Named Selection 下拉列表中选择 Selection 选项。完成固定约束的添加，结果如图 7.6.22 所示。

Details of "Fixed Support"

| | |
|---|---|
| **Scope** | |
| Scoping Method | Named Selection |
| Named Selection | Selection |
| **Definition** | |
| Type | Fixed Support |
| Suppressed | No |

图 7.6.21 “Details of ‘Fixed Support’”对话框

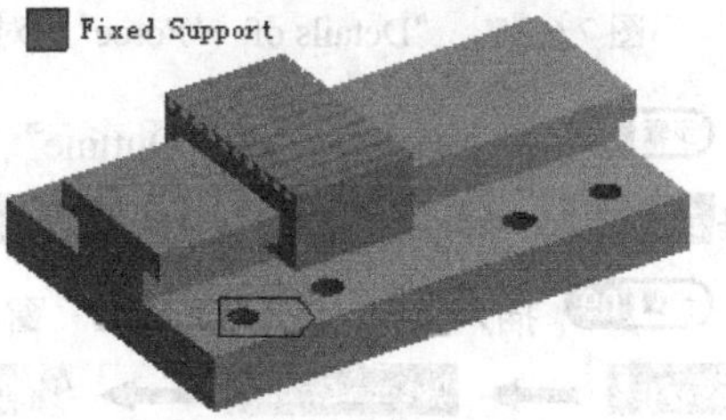


图 7.6.22 添加固定约束

步骤 06 添加强迫位移。在“Outline”窗口中右击 Static Structural (A5) 选项，在弹出的快捷菜单中选择 Insert → Displacement 命令，弹出图 7.6.23 所示的“Details of ‘Displacement’”对话框；选取图 7.6.24 所示的模型表面为施加对象，在 Geometry 后的文本框中单击 Apply 按钮；在 Definition 区域的 Define By 下拉列表中选择 Components 选项；在 Z Component 文本框中输入数值-5。完成强迫位移的添加，结果如图 7.6.24 所示。

Details of "Displacement"

| | |
|---|---|
| **Scope** | |
| Scoping Method | Geometry Selection |
| Geometry | 1 Face |
| **Definition** | |
| Type | Displacement |
| Define By | Components |
| Coordinate System | Global Coordinate System |
| X Component | Free |
| Y Component | Free |
| Z Component | -5. mm (ramped) |
| Suppressed | No |

图 7.6.23 “Details of ‘Displacement’”对话框

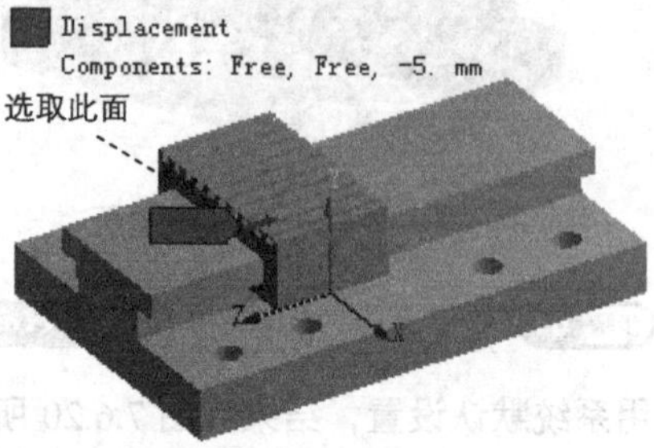


图 7.6.24 添加强迫位移

步骤 07 添加载荷力。在“Outline”窗口中右击 Static Structural (A5) 选项，在弹出的快捷菜单中选择 Insert ▶ → Force 命令，弹出图 7.6.25 所示的“Details of ‘Force’”对话框；选取图 7.6.26 所示的模型表面（11 个面），在 Geometry 后的文本框中单击 Apply 按钮，在 Define By 下拉列表中选择 Components 选项，在 Y Component 文本框中输入数值-500，其他参数采用系统默认设置。完成载荷力的添加，结果如图 7.6.26 所示。

Details of "Force"

| | |
|---|---|
| **Scope** | |
| Scoping Method | Geometry Selection |
| Geometry | 11 Faces |
| **Definition** | |
| Type | Force |
| Define By | Components |
| Coordinate System | Global Coordinate System |
| X Component | 0. N (ramped) |
| Y Component | -500. N (ramped) |
| Z Component | 0. N (ramped) |
| Suppressed | No |

图 7.6.25 “Details of ‘Force’”对话框

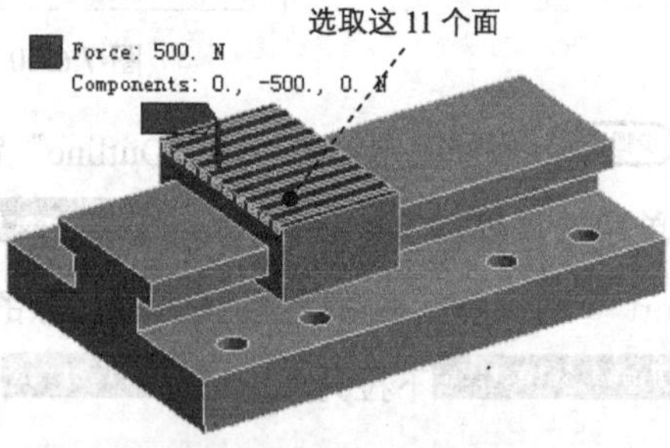


图 7.6.26 添加载荷力

步骤 08 插入总应力。在“Outline”窗口中右击 Solution (A6) 选项，在弹出的快捷菜单中选择 Insert ▶ → Stress ▶ → Equivalent (von-Mises) 命令。

步骤 09 插入变形。在“Outline”窗口中右击 Solution (A6) 选项，在弹出的快捷菜单中选择 Insert ▶ → Deformation ▶ → Total 命令。

步骤 10 插入应力 1（零件 slider）。在“Outline”窗口中右击 Solution (A6) 选项，在弹出的快捷菜单中选择 Insert ▶ → Stress ▶ → Equivalent (von-Mises) 命令，在弹出的“Details of ‘Equivalent Stess 2’”对话框中单击以激活 Geometry 后的文本框，选取几何体（slider）为对象，单击 Apply 按钮。

步骤 11 求解查看应力及位移变形结果。

（1）求解分析。在顶部的工具栏中单击 Solve 按钮求解分析。

（2）查看应力结果图解。在“Outline”窗口中选中 Equivalent Stress，查看图 7.6.27 所示的总应力结果，其最小应力为 1.7163 x$10^{-4}$ MPa，其最大应力为 2.4717 MPa。

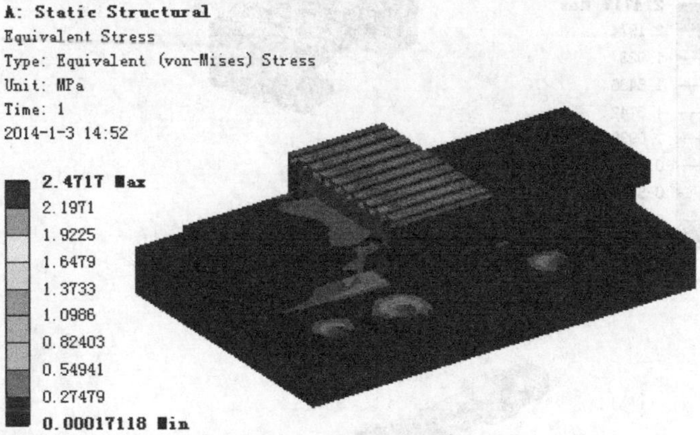


图 7.6.27 应力结果图解

（3）查看位移结果图解。在“Outline”窗口中选中 Total Deformation，查看图 7.6.28 所示的位移变形结果，其最大位移为 5 mm。

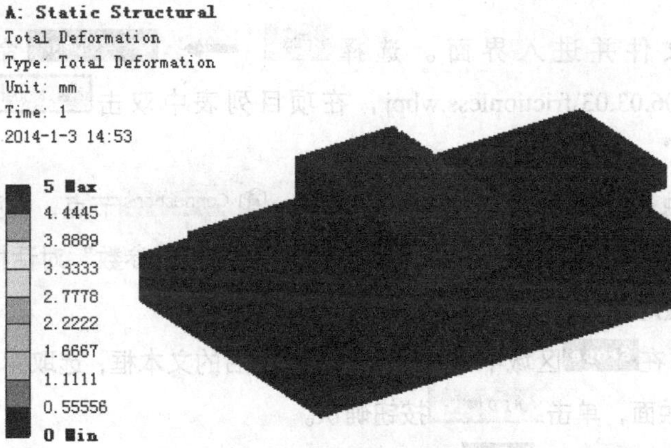


图 7.6.28 位移变形结果图解

（4）查看 slider 应力结果图解。在“Outline”窗口中选中 Equivalent Stress 2，查看图 7.6.29 所示的零件 slider 的应力结果，其最小应力为 2.3562 x$10^{-3}$ MPa，其最大应力为 2.4717 MPa。

步骤 12 保存文件。选择 File → Save Project... 命令，保存文件。

### 3. 定义无摩擦接触

无摩擦接触就是两个物体之间可以有间隙，也可以滑移。下面以图 7.6.30 所示的模型为例介绍定义无摩擦接触的一般操作过程。

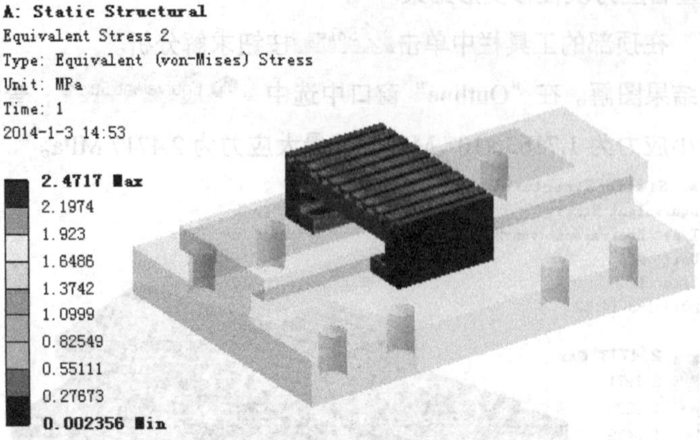


图 7.6.29　应力结果图解（slider）

图 7.6.30　定义无摩擦接触

步骤 01 打开文件并进入界面。选择 File → Open... 命令，打开文件 D:\an15.01\work\ch07.06.03.03\frictionless.wbpj，在项目列表中双击 Model 选项，进入“Mechanical”环境中。

步骤 02 创建接触对。在“Outline”窗口中右击 Connections 节点，在弹出的快捷菜单中选择 Insert → Manual Contact Region 命令，弹出“定义接触参数”对话框。

步骤 03 创建接触对象。

（1）定义接触面。在 Scope 区域中单击以激活 Contact 后的文本框，选取图 7.6.31 所示的模型表面（两个面）为接触面，单击 Apply 按钮确认。

（2）定义目标面。单击以激活 Target 后的文本框，选取图 7.6.32 所示的模型表面为目标面（两个面），单击 Apply 按钮确认。

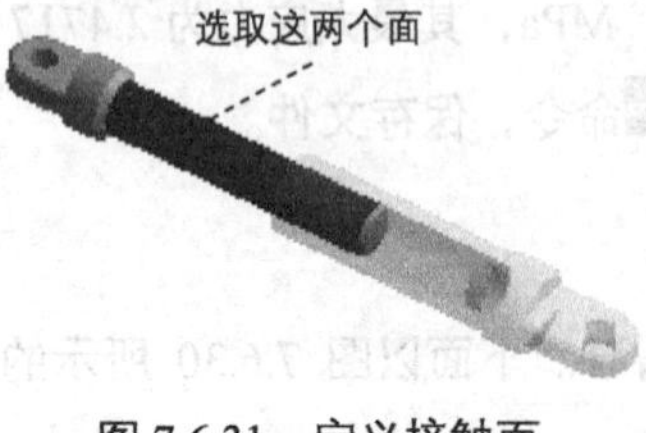


图 7.6.31　定义接触面

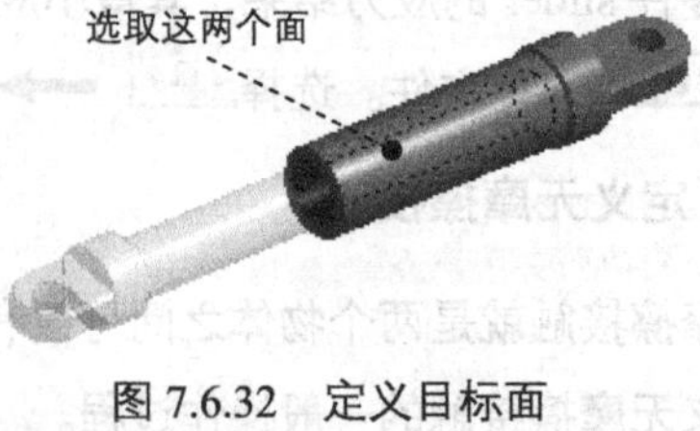


图 7.6.32　定义目标面

步骤 04 定义接触类型。在Definition区域的Type下拉列表中选取Frictionless选项，其他参数采用系统默认设置，结果如图 7.6.33 所示。

Details of "Frictionless - HYDRAULIC_ROD To HYDRAULIC_PRESSURE"

| | |
|---|---|
| **Scope** | |
| Scoping Method | Geometry Selection |
| Contact | 2 Faces |
| Target | 2 Faces |
| Contact Bodies | HYDRAULIC_ROD |
| Target Bodies | HYDRAULIC_PRESSURE |
| **Definition** | |
| Type | Frictionless |
| Scope Mode | Manual |
| Behavior | Program Controlled |
| Suppressed | No |
| **Advanced** | |

图 7.6.33　定义无摩擦接触

步骤 05 添加固定约束 1。在"Outline"窗口中右击?Static Structural (A5)选项，在弹出的快捷菜单中选择Insert ▸ ——▸ Fixed Support命令，弹出图 7.6.34 所示的"Details of 'Fixed Support'"对话框；选取图 7.6.35 所示的圆柱面为固定对象，在Geometry后的文本框中单击Apply按钮。完成固定约束 1 的添加，结果如图 7.6.35 所示。

Details of "Fixed Support"

| | |
|---|---|
| **Scope** | |
| Scoping Method | Geometry Selection |
| Geometry | 2 Faces |
| **Definition** | |
| Type | Fixed Support |
| Suppressed | No |

图 7.6.34　"Details of 'Fixed Support'"对话框

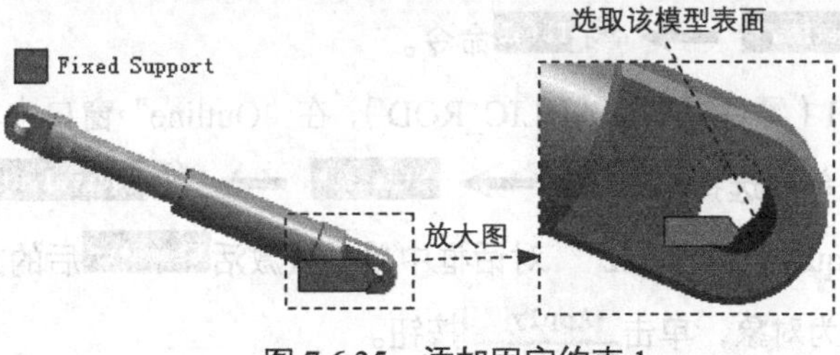


图 7.6.35　添加固定约束 1

步骤 06 添加固定约束 2。在"Outline"窗口中右击Static Structural (A5)选项，在弹出的快捷菜单中选择Insert ▸ ——▸ Fixed Support命令，弹出"Details of 'Fixed Support'"对话框；选取图 7.6.36 所示的端面为固定对象，在Geometry后的文本框中单击Apply按钮。完成固定约束 2 的添加，结果如图 7.6.36 所示。

步骤 07 添加载荷力。在"Outline"窗口中右击Static Structural (A5)选项，在弹出的快捷菜单中选择 Insert ▸ → Force 命令，弹出“Details of ‘Force’”对话框；选取图 7.6.37 所示的圆柱面，在 Geometry 后的文本框中单击 Apply 按钮，在 Define By 下拉列表中选择 Components 选项，在 Z Component 文本框中输入数值-2000，其他参数采用系统默认设置。完成载荷力的添加，结果如图 7.6.37 所示。

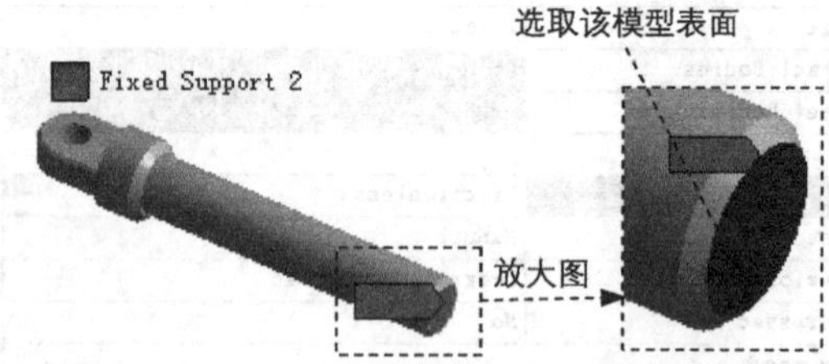


图 7.6.36　添加固定约束 2

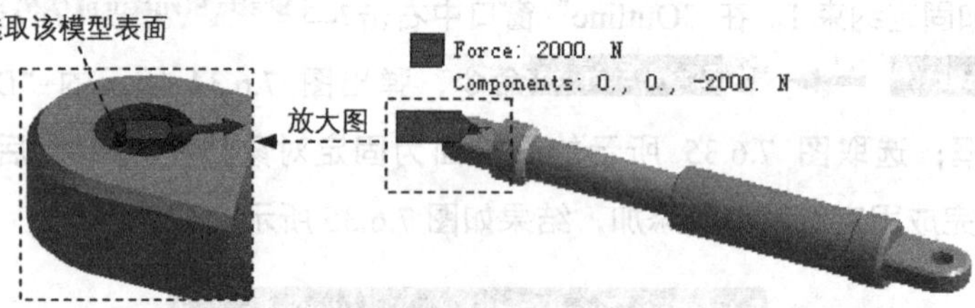


图 7.6.37　添加载荷力

步骤 08 插入应力结果图解。在“Outline”窗口中右击 Solution (A6) 选项，在弹出的快捷菜单中选择 Insert ▸ → Stress ▸ → Equivalent (von-Mises) 命令。

步骤 09 插入变形。在“Outline”窗口中右击 Solution (A6) 选项，在弹出的快捷菜单中选择 Insert ▸ → Deformation ▸ → Total 命令。

步骤 10 插入应力 1（零件 HYDRAULIC_ROD）。在“Outline”窗口中右击 Solution (A6) 选项，在弹出的快捷菜单中选择 Insert ▸ → Stress ▸ → Equivalent (von-Mises) 命令，在弹出的“Details of ‘Equivalent Stess2’”对话框中单击以激活 Geometry 后的文本框，选取几何体（HYDRAULIC_ROD）为对象，单击 Apply 按钮。

步骤 11 求解查看应力及位移变形结果。

（1）求解分析。在顶部的工具栏中单击 Solve 按钮求解分析。

（2）查看应力结果图解。在“Outline”窗口中选中 Equivalent Stress，查看图 7.6.38 所示的总应力结果，其最小应力为 2.6357 x10$^{-2}$ MPa，其最大应力为 31.902 MPa。

（3）查看位移结果图解。在“Outline”窗口中选中 Total Deformation，查看图 7.6.39 所示的位移变形结果，其最大位移为 0.25804 mm。

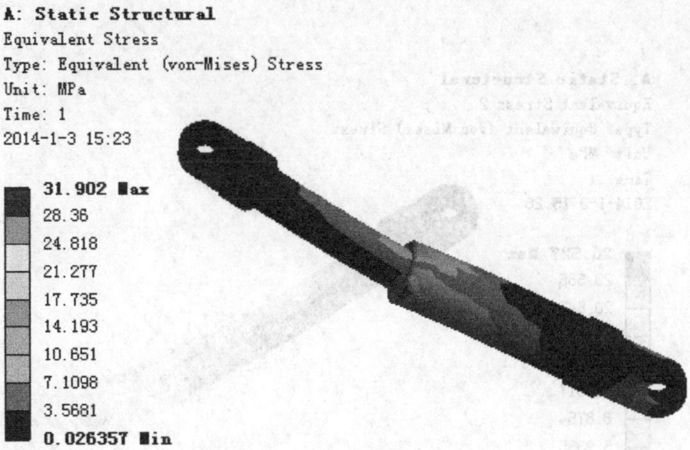


图 7.6.38 应力结果图解

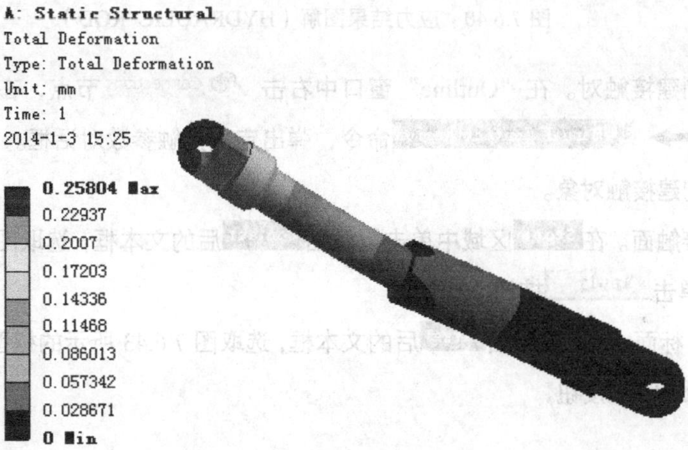


图 7.6.39 位移变形结果图解

（4）查看 HYDRAULIC_ROD 应力结果图解。在“Outline”窗口中选中 Equivalent Stress 2，查看图 7.6.40 所示的零件 HYDRAULIC_ROD 的应力结果，其最小应力为 4.9614 x$10^{-2}$ MPa，其最大应力为 26.527 MPa。

步骤 12 保存文件。选择 File → Save Project... 命令，保存文件。

### 4. 定义粗糙接触

粗糙接触就是两个物体之间可以有间隙，但是不能滑移。下面以图 7.6.41 所示的模型为例介绍定义粗糙接触的一般操作过程。

步骤 01 打开文件并进入界面。选择 File → Open... 命令，打开文件 D:\an15.01\

work\ch07.06.03.04\rough.wbpj，在项目列表中双击 Model 选项，进入“Mechanical”环境中。

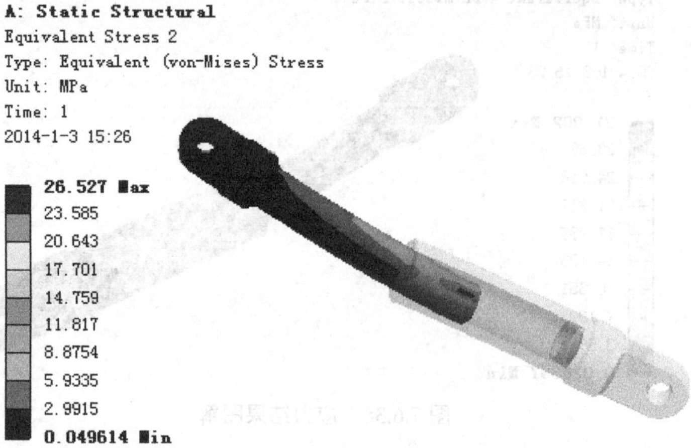


图 7.6.40　应力结果图解（HYDRAULIC ROD）

步骤 02 创建接触对。在“Outline”窗口中右击 Connections 节点，在弹出的快捷菜单中选择 Insert → Manual Contact Region 命令，弹出定义接触参数对话框。

步骤 03 创建接触对象。

（1）定义接触面。在 Scope 区域中单击以激活 Contact 后的文本框，选取图 7.6.42 所示的圆柱面为接触面，单击 Apply 按钮。

（2）定义目标面。单击以激活 Target 后的文本框，选取图 7.6.43 所示的模型表面为目标面（两个面），单击 Apply 按钮。

图 7.6.41　定义粗糙接触

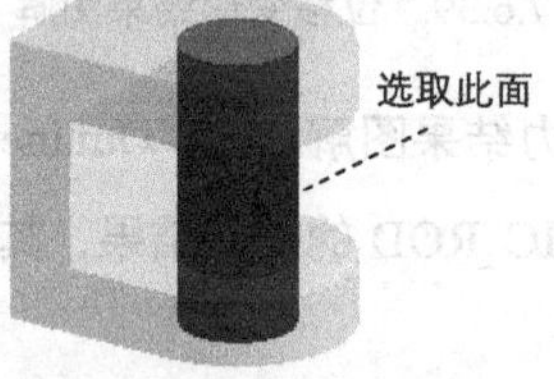


图 7.6.42　定义接触面

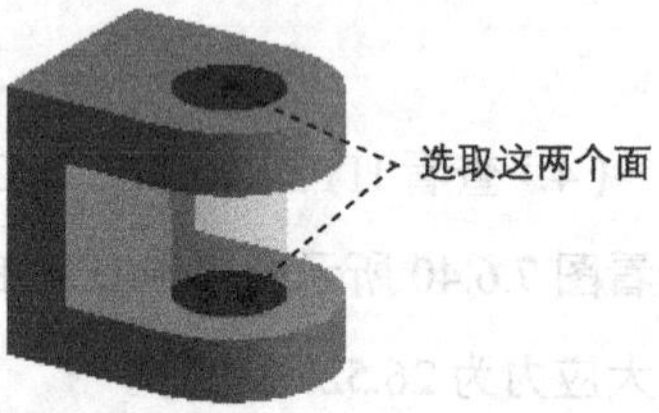


图 7.6.43　定义目标面

步骤 04 定义接触类型。在 Definition 区域的 Type 下拉列表中选取 Rough 选项。

步骤 05 定义接触参数。在 Advanced 区域的 Offset 文本框中输入数值 0.15，其他参数采用系统默认设置，结果如图 7.6.44 所示。

步骤 06 添加固定约束。在“Outline”窗口中右击 Static Structural (A5) 选项，在弹出的快捷菜单中选择 Insert → Fixed Support 命令，弹出“Details of ‘Fixed Support’”对话框；

选取图 7.6.45 所示的模型表面为固定对象，在 Geometry 后的文本框中单击 Apply 按钮。完成固定约束的添加，结果如图 7.6.45 所示。

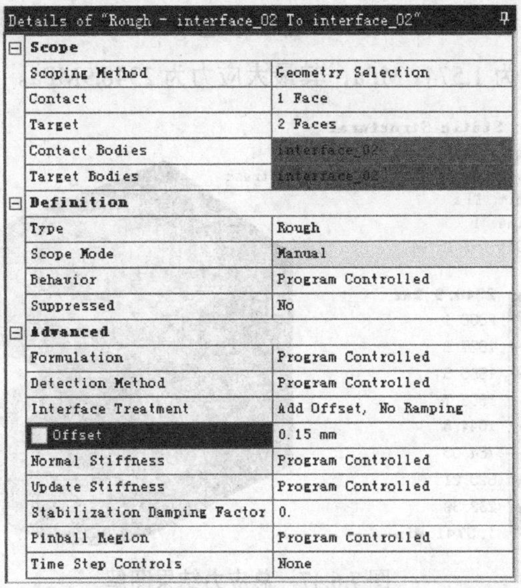

Details of "Rough - interface_02 To interface_02"

| | |
|---|---|
| **Scope** | |
| Scoping Method | Geometry Selection |
| Contact | 1 Face |
| Target | 2 Faces |
| Contact Bodies | interface_02 |
| Target Bodies | interface_02 |
| **Definition** | |
| Type | Rough |
| Scope Mode | Manual |
| Behavior | Program Controlled |
| Suppressed | No |
| **Advanced** | |
| Formulation | Program Controlled |
| Detection Method | Program Controlled |
| Interface Treatment | Add Offset, No Ramping |
| Offset | 0.15 mm |
| Normal Stiffness | Program Controlled |
| Update Stiffness | Program Controlled |
| Stabilization Damping Factor | 0. |
| Pinball Region | Program Controlled |
| Time Step Controls | None |

图 7.6.44 定义粗糙接触

步骤 07 插入应力结果图解。在“Outline”窗口中右击 Solution (A6) 选项，在弹出的快捷菜单中选择 Insert ▸ → Stress ▸ → Equivalent (von-Mises) 命令。

步骤 08 插入位移变形结果图解。在“Outline”窗口中右击 Solution (A6) 选项，在弹出的快捷菜单中选择 Insert ▸ → Deformation ▸ → Total 命令。

步骤 09 插入应力 1。在“Outline”窗口中右击 Solution (A6) 选项，在弹出的快捷菜单中选择 Insert ▸ → Stress ▸ → Equivalent (von-Mises) 命令，在弹出的“Details of ‘Equivalent Stess 2’”对话框中单击以激活 Geometry 后的文本框，选取图 7.6.46 所示的几何体 1 为对象，单击 Apply 按钮。

步骤 10 插入应力 2。在“Outline”窗口中右击 Solution (A6) 选项，在弹出的快捷菜单中选择 Insert ▸ → Stress ▸ → Equivalent (von-Mises) 命令，在弹出的“Details of ‘Equivalent Stess 3’”对话框中单击以激活 Geometry 后的文本框，选取图 7.6.46 所示的几何体 2 为对象，单击 Apply 按钮。

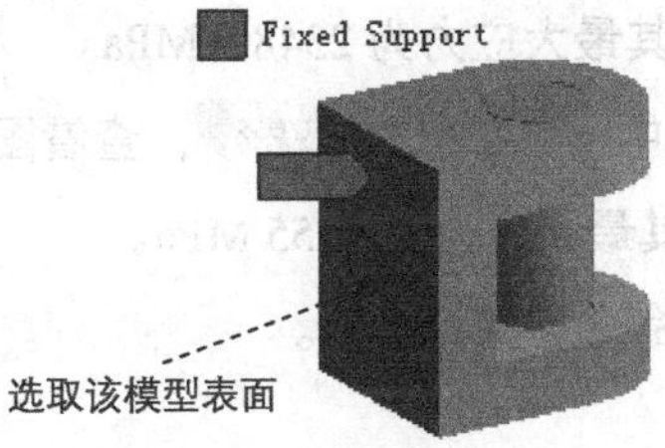


图 7.6.45 添加固定约束

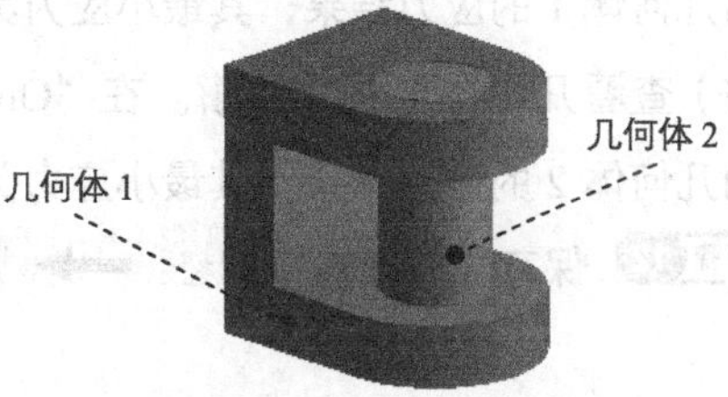


图 7.6.46 选取几何体

步骤 11 求解查看应力及位移变形结果。

（1）求解分析。在顶部工具栏中单击 Solve 按钮求解分析。

（2）查看应力结果图解，在“Outline”窗口中选中 Equivalent Stress，查看图 7.6.47 所示的总应力结果，其最小应力为 1.5741 MPa，其最大应力为 2348.9MPa。

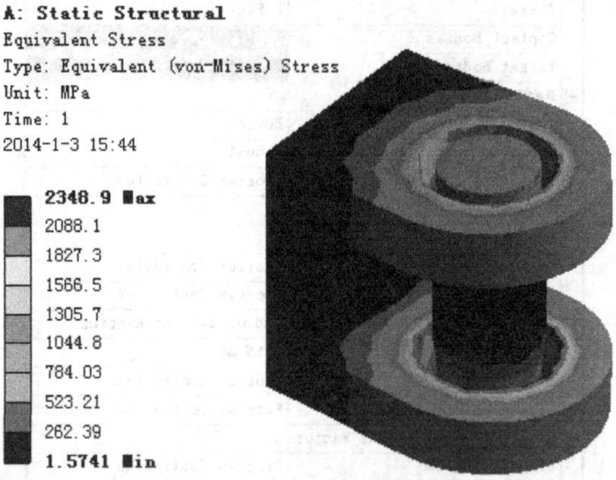


图 7.6.47 总应力结果图解

（3）查看位移结果图解。在“Outline”窗口中选中 Total Deformation，查看图 7.6.48 所示的位移变形结果，其最大位移为 0.18145mm。

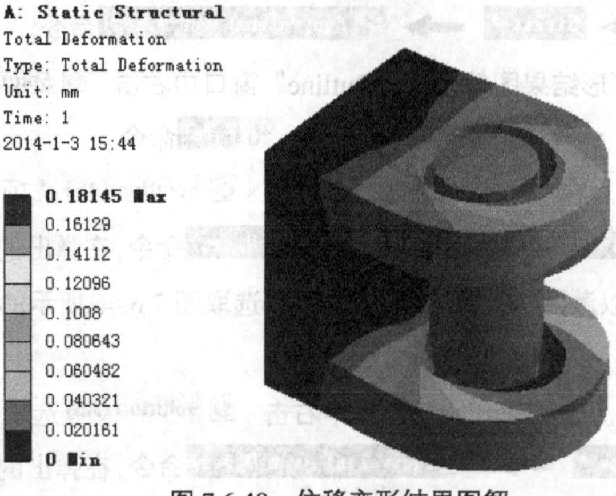


图 7.6.48 位移变形结果图解

（4）查看几何体 1 应力图解。在“Outline”窗口中选中 Equivalent Stress 2，查看图 7.6.49 所示的几何体 1 的应力结果，其最小应力为 1.5741 MPa，其最大应力为 2348.9 MPa。

（5）查看几何体 2 应力图解。在“Outline”窗口中选中 Equivalent Stress 3，查看图 7.6.50 所示的几何体 2 的应力结果，其最小应力为 22.485MPa，其最大应力为 1855 MPa。

步骤 12 保存文件。选择 File → Save Project... 命令，保存文件。

5. 定义有摩擦接触

有摩擦接触就是两个物体之间可以有间隙，也可以滑移。下面以图 7.6.51 所示的模型为例介绍定义有摩擦接触的一般操作过程。

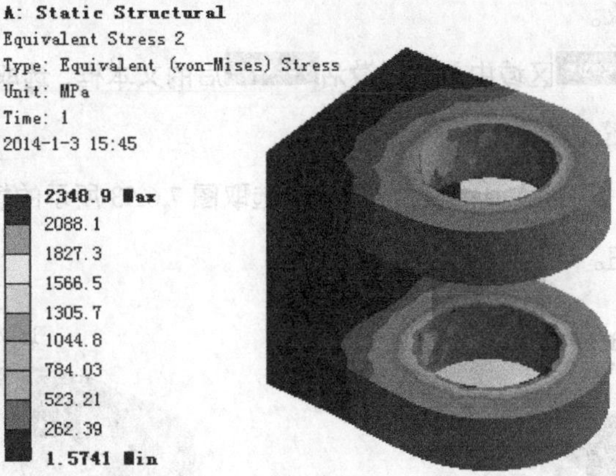


图 7.6.49 应力结果图解（几何体 1）

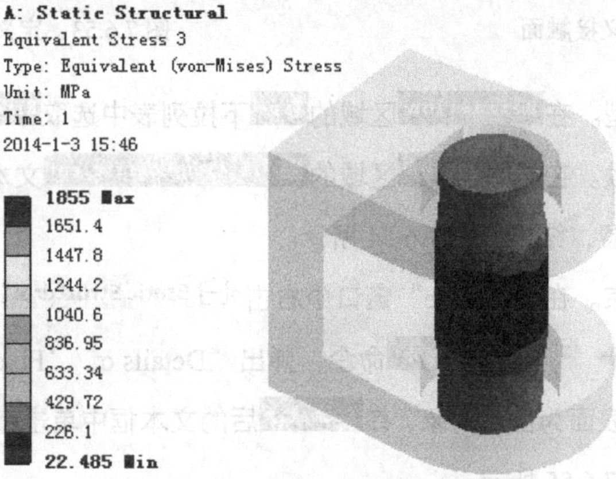


图 7.6.50 应力结果图解（几何体 2）

图 7.6.51 定义有摩擦接触

步骤 01 打开文件并进入界面。选择 File → Open... 命令，打开文件 D:\an15.01\work\

h07.06.03.05\frictional.wbpj，在项目列表中双击 Model 选项，进入“Mechanical”环境中。

步骤 02 创建接触对。在“Outline”窗口中右击 Connections 节点，在弹出的快捷菜单中选择 Insert ▸ ⟶ Manual Contact Region 命令，弹出“定义接触参数”对话框。

步骤 03 创建接触对象。

(1)定义接触面。在 Scope 区域中单击以激活 Contact 后的文本框，选取图 7.6.52 所示的模型表面为接触面，单击 Apply 按钮。

(2)定义目标面。单击以激活 Target 后的文本框，选取图 7.6.53 所示的模型表面为目标面(两个面)，单击 Apply 按钮。

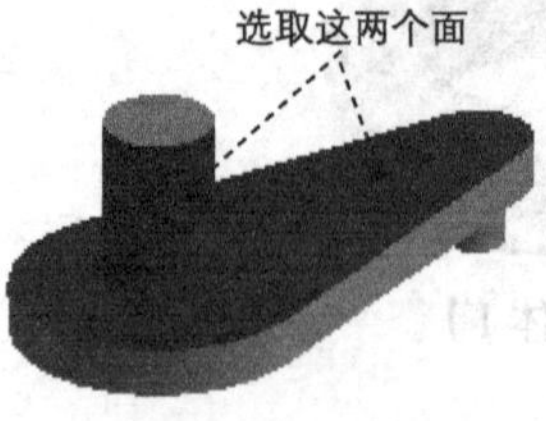


图 7.6.52 定义接触面

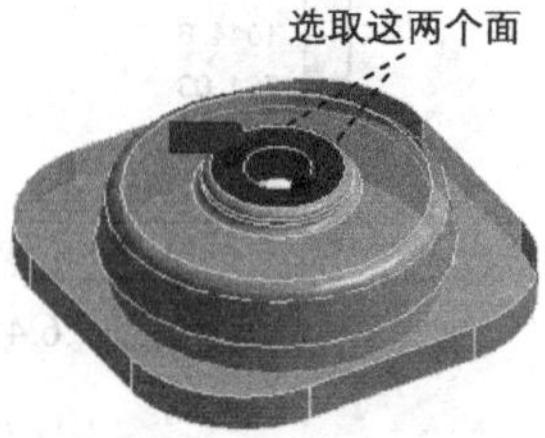


图 7.6.53 定义目标面

步骤 04 定义接触类型。在 Definition 区域的 Type 下拉列表中选取 Frictional 选项。

步骤 05 定义摩擦参数。在 Definition 区域的 Friction Coefficient 文本框中输入数值 0.15，其他参数采用系统默认设置，结果如图 7.6.54 所示。

步骤 06 添加固定约束。在“Outline”窗口中右击 Static Structural (A5) 选项，在弹出的快捷菜单中选择 Insert ▸ ⟶ Fixed Support 命令，弹出“Details of ‘Fixed Support’”对话框。选取图 7.6.55 所示的模型表面为固定对象，在 Geometry 后的文本框中单击 Apply 按钮。完成固定约束的添加，结果如图 7.6.55 所示。

Details of "Frictional - handle To frictional"

| | |
|---|---|
| **Scope** | |
| Scoping Method | Geometry Selection |
| Contact | 2 Faces |
| Target | 2 Faces |
| Contact Bodies | handle |
| Target Bodies | frictional |
| **Definition** | |
| Type | Frictional |
| Friction Coefficient | 0.15 |
| Scope Mode | Manual |
| Behavior | Program Controlled |
| Suppressed | No |
| **Advanced** | |

图 7.6.54 定义有摩擦接触

图 7.6.55 添加固定约束

步骤07 添加载荷力。在“Outline”窗口中右击 Static Structural (A5)选项，在弹出的快捷菜单中选择Insert ▸ → Force命令，弹出“Details of ‘Force’”对话框。选取图 7.6.56 所示的圆柱面，在Geometry后的文本框中单击 Apply 按钮，在Define By下拉列表中选择Components选项，在Y Component文本框中输入数值 500，其他参数采用系统默认设置。完成载荷力的添加，结果如图 7.6.56 所示。

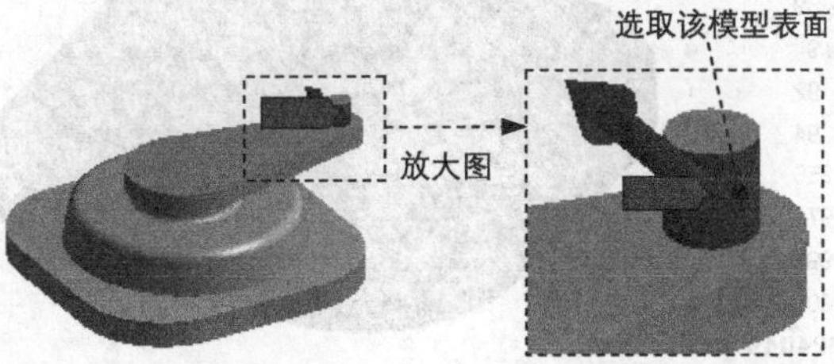


图 7.6.56 添加载荷力

步骤08 插入应力结果图解。在“Outline”窗口中右击 Solution (A6)选项，在弹出的快捷菜单中选择Insert ▸ → Stress ▸ → Equivalent (von-Mises)命令。

步骤09 插入位移变形结果图解。在“Outline”窗口中右击 Solution (A6)选项，在弹出的快捷菜单中选择Insert ▸ → Deformation ▸ → Total命令。

步骤10 插入应力 1（零件 handle）。在“Outline”窗口中右击 Solution (A6)选项，在弹出的快捷菜单中选择Insert ▸ → Stress ▸ → Equivalent (von-Mises)命令，在弹出的“Details of ‘Equivalent Stess 2’”对话框中单击以激活Geometry后的文本框，选取零件 handle 为对象，单击 Apply 按钮。

步骤11 插入应力 2（零件 frictional）。在“Outline”窗口中右击 Solution (A6)选项，在弹出的快捷菜单中选择Insert ▸ → Stress ▸ → Equivalent (von-Mises)命令，在弹出的“Details of ‘Equivalent Stess 3’”对话框中单击以激活Geometry后的文本框，选取零件 frictional 为对象，单击 Apply 按钮。

步骤12 求解查看应力及位移变形结果。

（1）求解分析。在顶部工具栏中单击 Solve 按钮求解分析。

（2）查看应力结果图解。在“Outline”窗口中选中 Equivalent Stress，查看图 7.6.57 所示的总应力结果，其最小应力为 0.24049MPa，其最大应力为 224.87 MPa。

（3）查看位移结果图解。在“Outline”窗口中选中 Total Deformation，查看图 7.6.58 所示的位移变形结果，其最大位移为 1.9809 mm。

（4）查看 handle 应力结果图解。在“Outline”窗口中选中 Equivalent Stress 2，查看图 7.6.59 所示的零件 handle 的应力结果，其最小应力为 0.61962 MPa，其最大应力为 86.508 MPa。

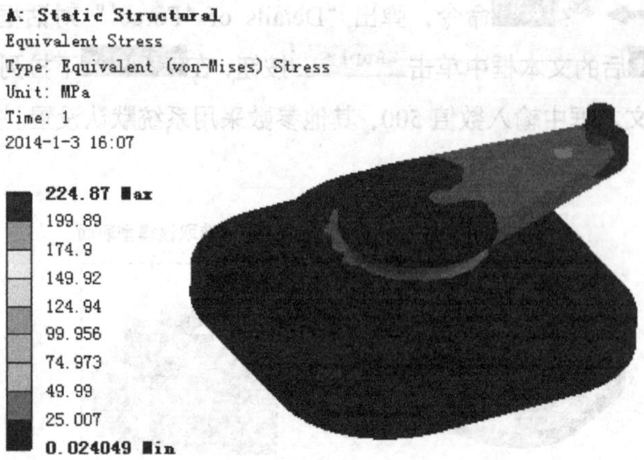


图 7.6.57　应力结果图解

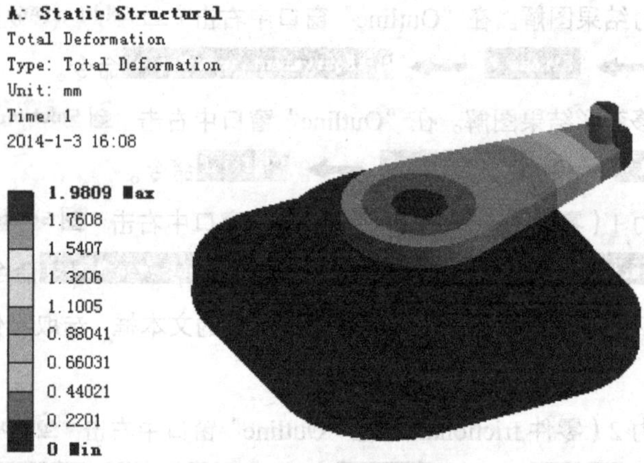


图 7.6.58　位移变形结果图解

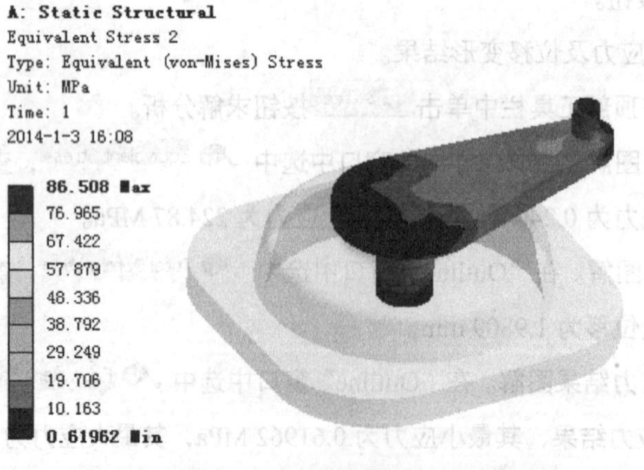


图 7.6.59　应力结果图解（handle）

（5）查看 frictional 应力结果图解。在“Outline”窗口中选中 Equivalent Stress 3，查看图 7.6.60 所示的零件 frictional 的应力结果，其最小应力为 0.024049 MPa，其最大应力为 224.87 MPa。

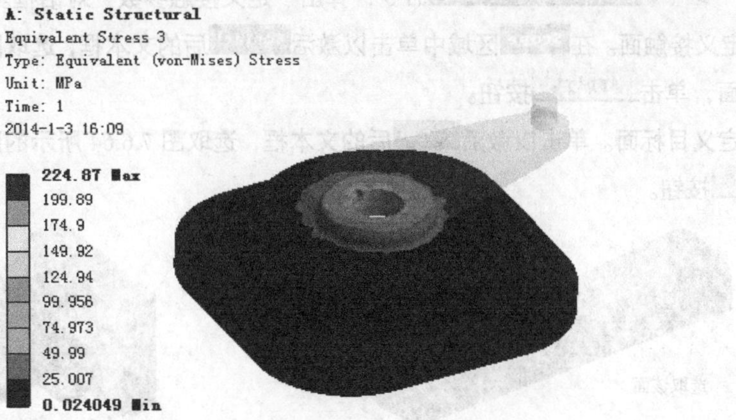


图 7.6.60 应力结果图解（frictional）

步骤 13 保存文件。选择 File → Save Project... 命令，保存文件。

## 6. 装配结构分析与接触定义应用

图 7.6.61 所示的装配结构，在分析中需要根据实际情况处理零件之间的接触属性。下面具体介绍该装配结构的分析方法。

图 7.6.61 装配结构分析

步骤 01 打开文件并进入界面。选择 File → Open... 命令，打开文件 D:\an15.01\work\ch07.06.03.06\contact_analysis.wbpj，在项目列表中双击 Model 选项，进入“Mechanical”环境中。

步骤 02 整理约束。在“Outline”窗口中展开 Connections 节点，如图 7.6.62 所示，右击 Contact Region 选项，在弹出的快捷菜单中选择 Delete 命令，在弹出的“ANSYS Workbench”对话框中单击 是(Y) 按钮，将其删除。

图 7.6.62 整理约束

步骤 03 定义不分离接触。

（1）选择命令。在“Outline”窗口中右击 Contacts 节点，在弹出的快捷菜单中选择 Insert → Manual Contact Region 命令，弹出“定义接触参数”对话框。

（2）定义接触面。在 Scope 区域中单击以激活 Contact 后的文本框，选取图 7.6.63 所示的圆柱面为接触面，单击 Apply 按钮。

（3）定义目标面。单击以激活 Target 后的文本框，选取图 7.6.64 所示的圆柱面为目标面，单击 Apply 按钮。

图 7.6.63 定义接触面

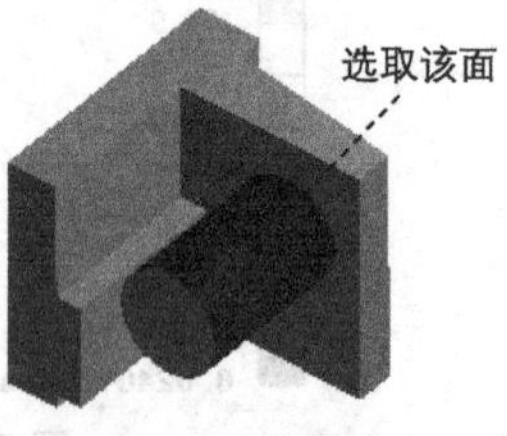

图 7.6.64 定义目标面

（4）定义接触类型。在 Definition 区域的 Type 下拉列表中选取 No Separation 选项。

步骤 04 定义有摩擦接触 1。

（1）选择命令。在“Outline”窗口中右击 Contacts 节点，在弹出的快捷菜单中选择 Insert → Manual Contact Region 命令，弹出“定义接触参数”对话框。

（2）定义接触面。在 Scope 区域中单击以激活 Contact 后的文本框，选取图 7.6.65 所示的模型表面为接触面，单击 Apply 按钮。

（3）定义目标面。单击以激活 Target 后的文本框，选取图 7.6.66 所示的模型表面为目标面，单击 Apply 按钮。

（4）定义接触类型。在 Definition 区域的 Type 下拉列表中选取 Frictional 选项。

（5）定义摩擦参数。在 Definition 区域的 Friction Coefficient 文本框中输入数值 0.2，其他参数采用系统默认设置。

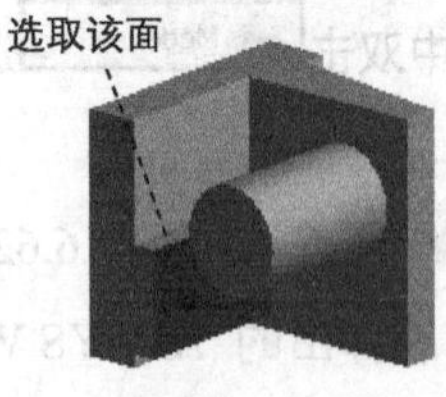

图 7.6.65 定义接触面

图 7.6.66 定义目标面

步骤 05 定义有摩擦接触 2。

（1）选择命令。在“Outline”窗口中右击 Contacts 节点，在弹出的快捷菜单中选择

Insert ▸ → Manual Contact Region命令，弹出“定义接触参数”对话框。

（2）定义接触面。在Scope区域中单击以激活Contact后的文本框，选取图 7.6.67 所示的模型表面为接触面，单击Apply按钮。

（3）定义目标面。单击以激活Target后的文本框，选取图 7.6.68 所示的模型表面为目标面，单击Apply按钮。

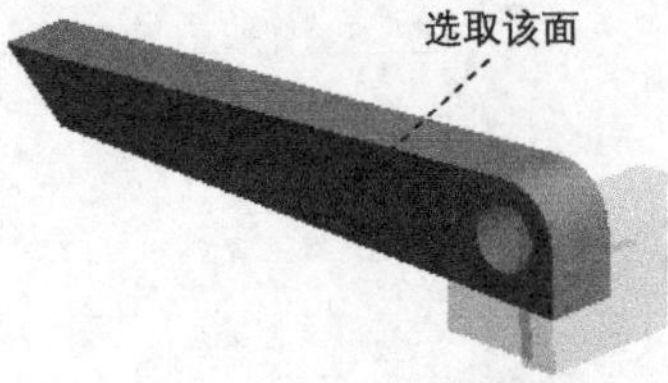


图 7.6.67 定义接触面

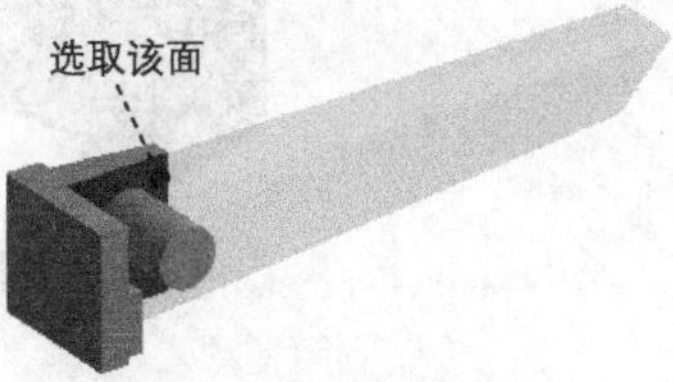


图 7.6.68 定义目标面

（4）定义接触类型。在Definition区域的Type下拉列表中选取Frictional选项。

（5）定义摩擦参数。在Definition区域的Friction Coefficient文本框中输入数值 0.2，其他参数采用系统默认设置。

步骤 06 添加固定约束。在“Outline”窗口中右击Static Structural (A5)选项，在弹出的快捷菜单中选择Insert ▸ → Fixed Support命令，弹出“Details of ‘Fixed Support’”对话框。选取图 7.6.69 所示的模型表面为固定对象，在Geometry后的文本框中单击Apply按钮。完成固定约束的添加，结果如图 7.6.69 所示。

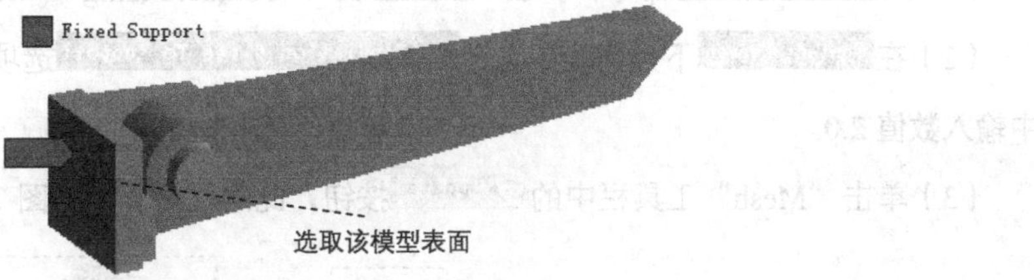


图 7.6.69 添加固定约束条件

步骤 07 添加载荷力。在“Outline”窗口中右击Static Structural (A5)选项，在弹出的快捷菜单中选择Insert ▸ → Force命令，弹出“Details of ‘Force’”对话框。选取图 7.6.70 所示的模型表面，在Geometry后的文本框中单击Apply按钮，在Define By下拉列表中选择Vector选项，在Magnitude文本框中输入数值 500，单击以激活Direction后的文本框，选取图 7.6.70 所示的模型表面，并调整其方向，单击Apply按钮。完成载荷力的添加，结果如图 7.6.70 所示。

步骤 08 初步划分网格。在“Outline”窗口中右击Mesh节点，在弹出的“Details of‘Mesh’”窗口的Relevance文本框中输入数值 100，单击“Mesh”工具栏中的Update按钮，完成图 7.6.71

所示的初步网格划分。

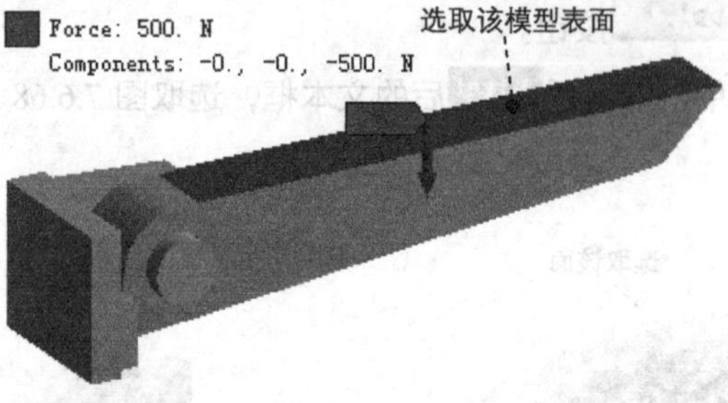


图 7.6.70　添加载荷力

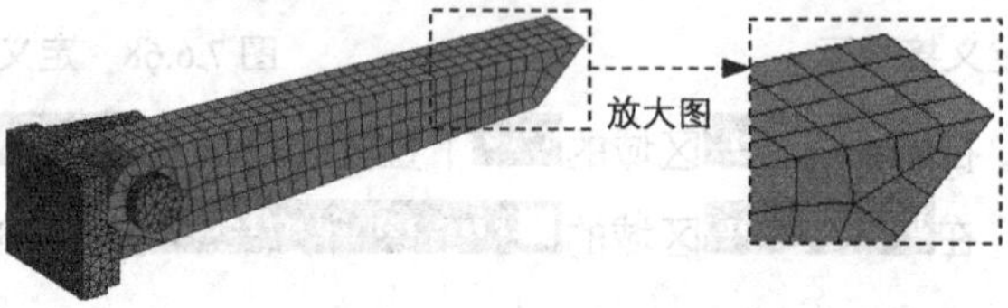


图 7.6.71　初步划分的网格

步骤 09 对网格进行局部控制。

（1）在“Outline”窗口中选中 Mesh 节点，在“Mesh”工具栏中选择 Mesh Control ▾ → Contact Sizing 命令，弹出“Details of ‘Contact Sizing’- Contact Sizing”对话框。

（2）在 Contact Region 下拉列表中选择 No Separation - peg To support 选项，在 Element Size 文本框中输入数值 2.0。

（3）单击“Mesh”工具栏中的 Update 按钮，此时网格显示如图 7.6.72 所示。

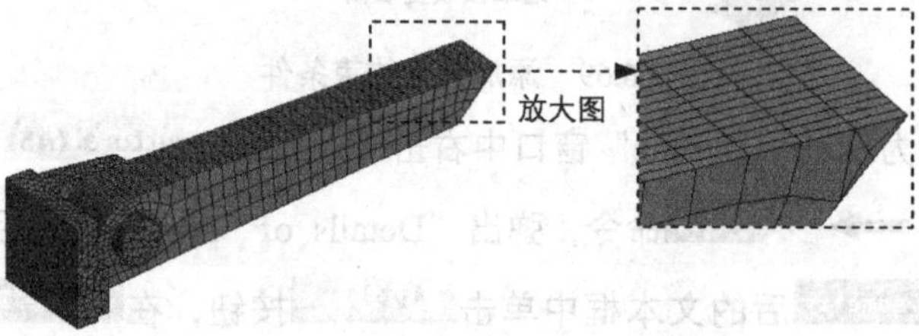


图 7.6.72　局部控制后的网格

步骤 10 插入应力结果图解。在“Outline”窗口中右击 Solution (A6) 选项，在弹出的快捷菜单中选择 Insert ▸ → Stress ▸ → Equivalent (von-Mises) 命令。

步骤 11 插入位移变形结果图解。在“Outline”窗口中右击 Solution (A6) 选项，在弹出的快捷菜单中选择 Insert ▸ → Deformation ▸ → Total 命令。

步骤 12 插入应力 1（零件 support）。在“Outline”窗口中右击 Solution (A6) 选项，在弹

出的快捷菜单中选择 Insert → Stress → Equivalent (von-Mises) 命令，在弹出的"Details of 'Equivalent Stess 2''"对话框中单击以激活 Geometry 后的文本框，选取零件 support 为对象，单击 Apply 按钮。

步骤 13 插入应力 2（零件 peg）。在"Outline"窗口中右击 Solution (A6) 选项，在弹出的快捷菜单中选择 Insert → Stress → Equivalent (von-Mises) 命令，在弹出的"Details of 'Equivalent Stess 3''"对话框中单击以激活 Geometry 后的文本框，选取零件 peg 为对象，单击 Apply 按钮。

步骤 14 求解查看应力及位移变形结果。

（1）求解分析。在顶部工具栏中单击 Solve 按钮求解分析。

（2）查看应力结果图解。在"Outline"窗口中选中 Equivalent Stress，查看图 7.6.73 所示的总应力结果，其最小应力为 0.0028731 MPa，其最大应力为 159.176 MPa。

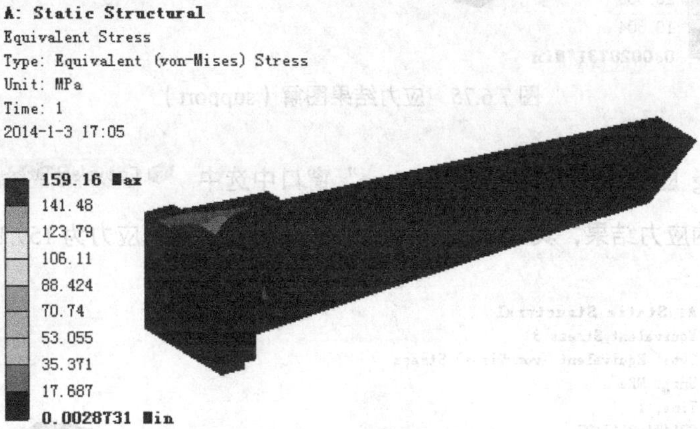


图 7.6.73 应力结果图解

（3）查看位移变形结果图解。在"Outline"窗口中选中 Total Deformation，查看图 7.6.74 所示的位移变形结果，其最大位移为 0.20191 mm。

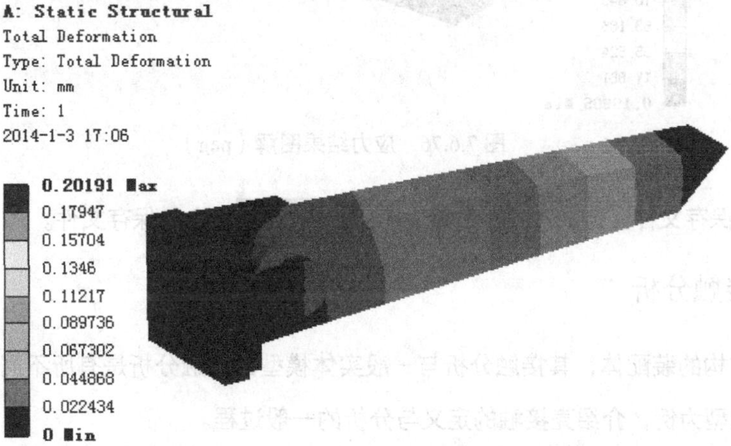


图 7.6.74 位移变形结果图解

（4）查看 support 应力结果图解。在“Outline”窗口中选中 Equivalent Stress 2，查看图 7.6.75 所示的零件 support 的应力结果，其最小应力为 0.0028731 MPa，其最大应力为 92.717MPa。

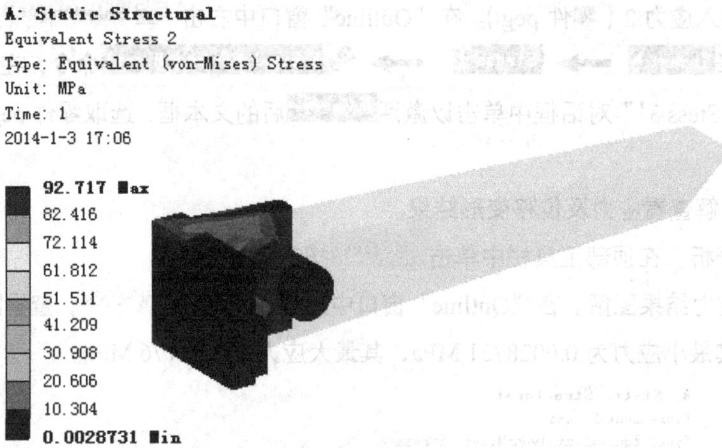


图 7.6.75　应力结果图解（support）

（5）查看 peg 应力结果图解。在“Outline”窗口中选中 Equivalent Stress 3，查看图 7.6.76 所示的零件 peg 的应力结果，其最小应力为 0.19905MPa，其最大应力为 159.16 MPa。

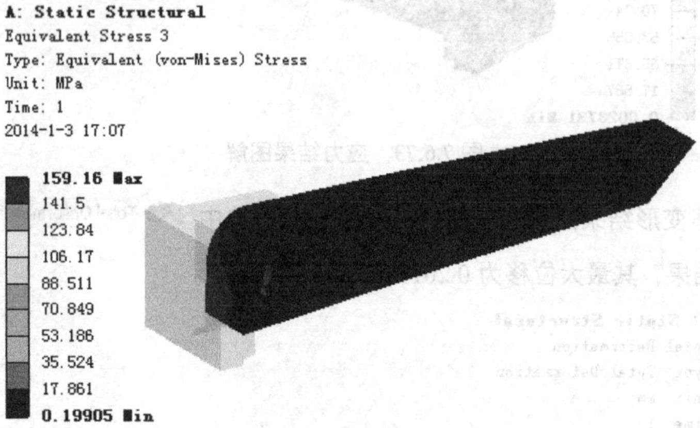


图 7.6.76　应力结果图解（peg）

步骤 15　保存文件。选择 File → Save Project... 命令，保存文件。

## 7.6.4　壳接触分析

对于壳结构的装配体，其接触分析与一般实体模型的接触分析是有所不同的。下面以一个简单的壳体模型为例，介绍壳接触的定义与分析的一般过程。

步骤 01 打开文件 D：\an15.01\work\ch07.06.04\shell_contact.wbpj，如图 7.6.77 所示。

步骤 02 对于从外部格式文件导入的壳体，需要定义壳体厚度值。在“Outline”窗口中的?Geometry节点下单击?Part 1，弹出图 7.6.78 所示的“Details of‘Part1’”对话框，在对话框的Thickness文本框中输入壳厚度值 2.0，其他选项采用系统默认设置。

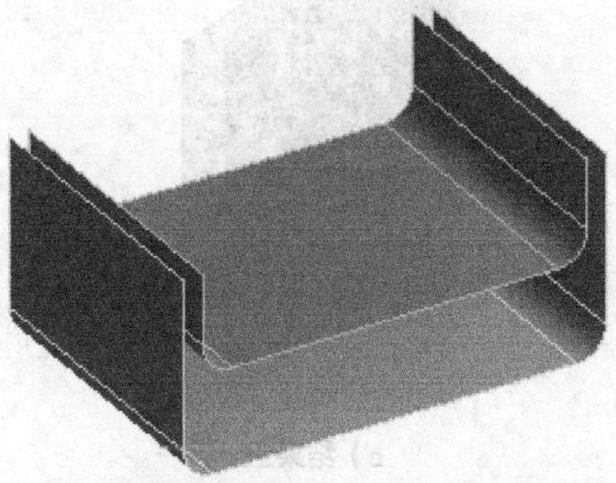

图 7.6.77 壳结构

Details of "Part 1"

| | |
|---|---|
| ⊞ Graphics Properties | |
| ⊟ Definition | |
| Suppressed | No |
| Stiffness Behavior | Flexible |
| Coordinate System | Default Coordinate System |
| Reference Temperature | By Environment |
| Thickness | 2. mm |
| Thickness Mode | Manual |
| Offset Type | Middle |
| ⊞ Material | |
| ⊞ Bounding Box | |
| ⊞ Properties | |
| ⊞ Statistics | |

图 7.6.78 “Details of‘Part1’”对话框

说明：图 7.6.78 所示的“Details of‘Part1’”对话框中的Offset Type下拉列表用于控制壳体厚度方向，包括Top、Middle、Bottom和User Defined四个选项，默认的是Middle选项，表示中间加厚，Top和Bottom表示壳体的“顶”与“底”，也就是壳体的“正面”与“反面”，选中这两个选项，系统仅沿壳体某一侧进行加厚。选择User Defined选项，用户可以自定义加厚的偏移尺寸。

步骤 03 定义其余壳体厚度。参照步骤 2，定义?Part 2的厚度值为 2.0mm。

步骤 04 划分壳体网格，网格控制参数如图 7.6.79 所示，网格划分结果如图 7.6.80 所示。

Details of "Mesh"

| | |
|---|---|
| ⊟ Defaults | |
| Physics Preference | Mechanical |
| Relevance | 100 |
| ⊞ Sizing | |
| ⊞ Inflation | |
| ⊟ Patch Conforming Options | |
| Triangle Surface Mesher | Program Controlled |
| ⊞ Advanced | |
| ⊞ Defeaturing | |
| ⊞ Statistics | |

图 7.6.79 “Details of‘Mesh’”对话框

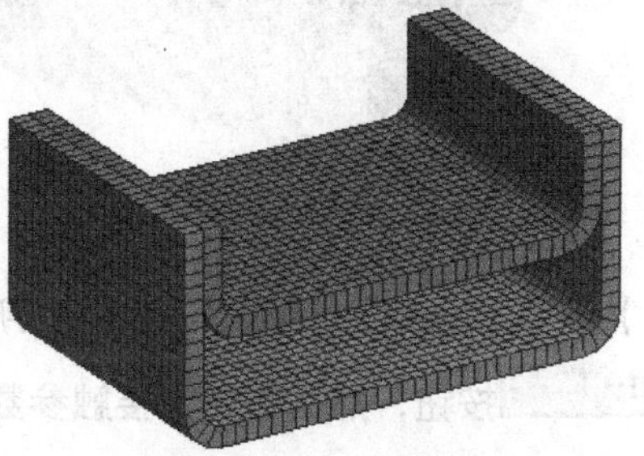

图 7.6.80 划分网格

**说明** 对于壳体，系统在划分网格时会考虑壳体厚度效应，如果在步骤 2 中定义厚度方向不匹配，网格划分完成后会出现图 7.6.81 所示的结果，所以，在进行壳体网格划分的过程中，要根据实际情况，充分考虑壳体厚度方向的问题。

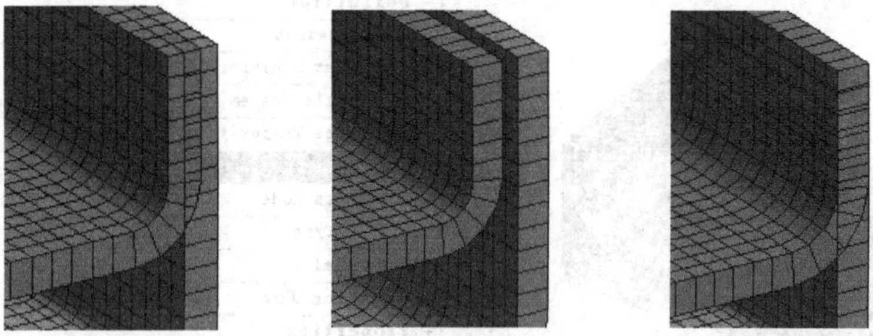

a）结果一　　b）结果二　　c）结果三

图 7.6.81　壳体厚度方向与网格划分之间的关系

步骤 05 定义壳体接触（一）（图 7.6.82）。

（1）选择命令。在“Outline”窗口中选中 Connections 并右击，在弹出的快捷菜单中选择 Insert ▸ → Manual Contact Region 命令，弹出图 7.6.83 所示的“定义接触参数”对话框。

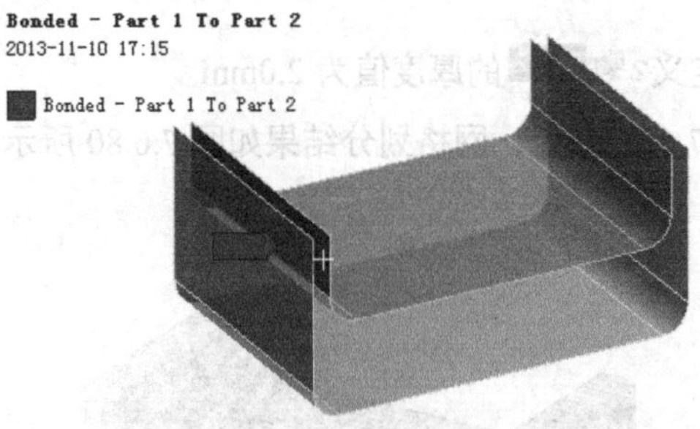


图 7.6.82　定义壳体接触（一）

Details of "Bonded - Part 1 To Part 2"

| | |
|---|---|
| **Scope** | |
| Scoping Method | Geometry Selection |
| Contact | 1 Face |
| Target | 1 Face |
| Contact Bodies | Part 1 |
| Target Bodies | Part 2 |
| Contact Shell Face | Bottom |
| Target Shell Face | Top |
| **Definition** | |
| Type | Bonded |
| Scope Mode | Manual |
| Behavior | Program Controlled |
| Suppressed | No |
| **Advanced** | |

图 7.6.83　“定义接触参数”对话框

（2）定义接触面。选取图 7.6.84 所示的面为接触面参考，单击 Contact 文本框后的 Apply 按钮，然后在定义接触参数对话框的 Contact Shell Face 下拉列表中选择 Bottom 选项，完成接触面定义，结果如图 7.6.85 所示。

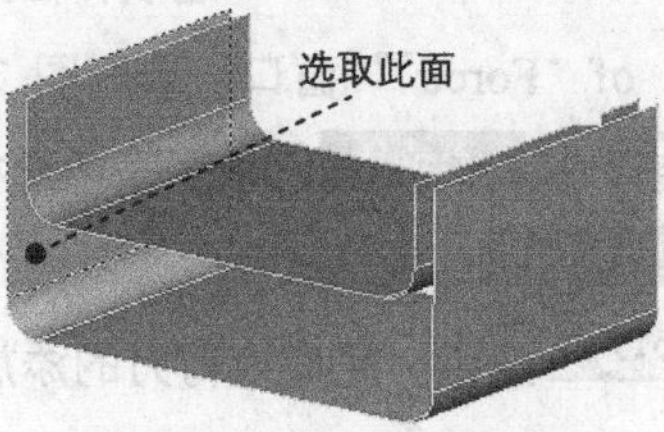


图 7.6.84 选取接触面参考

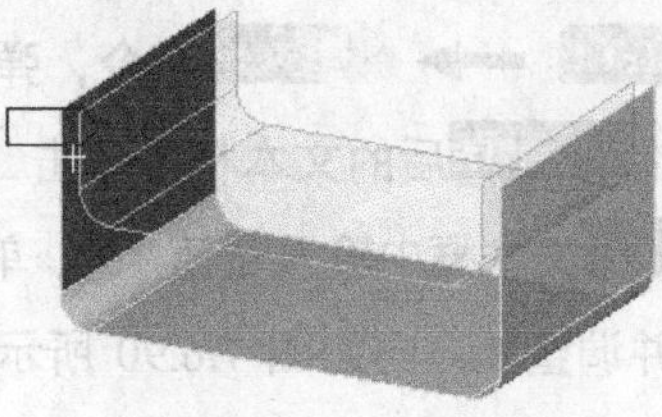

图 7.6.85 定义接触面

(3)定义目标面。选取图 7.6.86 所示的面为目标面参考，单击 Target 文本框后的 Apply 按钮，然后在定义接触参数对话框的 Target Shell Face 下拉列表中选择 Top 选项，完成目标面定义。

(4)定义接触类型。在“定义接触参数”对话框的 Type 下拉列表中选择 Bonded 选项。

步骤 06 定义壳体接触（二）。

参照步骤 5，定义另外一处壳体接触，结果如图 7.6.87 所示。

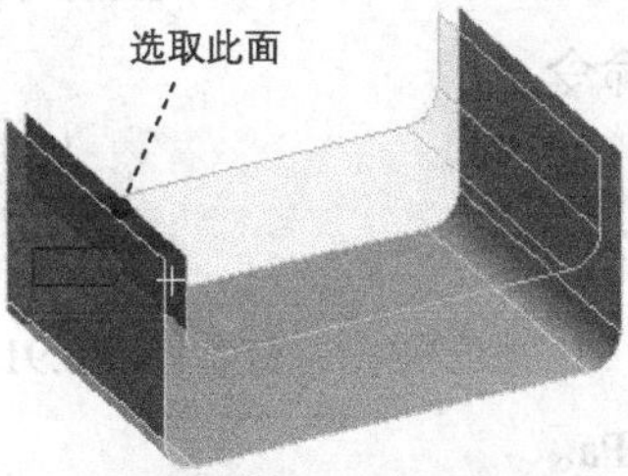


图 7.6.86 定义目标面

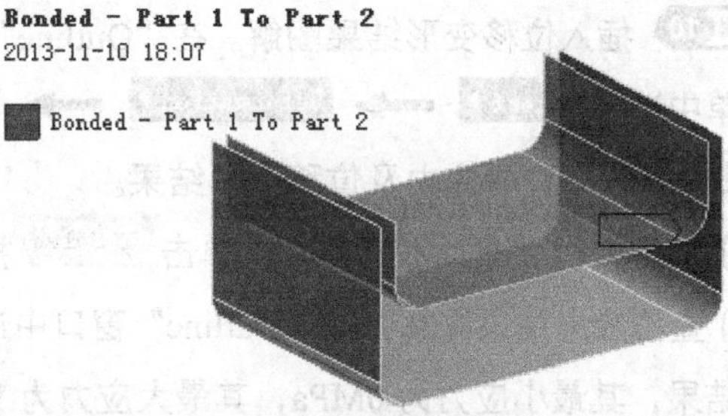


图 7.6.87 定义壳体接触（二）

步骤 07 添加固定约束。在“Outline”窗口中右击 Static Structural (A5) 选项，在弹出的快捷菜单中选择 Insert ▸ → Fixed Support 命令，弹出“Details of ‘Fixed Support’”对话框。选取图 7.6.88 所示的模型表面为固定对象，在 Geometry 后的文本框中单击 Apply 按钮。完成固定约束的添加，结果如图 7.6.89 所示。

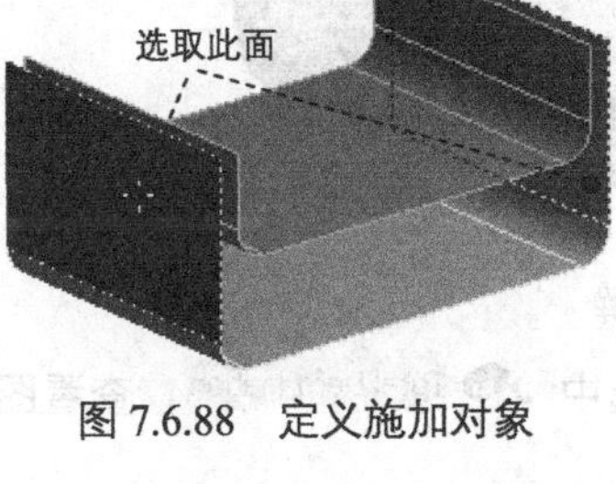


图 7.6.88 定义施加对象

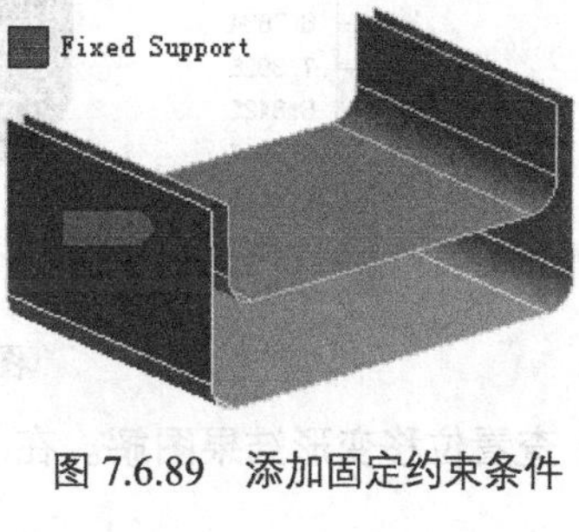


图 7.6.89 添加固定约束条件

步骤 08 添加载荷力。在“Outline”窗口中右击 Static Structural (A5) 选项，在弹出的快捷菜单中选择 Insert → Force 命令，弹出“Details of ‘Force’”窗口。选取图 7.6.90 所示的模型表面，在 Geometry 后的文本框中单击 Apply 按钮，在 Define By 下拉列表中选择 Vector 选项，在 Magnitude 文本框中输入数值 100，单击以激活 Direction 后的文本框，选取图 7.6.90 所示的模型表面，并调整其方向如图 7.6.90 所示，单击 Apply 按钮。完成载荷力的添加，结果如图 7.6.90 所示。

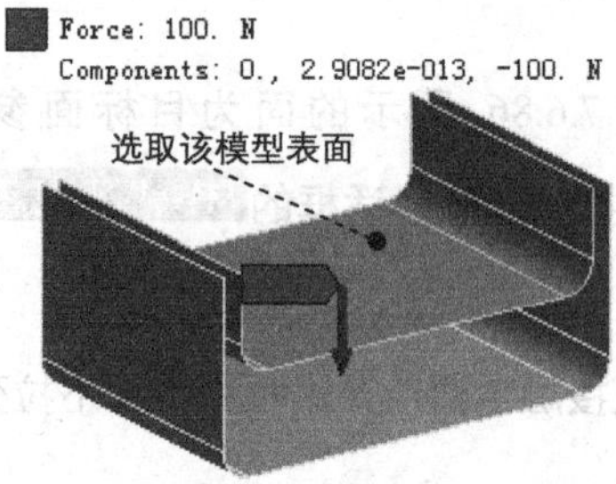


图 7.6.90 添加载荷力

步骤 09 插入应力结果图解。在“Outline”窗口中右击 Solution (A6) 选项，在弹出的快捷菜单中选择 Insert → Stress → Equivalent (von-Mises) 命令。

步骤 10 插入位移变形结果图解。在“Outline”窗口中右击 Solution (A6) 选项，在弹出的快捷菜单中选择 Insert → Deformation → Total 命令。

步骤 11 求解查看应力及位移变形结果。

（1）求解分析。在顶部工具栏中单击 Solve 按钮求解分析。

（2）查看应力结果图解，在“Outline”窗口中选中 Equivalent Stress，查看图 7.6.91 所示的总应力结果，其最小应力为 0MPa，其最大应力为 13.145 MPa。

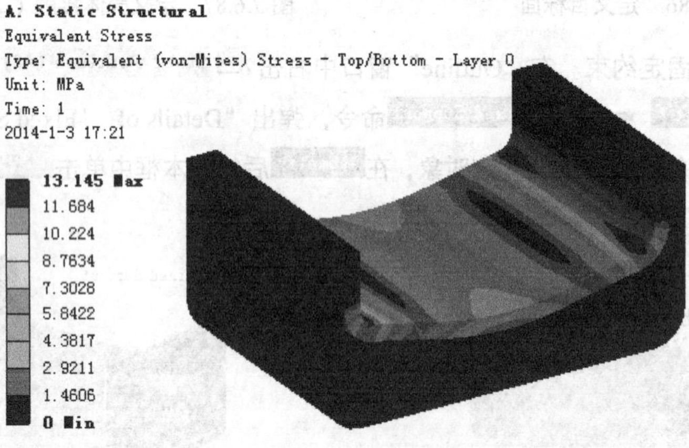


图 7.6.91 应力结果图解

（3）查看位移变形结果图解。在“Outline”窗口中选中 Total Deformation，查看图 7.6.92

所示的位移变形结果，其最大位移为 0.0052894 mm。

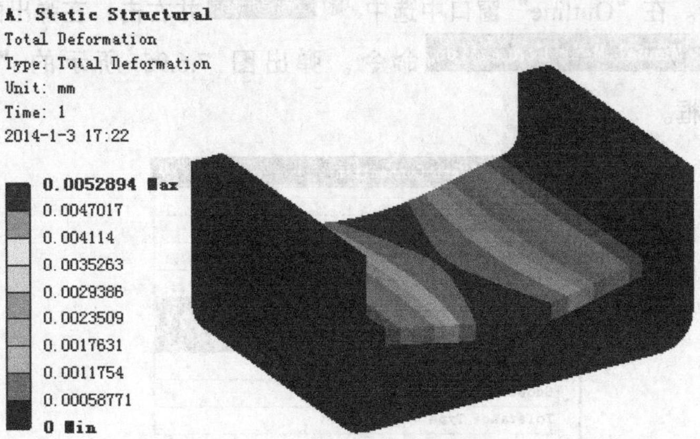


图 7.6.92 位移变形结果图解

步骤 12 保存文件。选择 File → Save Project... 命令，保存文件。

## 7.6.5 网格连接

网格连接允许生成拓扑上不连接面体间网格，使网格之间具有更好的兼容性，更好地保证了网格划分的精度及最终求解精度。类似于 CAD 中的修补间隙操作，网格连接可以在边与边之间或边与面之间进行连接。

下面以图 7.6.93 所示的实例介绍网格连接的基本操作。

步骤 01 打开文件 D：\an15.01\work\ch07.06.05\mesh_connection.wbpj。

步骤 02 划分网格。在 “Outline” 窗口中右击 Mesh，在弹出的快捷菜单中选择 Generate Mesh 命令，系统自动划分网格，结果如图 7.6.94 所示。

> **说明** 该实例几何中包括面体 1 和面体 2 两个对象（图 7.6.93），拓扑上不连接，所以完成网格划分后，在彼此连接处的网格是不兼容的，如图 7.6.94 所示。

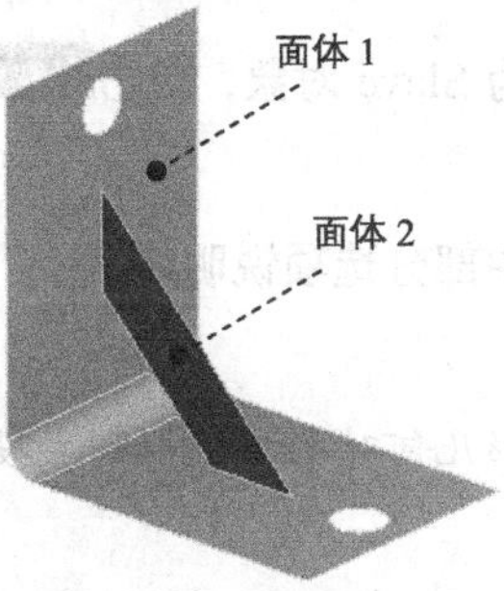


图 7.6.93 网格连接

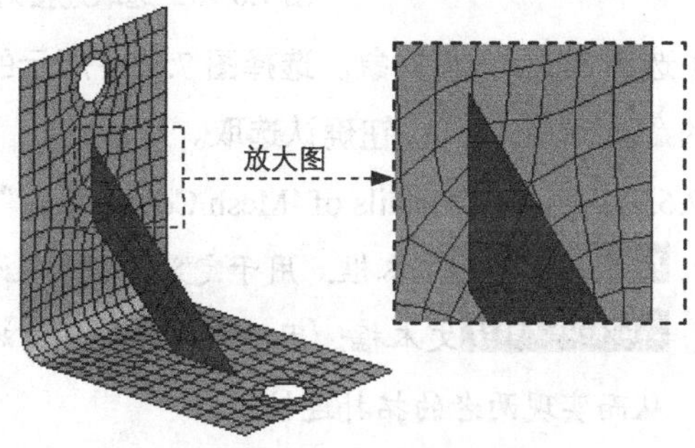


图 7.6.94 划分网格

步骤 03 定义网格连接。

（1）选择命令。在“Outline”窗口中选中 Connections 并右击，在弹出的快捷菜单中选择 Insert ▶ ⟶ Manual Mesh Connection 命令，弹出图 7.6.95 所示的“Details of ‘Mesh Connection’”对话框。

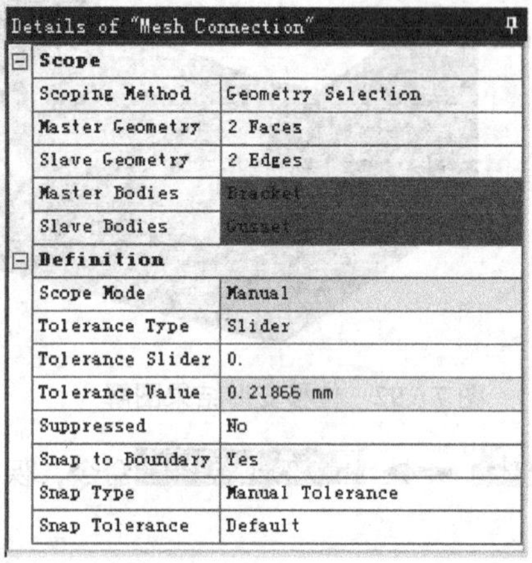

| Details of "Mesh Connection" | |
|---|---|
| **Scope** | |
| Scoping Method | Geometry Selection |
| Master Geometry | 2 Faces |
| Slave Geometry | 2 Edges |
| Master Bodies | Bracket |
| Slave Bodies | Gusset |
| **Definition** | |
| Scope Mode | Manual |
| Tolerance Type | Slider |
| Tolerance Slider | 0. |
| Tolerance Value | 0. 21866 mm |
| Suppressed | No |
| Snap to Boundary | Yes |
| Snap Type | Manual Tolerance |
| Snap Tolerance | Default |

图 7.6.95 “Details of ‘Mesh Connection’”对话框

（2）选择 Master 几何对象。选择图 7.6.96 所示的两个面为 Master 对象，单击 Master Geometry 文本框中的 Apply 按钮确认选取。

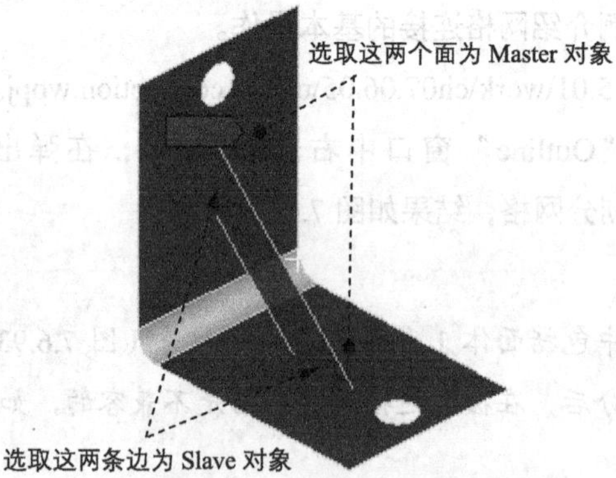


图 7.6.96 选取连接对象

（3）选择 Slave 几何对象。选择图 7.6.96 所示的两条边为 Slave 对象，单击 Slave Geometry 文本框中的 Apply 按钮确认选取。

图 7.6.95 所示的“Details of ‘Mesh Connection’”对话框中部分选项说明如下。

◆ Master Geometry 文本框：用于定义主投影几何对象。

◆ Slave Geometry 文本框：用于定义投影几何对象，投影几何对象将投影到主投影几何上，从而实现两者的拓扑连接。

◆ Tolerance Type下拉列表：用于设置系统探测主投影几何与投影几何之间的连接间隙类型。有以下三种类型可供选择。

- Slider选项：选中该选项，可在对话框的Tolerance Slider文本框中拖动滑块调整探测间隙值。
- Value选项：选中该选项，可在对话框的Tolerance Value文本框中输入探测值。
- Use Sheet Thickness选项：可在对话框的Thickness Scale Factor文本框中输入厚度因子作为探测值。

◆ Snap to Boundary下拉列表：用于定义投影几何是否捕捉到网格边界上，选中Yes选项，投影几何将连接到边界上（图 7.6.97）；选中No选项，投影几何将不连接到边界上（图 7.6.98）。

◆ Snap Type下拉列表：用于定义捕捉边界类型，包括以下两种类型。

- Manual Tolerance选项：选中该选项，手动输入公差来进行捕捉，在对话框的Snap Tolerance文本框中输入公差值。
- Element Size Factor选项：选中该选项，输入单元尺寸因子来进行捕捉，在对话框的Master Element Size Factor文本框中输入单元尺寸因子。

图 7.6.97　连接到边界

图 7.6.98　不连接到边界

步骤 04 更新网格。在“Outline”中右击 Mesh，在弹出的快捷菜单中选择 Generate Mesh 命令，系统自动划分网格，结果如图 7.6.99 所示。

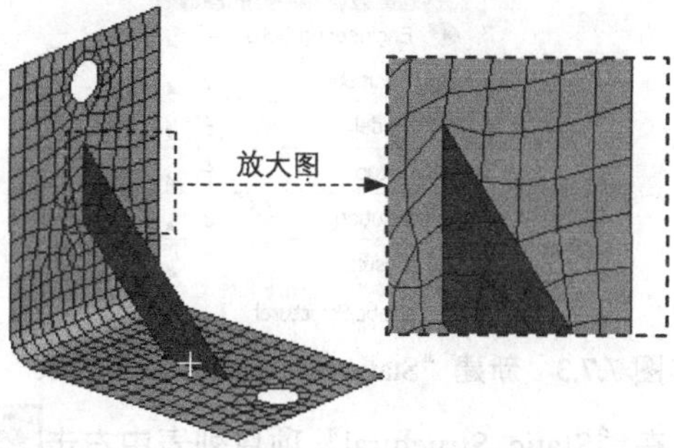


图 7.6.99　更新网格划分

说明 完成网格连接后，面体之间形成拓扑连接，更新网格划分后，彼此连接处的网格是兼容的，如图 7.6.99 所示。

步骤 05 保存文件。选择 File → Save Project... 命令，保存文件。

## 7.7 曲面接触分析实际应用

**应用概述：**

本应用介绍了图 7.7.1 所示钣金组件的结构分析。组件中包括上部钣金件（UP_SHEET）和下部钣金件（BASE_SHEET），两个钣金件之间属于绑定接触，因为钣金件属于典型的薄壁零件，可以采用薄壳分析方法进行结构分析，所以先创建其中面模型，如图 7.7.2 所示。下面具体介绍其分析过程。

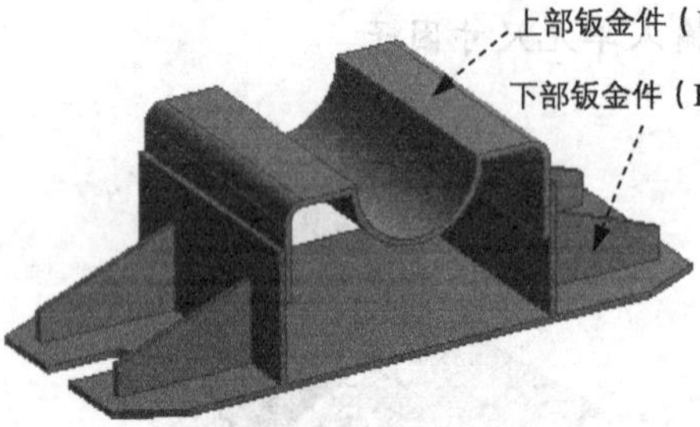


图 7.7.1 钣金组件结构分析

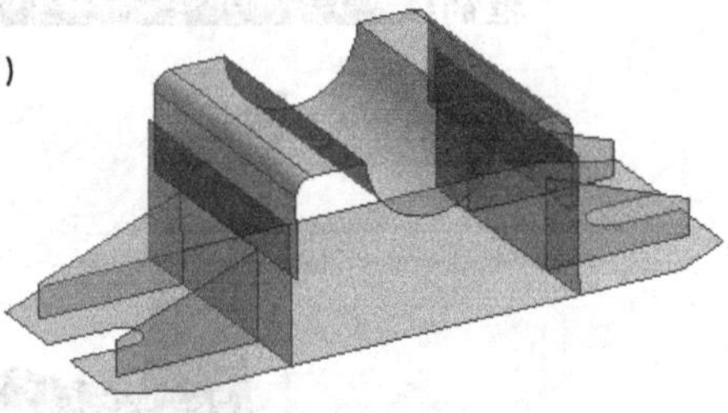

图 7.7.2 钣金组件中面模型

步骤 01 创建“Static Structural”项目列表。在 ANSYS Workbench 界面中，双击 Toolbox 工具箱的 Analysis Systems 区域中的 Static Structural，新建一个“Static Structural”项目列表，如图 7.7.3 所示。

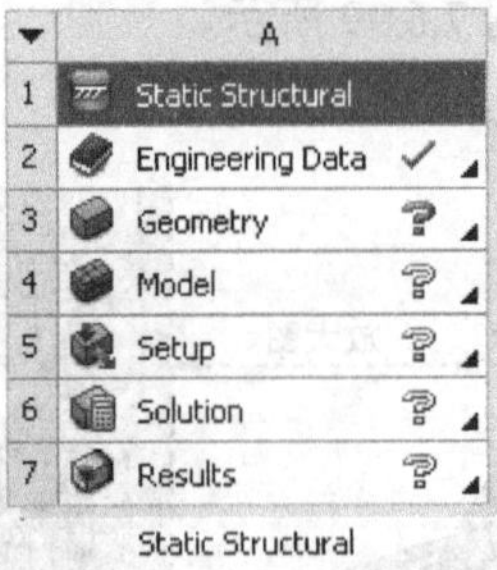


图 7.7.3 新建“Static Structural”项目列表

步骤 02 导入几何体。在“Static Structural”项目列表中右击 Geometry 选项，在弹出的快捷菜单中选择[Import Geometry] → [Browse...]命令，弹出“打开”对话框。选择文件D:\an15.01\work\ch07.07\shell_contact.stp，单击[打开(O)]按钮。

步骤 03 编辑几何体。在“Static Structural”项目列表中右击[Geometry]选项，在弹出的快捷菜单中选择[Edit Geometry...]命令，在弹出的“ANSYS Workbench”对话框中选中[Millimeter]选项，单击[OK]按钮，单击[Generate]按钮，完成几何体导入。

步骤 04 创建图 7.7.4 所示的中面 1。选择[Tools] → [Mid-Surface]命令，弹出图 7.7.5 所示的“Details View”对话框。在[FD3, Selection Tolerance (>=0)]文本框中输入数值 5.0；按住 Ctrl 键，在模型中依次选取图 7.7.6 所示的 7 组曲面对（具体选择操作请参看随书光盘），并在[Face Pairs]后的文本框中单击[Apply]按钮确认。单击工具条中的[Generate]按钮，完成提取中面的操作。

注意　在选取曲面对时必须遵循相对应的原则。

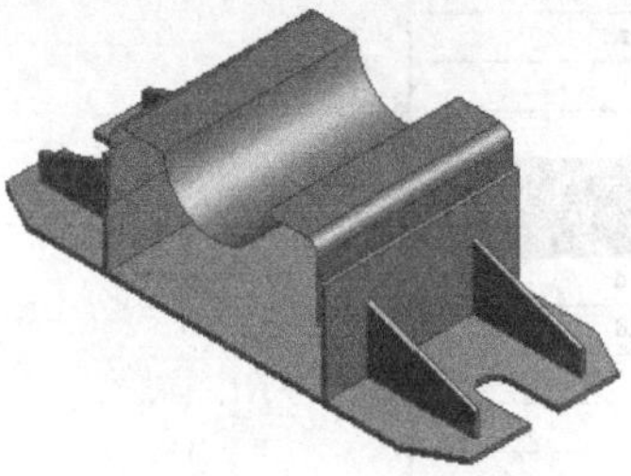

图 7.7.4　中面 1

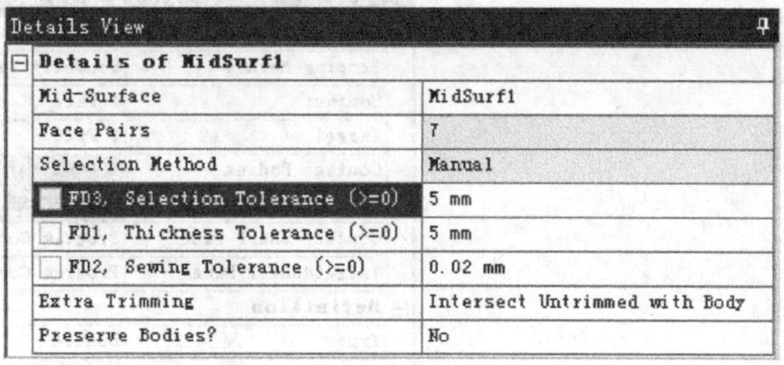


图 7.7.5　“Details View”对话框

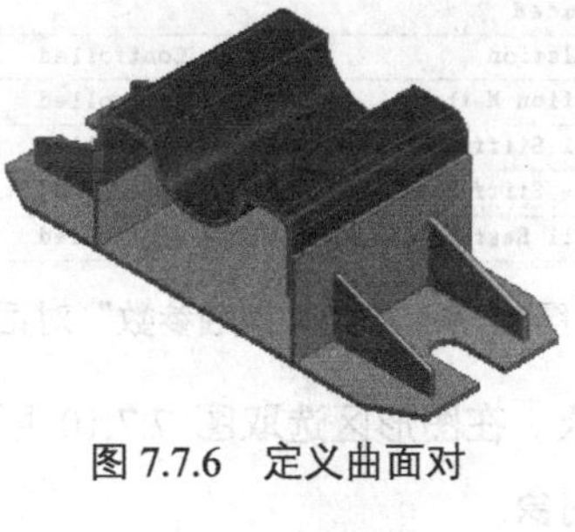

图 7.7.6　定义曲面对

步骤 05 创建图 7.7.7 所示的中面 2。选择[Tools] → [Mid-Surface]命令，弹出“Details View”对话框。在[FD3, Selection Tolerance (>=0)]文本框中输入数值 5.0。按住 Ctrl 键，在模型中依次选取图 7.7.8 所示的 9 组曲面对（具体选择操作请参看随书光盘），并在[Face Pairs]后的文本框中单击[Apply]按钮。单击工具条中的[Generate]按钮，完成提取中面的操作。

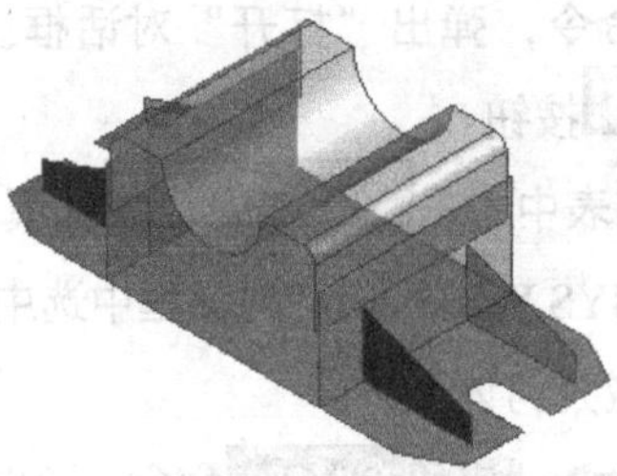

图 7.7.7　中面 2

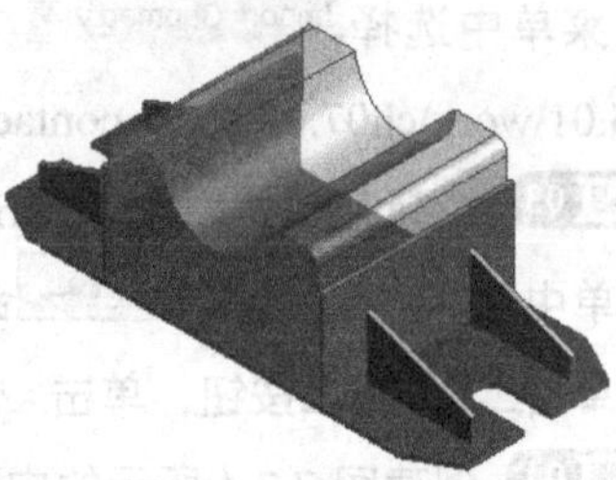

图 7.7.8　定义曲面对

步骤 06 返回 Workbench 主界面中，采用系统默认的材料，在“Static Structural”项目列表中双击 Model 选项，进入“Mechanical”环境。

步骤 07 设定 UP_SHEET 与 BASE_SHEET 之间的绑定接触 1。

（1）选择命令。在“Outline”窗口中选择 Connections 节点并右击，在弹出的快捷菜单中选择 Insert ➡ Manual Contact Region 命令，弹出图 7.7.9 所示的定义接触参数对话框。

Details of "Bonded - UP_SHEET To BASE_SHEET"

| | |
|---|---|
| **Scope** | |
| Scoping Method | Geometry Selection |
| Contact | 1 Face |
| Target | 1 Face |
| Contact Bodies | UP_SHEET |
| Target Bodies | BASE_SHEET |
| Contact Shell Face | Program Controlled |
| Target Shell Face | Program Controlled |
| **Definition** | |
| Type | Bonded |
| Scope Mode | Manual |
| Behavior | Program Controlled |
| Suppressed | No |
| **Advanced** | |
| Formulation | Program Controlled |
| Detection Method | Program Controlled |
| Normal Stiffness | Program Controlled |
| Update Stiffness | Program Controlled |
| Pinball Region | Program Controlled |

图 7.7.9　“定义接触参数”对话框

（2）定义接触对象和目标对象。在图形区选取图 7.7.10 所示的模型表面为接触对象，然后选取图 7.7.11 所示的边线为目标对象。

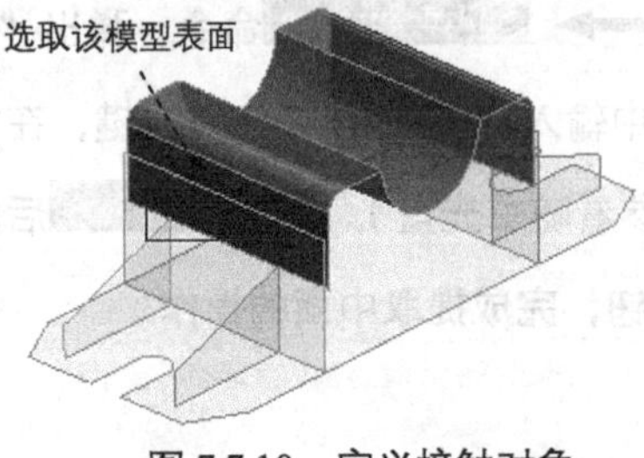


图 7.7.10　定义接触对象

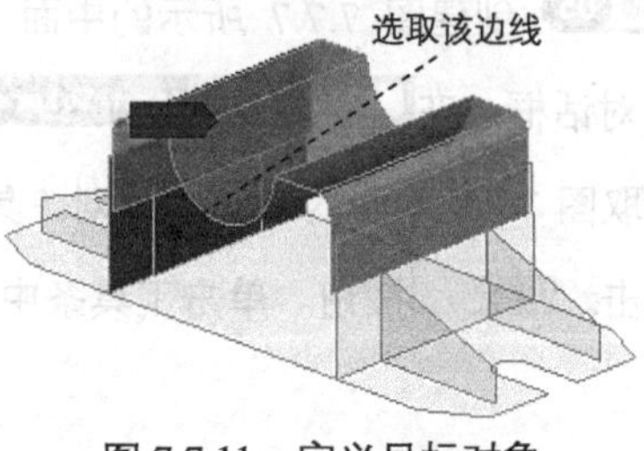


图 7.7.11　定义目标对象

说明

在定义接触中所选的接触面与目标面是相对的，这与之前创建中面所选取对应曲面对的先后顺序有关。在“定义接触参数”对话框的Scope区域的Contact Shell Face和Target Shell Face下拉列表中包括Top和Bottom两个选项，若为同侧时，可通过这两选项来定义中面的“顶”与“底”。

（3）定义接触属性。在“定义接触参数”对话框的Definition区域的Type下拉列表中选择Bonded选项，其他采用系统默认设置，完成绑定接触的定义。

步骤08 设定UP_SHEET与BASE_SHEET之间的绑定接触2。

（1）选择命令。在“Outline”窗口中选择Connections节点下的Contacts并右击，在弹出的快捷菜单中选择Insert ▸ → Manual Contact Region命令，弹出“定义接触参数”对话框。

（2）定义接触对象和目标对象。在图形区选取图7.7.12所示的模型表面为接触对象，然后选取图7.7.13所示的模型表面为目标对象。

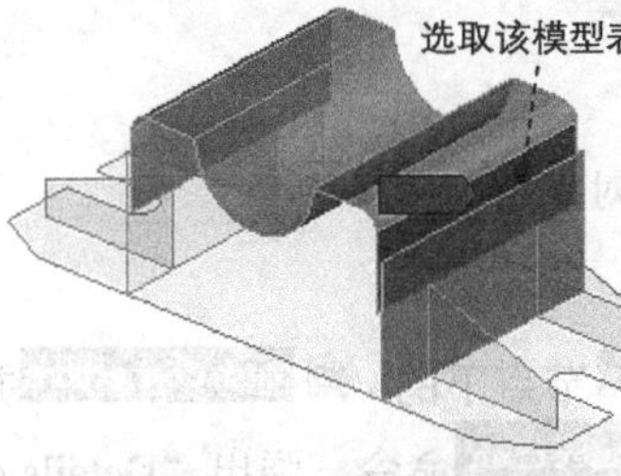

图7.7.12　定义接触对象

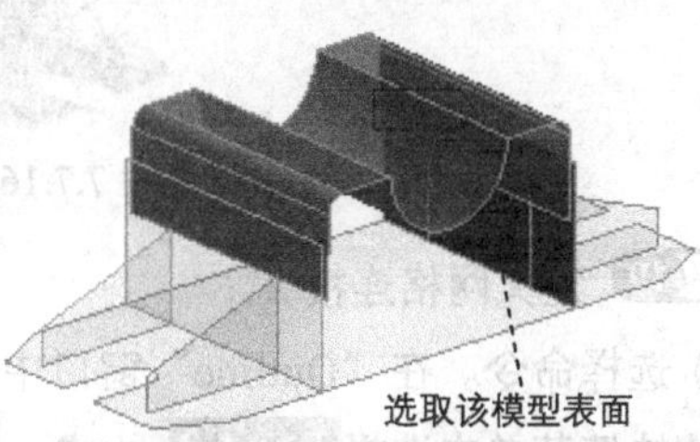

图7.7.13　定义目标对象

（3）定义接触属性。在“定义接触参数”对话框的Definition区域的Type下拉列表中选择Bonded选项，其他采用系统默认设置，完成绑定接触的定义。

步骤09 定义网格连接1。

（1）选择命令。在“Outline”窗口中选中Connections并右击，在弹出的快捷菜单中选择Insert ▸ → Manual Mesh Connection命令，弹出图7.7.14所示的“Details of ‘Mesh Connection’”对话框。

（2）选择Master几何对象。选择图7.7.15所示的两个面为Master对象，单击Master Geometry文本框中的Apply按钮确认。

（3）选择Slave几何对象。选择图7.7.16所示的四条边为Slave对象，单击Slave Geometry文本框中的Apply按钮确认。

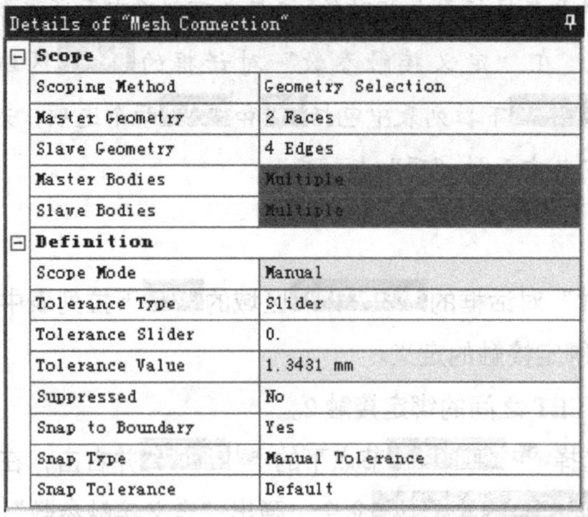

| Details of "Mesh Connection" | |
|---|---|
| **Scope** | |
| Scoping Method | Geometry Selection |
| Master Geometry | 2 Faces |
| Slave Geometry | 4 Edges |
| Master Bodies | [illegible] |
| Slave Bodies | [illegible] |
| **Definition** | |
| Scope Mode | Manual |
| Tolerance Type | Slider |
| Tolerance Slider | 0. |
| Tolerance Value | 1.3431 mm |
| Suppressed | No |
| Snap to Boundary | Yes |
| Snap Type | Manual Tolerance |
| Snap Tolerance | Default |

图 7.7.14 "Details of 'Mesh Connection'" 对话框

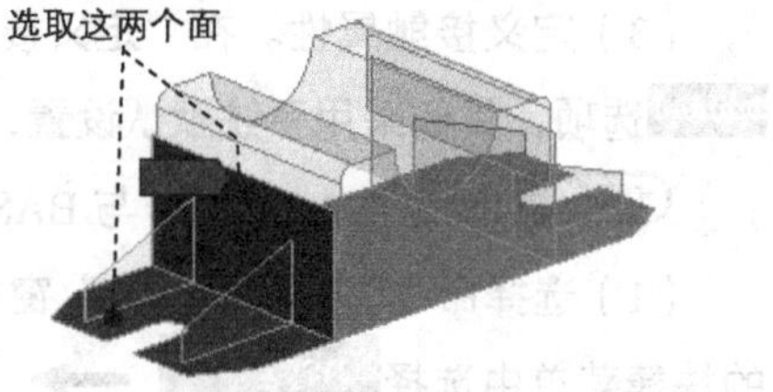


图 7.7.15 定义 Master 几何对象

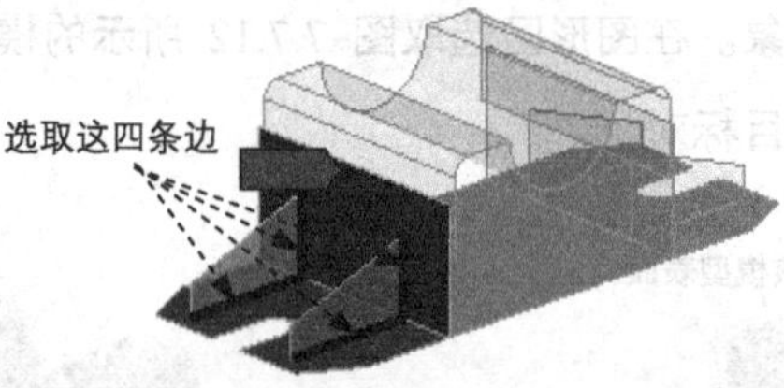


图 7.7.16 定义 Slave 几何对象

步骤 10 定义网格连接 2。

（1）选择命令。在"Outline"窗口中选中 Connections 节点下的 Mesh Connections 并右击，在弹出的快捷菜单中选择 Insert ▸ → Manual Mesh Connection 命令，弹出"Details of 'Mesh Connection2'"对话框。

（2）选择 Master 几何对象。选择图 7.7.17 所示的两个面为 Master 对象，单击 Master Geometry 文本框中的 Apply 按钮确认选取。

（3）选择 Slave 几何对象。选择图 7.7.18 所示的四条边为 Slave 对象，单击 Slave Geometry 文本框中的 Apply 按钮确认选取。

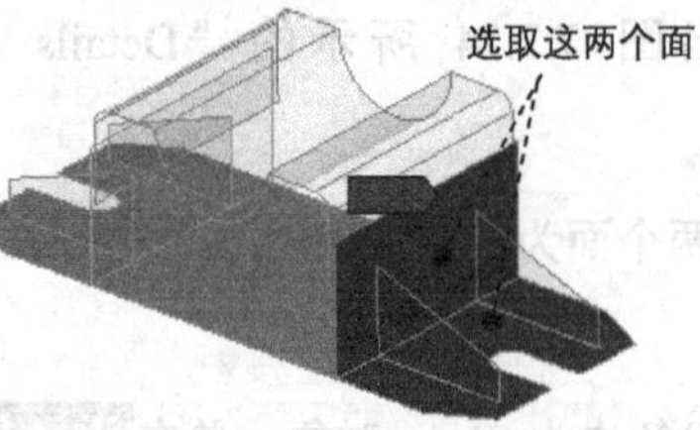


图 7.7.17 定义 Master 几何对象

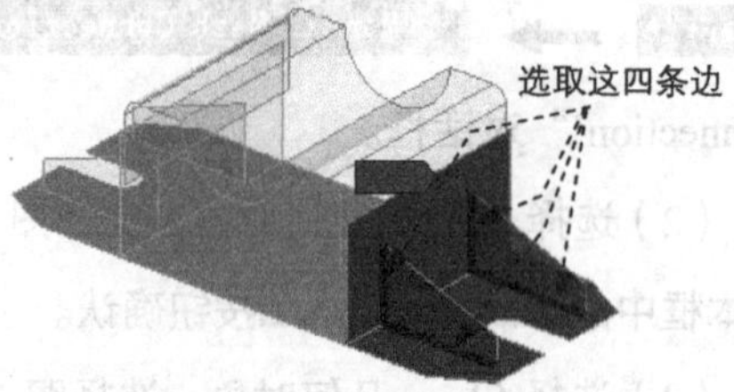


图 7.7.18 定义 Slave 几何对象

步骤 11 划分网格。在"Outline"窗口中单击 Mesh 节点，弹出图 7.7.19 所示的"Details

of‘Mesh’”对话框。在 Relevance 文本框中输入数值 100，在 Sizing 区域的 Relevance Center 下拉列表中选择 Fine 选项，单击 Update 按钮，完成的网格划分，结果如图 7.7.20 所示。

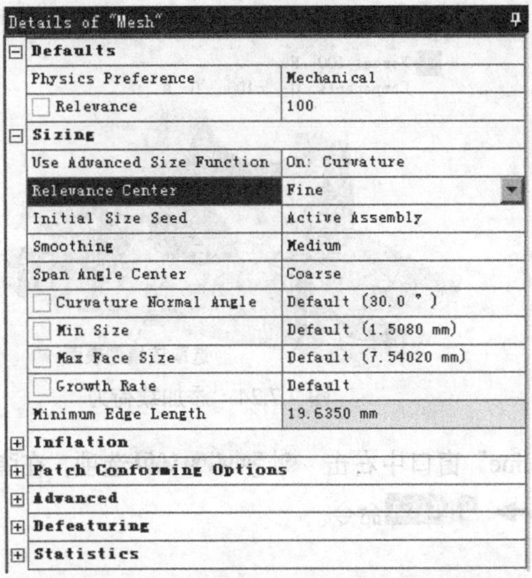


图 7.7.19 “Details of‘Mesh’”对话框

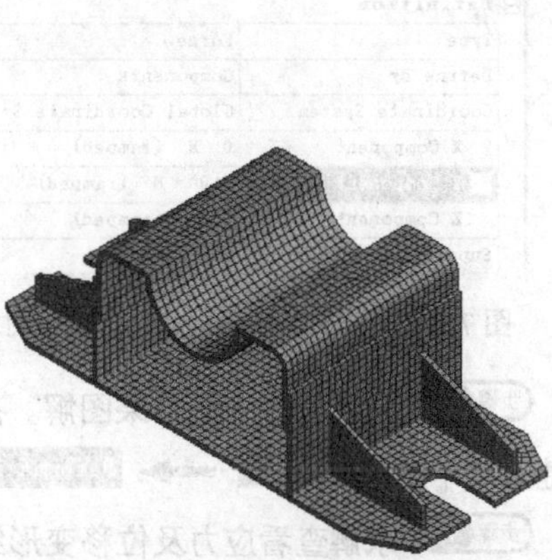

图 7.7.20 网格划分

步骤 12 添加固定约束。在“Outline”窗口中右击 Static Structural (A5) 选项，在弹出的快捷菜单中选择 Insert ➡ Fixed Support 命令，弹出图 7.7.21 所示的“Details of‘Fixed Support’”对话框。选取图 7.7.22 所示的六条边线为固定对象，在 Geometry 后的文本框中单击 Apply 按钮。完成固定约束的添加，结果如图 7.7.22 所示。

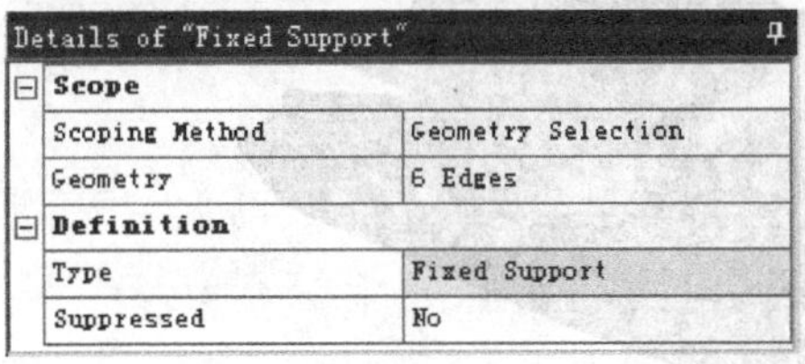


图 7.7.21 “Details of ‘Fixed Support’”对话框

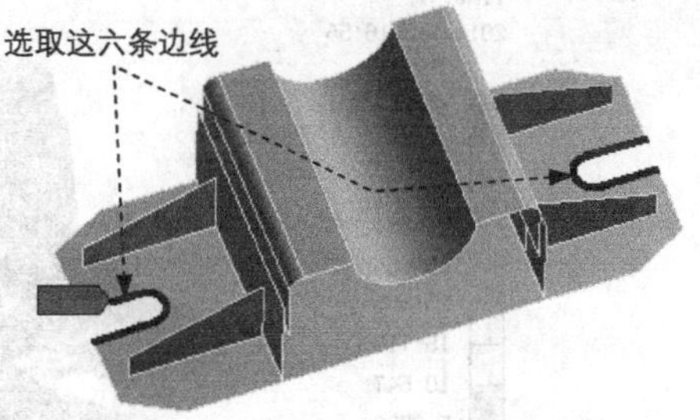


图 7.7.22 添加固定约束

步骤 13 添加载荷力。在“Outline”窗口中右击 Static Structural (A5) 选项，在弹出的快捷菜单中选择 Insert ➡ Force 命令，弹出图 7.7.23 所示的“Details of‘Force’”对话框。选取图 7.7.24 所示的圆柱面，在 Geometry 后的文本框中单击 Apply 按钮，在 Define By 下拉列表中选择 Components 选项，在 Y Component 文本框中输入数值-1000，其他参数采用系统默认设置。完成载荷力的添加，结果如图 7.7.24 所示。

步骤 14 插入应力结果图解。在“Outline”窗口中右击 Solution (A6) 选项，在弹出的快捷菜单中选择 Insert → Stress → Equivalent (von-Mises) 命令。

Details of "Force"

| | |
|---|---|
| **Scope** | |
| Scoping Method | Geometry Selection |
| Geometry | 1 Face |
| **Definition** | |
| Type | Force |
| Define By | Components |
| Coordinate System | Global Coordinate System |
| X Component | 0. N (ramped) |
| Y Component | -100. N (ramped) |
| Z Component | 0. N (ramped) |
| Suppressed | No |

图 7.7.23 “Details of ‘Force’” 对话框

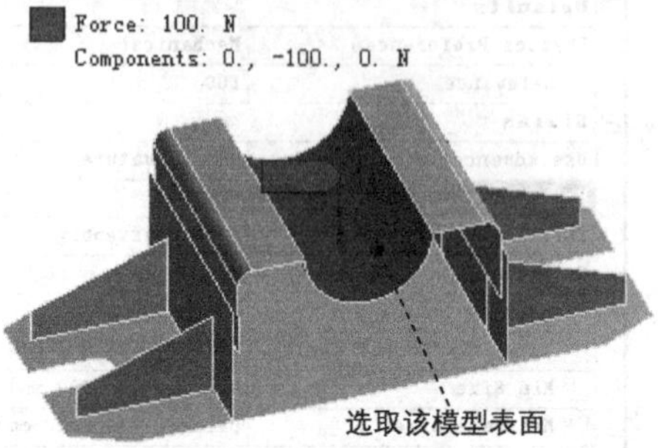


图 7.7.24 添加载荷力

步骤 15 插入位移变形结果图解。在“Outline”窗口中右击 Solution (A6) 选项，在弹出的快捷菜单中选择 Insert → Deformation → Total 命令。

步骤 16 求解查看应力及位移变形结果。

（1）求解分析。在顶部工具栏中单击 Solve 按钮求解分析。

（2）查看应力结果图解。在“Outline”窗口中选中 Equivalent Stress，查看图 7.7.25 所示的应力结果，其最小应力为 0.2087MPa，其最大应力为 46.73MPa。

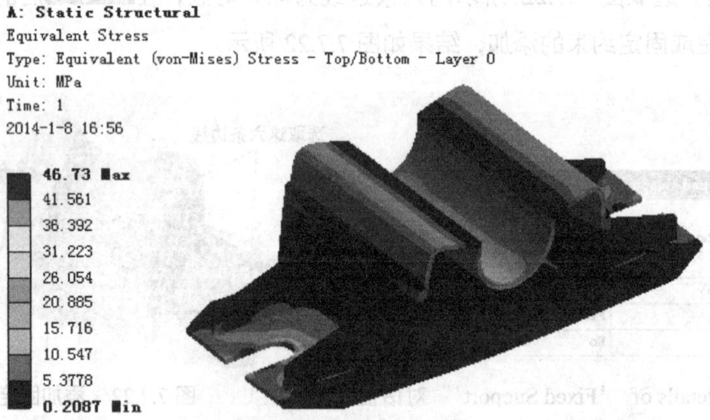


图 77.25 应力结果图解

（3）查看位移变形结果图解。在“Outline”窗口中选中 Total Deformation，查看图 7.7.26 所示的位移变形结果，其最大位移为 0.30073 mm。

步骤 17 保存文件。选择 File → Save Project... 命令，在弹出的“另存为”对话框的 文件名(N): 文本框中输入 shell_contact，单击 保存(S) 按钮。

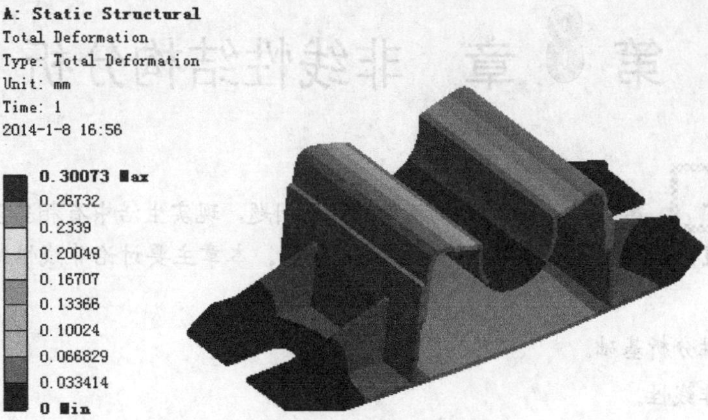


图 7.7.26　位移变形结果图解

# 第 8 章　非线性结构分析

**本章提要**　第 7 章讨论的都属于静态分析问题，现实生活中有相当多结构的力和位移之间并不是呈线性关系的，这类结构称为非线性结构。本章主要讨论非线性结构的分析。本章内容包括：

- 非线性分析基础。
- 几何非线性。
- 材料非线性。
- 接触非线性。
- 非线性诊断。
- 非线性结构分析流程。

## 8.1　非线性分析基础

线性问题符合胡克（Hooke）定律，即位移与力之间满足图 8.1.1 所示的关系。但在实际问题中，相当多结构的力与位移并不是呈线性变化的，即人们说的非线性，在非线性问题中，位移与力之间的关系如图 8.1.2 所示。

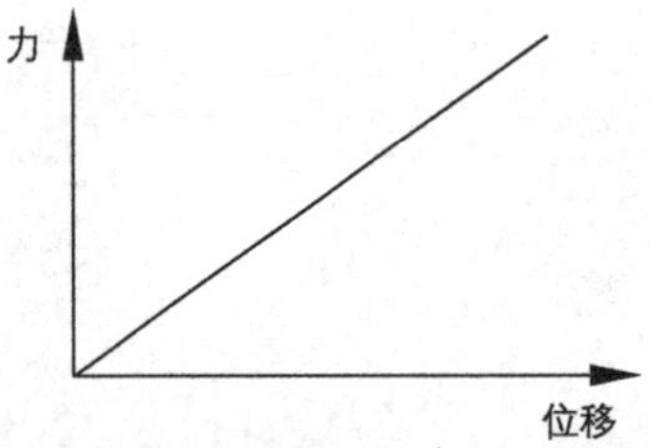


图 8.1.1　线性问题中力与位移的关系

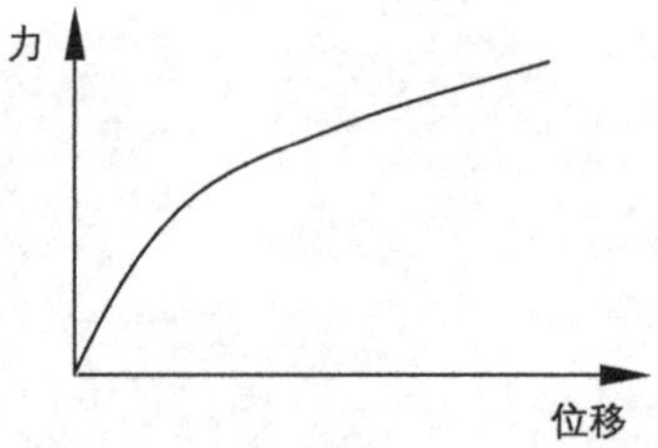


图 8.1.2　非线性问题中力与位移的关系

引起结构非线性的原因有很多，一般可以分成三种类型：几何非线性、材料非线性和接触非线性。下面具体从这三个方面介绍结构非线性。

## 8.2　几何非线性

当结构承受大变形时，发生变形的几何形状就有可能会引起结构的非线性响应。图 8.2.1 所示的是一悬臂梁模型，随着端点上载荷力的增大，悬臂梁不断弯曲，到一定程度后就不再是小变形了，力臂明显减弱，从而导致悬臂梁末端在较大载荷下其刚度不断增大。这是大扰度引起的非线性响应，除此以外，在几何非线性中大应变和应力刚化也会引起非线性响应。

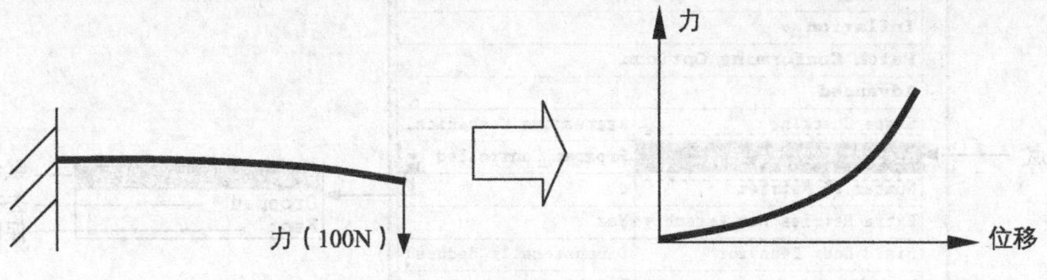


图 8.2.1　悬臂梁（大扰度）

结构几何形状的变化引起结构响应的非线性称为结构的几何非线性。当变形大于零件最大尺寸的 1/20 时，应进行几何非线性分析。ANSYS 按照特征将几何非线性分为三种：大应变、大扰度（或大转动）和应力刚化。

## 8.2.1 网格控制

在通常情况下，可以不考虑几何模型对非线性分析的影响，只在模型存在大变形区时考虑，将网格控制的Shape Checking下拉列表设置为Aggressive Mechanical选项，如图 8.2.2 所示。通过形状检查可以保证大应变分析过程中预测单元扭曲，从而改善单元的质量。而Standard Mechanical形状检查只适用于线性分析，在使用Aggressive Mechanical形状检查过程中可能产生网格失效的情况，Mechanical 会提示检查和修补失效网格等信息。

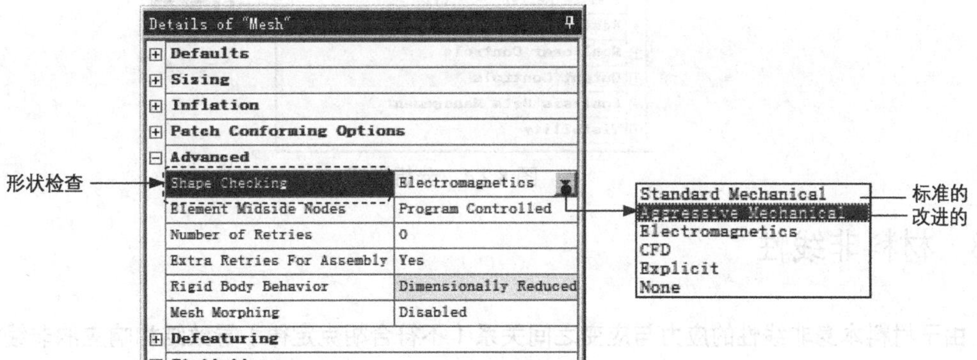


图 8.2.2　网格控制（形状检查）

此外，网格划分Element Midside Nodes下拉列表中的Kept选项采用中间节点的高阶单元划分网格，利用Dropped选项去除中间节点、降低线性单元、增加求解稳定性，如图 8.2.3 所示。

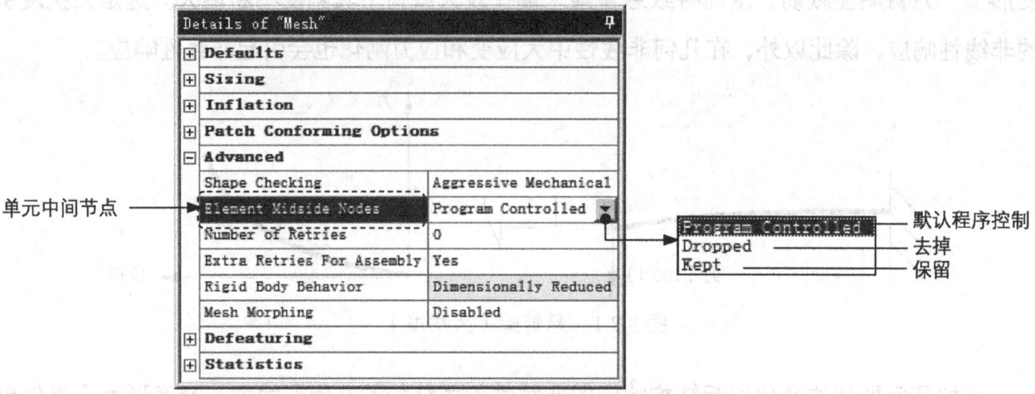


图 8.2.3　网格控制（单元中间节点）

## 8.2.2 大变形

模型大变形需要在多步迭代中调整刚度矩阵，以适应应力硬化的影响。考虑到大变形的影响，须在分析设置的Solver Controls区域中将Large Deflection下拉列表设置为On选项，如图 8.2.4 所示。

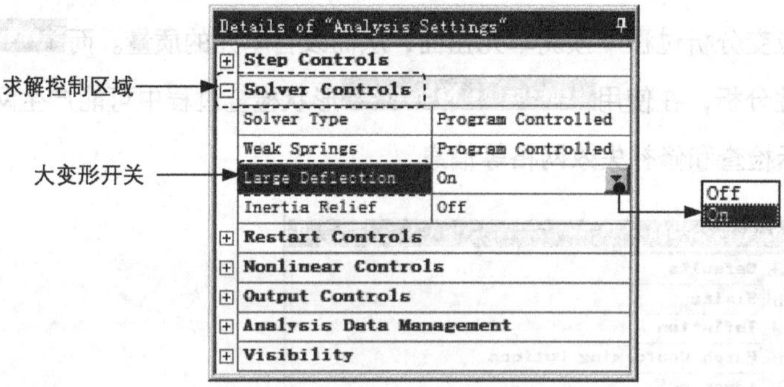


图 8.2.4　分析设置

# 8.3　材料非线性

由于材料本身非线性的应力与应变之间关系（不符合胡克定律）导致结构响应的非线性称为材料非线性。除了自身固有的非线性外，根据加载过程的不同、结构所处环境的变化（加载历史、环境温度和加载时间总量）等外部因素均可导致材料应力与应变关系的非线性。若负载大得足以导致一些永久变形或应变非常高时（如达到 50%），则应使用非线性材料模型。ANSYS 中提供了各种材料模型，包括 125 种组合的蠕变模型、20 种弹塑性材料、11 种超弹性材料、7 种黏塑性模型、4 种黏弹性模型和多种线性弹性模型等，不同的模型可以组合以实现多种情况下的仿真分析。

## 8.3.1 塑性材料

塑性材料（Plasticity Material）是指材料在外力作用下，产生较显著变形而不发生破坏。在外力作用下，发生微小变形即被破坏的材料称为脆性材料。在工程材料中，常将延伸率大于 5%的材料定义为塑性材料，而小于 5%的则定义为脆性材料。

在 Workbench 主界面中，双击 Toolbox 工具箱的 Component Systems 区域中的 Engineering Data，新建一个“Engineering Data”项目列表，在项目列表中双击 Engineering Data 选项，此时进入数据管理界面。在数据管理界面中单击 Engineering Data Sources 按钮，弹出图 8.3.1 所示的材料数据库管理界面。

说明 材料添加、材料属性的修改及添加等在这里不再赘述，详细介绍请查阅本书第 2 章。

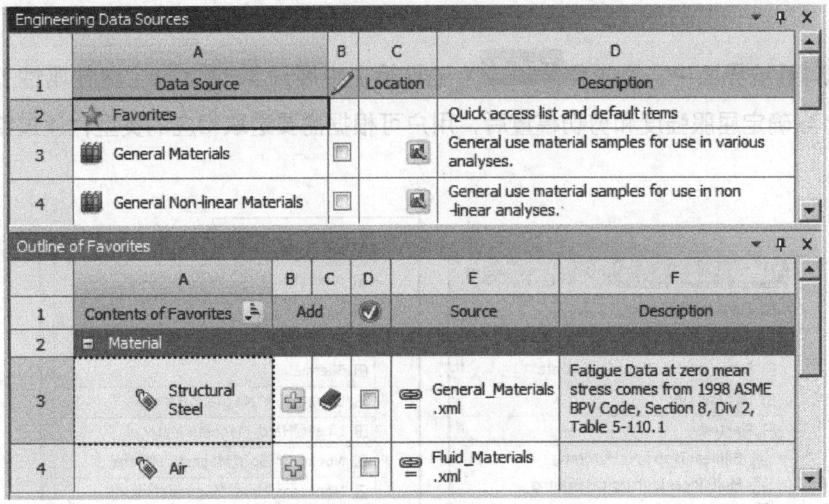


图 8.3.1　材料数据库管理界面

相对于金属而言，在材料的弹性阶段，若应力低于材料的比例极限，在卸载外载荷后，材料可以完全恢复其原来的状态，其变形是小变形（符合胡克定律：$\sigma = E\varepsilon$）；但若塑性材料承受的应力超过其弹性极限，它会产生永久的塑性变形，如图 8.3.2 所示。塑性对材料成形及机构能量的吸收影响是巨大的，下面介绍金属塑性方面的基本情况。

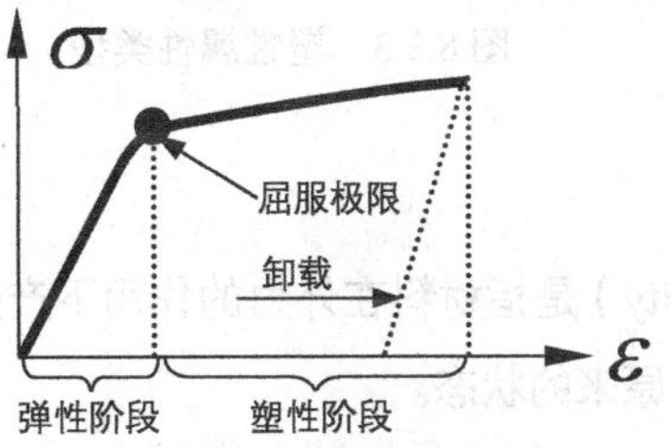


图 8.3.2　金属塑性

加载速度的快慢有时是塑性应变的函数。若塑性应变的大小与时间无关，则称为率无关塑性；反之，则称为率相关塑性。在实际应用中，通常材料都有一定程度的率相关塑性，但在大多数静力分析中所经历的应变率范围内，两者的应力与应变曲线差别不大。故一般分析中都认为是率无关的。塑性材料的数据一般是通过拉伸的应力与应变曲线形式给出的；根据固体力学相关理论可知：大应变的塑性材料分析通常采用真实的应力、应变数据，而小应变分析通常采用工程应力、应变数据。

对于一些单向受拉试件，可以简单地通过轴向应力与材料屈服应力的比较，来判断是否发生塑性变形；但对于一般应力情况，能否达到屈服点是不明确的，故而，了解应力状态和屈服准则，系统才能确定是否发生塑性变形。

说明：屈服准则的值有时也被称为等效应力。当等效应力超过屈服应力时，就会发生塑性变形。

进入材料系统界面中，在左侧 Toolbox（工具箱）中展开 ⊟ Plasticity（塑性属性）项，如图 8.3.3 所示。当确定屈服强度和剪切模量后，用户可根据需要选取相应的类型，通过绘制的图形来进行检查。

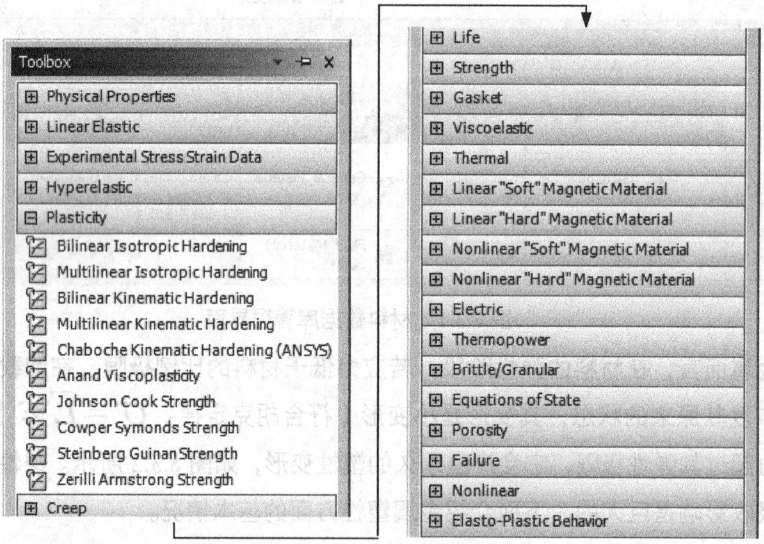


图 8.3.3　塑性属性类型

## 8.3.2 超弹性材料

超弹性材料（Hyperelasticity）是指材料在外力的作用下产生远超过弹性极限应变量的应变，且卸载后材料可以完全恢复其原来的状态。

在 Mechanical 中，超弹性材料是一类聚合物，其弹性体包括天然橡胶和合成橡胶，它是由非晶体和长链分子组成的。其弹性行为不同于金属，其特点有：

◆ 可以承受大弹性大变形。
◆ 几乎不可压缩（指含有少量的体积变化）。
◆ 其应力与应变关系呈现出高度的非线性，一般情况下，拉伸时材料刚度软化；反之，在压缩时则刚度较大，如图 8.3.4 所示。

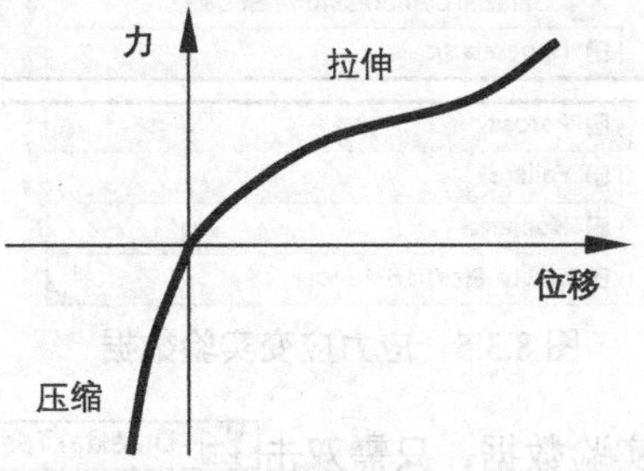


图 8.3.4　超弹性体的特点

其本构关系通过应变能密度函数（$\sigma = D:\dot{\varepsilon}$）来定义，应变能密度函数可由一条最接近实验拟合应力的应变测试数据曲线来表达。测试数据一般来源于以下实验：单向拉伸、单向压缩、双向拉伸（圆形或矩形试样）、平面剪切、简单剪切和体积测试等。故得到这些数据后，就意味着实验应力与应变数据可用于曲线的拟合。

在 ANSYS Workbench 中，专门提供了曲线拟合工具来转换实验数据到应变能密度函数，具体操作如下。

步骤 01 在 Workbench 主界面中，双击 Toolbox 工具箱的 Component Systems 区域中的 Engineering Data，新建一个"Engineering Data"项目列表，在项目列表中双击 Engineering Data 选项，此时进入数据管理界面。

步骤 02 定义材料。采用系统默认材料；也可根据需要在 Outline of Schematic A2: Engineering Data 窗口中单击 Click here to add a new material 选项以创建新材料，或在工程数据源（Engineering Date Sources）的材料库中添加材料。

步骤 03 定义材料的属性。

（1）在界面左侧的 Toolbox（工具箱）中展开 Experimental Stress Strain Data（应力应变实验数据）项，其中包括以下几种类型的实验数据：Uniaxial Test Data（单轴实验数据）、Biaxial Test Data（双轴实验数据）、Shear Test Data（剪力实验数据）、Volumetric Test Data（体积实验数据）、Simple Shear Test Data（简单剪力实验数据）、Uniaxial Tension Test Data（单轴拉伸实验数据）和 Uniaxial Compression Test Data（单轴压缩实验数据），如图 8.3.5 所示。用户根据需要选取相应的实验数据类型就能输入实验数据。

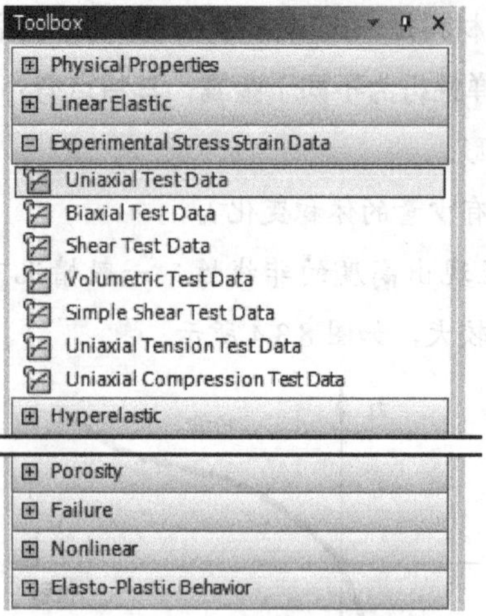


图 8.3.5　应力应变实验数据

假设当前要定义一组单轴实验数据，只需双击Uniaxial Test Data选项（或右击该选项，在弹出的快捷菜单中选择Include Property命令），将其添加到图 8.3.6 所示的材料属性区域中。

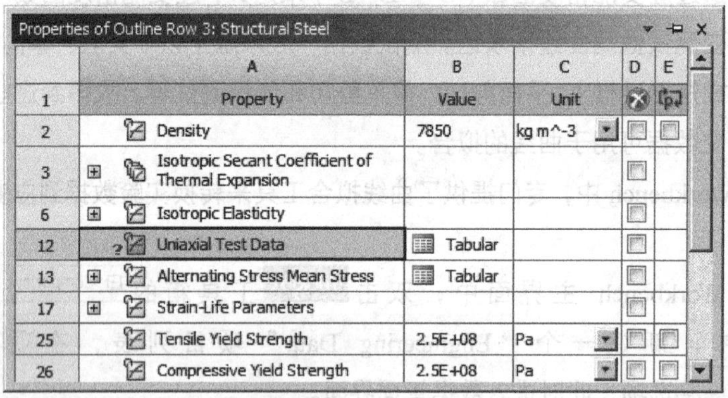


图 8.3.6　材料属性区域

此时可在Table of Properties Row 12: Uniaxial Test Data窗口中输入应力与应变的单轴实验数据，如图 8.3.7 所示，此时会显示应力与应变曲线图，如图 8.3.8 所示。

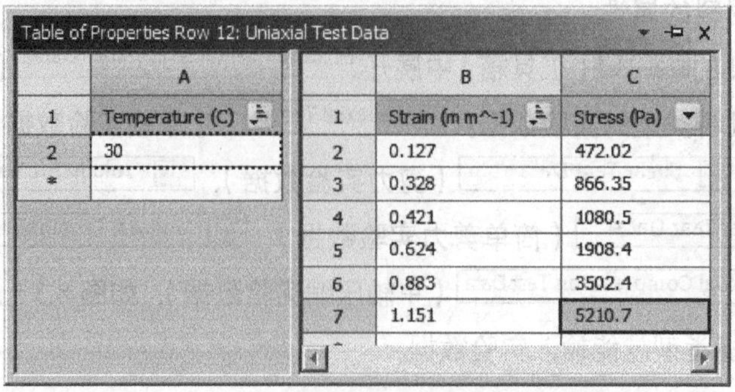


图 8.3.7　定义单轴实验数据（应力-应变）

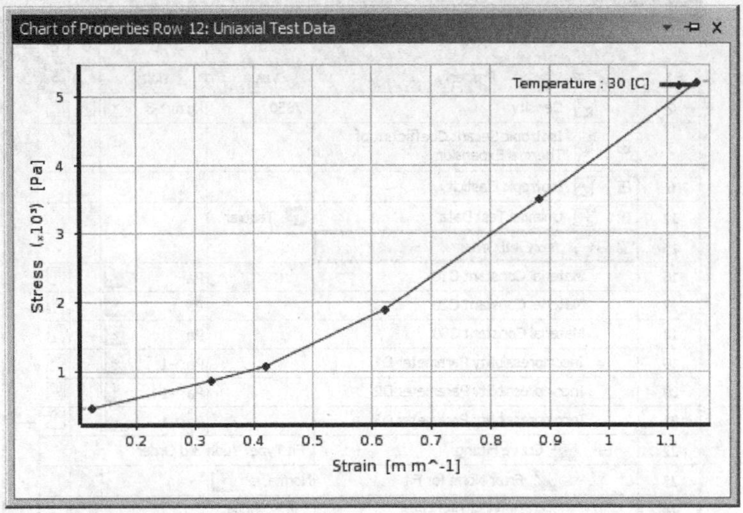


图 8.3.8 应力-应变曲线图

（2）在界面左侧的 Toolbox（工具箱）中展开 ⊟ Hyperelastic（超弹性材料）项，其中超弹性应变能密度函数的类型包括多种，如图 8.3.9 所示。

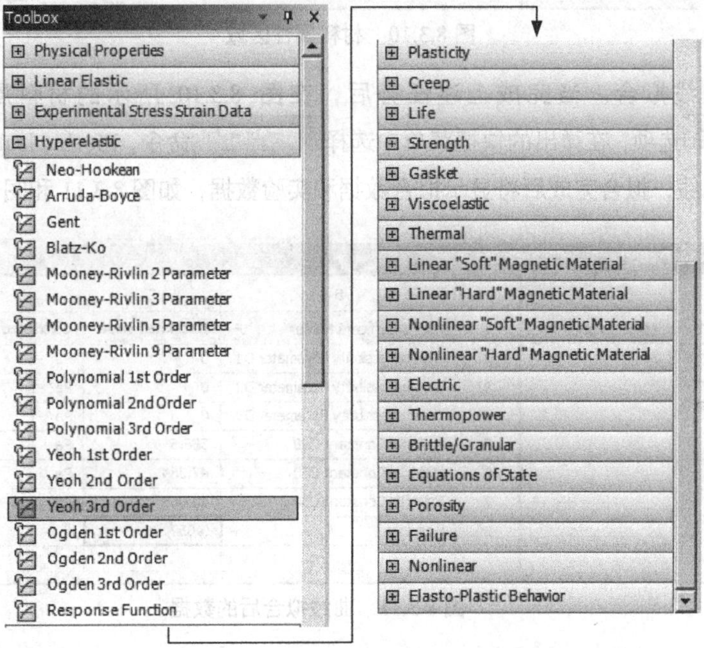


图 8.3.9 超弹性应变能密度函数的类型

这里双击 Yeoh 3rd Order 选项（或右击该选项，在弹出的快捷菜单中选择 Include Property 命令），将其添加到图 8.3.10 所示的材料属性区域。

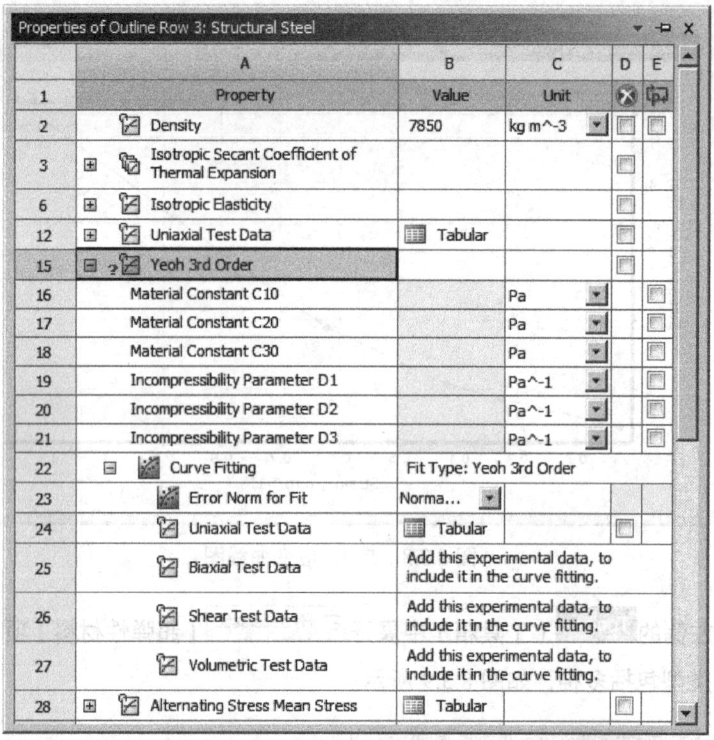
Properties of Outline Row 3: Structural Steel

| | A | B | C | D | E |
|---|---|---|---|---|---|
| 1 | Property | Value | Unit | | |
| 2 | Density | 7850 | kg m^-3 | | |
| 3 | ⊞ Isotropic Secant Coefficient of Thermal Expansion | | | | |
| 6 | ⊞ Isotropic Elasticity | | | | |
| 12 | ⊞ Uniaxial Test Data | Tabular | | | |
| 15 | ⊟ Yeoh 3rd Order | | | | |
| 16 | Material Constant C10 | | Pa | | |
| 17 | Material Constant C20 | | Pa | | |
| 18 | Material Constant C30 | | Pa | | |
| 19 | Incompressibility Parameter D1 | | Pa^-1 | | |
| 20 | Incompressibility Parameter D2 | | Pa^-1 | | |
| 21 | Incompressibility Parameter D3 | | Pa^-1 | | |
| 22 | ⊟ Curve Fitting | Fit Type: Yeoh 3rd Order | | | |
| 23 | Error Norm for Fit | Norma... | | | |
| 24 | Uniaxial Test Data | Tabular | | | |
| 25 | Biaxial Test Data | Add this experimental data, to include it in the curve fitting. | | | |
| 26 | Shear Test Data | Add this experimental data, to include it in the curve fitting. | | | |
| 27 | Volumetric Test Data | Add this experimental data, to include it in the curve fitting. | | | |
| 28 | ⊞ Alternating Stress Mean Stress | Tabular | | | |

图 8.3.10　材料属性区域

步骤 04 曲线拟合。当完成上述任务后，在图 8.3.10 所示的材料属性区域中右击 ⊟ Curve Fitting 选项，在弹出的快捷菜单中选择 Solve Curve Fit 命令，Mechanical 将会自动运行最小二乘法拟合曲线，拟合完成后将显示拟合数据和实验数据，如图 8.3.11 和图 8.3.12 所示。

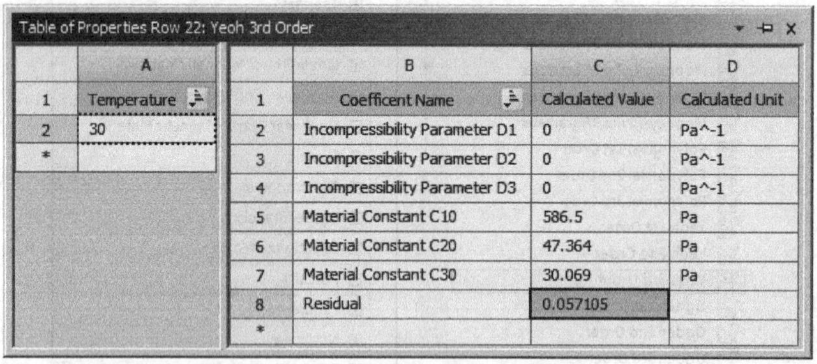
Table of Properties Row 22: Yeoh 3rd Order

| | A |
|---|---|
| 1 | Temperature |
| 2 | 30 |
| * | |

| | B | C | D |
|---|---|---|---|
| 1 | Coefficent Name | Calculated Value | Calculated Unit |
| 2 | Incompressibility Parameter D1 | 0 | Pa^-1 |
| 3 | Incompressibility Parameter D2 | 0 | Pa^-1 |
| 4 | Incompressibility Parameter D3 | 0 | Pa^-1 |
| 5 | Material Constant C10 | 586.5 | Pa |
| 6 | Material Constant C20 | 47.364 | Pa |
| 7 | Material Constant C30 | 30.069 | Pa |
| 8 | Residual | 0.057105 | |
| * | | | |

图 8.3.11　曲线拟合后的数据

步骤 05 右击 ⊟ Curve Fitting 选项，在弹出的快捷菜单中选择 Copy Calculated Values To Property 命令，将拟合的数据添加到 ⊟ Yeoh 3rd Order，最后可得图 8.3.13 和图 8.3.14 所示的拟合数据及曲线。

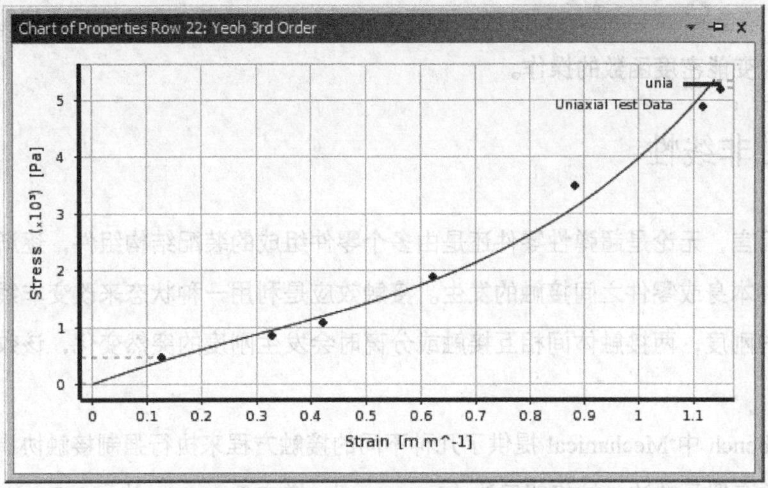


图 8.3.12　应力-应变曲线图（曲线拟合）

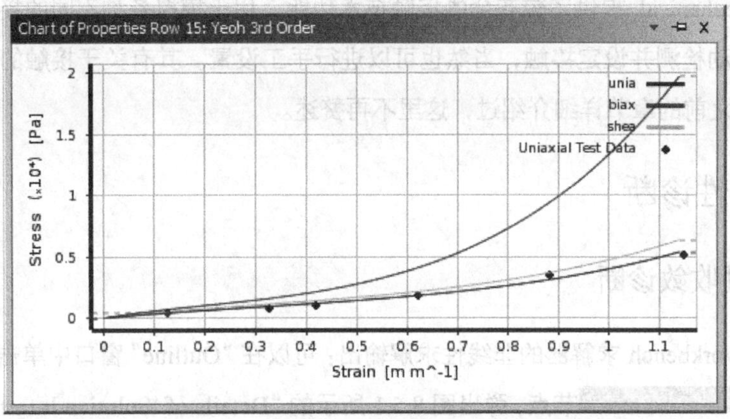


图 8.3.13　拟合曲线

Properties of Outline Row 3: Structural Steel

| | A | B | C | D | E |
|---|---|---|---|---|---|
| 1 | Property | Value | Unit | | |
| 2 | Density | 7850 | kg m^-3 | | |
| 3 | Isotropic Secant Coefficient of Thermal Expansion | | | | |
| 6 | Isotropic Elasticity | | | | |
| 12 | Uniaxial Test Data | Tabular | | | |
| 15 | Yeoh 3rd Order | | | | |
| 16 | Material Constant C10 | 586.5 | Pa | | |
| 17 | Material Constant C20 | 47.364 | Pa | | |
| 18 | Material Constant C30 | 30.069 | Pa | | |
| 19 | Incompressibility Parameter D1 | 0 | Pa^-1 | | |
| 20 | Incompressibility Parameter D2 | 0 | Pa^-1 | | |
| 21 | Incompressibility Parameter D3 | 0 | Pa^-1 | | |
| 22 | Curve Fitting | Fit Type: Yeoh 3rd Order | | | |

图 8.3.14　曲线拟合后的数据

步骤 06 单击 Return to Project 按钮，返回 Workbench 主界面，完成使用曲线拟合工具来转换实验数据到应变能密度函数的操作。

## 8.4 接触非线性

就零件而言，无论是超弹性零件还是由多个零件组成的装配结构组件，逐渐发生的位移一般会导致零件本身或零件之间接触的发生。接触效应是利用一种状态来改变非线性，这种状态决定了系统的刚度，两接触体间相互接触或分离时会发生刚度的突然变化，该效应称为接触非线性。

在 Workbench 中 Mechanical 提供了几种不同的接触方程来执行强制接触协调，其中执行强制接触协调的有罚函数法、拉格朗日法（Lagrange）、增广 Lagrange 法和 MPC 法等。

同时，Mechanical 提供了较齐全的接触技术功能，用于模拟各种不同的接触，在导入模型后，系统会自动检测并设定接触，当然也可以进行手工设置。其有关于接触的类型、设置及工具等内容，在之前的章节详细介绍过，这里不再赘述。

## 8.5 非线性诊断

### 8.5.1 非线性收敛诊断

ANSYS Workbench 求解器的非线性求解输出：可以在“Outline”窗口中单击 Solution (A6) 节点下的 Solution Information 节点，弹出图 8.5.1 所示的“Details of ‘Solution Information’”对话框。在 Solution Information 区域的 Solution Output 下拉列表中可以显示 Solver Output （求解输出）和 Force Convergence （力收敛），它们提供了非线性求解过程的详细描述。

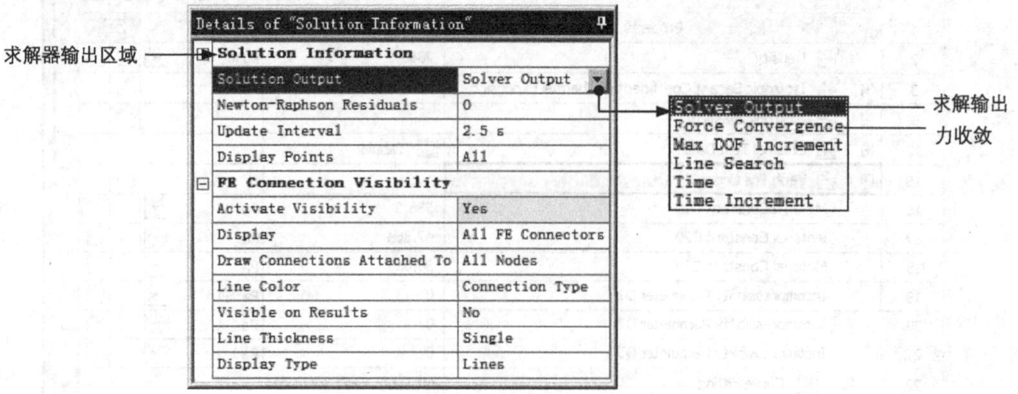


图 8.5.1 求解器输出信息

## 1. 求解输出

在理想情况下，残余力或不平衡力在系统平衡时都为零。但由于机器精度和实际情况，Workbench Mechanical 将会确定一个小到可以忽略误差的值，这个值就是标准值( CRITERION )，力收敛值 ( FORCE CONVERGENCE VALUE ) 必须小于标准值才是子步收敛；力收敛显示什么是残余力和标准力，当残余小于标准值时，那么这一子步就是收敛的。

◆ 选取 Solver Output （求解输出）选项，如图 8.5.2 所示。

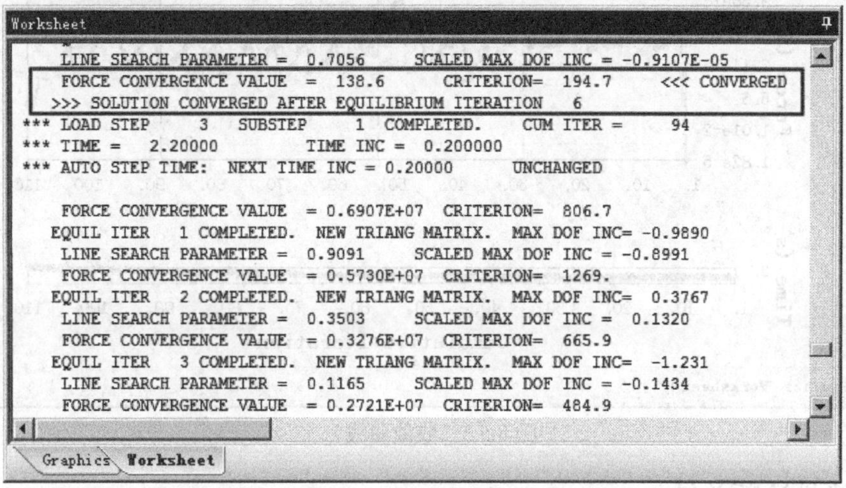


图 8.5.2 力收敛信息

说明 提示信息（如收敛或对分），在输出窗口中用“>>>”和“<<<”标识。

◆ 选取 Force Convergence （力收敛）选项，如图 8.5.3 所示。

- Force Convergence 代表收敛力。
- Force Criterion 代表标准力。
- Bisection Occurred 代表对分。
- Substep Converged 代表子步。
- Load Step Converged 代表载荷步。

## 2. Newton-Raphson 余量

Newton-Raphson 方法求解需要经过多次迭代直到达到力平衡。为了便于调试，可用 Newton-Raphson Residuals 来观察高余量区域，从而找到力不平衡的原因。在“Details of ‘Solution Information’”对话框中，输入提取 Newton-Raphson Residuals 的平衡迭代次数。例如，输入“4”，那么求解退出或不收敛时，将会返回最后三步的残余力。

Update Interval（刷新间隔）允许用户指定输出刷新的频率，一般以 s 为间隔。

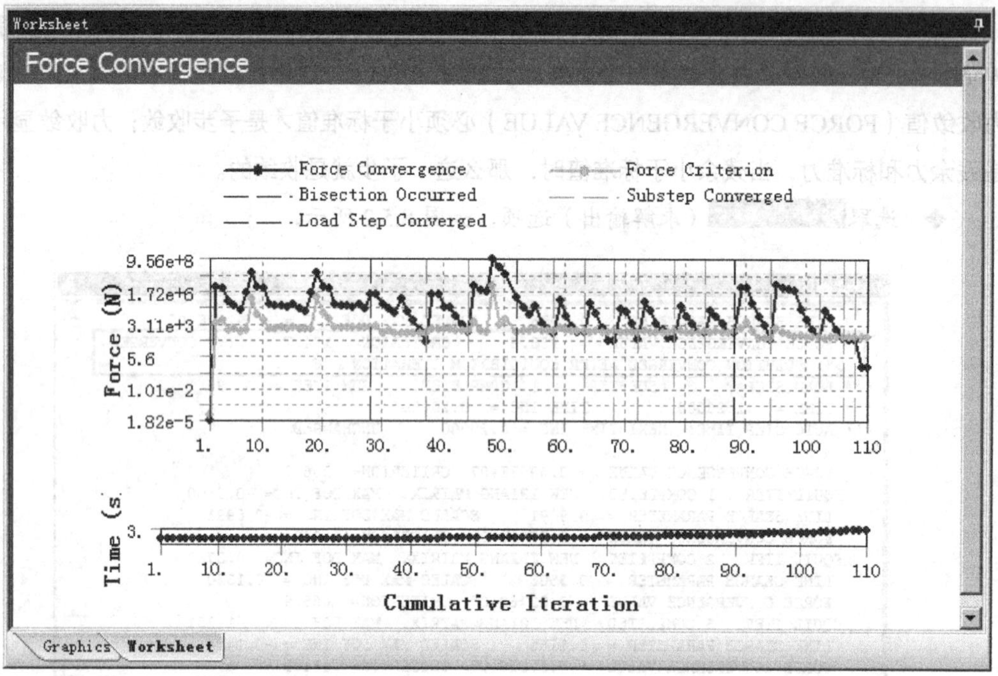


图 8.5.3 收敛曲线

## 8.5.2 非线性诊断总结

通过上面的介绍，了解到哪些设置会影响非线性求解的收敛性。Workbench 提供了多种工具来帮助用户监视非线性求解和诊断问题。

在通常情况下，首先从简单问题开始，然后逐渐增加问题的复杂性，这样有利于更好地确定问题的原因。若初次分析就加入许多复杂性，这将导致在随后的分析中浪费时间。

通常情况下不用改变设置，采用系统默认的设置，有明确的原因时才需要改变接触或求解器设置；同时也可以利用求解输出、结果跟踪、力收敛等工具来检查问题的原因。

# 8.6 非线性结构分析流程

图 8.6.1 所示的弹簧片主要起减振作用，其材料为 60SiMn 钢，其中弹性模量为 $2.07\text{x}10^{11}$Pa，泊松比为 0.3，密度为 7.85g/cm$^3$。弹簧片左端四个小孔完全固定，在弹簧片上部水平位置受到一竖直向下的载荷力作用，分析弹簧片的应力与变形情况。

步骤 01 创建“Static Structural”项目列表。在 ANSYS Workbench 界面中，双击 Toolbox 工具箱的 Analysis Systems 区域中的 Static Structural，新建一个“Static Structural”项目列表，如图 8.6.2 所示。

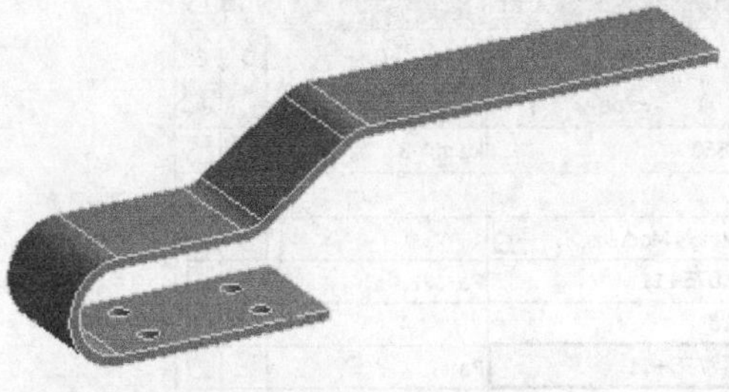

图 8.6.1 弹簧片非线性分析

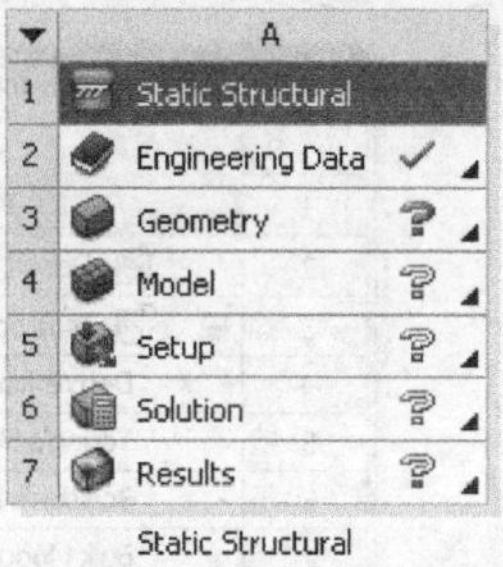


图 8.6.2 "Static Structural"项目列表

步骤 02 进入设计数据管理界面。在"Static Structural"项目列表中双击 Engineering Data，进入设计数据管理界面。

步骤 03 定义新材料。在设计数据管理界面的 Outline of Schematic A2: Engineering Data 窗口中单击 Click here to add a new material 单元格，然后输入材料名称 60Si2Mn 并按 Enter 键确认，此时该窗口如图 8.6.3 所示。

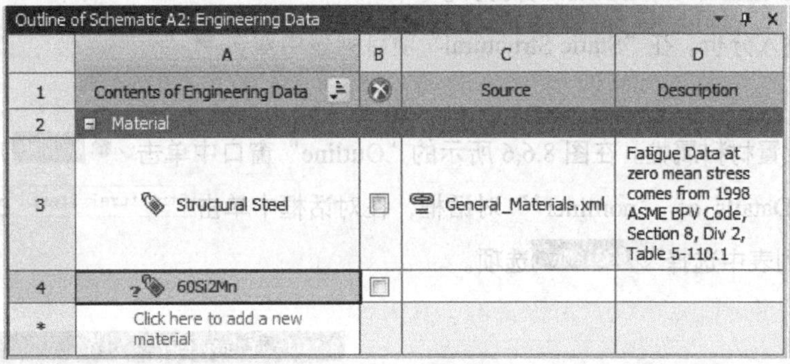

Outline of Schematic A2: Engineering Data

| | A | B | C | D |
|---|---|---|---|---|
| 1 | Contents of Engineering Data | | Source | Description |
| 2 | Material | | | |
| 3 | Structural Steel | | General_Materials.xml | Fatigue Data at zero mean stress comes from 1998 ASME BPV Code, Section 8, Div 2, Table 5-110.1 |
| 4 | 60Si2Mn | | | |
| * | Click here to add a new material | | | |

图 8.6.3 材料库

步骤 04 定义材料密度。在"Toolbox"工具箱中双击 Physical Properties 区域中的 Density 选项，将其添加到新建材料的属性窗口中。在 Properties of Outline Row 4: 60Si2Mn 属性窗口中单击 Density 项目后的单元格，然后输入数值 7850，保持默认的单位不变，此时该窗口如图 8.6.4 所示。

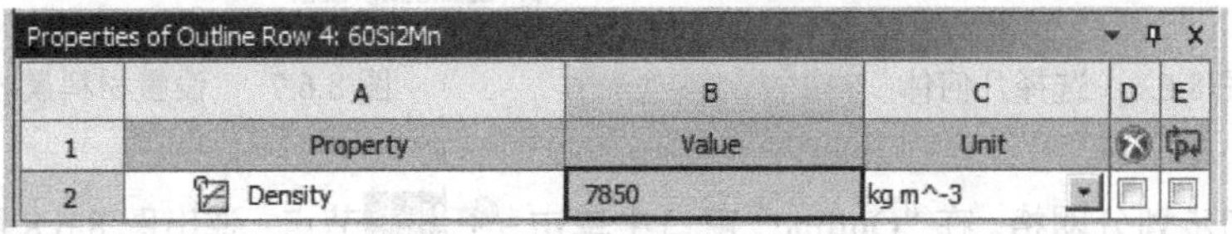

Properties of Outline Row 4: 60Si2Mn

| | A | B | C | D | E |
|---|---|---|---|---|---|
| 1 | Property | Value | Unit | | |
| 2 | Density | 7850 | kg m^-3 | | |

图 8.6.4 材料属性（一）

步骤 05 定义弹性参数。在"Toolbox"工具箱中双击 Linear Elastic 区域中的 Isotropic Elasticity 选项，将其添加到新建材料的属性窗口中，然后设置图 8.6.5 所示的参数。

Properties of Outline Row 4: 60Si2Mn

| | A | B | C | D | E |
|---|---|---|---|---|---|
| 1 | Property | Value | Unit | | |
| 2 | Density | 7850 | kg m^-3 | | |
| 3 | Isotropic Elasticity | | | | |
| 4 | Derive from | Young's Modulus ... | | | |
| 5 | Young's Modulus | 2.07E+11 | Pa | | |
| 6 | Poisson's Ratio | 0.3 | | | |
| 7 | Bulk Modulus | 1.725E+11 | Pa | | |
| 8 | Shear Modulus | 7.9615E+10 | Pa | | |

图 8.6.5　材料属性（二）

步骤 06 返回主界面。在工具栏中单击 Return to Project 按钮，返回主界面。

步骤 07 导入几何体。在“Static Structural”项目列表中右击 Geometry 项目，在弹出的快捷菜单中选择 Import Geometry → Browse... 命令，弹出“打开”对话框，选择文件 D:\an15.01\work\ch08.06\nonliner.stp 并打开。

步骤 08 进入分析。在“Static Structural”项目列表中双击 Model 项目，进入分析环境界面。

步骤 09 设置材料属性。在图 8.6.6 所示的“Outline”窗口中单击 nonliner 几何体，弹出图 8.6.7 所示的“Datails of ‘nonliner’”对话框，在对话框中单击 Structural Steel 后的按钮，在弹出的下拉列表中选择 60Si2Mn 选项。

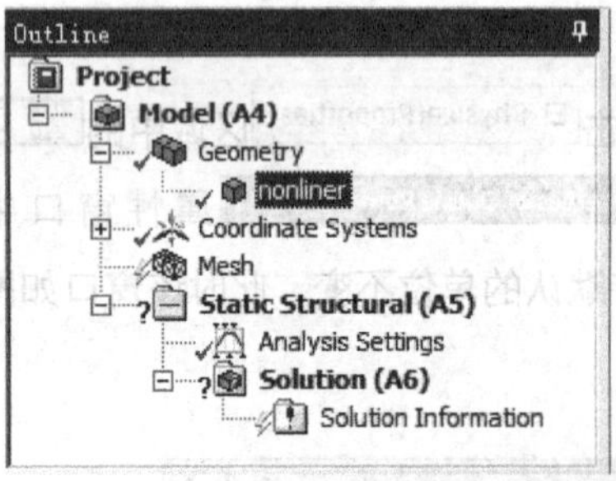


图 8.6.6　选择几何体

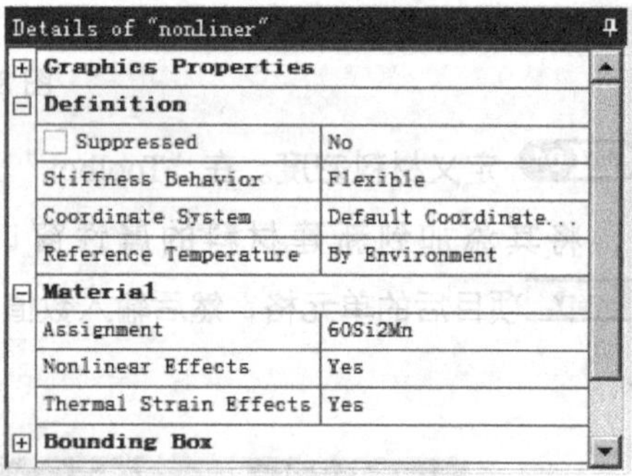


图 8.6.7　设置材料属性

步骤 10 初步划分网格。在“Outline”窗口中单击 Mesh 节点，弹出图 8.6.8 所示的“Details of “Mesh””对话框，在对话框的 Relevance 文本框中输入数值 100，在 Sizing 区域的 Relevance Center 下拉列表中选择 Fine 选项，其他参数采用系统默认设置，单击 Update 按钮，网格划分结果如图 8.6.9 所示。

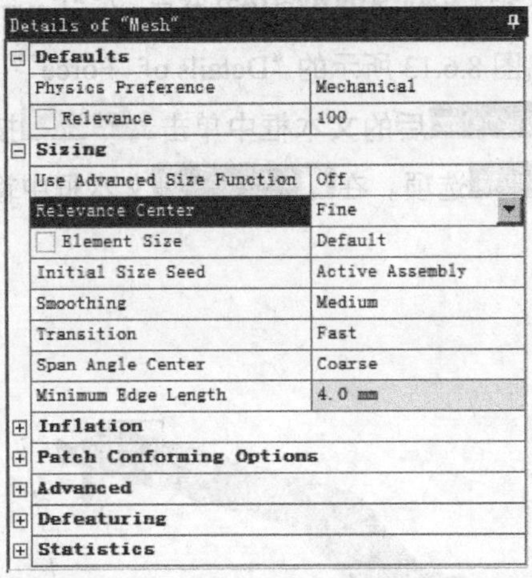

Details of "Mesh"

| | |
|---|---|
| **Defaults** | |
| Physics Preference | Mechanical |
| Relevance | 100 |
| **Sizing** | |
| Use Advanced Size Function | Off |
| Relevance Center | Fine |
| Element Size | Default |
| Initial Size Seed | Active Assembly |
| Smoothing | Medium |
| Transition | Fast |
| Span Angle Center | Coarse |
| Minimum Edge Length | 4.0 mm |
| **Inflation** | |
| **Patch Conforming Options** | |
| **Advanced** | |
| **Defeaturing** | |
| **Statistics** | |

图 8.6.8 "Details of 'Mesh'" 对话框

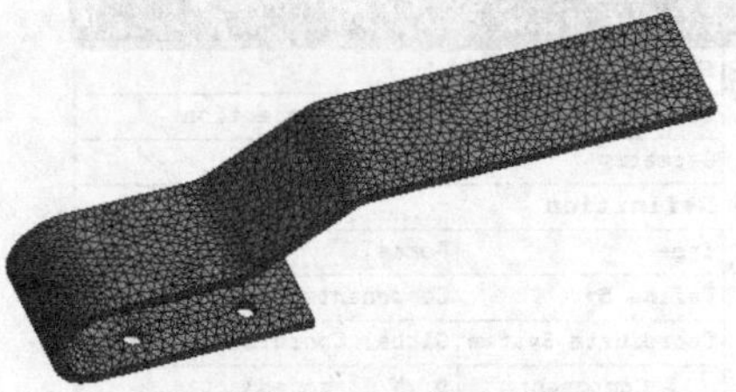

图 8.6.9 初步划分网格

步骤 11 添加固定约束。在"Outline"窗口中右击 Static Structural (A5) 选项，在弹出的快捷菜单中选择 Insert → Fixed Support 命令，弹出图 8.6.10 所示的"Details of 'Fixed Support'"对话框。选取图 8.6.11 所示的 4 个圆柱孔内表面为固定对象，在 Geometry 后的文本框中单击 Apply 按钮。完成固定约束的添加，结果如图 8.6.12 所示。

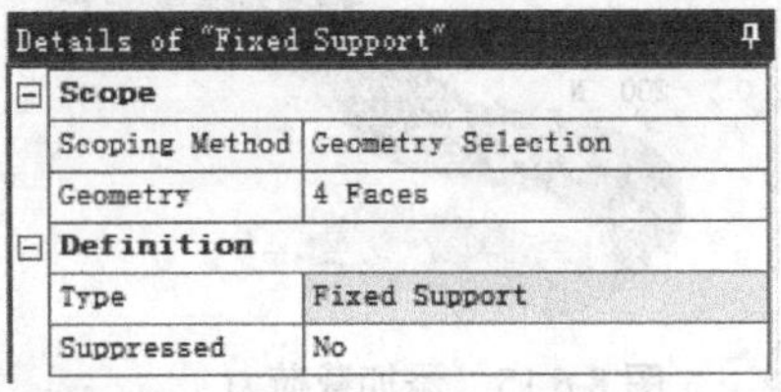

Details of "Fixed Support"

| | |
|---|---|
| **Scope** | |
| Scoping Method | Geometry Selection |
| Geometry | 4 Faces |
| **Definition** | |
| Type | Fixed Support |
| Suppressed | No |

图 8.6.10 "Details of 'Fixed Support'"对话框

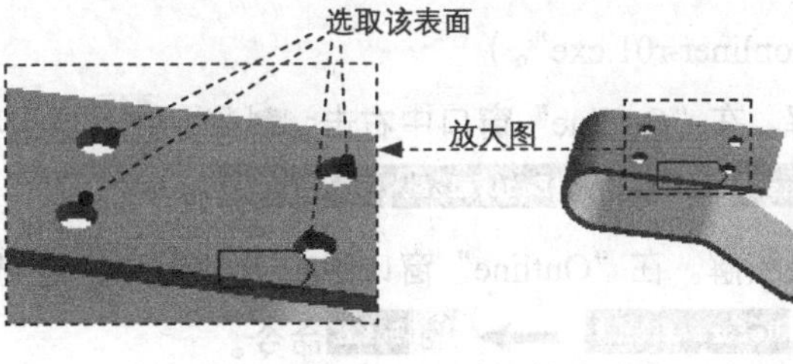


图 8.6.11 选取约束对象

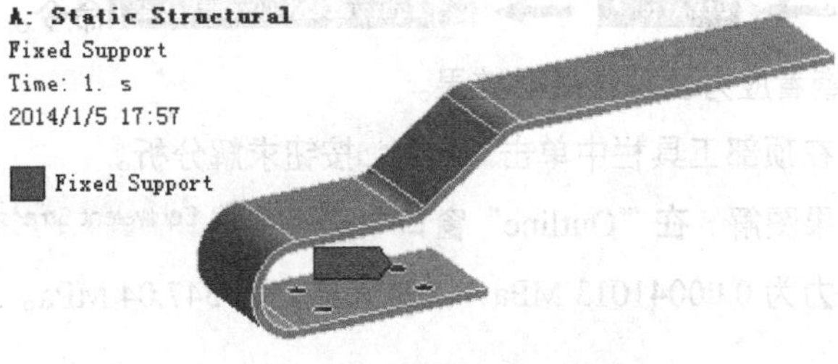


图 8.6.12 添加固定约束条件

步骤 12 添加载荷力。在“Outline”窗口中单击 Static Structural (A5) 节点，在“Environment”工具栏中选择 Loads → Force 命令，弹出图 8.6.13 所示的“Details of ‘Force’”对话框。选取图 8.6.14 所示的模型边线为载荷对象，在 Geometry 后的文本框中单击 Apply 按钮，在 Definition 区域的 Define By 下拉列表中选择 Components 选项。在 Z Component 文本框中输入数值 -200；完成载荷力的添加，结果如图 8.6.15 所示。

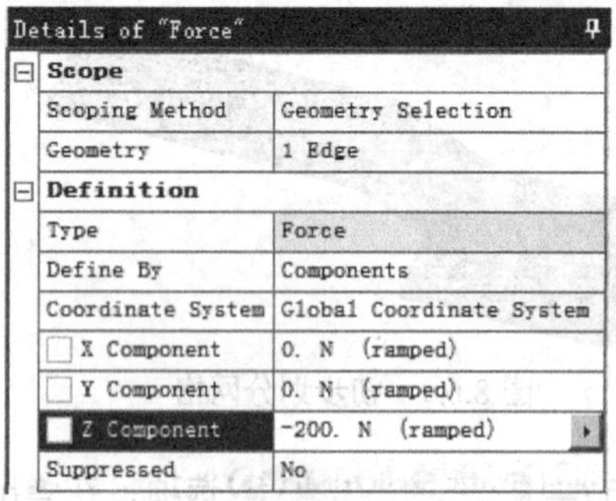
Details of "Force"

| | |
|---|---|
| **Scope** | |
| Scoping Method | Geometry Selection |
| Geometry | 1 Edge |
| **Definition** | |
| Type | Force |
| Define By | Components |
| Coordinate System | Global Coordinate System |
| X Component | 0. N (ramped) |
| Y Component | 0. N (ramped) |
| Z Component | -200. N (ramped) |
| Suppressed | No |

图 8.6.13 “Details of ‘Force’”对话框

图 8.6.14 选取载荷对象

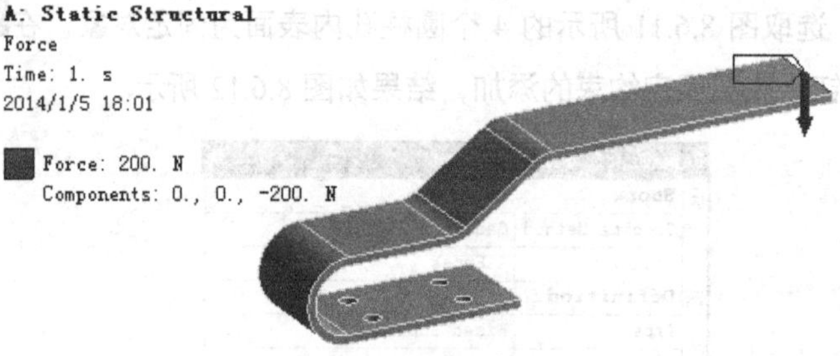


图 8.6.15 添加载荷力

步骤 13 设置分析参数。(注：本步的详细操作过程请参见随书光盘中 video\ch08\reference\文件下的语音视频讲解文件“nonliner-r01.exe”。)

步骤 14 插入应力结果图解。在“Outline”窗口中右击 Solution (A6) 选项，在弹出的快捷菜单中选择 Insert → Stress → Equivalent (von-Mises) 命令。

步骤 15 插入位移变形结果图解。在“Outline”窗口中右击 Solution (A6) 选项，在弹出的快捷菜单中选择 Insert → Deformation → Total 命令。

步骤 16 插入应变结果图解。在“Outline”窗口中右击 Solution (A6) 选项，在弹出的快捷菜单中选择 Insert → Strain → Equivalent (von-Mises) 命令。

步骤 17 求解并查看应力及位移变形结果。

(1) 求解分析。在顶部工具栏中单击 Solve 按钮求解分析。

(2) 查看应力结果图解。在“Outline”窗口中选中 Equivalent Stress，查看图 8.6.16 所示的应力结果，其最小应力为 0.00041013 MPa，其最大应力为 547.04 MPa。

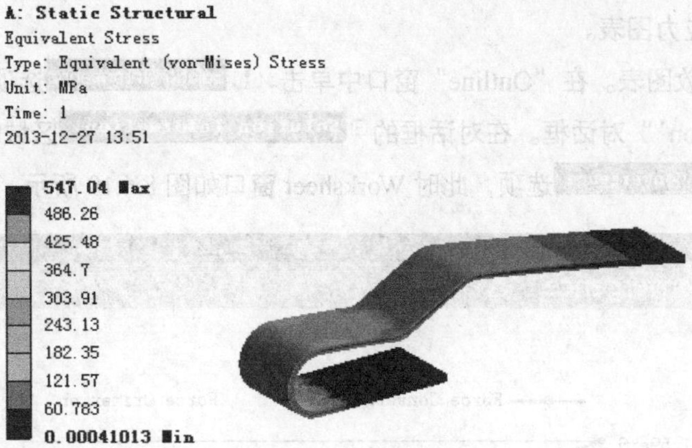


图 8.6.16　应力结果图解

（3）查看位移变形结果图解。在“Outline”窗口中选中 Total Deformation，查看图 8.6.17 所示的位移变形结果，其最小位移为 0 mm，其最大位移为 35.243 mm。

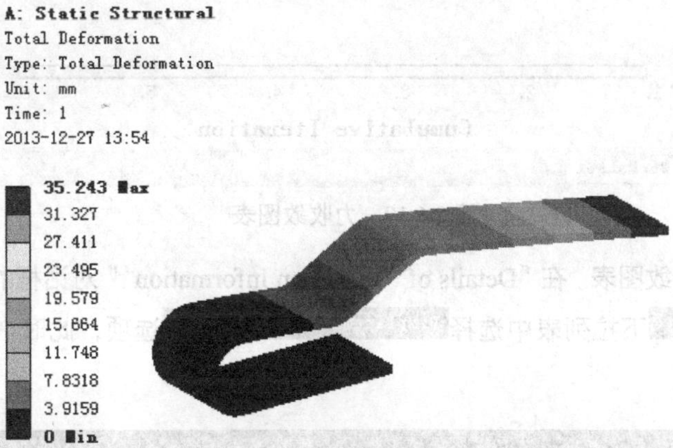


图 8.6.17　位移变形结果图解

（4）查看应变结果图解。在“Outline”窗口中选中 Equivalent Elastic Strain，查看图 8.6.18 所示的应变结果，其最小应变为 $1.9813\text{x}10^{-9}$ mm/mm，其最大应变为 0.0026431 mm/mm。

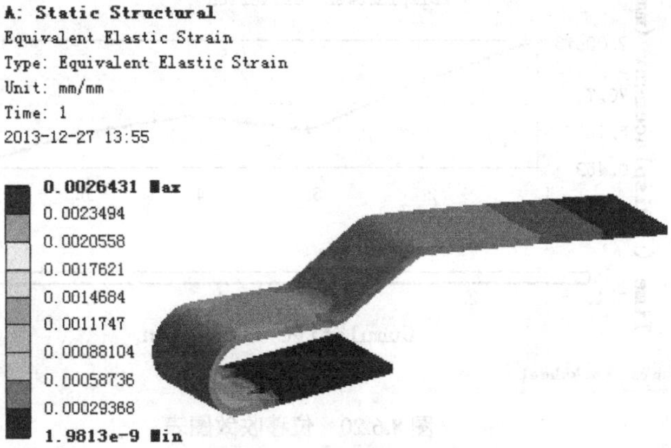


图 8.6.18　应变结果图解

步骤 18 查看应力图表。

（1）显示力收敛图表。在“Outline”窗口中单击 Solution Information 选项，弹出“Details of ‘Solution Information’”对话框。在对话框的 Solution Information 区域的 Solution Output 下拉列表中选择 Force Convergence 选项，此时 Worksheet 窗口如图 8.6.19 所示。

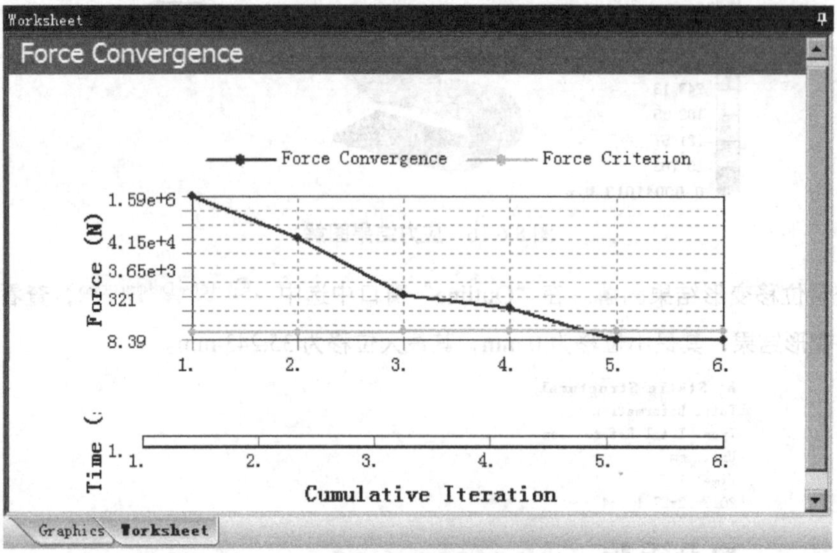


图 8.6.19 力收敛图表

（2）显示位移收敛图表。在“Details of ‘Solution Information’”对话框的 Solver Controls 区域的 Solution Output 下拉列表中选择 Displacement Convergence 选项，此时 Worksheet 窗口如图 8.6.20 所示。

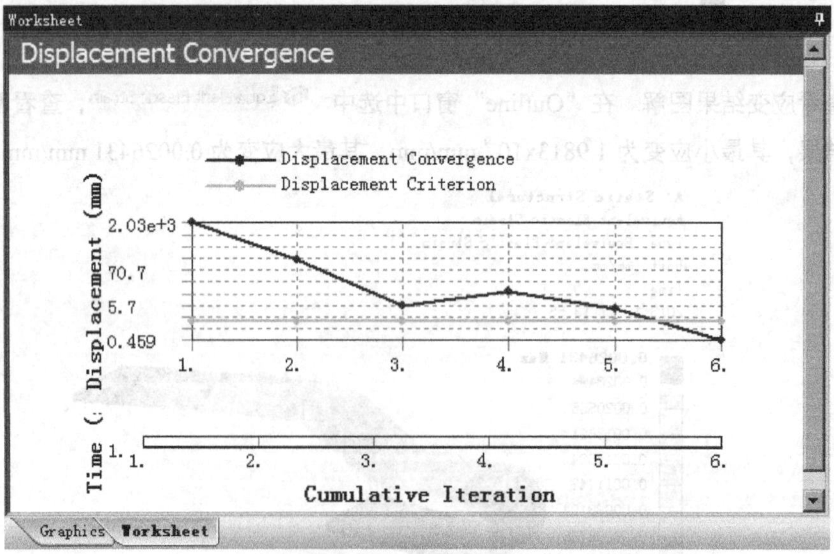


图 8.6.20 位移收敛图表

# 第9章 ANSYS结构分析实际综合应用

## 9.1 结构分析实际综合应用——支架结构分析

**应用概述：**

本应用介绍了图9.1.1所示支架零件结构分析，支架零件中间圆孔能够绕着中间轴转动，图中面1被完全固定，在面2上受到一个与该面垂直，方向向下的载荷力作用，已知力大小为200N，分析其应力、位移变形情况，假设零件工作时能够承受的最大应力为10MPa，校核零件强度。下面具体介绍其分析过程。

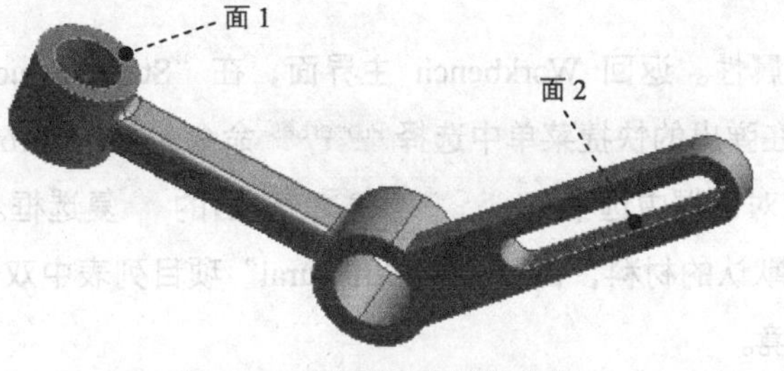


图9.1.1 支架零件结构分析

步骤01 创建“Static Structural”项目列表。在ANSYS Workbench界面中，双击 Toolbox 工具箱的 Analysis Systems 区域中的 Static Structural，新建一个“Static Structural”项目列表，如图9.1.2所示。

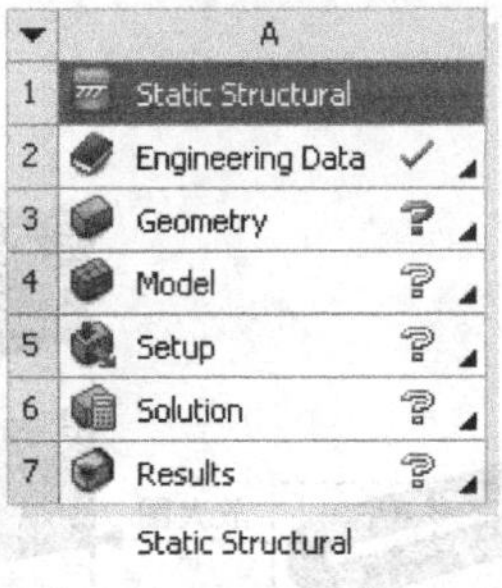


图9.1.2 新建“Static Structural”项目列表

步骤02 导入几何体。在“Static Structural”项目列表中右击 Geometry 选项，在弹出的快捷菜单中选择 Import Geometry → Browse... 命令，弹出“打开”对话框。选择文件D:\an15.01\work\ch09.01\bracket.stp，单击 打开(O) 按钮。

步骤03 编辑几何体。在“Static Structural”项目列表中右击 Geometry 选项，在弹出的快捷菜单中选择 Edit Geometry... 命令，系统进入 DM 环境，单击 Generate 按钮，完成几何体导入。

步骤 04 创建图 9.1.3 所示的平面 4。（注：本步的详细操作过程请参见随书光盘中 video\ch09.01\reference\文件下的语音视频讲解文件“bracket_analysis-r01.exe”。）

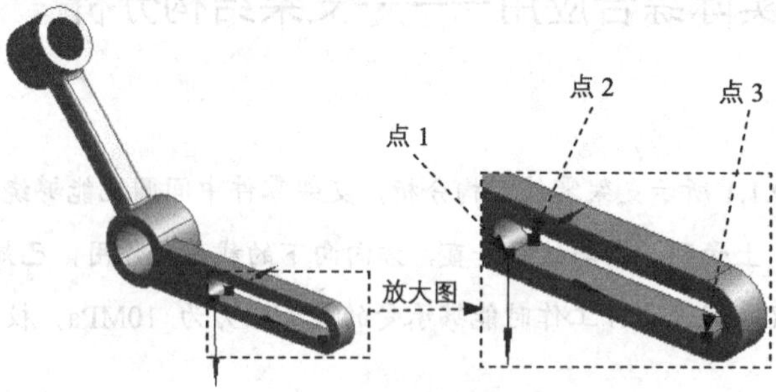


图 9.1.3 创建平面 4

步骤 05 编辑几何属性。返回 Workbench 主界面，在“Static Structural”项目列表中右击 Geometry 选项，在弹出的快捷菜单中选择 Properties 命令，弹出“Properties of Schematic A3：Geometry”对话框，在对话框中选中 Import Coordinate Systems 后的 ☑ 复选框。

步骤 06 采用系统默认的材料，在“Static Structural”项目列表中双击 Model 选项，进入“Mechanical”环境。

步骤 07 初步划分网格。在“Outline”窗口中单击 Mesh 节点，弹出“Details of ‘Mesh’”对话框。在 Relevance 文本框中输入数值 100，在 Sizing 区域的 Relevance Center 下拉列表中选择 Fine 选项，在 Element Size 文本框中输入数值 3.0。单击 Update 按钮，完成初步的网格划分，结果如图 9.1.4 所示。

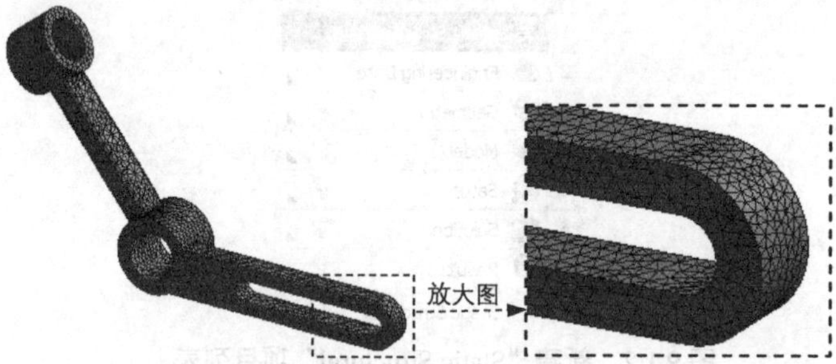


图 9.1.4 初步网格划分

步骤 08 定义局部网格控制。在 Mesh Control 下拉菜单中选择 Method 命令，弹出“Details of ‘Automatic Method’ –Method”对话框。选取整个模型对象，在 Geometry 后的文本框中单击 Apply 按钮确认；在 Definition 区域的 Method 下拉列表中选择 Hex Dominant 选项，其他选项采用系统默认设置；单击 Update 按钮，更新网格，单击 Mesh，网格划分结果如图 9.1.5 所示。

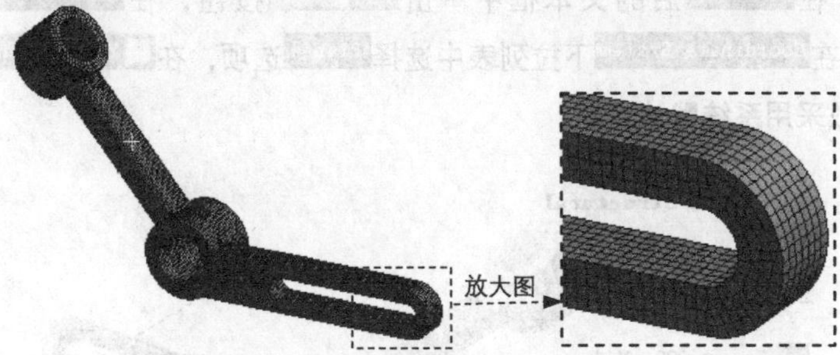


图 9.1.5 局部网格控制结果

步骤 09 添加圆柱约束。在“Outline”窗口中右击?Static Structural (A5)选项，在弹出的快捷菜单中选择 Insert ▸ → Cylindrical Support 命令，弹出“Details of‘Cylindrical Support’”对话框。选取图 9.1.6 所示的圆柱面为约束对象，在 Geometry 后的文本框中单击 Apply 按钮；在 Definition 区域的 Radial 下拉列表中选择 Fixed 选项，在 Axial 下拉列表中选择 Fixed 选项，在 Tangential 下拉列表中选择 Free 选项，结果如图 9.1.6 所示。

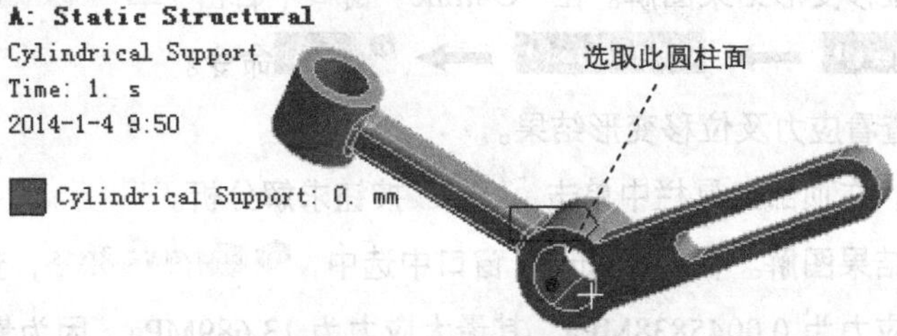


图 9.1.6 添加圆柱约束

步骤 10 添加固定约束。在“Outline”窗口中右击?Static Structural (A5)选项，在弹出的快捷菜单中选择 Insert ▸ → Fixed Support 命令，弹出“Details of ‘Fixed Support 2’”对话框。选取图 9.1.7 所示的模型表面为约束对象，在 Geometry 后的文本框中单击 Apply 按钮。完成固定约束的添加，结果如图 9.1.7 所示。

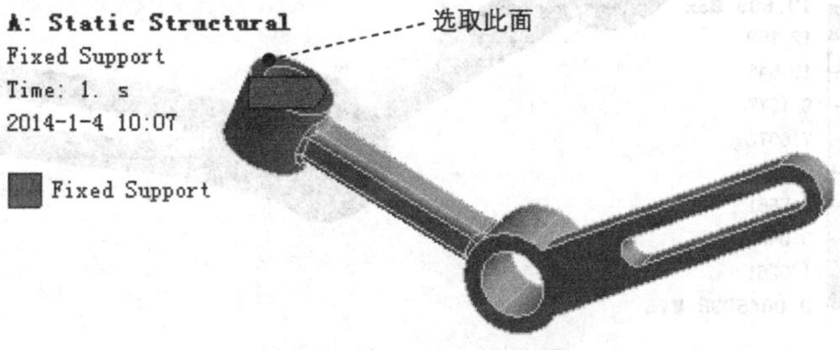


图 9.1.7 添加固定约束

步骤 11 添加力载荷。在“Outline”窗口中右击?⊟ Static Structural (A5)选项，在弹出的快捷菜单中选择Insert ▶ ⟶ Force命令，弹出“Details of ‘Force’”对话框。选取图 9.1.8 所示的模型表面，在Geometry后的文本框中单击 Apply 按钮，在Define By下拉列表中选择Components选项，在Coordinate System下拉列表中选择Plane4选项，在 Z Component文本框中输入数值 200，其他参数采用系统默认设置。

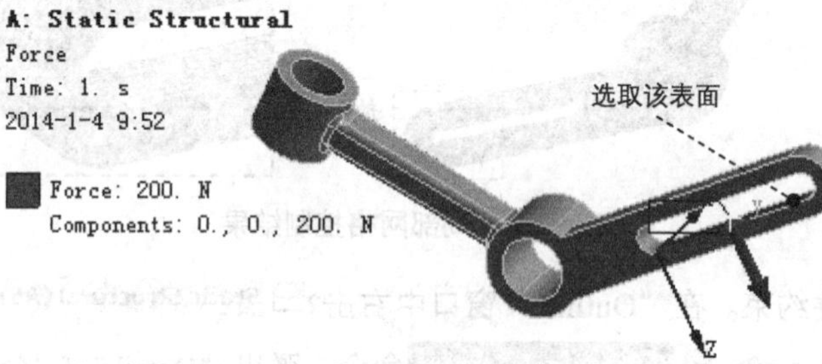


图 9.1.8 添加力载荷

步骤 12 插入应力结果图解。在“Outline”窗口中右击 Solution (A6)选项，在弹出的快捷菜单中选择Insert ▶ ⟶ Stress ▶ ⟶ Equivalent (von-Mises)命令。

步骤 13 插入位移变形结果图解。在“Outline”窗口中右击 Solution (A6)选项，在弹出的快捷菜单中选择Insert ▶ ⟶ Deformation ▶ ⟶ Total命令。

步骤 14 求解查看应力及位移变形结果。

（1）求解分析。在顶部工具栏中单击 Solve 按钮求解分析。

（2）查看应力结果图解。在“Outline”窗口中选中 Equivalent Stress，查看图 9.1.9 所示的应力结果，其最小应力为 0.0045838MPa，其最大应力为 13.689MPa。因为最大应力大于之前假设的最大应力值，所以零件强度在该工况下不能安全工作。

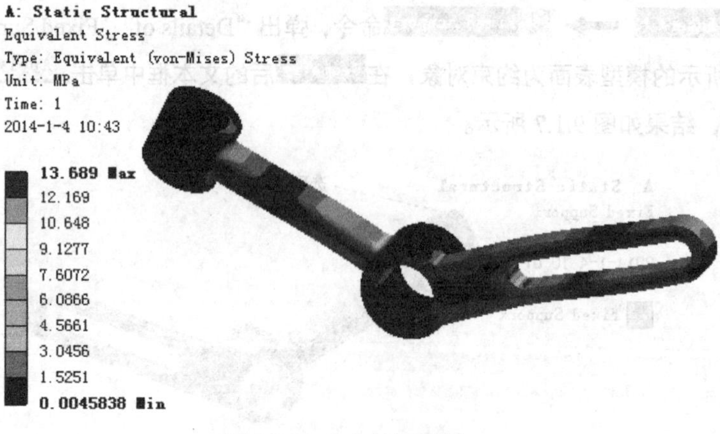


图 9.1.9 应力结果图解

（3）查看位移变形结果图解。在“Outline”窗口中选中 Total Deformation，查看图 9.1.10 所示的位移变形结果，其最大位移为 0.06672mm。

步骤 15 保存文件。选择 File → Save Project... 命令，在弹出的“另存为”对话框的 文件名(N): 文本框中输入 bracket_analysis，单击 保存(S) 按钮。

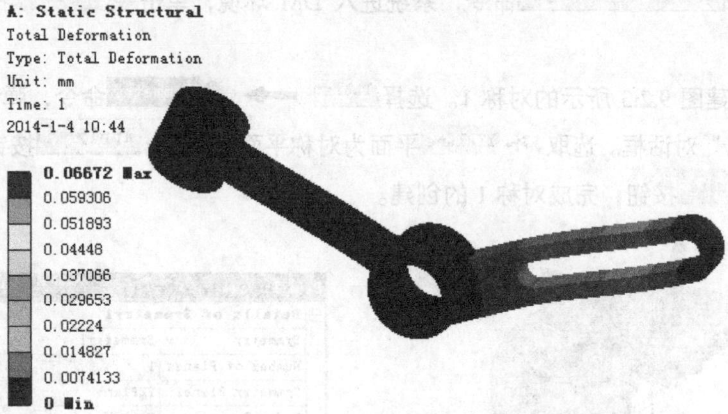


图 9.1.10　位移变形结果图解

## 9.2　结构分析实际综合应用二——飞轮结构分析

**应用概述：**

本应用介绍了图 9.2.1 所示飞轮零件结构分析。飞轮绕着中心轴高速旋转，旋转速度为 500rad/s，在这种工况下分析其应力、位移变形情况。因为飞轮结构呈圆形对称，可以采用对称方法取飞轮的一部分进行分析，根据飞轮结构特点，本例取六分之一进行分析（图 9.2.2）。下面具体介绍其分析过程。

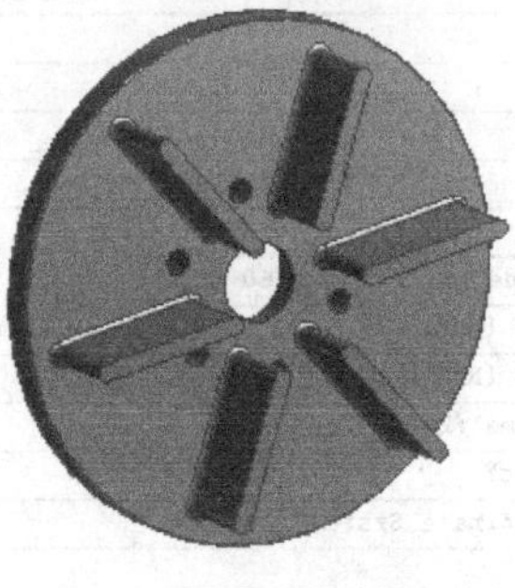

图 9.2.1　飞轮零件结构分析

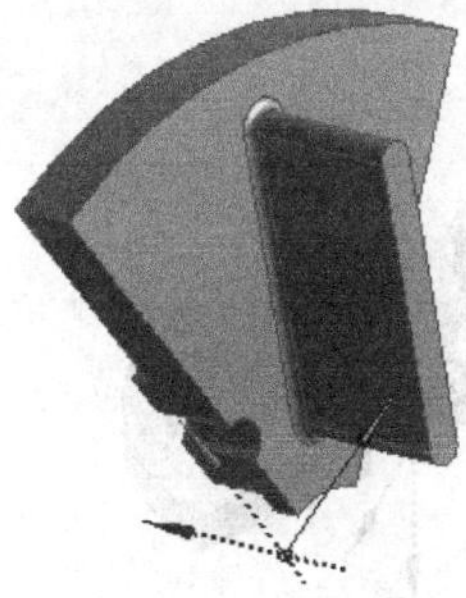

图 9.2.2　对称处理后

步骤 01 创建“Static Structural”项目列表。在 ANSYS Workbench 界面中，双击 Toolbox 工具箱的 Analysis Systems 区域中的 Static Structural，新建一个“Static Structural”项目列表。

步骤 02 导入几何体。在“Static Structural”项目列表中右击 Geometry 选项，在弹出的快捷菜单中选择 Import Geometry ▸ → Browse... 命令，弹出“打开”对话框；选择文件D:\an15.01\work\ch09.02\fan_wheel.stp，单击 打开(O) 按钮。

步骤 03 编辑几何体。在“Static Structural”项目列表中右击 Geometry 选项，在弹出的快捷菜单中选择 Edit Geometry... 命令，系统进入 DM 环境，单击 Generate 按钮，完成几何体导入。

步骤 04 创建图 9.2.3 所示的对称 1。选择 Tools → Symmetry 命令，弹出图 9.2.4 所示的“Details View”对话框。选取 YZPlane 平面为对称平面，单击 Apply 按钮确认，单击工具栏中的 Generate 按钮，完成对称 1 的创建。

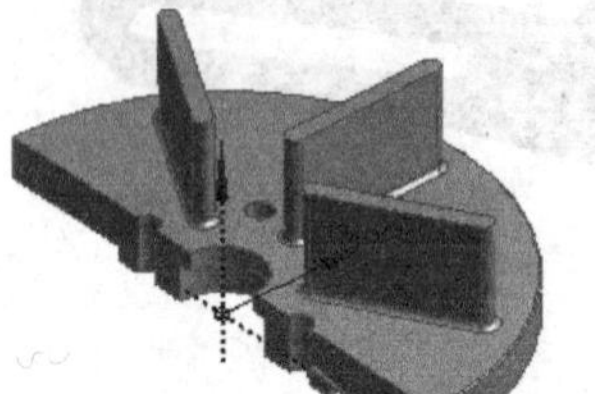

图 9.2.3 创建对称 1

Details View

| Details of Symmetry1 | |
|---|---|
| Symmetry | Symmetry1 |
| Number of Planes | 1 |
| Symmetry Plane1 | YZPlane |
| Model Type | Full Model |
| Target Bodies | All Bodies |

图 9.2.4 “Details View”对话框

步骤 05 创建图 9.2.5 所示的平面 4。单击工具栏中的“New Plane”按钮，弹出图 9.2.6 所示的“Details View”对话框，在对话框的 Type 下拉列表中选择 From Plane 选项，在 Base Face 文本框中单击，选取 YZPlane 平面为参考，单击 Apply 按钮确认，在 Transform 1 (RMB) 下拉列表中选择 Rotate about X 选项，在 FD1, Value 1 文本框中输入数值 60，在 Transform 2 (RMB) 下拉列表中选择 Reverse Normal/Z-Axis 选项。单击工具栏中的 Generate 按钮，完成平面 4 的创建。

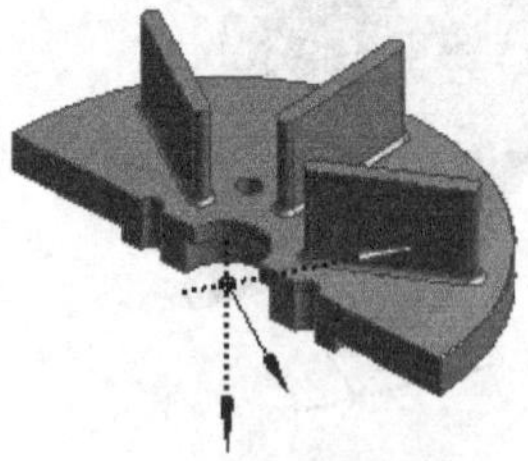

图 9.2.5 创建平面 4

Details View

| Details of Plane4 | |
|---|---|
| Plane | Plane4 |
| Sketches | 0 |
| Type | From Plane |
| Base Plane | YZPlane |
| Transform 1 (RMB) | Rotate about X |
| FD1, Value 1 | 60 ° |
| Transform 2 (RMB) | Reverse Normal/Z-Axis |
| Transform 3 (RMB) | None |
| Reverse Normal/Z-Axis? | No |
| Flip XY-Axes? | No |
| Export Coordinate System? | Yes |

图 9.2.6 “Details View”对话框

步骤 06 创建图 9.2.7 所示的对称 2。选择 Tools → Symmetry 命令，弹出图 9.2.8 所示的“Details View”对话框。选取 Plane4 平面为对称平面，单击 Apply 按钮确认，单击工具栏中的 Generate 按钮，完成对称 2 的创建。

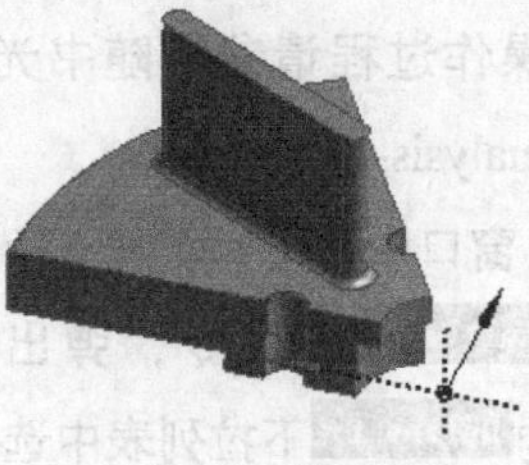

图 9.2.7　创建对称 2

| Details View | |
|---|---|
| **Details of Symmetry2** | |
| Symmetry | Symmetry2 |
| Number of Planes | 1 |
| Symmetry Plane1 | Plane4 |
| Model Type | Full Model |
| Target Bodies | All Bodies |

图 9.2.8　“Details View”对话框

步骤 07 创建图 9.2.9 所示的删除面。选择 Create → Face Delete 命令，弹出“Details View”对话框。在模型中选取较小的圆角面和倒角面（具体步骤参看视频），并单击 Apply 按钮，单击工具栏中的 Generate 按钮，完成删除面的操作。

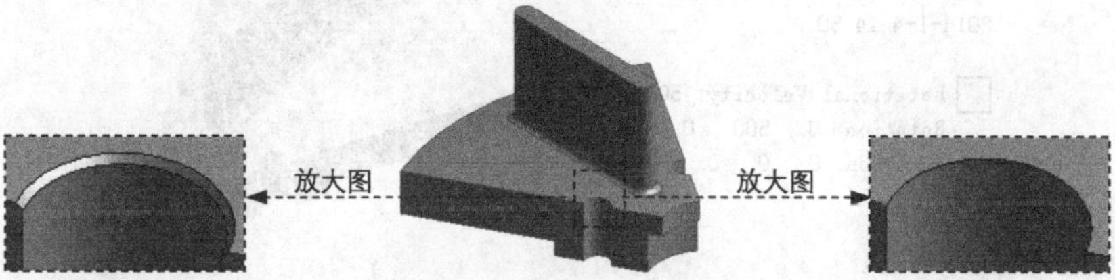


a）删除前　　b）删除后

图 9.2.9　删除面

步骤 08 采用系统默认的材料，在“Static Structural”项目列表中双击 Model 选项，进入“Mechanical”环境。

步骤 09 划分网格。在“Outline”窗口中单击 Mesh 选项，弹出“Details of ‘Mesh’”对话框，在对话框的 Relevance 文本框中输入数值 100，在 Sizing 区域的 Relevance Center 下拉列表中选择 Fine 选项，并在 Element Size 文本框中输入数值 10.0。单击 Update 按钮，完成网格划分，结果如图 9.2.10 所示。

步骤 10 添加固定约束。在“Outline”窗口中右击 Static Structural (A5) 选项，在弹出的快捷菜单中选择 Insert → Fixed Support 命令，弹出“Details of‘Fixed Support’”对话框。选取图 9.2.11 所示的圆柱面为固定对象，在 Geometry 后的文本框中单击 Apply 按钮。完成固定约束添加。

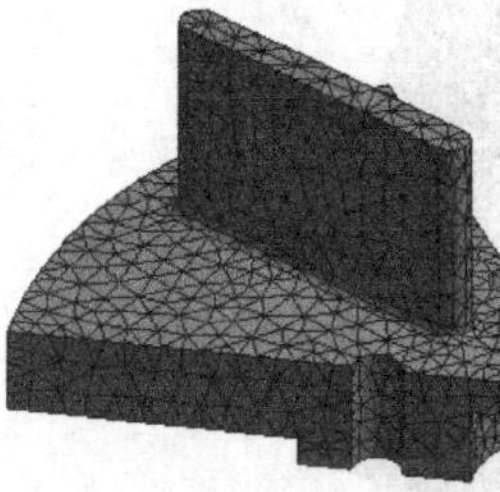

图 9.2.10　划分网格

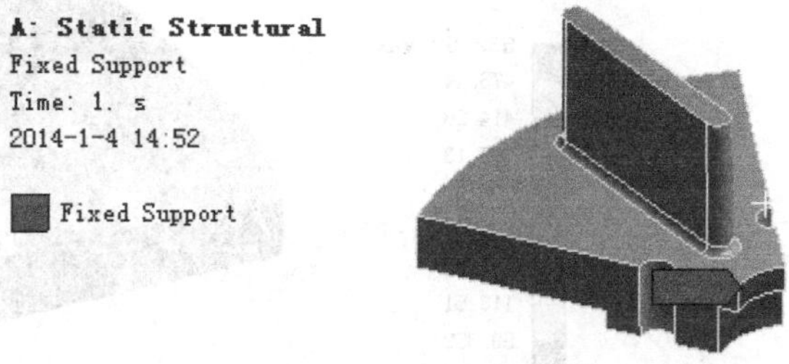


图 9.2.11　添加固定约束

步骤 11 添加无摩擦支撑约束。（注：本步的详细操作过程请参见随书光盘中 video\ch09.02\reference\文件下的语音视频讲解文件“fan_wheel_analysis-r01.exe”。）

步骤 12 添加旋转速度条件（图 9.2.12）。在“Outline”窗口中右击 Static Structural (A5) 选项，在弹出的快捷菜单中选择 Insert ▸ ⟶ Rotational Velocity 命令，弹出“Details of ‘Rotational Velocity’”对话框。在对话框的 Definition 区域的 Define By 下拉列表中选择 Components 选项，在 Define By 下拉列表中选择 Components 选项，在 Y Component 文本框中输入数值 500，其他参数采用系统默认设置。

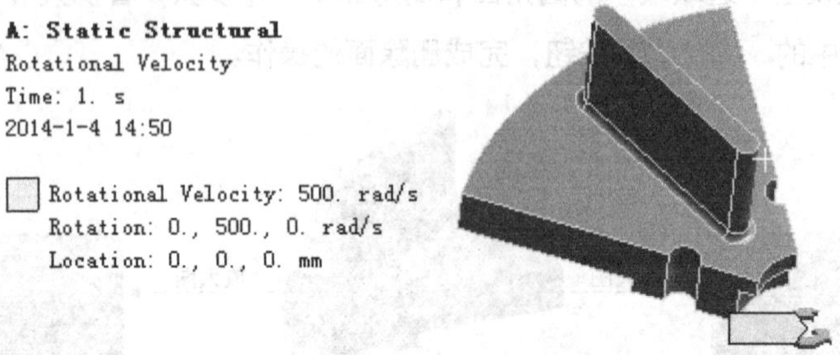


图 9.2.12 添加旋转速度

步骤 13 插入应力结果图解。在“Outline”窗口中右击 Solution (A6) 选项，在弹出的快捷菜单中选择 Insert ▸ ⟶ Stress ▸ ⟶ Equivalent (von-Mises) 命令。

步骤 14 插入位移变形结果图解。在“Outline”窗口中右击 Solution (A6) 选项，在弹出的快捷菜单中选择 Insert ▸ ⟶ Deformation ▸ ⟶ Total 命令。

步骤 15 求解查看应力及位移变形结果。

（1）求解分析。在顶部工具栏中单击 Solve 按钮求解分析。

（2）查看应力结果图解。在“Outline”窗口中选中 Equivalent Stress，查看图 9.2.13 所示的应力结果，其最小应力为 0.19728 MPa，其最大应力为 532.59 MPa。

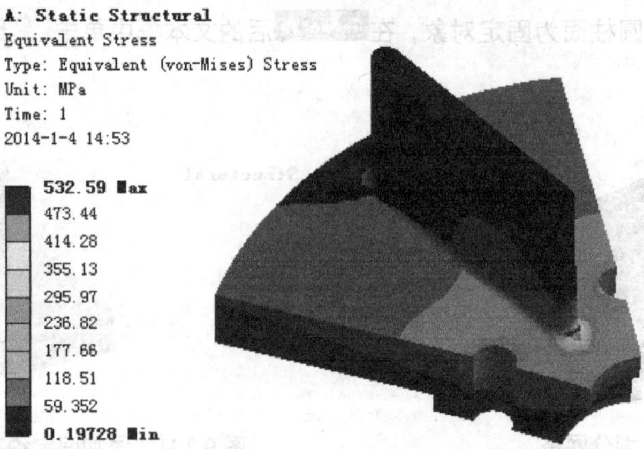


图 9.2.13 应力结果图解

（3）查看位移变形结果图解。在“Outline”窗口中选中 Total Deformation，查看图 9.2.14 所示的位移变形结果，其最大位移为 0.49931 mm。

步骤 16 保存文件。选择 File → Save Project... 命令，在弹出的“另存为”对话框的 文件名(N): 文本框中输入 fan_wheel_analysis，单击 保存(S) 按钮。

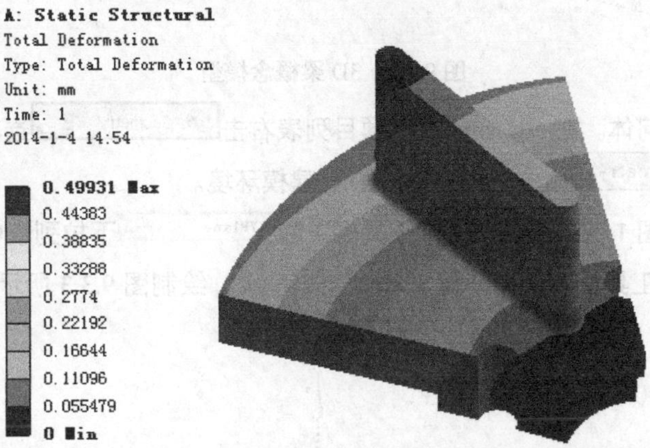


图 9.2.14　位移变形结果图解

## 9.3　结构分析实际综合应用三——3D 梁结构分析

**应用概述：**

本应用介绍了图 9.3.1 所示的 3D 梁结构分析。3D 梁结构在实际生活中非常常见，如厂房、车间、桥梁和大型机械设备上等，对其进行结构分析往往很有必要。图 9.3.1 所示的 3D 梁，两端的四个顶点完全固定，在横梁上部承受一个竖直向下的均布载荷力作用，大小为 20000N。根据前面章节介绍的梁结构分析流程，首先需要创建梁结构的概念模型（图 9.3.2），然后对其进行结构分析。下面具体介绍其分析过程。

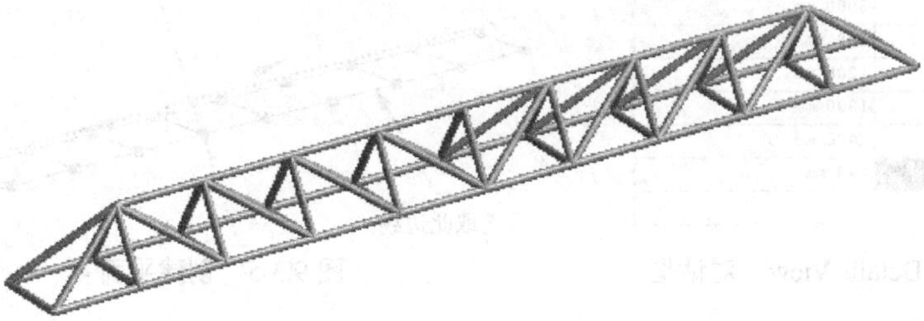

图 9.3.1　3D 梁结构分析

### 1. 概念建模

步骤 01 新建一个“Geometry”项目列表。在 ANSYS Workbench 界面中双击 Toolbox 工具箱 Component Systems 区域中的 Geometry 选项，即创建一个“Geometry”项目列表。

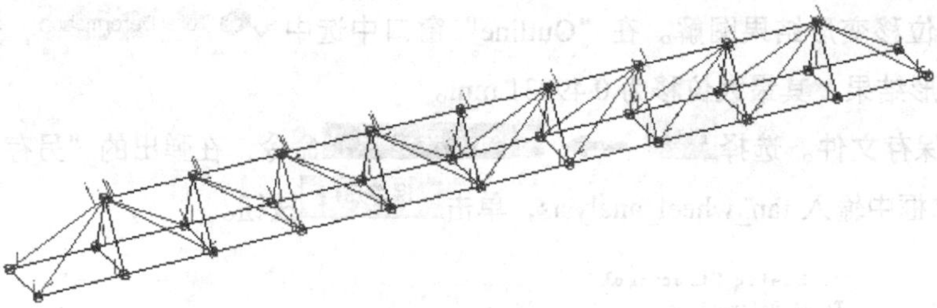

图 9.3.2　3D 梁概念模型

步骤 02 新建几何体。在“Geometry”项目列表右击 Geometry 选项，在弹出的快捷菜单中选择 New Geometry... 命令，系统进入 DM 建模环境。

步骤 03 创建草图 1。在“草图绘制”工具栏中的 XYPlane 下拉列表中选择 XYPlane 平面为草图平面，单击工具栏中的“New Sketch”按钮，绘制图 9.3.3 所示的草图 1，尺寸标注如图 9.3.4 所示。

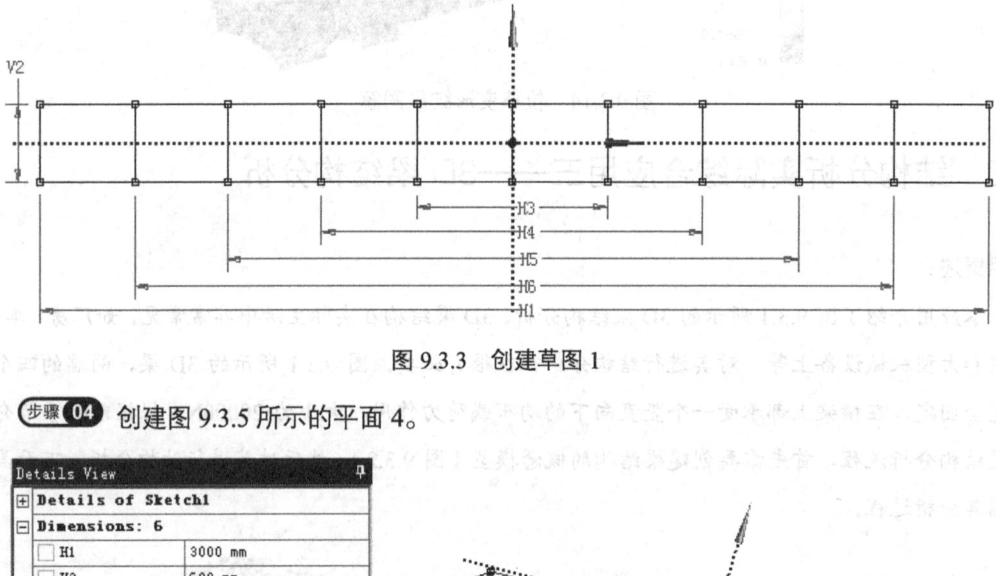


图 9.3.3　创建草图 1

步骤 04 创建图 9.3.5 所示的平面 4。

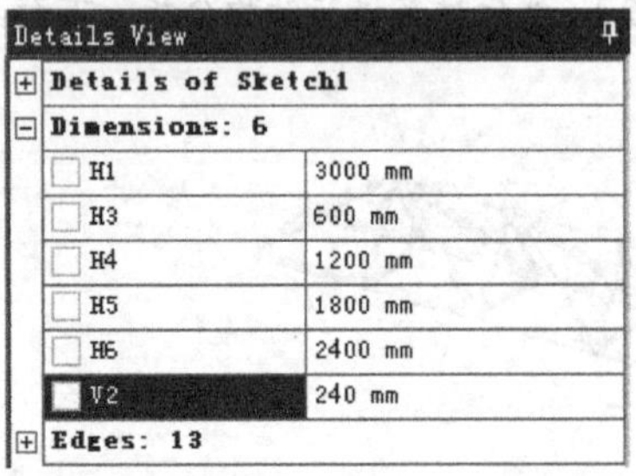

Details View

| | |
|---|---|
| Details of Sketch1 | |
| Dimensions: 6 | |
| H1 | 3000 mm |
| H3 | 600 mm |
| H4 | 1200 mm |
| H5 | 1800 mm |
| H6 | 2400 mm |
| V2 | 240 mm |
| Edges: 13 | |

图 9.3.4　“Details View”对话框

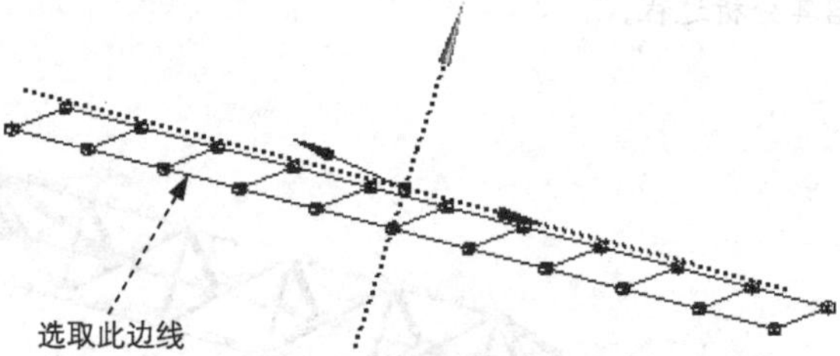


图 9.3.5　创建平面 4

（1）单击工具栏中的“New Plane”按钮，弹出图 9.3.6 所示的“Details View”对话框。

（2）在对话框的 Type 下拉列表中选择 From Plane 选项，在 Base Face 文本框中单击，选取 XYPlane 平面为参考，单击 Apply 按钮确认，在 Transform 1 (RMB) 下拉列表中选择 Rotate about Edge 选项，单击以激活 Transform 1 Axis 文本框，选取图 9.3.5 所示的边线为参考，单击

Apply 按钮确认，在 FD1, Value 1 文本框中输入数值 60，单击工具栏中的 Generate 按钮，完成平面 4 的创建。

Details View

| Details of Plane4 | |
|---|---|
| Plane | Plane4 |
| Sketches | 1 |
| Type | From Plane |
| Base Plane | XYPlane |
| Transform 1 (RMB) | Rotate about Edge |
| Transform 1 Axis | 2D Edge |
| FD1, Value 1 | 60 ° |
| Transform 2 (RMB) | None |
| Reverse Normal/Z-Axis? | No |
| Flip XY-Axes? | No |
| Export Coordinate System? | No |

图 9.3.6　“Details View” 对话框

步骤 05 创建草图 2。在“草图绘制”工具栏的 XYPlane 下拉列表中选择 Plane4 平面为草图平面，单击工具栏中的“New Sketch”按钮，绘制图 9.3.7 所示的草图 2，尺寸标注如图 9.3.8 所示。

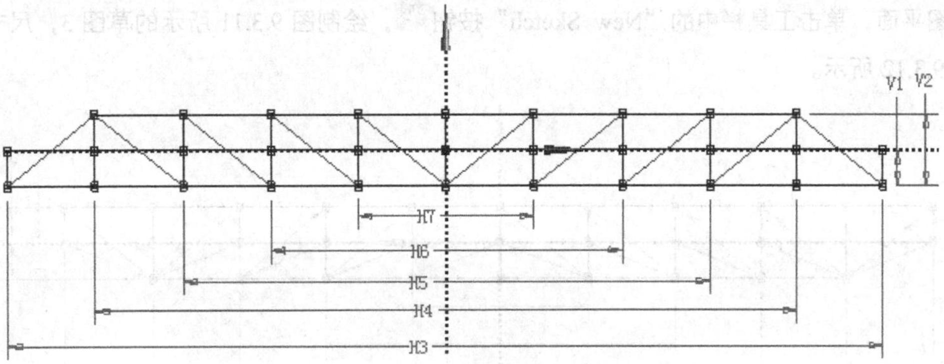


图 9.3.7　创建草图 2

Details View

| Details of Sketch2 | |
|---|---|
| Dimensions: 7 | |
| H3 | 3000 mm |
| H4 | 2400 mm |
| H5 | 1800 mm |
| H6 | 1200 mm |
| H7 | 600 mm |
| V1 | 120 mm |
| V2 | 240 mm |
| Edges: 20 | |

图 9.3.8　“Details View” 对话框

步骤 06 创建图 9.3.9 所示的平面 5。单击工具栏中的“New Plane”按钮，弹出图 9.3.10

所示的“Details View”对话框，在对话框Type下拉列表中选择From Plane选项，在Base Face文本框中单击，选取XYPlane平面为参考，单击Apply按钮确认，在Transform 1 (RMB)下拉列表中选择Rotate about Edge选项，单击以激活Transform 1 Axis文本框，选取图 9.3.9 所示的边线为参考，单击Apply按钮确认，在FD1, Value 1文本框中输入数值 60，单击工具栏中的Generate按钮，完成平面 5 的创建。

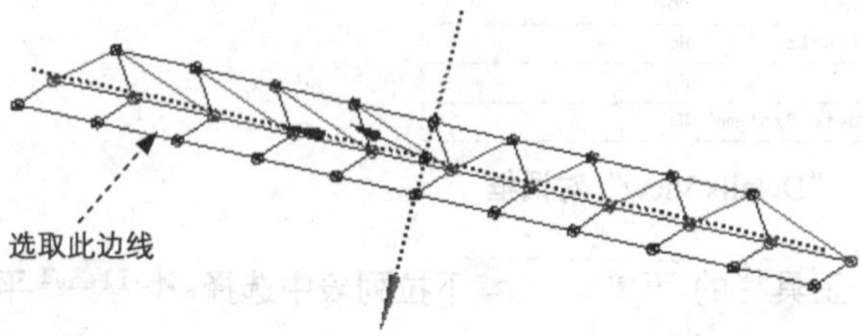


图 9.3.9　创建平面 5

Details View

| Details of Plane5 | |
|---|---|
| Plane | Plane5 |
| Sketches | 1 |
| Type | From Plane |
| Base Plane | XYPlane |
| Transform 1 (RMB) | Rotate about Edge |
| Transform 1 Axis | 2D Edge |
| FD1, Value 1 | 60 ° |
| Transform 2 (RMB) | None |
| Reverse Normal/Z-Axis? | No |
| Flip XY-Axes? | No |
| Export Coordinate System? | No |

图 9.3.10　“Details View”对话框

步骤 07 创建草图 3。在“草图绘制”工具栏的XYPlane下拉列表中选择Plane5平面为草图平面，单击工具栏中的“New Sketch”按钮，绘制图 9.3.11 所示的草图 3，尺寸标注如图 9.3.12 所示。

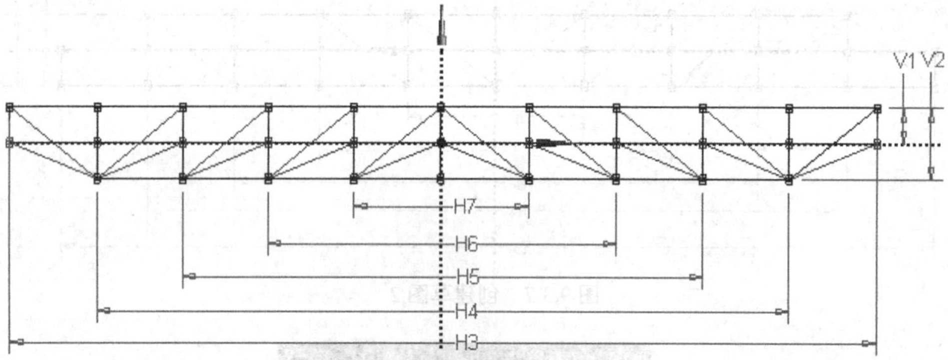


图 9.3.11　创建草图 3

Details View

| Details of Sketch3 | |
|---|---|
| Dimensions: 7 | |
| H3 | 3000 mm |
| H4 | 2400 mm |
| H5 | 1800 mm |
| H6 | 1200 mm |
| H7 | 600 mm |
| V1 | 120 mm |
| V2 | 240 mm |
| Edges: 19 | |

图 9.3.12　“Details View”对话框

步骤 08 整理草图。根据横梁实际情况，组成横梁的每一段构件都必须是单根的，但是在绘制草图的过程中，一些草图直线重叠，需要对草图进行修改，直接删除各草图中多余的直线即可，具体操作请参看随书光盘。

步骤 09 创建图 9.3.13 所示的线体。选择 Concept → Lines From Sketches 命令；按住 Ctrl 键，选取所有的草图，单击 Base Objects 文本框中的 Apply 按钮。单击 Generate 按钮，完成线体创建。

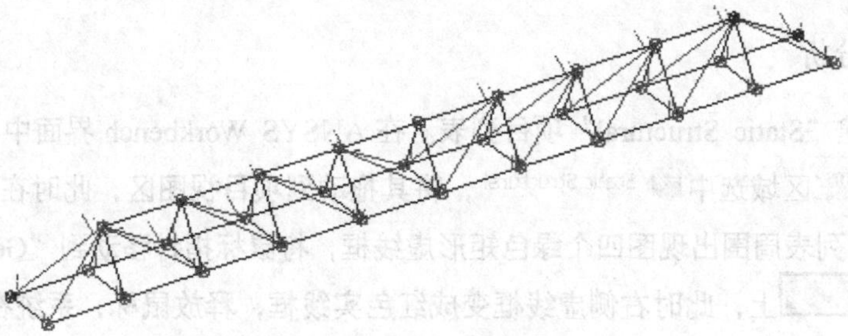

图 9.3.13 创建线体

步骤 10 创建图 9.3.14 所示的横截面。（注：本步的详细操作过程请参见随书光盘中 video\ch09.03\reference\文件下的语音视频讲解文件“3D_beam_analysis-r01.exe”。）

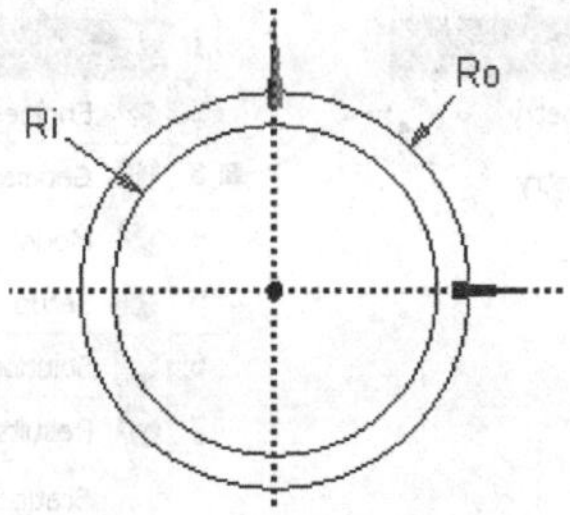


图 9.3.14 定义横截面

步骤 11 将横截面属性赋给线体。在“Outline”窗口中选中 1 Part, 1 Body 节点下的 Line Body 节点，弹出图 9.3.15 所示的“Details View”对话框；在 Cross Section 下拉列表中选择 CircularTube1 选项；单击 Generate 按钮，结果如图 9.3.16 所示。

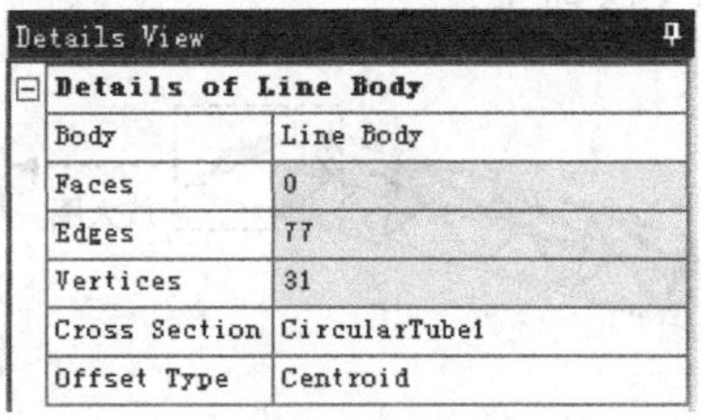

Details View

| Details of Line Body | |
|---|---|
| Body | Line Body |
| Faces | 0 |
| Edges | 77 |
| Vertices | 31 |
| Cross Section | CircularTube1 |
| Offset Type | Centroid |

图 9.3.15 “Details View”对话框

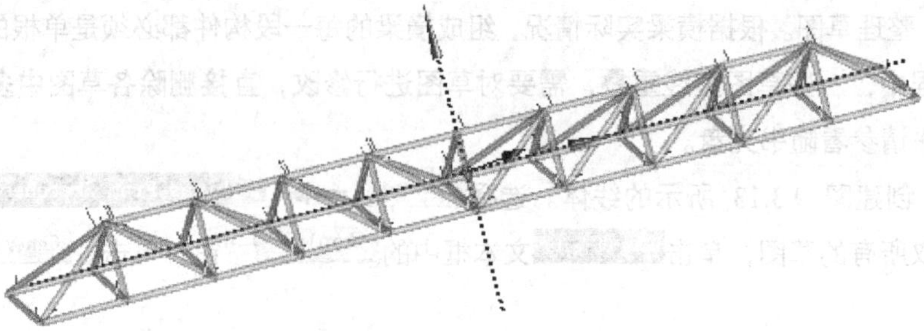

图 9.3.16　将横截面赋给线体

## 2. 梁结构分析

步骤 01 创建“Static Structural”项目列表。在 ANSYS Workbench 界面中，在 Toolbox 工具箱的 Analysis Systems 区域选中 Static Structural，将其拖动到项目视图区，此时在项目视图区中的“Geometry”项目列表周围出现图四个绿色矩形虚线框，将鼠标指针移动到“Geometry”项目列表中的 Geometry 上，此时右侧虚线框变成红色实线框，释放鼠标，系统在 “Geometry”项目列表右侧创建一个“Static Structural”项目列表，如图 9.3.17 所示。

步骤 02 采用系统默认的材料，在“Static Structural”项目列表中双击 Model 选项，进入“Mechanical”环境。

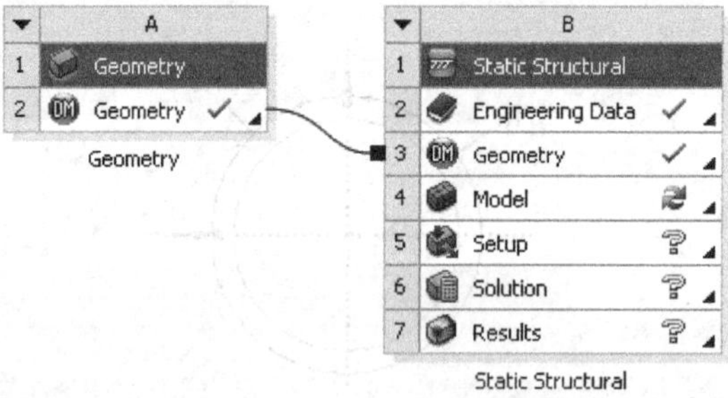


图 9.3.17　创建“Static Structure”项目列表

步骤 03 划分网格。在“Outline”窗口中右击 Mesh 节点，弹出“Details of ‘Mesh’”对话框，在对话框的 Relevance 文本框中输入数值 100，在 Sizing 区域的 Relevance Center 下拉列表中选择 Fine 选项；在 Element Size 文本框中输入数值 100；单击“Mesh”工具栏中的 Update 按钮，完成网格划分，结果如图 9.3.18 所示。

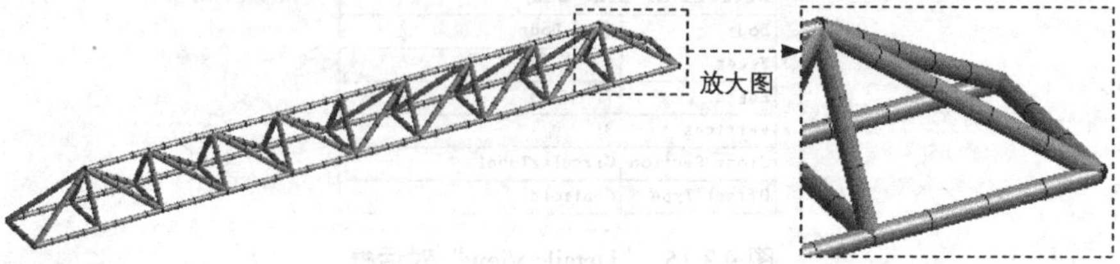


图 9.3.18　划分网格

步骤 04 添加固定约束。在“Outline”窗口中右击 Static Structural (B5) 选项，在弹出的快捷菜单中选择 Insert ▸ ⟶ Fixed Support 命令，弹出“Details of ‘Fixed Support’”对话框。选取图 9.3.19 所示的 4 个点为固定对象，在 Geometry 后的文本框中单击 Apply 按钮；完成固定约束的添加，结果如图 9.3.19 所示。

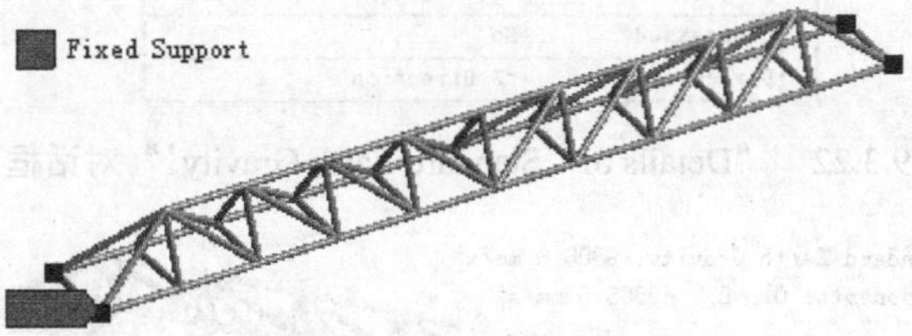


图 9.3.19 添加固定约束

步骤 05 添加力载荷。

（1）在“Outline”窗口中右击 Static Structural (B5) 选项，在弹出的快捷菜单中选择 Insert ▸ ⟶ Force 命令，弹出“Details of ‘Force’”对话框。

（2）选取图 9.3.20 所示的 8 条边线，在 Geometry 后的文本框中单击 Apply 按钮确认。

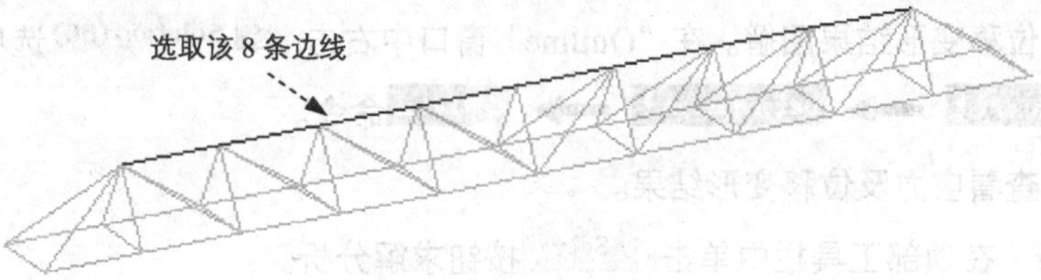


图 9.3.20 选取载荷对象

（3） 在 Define By 下拉列表中选择 Components 选项，在 Z Component 文本框中输入数值-20000，其他参数采用系统默认设置。完成力载荷的添加，结果如图 9.3.21 所示。

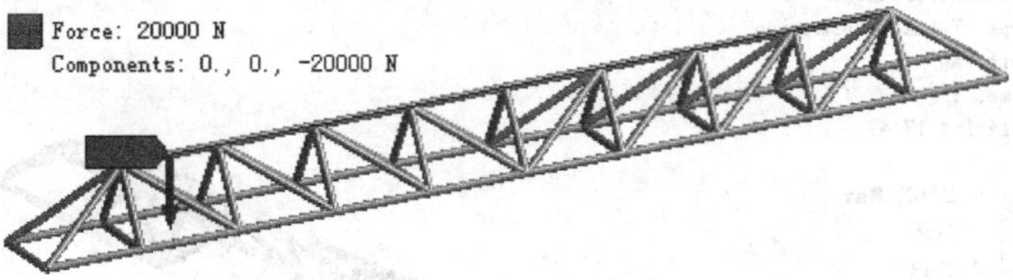


图 9.3.21 添加力载荷

步骤 06 添加重力加速度。在“Outline”窗口中右击 Static Structural (B5) 选项，在弹出的快捷菜单中选择 Insert ▸ ⟶ Standard Earth Gravity 命令，弹出图 9.3.22 所示的“Detail of ‘Standard Earth Gravity’”对话框；采用系统默认设置；完成重力加速度的添加，结果如图 9.3.23 所示。

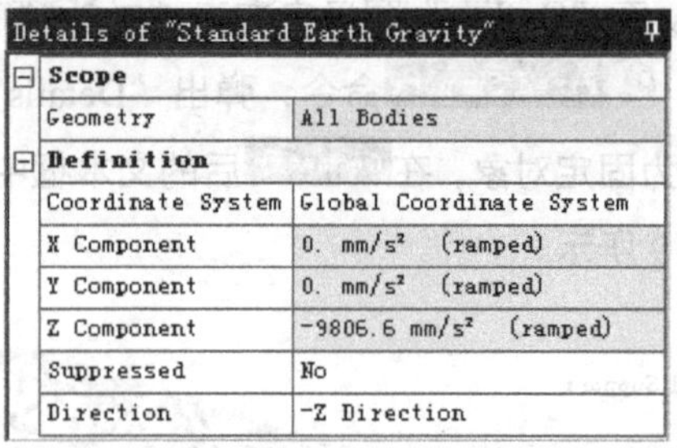

| Details of "Standard Earth Gravity" | |
|---|---|
| **Scope** | |
| Geometry | All Bodies |
| **Definition** | |
| Coordinate System | Global Coordinate System |
| X Component | 0. mm/s² (ramped) |
| Y Component | 0. mm/s² (ramped) |
| Z Component | -9806.6 mm/s² (ramped) |
| Suppressed | No |
| Direction | -Z Direction |

图 9.3.22 “Details of ‘Standard Earth Gravity’”对话框

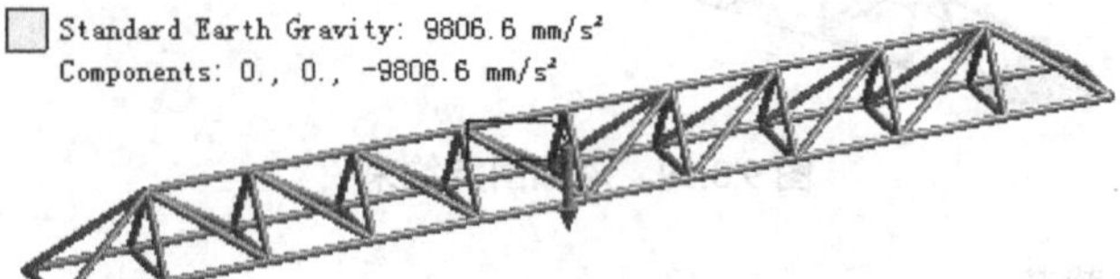


图 9.3.23 添加重力加速度

步骤 07 插入梁工具。在“Outline”窗口中右击 Solution (B6) 选项，在弹出的快捷菜单中选择 Insert → Beam Tool → Beam Tool 命令。

步骤 08 插入位移变形结果图解。在“Outline”窗口中右击 Solution (B6) 选项，在弹出的快捷菜单中选择 Insert → Deformation → Total 命令。

步骤 09 求解查看应力及位移变形结果。

（1）求解分析。在顶部工具栏中单击 Solve 按钮求解分析。

（2）查看位移变形结果图解。在“Outline”窗口中选中 Total Deformation，查看图 9.3.24 所示的位移变形结果，其最大位移为 9.2763 mm。

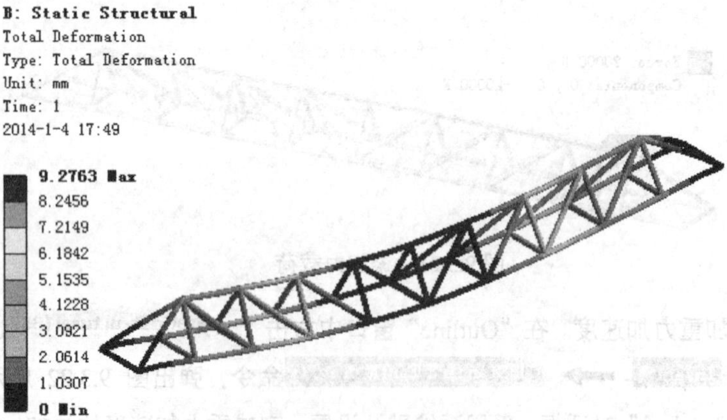


图 9.3.24 位移变形结果图解

（3）查看梁结果图解。在“Outline”窗口中分别选中 Beam Tool 节点下的 Direct Stress、Minimum Combined Stress 和 Maximum Combined Stress，分别查看横梁的主应力结果图解、最小组合应力和最大组合应力，结果如图 9.3.25 所示。

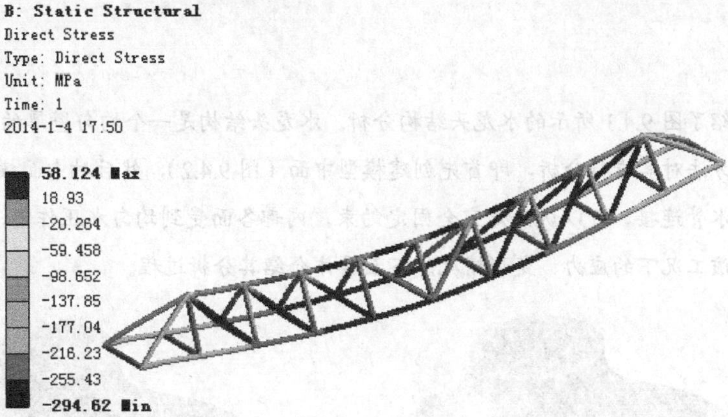


a） Direct Stress

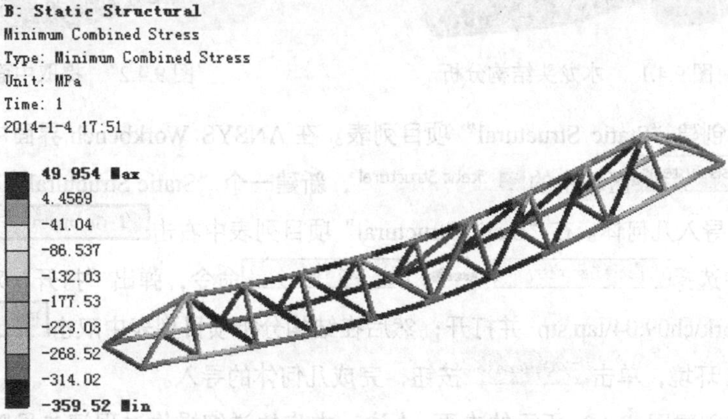


b） Minimum Combined Stress

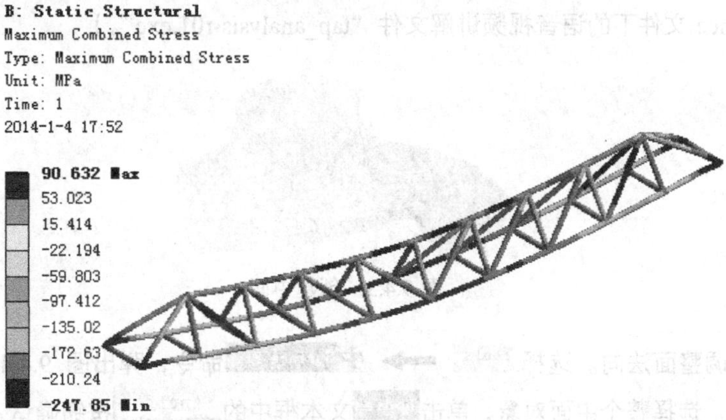


c） Maximum Combined Stress

图 9.3.25 查看梁结果图解

步骤 10 保存文件。选择 File → Save Project... 命令，在弹出的“另存为”对话框的 文件名(N): 文本框中输入 3D_beam_analysis，单击 保存(S) 按钮。

## 9.4 结构分析实际综合应用四——水龙头结构分析

**应用概述：**

本应用介绍了图 9.4.1 所示的水龙头结构分析。水龙头结构是一个均匀壁厚的结构，可以使用薄壁件结构分析方法对其进行分析，即首先创建模型中面（图 9.4.2），然后对中面模型进行结构分析。水龙头右端与水管连接，可以认为是完全固定约束，内部各面受到均匀水压作用，大小为 20MPa，分析水龙头在该工况下的应力、变形情况。下面具体介绍其分析过程。

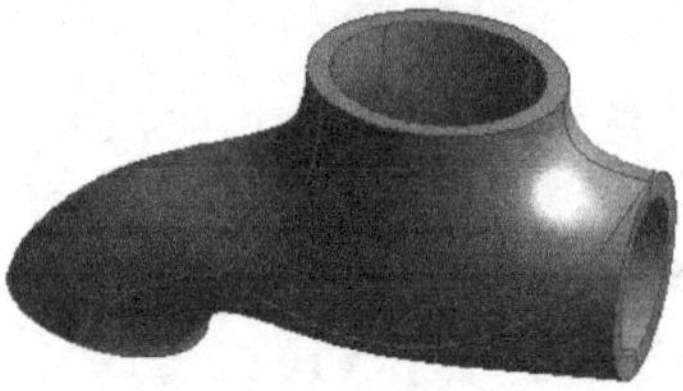

图 9.4.1 水龙头结构分析

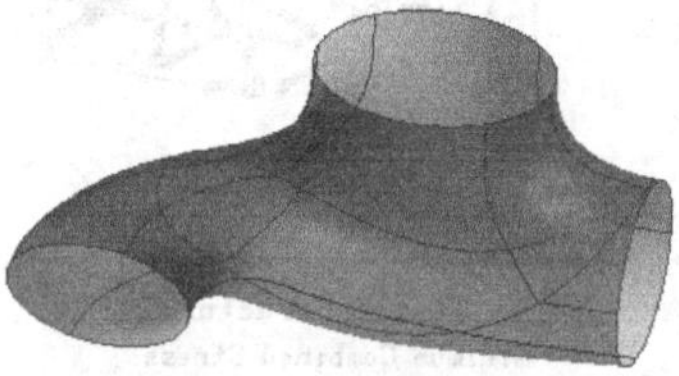

图 9.4.2 提取中面

步骤 01 创建“Static Structural”项目列表。在 ANSYS Workbench 界面中，双击 Toolbox 工具箱的 ⊟ Analysis Systems 区域中的 Static Structural，新建一个“Static Structural”项目列表。

步骤 02 导入几何体。在“Static Structural”项目列表中右击 Geometry ? 项目，在弹出的快捷菜单中选择 Import Geometry ▸ → Browse... 命令，弹出“打开”对话框，选择文件 D:\an15.01\work\ch09.04\tap.stp 并打开；然后在结构分析项目列表中双击 Geometry ✓ 项目，系统进入 DM 环境，单击 Generate 按钮，完成几何体的导入。

步骤 03 创建图 9.4.3 所示的中面。（注：本步的详细操作过程请参见随书光盘中 video\ch09.04\reference\文件下的语音视频讲解文件“tap_analysis-r01.exe”。）

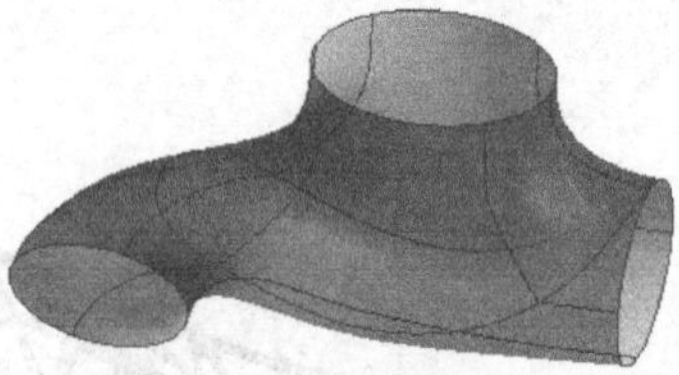

图 9.4.3 创建中面

步骤 04 调整面法向。选择 Tools → Surface Flip 命令，弹出图 9.4.4 所示的“Details View”对话框。选择整个中面对象，单击 Bodies 文本框中的 Apply 按钮确认，单击 Generate 按钮，完成调整面法向操作。

Details View

| Details of Flip1 | |
|---|---|
| Surface Flip | Flip1 |
| Bodies | 1 |

图 9.4.4 “Details View”对话框

> 说明
>
> 在 ANSYS Workbench 中选择面体对象时，选中的只能是面体的一个面（“正面”或“反面”），面体的正面与反面是根据曲面法向来判断的，使用 Surface Flip 命令可以调整面体法向。

步骤 05 切换到 ANSYS Workbench 主界面，采用系统默认的材料属性，在“Static Structural”项目列表中双击 Model 选项，进入“Mechanical”环境。

步骤 06 划分网格。在“Outline”窗口中单击 Mesh 节点，弹出图 9.4.5 所示的“Details of ‘Mesh’”对话框，在对话框的 Relevance 文本框中输入数值 100，在 Sizing 区域的 Relevance Center 下拉列表中选择 Fine 选项；其他参数采用系统默认参数，单击 Update 按钮确认，完成网格划分，结果如图 9.4.6 所示。

Details of "Mesh"

| Defaults | |
|---|---|
| Physics Preference | Mechanical |
| Relevance | 100 |
| **Sizing** | |
| Use Advanced Size Function | On: Curvature |
| Relevance Center | Fine |
| Initial Size Seed | Active Assembly |
| Smoothing | Medium |
| Span Angle Center | Coarse |
| Curvature Normal Angle | Default (30.0 °) |
| Min Size | Default (0.198670 mm) |
| Max Face Size | Default (0.993360 mm) |
| Growth Rate | Default |
| Minimum Edge Length | 0.29660 mm |
| **Inflation** | |
| **Patch Conforming Options** | |
| **Advanced** | |
| **Defeaturing** | |
| **Statistics** | |

图 9.4.5 “Details of ‘Mesh’”对话框

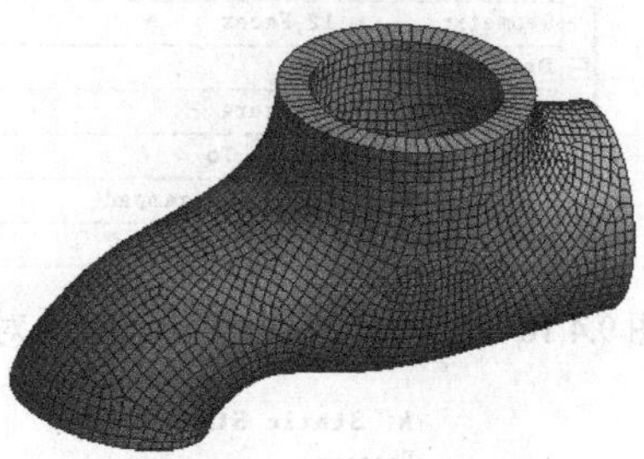

图 9.4.6 划分网格

步骤 07 添加固定约束。在“Outline”窗口中右击 Static Structural (A5) 选项，在弹出的快捷菜单中选择 Insert → Fixed Support 命令，弹出图 9.4.7 所示的“Details of ‘Fixed Support’”对话框。选取图 9.4.8 所示的边线为固定对象，在 Geometry 后的文本框中单击 Apply 按钮。完成固定约束的添加，结果如图 9.4.9 所示。

| Details of "Fixed Support" | |
|---|---|
| **Scope** | |
| Scoping Method | Geometry Selection |
| Geometry | 4 Edges |
| **Definition** | |
| Type | Fixed Support |
| Suppressed | No |

图 9.4.7 “Details of ‘Fixed Support’”对话框

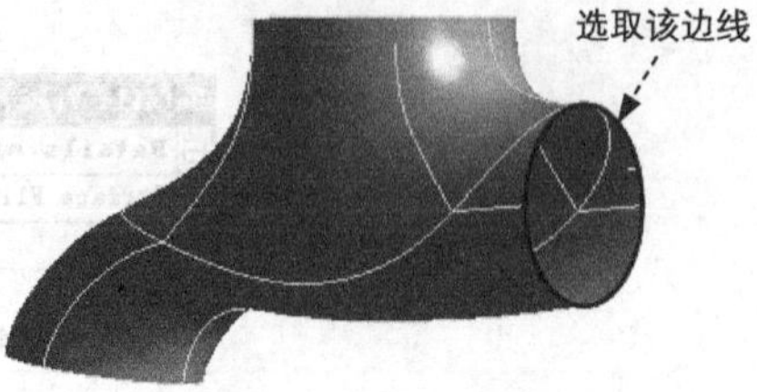


图 9.4.8 选取约束对象

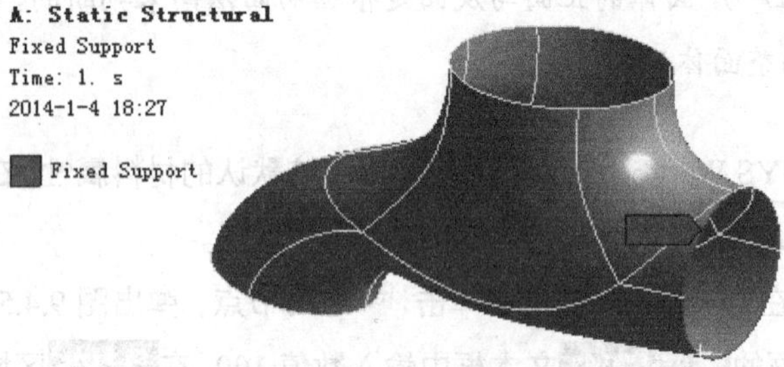


图 9.4.9 添加固定约束

步骤 08 添加压强载荷。在“Outline”窗口中右击 Static Structural (B5) 选项，在“Environment”工具栏中选择 Loads → Pressure 命令，弹出图 9.4.10 所示的“Details of ‘Pressure’”对话框，选取图 9.4.11 所示的模型内表面为载荷对象，在 Geometry 文本框中单击 Apply 按钮确认。在 Definition 区域的 Define By 下拉列表中选择 Normal To 选项，在 Magnitude 文本框中输入数值 20。完成压强载荷的添加，结果如图 9.4.12 所示。

| Details of "Pressure" | |
|---|---|
| **Scope** | |
| Scoping Method | Geometry Selection |
| Geometry | 12 Faces |
| **Definition** | |
| Type | Pressure |
| Define By | Normal To |
| Magnitude | 20. MPa (ramped) |
| Suppressed | No |

图 9.4.10 “Details of ‘Pressure’”对话框

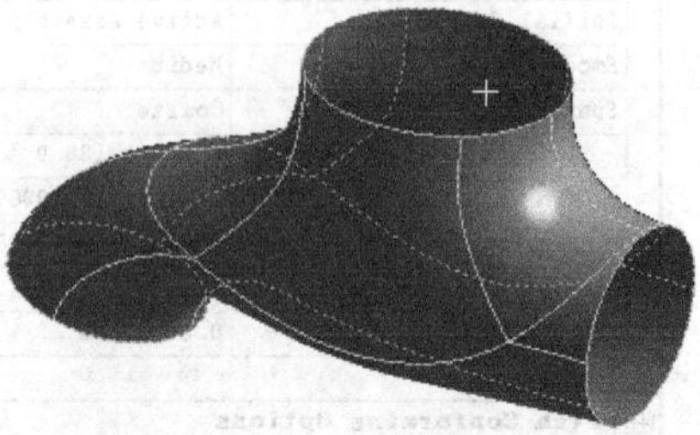

图 9.4.11 选取约束对象

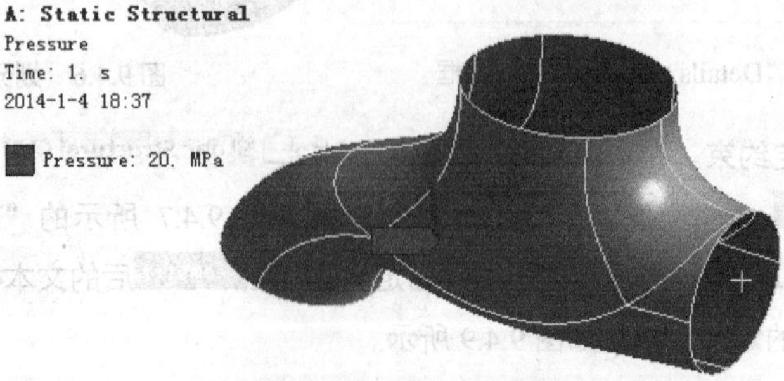


图 9.4.12 添加压强载荷

步骤 09 插入应力结果图解。在“Outline”窗口中右击 Solution (B6) 选项，在弹出的快捷菜单中选择 Insert ▸ → Stress ▸ → Equivalent (von-Mises) 命令。

步骤 10 插入位移变形结果图解。在“Outline”窗口中右击 Solution (B6) 选项，在弹出的快捷菜单中选择 Insert ▸ → Deformation ▸ → Total 命令。

步骤 11 求解并查看应力及位移变形结果。

（1）求解分析。在顶部工具栏中单击 Solve 按钮求解分析。

（2）查看应力结果图解。在“Outline”窗口中选中 Equivalent Stress，查看图 9.4.13 所示的应力结果，其最小应力为 4.9583 MPa，其最大应力为 428.72MPa。

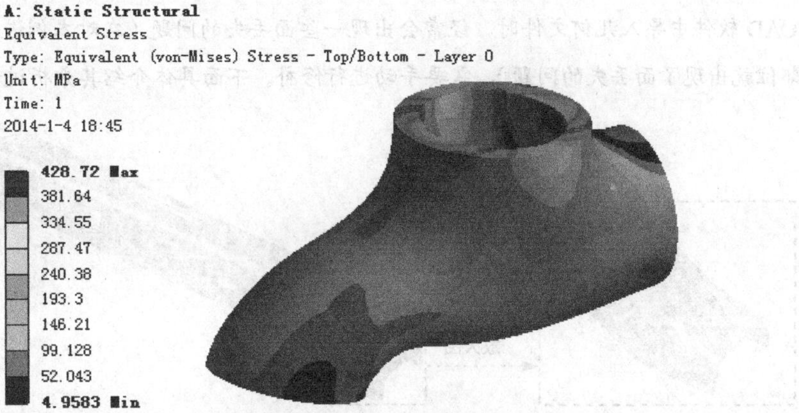


图 9.4.13 应力结果图解

（3）查看位移结果图解。在“Outline”窗口中选中 Total Deformation，查看图 9.4.14 所示的位移变形结果，其最大位移为 0.19649mm。

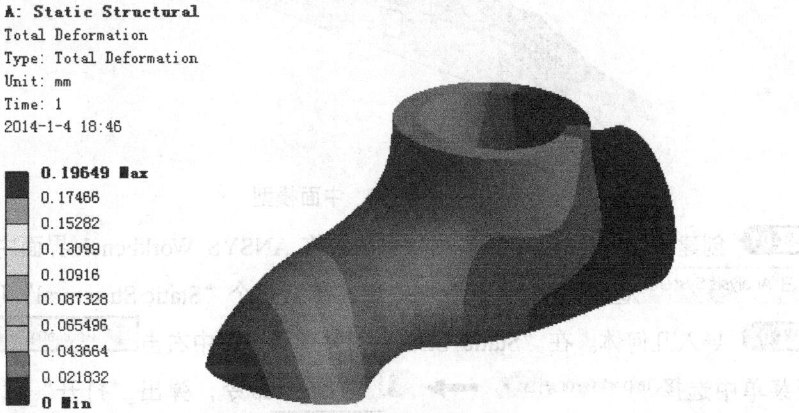


图 9.4.14 位移变形结果图解

步骤 12 保存文件。选择 File → Save Project... 命令，在弹出的“另存为”对话框的文件名(N): 文本框中输入 tap_analysis，单击 保存(S) 按钮。

## 9.5 结构分析实际综合应用五——汽车钣金件结构分析

**应用概述：**

本应用介绍了图 9.5.1 所示的汽车钣金件结构分析，钣金件是典型的薄壁结构零件，非常适合用薄壳结构分析方法进行分析，即首先创建模型中面（图 9.5.2），然后对中面模型进行结构分析。钣金件两端小孔（一共 8 个）完全固定，钣金件上部平面受到一个竖直向下的均布力载荷，大小为 2500N，分析钣金件在该工况下的应力、变形情况。另外，在处理像这类结构比较复杂的薄壁零件中面时，或从其他 CAD 软件中导入几何文件时，经常会出现一些面丢失的问题（在对本例进行中面处理时，一些小的部位就出现了面丢失的问题），需要手动进行修补。下面具体介绍其分析过程。

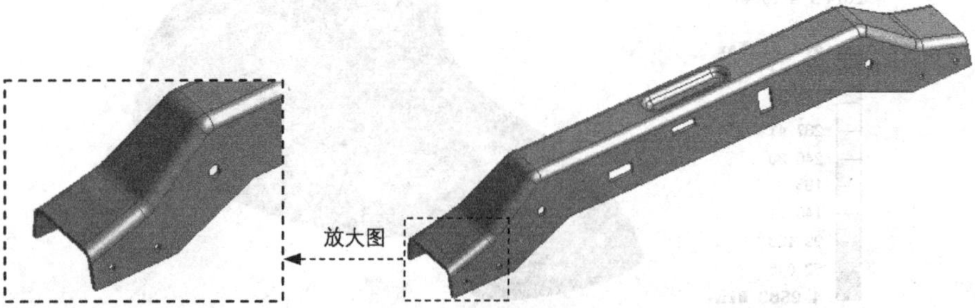


图 9.5.1　汽车钣金件

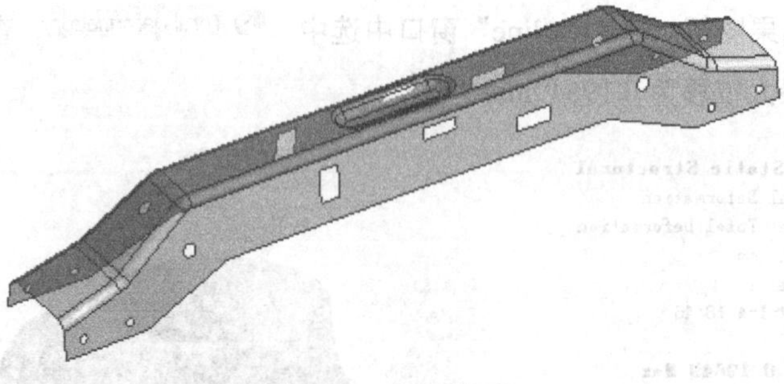

图 9.5.2　中面模型

步骤 01 创建“Static Structural”项目列表。在 ANSYS Workbench 界面中，双击 Toolbox 工具箱的 Analysis Systems 区域中的 Static Structural，新建一个“Static Structural”项目列表。

步骤 02 导入几何体。在“Static Structural”项目列表中右击 Geometry 选项，在弹出的快捷菜单中选择 Import Geometry → Browse... 命令，弹出“打开”对话框；选择文件 D:\an15.01\work\ch09.05\sheet_part.stp，单击 打开(O) 按钮。

步骤 03 编辑几何体。在“Static Structural”项目列表中右击 Geometry 选项，在弹出的快捷菜单中选择 Edit Geometry... 命令，系统进入 DM 环境，单击 Generate 按钮，完成几何体的导入。

步骤 04 创建图 9.5.3 所示的中面。（注：本步的详细操作过程请参见随书光盘中 video\ch09.05\reference\文件下的语音视频讲解文件“sheet_part_analysis-r01.exe”。）

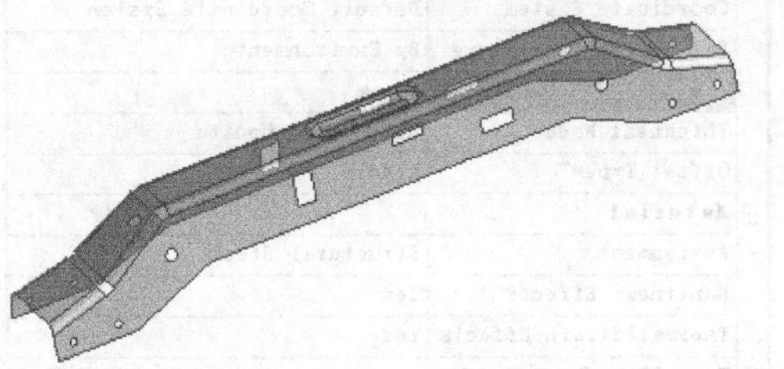

图 9.5.3 创建中面

步骤 05 创建图 9.5.4 所示的曲面修补 1。选择 Tools → Surface Patch 命令，弹出图 9.5.5 所示的“Details View”对话框。按住 Ctrl 键，在模型中依次选取图 9.5.6 所示的边线，在 Patch Edges 后的文本框中单击 Apply 按钮确认。单击工具栏中的 Generate 按钮，完成曲面修补 1 的操作。

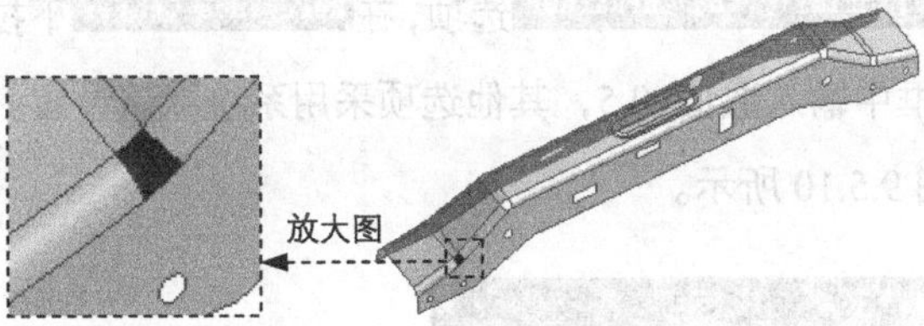


图 9.5.4 修补曲面

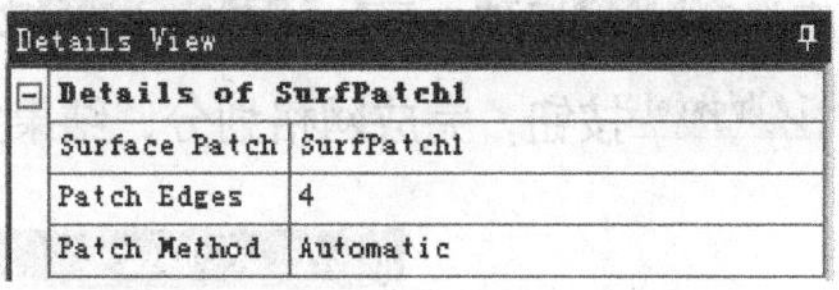


图 9.5.5 “Details View”对话框

步骤 06 参照步骤 5，完成剩余曲面修补，结果如图 9.5.7 所示。

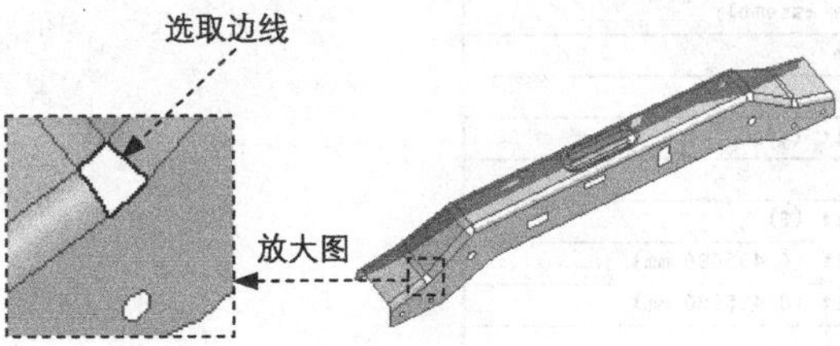


图 9.5.6 定义修补边界

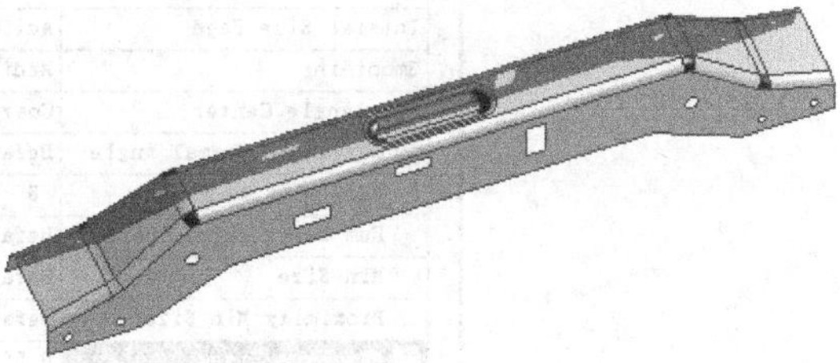

图 9.5.7 剩余曲面修补

步骤 07 返回 Workbench 主界面，采用系统默认的材料，在“Geometry”项目列表中双击 Model 选项，进入“Mechanical”环境。

步骤 08 定义厚度。在“Outline”窗口中选中 Geometry 节点下的 adv_surf_analysis 选项，弹出图 9.5.8 所示的“Details of ‘adv_surf_analysis’”对话框；在 Thickness 文本框中输入数值

2，完成厚度定义。

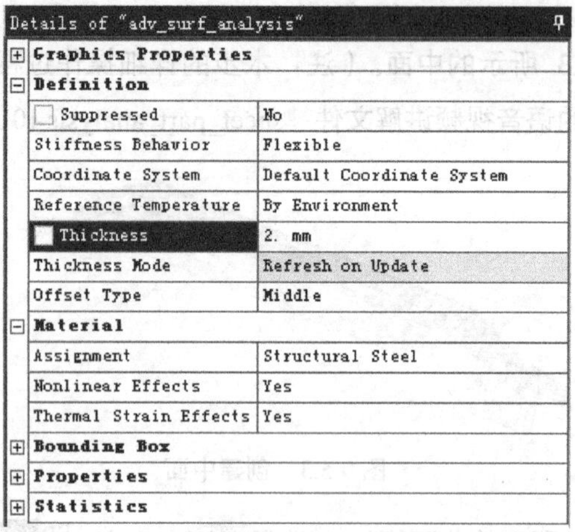


图 9.5.8 “Details of ‘adv_surf_analysis’”对话框

步骤 09 划分网格。在“Outline”窗口中单击 Mesh 选项，弹出图 9.5.9 所示的“Details of ‘Mesh’”对话框。在对话框的 Relevance 文本框中输入数值 45，在 Sizing 区域的 Use Advanced Size Function 下拉列表中选择 On: Proximity and Curvature 选项，在 Relevance Center 下拉列表中选择 Fine 选项，在 Max Face Size 文本框中输入数值 0.5，其他选项采用系统默认设置。单击 Update 按钮，完成网格划分，结果如图 9.5.10 所示。

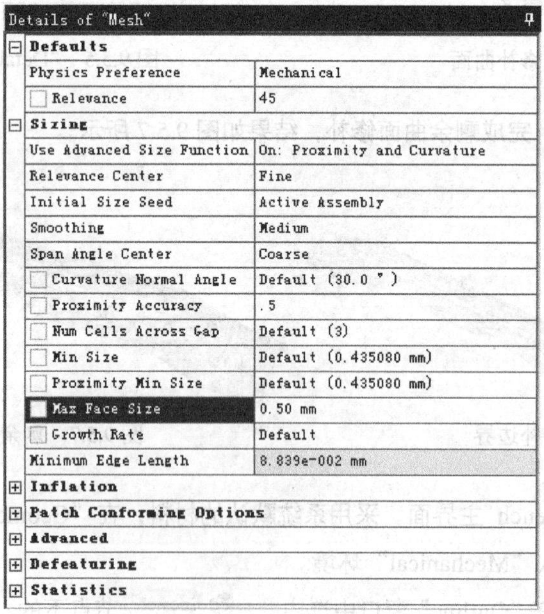


图 9.5.9 “Details of ‘Mesh’”对话框

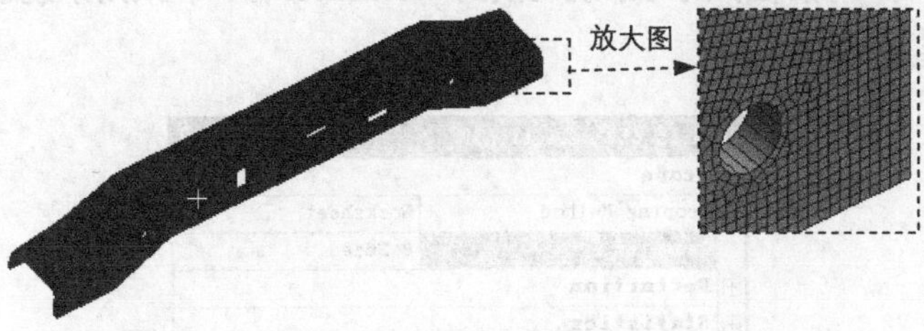


图 9.5.10 网格划分结果

步骤 10 创建命名选择集 Selection01。

（1）在“Outline”窗口中单击 Model (A4) 节点，在图形区选取图 9.5.11 所示的边线并右击。

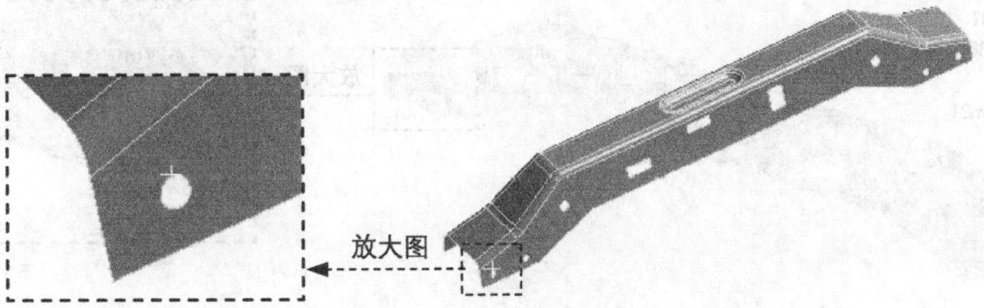


图 9.5.11 选取边线对象

（2）在弹出的快捷菜单中选择 Create Named Selection 命令，弹出图 9.5.12 所示的“Selection Name”对话框。

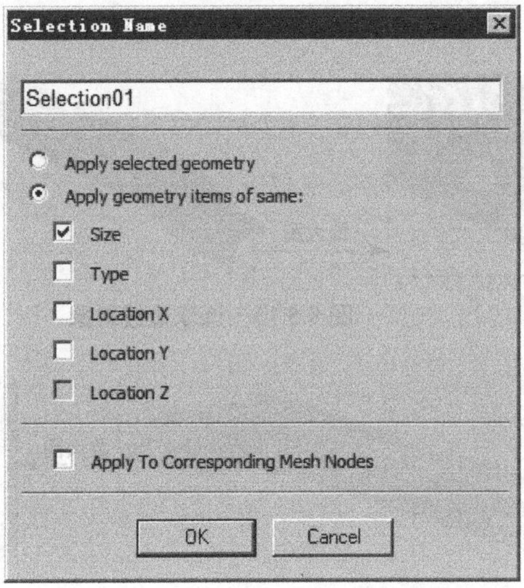


图 9.5.12 “Selection Name”对话框

（3）在对话框中输入名称 Selection01，选中 Apply geometry items of same: 单选项和 Size 复选框，单击 OK 按钮。在“Outline”窗口中单击 Selection01 节点，弹出图 9.5.13 所示的

“Details of ‘Selection01’” 对话框，同时系统切换到 Worksheet 窗口，采用系统默认参数设置，单击 Generate 按钮。

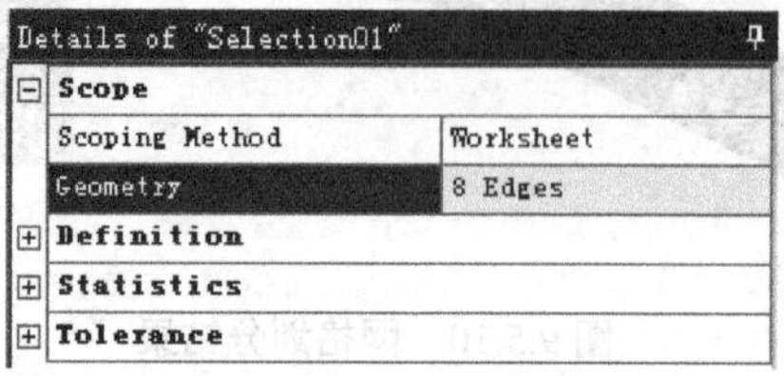


图 9.5.13 “Details of ‘Selection01’” 对话框

（4）打开 Graphics 选项卡，切换几何显示界面，结果如图 9.5.14 所示。

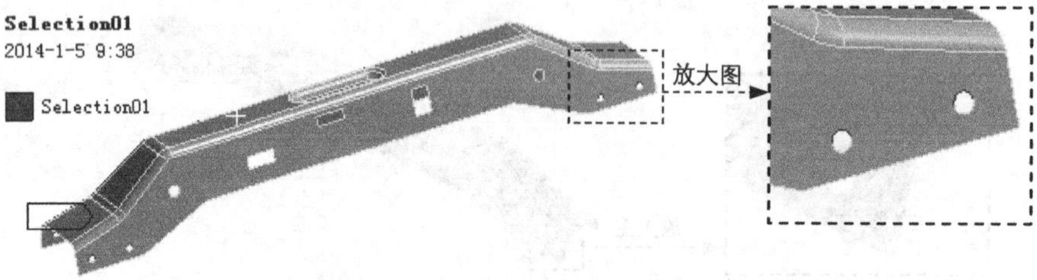


图 9.5.14 创建命名选择集 Selection01

步骤 11 创建命名选择集 Selection02。参照步骤 10，在图形区选取图 9.5.15 所示的边线，创建图 9.5.16 所示的命名选择集 Selection02。（具体操作请参看随书光盘。）

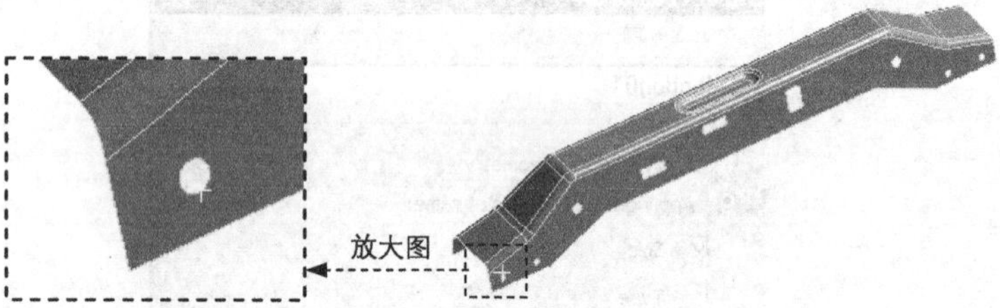


图 9.5.15 选取边线对象

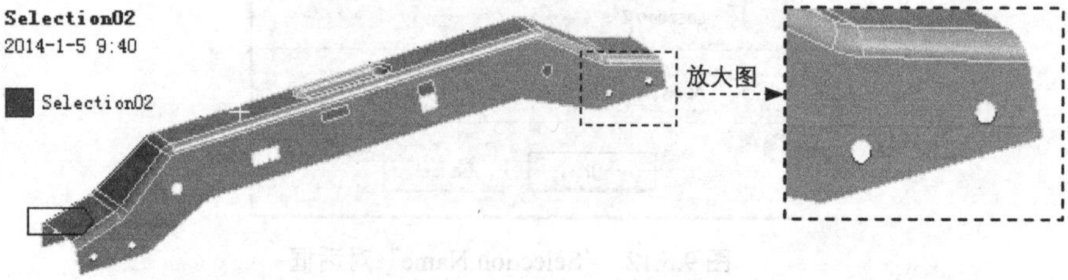


图 9.5.16 创建命名选择集 Selection02

步骤 12 添加固定约束。（注：本步的详细操作过程请参见随书光盘中 video\

ch09.05\reference\文件下的语音视频讲解文件“sheet_part_analysis-r02.exe”。）

步骤 13 添加载荷力。在“Outline”窗口中右击 Fixed Support 选项，在弹出的快捷菜单中选择 Insert ▸ → Force 命令，弹出图 9.5.17 所示的“Details of ‘Force’”对话框；选取图 9.5.18 所示的模型表面，在 Geometry 后的文本框中单击 Apply 按钮确认，在 Define By 下拉列表中选择 Components 选项，在 X Component 文本框中输入数值 2500，其他参数采用系统默认设置。完成载荷力的添加，结果如图 9.5.18 所示。

| Details of "Force" | |
|---|---|
| **Scope** | |
| Scoping Method | Geometry Selection |
| Geometry | 1 Face |
| **Definition** | |
| Type | Force |
| Define By | Components |
| Coordinate System | Global Coordinate System |
| X Component | 2500. N (ramped) |
| Y Component | 0. N (ramped) |
| Z Component | 0. N (ramped) |
| Suppressed | No |

图 9.5.17 “Details of ‘Force’”对话框

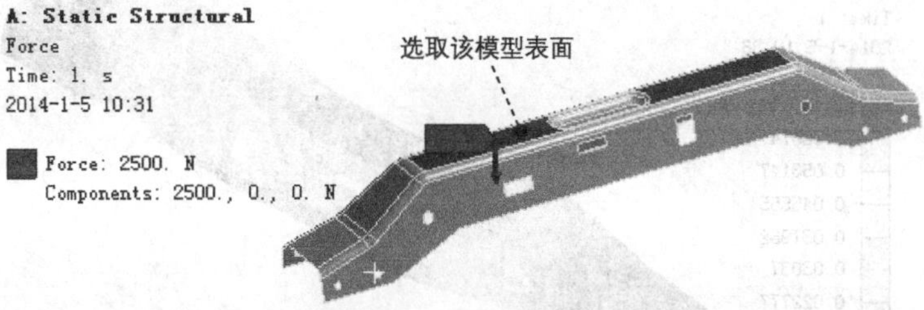


图 9.5.18 添加载荷力

步骤 14 插入应力结果图解。在“Outline”窗口中右击 Solution (A6) 选项，在弹出的快捷菜单中选择 Insert ▸ → Stress ▸ → Equivalent (von-Mises) 命令。

步骤 15 插入位移变形结果图解。在“Outline”窗口中右击 Solution (A6) 选项，在弹出的快捷菜单中选择 Insert ▸ → Deformation ▸ → Total 命令。

步骤 16 求解查看应力及位移变形结果。

（1）求解分析。在顶部工具栏中单击 Solve 按钮求解分析。

（2）查看应力结果图解。在“Outline”窗口中选中 Equivalent Stress，查看图 9.5.19 所示的应力结果，其最小应力为 0.015152MPa，其最大应力为 154.88MPa。

（3）查看位移变形结果图解。在“Outline”窗口中选中 Total Deformation，查看图 9.5.20 所示的位移变形结果，其最大位移为 0.068332mm。

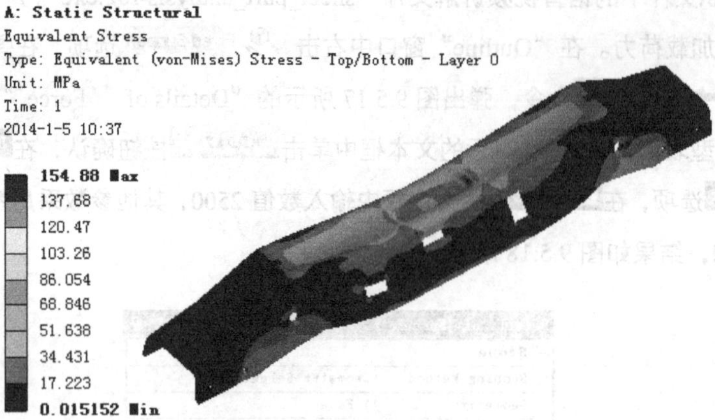


图 9.5.19　查看应力结果图解

步骤 17 保存文件。选择 File → Save Project... 命令，在弹出的“另存为”对话框的 文件名(N): 文本框中输入 sheet_part_analysis，单 保存(S) 击按钮。

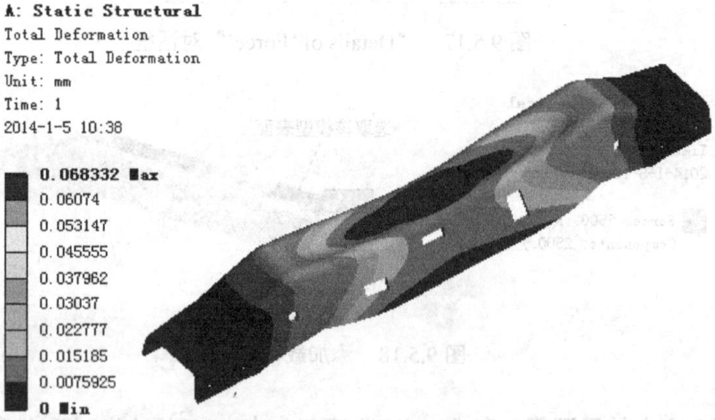


图 9.5.20　位移变形结果图解

## 9.6 结构分析实际综合应用六——锥形涨套结构分析

**应用概述：**

本应用介绍了图 9.6.1 所示锥形涨套组件结构分析。锥形涨套连接具有结构简单、对中性好和传力平稳的特点，应用广泛。通过涨套的挤压作用，在配合锥面产生弹性变形而产生接触压力，工作时借此压力产生摩擦力来传递转矩。过盈量越大，接触压力越大，传递能力就越强，但过大的过盈量会造成涨套产生永久性的塑性变形，不仅难以拆卸，也会使涨套破损而失去传递性能。因此，在具体设计时必须考虑壁厚对整个接触效果的影响。反过来，需要针对不同额定转矩和材料许用接触应力的要求，去考虑最佳的接触长度（决定接触面积）和接触应力（决定接触压力）。

图 9.6.1 所示的锥形涨套连接结构主要由内套（shaft_bush）、外套（bush_asm）和传动轴（shaft）组成（图 9.6.2）（其他结构做了简化），通过端面螺栓的作用将内套均匀地压入外套的内表面中，这样由主传动轴将转矩传递给外套，外套通过接触对和端面螺栓连接的双重作用将转矩传递给内套，内套通过接触对将转矩传递给传动轴。

在该结构的分析中，主要考虑外套内锥和内套外锥之间的过盈配合及内套和传动轴之间的过盈配合，结构中除了轴的材料是"Gray Cast Iron"外，其他结构材料均为系统默认的结构钢。下面具体介绍其分析过程。

图 9.6.1 锥形涨套组件结构分析

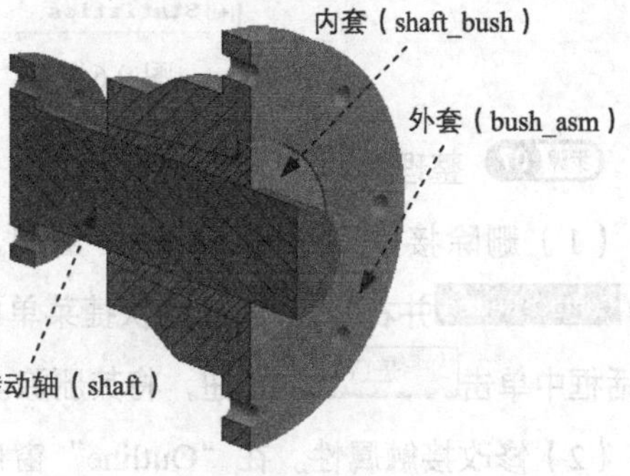


图 9.6.2 锥形涨套结构组成

步骤 01 创建"Static Structural"项目列表。在 ANSYS Workbench 界面中，双击 Toolbox 工具箱的 Analysis Systems 区域中的 Static Structural，新建一个"Static Structural"项目列表。

步骤 02 进入设计数据管理界面。在"Static Structural"项目列表中双击 Engineering Data，进入设计数据管理界面。单击工具栏中的 Engineering Data Sources 按钮，系统进入材料数据库管理界面。

步骤 03 添加材料项目。（注：本步的详细操作过程请参见随书光盘中 video\ch09.06\reference\文件下的语音视频讲解文件"contact_analysis-r01.exe"。）

步骤 04 导入几何体。在"Static Structural"项目列表中右击 Geometry 选项，在弹出的快捷菜单中选择 Import Geometry ▸ → Browse... 命令，弹出"打开"对话框。选择文件 D:\an15.01\work\ch09.06\bush_asm.stp，单击 打开(O) 按钮。

步骤 05 进入"Mechanical"环境。在"Static Structural"项目列表中双击 Model 选项，进入"Mechanical"环境。

步骤 06 设置轴零件的材料。在"Outline"窗口中选择 Geometry 节点下的 shaft 节点，弹出图 9.6.3 所示的"Details of 'Shaft'"对话框，单击 Assignment 文本框的 ▸ 按钮，在打开的列表中选择 Gray Cast Iron 选项。

| Details of "shaft" | |
|---|---|
| ⊞ **Graphics Properties** | |
| ⊟ **Definition** | |
| Suppressed | No |
| Stiffness Behavior | Flexible |
| Coordinate System | Default Coordinate System |
| Reference Temperature | By Environment |
| ⊟ **Material** | |
| Assignment | Gray Cast Iron |
| Nonlinear Effects | Yes |
| Thermal Strain Effects | Yes |
| ⊞ **Bounding Box** | |
| ⊞ **Properties** | |
| ⊞ **Statistics** | |

图 9.6.3 “Details of ‘Shaft’” 对话框

步骤 07 整理接触。

（1）删除接触。在“Outline”窗口中展开 Connections 节点，如图 9.6.4 所示，选中 Contact Region 并右击，在弹出的快捷菜单中选择 Delete 命令，在弹出的“ANSYS Workbench”对话框中单击 是(Y) 按钮，将其删除。

（2）修改接触属性。在“Outline”窗口中选择 Connections 节点下的 Contact Region 2，弹出图 9.6.5 所示的“定义接触参数”对话框，在对话框 Definition 区域的 Type 下拉列表中选择 Rough 选项，在 Advanced 区域的 Offset 文本框中输入数值 0.125，完成接触属性的修改。

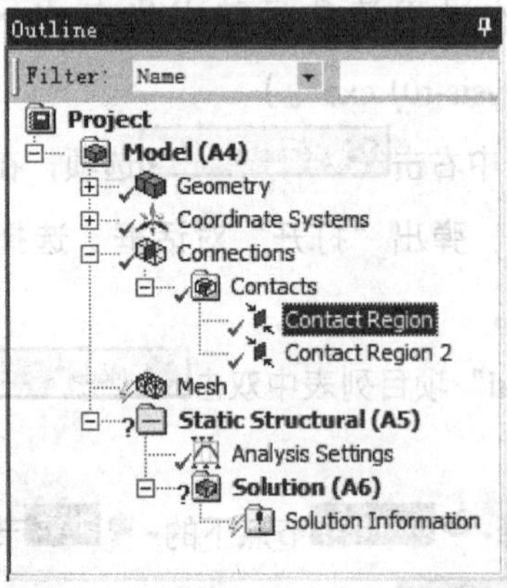


图 9.6.4 展开 Connections 节点

| Details of "Rough - shaft To shaft_bush" | |
|---|---|
| ⊟ **Scope** | |
| Scoping Method | Geometry Selection |
| Contact | 1 Face |
| Target | 1 Face |
| Contact Bodies | shaft |
| Target Bodies | shaft_bush |
| ⊟ **Definition** | |
| Type | Rough |
| Scope Mode | Automatic |
| Behavior | Program Controlled |
| Suppressed | No |
| ⊟ **Advanced** | |
| Formulation | Program Controlled |
| Detection Method | Program Controlled |
| Interface Treatment | Add Offset, No Ramping |
| Offset | 0.125 mm |
| Normal Stiffness | Program Controlled |
| Update Stiffness | Program Controlled |
| Stabilization Damping Factor | 0. |
| Pinball Region | Program Controlled |
| Time Step Controls | None |

图 9.6.5 “定义接触参数”对话框

步骤 08 添加接触。

（1）选择命令。在“Outline”窗口中选择 Connections 节点下的 Contacts 并右击，在弹出的快捷菜单中选择 Insert ▶ → Manual Contact Region 命令，弹出图 9.6.6 所示的“定义接触参数”对话框。

| Details of "Rough - shaft_bush To bush_asm" | |
|---|---|
| **Scope** | |
| Scoping Method | Geometry Selection |
| Contact | 1 Face |
| Target | 1 Face |
| Contact Bodies | shaft_bush |
| Target Bodies | bush_asm |
| **Definition** | |
| Type | Rough |
| Scope Mode | Manual |
| Behavior | Program Controlled |
| Suppressed | No |
| **Advanced** | |
| Formulation | Program Controlled |
| Detection Method | Program Controlled |
| Interface Treatment | Add Offset, No Ramping |
| Offset | 0.125 mm |
| Normal Stiffness | Program Controlled |
| Update Stiffness | Program Controlled |
| Stabilization Damping Factor | 0. |
| Pinball Region | Program Controlled |
| Time Step Controls | None |

图 9.6.6 “定义接触参数”对话框

（2）选取接触面和目标面。在图形区选取图 9.6.7 所示的模型表面为接触面对象，然后选取图 9.6.8 所示的模型表面为目标面对象。

（3）定义接触属性。在“定义接触参数”对话框的 Definition 区域的 Type 下拉列表中选择 Rough 选项，在 Advanced 区域的 Offset 文本框中输入数值 0.125，完成接触定义。

图 9.6.7 选取接触面

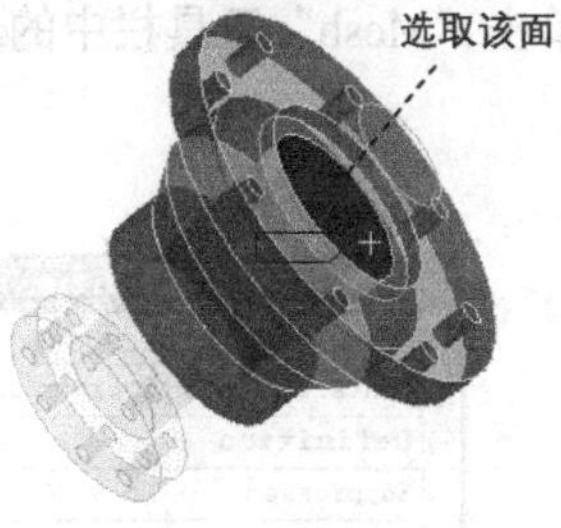


图 9.6.8 选取目标面

步骤 09 初步划分网格。在“Outline”窗口中右击 Mesh 节点，弹出图 9.6.9 所示的“Details of ‘Mesh’”对话框，在对话框的 Relevance 文本框中输入数值 100，在 Sizing 区域的 Relevance Center 下拉列表中选择 Fine 选项，在 Element Size 文本框中输入数值 10.0。单击“Mesh”工具栏中的 Update 按钮，完成初步网格划分，结果如图 9.6.10 所示。

| Details of "Mesh" | |
|---|---|
| ⊟ **Defaults** | |
| Physics Preference | Mechanical |
| Relevance | 100 |
| ⊟ **Sizing** | |
| Use Advanced Size Function | Off |
| Relevance Center | Fine |
| Element Size | 10.0 mm |
| Initial Size Seed | Active Assembly |
| Smoothing | Medium |
| Transition | Fast |
| Span Angle Center | Coarse |
| Minimum Edge Length | 25.1330 mm |
| ⊞ **Inflation** | |
| ⊞ **Patch Conforming Options** | |
| ⊞ **Advanced** | |
| ⊞ **Defeaturing** | |
| ⊞ **Statistics** | |

图 9.6.9 “Details of ‘Mesh ‘” 对话框

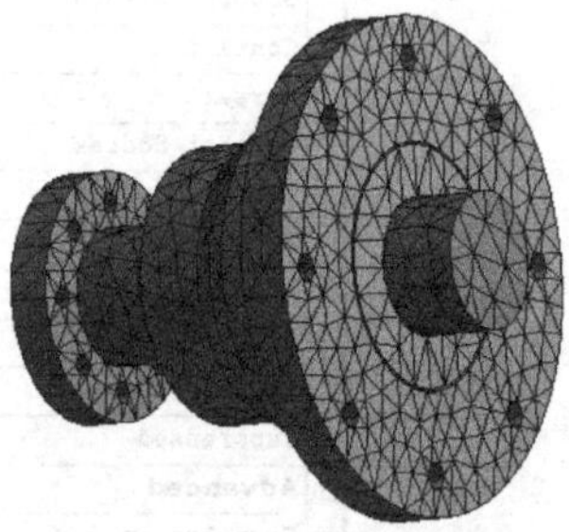

图 9.6.10 初步划分的网格

步骤 10 对网格进行局部控制。

（1）局部控制一。单击“Mesh”工具栏中的 Mesh Control ▾ 按钮，在下拉列表中选择 Contact Sizing 选项，弹出图 9.6.11 所示的“Details of ‘Contact Sizing’ – Contact Sizing”对话框。在对话框的 Contact Region 下拉列表中选择 Rough - shaft To shaft_bush 选项，在 Element Size 文本框中输入数值 5.0，完成局部控制参数定义。

（2）局部控制二。再次单击“Mesh”工具栏中的 Mesh Control ▾ 按钮，在其下拉列表中选择 Contact Sizing 选项，在“Details of ‘Contact Sizing’ – Contact Sizing”对话框的 Contact Region 下拉列表中选择 Bonded - shaft_bush To bush_asm 选项，在 Element Size 文本框中输入数值 5.0，完成局部控制参数定义。

（3）单击“Mesh”工具栏中的 Update 按钮，网格划分结果如图 9.6.12 所示。

| Details of "Contact Sizing" - Contact Sizing | |
|---|---|
| ⊟ **Scope** | |
| Contact Region | Rough - shaft To shaft_bush |
| ⊟ **Definition** | |
| Suppressed | No |
| Type | Element Size |
| Element Size | 5. mm |

图 9.6.11 “Details of ‘Contact Sizing’ – Contact Sizing” 对话框

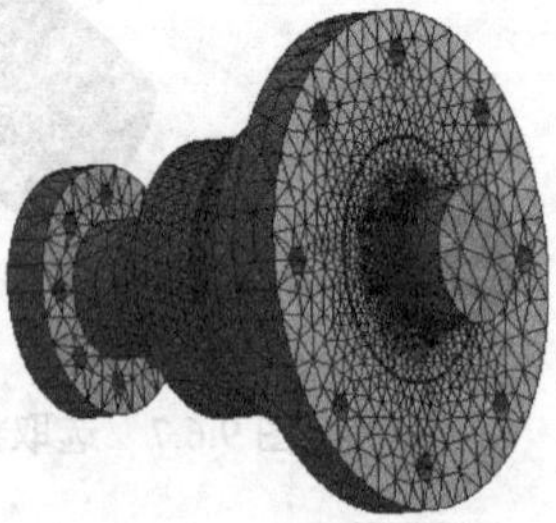

图 9.6.12 网格划分结果

步骤 11 添加固定约束。在“Outline”窗口中右击? Static Structural (A5) 选项，在弹出的快捷菜单中选择 Insert ▸ ⟶ Fixed Support 命令，弹出图 9.6.13 所示的“Details of ‘Fixed Support’” 对话框。选取图 9.6.14 所示的模型表面为约束对象，在 Geometry 后的文本框中单击

Apply按钮确认。完成固定约束的添加，结果如图 9.6.14 所示。

Details of "Fixed Support"

| | |
|---|---|
| **Scope** | |
| Scoping Method | Geometry Selection |
| Geometry | 1 Face |
| **Definition** | |
| Type | Fixed Support |
| Suppressed | No |

图 9.6.13 “Details of “Fixed Support”” 对话框

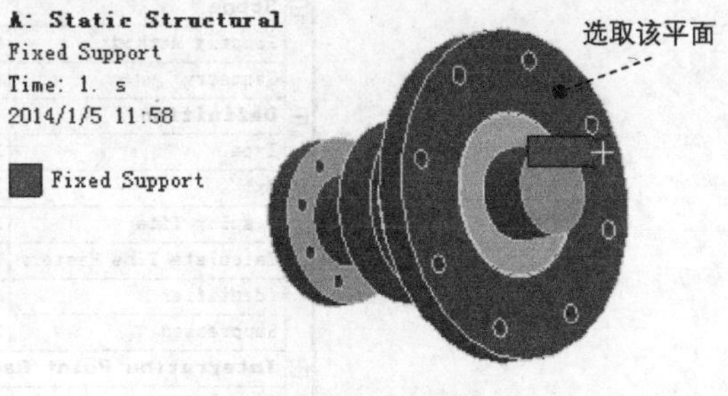


图 9.6.14 添加固定约束

步骤 12 添加力矩载荷。在“Outline”窗口中右击 Fixed Support 选项，在弹出的快捷菜单中选择 Insert → Moment 命令，弹出图 9.6.15 所示的“Details of ‘Moment’”对话框。选取图 9.6.16 所示的模型表面为载荷对象，在 Geometry 后的文本框中单击 Apply 按钮确认。在 Define By 下拉列表中选择 Components 选项，在 Y Component 文本框中输入数值 1000。完成力矩载荷的添加，结果如图 9.6.16 所示。

Details of "Moment"

| | |
|---|---|
| **Scope** | |
| Scoping Method | Geometry Selection |
| Geometry | 1 Face |
| **Definition** | |
| Type | Moment |
| Define By | Components |
| Coordinate System | Global Coordinate System |
| X Component | 0. N·mm (ramped) |
| Y Component | 1000. N·mm (ramped) |
| Z Component | 0. N·mm (ramped) |
| Suppressed | No |
| Behavior | Deformable |
| **Advanced** | |

图 9.6.15 “Details of ‘Moment’” 对话框

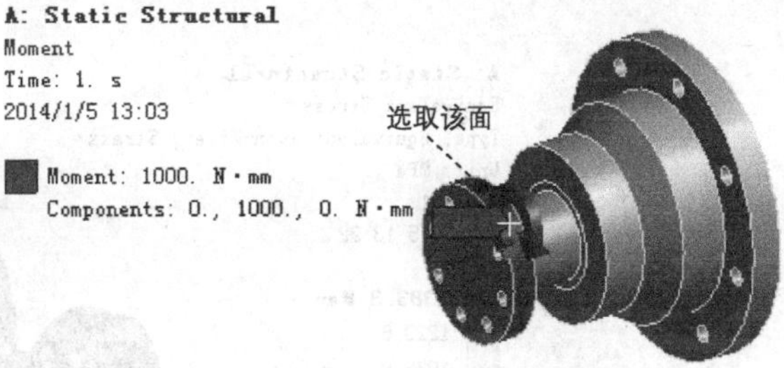


图 9.6.16 添加力矩约束

步骤 13 插入应力结果图解。在“Outline”窗口中右击 Solution (A6) 选项，在弹出的快捷菜单中选择 Insert → Stress → Equivalent (von-Mises) 命令。

步骤 14 插入位移变形结果图解。在“Outline”窗口中右击 Solution (A6) 选项，在弹出的快捷菜单中选择 Insert → Deformation → Total 命令。

步骤 15 插入 bush_asm 零件应力结果图解。在“Outline”窗口中右击 Solution (A6) 选项，在弹出的快捷菜单中选择 Insert → Stress → Equivalent (von-Mises) 命令，弹出图 9.6.17 所示的“Details of ‘Equivalent Stess 2’”对话框，在对话框中单击以激活 Geometry 后的文本框，选取 bush_asm 几何体对象，单击 Apply 按钮确认。

| Details of "Equivalent Stress 2" | |
|---|---|
| **Scope** | |
| Scoping Method | Geometry Selection |
| Geometry | 1 Body |
| **Definition** | |
| Type | Equivalent (von-Mises) Stress |
| By | Time |
| Display Time | Last |
| Calculate Time History | Yes |
| Identifier | |
| Suppressed | No |
| **Integration Point Results** | |
| **Results** | |
| **Information** | |

图 9.6.17 "Details of 'Equivalent Stress 2'" 对话框

步骤 16 插入 shaft 零件应力结果图解。参照步骤 15，插入 shaft 零件应力结果图解。

步骤 17 插入 shaft_bush 零件应力结果图解。参照步骤 15，插入 shaft_bush 零件应力结果图解。

步骤 18 求解查看应力及位移变形结果。

（1）求解分析。在顶部工具栏中单击 Solve 按钮求解分析。

（2）查看应力结果图解。在"Outline"窗口中选中 Equivalent Stress，查看图 9.6.18 所示的应力结果，其最小应力为 0.0042632 MPa，其最大应力为 1388.3 MPa。

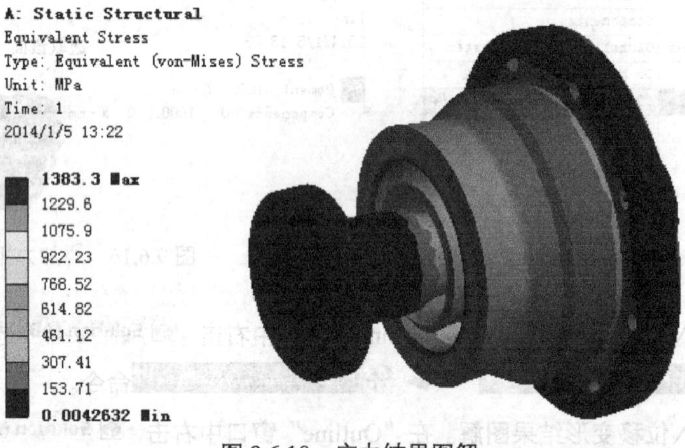


图 9.6.18 应力结果图解

（3）查看位移变形结果图解。在"Outline"窗口中选中 Total Deformation，查看图 9.6.19 所示的位移变形结果，其最大位移为 0.17996 mm。

（4）查看 bush_asm 零件应力结果图解。在"Outline"窗口中选中 Equivalent Stress 2，查看图 9.6.20 所示的零件 bush_asm 的应力结果，其最小应力为 19.818MPa，其最大应力为 1388.3 MPa。

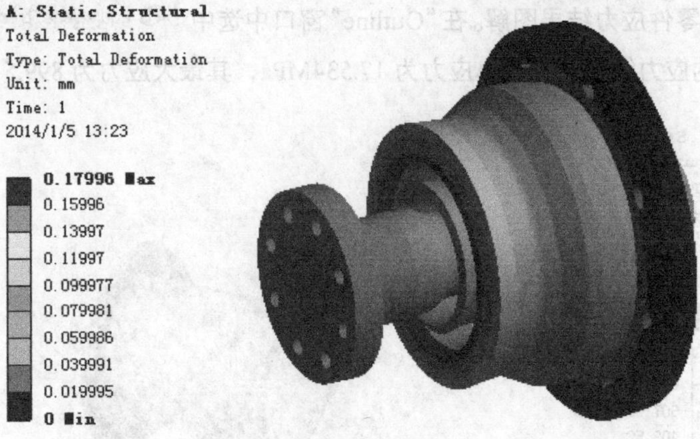


图 9.6.19 位移变形结果图解

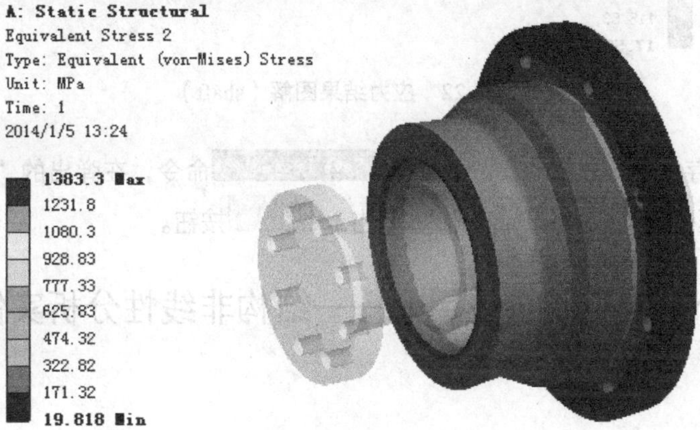


图 9.6.20 应力结果图解（bush asm）

（5）查看 shaft_bash 零件应力结果图解。在“Outline”窗口中选中 Equivalent Stress 3，查看图 9.6.21 所示的零件 shaft_bush 的应力结果，其最小应力为 0.00422632MPa，其最大应力为 601.88 MPa。

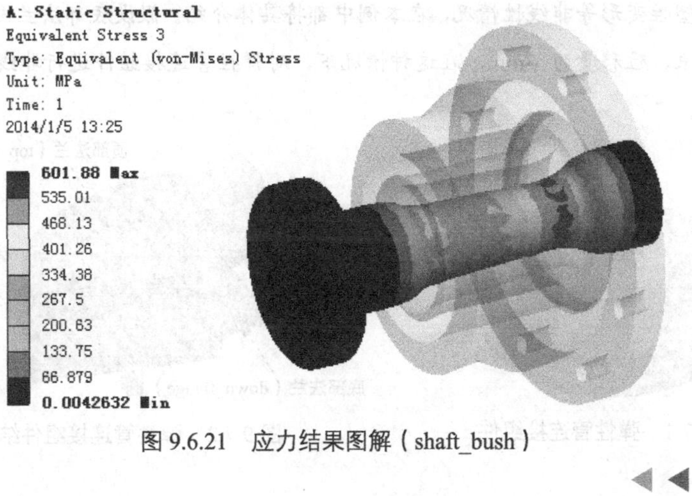


图 9.6.21 应力结果图解（shaft_bush）

（6）查看 shaft 零件应力结果图解。在“Outline”窗口中选中 Equivalent Stress 4，查看图 9.6.22 所示的零件 shaft 的应力结果，其最小应力为 17.534MPa，其最大应力为 899.51MPa。

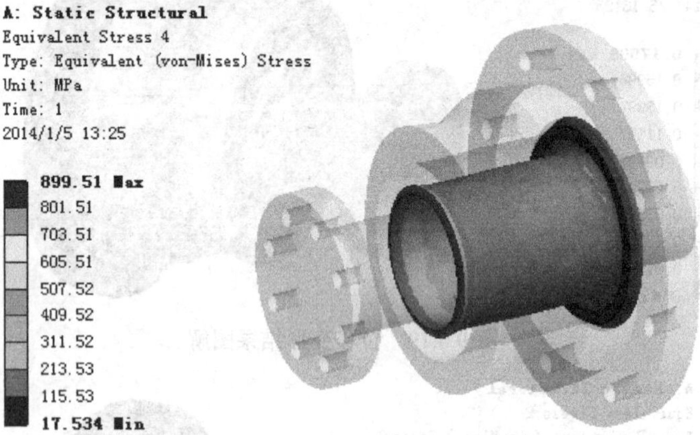


图 9.6.22 应力结果图解（shaft）

步骤 19 保存文件。选择 File → Save Project... 命令，在弹出的“另存为”对话框的 文件名(N): 文本框中输入 contact_analysis，单击 保存(S) 按钮。

## 9.7 结构分析实际综合应用七——结构非线性分析实例

**应用概述：**

本应用介绍了图 9.7.1 所示的弹性管连接组件结构分析。弹性管连接组件主要用于管道系统连接处的管道连接，其结构如图 9.7.2 所示，主要由顶部法兰（top_flange）、弹性管（ela_tube）和底部法兰（down_flange）组成（其他结构做了简化）。考虑到组件符合轴对称原则，可以使用轴对称分析方法进行分析，其 2D 简化模型如图 9.7.3 所示。

在该结构的分析中，主要考虑两个法兰与弹性管之间的接触，结构中包括弹性元件，需要在分析中考虑大变形或塑性变形等非线性情况，在本例中都将具体介绍。假设底部法兰固定，顶部法兰受到一个强迫位移约束，位移量为 5mm，在这种情况下，对弹性管连接组件进行非线性分析。下面具体介绍其分析过程。

图 9.7.1 弹性管连接组件

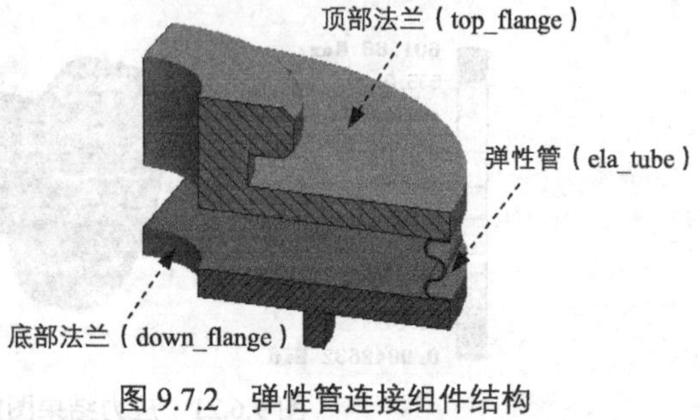


图 9.7.2 弹性管连接组件结构

下面主要分两种情况对该结构进行分析：一种是只考虑大位移变形的情况；另外一种是既考虑大位移变形又考虑材料非线性的情况。

1. 只考虑大位移变形

步骤 01 创建“Static Structural”项目列表。在 ANSYS Workbench 界面中，双击 Toolbox 工具箱的 Analysis Systems 区域中的 Static Structural，新建一个“Static Structural”项目列表，如图 9.7.4 所示。

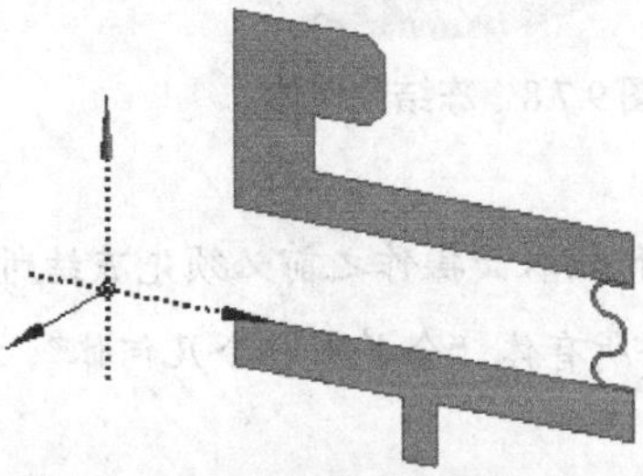

图 9.7.3　2D 简化模型

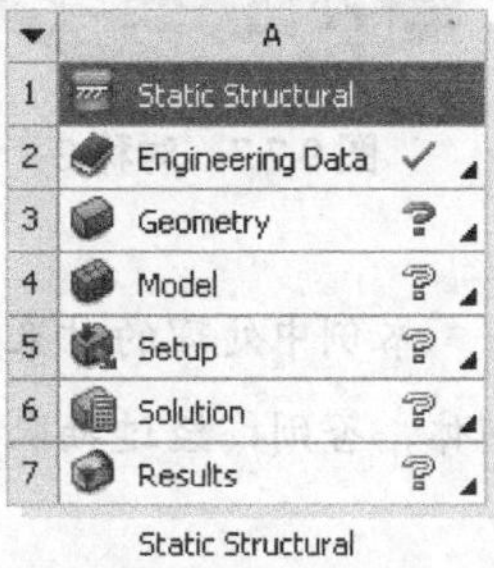


图 9.7.4　新建“Static Structural”项目列表

步骤 02 导入几何体。在“Static Structural”项目列表中右击 Geometry 选项，在弹出的快捷菜单中选择 Import Geometry → Browse... 命令，弹出“打开”对话框。选择文件 D:\an15.01\work\ch09.07\nonliner_analysis.stp，单击 打开(O) 按钮。

步骤 03 编辑几何体。在“Static Structural”项目列表中右击 Geometry 选项，在弹出的快捷菜单中选择 Edit Geometry... 命令，系统进入 DM 环境，单击 Generate 按钮，完成几何体的导入。

步骤 04 创建图 9.7.5 所示的对称 1。选择 Tools → Symmetry 命令，弹出图 9.7.6 所示的“Details View”对话框。选取 XYPlane 平面为对称平面，单击 Apply 按钮，单击工具栏中的 Generate 按钮，完成对称 1 的创建。

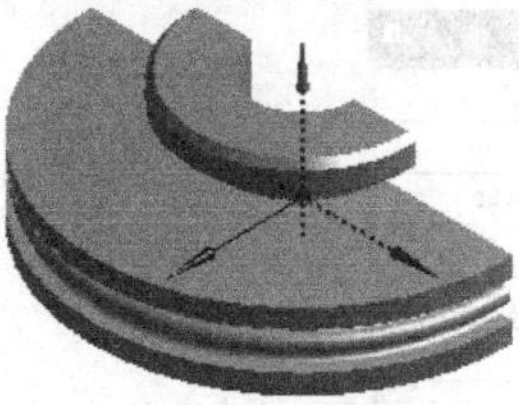

图 9.7.5　对称 1

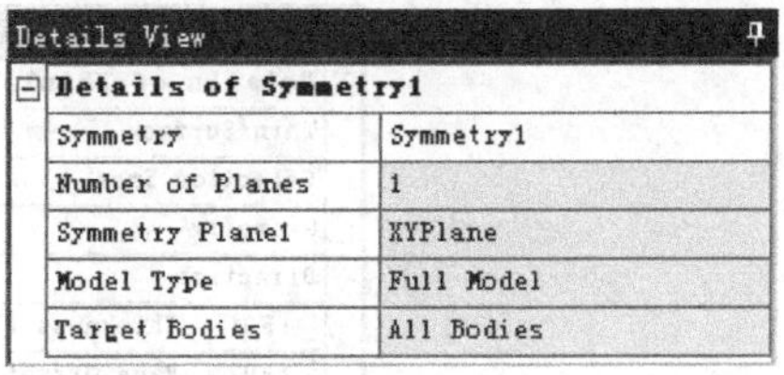

Details View

| Details of Symmetry1 | |
|---|---|
| Symmetry | Symmetry1 |
| Number of Planes | 1 |
| Symmetry Plane1 | XYPlane |
| Model Type | Full Model |
| Target Bodies | All Bodies |

图 9.7.6　“Details View”对话框

步骤 05 创建图 9.7.7 所示的对称 2。选择 Tools → Symmetry 命令，弹出“Details View”对话框。选取 YZPlane 平面为对称平面，单击 Apply 按钮，单击工具栏中的 Generate 按钮，完成对称 2 的创建。

步骤 06 创建冻结。选择 Tools ⟶ Freeze 命令，系统自动将模型中的一般实体冻结，结果如图 9.7.8 所示。

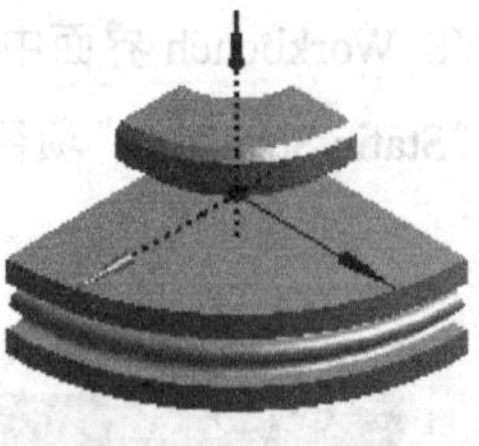

图 9.7.7 对称 2

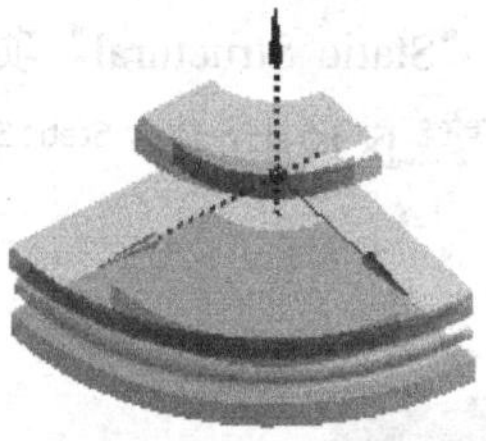

图 9.7.8 冻结几何体

注意：本例中处理的对象是一个装配体，在进行抽取面操作之前必须先冻结所有几何体，否则，经过抽取面后，系统会自动将所有体“合并成一个几何体”。

步骤 07 创建图 9.7.9b 所示的抽取面。选择 Create ⟶ Thin/Surface 命令，弹出图 9.7.10 所示的“Details View”对话框。在 Selection Type 下拉列表中选择 Faces to Keep 选项，单击以激活 Geometry 后的文本框，选取图 9.7.9a 所示的模型表面（一共 3 个面）为要保留的面，单击 Apply 按钮，在对话框的 FD1, Thickness (>=0) 文本框中输入数值 0。单击 Generate 按钮，完成抽取面的创建。

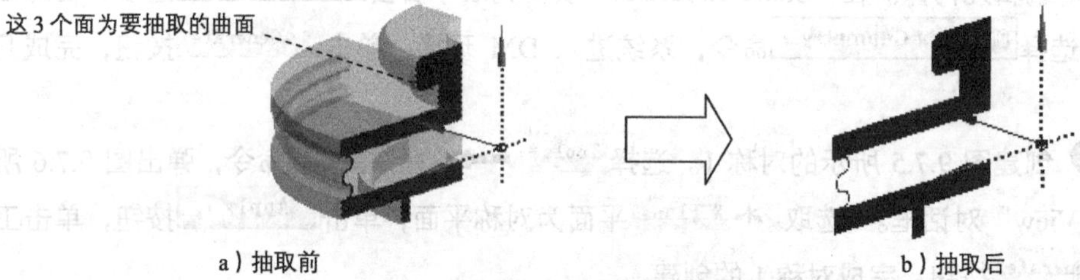


图 9.7.9 创建抽取面

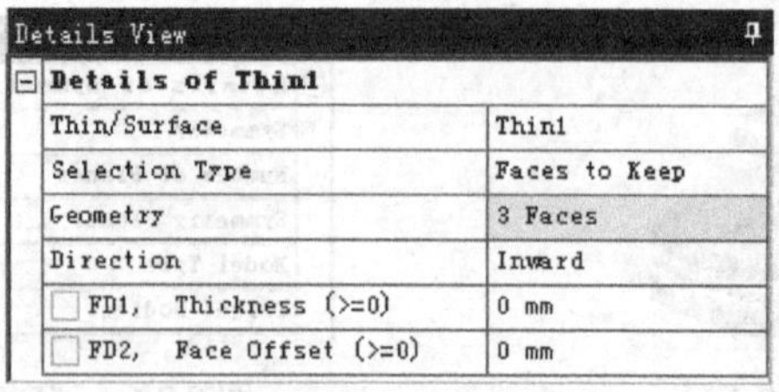

Details View

| Details of Thin1 | |
|---|---|
| Thin/Surface | Thin1 |
| Selection Type | Faces to Keep |
| Geometry | 3 Faces |
| Direction | Inward |
| FD1, Thickness (>=0) | 0 mm |
| FD2, Face Offset (>=0) | 0 mm |

图 9.7.10 “Details View”对话框

注意：在轴对称问题分析中，抽取的面必须位于绝对坐标系的 XY 平面中，其中 Y 轴为旋转轴，否则系统不进行轴对称分析。

步骤 08 修改几何属性。（注：本步的详细操作过程请参见随书光盘中 video\ch09.07\reference\文件下的语音视频讲解文件“nonliner_analysis-r01.exe”。）

步骤 09 采用系统默认的材料，在“Static Structural”项目列表中双击 Model 选项，进入“Mechanical”环境。

步骤 10 定义分析类型。（注：本步的详细操作过程请参见随书光盘中 video\ch09.07\reference\文件下的语音视频讲解文件“nonliner_analysis-r02.exe”。）

步骤 11 删除约束。在“Outline”窗口中右击 Symmetry 节点，在弹出的快捷菜单中选择 Delete 命令，在弹出的“ANSYS Workbench”对话框中单击 是(Y) 按钮，将其删除。

步骤 12 在“Outline”窗口中展开 Connections 节点，在 Contacts 节点下有系统自动探测到的两对接触区域，如图 9.7.11 所示。

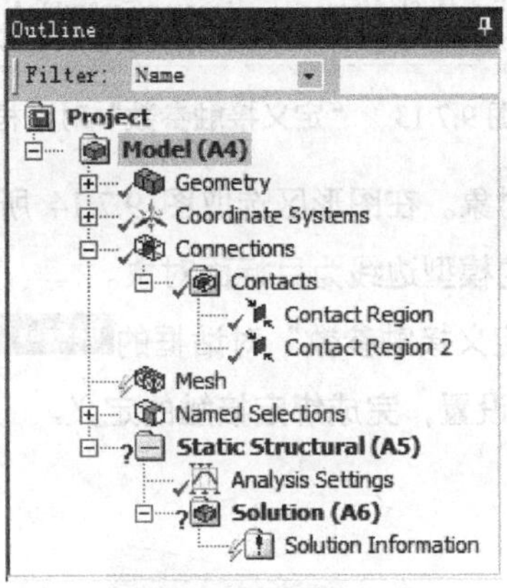


图 9.7.11 “Outline”窗口

步骤 13 设定图 9.7.12 所示的 LINK_RING 与 DOWN_FLANGE 之间的绑定接触。

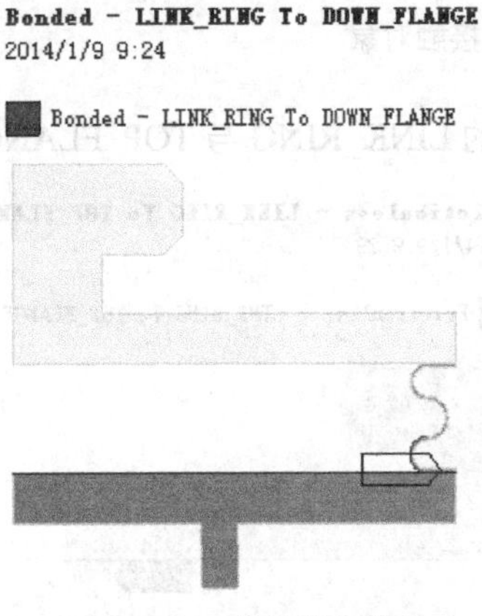


图 9.7.12 定义绑定接触

（1）在“Outline”窗口中选择 Connections 节点下的 Contact Region，弹出图 9.7.13 所示的

定义接触参数对话框（一）。

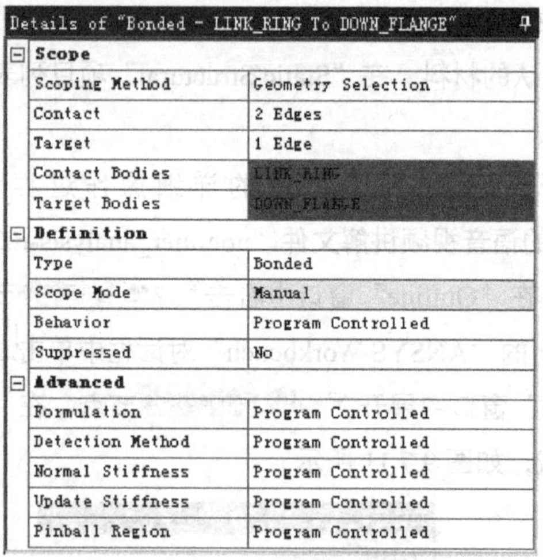

Details of "Bonded - LINK_RING To DOWN_FLANGE"

| | |
|---|---|
| **Scope** | |
| Scoping Method | Geometry Selection |
| Contact | 2 Edges |
| Target | 1 Edge |
| Contact Bodies | LINK_RING |
| Target Bodies | DOWN_FLANGE |
| **Definition** | |
| Type | Bonded |
| Scope Mode | Manual |
| Behavior | Program Controlled |
| Suppressed | No |
| **Advanced** | |
| Formulation | Program Controlled |
| Detection Method | Program Controlled |
| Normal Stiffness | Program Controlled |
| Update Stiffness | Program Controlled |
| Pinball Region | Program Controlled |

图 9.7.13　“定义接触参数”对话框（一）

（2）定义接触对象和目标对象。在图形区选取图 9.7.14 所示的模型边线（两条）为接触面对象，然后选取图 9.7.15 所示的模型边线为目标面对象。

（3）定义接触属性。在“定义接触参数”对话框的 Definition 区域的 Type 下拉列表中选择 Bonded 选项，其他采用系统默认设置，完成绑定接触的定义。

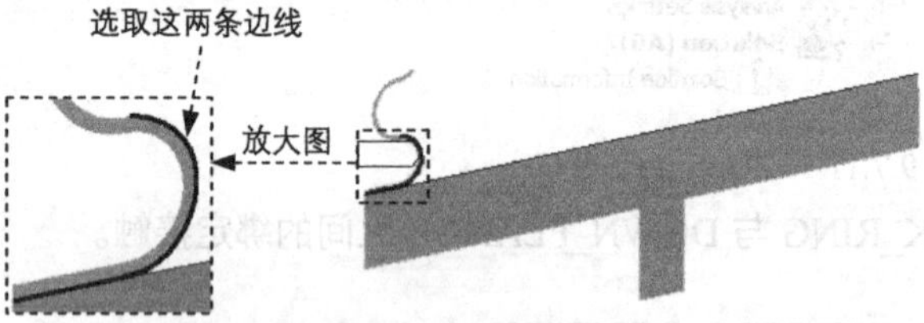


图 9.7.14　定义接触对象

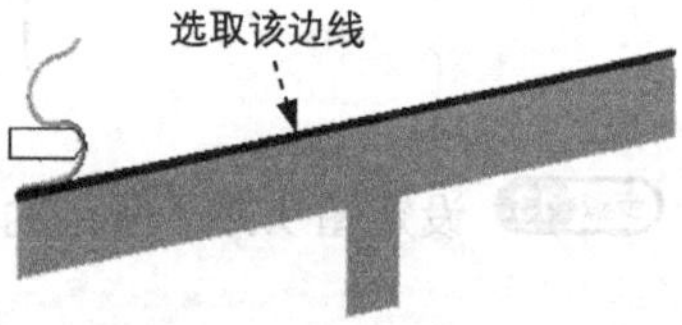


图 9.7.15　定义目标对象

步骤 14　设定图 9.7.16 所示的 LINK_RING 与 TOP_FLANGE 之间的无摩擦接触。

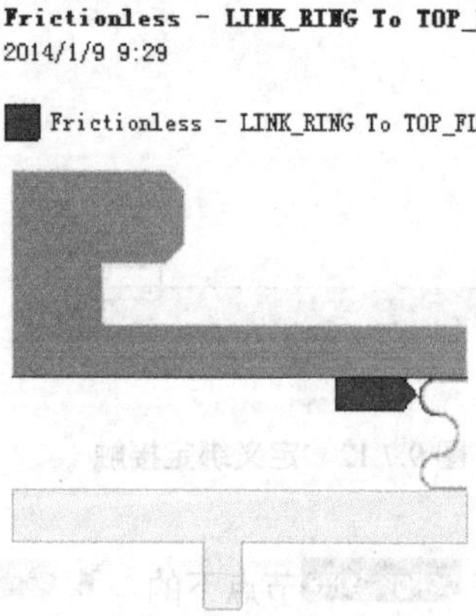


图 9.7.16　定义无摩擦接触

（1）在“Outline”窗口中选择 Connections 节点下的 Contact Region 2，弹出图 9.7.17 所示的“定义接触参数”对话框（二）。

| Details of "Frictionless - LINK_RING To TOP_FLANGE" | |
|---|---|
| **Scope** | |
| Scoping Method | Geometry Selection |
| Contact | 2 Edges |
| Target | 1 Edge |
| Contact Bodies | LINK_RING |
| Target Bodies | TOP_FLANGE |
| **Definition** | |
| Type | Frictionless |
| Scope Mode | Manual |
| Behavior | Program Controlled |
| Suppressed | No |
| **Advanced** | |
| Formulation | Program Controlled |
| Detection Method | Program Controlled |
| Interface Treatment | Add Offset, No Ramping |
| Offset | 0. mm |
| Normal Stiffness | Program Controlled |
| Update Stiffness | Program Controlled |
| Stabilization Damping Factor | 0. |
| Pinball Region | Program Controlled |
| Time Step Controls | None |

图 9.7.17 “定义接触参数”对话框（二）

（2）定义接触对象和目标对象。在图形区选取图 9.7.18 所示的模型边线（两条）为接触面对象，然后选取图 9.7.19 所示的模型边线为目标面对象。

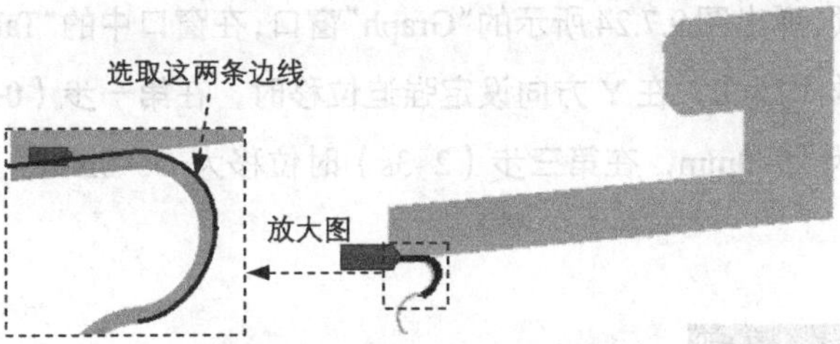


图 9.7.18 定义接触对象

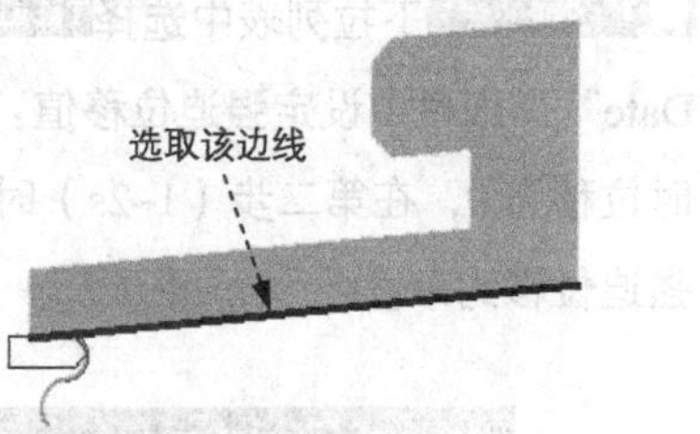


图 9.7.19 定义目标对象

（3）定义接触属性。在“定义接触参数”对话框的 Definition 区域的 Type 下拉列表中选择 Frictionless 选项，其他采用系统默认设置，完成无摩擦接触的定义。

步骤 15 划分网格。在“Outline”窗口中选中 Mesh 节点，弹出图 9.7.20 所示的“Details of ‘Mesh’”对话框。在对话框的 Relevance 文本框中输入数值 100，在 Sizing 区域的 Relevance Center 下拉列表中选择 Fine 选项，单击 Update 按钮，完成网格划分，结果如图 9.7.21 所示。

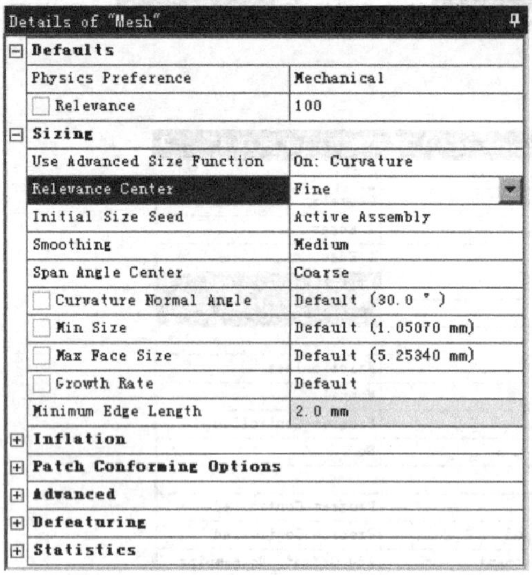


图 9.7.20 “Details of ‘Mesh’”对话框

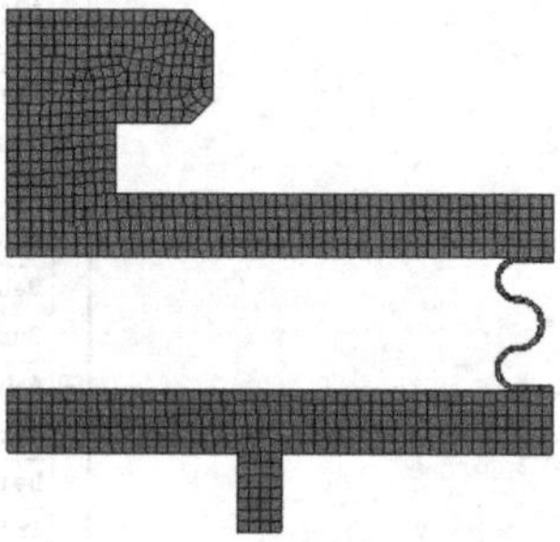

图 9.7.21 划分网格

步骤 16 定义分析设置。（注：本步的详细操作过程请参见随书光盘中 video\ch09.07\reference\文件下的语音视频讲解文件“nonliner_analysis-r03.exe”。）

步骤 17 添加强迫位移约束。在“Outline”窗口中右击? Static Structural (A5)选项，在弹出的快捷菜单中选择 Insert ▶ ⟶ Displacement 命令，弹出图 9.7.22 所示的“Detail of ‘Displacement’”对话框。选取图 9.7.23 所示的几何对象（TOP_FLANGE），在 Geometry 后的文本框中单击 Apply 按钮确认。在 Definition 区域的 X Component 文本框中输入数值 0，在 Y Component 下拉列表中选择 Tabular 选项，弹出图 9.7.24 所示的“Graph”窗口，在窗口中的“Tabular Date”详细栏中设定强迫位移值：X 方向均为 0；在 Y 方向设定强迫位移时，在第一步（0~1s）时位移为 0，在第二步（1~2s）时位移为-5~0mm，在第三步（2~3s）时位移为-5s~0mm，完成强迫位移约束。

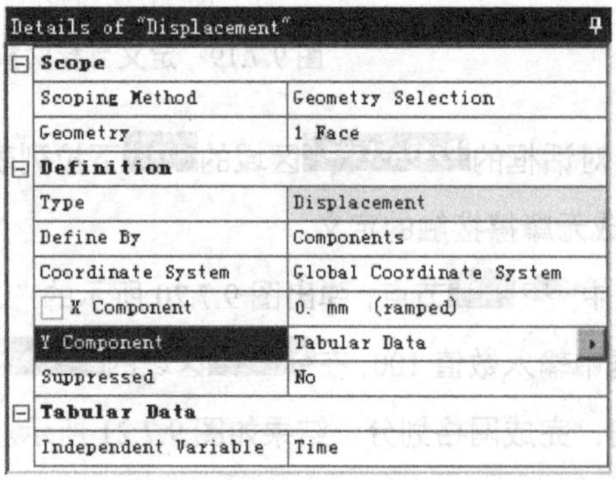


图 9.7.22 “Details of ‘Displacement’”对话框

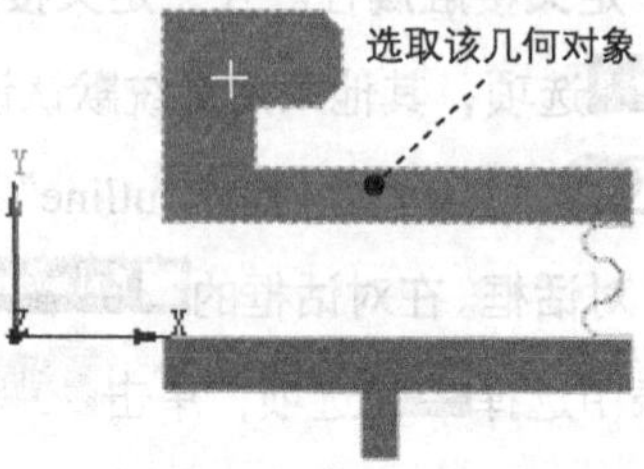


图 9.7.23 选取约束对象

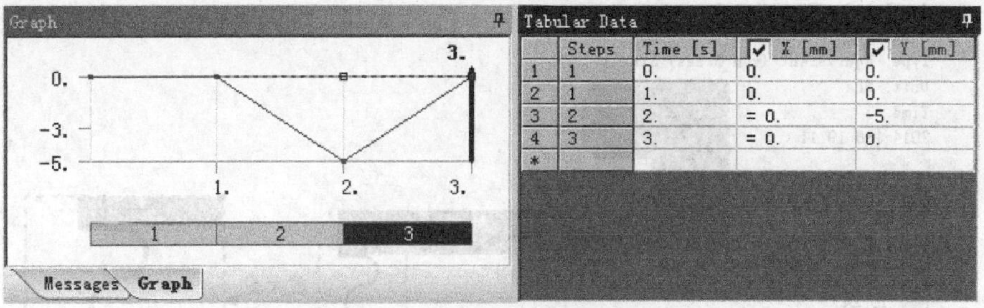


图 9.7.24 “Graph”窗口

**说明** 此处设置强迫位移的目的是使顶部法兰在 X 方向没有位移，只在 Y 方向上有位移，模拟顶部法兰向下挤压弹性元件。

**步骤 18** 添加固定约束。在“Outline”窗口中右击 Static Structural (A5) 选项，在弹出的快捷菜单中选择 Insert ▶ → Fixed Support 命令，弹出图 9.7.25 所示的“Detail of ‘Fixed Supports’”对话框。选取图 9.7.26 所示的几何对象（DOWN_FLANGE），在 Geometry 后的文本框中单击 Apply 按钮。完成固定约束的添加，结果如图 9.7.26 所示。

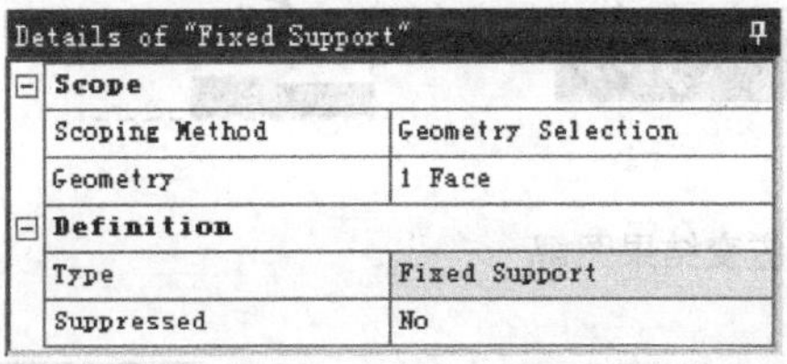

Details of "Fixed Support"

| | |
|---|---|
| **Scope** | |
| Scoping Method | Geometry Selection |
| Geometry | 1 Face |
| **Definition** | |
| Type | Fixed Support |
| Suppressed | No |

图 9.7.25 “Detail of ‘Fixed Supports’”对话框

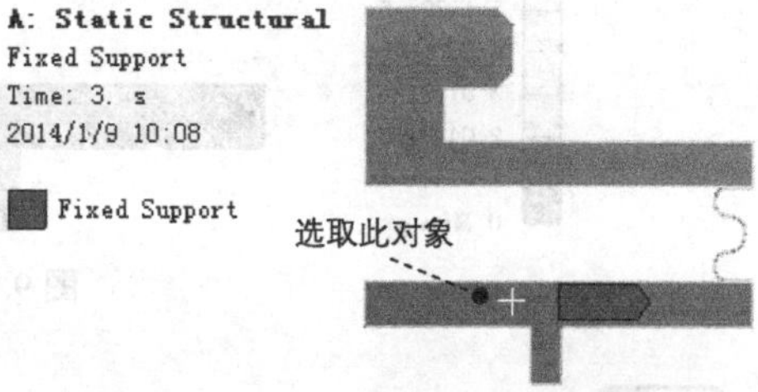


图 9.7.26 添加固定约束

**步骤 19** 插入应力结果图解。在“Outline”窗口中右击 Solution (A6) 选项，在弹出的快捷菜单中选择 Insert ▶ → Stress ▶ → Equivalent (von-Mises) 命令。

**步骤 20** 插入应变结果图解。在“Outline”窗口中右击 Solution (A6) 选项，在弹出的快捷菜单中选择 Insert ▶ → Strain ▶ → Equivalent (von-Mises) 命令。

**步骤 21** 求解查看应力及应变结果。

（1）求解分析。在顶部工具栏中单击 Solve 按钮求解分析。

（2）查看应力结果图解。在“Outline”窗口中选中 Equivalent Stress，查看图 9.7.27 所示的总应力结果，其最小应力为 0 MPa，其最大应力为 18.438 MPa。

（3）查看应变结果图解。在“Outline”窗口中选中 Equivalent Elastic Strain，查看图 9.7.28 所示的应变结果，其最小应变为 0 mm/mm，其最大应变为 $9.2218 \times 10^{-5}$mm/mm。

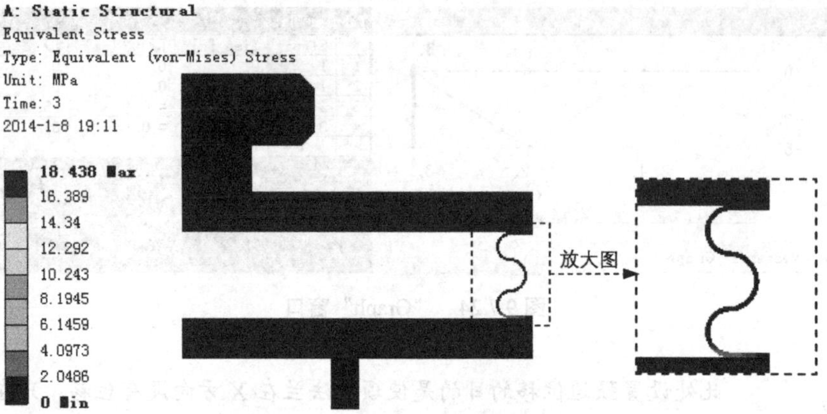


图 9.7.27 应力结果图解

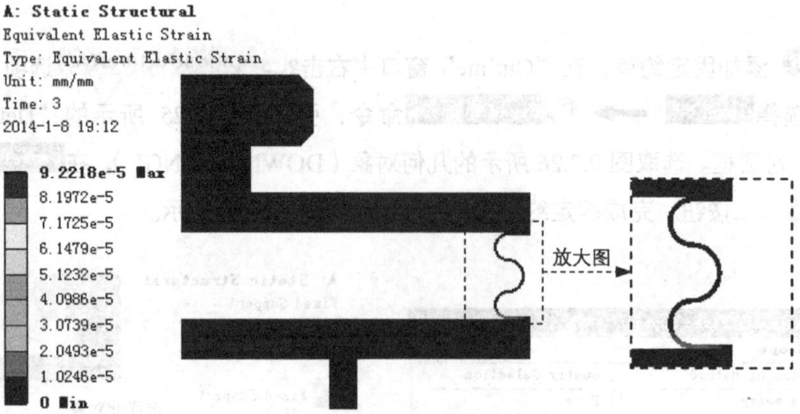


图 9.7.28 应变结果图解

步骤 22 查看力收敛。在“Outline”窗口中 Solution (A6) 节点下选中 Solution Information 选项，弹出图 9.7.29 所示的“Details of ‘Solution Information’”对话框。在 Solution Information 区域的 Solution Output 下拉列表中选择 Force Convergence 选项，此时在系统界面中可以查看收敛曲线，如图 9.7.30 所示。

Details of “Solution Information”

| | |
|---|---|
| **Solution Information** | |
| Solution Output | Force Convergence |
| Newton-Raphson Residuals | 0 |
| Update Interval | 2.5 s |
| Display Points | All |
| **FE Connection Visibility** | |
| Activate Visibility | Yes |
| Display | All FE Connectors |
| Draw Connections Attached To | All Nodes |
| Line Color | Connection Type |
| Visible on Results | No |
| Line Thickness | Single |
| Display Type | Lines |

图 9.7.29 “Details of ‘Solution Information’”对话框

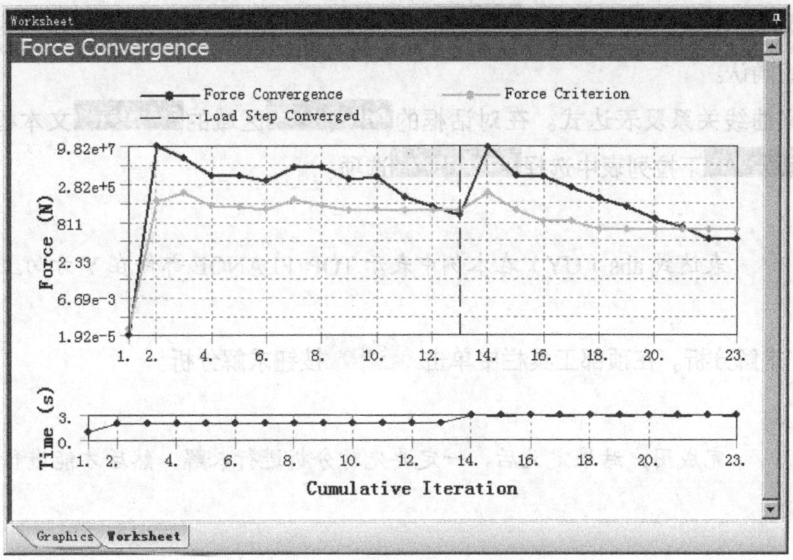


图 9.7.30 力收敛图解

**步骤 23** 插入部件 TOP_FLANGE 的力-时间之间的关系曲线。（注：本步的详细操作过程请参见随书光盘中 video\ch09.07\reference\文件下的语音视频讲解文件“nonliner_analysis-r04.exe”）。

**步骤 24** 插入部件 TOP_FLANGE 的位移-时间之间的关系曲线。

（1）在“Outline”窗口中右击 Solution (A6) 选项，在弹出的快捷菜单中选择 Insert ▸ → User Defined Result 命令，弹出图 9.7.31 所示的“Details of ‘User of Defined Result’”对话框。

（2）修改名称。在“Outline”窗口中右击 User Defined Result 节点，在弹出的快捷菜单中选择 Rename 命令，修改其名称为 abs（UY），结果如图 9.7.32 所示。

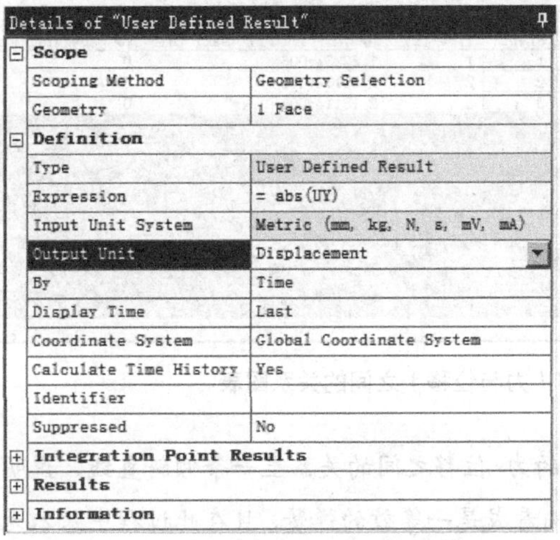


图 9.7.31 “Details of ‘User of Defined Result’”对话框

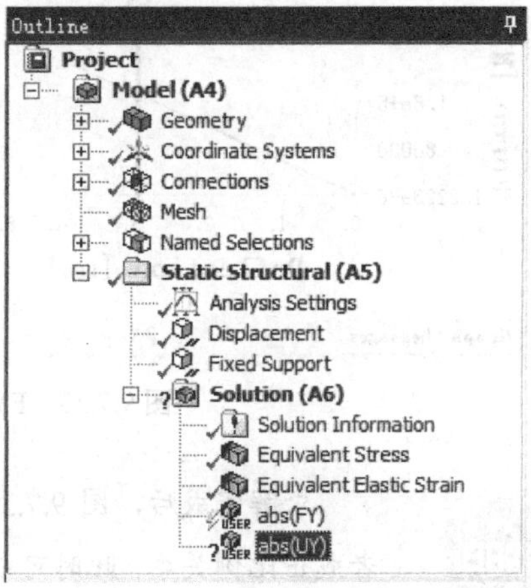


图 9.7.32 插入用户定义结果

（3）选取几何对象。单击以激活 Geometry 后的文本框，在图形区选取顶部法兰为对象，单击 Apply 按钮确认。

（4）定义曲线关系及表达式。在对话框的 Definition 区域的 Expression 文本框中输入 abs（UY），在 Output Unit 下拉列表中选择 Displacement 选项。

说明：表达式 abs（UY）在本例中表示 TOP_FLANGE 部件在 Y 方向上的绝对值。

步骤 25 求解分析。在顶部工具栏中单击 Solve 按钮求解分析。

说明：完成用户结果定义后，一定要先对分析进行求解，然后才能进行后续分析。

步骤 26 创建图表，以显示 FY 与 UY（力与位移）之间的关系。

（1）插入 Chart。在工具栏中单击“New Chart and Table”按钮，弹出“Details of ‘Chart’”对话框。

（2）选取对象。单击以激活 Definition 区域 Outline Selection 后的文本框，在“Outline”窗口中选取 abs (FY) 和 abs (UY) 为对象，单击 Apply 按钮确认。

（3）定义设置。（注：本步的详细操作过程请参见随书光盘中 video\ch09.07\reference\文件下的语音视频讲解文件“nonliner_analysis-r05.exe”。）

（4）查看图表结果。展开“Graph”窗口，观察到 FY 与 UY（力与位移）之间的关系为一直线，即两者为线性关系，如图 9.7.33 所示。

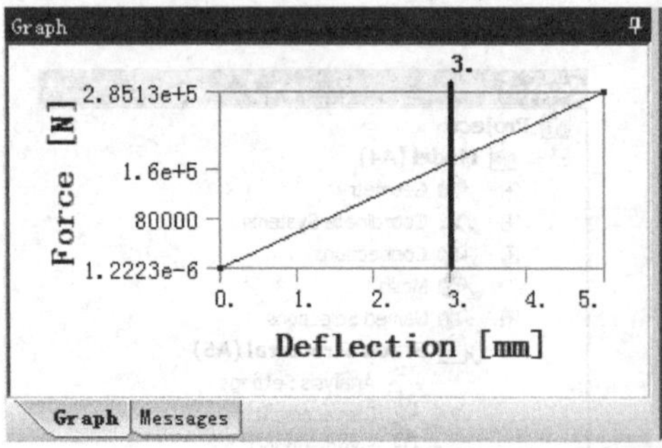


Tabular Data

| | Steps | Time [s] | [B] abs (FY) (Max) [N] | abs (UY) (Max) [mm] |
|---|---|---|---|---|
| 1 | 1 | 1. | 1.2223e-006 | 0. |
| 2 | 2 | 2. | 2.8513e+005 | 5. |
| 3 | 3 | 3. | 2.1311e-006 | 0. |

图 9.7.33　FY 与 UY（力与位移）之间的关系图表

说明：求解完成后，图 9.7.33 所示的力-位移之间的关系呈一条倾斜直线，说明二者成正比例关系，此时可以将结构看成是一等效的弹簧，且在此过程中基本无塑性变形。

步骤 27 保存文件。选择 File → Save Project... 命令，在弹出的“另存为”对话框的 文件名 (N): 文本框中输入 nonliner_analysis，单击 保存(S) 按钮。

### 2. 既考虑大位移变形，又考虑材料非线性

以上均为几何大变形的分析，下面对既有大变形又有材料非线性进行分析。

步骤 01 返回 Workbench 主界面，在“Static Structural”项目列表中右击 Static Structural 选项，在弹出的快捷菜单中选择 Duplicate 命令，完成“Static Structural”项目列表的复制，如图 9.7.34 所示。

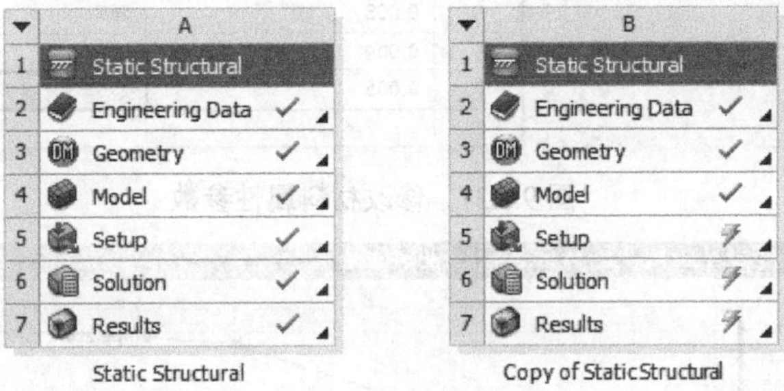


图 9.7.34 复制项目列表

步骤 02 添加材料属性。在“Copy of Static Structural”项目列表中双击 Engineering Data 选项，采用系统默认材料 Structural Steel（结构钢）。在图 9.7.35 所示的“Toolbox”工具箱中双击 Multilinear Isotropic Hardening 项目，将该属性添加到材料属性区域（图 9.7.36）。

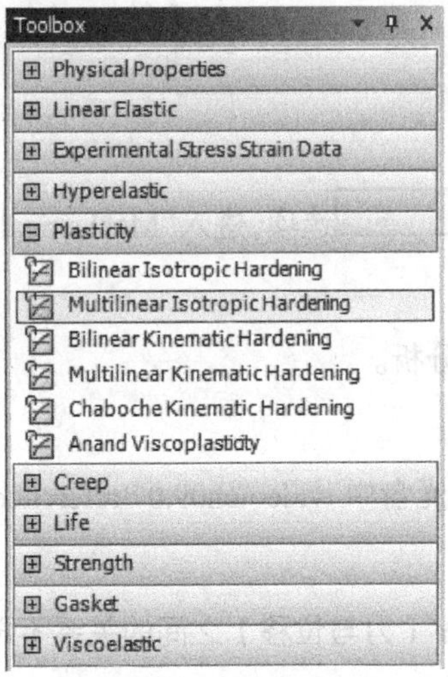


图 9.7.35 工具箱

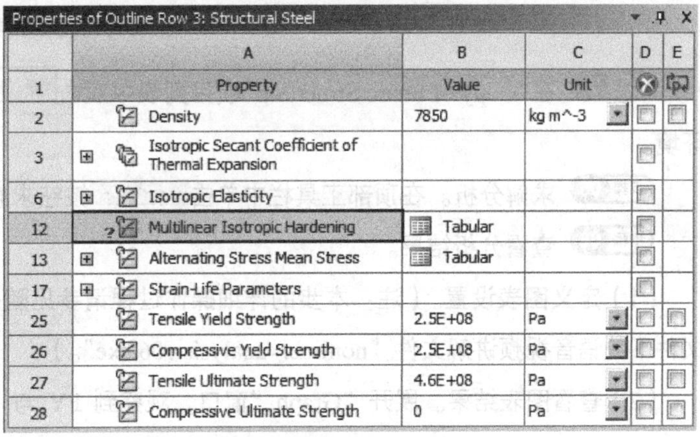


图 9.7.36 材料属性窗口

步骤 03 修改材料属性参数。在图 9.7.37 所示材料属性参数窗口中定义应变（Strain）与应力（Stress）关系值，如图 9.7.38 所示，单击 Refresh Project 按钮刷新项目，再单击 Return to Project

按钮，返回 Workbench 主界面。

说明　此处注意单位设置，应变单位采用系统默认单位，应力单位使用 MPa。

Table of Properties Row 12: Multilinear Isotropic Hardening

| | A |
|---|---|
| 1 | Temperature (C) |
| 2 | 20 |
| * | |

| | B | C |
|---|---|---|
| 1 | Plastic Strain (m m^-1) | Stress (MPa) |
| 2 | 0 | 240 |
| 3 | 0.001 | 253 |
| 4 | 0.002 | 264 |
| 5 | 0.003 | 269 |
| 6 | 0.004 | 270 |
| 7 | 0.005 | 270.5 |
| * | | |

图 9.7.37　修改材料属性参数

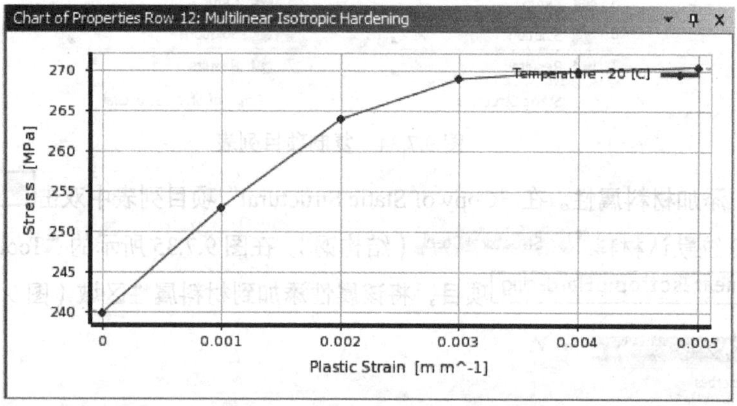


图 9.7.38　查看材料属性图表

步骤 04 在"Copy of Static Structural"项目列表中双击 Model 选项，进入"Mechanical"环境。

步骤 05 求解分析。在顶部工具栏中单击 Solve 按钮求解分析。

步骤 06 查看分析结果。

（1）定义图表设置。（注：本步的详细操作过程请参见随书光盘中 video\ch09.07\reference\文件下的语音视频讲解文件"nonliner_analysis-r06.exe"。）

（2）查看图表结果。展开"Graph"窗口，观察到 FY 与 UY（力与位移）之间的关系不再是线性关系，如图 9.7.39 所示。

（3）查看应力结果图解。在"Outline"窗口中选中 Equivalent Stress 选项，发现在第二步及第三步时就发生了塑性变形，如图 9.7.40 所示。

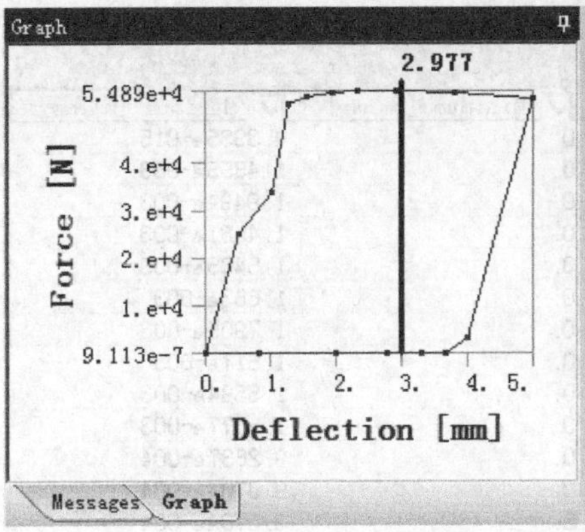


Tabular Data

| | Steps | Time [s] | [B] abs(FY) (Max) [N] | abs(UY) (Max) [mm] |
|---|---|---|---|---|
| 1 | 1 | 1. | 1.2223e-006 | 0. |
| 2 | 2 | 1.1 | 24788 | 0.5 |
| 3 | 2 | 1.2 | 33731 | 1. |
| 4 | 2 | 1.2525 | 52277 | 1.2625 |
| 5 | 2 | 1.305 | 53541 | 1.525 |
| 6 | 2 | 1.3838 | 54616 | 1.9188 |
| 7 | 2 | 1.4625 | 54872 | 2.3125 |
| 8 | 2 | 1.5806 | 54886 | 2.9031 |
| 9 | 2 | 1.7578 | 54403 | 3.7891 |
| 10 | 2 | 2. | 53290 | 5. |
| 11 | 3 | 2.2 | 3069.5 | 4. |
| 12 | 3 | 2.27 | 3.85e-003 | 3.65 |
| 13 | 3 | 2.34 | 3.4605e-003 | 3.3 |
| 14 | 3 | 2.445 | 2.887e-003 | 2.775 |
| 15 | 3 | 2.6025 | 2.0479e-003 | 1.9875 |
| 16 | 3 | 2.8388 | 8.2346e-004 | 0.80625 |
| 17 | 3 | 3. | 9.1125e-007 | 0. |

图 9.7.39　FY 与 UY（力与位移）之间的关系图表

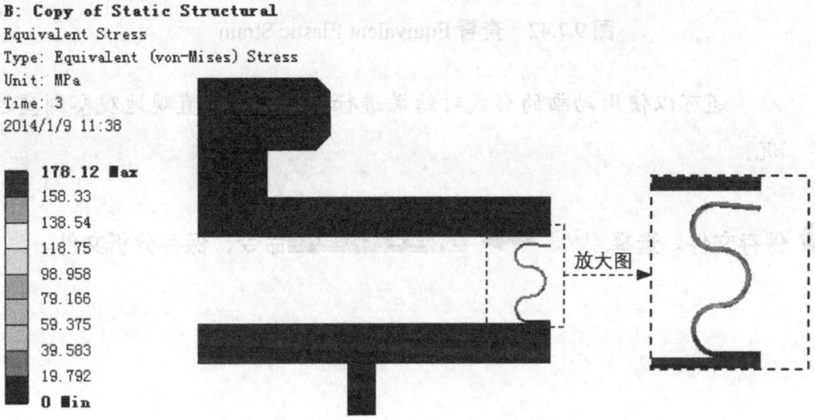


图 9.7.40　应力结果图解

（4）查看应变结果图解。在“Outline”窗口中选中 Equivalent Elastic Strain 选项，发现在第二步及第三步时就发生了塑性变形，如图 9.7.41 所示。展开“Graph”窗口，查看应变曲线图（图 9.7.42）。

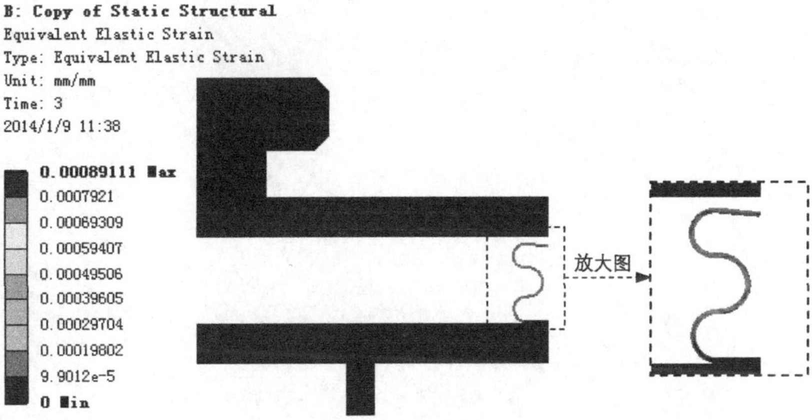


图 9.7.41　应变结果图解

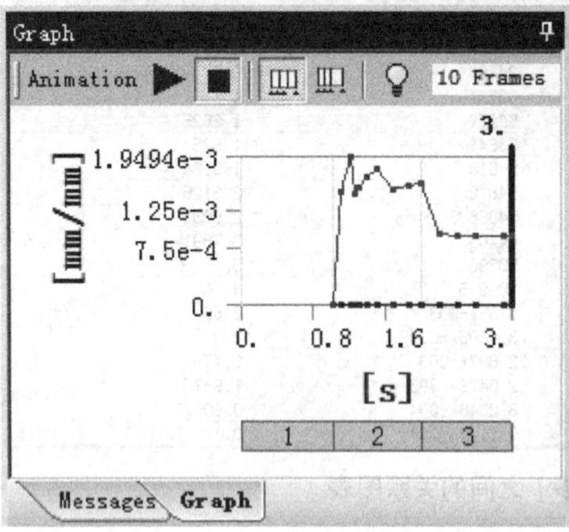


Tabular Data

| | Time [s] | Minimum [mm/mm] | Maximum [mm/mm] |
|---|---|---|---|
| 1 | 1. | 0. | 4.3935e-015 |
| 2 | 1.1 | 0. | 1.4855e-003 |
| 3 | 1.2 | 0. | 1.9494e-003 |
| 4 | 1.2525 | 0. | 1.4681e-003 |
| 5 | 1.305 | 0. | 1.5485e-003 |
| 6 | 1.3838 | 0. | 1.663e-003 |
| 7 | 1.5019 | 0. | 1.7905e-003 |
| 8 | 1.6791 | 0. | 1.517e-003 |
| 9 | 1.8563 | 0. | 1.5594e-003 |
| 10 | 2. | 0. | 1.5877e-003 |
| 11 | 2.2 | 0. | 9.2637e-004 |
| 12 | 2.4 | 0. | 9.0704e-004 |
| 13 | 2.6 | 0. | 9.0704e-004 |
| 14 | 2.9 | 0. | 9.0705e-004 |
| 15 | 3. | 0. | 9.0705e-004 |

图 9.7.42 查看 Equivalent Elastic Strain

说明

还可以使用动画的形式对结果进行查看，可以直观地观察到塑性变形的情况。

步骤 07 保存文件。选择 File → Save Project... 命令，保存分析文件。

# 读者意见反馈卡

尊敬的读者：

感谢您购买电子工业出版社出版的图书！

我们一直致力于 CAD、CAPP、PDM、CAM 和 CAE 等相关技术的跟踪，希望能将更多优秀作者的宝贵经验与技巧介绍给您。当然，我们的工作离不开您的支持。如果您在看完本书之后，有好的意见和建议，或是有一些感兴趣的技术话题，都可以直接与我联系。

策划编辑：管晓伟

---

注：本书的随书光盘中含有该“读者意见反馈卡”的电子文档，您可将填写后的文件采用电子邮件的方式发给本书的责任编辑或主编。

E-mail：兆迪科技 zhanygjames@163.com；管晓伟 guanphei@163.com。

请认真填写本卡，并通过邮寄或 E-mail 传给我们，我们将奉送精美礼品或购书优惠卡。

**书名：《ANSYS Workbench 15.0 结构分析快速入门、进阶与精通》（配全程视频教程）**

1. 读者个人资料：

姓名：________性别：___年龄：___职业：________职务：_______ 学历：________

专业：_______单位名称：__________________电话：___________手机：__________

邮寄地址：_________________________ 邮编：___________E-mail：_____________

2. 影响您购买本书的因素（可以选择多项）：

□内容　□作者　□价格

□朋友推荐　□出版社品牌　□书评广告

□工作单位（就读学校）指定　□内容提要、前言或目录　□封面封底

□购买了本书所属丛书中的其他图书　□其他

3. 您对本书的总体感觉：

□很好　□一般　□不好

4. 您认为本书的语言文字水平：

□很好　□一般　□不好

5. 您认为本书的版式编排：

□很好　□一般　□不好

6. 您认为 ANSYS 其他哪些方面的内容是您所迫切需要的？

________________________________________

7. 其他哪些 CAD/CAM/CAE 方面的图书是您所需要的？

________________________________________

8. 认为我们的图书在叙述方式、内容选择等方面还有哪些需要改进的？

________________________________________

如若邮寄，请填好本卡后寄至：

北京市万寿路 173 信箱 1017 室，电子工业出版社工业技术分社　管晓伟（收）

邮编：100036　　联系电话：（010）88254460　　传真：（010）88254397

读者可以加入专业 QQ 群 273433049 来进行互动学习和技术交流。